Biofísica
Conceitos e Aplicações
2ª edição

JOSÉ ENRIQUE RODAS DURAN

Biofísica
Conceitos e Aplicações
2ª edição

JOSÉ ENRIQUE RODAS DURAN

© 2003, 2011 by José Enrique Rodas Duran
Todos os direitos reservados. Nenhuma parte desta publicação poderá ser reproduzida ou transmitida de qualquer modo ou por qualquer outro meio, eletrônico ou mecânico, incluindo fotocópia, gravação ou qualquer outro tipo de sistema de armazenamento e transmissão de informação, sem prévia autorização, por escrito, da Pearson Education do Brasil.

Diretor editorial: Roger Trimer
Gerente editorial: Sabrina Cairo
Editor de aquisição: Vinícius Souza
Editor de desenvolvimento: Jean Xavier
Coordenadora de produção editorial: Thelma Babaoka
Editor assistente: Alexandre Pereira
Preparação: Érica Alvim
Revisão: Norma Gusukuma e Cecília Beatriz Alves Teixeira
Capa: Alexandre Mieda
Diagramação: Figurativa Editorial
Ilustrações: Eduardo Borges

Dados Internacionais de Catalogação na Publicação (CIP)
(Câmara Brasileira do Livro, SP, Brasil)

Duran, José Enrique Rodas
 Biofísica : conceitos e aplicações / José Enrique Rodas Duran. – 2. ed. – São Paulo : Pearson Prentice Hall, 2011.

ISBN 978-85-7605-928-8

1. Biofísica I. Título.

11-02338   CDD-571.4

Índices para catálogo sistemático:

1. Biofísica   571.4

Printed in Brazil by Reproset RPPA 224012

Direitos exclusivos cedidos à
Pearson Education do Brasil Ltda.,
uma empresa do grupo Pearson Education
Avenida Francisco Matarazzo, 1400
Torre Milano – 7o andar
CEP: 05033-070 -São Paulo-SP-Brasil
Telefone 19 3743-2155
pearsonuniversidades@pearson.com

Distribuição
Grupo A Educção
www.grupoa.com.br
Fone: 0800 703 3444

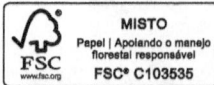

Sumário

Prefácio... xi

Agradecimentos.. xv

Capítulo 1   **Escala na biologia**.............................. 1
    1.1 Introdução 1
    1.2 Medidas: unidades fundamentais e padrões........... 2
         Padrões....................................... 4
    1.3 Algarismos significativos e teoria de erros............ 5
         Desvios e propagação de erros 7
         Regras para propagação de desvios 10
    1.4 Gráficos 10
    1.5 Construção de escalas 11
         Escala linear 11
         Escala logarítmica 12
    1.6 Decaimento e crescimento exponencial 15
    1.7 Fator de escala e tamanho de objetos................ 17
    1.8 Escala na biologia................................. 19
         Crescimento de uma célula....................... 20
         Resistência em organismos de tamanhos diferentes 21
         Forma e tamanho............................... 23
    Problemas.. 26
    Referências bibliográficas............................... 30

Capítulo 2   **Biomecânica** 31
    2.1 Introdução 31
    2.2 Movimento em um plano.......................... 32
         Deslocamento e velocidade média 32
         Velocidade instantânea.......................... 32
         Aceleração instantânea.......................... 33
         Primeira aplicação: velocidade da caminhada 37
         Segunda aplicação: velocidade de corrida dos humanos 37
    2.3 Movimento composto ou parabólico................. 39
         Primeira aplicação: salto à distância................ 40
         Segunda aplicação: salto de uma pulga 41
         Movimento relativo 41
    2.4 Biomecânica: as forças musculares.................. 43
         Forças fundamentais e derivadas................... 43
         Leis do movimento ou leis de Newton 45
         Forças de atrito................................. 45

    Forças elásticas: os ossos 46
    Tecido muscular esquelético: força muscular 51
  2.5 Momentos e centro de massa 57
    Centro de massa 59
 Problemas. 62
 Referências bibliográficas. 68

Capítulo 3   Dinâmica dos movimentos 69
  3.1 Introdução 69
  3.2 Dinâmica do movimento aéreo de animais 71
    Primeira aplicação: movimento de paraquedismo 73
    Segunda aplicação: movimento de planeio 74
  3.3 Voo com propulsão 75
  3.4 Trabalho, energia cinética, potência 82
    Teorema trabalho-energia. 82
    Velocidade de corrida de animais 84
    Potência total no voo de animais 87
  3.5 Forças conservativas e energia potencial. 88
    Energia potencial gravitacional. 89
    Força de atração gravitacional 90
  3.6 Energia mecânica dos humanos ao fazer um salto 91
    O salto vertical 91
    O salto de altura. 92
    O salto com vara 93
  3.7 Energia potencial elástica. 95
 Problemas. 97
 Referências bibliográficas. 100

Capítulo 4   Bioenergética 101
  4.1 Introdução 101
  4.2 Outras formas de energia. 101
    Energia térmica 101
    Energia potencial molecular 103
  4.3 Bioenergética. 105
    Moléculas de ATP. 105
    Energia interna e conservação da energia. 108
  4.4 Energia e metabolismo 110
    Funcionamento dos vários órgãos do corpo humano .. 114
    Realização de trabalho externo 115
    Perda de calor pelo corpo humano 116
  4.5 Energia e intensidade das ondas mecânicas 119
    Energia das ondas harmônicas. 120
    Ondas estacionárias. 122
  4.6 Intensidade de uma onda sonora. 125
    A voz humana. 128
    Efeito Doppler 130
  4.7 Outras ondas acústicas. 133
    Propriedades e algumas aplicações do ultrassom 135
    Ecolocalização 137
 Problemas. 141
 Referências bibliográficas. 146

Capítulo 5 Biofísica da visão 147

5.1 Introdução 147
    Reflexão e refração da luz 149
    Coeficientes de reflexão e transmissão 151
    Reflexão interna total: fibras ópticas 152
5.2 Biofísica da visão 153
    Algumas formas de olhos 153
    Olhos compostos 154
    Transmissão da luz pelo rabdoma 156
5.3 Difração e interferência da luz 158
    Difração por uma fenda circular 161
    Poder de resolução 161
5.4 O olho humano 163
    Fotorreceptividade 166
    Visão com pouca luminosidade 167
    Visão de luz não visível 167
5.5 Polarização da luz 169
5.6 Raios de luz atravessando meios transparentes .. 173
    Lentes 174
    Formação de imagem em lentes 175
    Convergência de uma lente 178
5.7 Defeitos visuais do olho humano 183
    Ametropias oculares 184
Problemas 187
Referências bibliográficas 191

Capítulo 6 Fluidos líquidos 193

6.1 Introdução 193
6.2 Pressão exercida pelos fluidos 194
    Pressão atmosférica 194
    Pressão hidrostática 195
    Pressão no corpo humano 196
    Flutuação: princípio de Arquimedes 198
6.3 Tensão superficial em um líquido 200
    Respiração no corpo humano 201
    Capilaridade 201
6.4 Pressão no interior de uma bolha de ar 203
6.5 Viscosidade e escoamento de fluidos 204
    Dinâmica de fluidos 206
    Número de Reynolds 207
    Fluidos líquidos no corpo humano 210
6.6 Movimento de corpos em fluidos 211
    Lei de Stokes 214
    Forças resistivas nos fluidos 215
    Problemas 217
    Referências bibliográficas 222

Capítulo 7 Transporte iônico 223

7.1 Introdução 223
7.2 Potencial químico 224
7.3 Continuidade e fluxo de partículas 225

- 7.4 Difusão de partículas: leis de Fick ...228
  - Difusão de partículas e viscosidade do fluido ...230
  - Segunda lei de Fick ...232
- 7.5 Transporte de partículas através de uma membrana ...232
  - Osmose ...233
  - Pressão osmótica ...234
- 7.6 Fluxo de um solvente através de uma membrana seletiva ...236
  - Fluxo de uma solução através de uma membrana ...238
- 7.7 Transportes de solutos iônicos através de uma membrana ...239
- Problemas ...241
- Referências bibliográficas ...242

Capítulo 8 Biomembranas ...243

- 8.1 Introdução ...243
  - Campo elétrico ...245
  - Potencial elétrico e energia potencial ...246
  - Dipolo elétrico ...248
  - Capacitância ...248
- 8.2 Biomembranas ...249
  - Potencial de repouso de uma célula ...251
  - Potencial de Nernst ...252
  - Equilíbrio Donnan ...255
- 8.3 Movimento de íons em uma solução eletrolítica ...260
  - Equação de Nernst-Planck ...262
  - Equação de Goldman-Hodgkin-Katz ...264
- 8.4 Fluxo iônico através da biomembrana e as bombas iônicas ...267
- 8.5 Transporte ativo de íons ...270
  - Bomba de sódio-potássio ...271
- Problemas ...272
- Referências bibliográficas ...276

Capítulo 9 Eletricidade nos neurônios ...277

- 9.1 Introdução ...277
- 9.2 Relação corrente-voltagem para uma biomembrana ...278
  - Condutância elétrica ...278
- 9.3 Membranas excitáveis ...280
  - Potencial de ação ...284
  - Condutância de uma biomembrana durante o potencial de ação ...286
- 9.4 Propagação do potencial de ação ...286
  - Representação elétrica de uma membrana excitável ...288
  - O axônio amielínico como um cabo elétrico ...290
- 9.5 Comportamento aproximado de J_M em função de $\Phi_M(x,t)$ ...292
- Problemas ...296
- Referências bibliográficas ...300

Capítulo 10 Neurobiofísica 301

10.1 Introdução 301
10.2 Bioeletricidade dos músculos....................302
    Junções neuromusculares.........................303
    Os músculos lisos...............................304
10.3 Bioeletricidade do coração 307
    Transmissão do impulso cardíaco através do coração ...310
10.4 Algumas modalidades sensoriais..................312
    Propriedades e tipos de receptores sensoriais........314
    Quimiorreceptores...............................315
    Mecanorreceptores..............................316
    Fotorreceptores 318
10.5 Bioacústica....................................318
    O ouvido humano 318
    Transmissão e recepção das ondas sonoras 321
    Características da percepção auditiva 323
10.6 As células fotorreceptoras 325
    Percurso do sinal luminoso e da informação visual.....326
    Função e formas das células da visão dos vertebrados .327
    Fotorreceptor óptico............................328
    Princípios físicos da fotorreceptividade.............330
10.7 Células eletrorreceptoras: peixes-elétricos 332
Problemas...336
Referências bibliográficas............................338

Capítulo 11 Biomagnetismo........................340

11.1 Introdução 340
11.2 Campo magnético e força magnética 341
    Lei de Ampère 343
    Força magnética................................344
11.3 Geomagnetismo.................................345
    Torque devido a um campo magnético.............347
    Orientação magnética...........................349
    Caso das abelhas e dos pássaros..................350
11.4 Magnetobiologia 353
    Biomineralização 353
    Magnetita biogênica 353
    Bactérias magnetotácticas 354
11.5 Biomagnetismo 356
    Campos magnéticos celulares 357
    Intensidade de um campo biomagnético 358
    Campos biomagnéticos no corpo humano..........360
11.6 Energia e ondas eletromagnéticas.................361
    Espectro eletromagnético.......................363
    Alguns efeitos biológicos das radiações
    eletromagnéticas não ionizantes 365
    Efeitos biológicos das radiações eletromagnéticas
    ionizantes 365
Problemas...366
Referências bibliográficas............................369

Apêndice A **371**
    Unidades derivadas do SIU 371
    Constantes 372

Apêndice B **373**
    Fatores de conversão de unidades 373
    Tabela de conversão de energia 374
    Unidades de radiação 374
    Equivalências massa-energia 374

Apêndice C **375**
    Relações matemáticas úteis 375

Apêndice D **377**
    Alguns efeitos biológicos no corpo humano 377
        Efeitos da corrente elétrica 377
        Efeitos das ondas sonoras 378

Respostas dos exercícios selecionados **379**

Índice remissivo **385**

Prefácio

A preparação desta nova edição de *Biofísica* teve como foco principal a introdução dos novos conhecimentos divulgados na última década por prestigiosos grupos de pesquisa nas áreas de física aplicada, fisiologia, bioquímica e biologia em geral. Por meio de uma didática acessível, esses conhecimentos foram acrescentados aos princípios tradicionais que norteiam a biofísica celular e molecular. Essa tarefa não foi difícil, visto que o autor ministra a disciplina de biofísica, bem como ministrou a disciplina física do corpo humano com níveis de dificuldades diferentes nos cursos de biologia e de física médica. É nesta última disciplina que se demonstra a importância da junção dos conceitos da biologia com os da física clássica e moderna, temperada pelas ferramentas do cálculo vetorial, diferencial e integral e, evidentemente, pelos princípios bioquímicos.

Em todos os capítulos do livro são discutidos exercícios de aplicação dos tópicos apresentados e, sempre que são mencionados leis ou princípios fundamentais que têm o nome de algum cientista, há hipertextos com informações adicionais sobre ele. É proposto um grande número de exercícios no final de cada capítulo, muitos deles desenvolvidos pelo próprio autor. As referências bibliográficas apresentadas são importantes para um maior esclarecimento dos diversos tópicos discutidos.

Como este livro pode ser utilizado nos diversos cursos das áreas de ciências biológicas e da saúde, o Capítulo 1 e uma pequena parte do Capítulo 2 oferecem a esses estudantes uma apresentação dos conceitos básicos de física e matemática para a aprendizagem da biofísica. Para os estudantes de cursos de física médica e física biológica, esse conteúdo é totalmente dispensável.

No restante do Capítulo 2 é analisado o comportamento dos diversos componentes de um *espécime* vivo (com ênfase nos vertebrados) quando estes estão em movimento. Para isso, utilizamos as leis de Newton da mecânica e algumas outras leis relacionadas à elasticidade desses componentes. No Capítulo 3, acrescentamos o princípio da conservação de energia mecânica para explicar o movimento aéreo de diversos espécimes e a capacidade de correr e saltar dos animais e do humano.

O Capítulo 4 apresenta outras formas de energia, com ênfase no estudo da bioenergia presente nas moléculas de ATP e na energia metabólica resultante das transformações moleculares dos nutrientes dos espécimes vivos. Apresenta também os princípios básicos da bioquímica, que são utilizados para o entendimento da bioenergética, e analisa a energia mecânica presente nas diversas ondas acústicas, com destaque para o fenômeno de ecolocalização.

A biofísica da visão no reino animal é abordada no Capítulo 5, utilizando-se as propriedades geométricas e corpusculares das ondas luminosas para a compreensão do mecanismo da formação de uma imagem através dos diversos tipos de olhos dos espécimes. Neste capítulo, destacam-se o funcionamento do olho humano e alguns defeitos que este pode apresentar.

Os capítulos 6 e 7 são fundamentais para qualquer curso de biofísica, pois neles são apresentadas, discutidas e justificadas as propriedades físicas dos fluidos em geral e suas consequências biológicas quando em movimento no interior dos espécimes. Além disso, abordam a influência da tensão superficial e da viscosidade dos fluidos em corpos que estão em movimento. O transporte de partículas por efeitos de simples arraste, difusão, osmose ou por uma mistura desses efeitos é analisado e quantificado. Finalmente, estuda-se a importância das características físicas de uma membrana para o fluxo de uma solução através dela.

O Capítulo 8 discute a constituição e a importância das membranas celulares — denominadas biomembranas — na passagem dos fluidos celulares através delas. Apresenta, com detalhes, as leis e equações que quantificam esse tipo de transporte passivo dos diversos constituintes desses fluidos e introduz o transporte ativo resultante da complexa constituição molecular das células e da utilização da energia contida nas moléculas de ATP presentes nela.

A condução elétrica ao longo ou através de uma membrana excitável é discutida no Capítulo 9, detalhando, em particular, a quantificação da geração e da condução de potenciais de ação pelas células nervosas e destacando a importância dos canais iônicos no comportamento elétrico das células. Além disso, este capítulo discute ainda os modelos elétricos que podem ser utilizados em certas situações para quantificar o comportamento elétrico das células nervosas.

A bioeletricidade resultante da excitação das células constituintes dos músculos é introduzida no Capítulo 10, que também destaca a importância dos canais de cálcio nesses efeitos elétricos, além de apresentar o efeito resultante da junção de células musculares com células nervosas quando um potencial de ação está se propagando nessas células. Este capítulo analisa também a geração de potenciais de ação por células autoexcitáveis do coração, bem como as modificações experimentadas enquanto se propaga pelas diversas partes do coração. Para entender a propagação da corrente elétrica através de todas as partes do coração, é apresentado muito sucintamente o modelo de propagação de correntes dipolares. Também analisa o funcionamento e geração de potenciais de ação pelos diversos tipos de células sensoriais, assim como sua propagação até um determinado local no cérebro, e destaca, com uma análise mais detalhada, o funcionamento das células mecanorreceptoras associadas ao sistema auditivo e das células fotorreceptoras associadas ao sistema da visão. E, para concluir, explica o funcionamento das células eletrorreceptoras presentes nos peixes-elétricos.

O Capítulo 11 trata dos efeitos dos campos magnéticos nos seres vivos, assim como da capacidade de geração de campos magnéticos muitos fracos, porém de grande importância, por uma grande variedade de espécimes. Em particular, os campos magnéticos associados às correntes transportadas por células excitáveis são estudados com detalhes por causa de sua utilidade na biomedicina. Este capítulo destaca a importância da magnetita biogênica e dos espécimes magnetotácticos como detectores e geradores de campos magnéticos. Discute também o cálculo da intensidade típica dos campos biomagnéticos no corpo humano. Finalmente, identifica, no espectro eletromagnético, as radiações denominadas ionizantes e não ionizantes em virtude da importância dos efeitos biológicos que se originam em nível celular nos espécimes vivos, quando incidem sobre eles.

José Enrique Rodas Duran

Material de apoio do livro

No site www.grupoa.com.br professores podem acessar os seguintes materiais adicionais: estão disponíveis apresentações em Powerpoint com o conteúdo do livro.

Esse material é de uso exclusivo para professores e está protegido por senha. Para ter acesso a ele, os professores que adotam o livro devem entrar em con-tato através do e-mail divulgacao@grupoa.com.br.

Agradecimentos

Aos diversos colegas do Departamento de Biologia e do Departamento de Física e Matemática da Faculdade de Filosofia, Ciências e Letras de Ribeirão Preto da Universidade de São Paulo (FFCLRP-USP), pelo incentivo para a elaboração desta nova edição do livro.

À minha fiel companheira e grande incentivadora, Maria de Lourdes, e aos meus filhos, Franklin e Henrique, pelo apoio constante que sempre me deram para a conclusão deste trabalho.

CAPÍTULO 1

Escala na biologia

OBJETIVOS DE APRENDIZAGEM

Depois de ler este capítulo, você será capaz de:
- Entender o significado de unidades básicas do Sistema Internacional de Unidades
- Compreender como são definidos os padrões de algumas unidades fundamentais
- Calcular a propagação de erros quando se trabalham com dados experimentais
- Construir gráficos em diversas escalas e extrair informações dos gráficos correspondentes a medidas experimentais
- Entender o significado de fator de escala e sua aplicação em diversos problemas biológicos

1.1 Introdução

Geralmente a ciência procura estabelecer relações entre conjuntos de observações, com as quais tenta desenvolver generalizações e, a partir disso, elaborar conceitos teóricos para suas interpretações. As observações e comparações quantitativas geralmente nos levam às generalizações quantitativas, hipóteses e teorias quantitativas. As dificuldades para fazer generalizações quantitativas estão diretamente relacionadas com as observações feitas, que muitas vezes são bastante complexas, mas é justamente isso que torna as ciências uma permanente fonte de conhecimentos. *As leis do movimento de Newton, a teoria atômica de Dalton e a elaboração dos princípios da hereditariedade de Mendel* são exemplos notáveis de que as generalizações a partir de observações deram origem a conhecimentos importantíssimos.

Quando fazemos um conjunto de observações e/ou experimentos, dados similares poderão ser obtidos outras vezes, se o experimento for repetido nas mesmas condições. A generalização sempre é consequência de uma série de experimentos similares. Na prática, é difícil garantir que dois experimentos sejam exatamente iguais em todas as minúcias, de modo que não podemos assegurar resultados exatamente iguais. Os dados numéricos deverão variar dentro de uma faixa, denominada erros experimentais, e as generalizações deverão levar em conta esses erros ou incertezas.

A física e a química, ciências com grande tradição experimental, apresentam suas generalizações fundamentadas em resultados com um bom grau de reprodutibilidade, pois na maioria dos casos a incerteza pode ser reduzida a proporções desprezíveis. Já na biologia, o problema da incerteza é bastante

> **Isaac Newton** (1642-1727), físico, matemático e astrônomo inglês. Seu principal trabalho é a teoria sobre a mecânica, exposta em 1687, nos *Princípios matemáticos da filosofia natural*.

> **John Dalton** (1766-1844), físico e químico inglês. Foi o verdadeiro criador da teoria atômica. Dalton estudou nele mesmo a doença hoje conhecida pelo nome de *discromatopsia* ou *daltonismo*.

> **Gregor Mendel** (1822-1884), botânico austríaco. Professor de física e de ciências naturais, tornou-se célebre por suas experiências sobre a hereditariedade dos caracteres das ervilhas. Somente após sua morte suas publicações foram valorizadas, e as leis fundamentais da genética foram denominadas leis de Mendel.

sério, pois a maioria das experiências é realizada com organismos vivos, que são altamente complexos, o que gera resultados altamente variáveis, ou seja, como a incerteza é muito grande, é difícil a reprodução exata de uma experiência. Para minimizar o problema, reduzir essa incerteza seria uma providência imediata, porém a tarefa de identificar e controlar todas as fontes de incerteza é algo impossível. Além disso, seria um risco muito grande supor que qualquer organismo padrão possa representar toda uma espécie ou população. Diante dessa realidade, devemos procurar meios de conduzir nossos experimentos, apresentando observações e analisando os resultados de maneira que possamos extrair conclusões com uma precisão conhecida.

Técnicas experimentais e métodos teóricos típicos da física e da química são extremamente úteis para as generalizações quantitativas feitas na biologia. Procuramos sempre garantir que as incertezas tenham uma influência mínima em nossas observações, e, muitas vezes, só o fato de conseguirmos identificar as prováveis fontes da incerteza permite que essas generalizações quantitativas constituam uma contribuição importante no entendimento da biologia. Nas ciências biológicas, as observações experimentais, que requerem justificativas bastante detalhadas para se chegar a generalizações quantitativas, exigem um conhecimento dos fundamentos dos cálculos vetorial, diferencial e integral e de vários princípios da física e da química. Inicialmente, nosso principal objetivo será entender como métodos e princípios da física são usados para se chegar às generalizações quantitativas de observações nas ciências biológicas, utilizando-se ferramentas matemáticas fundamentais e princípios de outras ciências sempre que necessário.

1.2 Medidas: unidades fundamentais e padrões

Como já foi dito, a generalização de uma série de observações é consequência da repetição de experimentos similares. Isso exige certa habilidade para *medir* as grandezas do experimento que são variáveis. Para que a quantidade resultante tenha algum significado, ao se fazer a *medida* de uma grandeza, deve-se associar a ela um valor dimensionado em relação a uma *unidade* que arbitrariamente se tenha definido para medi-la. Na biologia, à semelhança do que ocorre na física e na química, são bastante diversas as grandezas que medimos. No Sistema Internacional de Unidades (SIU)[1] as *unidades métricas* são as mais utilizadas para expressar as medidas de uma grandeza. *Neste texto utilizaremos, para as grandezas que serão definidas, as unidades métricas.* Não deixaremos de mencionar, quando for necessário, outras unidades também utilizadas para expressar as medidas de algumas grandezas. As *unidades básicas* no SIU atualmente em vigência são: *metro* (*m*), *quilograma* (*kg*) e *segundo* (*s*), utilizadas para medir grandezas de comprimento, massa e tempo, respectivamente. Algumas grandezas requerem outras unidades básicas, além das três mencionadas, as quais são: *kelvin* (*K*), *ampère* (*A*), *candela* (*cd*) e *mol* (*mol*) para medidas de grandezas de temperatura termodinâmica, corrente elétrica, intensidade luminosa e quantidade de matéria, respectivamente. Na Tabela 1.1 são apresentadas as atuais sete unidades básicas do SIU.

TABELA 1.1 Unidades básicas no Sistema Internacional de Unidades (SIU)

Grandeza	Unidade	Símbolo
Comprimento	metro	m
Massa	quilograma	kg
Tempo	segundo	s
Corrente elétrica	ampère	A
Temperatura termodinâmica	kelvin	K
Intensidade luminosa	candela	cd
Quantidade de substância	mol	mol

Algumas vezes as medidas de uma grandeza são quantidades bastante pequenas ou grandes se comparadas com os *padrões* das unidades básicas do SIU. Por exemplo, 1 milissegundo (ms) = 10^{-3} s; 1 quilômetro (km) = 10^3 m; ou 1 microampère (μA) = 10^{-6} A.

Quando estes múltiplos dos padrões são expressos em potência de 10, os prefixos das unidades básicas têm nomes específicos, como se vê na Tabela 1.2. Estes prefixos também são aplicados a qualquer outro tipo de unidade.

As medidas de grandezas também podem ser expressas em *unidades derivadas*, ou seja, unidade expressa em termos das unidades básicas do SIU. Por exemplo, uma medida de *energia* tem como unidades kg·m²·s⁻², que é denominado Joule (J). No Apêndice A apresentamos algumas dessas unidades.

TABELA 1.2 Prefixos e símbolos das respectivas potências de 10

Prefixo	Símbolo	Potência de 10
tera	T	10^{12}
giga	G	10^9
mega	M	10^6
quilo	k	10^3
centi	c	10^{-2}
mili	m	10^{-3}
micro	μ	10^{-6}
nano	n	10^{-9}
pico	p	10^{-12}
femto	f	10^{-15}

Exemplo: O número de Reynolds ($\Re$), indicador do tipo de escoamento de um fluido, é definido para um fluido de densidade ρ e coeficiente de viscosidade η como: $\Re = 2\rho a \overline{V}/\eta$, onde a é o raio do tubo de escoamento e $\overline{V}$, a velocidade média do fluido. Sendo $\Re$ adimensional, determine as unidades de η no SIU.

Resolução: a unidade resultante da quantidade física $\rho a \overline{V}$ será: unidade de $\rho \times$ unidade de $a \times$ unidade de $\overline{V} = \dfrac{kg}{m^3} \cdot m \cdot \dfrac{m}{s} = \dfrac{kg}{m \cdot s}$. Para que $\Re$ seja adimensional, a unidade de η no SIU deverá ser: kg/m·s.

Exemplo: Admita que os tubos capilares de uma árvore são cilindros uniformes com 0,15 μm de raio. A seiva deve ser conduzida por esses capilares até uma altura de 150 cm. Determine, no SIU, o volume de seiva em um tubo capilar.

Resolução: no SIU tem-se, para um capilar: raio = $r = 0,15 \times 10^{-6}$ m e altura = $h = 1,5 \times 10^2$ m, logo o volume de seiva neste capilar será $\pi r^2 h = 1,06 \times 10^{-11}$ m^3.

Padrões

Sempre que medimos uma grandeza, estamos comparando-a com o respectivo *padrão* de referência. Em geral, tudo o que se mede refere-se a padrões conservados em organismos internacionalmente reconhecidos. No Brasil, esse organismo é o Instituto Nacional de Metrologia, Normalização e Qualidade Industrial (Inmetro), e tal padrão é a unidade da grandeza. Quando o sistema métrico decimal foi estabelecido, a unidade de comprimento *metro* foi definida como 10^{-7} vezes a distância do Equador ao Polo Norte, medida ao longo do meridiano que passa por Paris; posteriormente, em 1889, o Comitê Internacional de Pesos e Medidas (CIPM), considerando que todo padrão unitário deve ter *durabilidade e ser reproduzível*, definiu o *metro* como a distância entre dois traços paralelos sobre uma barra de platina iridiada. O inconveniente desse padrão unitário era ter de fazer muitas réplicas do objeto, para disponibilizá-las a outros países, e de ser necessário comparar periodicamente essas réplicas com o padrão internacional. Em outubro de 1969, o CIPM alterou a definição desse padrão internacional, utilizando uma *unidade natural* de comprimento baseada na radiação atômica. Foi aceito que o metro é exatamente 1.650.763,73 comprimentos de onda da luz vermelho-alaranjada emitida pelos átomos excitados do isótopo criptônio 86. Desde 1993, o metro é definido a partir da velocidade da luz no vácuo e é o *comprimento do trajeto percorrido pela luz no vácuo durante um intervalo de tempo 1/299.792.458 de segundo*. Esse padrão pode ser reproduzido em muitos laboratórios do mundo inteiro, evitando-se, assim, a necessidade de deslocamentos, para fazer comparações com um padrão.

O *padrão de massa é o quilograma*, que ainda está definido com referência a um cilindro de platina iridiada mantido em Sèvres, Paris. Infelizmente, ainda não foi adotado um padrão atômico de massa, tal como se fez com o padrão internacional de medida de comprimento. Atualmente vários grupos de pesquisa pretendem calcular quantos átomos contém uma esfera de silício de um quilograma. O resultado tem de ser exato em uma parte em 10^8, então o quilograma seria definido como a massa de certa quantidade de átomos de silício. Com as atuais condições tecnológicas, espera-se um resultado dentro de pouco tempo.[2] Outra tentativa experimental utiliza uma balança eletromagnética, denominada balança de watt.

O *padrão de tempo é o segundo*, que originalmente foi definido como o tempo igual a 1/86.400 parte de um *dia solar médio*. Essa definição não era muito conveniente para trabalhos de alta precisão por depender da velocidade de rotação da Terra. Em 1967, foi estabelecida uma *unidade natural* para o tempo, que, assim como a definição do padrão de comprimento, é um padrão atômico. Dessa vez, foram utilizadas as características vibracionais do elemento césio 133. Atualmente, *um segundo* é definido como o tempo necessário para que o césio realize 9.192.631.770 vibrações completas.

1.3 Algarismos significativos e teoria de erros[3,4]

As medidas nunca são feitas com *precisão absoluta*. Uma medida só tem significado quando se pode avaliar o erro pelo qual está afetada. Pode-se dizer que uma medida é exata se o número que mede essa grandeza é um inteiro. Suponha que dispomos de uma balança graduada de 1 em 1 g e que pretendemos medir a massa de uma tartaruga. Essa balança fornece com *precisão* o valor da medida em gramas, e qualquer fração dessa unidade terá de ser *estimada*. Logo, a expressão de nossa medida deverá conter todos os *algarismos precisos* mais o *algarismo estimado*. A leitura na balança da Figura 1.1 será 16,5 g. Se a escala dessa balança permitisse ler com precisão até décimos de gramas, a leitura seria 16,50 g. Ou seja, teríamos um aumento na *precisão* da medida.

Os algarismos que compõem o resultado de uma medida são chamados *algarismos significativos*. Deles fazem parte todos os algarismos precisos mais *um e somente um* algarismo estimado. É sobre este último que incide o *desvio absoluto* (erro ou afastamento) da medida. Se, em uma série de medidas, nem todas são de igual confiança, atribui-se um peso a cada uma, que exprimirá o grau de confiança da medida feita. Quando desprezamos um algarismo significativo que é igual ou superior a cinco (5) no valor da medida, deve-se acrescentar uma unidade ao algarismo da medida que passou a ser o último. Observações:

FIGURA 1.1

Medida da massa de uma tartaruga.

- Os zeros à esquerda do primeiro algarismo não nulo *não são significativos*, pois o número de algarismos significativos não depende das unidades da medida resultante. Por exemplo, a medida 7,5 cm pode ter as expressões:

    7,5 cm = 0,075 m = 0,000075 km

    Em qualquer das três expressões anteriores teremos somente *dois* algarismos significativos.

- Os zeros à direita do último algarismo não nulo são *significativos*, pois indicam um valor medido. Por exemplo, a medida 0,0750 m tem *três* algarismos significativos e a medida 7,5000 cm tem *cinco* algarismos significativos.

O matemático opera com números puros, por isso, ao se lhe apresentar o *número de Avogadro*, $N_A = 6,023 \times 10^{23}$, pode-se interpretá-lo como sendo 6.023 seguidos de 20 zeros. No entanto, $N_A = 6,023 \times 10^{23}$ moléculas/mol, para o experimentador que sabe que o referido número resulta de uma medida

Amadeo di Quaregna e Ceretto Avogadro (1776-1856), químico e físico italiano. Enunciou a hipótese de que sempre existe o mesmo número de entidades elementares (átomos ou moléculas) em volumes iguais de gases diferentes, à mesma temperatura.

(direta ou indireta), estará afetado de certo erro que somente permite escrevê-lo com quatro algarismos significativos.

Quando *somamos ou subtraímos* grandezas da mesma natureza, para determinar o número de algarismos da grandeza final, seguimos regras semelhantes para essas duas operações. Por exemplo, se temos as grandezas 12.341; 57,91; 1,987; 0,0031 e 119,2; como foi dito, o último algarismo da direita supõe-se duvidoso. Então, para *somar* essas grandezas, segue-se o seguinte procedimento:

```
1 2 3 4 1, X
    5 7, 9 1 X
        1, 9 8 7 X
        0, 0 0 3 1 X
    1 1 9, 2 X
1 2 5 2 0, X X X X X
```

X: algarismos não significativos
Levamos 1 unidade à coluna à esquerda por ser a soma = 10.
Levamos 1 unidade à coluna à esquerda por ser a soma = 10.
Levamos 2 unidades à coluna à esquerda por ser a soma > 20.
A soma será 12.520, onde o algarismo "0" (zero) é significativo, porém duvidoso.

No caso do *produto* de grandezas, o número de algarismos do produto é igual ao número de algarismos significativos do fator mais pobre ou, quando muito, esse número mais 1. No caso da *divisão* de grandezas, o número de algarismos de um quociente difere no máximo de uma unidade do número de algarismos significativos do fator mais pobre, entre o dividendo e o divisor, para mais ou para menos.

Exemplo: Dados os números: 31,675; 24.950; 39,37 e 0,000001796:
a) escreva-os na notação exponencial, com um único algarismo à esquerda da vírgula;
b) para cada número, determine o número de algarismos significativos e quantas casas decimais existem.

Resolução: $31,675 = 3,1675 \times 10^1$; possui 5 algarismos significativos e 3 casas decimais.
$24.950 = 2,4950 \times 10^4$; possui 5 algarismos significativos e nenhuma casa decimal.
$39,37 = 3,937 \times 10^1$; possui 4 algarismos significativos e 2 casas decimais.
$0,000001796 = 1,796 \times 10^{-6}$; possui 4 algarismos significativos e 9 casas decimais.

Exemplo: Nas grandezas medidas: 101,12 g; 13.000 g; 9,0012 g; 0,00316 g 0,00110800 g,
a) diga quais os zeros que têm significado, os que não têm e os que podem ter;
b) determine o número de algarismos significativos de cada medida.

Resolução: 101,12 possui 5 algarismos significativos e o zero tem significado.
13.000 possui 5 algarismos significativos e os três zeros podem ter significado.
9,0012 possui 5 algarismos significativos e os dois zeros podem ter significado.

0,00316 possui 3 algarismos significativos e os três zeros não têm significado.

0,00110800 possui 6 algarismos significativos, os três zeros à esquerda não têm significado e os dois últimos zeros podem ter significado.

Exemplo: a) Os lados de um retângulo medem 13,26 cm e 39,42 cm; determine sua área.

b) Se 12,53 cm³ de Hg a 20°C têm uma massa de 169,731 g, determine a densidade do Hg a 20°C.

Resolução: seguindo-se as regras para o produto e a divisão, teremos:

```
        Produto                        Divisão
       1 3, 2 6 X              1 6 9, 7 3 1 X | 1 2, 5 3 X X
       3 9, 4 2 X              4 4 4 X X X   | 1 3, 5 5 X
       ─────────                6 9 X X X
       X X X X X                7 X X X X
       2 6 5 2 X                1 X X X X X
     5 3 0 4 X
   1 1 9 3 4 X
   3 9 7 8 X
   ─────────────
   5 2 2, 7 X X X X X
```

Portanto:

a) a área do retângulo será 522,7 cm².

b) a densidade do mercúrio será 13,55 g/cm³.

Para *medir* uma grandeza, podemos fazer apenas uma ou várias medidas repetidas, dependendo das condições experimentais particulares ou ainda da postura adotada diante do experimento. Em qualquer caso, deve-se extrair do processo de medida um valor que *melhor represente* a grandeza e, ainda, um *limite de erro*, dentro do qual deve estar compreendido o valor real.

Desvios e propagação de erros

Se $x_1, x_2, ..., x_n$ são os valores de uma série de n medidas de uma grandeza, o *valor mais provável* da grandeza medida é dado pela *média aritmética* ou *valor médio* do conjunto de medidas, ou seja,

$$\overline{x} = \frac{x_1 + x_2 + ... + x_n}{n} = \frac{1}{n}\sum_{i=1}^{n} x_i \qquad (1.1)$$

O *desvio absoluto* de cada medida ou erro da medida é definido como o módulo da diferença entre a medida considerada e o valor médio da grandeza,

$$\Delta x_i = |x_i - \overline{x}| \qquad (1.2)$$

O *desvio relativo* de cada medida é definido como: $\Delta x_i/x_i$. Muitas vezes, o desvio relativo é apresentado como desvio relativo porcentual, ou seja, $(\Delta x_i/x_i)\cdot 100\%$.

O *desvio médio absoluto* do conjunto de n medidas de uma grandeza é a média aritmética do módulo dos desvios absolutos de cada medida, que se calcula pela Equação (1.2):

$$\overline{\Delta x} = \frac{1}{n}\sum_{i=1}^{n} |\Delta x_i| \qquad (1.3)$$

Utilizando-se as equações (1.1) e (1.2), pode-se concluir que:
- A soma dos desvios absolutos de cada medida é nula, de fato,

$$\sum \Delta x_i = \sum_1^n x_i - \sum_1^n \overline{x} = n\overline{x} - n\overline{x} = 0 \qquad (1.4)$$

- A soma dos quadrados dos desvios é um mínimo com relação ao valor médio, ou seja, se $S = \sum_1^n (\Delta x_i)^2 = \sum_1^n (x_i - \overline{x})^2 = n\overline{x}^2 - 2\overline{x}\sum_1^n x_i + \sum_1^n x_i^2$, então $\frac{dS}{d\overline{x}} = 2n\overline{x} - 2\sum_1^n x_i = 0$. Como $\frac{d^2S}{d\overline{x}^2} = 2n > 0$, conclui-se que S é um mínimo com relação a $\overline{x}$.

O *desvio padrão* desse conjunto de n medidas é definido a partir do *erro médio quadrático*, que, por sua vez, é definido como

$$m = \pm \sqrt{\frac{1}{n}[(\Delta x_1)^2 + (\Delta x_2)^2 + \ldots + (\Delta x_n)^2]} = \pm \sqrt{\frac{1}{n}\sum_1^n (x_i - \overline{x})^2}. \qquad (1.5)$$

Utilizando a Equação (1.4) e definindo $\frac{1}{n}(x_1^2 + x_2^2 + \ldots + x_n^2) = \overline{x^2}$, a Equação (1.5) se reduz a

$$m = \pm \sqrt{\overline{x^2} - \overline{x}^2}, \qquad (1.6)$$

Logo, m é independente do número de medidas, sempre que este não for muito reduzido. Se x é o *verdadeiro valor* da grandeza que estamos medindo, denominamos *erro verdadeiro* da grandeza a diferença $\delta x_i = x_i - x$ e *erro absoluto do valor médio* a diferença $\sigma = x - \overline{x}$. Combinando a Equação (1.2) e δx_i, encontramos $\Delta x_i = \delta x_i - \sigma$. Portanto, considerando a Equação (1.4), concluímos que: $\sum_1^n \delta x_i = n\sigma$, logo,

$$n^2 \sigma^2 = (\sum \delta x_i)^2 = \sum_i (\delta x_i)^2. \qquad (1.7)$$

Da Equação (1.5) tem-se

$$m^2 = \frac{1}{n}\sum_i (x_i - \overline{x})^2 = \frac{1}{n}\sum_i (\delta x_i)^2 - \sigma^2. \qquad (1.8)$$

Das equações (1.7) e (1.8), encontramos o *desvio padrão* do conjunto de n medidas, dado por

$$\sigma = \frac{m}{\sqrt{n-1}} = \pm \sqrt{\frac{1}{n-1}\sum_1^n (\Delta x_i)^2}. \qquad (1.9)$$

Logo, o *verdadeiro valor* da grandeza $x = \vec{x} + \sigma$ será $x = \overline{x} \pm \frac{m}{\sqrt{n-1}}$.

Na Equação (1.9), se: $n \to \infty$, então $\sigma \to 0$ e $\overline{x} \to x$. Se $n \gg 1$ e tendo em conta a Equação (1.3), $\sigma \to \pm\overline{\Delta x}$, portanto $x = \overline{x} \pm \overline{\Delta x}$.

Na prática, o intervalo $\pm\overline{\Delta x}$ do valor final da grandeza corresponde ao maior valor, entre o desvio médio absoluto e o desvio avaliado absoluto, sendo que o *desvio avaliado absoluto* é normalmente o valor correspondente à metade da menor divisão da escala do instrumento utilizado nas medidas ou o valor indicado no próprio instrumento, quando este é de precisão. Isso faz que este desvio tenha somente um único algarismo significativo.

Por exemplo, após fazer várias medidas do diâmetro médio de um olho humano, chega-se ao valor $(2,87 \pm 0,05)$ cm, então o *desvio absoluto* dessas medidas é $\pm 0,05$. Isso significa ser *pouco provável* que o verdadeiro valor seja menor que 2,82 cm ou maior que 2,92 cm. O termo *provável* é empregado aqui em termos estatísticos.

Teremos uma *precisão maior* quanto menor for o desvio absoluto. Sempre é desejável obter a maior precisão possível. Se ao fazer a medida de uma grandeza encontramos um desvio absoluto muito grande e o diminuímos arbitrariamente, então pode acontecer que a redução arbitrária da faixa de desvio lance dúvidas sobre a *certeza* de que o valor da medida feita estará dentro da nova faixa de valores, pois esta se tornou mais estreita. Portanto, *precisão e certezas* estão relacionadas, e não podemos modificar arbitrariamente uma delas sem que a outra seja modificada. Vejamos com um exemplo prático como esta relação aparece quando tratamos com várias medidas de uma mesma grandeza.

Exemplo: Para fazer medidas, sob condições de repouso, do potencial de Nernst em virtude dos íons Na^+ no axônio de um nervo de lula, utilizamos um voltímetro graduado em décimos de milivolt (mV). Foram feitas dez medidas cujos valores em mV são os seguintes:

$V_1 = 54,20 \quad V_2 = 54,16 \quad V_3 = 54,15 \quad V_4 = 54,15 \quad V_5 = 54,17$

$V_6 = 54,20 \quad V_7 = 54,23 \quad V_8 = 54,25 \quad V_9 = 54,22 \quad V_{10} = 54,24$.

a) Determine o melhor valor do potencial de Nernst do íon Na^+.
b) Discuta a precisão e certeza de seu resultado em (a) e determine o desvio do potencial.

Resolução:

a) O melhor valor para o potencial será o *valor médio* ou *valor mais provável* deste conjunto de medidas; pela Equação (1.1): $\overline{V} = \frac{1}{10}\sum_i V_i = 54,20 \text{ mV}$.

b) Vamos supor que, para ter boa *precisão*, consideramos um desvio pequeno, por exemplo, ±0,01 mV. Nesse caso, somente *duas* entre as dez medidas feitas estão no intervalo (54,20 ± 0,01) mV, ou seja, 80% dos valores estão fora desse intervalo. Dizemos que esse desvio dará muito *pouca certeza*, pois só duas em dez medidas encontram-se no intervalo do desvio. Se considerarmos que o desvio é ±0,02 mV, teremos *três medidas* dentro do intervalo (54,20 ± 0,02) mV. Com um desvio de ±0,03 mV, teremos *cinco medidas* dentro do novo intervalo. Se considerarmos que o desvio é ±0,05 mV, teremos *todas as medidas* dentro do intervalo (54,20 ± 0,05) mV. Neste último caso, conseguimos uma *certeza* total, mas a *precisão* diminuiu muito.

Para conciliar *certeza* com *precisão*, não adianta ter uma certeza muito grande com uma precisão pequena, ou vice-versa; no exemplo anterior, podemos expressar este potencial de Nernst de duas maneiras: (54,20 ± 0,03) mV ou (54,20 ± 0,04) mV. No primeiro caso, a precisão é boa, e a certeza é de 50% (cinco em dez medidas); na segunda, a certeza aumenta para 70%, mas a precisão diminui.

Da Equação (1.3), encontramos que o *desvio médio absoluto* do conjunto de medidas seria: $\overline{\Delta V} = \pm 0,03$ mV; $\therefore \overline{V} \pm \overline{\Delta V} = (54,20 \pm 0,03)$ mV, e que, conforme a discussão anterior, é uma das formas convenientes de se expressar esse potencial.

Das equações (1.6) e (1.9) obtemos, respectivamente, para esse conjunto de medidas: m = 0,33 e σ = ±0,11, ∴ o *verdadeiro valor* deste potencial $V = \overline{V} \pm \sigma = (54{,}20 \pm 0{,}11)$ mV estará no intervalo de valores de 54,09 mV a 54,31 mV.

Regras para a propagação de desvios

Têm-se as quantidades: $x = \overline{x} \pm \overline{\Delta x}$ e $y = \overline{y} \pm \overline{\Delta y}$, queremos encontrar os desvios das novas quantidades: S = x + y; D = x – y; P = x·y e Q = x/y.

Para a adição (S) e subtração (D), teremos respectivamente os seguintes desvios médios absolutos:

$$\Delta S = \Delta D = \pm(\overline{\Delta x} + \overline{\Delta y}).$$

Para a multiplicação (P) e divisão (Q), teremos respectivamente os seguintes desvios relativos:

$$\frac{\Delta P}{P} = \frac{\Delta Q}{Q} = \pm\left(\frac{\overline{\Delta x}}{\overline{x}} + \frac{\overline{\Delta y}}{\overline{y}}\right).$$

1.4 Gráficos

Normalmente um conjunto de valores teóricos ou mesmo resultados obtidos em *trabalhos experimentais* são utilizados para compor gráficos. Dessa forma, pode-se ter uma ideia imediata do comportamento das grandezas observadas. O *gráfico* é uma das formas mais convenientes para visualizar e/ou interpretar uma relação entre duas ou mais grandezas, além de poder evidenciar uma relação entre grandezas, que seria difícil de ser estabelecida somente com o uso de tabelas. Antes de levar os valores das grandezas para uma folha de *gráfico*, é necessário definir dois ou mais eixos que servirão para representar os valores dessas grandezas. Para construirmos um gráfico, devemos estabelecer uma *escala* em cada eixo, de modo que pares de valores possam ser colocados no gráfico, independente do intervalo de variação desses valores e dos comprimentos dos eixos. As folhas para gráficos mais utilizadas apresentam *dois tipos de escalas*: milimetrado e logarítmico. A combinação dessas *escalas* dá origem a três tipos de folha para gráficos:

- *Milimetrado*: a folha apresenta *escalas* lineares.
- *Mono-logarítmico*: a folha apresenta uma *escala* logarítmica e outra linear.
- *Di-logarítmico*: a folha apresenta *escalas* logarítmicas.

A seguir, daremos algumas regras muito úteis para a construção de um *gráfico*:

- Em uma mesma folha é possível construir vários *gráficos*; basta usar símbolos diferentes (♣, ♦, ♥, ♠, ...) e uma legenda que identifique cada tipo de ponto.
- Quando o valor das grandezas já tem seu desvio absoluto definido, o gráfico deve trazer esta informação. Por exemplo, se a grandeza representada no *eixo y* tem desvio ±Δy e a representada no *eixo x* tem desvio ±Δx, então a representação desses desvios na folha de gráficos será

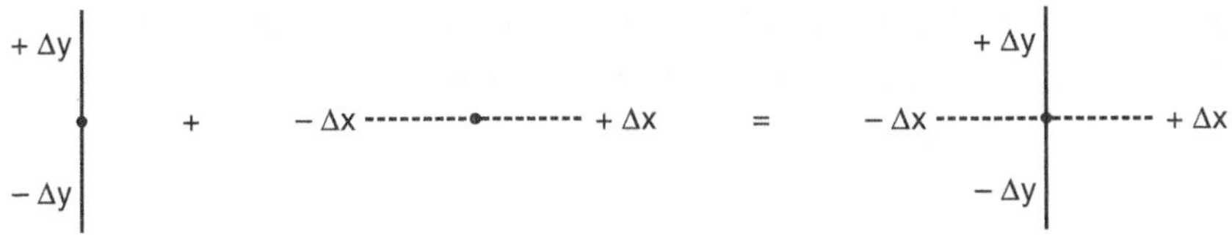

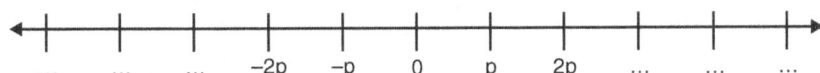

- Na medida do possível, convém representar os gráficos por uma reta. Para isso, na maioria das vezes basta fazermos mudanças convenientes das grandezas que o definem.

1.5 Construção de escalas[5,6]

Escala linear

Considere um eixo de comprimento L. Nesse eixo, queremos colocar um conjunto de valores positivos e negativos de uma *grandeza X*. Se a diferença entre o valor máximo e o mínimo da grandeza é Δ, o *passo da escala* a ser utilizado será: $p = L/\Delta$. Na medida do possível, convém *arredondarmos* o valor de Δ, a fim de que p seja inteiro ou, pelo menos, semi-inteiro. Com o passo da escala definido, há condições para colocar todos os valores da grandeza X no eixo. Por exemplo, a *escala linear* mostrada na Figura 1.2 tem passo p.

FIGURA 1.2

Escala linear com passo p.

Considere um conjunto de medidas de duas grandezas G e G', sendo u e u', respectivamente, as unidades dessas grandezas. Vamos levar os valores dessas grandezas para a folha de gráfico cujas escalas são *lineares*.

Inicialmente, definimos os passos p_x e p_y para o eixo horizontal e o eixo vertical, respectivamente. Colocamos as medidas de G e G' na folha e finalmente traçamos o gráfico. A Figura 1.3 mostra que existe uma *relação linear* entre as grandezas G e G'.

Para encontrarmos uma *relação funcional* entre G e G' a partir do gráfico dessas grandezas, procede-se da seguinte maneira:

- Determinamos o *declive (inclinação) da reta*: $m = \frac{(15-5)u'}{(8-0)u} = \frac{10u'}{8u} = 1{,}25\frac{u'}{u}$.
- Determinamos o valor de G' quando G = 0. No gráfico, $G = 0 \Rightarrow G' = 5\ u'$.
- Como o gráfico das grandezas G e G' *é uma reta*, teremos: $G' = 5u' + 1{,}25\frac{u'}{u}G$.

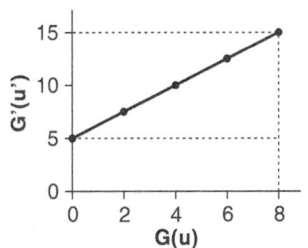

FIGURA 1.3

Relação linear entre as grandezas G(u) e G'(u').

Em geral, toda vez que o gráfico correspondente a duas grandezas G e G' for uma reta, a relação funcional entre essas grandezas será

$$G' = b + mG, \qquad (1.10)$$

onde b é o valor de G' quando G = 0; e m é o declive ou inclinação da reta.

Exemplo: Foi feita a medida da velocidade de corrida de um animal em função do tempo. Os dados encontrados foram:

v(m/s):	9	13	17	21	25	29
t(s):	2	4	6	8	10	12

a) Construa o gráfico v × t em uma folha de papel milimetrado.
b) Que tipo de função relaciona a velocidade e o tempo?
c) Encontre a expressão empírica entre essas grandezas.

Resolução:
a) O gráfico obtido é mostrado na figura a seguir. Arbitrariamente os valores de v foram colocados no eixo vertical e os de t, no eixo horizontal.
b) A relação entre a velocidade e o tempo é linear.

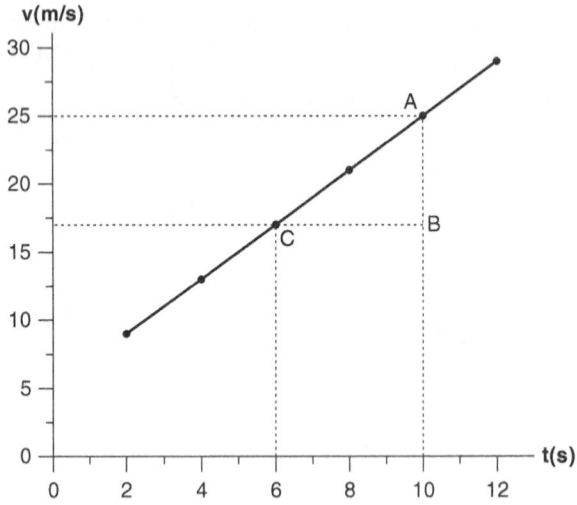

c) Os *passos da escala* dos eixos vertical e horizontal serão, respectivamente, $p_v = L_v/\Delta_v$ e $p_t = L_t/\Delta_t$, onde L_v e L_t são, respectivamente, os comprimentos dos eixos vertical e horizontal. No triângulo (arbitrário) ABC tem-se: AB = Δv = 25 m/s − 17 m/s = 8 m/s; BC = Δt = 10 s − 6 s = 4 s. Portanto, a inclinação da reta será: $(\Delta v/\Delta t) = 2$ m/s². Quando t = 0, por extrapolação do gráfico achamos v = 5 m/s. A relação funcional entre essas grandezas será: v = 5 + 2t, em m/s.

Escala logarítmica

Quando se tem um conjunto de valores em ordem crescente (ou decrescente): $x_1, x_2, ..., x_n$, e o valor de x_n é maior (ou menor) em muitas ordens de grandeza que o de x_1, é praticamente inviável colocar esses valores em uma *escala linear*. Mais é bastante provável que se possam colocar em uma *escala linear* os *logaritmos* desses valores. Evidentemente conseguiremos isso com um trabalho extra. Felizmente, existem papéis de gráficos cujas *escalas são logarítmicas na base 10*. Quando utilizamos esses papéis, é suficiente colocar neles os valores crescentes (ou decrescentes) de que dispomos.

A Figura 1.4 a seguir mostra um eixo horizontal de comprimento L, que será denominado *ciclo da escala*. Esse ciclo está dividido em intervalos

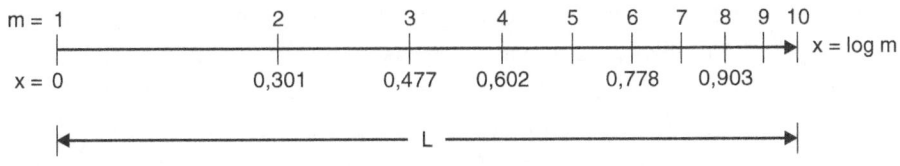

FIGURA 1.4

Escala logarítmica em um ciclo de escala L.

proporcionais à diferença log (m + 1) − log m, sendo m = 1, 2,..., 9. Dessa maneira, no comprimento L foi introduzida uma *escala logarítmica*. Em geral, as folhas para gráfico com escalas logarítmicas *têm vários ciclos*, nos eixos vertical e/ou horizontal.

O *comprimento L* do ciclo é proporcional à diferença log 10 − log 1 =1. Em geral, L é proporcional à diferença $\log 10^{n+1} - \log 10^n$, onde n = 0, ±1, ±2,... Se x = log m (m = 1, 2, 3,..., 9) e o comprimento do ciclo é L = 10 cm, então o ciclo L estará subdividido em intervalos dados pela diferença entre os logaritmos de m. Por exemplo:

- Entre m = 2 e m = 1, teremos log 2 − log 1 = 0,301, portanto l_{12} = 3,01 cm;
- Entre m = 3 e m = 1, teremos log 3 − log 1 = 0,477, portanto l_{13} = 4,77 cm;
- Entre m = 9 e m = 1, teremos log 9 − log 1 = 0,954, portanto l_{19} = 9,54 cm.

Quando a folha para gráfico tem vários ciclos, como mostra a Figura 1.5, a seguir, os extremos da cada ciclo tomam valores correspondentes a potências inteiras de 10.

Temos um conjunto de medidas de duas grandezas G e G', sendo u e u' as respectivas unidades dessas grandezas. Se, ao levarmos essas medidas para uma folha de gráfico cuja *escala é linear*, o resultado for uma curva que corresponde a uma *função potência*, então, nesse caso, a relação entre as grandezas será:

$$G' = B \cdot G^m, \qquad (1.11)$$

onde B e m são constantes, podendo assumir valores positivos ou negativos. Se além do gráfico é necessário determinar a *relação funcional* entre G e G', precisaremos encontrar os valores das constantes B e m. Quando a *escala linear* contém o valor 1 u da grandeza G, o correspondente valor de G' será B. Quando isso não acontece, para determinarmos B e m, recorremos ao gráfico em que os valores de G e G' são apresentados em uma folha *di-log*.

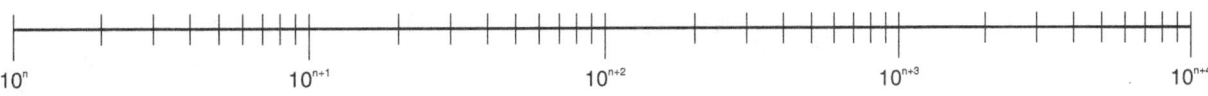

FIGURA 1.5

Eixo logarítmico, com quatro ciclos. Os extremos e cada ciclo são potências inteiras de 10.

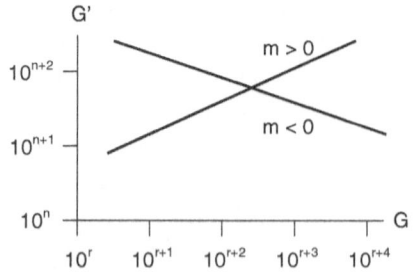

FIGURA 1.6

Gráfico em uma folha *di-log* de uma *função potência*. A inclinação da reta pode ser positiva (m > 0) ou negativa (m < 0) e n e r podem ter valores inteiros 0, ±1, ±2...

A Figura 1.6 mostra um papel de gráfico com escalas logarítmicas (papel *di-log*) com duas formas possíveis do gráfico das grandezas G e G', quando a *função potência* é a relação funcional entre elas. Se na Equação (1.11) tomamos logaritmos em ambos os lados da igualdade, teremos: log G' = log B + m·log G. Denominando log G' = y; log G = x e log B = b, teremos a equação:

$$y = b + mx, \qquad (1.12)$$

que é a equação de uma reta de inclinação m. O valor de b é igual ao de y quando G = 1.

Exemplo: A *taxa (ou razão) metabólica* R de um espécime de massa M indica a quantidade de energia que um organismo utiliza por unidade de tempo, para exercer uma função. A seguir, apresentamos valores de R para cinco espécimes:

Espécimes:	rato	coelho	gato	cão	homem
R (kcal/h):	2,5	5,4	7,3	24,3	85,5
Massa (kg):	0,7	2,0	3,0	15,0	80,0

Determine:
a) uma relação funcional para essas grandezas;
b) os correspondentes valores de R para um camundongo de 20 g e para um cavalo de 800 kg.

Resolução:

a) Inicialmente, em uma folha com *escalas lineares*, construímos o gráfico R = f(M), sendo M a massa do espécime. Como mostra o gráfico da Figura (a) ao lado, ele representa uma *função potência*. Logo, a relação funcional entre estas grandezas, de acordo com a Equação (1.11), será: $R = B \cdot M^m$. A escala da grandeza M contém o valor M = 1 kg; portanto, pode-se determinar o correspondente valor de R que, por sua vez, será o valor de B. Assim, M = 1 kg $\Rightarrow$ R = B = 3,25 kcal/h $\therefore$ R = 3,25 M^m (kcal/h).

A Figura (b) ao lado mostra o gráfico R = f(M) traçado em uma folha com *escalas logarítmicas*. Esse gráfico é uma *reta*, cuja inclinação m será determinada a partir do Δ ABC,

$$m = \frac{AB}{BC} = \frac{\log 18 - \log 5}{\log 10 - \log 1,78} = 0,742 \cong \frac{3}{4}$$

Logo, a relação funcional entre a taxa metabólica e a massa de um espécime será

$$R = 3,25 \, M^{3/4}.$$

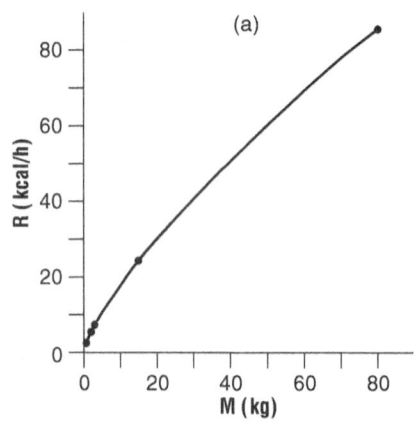

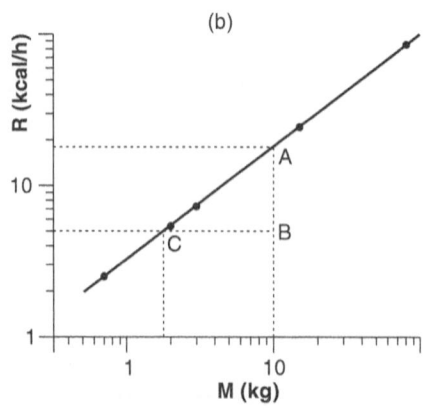

b) Admitindo que a extrapolação seja válida, ou seja, R e M continuam satisfazendo uma relação linear, teremos:
- Para o camundongo R $\cong$ 0,173 kcal/h.
- Para o cavalo R $\cong$ 488,9 kcal/h.

1.6 Decaimento e crescimento exponencial

Toda função da forma y(x) = b·q^x é denominada *função exponencial*. Nessa função, tanto y como x são quantidades variáveis, sendo x uma quantidade real; *b* e *q*, dois parâmetros, onde $q > 0$. Na biologia, os dados obtidos em uma experiência muitas vezes seguem um comportamento típico de uma *função exponencial*, que é muito importante nos tratamentos matemáticos e estatísticos de vários problemas nas ciências da vida, sendo, por isso, necessário o conhecimento de suas principais propriedades. A *função exponencial* na forma apresentada anteriormente não é prática para ser diferenciada e/ou integrada, a menos que seja introduzida uma base especial, como a do número $e = 2,718281828459...$ Com essa base, a *função exponencial* toma a forma y(x) = B·e^{ax}, sendo *e* a base dos logaritmos naturais, e *a*, um parâmetro positivo ou negativo.

Tendo-se um conjunto de medidas de duas grandezas G e G' e, levando esses dados a uma folha de gráfico com *escala linear*, se o gráfico obtido corresponder a uma *função exponencial*, então a relação funcional entre essas grandezas será:

$$G' = B \cdot \exp(a \cdot G) = B \cdot e^{a \cdot G}, \quad (1.13)$$

onde *B* e *a* são constantes, podendo assumir valores positivos ou negativos. As figuras 1.7 e 1.8 mostram a *forma da função exponencial* em um papel de *escalas lineares*, para os casos em que o parâmetro *a* é positivo ou negativo, respectivamente.

A variável G terá um *crescimento exponencial* com relação à variável G' quando $a > 0$, como é o caso da Figura 1.7; e terá um *decaimento exponencial* com relação à variável G' quando $a < 0$, como é o caso da Figura 1.8.

Na Equação (1.13), ao fazer G = 0, o valor de G' correspondente será o valor de B.

Para que a *relação funcional* entre essas grandezas seja determinada, é necessário calcular o valor do parâmetro *a*. Para isso, utilizamos o gráfico construído em uma folha *mono-log* dos valores dessas grandezas. A Figura 1.9 apresenta duas *formas do gráfico* de G em função de G' em uma folha mono-log.

Se na Equação (1.13) tomarmos os logaritmos na base 10 em ambos os lados da igualdade, teremos: log G' = log B + (a·log e)G. Fazendo log G' = y; log B = b; e a·log e = m, teremos:

$$y = b + mG. \quad (1.14)$$

A Equação (1.14) é a equação de uma *reta* com inclinação *m*. Entretanto, como a escala de G' é logarítmica, deve-se lembrar que, para dois valores g'$_2$ e g'$_1$ lidos diretamente na escala logarítmica, a diferença (log g'$_2$ − log g'$_1$) será o valor a ser utilizado no cálculo de *m*. O parâmetro *a* será determinado a partir da relação:

$$a = m/\log e = m/0,4343 \quad (1.15)$$

Assim, concluímos que o uso de uma folha mono-log evita o cálculo dos logaritmos das medidas da grandeza G', além de permitir, por um cálculo muito simples, a determinação do parâmetro *a*.

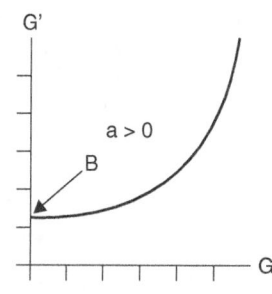

FIGURA 1.7

Função crescimento exponencial. O valor de B é o valor de G', quando G = 0.

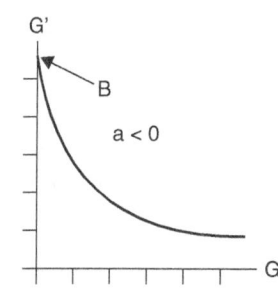

FIGURA 1.8

Função decaimento exponencial. O valor de B é o valor de G', quando G = 0.

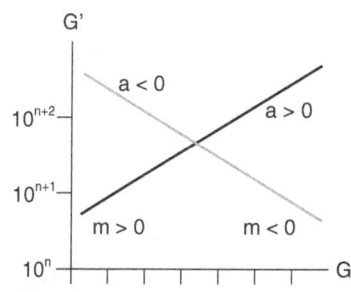

FIGURA 1.9

Gráficos em uma folha mono-log das funções: crescimento (—) e decaimento (—) exponencial.

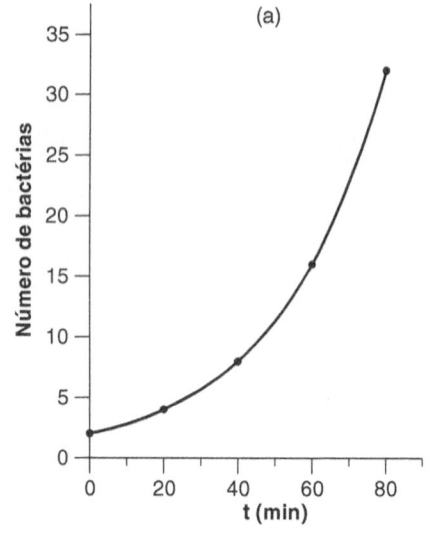

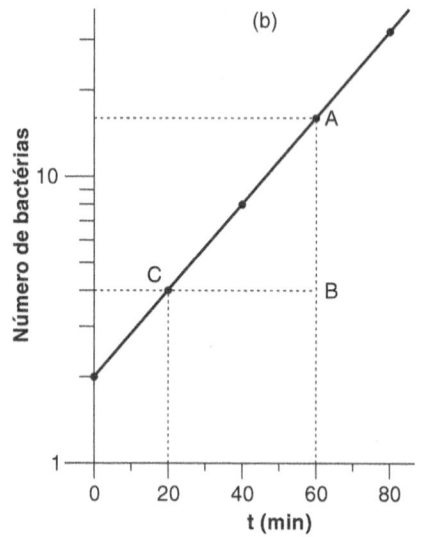

Exemplo: Um organismo unicelular reproduz-se por *divisão binária* a uma taxa constante. Se inicialmente há *duas bactérias* e cada uma se divide em *duas* a cada 20 minutos, será obtido o resultado a seguir.

Número de bactérias N:	2	4	8	16	32	—
Tempo t (minutos):	0	20	40	60	80	—

Determine:
a) uma relação funcional entre essas grandezas a partir de um gráfico de N em função do tempo t;
b) o número de bactérias quando t = 1 h e t = 2 h.

Resolução:
a) O gráfico N = f(t), construído em papel com *escalas lineares*, é apresentado na Figura (a) ao lado. Ele representa uma *função de crescimento exponencial*; a relação funcional entre essas grandezas seria: $N(t) = B \cdot \exp(at)$ ou $N(t) = B \cdot e^{at}$, com $a > 0$. Do gráfico, quando t = 0, N = 2; isso implica que B = 2. Logo, a relação funcional entre N e t será $N(t) = 2 \cdot e^{at}$.

Na Figura (b) ao lado, temos o gráfico N = f(t) em uma folha *mono-log*. Esse gráfico é uma *reta*, cuja inclinação, *m*, é determinada a partir do Δ ABC:

$$m = \frac{AB}{BC} = \frac{\log 16 - \log 4}{60 - 20} = 0,015.$$

Utilizando a Equação (1.15), determinamos a = 0,0347.

∴ $N(t) = 2e^{-0,0347t}$ será a relação funcional entre N e t. Note que a taxa de variação do *número total* de bactérias é proporcional a esse número, ou seja, $\frac{dN}{dt} = 0,0347$ N. A unidade do parâmetro *a* é t^{-1}.

b) Da relação funcional entre N e t, calculamos que, depois de iniciada a *divisão*, em *1 hora* temos 16 bactérias e, em *2 horas*, teremos 128 bactérias.

Exemplo: Considere uma substância que contém átomos radioativos de tecnécio (^{99}Tc). Foram feitas medidas da atividade relativa (A) desse átomo a cada duas horas (a definição da *atividade* de uma amostra é dada no final deste exemplo). Foram encontrados os valores a seguir:

A:	1	0,79	0,63	0,50	0,40	0,32	0,25
t(h):	0	2	4	6	8	10	12

Determine:
a) A partir do gráfico A = f(t), a relação funcional entre essas grandezas;
b) os tempos em que a atividade relativa do ^{99}Tc é 0,5 (50%) e 0,3679 = e^{-1}.

Resolução:
a) A Figura (a) ao lado mostra o gráfico A = f(t) construído em folha com *escalas lineares*. O gráfico representa uma *função de decaimento exponencial*, portanto a relação funcional entre as grandezas será: $A = B \cdot e^{at}$, com $a < 0$. No gráfico, quando t = 0, temos A = 1; isso implica que B = 1. Logo, a relação funcional entre A e t será $A(t) = e^{at}$.

Na Figura (b) a seguir, temos o gráfico A = f(t), construído em folha *mono-log*. O gráfico é *uma reta*, cuja inclinação *m* é determinada a partir do Δ ABC:

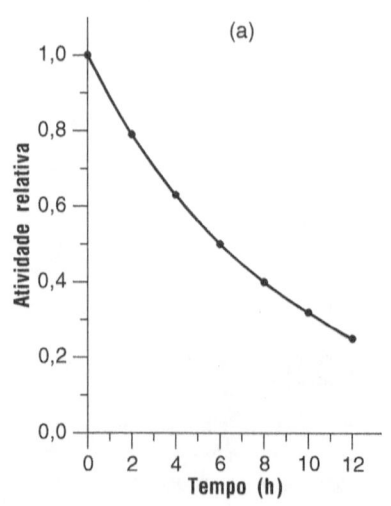

$$m = \frac{AB}{BC} = \frac{\log 0,8 - \log 0,45}{2 - 7} = -0,05$$

A Equação (1.15) nos permite determinar $a = -0,115 \therefore A(t) = e^{-0,115t}$ será a relação funcional pedida entre A e t.

b) Utilizando a relação funcional entre A e t, encontramos que, quando t = 6 horas (tempo de meia-vida dos átomos), A = 0,5; quando t = 8,69 horas (tempo de vida média), A = 0,3679.

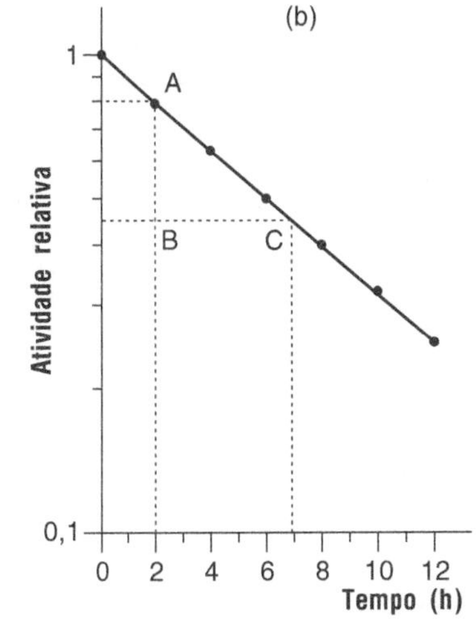

A *atividade* A de uma amostra de qualquer material radioativo é a taxa com que os *núcleos* dos átomos que constituem essa amostra *decaem*. Se no instante t a amostra tem N núcleos, sua atividade A é dada por: $A = -\frac{dN}{dt}$. A é expressa em desintegrações/s. A Figura (b) do exercício mostra que a variação da atividade em função do tempo segue uma *lei de decaimento exponencial*, ou seja, $A(t) = A_0 e^{-\lambda t}$; onde λ é a constante de decaimento radioativo desses átomos e A_0, a atividade em t = 0.

O *tempo de meia-vida* $T_{1/2}$ desses átomos é o tempo necessário para que a atividade caia a $\frac{1}{2} A_0$ ou metade de seu valor inicial. $\therefore T_{1/2} = \frac{\text{Ln} 2}{\lambda} = \frac{0,693}{\lambda}$. No caso do ^{99}Tc, $T_{1/2} = 0,693/0,115 = 6$ horas.

O *tempo de vida média* T, característico do decaimento, é o tempo médio que um núcleo sobrevive antes de decair $\therefore T = \frac{1}{\lambda} = \frac{T_{1/2}}{0,693}$. Para o ^{99}Tc, T = 8,69 horas. Note que os produtos de λ com $T_{1/2}$ e com T são constantes. De fato, $\lambda \cdot T_{1/2} = \text{Ln} 2 = 0,693$ e $\lambda \cdot T = 1$.

1.7 Fator de escala e tamanho de objetos

O conceito de *fator de escala* será introduzido a partir da comparação de objetos com formas geométricas regulares. A Figura 1.10 mostra dois cubos, um de lado l e outro de lado l' = 2l; e duas esferas, uma de raio r, e outra de raio r' = 3r. No caso dos cubos, o lado de um é duas vezes maior que do outro, e o fator 2, ou *L em geral*, é denominado *fator de escala*. Ao comparar o tamanho dos raios das esferas, o *fator de escala L* será 3.

Se compararmos as áreas das superfícies externas e os volumes destas figuras de *formas semelhantes*, vemos que: a) a razão entre as *áreas superficiais* dos cubos é $6l'^2 : 6l^2 = 4 : 1$; ou em função do fator de escala $L^2 : 1$.

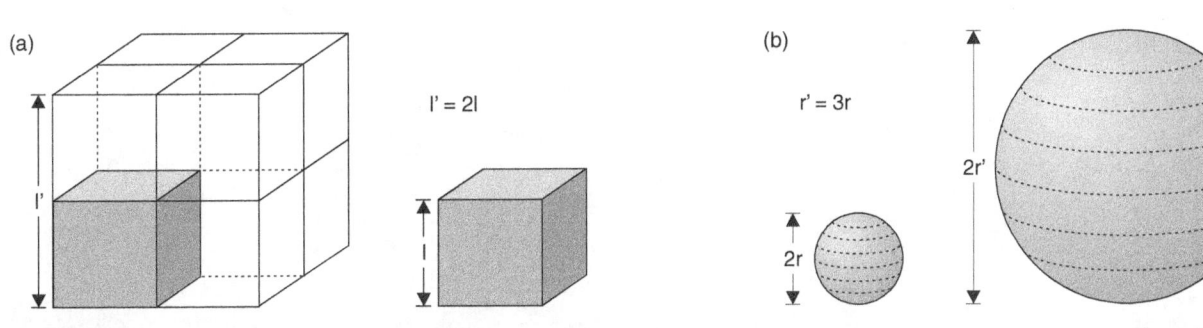

FIGURA 1.10

a) Cubos com lados l' e l e fator de escala L = l'/l = 2; b) Esferas de raios r' e r com fator de escala L = r'/r = 3.

Ao compararmos as áreas superficiais das esferas, encontraremos a razão $L^2 : 1$, sendo agora $9 : 1$, pois $L = 3$. Em geral, para um objeto de comprimento característico l,

Área de superfícies $\propto$ (comprimento característico)^2

Se compararmos os *volumes* dos cubos, teremos $l'^3 : l^3 = 8 : 1$; ou, em função do fator de escala, $L^3 : 1$. Essa mesma razão seria encontrada ao comparar os volumes das esferas, lembrando que, nesse caso, $L = 3$. Em geral, para um objeto de comprimento característico l,

Volume $\propto$ (comprimento característico)^3

Quando dois objetos têm *densidade uniforme*, formas geométricas semelhantes e um fator de escala L, a comparação entre suas *massas* satisfaz a razão $L^3 : 1$. Em geral, para um objeto de comprimento característico l,

Massa $\propto$ (comprimento característico)^3

Normalmente, para objetos de densidade uniforme e comprimento característico l, a seguinte razão deve ser satisfeita:

$$\frac{\text{área superficial}}{\text{volume}} \propto \frac{(\text{comp. característico})^2}{(\text{comp. característico})^3} \propto (\text{comprimento característico})^{-1}$$

A relação entre o comprimento característico de um objeto com sua área, volume ou massa pode ser aplicada a partes do mesmo objeto, de modo que, ao compararmos essas partes com regiões similares de outro objeto de *forma semelhante*, a razão encontrada em função do fator de escala L seja satisfeita. Na Figura 1.11, por exemplo, as áreas $A \propto l^2$ e $A' \propto l'^2$ satisfazem a razão, $A'/A \propto L^2$.

Com muita cautela, também podemos utilizar esses procedimentos para comparar objetos irregulares, mas de *formas similares*. Por exemplo, na Figura 1.12, uma vez escolhido o comprimento característico dos objetos (no caso as dimensões h' e h), o fator de escala correspondente seria $L \propto h'/h$, logo pode-se concluir que $A'/A \propto L^2$. É fácil definir o *comprimento característico* de objetos com formas regulares. Porém, no caso de objetos com forma irregular — frequentemente encontrados —, a escolha do comprimento característico normalmente é algum *comprimento predominante* do objeto. Mesmo assim, essa escolha pode não ser a única.

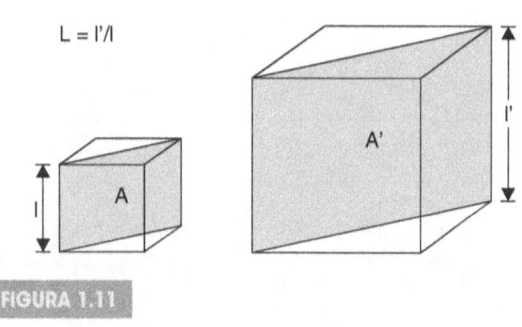

FIGURA 1.11

Cubos de lados l' e l e fator de escala L. As áreas destacadas A' e A em cada cubo são $\propto L^2$.

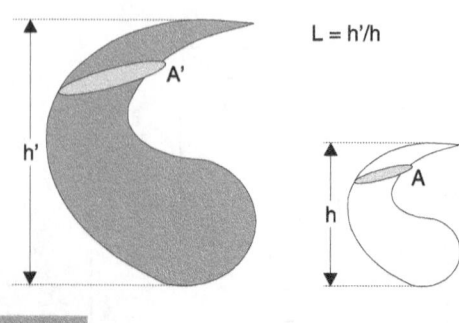

FIGURA 1.12

Objetos com formas semelhantes e fator de escala L. A razão entre as áreas A' e A é L^2.

A Figura 1.13 mostra três corpos muito comuns na biologia[7] e seus respectivos *comprimentos característicos* escolhidos. Na Figura 1.13a o fêmur de um mamífero tem *comprimento característico l*, logo tanto seu volume quanto sua massa serão $\propto l^3$; sua área superficial A e a área da seção transversal A' serão $\propto l^2$. Na Figura 1.13b, o corpo do leão está representado por um conjunto de cubos de tamanhos diferentes, cada um de lado a_i. Escolhendo a *altura h* destacada na figura como *comprimento característico*, os lados de cada cubo podem ser considerados como $\propto h$. Poderíamos ter escolhido o comprimento l do corpo do animal ou sua largura w como comprimento característico, e o raciocínio seguinte não se modificaria.

Se V é a soma dos volumes de todos os cubos no interior do corpo do animal da Figura 1.13b, esse valor poderá representar, com um erro de aproximação relativamente pequeno, o volume do corpo do animal, ou seja,

$$V = v_1 + v_2 + \ldots + v_n = a_1^3 + a_2^3 + \ldots + a_n^3 = \sum_{i=1}^{n} a_i^3$$

onde v_i é o volume de um cubo de lado a_i. Como $a_i = c_i h$, sendo c_i um fator numérico positivo, então: $a_i^3 = c_i^3 h^3$, logo

$$V = h^3 \sum_{i=1}^{n} c_i^3 \propto h^3$$

Tanto h como a_i e V são quantidades variáveis. Para cada valor da dimensão linear h, a_i e o volume V estão univocamente determinados. Por um raciocínio similar, podemos subdividir a *superfície* do corpo do animal em um número grande de quadrados de lados diferentes. Se A é a superfície total do corpo, então pode-se provar que $A \propto h^2$.

A Figura 1.13c mostra outro critério para escolher o *comprimento característico*. Nesse caso, optamos pela distância entre dois pontos do quadrúpede, tal como a *distância d* ombro-quadril. Este comprimento característico é muito usado em animais quadrúpedes, pois facilita a comparação entre espécies com formas semelhantes, a partir da razão d : h', sendo h' a altura do tronco.

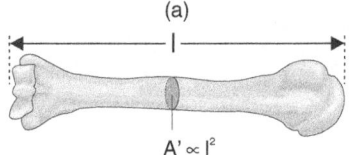
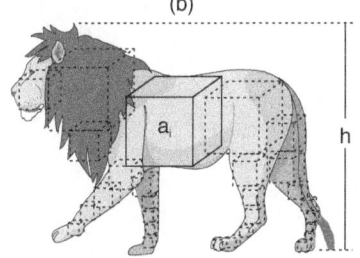
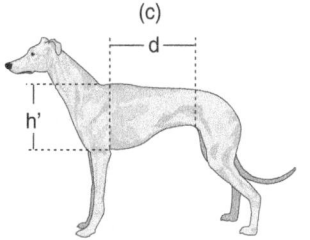

FIGURA 1.13

a) Osso de vertebrado de comprimento característico l, a área de uma seção transversal A'$\propto l^2$. b) Corpo de forma irregular de comprimento característico h e lado do cubo $a_i \propto h$; logo, seu volume é $V \propto h^3$. c) Quadrúpede com comprimento característico d, a altura h' do tronco pode ser relacionada com d.

1.8 Escala na biologia[8]

Os cientistas experimentais às vezes podem ser classificados como os que *juntam ou separam* fatos que ocorrem na natureza. Os que *juntam*, geralmente os *físicos e químicos*, descrevem leis que ligam fenômenos aparentemente diversos entre si. Os que *separam*, geralmente os das *ciências da vida*, relatam mais a diversidade. Mas há exceções, como nos casos em que utilizamos *escala biológica* para explicar certas observações experimentais. Aqui, ambas as tendências reunidas permitem melhorar a compreensão de fatos conhecidos.

Como relacionar as mudanças de várias características de organismos vivos (duração da vida, frequência cardíaca, rapidez com que convertem energia etc.) com o tamanho de seus corpos? Para relacionar a *função biológica* dos organismos com seu *tamanho*, recorremos ao conceito de *escala*.

Na biologia o *tamanho* de um *organismo* está diretamente relacionado com suas características e funções. Vários problemas da biologia podem ser analisados de maneira simples, relacionando a *forma* e/ou o *tamanho*, e/ou o *peso* dos organismos com alguma de suas funções biológicas. Quando nos referirmos a um *organismo*, este pode ser único ou constituído de organismos menores.

As propriedades biológicas de um *organismo* são bastante dependentes de seu comprimento, de sua área superficial, de seu volume e de sua massa. Tendo em vista um *comprimento característico* para um organismo complexo, interessa à biologia saber como suas diversas partes dependem desse comprimento. Por exemplo, ao considerarmos a altura de um humano como seu *comprimento característico*, suas diversas partes ou constituintes terão tamanho, volume ou massa associados ao valor desse *comprimento característico*. Mas como as *funções* dessas partes ou do organismo total podem estar relacionadas com esse comprimento característico?

Poderíamos tentar avançar um pouco mais fazendo o seguinte questionamento: considerando alguma função biológica de um ser humano de *comprimento característico l*, poderemos predizer essa mesma função biológica para outro ser humano de *comprimento característico l'*? Ou, ainda, podemos predizer essa função biológica para uma parte correspondente de outro ser vivo com forma semelhante à do ser humano? Alguns exemplos que apresentaremos a seguir mostrarão um raciocínio simples para tentarmos chegar a uma resposta para essas questões.

Crescimento de uma célula

Vamos admitir que uma *célula tenha forma esférica* de raio r. Quando essa célula *cresce*, sua área superficial aumenta ao longo de duas dimensões ($\propto r^2$), mas seu volume aumenta ao longo de três dimensões ($\propto r^3$). Sua *sobrevivência* exige certa harmonia entre crescimentos superficial e volumétrico. Isso é devido ao fato de que o fluxo de íons e moléculas como O_2 e CO_2, ou, generalizando, o *fluxo de nutrientes* através de sua superfície desenvolve-se com ritmo mais lento que o de sua *capacidade metabólica*, que é proporcional a seu volume.

Além disso, vamos admitir que as propriedades físico-químicas dos componentes celulares não experimentam alterações importantes que possam influenciar seu mecanismo de sobrevivência.

Se as dimensões críticas de uma célula são caracterizadas pela magnitude mínima ($r_<$) e máxima ($r_>$) de seu raio, como é mostrado na Figura 1.14, então toda célula de raio r *colapsará* se:

- $r < r_<$, pois seu metabolismo não será suficiente para dar conta do influxo de nutrientes através de sua superfície.

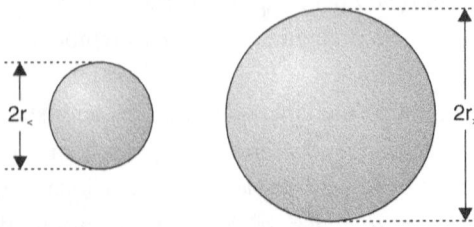

FIGURA 1.14

Dimensões críticas de uma célula. Toda célula de raio r terá condições para sobreviver, se $r_< < r < r_>$.

- $r > r_>$, pois o fluxo de nutrientes através de sua superfície não acompanhará sua capacidade metabólica.

Somente as células cujo raio tem magnitude $r_< < r < r_>$ conseguiram sobreviver. O *fator de sobrevivência* f_s de uma célula pode ser avaliado pela razão entre o fluxo de nutrientes através da superfície celular e sua capacidade metabólica. Isso significa que o desempenho do radiador biológico deve acompanhar o desempenho do motor biológico.

Se o *comprimento característico* desse organismo é r, então o fator de sobrevivência será $f_s \propto 1/r$. Enquanto a célula está *crescendo*, teremos $f_s > 1$, mas quando $r \to r_>$, o valor de f_s decresce continuamente até chegar a $f_s \cong 1$.

Consideremos uma célula com raio igual a $r_>$ e outra com raio r, sendo $r_< < r < r_>$. O *fator de escala* entre essas células com formas semelhantes será $L = r_>/r$. Enquanto a célula de raio r estiver crescendo, teremos $L > 1$, e o valor limite do *fator de escala* será $L = 1$. Biologicamente, quando $L < 1$, a célula que está crescendo não conseguirá sobreviver. Quando essa célula atingir um raio $r \cong r_>$, deverá *parar de crescer ou se dividirá*. Se a célula se *dividir*, as novas células terão cada uma $f_s > 1$, repetindo-se novamente o ciclo de vida do organismo.

Resistência em organismos de tamanhos diferentes

As aplicações mais comuns do conceito de escala nas atividades dos animais estão relacionadas com sua *capacidade* para:
- que seu esqueleto suporte seu próprio peso;
- suportar pesos externos sem que seu funcionamento normal seja afetado.

Há diversas questões relacionadas ao *tamanho dos seres vivos*. Por exemplo, pode um rato ser do *tamanho* de um gato? Ou uma formiga ser do *tamanho* de um humano? Há também questões relacionadas ao *peso* que esses seres vivos podem suportar ou carregar. Estas poderão ser respondidas com *precisão razoável* se encontrarmos uma relação entre o *tamanho* do ser vivo e alguma propriedade relacionada com o *conjunto de atividades* que ele realiza para sobreviver. Os ossos e/ou os músculos destes seres são os principais elementos responsáveis por sua *resistência* aos diversos esforços a que são submetidos. Apresentaremos a seguir, utilizando-se os conceitos de *comprimento característico* e *fator de escala*, alguns argumentos que permitiram esclarecer o papel dos ossos e dos músculos nas atividades desses seres vivos:

- A *capacidade de um osso* para suportar uma compressão direta ou uma tensão de carga é proporcional à área de sua seção transversal, ou seja, $\propto l^2$, onde l é o comprimento característico do espécime que contém o osso. Consequentemente, um animal duas vezes mais alto que outro de forma semelhante muito provavelmente terá membros capazes para suportar aproximadamente quatro vezes mais carga que a suportada pelo animal menor.
- A *massa suportada* pelos membros de um ser vivo é proporcional ao seu volume, ou seja, $\propto l^3$. Portanto, um animal três vezes mais alto que outro de forma semelhante muito provavelmente suportará uma massa 27 vezes maior que a suportada pelo animal menor.

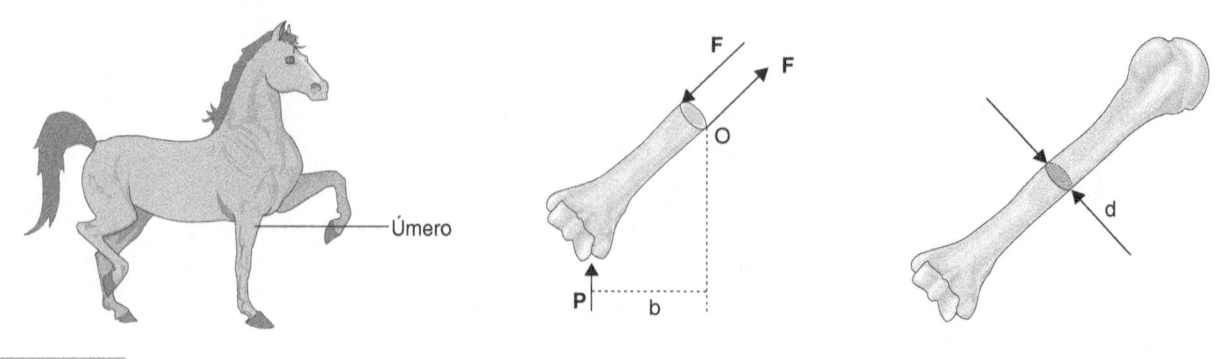

FIGURA 1.15

Análise das forças transmitidas ao úmero de um cavalo em repouso e seu efeito na seção transversal de diâmetro d. A intensidade de $F \propto l^3$ deve ser transmitida através de uma área A do osso que é $\propto l^2$.

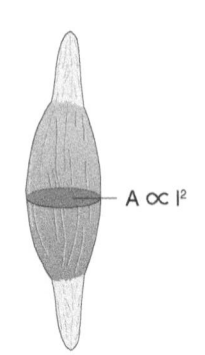

FIGURA 1.16

Músculo estriado de um vertebrado.

FIGURA 1.17

A resistência específica de dois organismos pode ser comparada a partir do fator de escala L = h'/h.

Na natureza, os *pequenos mamíferos* têm forma geométrica diferente daquelas observadas nos mamíferos de *grande porte*; estes últimos têm ossos avantajados e se sustentam, mantendo os membros eretos e pouco vulneráveis a esforços de arqueamento. A Figura 1.15 mostra o que acontece ao úmero no membro anterior de um cavalo quando esse osso experimenta uma força $\vec{F}$ devido à compressão de suas articulações e uma força $\vec{P}$ devido à massa do animal. A seção transversal do osso de área A e com diâmetro médio d experimenta os efeitos das forças $\vec{F}$ e $\vec{P}$. O osso encontra-se em equilíbrio, logo o momento em relação ao ponto O, $F \cdot d = P \cdot b \Rightarrow F = \dfrac{b}{d}P$.

Sendo $P \propto l^3$, $d \propto l$ e $b \propto l$, então $F \propto l^3$. Como $A \propto l^2$, a magnitude da força $\vec{F}$ que produz o momento capaz de dobrar o osso *cresce* com taxa maior que a capacidade para resistência do osso. Em resumo, *as forças capazes de dobrar um osso, assim como as forças de carga que o comprimem, crescem com taxa maior que a capacidade de resistência deles*.

Os *músculos*, tal como os *ossos*, também contribuem para a *resistência* dos seres vivos aos esforços externos e internos. Esse tecido contrátil, além de converter energia química em movimento, assegura a resistência às forças externas. Como estudaremos mais adiante, os *músculos estriados* dos vertebrados estão organizados em células alongadas ou pacotes de fibras. A *resistência R do músculo* é, com grande aproximação, proporcional ao *número de fibras* no músculo, ou seja, à área de sua seção transversal que, por sua vez, é proporcional à área de sua seção transversal característica (como se vê na Figura 1.16) $\therefore R \propto l^2$.

Quando se quer *comparar*, entre organismos de formas semelhantes, a resistência ao esforço ou compressão, a *grandeza mais significativa* é a *resistência específica* R_e, que mede a razão entre a resistência e a massa do organismo. Em função do comprimento característico l do organismo, teremos

$$R_e = \frac{\text{Resistência}}{\text{Massa do organismo}} \propto \frac{l^2}{l^3} = l^{-1} \qquad (1.16)$$

Ao comparar a *resistência específica* de dois seres vivos a partir do fator de escala, como mostra a Figura 1.17, deve-se levar em conta que alguns seres vivos utilizam sua capacidade muscular de maneira mais eficiente.

Para avaliarmos a *massa* que um organismo pode levantar em relação a seu tamanho, deve-se analisar a razão entre essa massa e a massa do próprio organismo. Essa razão é denominada *esforço específico* E_e. Em função do comprimento característico l do organismo, teremos

$$E_e = \frac{\text{Massa máxima que levanta}}{\text{Massa do organismo}} \propto \frac{l^2}{l^3} = l^{-1} \quad (1.17)$$

A força experimentada por um ser vivo, em virtude da massa máxima que pode levantar, dependerá da seção transversal de seus músculos; ou seja, essa força será $\propto l^2$. De acordo com a Figura 1.18, para comparar os *esforços específicos* de dois seres vivos, pode-se usar o fator de escala L; mas, como veremos a seguir, as formas dos organismos também são variáveis a serem consideradas.

Forma e tamanho

Tanto os animais como as plantas crescem até atingir a altura adulta, de modo a suportar a massa corporal nas diversas fases do ciclo de vida. Desenvolver regras, utilizando o conceito de *escala* para explicar a *forma* e o *tamanho* desses organismos, enquanto suas *proporções se alteram*, tem como ponto de partida as regras de Kleiber.[9] Elas foram o resultado das observações da energia calorífica irradiada pelos animais em relação à sua massa, em espécimes com tamanho variando desde um rato até um novilho (boi novo). As conclusões obtidas são um caso em que, *excepcionalmente*, uma lei biológica é derivada de forma muito simples de leis físicas e mostram que, na biologia, quando há dados suficientes e são usadas as ferramentas matemáticas adequadas, também é possível fazer generalizações quantitativas, como é frequente na física e na química. A Figura 1.19 mostra um gráfico em folha *di-log* das observações de Kleiber, sendo a inclinação dessa reta $\cong 0{,}75 = ¾$.

À medida que o tamanho dos animais aumenta, desde o pequeno musaranho à enorme baleia azul, a frequência cardíaca diminui e a duração da vida aumenta. Um rato simplesmente usa essas pulsações mais rapidamente do que um novilho. Esse e vários outros fenômenos variam com o tamanho do corpo, de acordo com um princípio matemático preciso: a *escala de um*

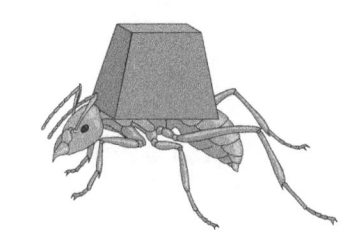

FIGURA 1.18

O esforço específico dos organismos vivos depende da capacidade muscular deles.

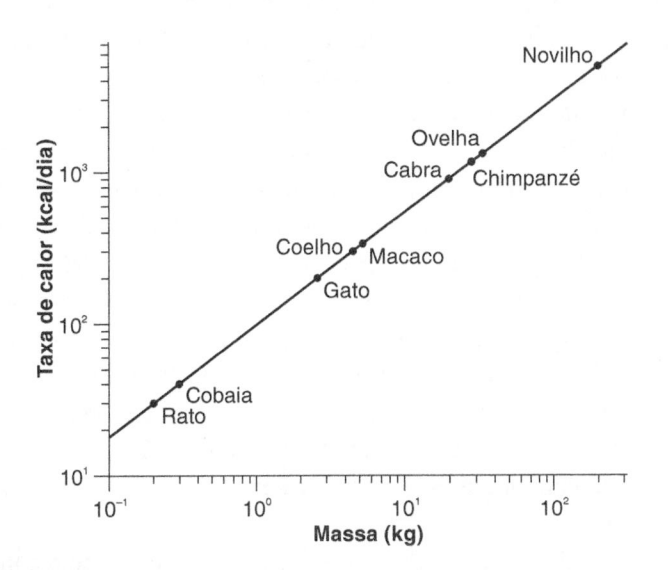

FIGURA 1.19

Calor produzido por um animal em função de sua massa. A linha reta tem inclinação ¾. Adaptação de Kleiber (1961).[10]

quarto de potência. O modelo físico proposto para explicar o que causa certos tipos de escala de um quarto de potência pode estender-se ao reino vegetal.

A lei de Kleiber diz que a taxa metabólica de um gato é aproximadamente 3,16 maior do que a de um camundongo. Mas essa relação, dependente da massa corporal dos espécimes, parece que se mantém em todo o reino animal; posteriormente, foi generalizada aos organismos unicelulares e até mesmo às *mitocôndrias* presentes no interior das células.

A seguir, utilizando o conceito de *escala*, analisaremos a relação que deve existir entre a *altura* h que as árvores podem atingir e o *diâmetro* d de seu tronco. Logo, aplicaremos as conclusões obtidas ao caso dos animais. Vamos considerar o modelo físico de um *cilindro* de altura h, suficientemente fino com diâmetro d, e com sua massa M atuando no centro de massa (será definido no próximo capítulo) do cilindro. Aplicando-se os conceitos de esforço e deformação (a definição desses conceitos será feita no próximo capítulo) a um material de densidade ρ, mostrou-se[11] que a altura crítica h_{cr} para a coluna começar a curvar-se tem a seguinte dependência com relação a seu diâmetro d:

$$h_{cr} = 0,851 \left(\frac{Y}{\rho}\right)^{1/3} d^{2/3} \qquad (1.18)$$

Na Equação (1.18) Y é um parâmetro relacionado com a elasticidade do material; para se chegar à Equação (1.18), considerou-se que um cilindro é *suficientemente fino* quando satisfaz a relação $\lambda = \frac{h}{d} > 25$. Essa razão se aplica à grande maioria das árvores. Se considerarmos que a massa M está distribuída ao longo de toda a extensão do cilindro, a Equação (1.18) sofre uma pequena alteração, sendo, nesse caso,

$$h_{cr} = 0,792 \left(\frac{Y}{\rho}\right)^{1/3} d^{2/3}. \qquad (1.19)$$

Guardadas as diferenças entre as equações (1.18) e (1.19), pode-se dizer com muita prudência que, para a estabilidade elástica do cilindro considerado, *a altura crítica do cilindro é proporcional a seu diâmetro elevado à potência 2/3*. Ao aplicarmos essa relação a um *tronco de uma árvore ou a um pedúnculo de uma gramínea*, a altura crítica do cilindro nas equações (1.18) ou (1.19) será a própria altura da árvore ou da gramínea.

Um *caule de gramínea* muda suas proporções geométricas quando cresce substancialmente. Seu crescimento é caracterizado pelo parâmetro $\lambda = h/d$ comentado na Equação (1.18). Como seria de se esperar, o valor de λ para uma família de árvores é um valor médio. A Tabela 1.3 traz as alturas médias e os valores máximos de λ para algumas *gramíneas*. Para o pé de centeio, considerou-se que d ≈ 0,3 cm, de modo que $\lambda_{máx} \approx 500$ caracteriza seu crescimento. Para que o pinheiro tenha $\lambda_{máx} = 42$, seu diâmetro deverá ser de ≈ 1,70 m. É pouco provável encontrar na natureza uma árvore com diâmetro dessa magnitude. Mas como encontraremos um valor de λ que corresponda aos diâmetros dessas árvores? A resposta exige que saibamos qual é a relação mais frequente entre h e d para essas árvores. As equações (1.18) ou (1.19) terão a resposta?

Se admitirmos uma forma *cilíndrica* para o tronco, pelo conceito de *escala*, para uma estrutura de altura h, seu volume será $V \propto h^3$, sua massa será $M \propto h^3$, e a resistência interna do tronco R ∝ área A da seção transversal será $\propto h^2$. Assim, enquanto *h* aumenta, *M* aumenta com taxa maior do que a de R.

TABELA 1.3

Valores máximos de λ para algumas gramíneas e árvores[12]

Espécime	h(m)	$\lambda_{máx}$
Centeio	1,5	500
Bambu	25-40	133
Palmeira	30-40	60
Pinheiro	70	42
Eucalipto	130	28

Logo, a árvore chegará a certa altura acima da qual *colapsará* por causa de seu próprio peso. Para evitar isso, é necessário que a área da seção transversal *aumente com taxa maior* que a de h^2. Se, por tentativa, consideramos que $A \propto h^3$, como $A \propto d^2$, então $d^2 \propto h^3$ ou $d \propto h^{3/2}$, essa é a relação que está mais de acordo com os valores encontrados para h e d da maioria das árvores. Além disso, *coincide* com a Equação (1.19) e satisfaz a *condição de suficientemente fino*, ou seja, $\lambda = (h/d) > 25$.

Na Tabela 1.4, mostramos valores típicos da altura h de diversas árvores e os correspondentes valores médios dos diâmetros d. Acrescentamos também uma coluna de valores para λ. Esses valores de λ estão de acordo com a regra $d^2 \propto h^3$ e principalmente com as estruturas biológicas dos sistemas vivos. Assim, podemos concluir que, *enquanto h aumenta, λ diminui drasticamente*.

No gráfico d = f(h) (com escalas logarítmicas), apresentado na Figura 1.20, a inclinação da linha reta é $\cong 3/2$.

Agora considere o quadrúpede da Figura 1.21. Nesses animais, pode-se considerar que a parte em que se concentra a maior massa é a região destacada na figura.

Admitiremos que o comprimento l do quadrúpede é a medida entre o ombro e o quadril, e d, a largura, mede a espessura média do corpo do animal. O tronco do animal é comparado a um cilindro de diâmetro d e comprimento l, sustentado em seus extremos. Rashevsky[13] admite que o tronco seja como uma viga carregada de modo uniforme e utiliza a teoria linear para analisar a relação entre l e d, tendo em vista evitar o dobramento axial da viga. Assim, mostrou que

$$l \propto d^{2/3}. \tag{1.20}$$

Nesse modelo, ao considerar o tronco do animal como uma viga, é o próprio peso da viga que poderá fazê-la ceder ou vergar. Considere, também,

TABELA 1.4

Valores mais comuns de altura de árvores e os valores de λ correspondentes

h(m)	d(m)	λ
1,5	0,003	500
3,0	0,008	375
9,0	0,04	225
18,0	0,125	144
36,0	0,35	102
72,0	1,0	72
144,0	2,8	52
288,0	8,0	36

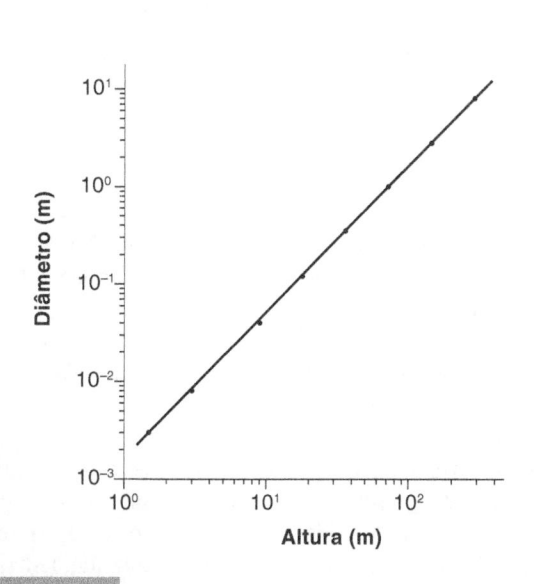

FIGURA 1.20

Gráfico do diâmetro médio de árvores em função de sua altura. Confirma-se a relação $d^2 \propto h^3$.

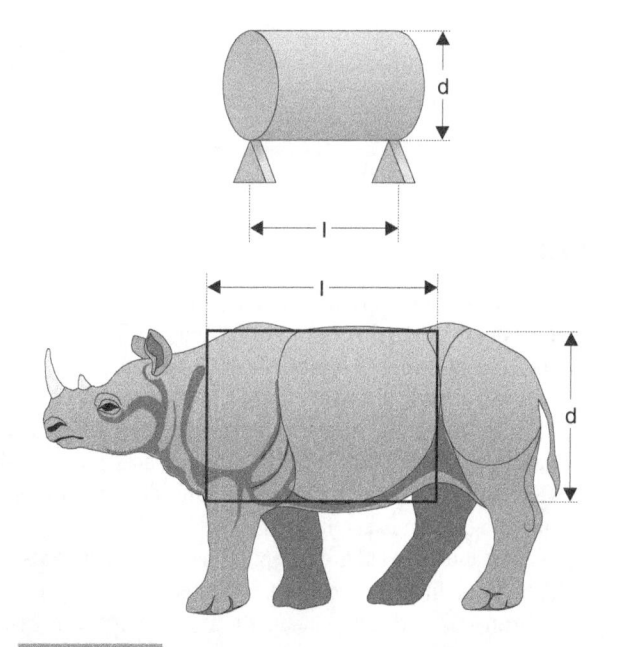

FIGURA 1.21

Formato típico de um animal quadrúpede. O comprimento é l, e sua altura é d.

que a área da seção transversal dos membros do animal é proporcional ao peso do tronco. A razão $\eta = \dfrac{1}{d^{2/3}}$ está limitada até certo valor η_{cr}, de modo que, para todo $\eta > \eta_{cr}$, a viga colapsará. A Tabela 1.5 apresenta valores de η para cinco quadrúpedes. Esses valores dependem das unidades de l e d. É certo que o tronco do animal é bem mais complexo que uma simples viga, pois tem ossos, músculos e outros órgãos. Portanto, ao aplicarmos a Equação (1.20) às dimensões de um quadrúpede, esta nos limitará de modo bastante aproximado os valores de l e d.

A Tabela 1.5 mostra que o comprimento do arminho é três vezes sua largura. Se fosse dez vezes maior, l = 1,20 m, d ≈ 0,4 m e η ≈ 2,2; a Equação (1.20) prevê que o animal seria tão *compacto* que provavelmente não conseguiria se deslocar. Seu tronco ficaria encostado no chão. Se M é a massa do animal, considerando que suas partes (cabeça, tronco e membros) se alteram na mesma proporção, conforme varia seu tamanho, a massa de qualquer dessas partes será uma fração de M. Pelo conceito de escala M ∝ ld² e pela Equação (1.20),

$$l \propto M^{1/4};\ d \propto M^{3/8}. \tag{1.21}$$

A Equação (1.21) tem sido utilizada em trabalhos que verificaram essa proporcionalidade entre l, d e M.[14,15]

TABELA 1.5 Valores de l, d e η para cinco quadrúpedes[16]

Espécime	l (m)	d (m)	η
Arminho	0,12	0,04	1,03
Cachorro	0,35	0,12	1,44
Tigre da Índia	0,90	0,45	1,53
Lhama	1,22	0,73	1,51
Elefante da Índia	1,53	1,35	1,25

Problemas

As grandezas envolvidas nas questões 3 a 12 deverão ser expressas em função das unidades básicas no SIU.

1. Indique o nome, o tempo de vida, a nacionalidade e a especialidade de cinco cientistas que, a seu ver, nos últimos 400 anos, deram contribuições importantes ao desenvolvimento do conhecimento humano, por meio de seus trabalhos. Que trabalho é o maior destaque de cada um dos cientistas escolhidos?

2. As seguintes unidades de medidas não pertencem ao SIU: Angstrom, litro, dina, caloria, atmosfera, erg, poise, curie, elétron-volt e Roentgen. Que grandezas são expressas com cada uma dessas unidades?

3. A *força* resultante constante F, experimentada por uma partícula de massa m, quando tem uma aceleração a, é $F = ma$. A unidade da força é o Newton (N). Escreva explicitamente em função das unidades fundamentais a unidade da força.

4. A *energia cinética* K, de uma partícula de massa m, com velocidade $\vec{v}$, é $K = \frac{1}{2}mv^2$. A unidade de energia é o joule (J). Escreva explicitamente em função das unidades fundamentais a unidade da energia.

5. Duas massas m_1 e m_2 estão separadas uma distância r; a *energia potencial* U devido às massas m_2 e m_1 é $U = -Gm_1m_2/r$. A unidade da energia é o Joule. Escreva explicitamente em função das unidades fundamentais a unidade da constante universal G.

6. A *taxa metabólica* R em animais, quando estes produzem uma quantidade de trabalho W no tempo t, pode ser

escrita como $R = W/\varepsilon t$, onde a eficiência do animal ε é uma quantidade sem unidades. Escreva explicitamente em função das unidades fundamentais a unidade de R.

7. A magnitude da *força de empuxo E*, exercida por um fluido de densidade ρ, sobre um corpo de volume V, é $\rho.g.V$, onde g é a aceleração devido à gravidade. Escreva explicitamente a unidade de ρ em função das unidades fundamentais.

8. A *viscosidade* η de um líquido que flui através de um tubo de comprimento L e raio r pode ser escrita como $\eta = F_v/4\pi v_m L$, onde F_v é a força viscosa do fluido e v_m é a velocidade do fluido ao longo do centro do tubo. A unidade de η é o poiseuille (Pl). Escreva explicitamente esta unidade em função das unidades fundamentais.

9. A *pressão osmótica* π de uma solução, à temperatura absoluta T, é dada por cRT, onde c, a concentração molar da solução, é o número de moles do soluto por unidade de volume da solução; R é uma constante. Escreva as unidades de R explicitamente em função das unidades fundamentais.

10. Em um meio sólido de densidade ρ, a velocidade do som é dada por $v = \sqrt{Y/\rho}$, onde Y é o *módulo de Young* do sólido. Escreva explicitamente a unidade de Y em função das unidades fundamentais.

11. A intensidade da *força elétrica F* entre duas cargas elétricas pontuais q_1 e q_2, separadas por uma distância r, é dada por $F = kq_1q_2/r^2$, onde k é uma constante elétrica universal. Escreva explicitamente a unidade de k em função das unidades fundamentais.

12. Uma *corrente I* passa através de um fio metálico de raio r e comprimento L. Se a corrente por unidade de área é proporcional à diferença de potencial V no fio por unidade de comprimento, então $(I/A) = \sigma(V/L)$, onde σ é a condutividade do metal. Escreva explicitamente as unidades de σ em função das unidades fundamentais.

13. Quantos algoritmos significativos tem cada uma das seguintes quantidades:
    a) 2; b) 2,00
    c) 0,136 d) 2,483
    e) $2,483 \times 10^3$ f) 310
    g) $3,10 \times 10^2$ h) $3,1 \times 10^2$

14. Supondo que o cálculo envolvendo diversas medidas forneceu os seguintes resultados, faça o arredondamento dos algarismos significativos para uma casa decimal:
    a) 23,532 cm b) 57,478 mm c) 1,45481 m
    d) 36,555 mm e) 2,3590 cm f) 3,1416 mm

15. Faça as seguintes operações seguindo as regras para cada caso:
    a) some as quantidades 0,23; 450,25; 20,5; 5,1517
    b) subtraia 2,75 de 99,543
    c) multiplique 3,19463 por 2,75
    d) divida 68,72 por 23,1

16. Arredonde os seguintes números para três algarismos significativos:
    a) 3,45555 m b) 45,556 s
    c) 5.555 N d) 4.525 kg

17. Represente cada uma das seguintes combinações de unidades na forma correta do SIU:
    a) μMN b) N/μm c) MN/ks^2 d) kN/ms

18. Represente cada uma das seguintes combinações de unidades na forma correta do SIU utilizando os prefixos convenientes:
    a) Mg/mm b) mN/μs c) μm·Mg

19. Represente cada um dos valores a seguir com unidades do SIU utilizando os prefixos convenientes:
    a) 8.653 ms b) 8.368 N c) 0,893 kg

20. Represente cada uma das expressões a seguir com três algarismos significativos e escreva cada resposta no SIU utilizando os prefixos convenientes:
    a) 45.320 kN b) 568×10^5 mm c) 0,00563 mg

21. Avalie a expressão (204 mm)(0,00457 kg)/(34,6 N) fornecendo o resultado final com três algarismos significativos e expresse a resposta no SIU utilizando um prefixo conveniente.

22. Converta:
    a) 200 lb.ft para N·m b) 350 lb/ft^3 para kN/m^3
    c) 8 ft/h para mm/s
    Expresse os resultados com três algarismos significativos. Utilize os prefixos convenientes.

23. Qual é o peso em Newton de um objeto que tenha uma massa de:
    a) 10 kg b) 0,5 g c) 4,50 Mg?
    Expresse seus resultados com três algarismos significativos. Utilize os prefixos adequados.

24. Se um objeto tem massa de 40 slugs, determine sua massa em quilogramas.

25. A densidade (massa/volume) do alumínio é 5,26 slug/ft^3. Determine sua densidade em unidades do SIU. Utilize um prefixo adequado.

26. Avalie cada uma das expressões a seguir com três algarismos significativos e escreva cada resposta em unidades do SIU utilizando um prefixo conveniente:
    a) (200 kN)^2 b) (0,005 mm)^2 c) (400 m)^3
    d) (684 μm)/(43 ms)
    e) (28 ms)(0,0458 Mm)/(348 mg)
    f) (268 mm)/(426 Mg)

27. Temos uma balança de dois pratos; indique um método experimental que sirva para determinar seu desvio avaliado.

28. Se o conjunto de medidas da massa de uma pessoa é: 61,235 kg; 61,915 kg; 60,781 kg e 61,008 kg, determine o valor médio da massa e seu desvio absoluto.

29. Ao medir os lados a e b de um prisma retangular obtivemos os seguintes resultados. Lado a: 20,2 cm; 20,1 cm; 19,7 cm; 20,2 cm e 19,8 cm. Lado b: 10,3 cm; 9,8 cm; 10,0 cm; 9,7 cm e 10,2 cm. Determine a maneira correta de exprimir:
    a) o valor do lado a b) o valor do lado b
    c) a área do retângulo d) o perímetro do retângulo

30. Se x = (23,5 ± 0,1) cm, y = (17,8 ± 0,4) cm e z = (93,9 ± 0,2) cm, determine o valor de x + y − z e o desvio absoluto dessa quantidade.

31. Se x = (0,743 ± 0,005) s e y = (0,384 ± 0,005) s, calcule 2x + 5y e o desvio absoluto desta quantidade.

32. Foram feitas 12 medidas do comprimento de uma barra metálica por 12 pessoas. Cada pessoa utilizou uma régua cuja menor escala é o milímetro. Os resultados foram: 16,3 cm; 16,2 cm; 16,3 cm; 16,5 cm; 16,4 cm; 16,1 cm; 16,2 cm; 16,3 cm; 16,0 cm; 16,3 cm; 16,1 cm e 16,5 cm. Calcule o valor médio do comprimento da barra e seu desvio absoluto.

33. Em um trabalho de laboratório, foi utilizado um voltímetro cuja menor escala é um décimo de volt. As seguintes medidas foram obtidas para o potencial aplicado a um músculo: 5,40 V; 5,42 V; 5,39 V; 5,42 V; 5,43 V; 5,41 V; 5,39 V; 5,42 V; 5,42 V; 5,39 V; 5,40 V; 5,45 V; 5,40 V; 5,40 V e 5,38 V. Calcule o valor médio do potencial aplicado e seu desvio absoluto.

34. Na questão 4 foi dada a expressão da energia cinética K de um corpo de massa m, que se movimenta com velocidade v. Se m ± Δm = (1,25 ± 0,05) kg e v ± Δv = (0,87 ± 0,01) m/s, determine K ± ΔK.

35. Na questão 5 foi dada a expressão da energia potencial gravitacional U entre dois corpos de massas m_1 e m_2 separados a uma distância r. Se G = 6,67 × 10^{-11} N·m²/kg², r ± Δr = (0,641 ± 0,009) m, m_1 ± $Δm_1$ = (19,7 ± 0,2) kg e m_2 ± $Δm_2$ = (9,4 ± 0,2) kg, calcule U ± ΔU.

36. Uma *célula* de forma esférica com volume *V* tem uma área externa *A*.
a) Expresse *V* em função de *A*.
b) Se duplicamos *V*, qual a variação em *A*?
c) Se duplicamos *A*, qual a variação em *V*?

37. As dimensões lineares de um corpo de forma geométrica regular aumentam uniformemente, de modo que o volume aumenta 60%. Quanto aumentará sua superfície externa?

38. Uma *pulga* de massa *m* salta com facilidade altura *H*, cem vezes maior que seu tamanho. A energia necessária para esse salto é *mgH*. Se a pulga fosse dez vezes maior em seu tamanho, poderia saltar proporcionalmente mais alto? Suponha que os músculos envolvidos no salto tenham uma resistência proporcional a seu volume.

39. Suponha que todas as dimensões lineares de um animal incrementam em 10%. Qual seria o incremento de sua superfície, volume e peso?

40. Os comprimentos *d* e *h* na Figura 1.13c, para uma pantera adulta, são: d = 89 cm e h = 45 cm. Encontre uma relação empírica entre d e h, de modo que a razão d : h^n seja da ordem de 7,03. Utilizando essa relação empírica entre d e h, para uma lhama adulta, qual será o valor de h para esse quadrúpede, se d = 125 cm?

41. A experiência feita com dois conjuntos A e B de pés de milho, para verificarmos o efeito do adubo, está resumida na tabela a seguir. Admita que as alturas sejam valores médios. Determine: a) uma relação empírica entre a altura e o tempo; b) a taxa de crescimento para os conjuntos A (plantas controle, cultivadas sem adubo) e B (cultivadas com adubo).

t (semana)	Altura das plantas (cm)	
	A	B
0	0	0
1	15	28
2	28	58
3	47	82
4	60	110

42. Em certas populações, a taxa de mortalidade (TM) — mortes por unidade de população por unidade de tempo — aumenta linearmente com a idade τ, ou seja, TM = α + βτ, onde α e β são constantes. Encontre a população P como uma função do tempo, sendo P_0 a população inicial.

43. Na tabela a seguir temos a massa molecular M e o raio r de algumas moléculas.
a) Faça um gráfico que permita chegar a uma relação linear entre M e r e determine a relacional empírica entre as grandezas;
b) determine o raio das moléculas com massas M = 250.000 (catalese), M = 32 (oxigênio) e M = 18 (água).

Substância	M (g/mol)	r × 10^{-10} (m)
Glicose	180	3,9
Sacarose	390	4,8
Rafinose	580	5,6
Inulina	5.000	12,5
Ribonuclease	13.500	18,0
Lactoglobulina	35.000	27,0
Hemoglobina	68.000	31,0

44. Guttman[17] fez medidas da dependência do tempo t em relação à temperatura T necessária para que um pulso de corrente excite o axônio de uma lula. As medidas a seguir foram obtidas nesta experiência.

T (°C)	5	10	15	20	25	30	35
t (ms)	4,1	3,4	1,9	1,4	0,7	0,6	0,4

a) Faça um gráfico com estes dados que mostre uma relação linear entre essas grandezas.
b) Encontre uma relação empírica entre as grandezas.

45. Os dados a seguir são valores de concentração C de etanol no sangue, em função do tempo t, após a ingestão do etanol (Lynn et al.).[18]

C (mg/dl)	134	120	106	93	79	65	50
t (min)	90	120	150	180	210	240	270

a) Faça o gráfico C = f(t) que mostre uma relação linear entre essas grandezas.
b) Discuta a taxa de metabolização do álcool.

46. Uma criança com leucemia tem aproximadamente 10^{12} células leucêmicas quando a doença é clinicamente aparente. O tempo de duplicação das células é de cinco anos, e uma célula tem diâmetro aproximado de 8 μm.
a) Estime a massa total de células leucêmicas quando a doença é aparente.
b) A cura da doença requer a eliminação de todas as células leucêmicas. Se todas as células são mortas,

exceto uma, em quanto tempo a doença será novamente aparente? Considere a densidade da célula $\cong 1$ g/cm^3.

47. Uma cultura de bactérias cresce exponencialmente. Em seis horas, o número de bactérias aumentou de 10^6 para 5×10^6. Calcule o tempo entre sucessivas fissões quando:
a) Não há mortalidade de bactérias;
b) 10% das bactérias após uma fissão morrem antes da próxima fissão.

48. Em um coelho normal injetou-se 1 cm^3 de uma cultura de *staphylococcus aureus* que tem 10^6 organismos. Após vários intervalos de tempo foi retirado do ouvido do coelho 0,2 cm^3 de sangue. O número de organismos por cm^3 foi determinado a partir da diluição do material em placas de cultura, contando-se o número de colônias formadas. Os resultados foram:

Bactérias × 10^3 por cm^3	500	200	50	7	0,3	0,17
Tempo (min)	0	3	6	10	20	30

a) Faça o gráfico do número de organismos por cm^3 em função do tempo que mostre uma relação linear entre as grandezas e determine uma fórmula empírica entre elas.
b) Discuta o efeito do tempo na concentração das bactérias.

49. Uma fonte de ouro radioativo (^{198}Au) tem inicialmente 1×10^8 átomos. Passados 2,7 dias, a fonte radioativa terá 5×10^7 átomos radioativos; após 5,4 dias, ela terá 25×10^6 átomos; após 8,1 dias, terá $12,5 \times 10^6$ átomos, e assim por diante. A partir das informações apresentadas:
a) Faça o gráfico do número de átomos radioativos em função do tempo.
b) Determine o tempo de *meia-vida* desse elemento.

50. O núcleo radioativo do ^{64}Cu decai independentemente por três caminhos diferentes. As razões de decaimento relativo desses três modos é 2 : 2 : 1. A meia-vida do elemento é 12,8 horas. Calcule a razão total de decaimento e as três razões parciais b_1, b_2 e b_3.

51. Uma dose D de uma droga, ao ser aplicada a uma pessoa, faz aumentar a sua concentração plasmática de 0 para C_o. Em seguida, a concentração C começa a ter um *decaimento exponencial*.
a) Em certo instante τ, que dose da droga deve ser aplicada na pessoa, para elevar sua concentração plasmática novamente a C_o?
b) O que acontecerá se a dose original for administrada sempre em intervalos τ?

52. Suponha que células cancerígenas no interior do corpo reproduzem-se a uma razão r, tal que o número N de células tem um *crescimento exponencial* em relação ao tempo t. Em determinado momento, um agente quimioterapêutico é aplicado para destruir uma fração f das células existentes.
a) Faça um gráfico de N em função de t, para várias administrações da droga em intervalos de tempo T.
b) Que casos diferentes podem ser considerados para relacionar T e r?

53. Considere a função $y = \sqrt[3]{a - bx^2}$.
a) Que mudança de variáveis pode ser feita para se ter uma função linear?
b) Qual é o significado das constantes a e b, se as novas variáveis são colocadas em uma folha de escalas lineares?

54. A distância focal f de uma lente delgada obedece à equação: $\dfrac{1}{f} = \dfrac{1}{x} + \dfrac{1}{y}$; onde x e y são, respectivamente, a distância do objeto e da imagem à lente. Medidas de y foram feitas enquanto se variava x, obtendo-se os seguintes resultados:

y (cm)	17,5	10,0	6,6	6,0	5,5
x (cm)	7	10	20	30	50

A partir dessas medidas, construa um gráfico com variáveis convenientes em uma folha de escalas lineares e determine f a partir dele.

55. Em uma experiência onde a distância z e os intervalos de tempo t foram medidos com grande precisão, encontramos:

z (cm)	10,0	2,0	−2,0	−5,0	−7,6	−10,0
t (s)	1,0	2,0	3,0	4,0	5,0	6,0

Esses dados obedecem a uma das equações: $zt = \alpha + \beta t$ ou $zt = \gamma + \delta t^2$, onde α, β, γ e δ são constantes. Com base nessas informações, determine
a) a partir de um gráfico, qual das equações encaixa melhor esses dados;
b) os valores e as unidades das constantes da equação escolhida em (a).

56. Em uma reação química, a variação com o tempo da concentração [C] de um reagente deu os seguintes resultados:

[C]	50,0	35,0	28,0	19,0	14,0	10,0	7,4	5,6	3,5	3,0	1,5
t (s)	0	10	20	30	40	50	60	70	80	90	100

Faça um gráfico desses dados que dê uma relação linear e determine a função [C] = f(t).

57. Uma célula esférica de raio R divide-se em duas células-filhas iguais, cada uma com raio r. Determine: a) o fator de escala das células; b) a razão entre a área superficial da célula-filha e da célula-mãe; c) a razão entre o volume da célula-filha e da célula-mãe; d) o fator de sobrevivência de cada célula se o fator de sobrevivência da célula-mãe é 1.

58. Compare a força muscular de pessoas com formas semelhantes, cujas alturas são 1,50 m e 1,80 m.

59. Uma mulher tem 1,60 m de altura e 55 kg de massa. Tomando esses dados como referência, qual deverá ser a massa de outra mulher com forma semelhante, tendo 1,70 m de altura?

60. Compare a força relativa de uma formiga gigante (com tamanho próximo ao de um humano adulto) com a de uma formiga normal. Calcule a massa que a formiga gigante conseguiria carregar.

61. Em mamíferos, o volume do coração multiplicado por seu ritmo cardíaco (número de batidas por segundo) é proporcional à sua *taxa metabólica*. Se o fator de escala entre um humano e um determinado macaco for L, qual será a relação entre seus ritmos cardíacos?

62. A energia usada por um mamífero marinho durante o mergulho é igual à sua *taxa metabólica* multiplicado pelo tempo que dura a imersão. Se o fator de escala entre dois mamíferos semelhantes for L, qual será a relação entre os tempos em que ambos os mamíferos podem ficar dentro da água?

63. Um homem normal pode levantar objetos com massa até metade de sua própria massa. Já um gafanhoto pode levantar objetos com massa até 15 vezes maior que a sua. Explique, usando o conceito de *escala*, se isso significa que o gafanhoto é mais forte que o homem.

64. Determine a razão entre o número de passos por unidade de tempo e o tempo gasto para dar um passo entre animais de formas semelhantes, porém de tamanhos diferentes, com fator de escala L. Utilize seu resultado para determinar essa razão no caso de dois humanos com 1,50 m e 1,80 m de altura, respectivamente.

65. Qual a razão entre a altura máxima que uma pessoa de 1,30 m pode elevar uma massa e a maior massa que uma pessoa de 1,65 m pode levantar? Assuma formas e estruturas semelhantes para estas pessoas.

66. Discuta, usando o conceito de *escala*, se é possível que um rinoceronte adulto seja do tamanho de um cachorro adulto.

67. Qual é a relação entre a velocidade de caminhada de dois humanos com alturas h e h', sendo h' > h?

68. Discuta, utilizando o conceito de *escala*, se é biologicamente possível existir um rato com dimensão linear dez vezes:
    a) maior que a de um rato normal;
    b) menor que a de um rato normal.

69. Há árvores com mais de 100 m de altura, com parâmetro λ, tendo um valor máximo de 15. Qual será o valor mínimo dos diâmetros destas árvores?

70. Animais que vivem no deserto andam grandes distâncias sem beber água. Usando o conceito de *escala*, encontre uma relação entre a distância máxima que um animal pode caminhar no deserto e seu tamanho.

Referências bibliográficas

1. EDITOR'S Page. "International System of Units". *Health Physics*, v. 59, n. 1, Jul. 1990, p. 5-7.
2. VALDÉS, J. "Cambios en las unidades de medida". *Ciência Hoje*, v. 42, n. 252, Set. 2008, p. 80-85.
3. BEVINGTON, P. R.; ROBINSON, D. K. *Data reduction and error analysis for the physical science*. Nova York: McGraw-Hill, 1992.
4. VUOLO, J. H. *Fundamentos da teoria de erros*. São Paulo: Edgard Blucher, 1996.
5. MAYNARD SMITH, J. *Mathematical ideas in biology*. Cambridge: Cambridge University Press, 1980.
6. BATSCHELET, E. *Introduction to mathematics for life scientists*. Nova York: Springer-Verlag. 1973.
7. ALEXANDER, R. M. "Design by numbers". *Nature*, v. 412, n. 6847, ago. 2001, p. 59.
8. STAHL, W. R. Similarity and dimensional methods in biology. *Science*, v. 137, n. 3.525, 1962, p. 205.
9. KLEIBER, M. *The fire of life*: an introduction to animal energetic. Nova York: John Wiley & Sons, Inc., 1961.
10. Idem, ibidem.
11. McMAHON, T. "Size and shape in biology". *Science*, v. 179, n. 4079, 1973, p. 1201-1204.
12. RASHEVSKY, N. *Mathematical biophysics*: physical-mathematical foundations of biology. 3. ed. Nova York: Dover, 1960. v. I-II.
13. Idem, ibidem.
14. BRODY, S. *Bioenergetics and growth*. Nova York: Reinhold, 1945.
15. STAHL, W. R.; GUMMERSON, J. Y. Systematic allometry in 5 species of adult primates (systematic allometry in primates). *Growth*, v. 31, n. 1, 1967, p. 21.
16. BATSCHELET, op. cit.
17. GUTTMAN, R. "Temperature characteristics of excitation space-clamped squid axons". *J. Gen. Physiol*, v. 49, n. 5, 1966, p. 1007.
18. LYNN, J.; BENNION, M. D.; TING-KAI, M. D. L. "Alcohol metabolism in American indians and whites". *New England J. Med*, v. 294, n. 1, 1976, p. 9-13.

CAPÍTULO 2

Biomecânica

OBJETIVOS DE APRENDIZAGEM

Depois de ler este capítulo, você será capaz de:
* Compreender o significado das principais equações da cinemática
* Entender o significado teórico dos princípios e leis necessários para o estudo de problemas relacionados com o movimento de algumas partes de um espécime vivo
* Entender os efeitos biológicos resultantes do movimento da parte esquelética e muscular dos seres humanos

2.1 Introdução

Para realizar suas tarefas cotidianas, frequentemente os seres vivos precisam se *movimentar*. Muitas vezes, esses movimentos são importantes para a própria sobrevivência, seja para se alimentar, seja para se defender. As leis físicas que se aplicam aos corpos em *movimento* geralmente são muito simples, e os resultados não são difíceis de serem analisados.

O movimento mais simples que existe é o unidimensional; já os movimentos compostos ou bidimensionais são um pouco mais complexos. A análise de um movimento exige que se conheça alguma das variáveis, como *deslocamento, velocidade e aceleração*. Essas variáveis são *quantidades vetoriais*, logo são representadas por um *vetor*.

A representação de uma quantidade vetorial[1] exige que se conheçam a magnitude — ou intensidade — e a direção (normalmente o ângulo em relação à direção horizontal) da variável. Dessa maneira, pode-se construir o *vetor* que a representará. Por exemplo, na Figura 2.1a, o vetor $\vec{V}$ representado tem magnitude de três unidades e inclinação de 30° em relação à direção horizontal.

Para fazer composição ou operação de *quantidades vetoriais* existem diversas formas, sendo uma das mais convenientes, por sua simples manipulação, a resultante de representar os vetores em um sistema de eixos cartesianos.

Por exemplo, na Figura 2.1b, está representado o vetor $\vec{V}$, de magnitude V e direção θ. As componentes desse vetor nas direções x e y e sua inclinação são, respectivamente,

$$V_x = V \cdot \cos\theta; \; V_y = V \cdot \sin\theta \; \text{e} \; \theta = \text{tg}^{-1}\left(\frac{V_y}{V_x}\right) \quad (2.1)$$

O vetor terá a representação $\vec{V} = V_x\hat{i} + V_y\hat{j}$, sendo $\hat{i}$ e $\hat{j}$ vetores unitários (sua magnitude é um) nas direções x e y, respectivamente. Note que $V = \sqrt{V_x^2 + V_y^2}$.

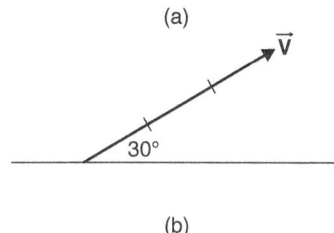

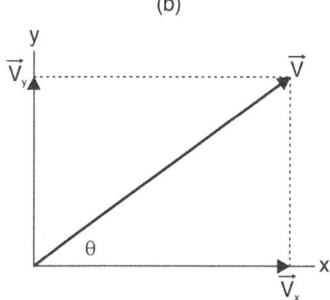

FIGURA 2.1

a) Vetor $\vec{V}$ de magnitude 3 e direção de 30°. b) Vetor de magnitude V e direção θ com os componentes V_x e V_y.

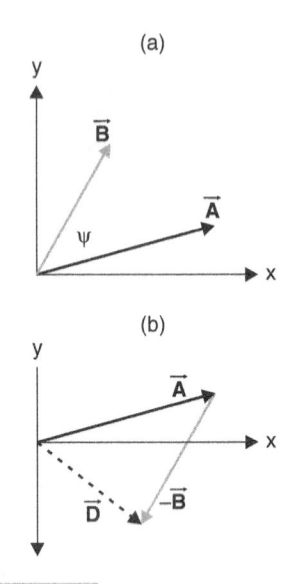

FIGURA 2.2

a) Vetores $\vec{A}$ e $\vec{B}$ formando um ângulo ψ entre eles. b) Vetor diferença $\vec{D}$.

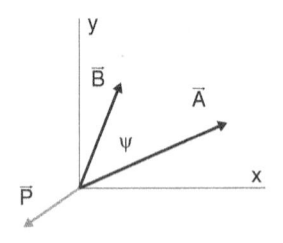

FIGURA 2.3

Vetor produto vetorial $\vec{P}$, sua direção é perpendicular ao plano xy.

Quando se tem n quantidades vetoriais representadas por: $\vec{A}_1, \vec{A}_2, ..., \vec{A}_n$, cada um com componentes A_{ix} e A_{iy} ($i = 1, 2, ..., n$), então a *soma desses vetores* será o vetor

$$\vec{S} = S_x\hat{i} + S_y\hat{j} = \sum_i \vec{A}_i = \left(\sum_i A_{ix}\right)\hat{i} + \left(\sum_i A_{iy}\right)\hat{j}, \quad (2.2)$$

de magnitude $S = \sqrt{S_x^2 + S_y^2}$ e inclinação $\theta = \text{tg}^{-1}(S_y/S_x)$.

Se tivermos as quantidades vetoriais $\vec{A} = A_x\hat{i} + A_y\hat{j}$ e $\vec{B} = B_x\hat{i} + B_y\hat{j}$, mostradas na Figura 2.2a, a *diferença desses vetores* será o vetor

$$\vec{D} = \vec{A} - \vec{B} = (A_x - B_x)\hat{i} + (A_y - B_y)\hat{j} \quad (2.3)$$

Se os vetores formam um ângulo ψ, seu *produto escalar* será a quantidade dada por

$$\vec{A} \cdot \vec{B} = A_xB_x + A_yB_y = A \cdot B \cdot \cos\psi. \quad (2.4)$$

O *produto vetorial* desses vetores é a quantidade vetorial $\vec{P}$ dada por

$$\vec{P} = \vec{A} \times \vec{B} = (A_xB_y - A_yB_x)\hat{i} \times \hat{j} = (A \cdot B \cdot \text{sen}\psi)\hat{i} \times \hat{j}. \quad (2.5)$$

A magnitude do vetor $\vec{P}$ é $A \cdot B \cdot \text{sen}\psi$, e sua direção $\hat{i} \times \hat{j}$ é perpendicular ao plano formado por $\vec{A}$ e $\vec{B}$. Nas figuras 2.2b e 2.3 estão representados os vetores $\vec{D}$ e $\vec{P}$, respectivamente.

2.2 Movimento em um plano

É todo movimento que um corpo realiza ao longo de uma *trajetória retilínea ou curva* sobre um plano fixo. Quando conhecemos *o movimento*, então podem-se encontrar a velocidade, a aceleração e a força aplicada ao corpo que está se movimentando; quando se conhece a *força aplicada ao corpo*, então podemos determinar a equação do movimento.

Deslocamento e velocidade média

A Figura 2.4a apresenta a trajetória curva $y = f(x)$, no plano xy. A posição de um móvel é dada pelo vetor $\vec{r} = x\hat{i} + x\hat{j}$, sendo $\hat{i}$ e $\hat{j}$ vetores unitários (módulo um) nas direções x e y, respectivamente. Quando o móvel se *desloca* do ponto P até o ponto Q, ao longo de sua trajetória, o *deslocamento* é representado pelo vetor $\Delta\vec{r}$. Se Δt é o tempo que o corpo gasta para ir de P até Q, define-se o vetor *velocidade média* como

$$\vec{v}_m = \frac{\Delta\vec{r}}{\Delta t} \quad (2.6)$$

O vetor $\vec{v}_m$ terá a mesma direção de $\Delta\vec{r}$ e sempre será o mesmo para qualquer trajetória que leve o corpo desde P até Q, no tempo Δt.

Velocidade instantânea

Velocidade instantânea é definida em módulo, direção e sentido, como o limite para o qual tende a velocidade média $\vec{v}_m$, quando o ponto Q se aproxima do ponto P. Ou seja,

$$\vec{v} = \lim_{\Delta t \to 0} \frac{\Delta\vec{r}}{\Delta t} = \frac{d\vec{r}}{dt} = \frac{dx}{dt}\hat{i} + \frac{dy}{dt}\hat{j}. \quad (2.7)$$

FIGURA 2.4

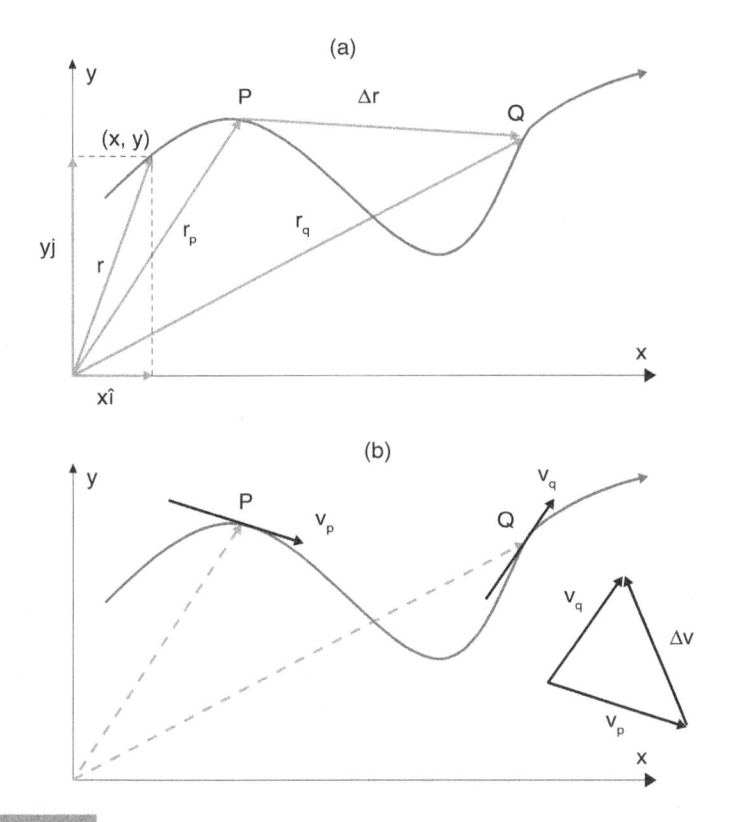

a) Trajeto de curva de um corpo em movimento. P e Q são pontos dessa trajetória, com vetores posição r_p e r_q, respectivamente. b) Os vetores velocidade instantânea v_p e v_q são, respectivamente, tangentes à trajetória nos pontos P e Q.

Uma vez que Q → P, a direção de $\Delta\vec{r}$ tende a ser tangente à trajetória no ponto P. Portanto, a direção da velocidade instantânea em qualquer ponto da trajetória é tangente à trajetória nesse ponto. A Figura 2.4b mostra as velocidades instantâneas $\vec{v}_p$ e $\vec{v}_q$ nos pontos P e Q da trajetória, respectivamente, além do vetor $\Delta\vec{v}$, que representa a variação da velocidade.

Aceleração instantânea

Na Figura 2.4b, o vetor $\Delta\vec{v} = \vec{v}_q - \vec{v}_p$ é a variação da velocidade instantânea do móvel ao se deslocar desde o ponto P até o ponto Q. Como o tempo gasto é Δt, sua aceleração média é definida como

$$\vec{a}_m = \frac{\Delta\vec{v}}{\Delta t} \qquad (2.8)$$

À medida que Q → P, ou seja, quando $\Delta t \to 0$, a aceleração no ponto P é a *aceleração instantânea*, isto é,

$$\vec{a} = \lim_{\Delta t \to 0} \frac{\Delta\vec{v}}{\Delta t} = \frac{d\vec{v}}{dt} = \frac{d^2x}{dt^2}\hat{\imath} + \frac{d^2y}{dt^2}\hat{\jmath}. \qquad (2.9)$$

A Figura 2.5a mostra o vetor aceleração instantânea nos pontos P e Q da trajetória. Em geral, como mostra a Figura 2.5b, o vetor $\vec{a}$ pode ser decomposto em componentes nas direções *normal* (vetor unitário $\hat{e}_\perp$) e *tangencial* (vetor unitário $\hat{e}_\parallel$) à trajetória. Os vetores velocidade instantânea, aceleração tangencial e aceleração normal ou centrípeta serão, respectivamente: $\vec{v} = v\hat{e}_\parallel$;

FIGURA 2.5

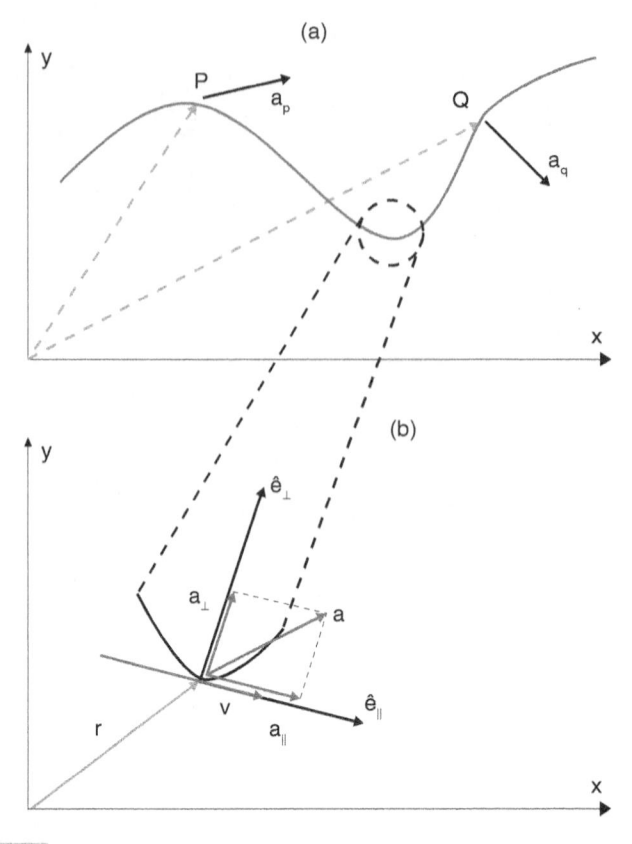

O vetor aceleração instantânea a: a) nos pontos P e Q da trajetória do movimento; b) tem componentes normal ($a_\perp$) e tangencial ($a_\parallel$) à trajetória.

$\vec{a}_\parallel = \dfrac{dv}{dt}\hat{e}_\parallel$ e $\vec{a}_\perp = \dfrac{v^2}{R}\hat{e}_\perp$, sendo R um raio de curvatura. A origem de $a_\parallel$ é a variação do *módulo* de $\vec{v}$; e a de $a_\perp$ é a variação da *direção* de $\vec{v}$.

Todo movimento onde o vetor $\vec{a}$ é constante é chamado *movimento uniformemente acelerado* (MUA). As equações (2.7) e (2.9), depois de integradas, darão a velocidade e a posição do móvel em qualquer instante t,

$$\vec{v} = \vec{v}_0 + \vec{a}t \qquad (2.10)$$

$$\vec{r} = \vec{r}_0 + \vec{v}_0 t + \frac{1}{2}\vec{a}t^2 \qquad (2.11)$$

Nessas equações, $\vec{v}_0$ e $\vec{r}_0$ são, respectivamente, a velocidade e posição do móvel no instante t = 0. Sendo $\vec{a}$ constante, tanto a direção como o módulo do vetor $\vec{a}$ não mudam durante o movimento. Se o MUA tem trajetória em uma direção constante (direção horizontal, por exemplo), então $\vec{r} = x\hat{i}$, $\vec{r}_0 = x_0\hat{i}$, $\vec{v} = v\hat{i}$, $\vec{v}_0 = v_0\hat{i}$ e $\vec{a} = a_0\hat{i}$. As equações (2.10) e (2.11) ficarão na seguinte forma:

$$v = v_0 + a_0 t \qquad (2.12)$$

$$x = x_0 + v_0 t + \frac{1}{2}a_0 t^2 \qquad (2.13)$$

Os termos nas equações (2.12) e (2.13) são *escalares*, pois o movimento, por ser unidimensional, não exige variáveis vetoriais. Os gráficos das figuras 2.6a e 2.6b representam, respectivamente, as equações (2.12) e (2.13).

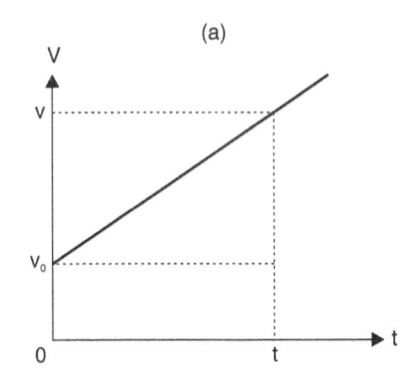

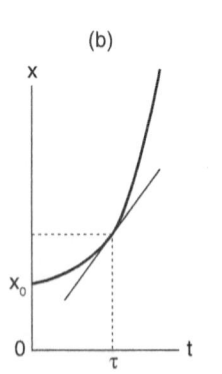

FIGURA 2.6

Gráfico: a) V = f(t) para um MUA; a inclinação da reta é o valor a_0 da aceleração; b) x = f(t) para um MUA; a inclinação da tangente ao gráfico, no instante τ, é a velocidade nesse instante.

Na Figura 2.6a, encontramos $a_0 = (v - v_0)/t$, ou $t = (v - v_0)/a_0$. Substituindo esse valor do tempo na Equação (2.13), chegamos a uma expressão alternativa para a velocidade,

$$v^2 = v_0^2 + 2a_0(x - x_0). \tag{2.14}$$

O movimento de *queda livre* gera uma trajetória vertical (movimento na direção y), e nesse movimento o móvel experimenta uma aceleração constante $\vec{a}_0 = \vec{g} = -9{,}8\,\hat{j}$ m/s², na direção y e no sentido de cima para baixo. Logo, este MUA, de acordo com a Figura 2.7, terá as seguintes equações quando o movimento for de baixo para cima:

$$v = v_0 - g \cdot t \tag{2.15}$$

$$y = v_0 t - \frac{1}{2} g \cdot t^2 \tag{2.16}$$

Como o móvel está experimentando uma desaceleração constante, em algum instante sua velocidade poderá ser nula ($v = 0$). Quando isso acontecer, o corpo terá alcançado uma altura $y = h$, que dependerá da velocidade inicial v_0.

$$v_0^2 = 2g \cdot h \tag{2.17}$$

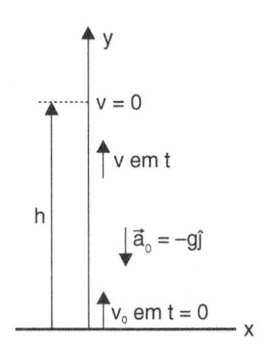

FIGURA 2.7

MUA com aceleração negativa, para uma trajetória vertical no sentido de baixo para cima.

Exemplo: Uma partícula tem velocidade constante $\vec{v} = 2\hat{i} + 4\hat{j}$ m/s; seu movimento inicia-se na origem de um plano xy. Qual será sua posição 10 segundos depois de ter iniciado o movimento?

Resolução: a velocidade tem componentes constantes: $v_x = 2$ m/s e $v_y = 4$ m/s. Logo após 10 segundos, o objeto terá avançado na direção horizontal: $x = v_x t = 20$ m, e na direção vertical: $y = v_y t = 40$ m. Portanto, a posição do objeto será $\vec{r} = x\hat{i} + y\hat{j} = 20\hat{i} + 40\hat{j}\cdot$m.

Exemplo: A posição de uma partícula que está se movimentando na direção x é dada por $x = 5 + 2\cdot t + 10\cdot t^2$, sendo x expresso em metros e t, em segundos. Com relação à partícula, qual será:
a) sua posição inicial?
b) sua velocidade em qualquer instante?
c) sua aceleração?

Resolução:
a) Quando $t = 0$, a posição do objeto será $x_0 = 5$ m.
b) Para determinar a velocidade em qualquer instante, tomamos a derivada da posição com relação ao tempo $v = \dfrac{dx}{dt} = 2 + 20t$ m/s.
c) A aceleração será a derivada da velocidade com relação ao tempo $a = \dfrac{dv}{dt} = 20$ m/s².
Logo, o objeto tem um movimento uniformemente acelerado (MUA).

Exemplo: Uma partícula move-se ao longo de uma trajetória dada pelas equações: $x = 3e^{-2t}$ e $y = 4\mathrm{sen}3t$. Sendo t o tempo, determine:
a) a velocidade e aceleração instantânea;
b) a magnitude da velocidade e da aceleração no instante $t = 0$.

Resolução: a posição da partícula é dada por: $\vec{r}(t) = x\hat{i} + y\hat{j} = 3e^{-2t}\hat{i} + 4\text{sen}3t\hat{j}$, logo:

a) Velocidade instantânea da partícula $\vec{v}(t) = \dfrac{d\vec{r}}{dt} = -6e^{-2t}\hat{i} + 12\cos3t\hat{j}$.

Aceleração instantânea da partícula, $\vec{a}(t) = \dfrac{d\vec{v}}{dt} = \dfrac{d^2\vec{r}}{dt^2} = 12e^{-2t}\hat{i} - 36\text{sen}3t\hat{j}$.

b) Em t = 0: velocidade inicial, $\vec{v}_0 = -6\hat{i} + 12\hat{j}$; aceleração inicial, $\vec{a}_0 = 12\hat{i}$.

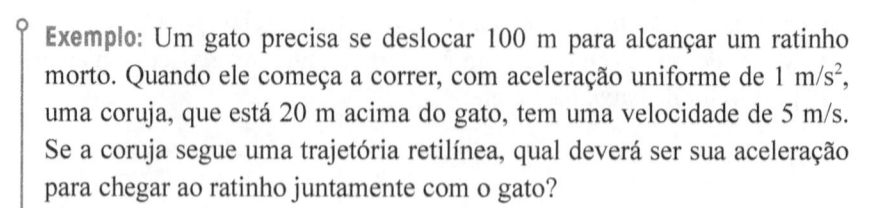

Exemplo: Um gato precisa se deslocar 100 m para alcançar um ratinho morto. Quando ele começa a correr, com aceleração uniforme de 1 m/s², uma coruja, que está 20 m acima do gato, tem uma velocidade de 5 m/s. Se a coruja segue uma trajetória retilínea, qual deverá ser sua aceleração para chegar ao ratinho juntamente com o gato?

Resolução: o gato tem velocidade inicial nula e um MUA com a = 1 m/s². Logo, se t for o tempo necessário para o gato chegar até o ratinho, então

$$100 \text{ m} = \dfrac{1}{2} \times 1 \dfrac{\text{m}}{\text{s}^2} \times t^2 \Rightarrow t = 14{,}14 \text{ s}.$$

A coruja, para alcançar o ratinho nesse tempo, precisa percorrer uma distância $d = \sqrt{20^2 + 100^2} = 101{,}98$ m.

Como a coruja tem MUA com velocidade inicial de 5 m/s e aceleração desconhecida, então $101{,}98 \text{ m} = \left(5\dfrac{\text{m}}{\text{s}}\right) \times (14{,}14 \text{ s}) + \dfrac{1}{2} a \times (14{,}14 \text{ s})^2 \Rightarrow a = 0{,}31$ m/s².

Essa deverá ser a aceleração da coruja para alcançar o ratinho junto com o gato.

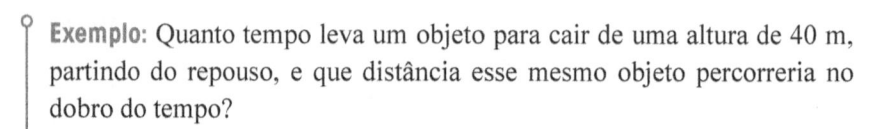

Exemplo: Quanto tempo leva um objeto para cair de uma altura de 40 m, partindo do repouso, e que distância esse mesmo objeto percorreria no dobro do tempo?

Resolução: o objeto tem um movimento de queda livre, com velocidade inicial nula, portanto
$40 \text{ m} = \dfrac{1}{2} \times (9{,}8 \text{ m/s}^2) \times t^2 \Rightarrow t = 2{,}86$ s. Esse será o tempo necessário para cair 40 m.

No tempo 2t = 5,72 s, o objeto terá uma queda de $H = \dfrac{1}{2} \times (9{,}8 \text{ m/s}^2) \times (5{,}75 \text{ s})^2 = 160$ m.

Exemplo: Uma pulga faz um salto vertical para cima, alcança uma altura H em um tempo t_1; ao descer essa mesma altura, o faz em um tempo t_2. A partir dessas informações, determine:

a) a velocidade inicial da pulga;
b) a altura H;
c) a máxima altura alcançada.

Resolução:

a) Quando y = H, pela Equação (2.15), a velocidade da pulga é $v_1 = v_0 - gt$.
Pela Equação (2.16), teremos $H = v_0 t_1 - \dfrac{1}{2} g t_1^2$. \hfill (i)

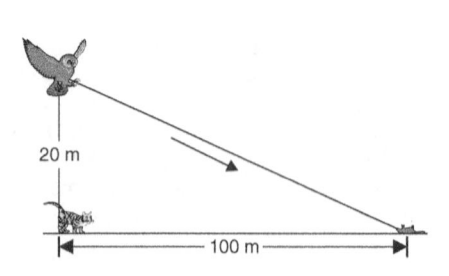

Na descida da pulga, pela Equação (2.15), teremos $v_0 = v_\downarrow + gt_2$. Logo, a velocidade de descida na posição H é $v_\downarrow = v_0 - gt_2$. Pela Equação (2.16), teremos $H = (v_0 - gt_2)t_2 - \frac{1}{2}gt_2^2$. \hfill (ii)

Das relações (i) e (ii) para a altura H, encontramos $v_0 = \frac{g}{2}(t_1 + t_2)$.

b) Substituindo o valor da velocidade inicial na relação (i), encontramos $H = \frac{1}{2}gt_1t_2$.

c) Quando $v_\uparrow = 0$, a pulga alcança sua altura máxima; portanto $v_0 = gt_0$, sendo $t_0 = v_0/g$ o tempo que emprega a pulga para alcançar essa altura. Pela Equação (2.17), encontramos: $H_{máx} = \frac{v_0^2}{2g} = \frac{g}{8}(t_1 + t_2)^2$.

Primeira aplicação: velocidade da caminhada

Considere uma pessoa cuja *perna* tem comprimento l, e T é o tempo necessário para que o mesmo pé toque o chão em duas passadas consecutivas. Logo T/2 será o tempo necessário para dar um passo. Segundo o conceito de *escala*, podemos dizer que, ao dar um passo, a pessoa avança aproximadamente l. Se N for o número de passos por unidade de tempo, então $N = 1/(T/2) \propto 1/T$. A periodicidade dos passos pode ser considerada semelhante à de um pêndulo simples de comprimento igual ao da perna do humano, como mostra a Figura 2.8. Logo $T \propto \sqrt{l}$. A *velocidade de caminhada* v_c será N vezes a distância correspondente a um passo, portanto

$$v_c = N \cdot l \propto l/\sqrt{l} \propto \sqrt{l}.$$

Discussões fundamentadas no custo energético da *forma bipedal*, que é a utilizada pelos humanos ao caminhar, argumentam que assim é possível cobrir grandes distâncias de maneira econômica.[2,3] Alguns biólogos sustentam que, em virtude dessa forma de caminhar, a locomoção dos seres humanos é mais *ineficiente* se comparada com a de outros animais.

O conceito de *andadeiro* tem sido aplicado principalmente à locomoção terrestre sobre pernas ou patas, porém é usual aplicar-se a outras formas de locomoção[4,5].

FIGURA 2.8

Humano caminhando, cada passo é $\cong$ l, sendo l o comprimento da perna.

Segunda aplicação: velocidade de corrida dos humanos

As corridas em que o humano participa são de *longa*, *média* ou *curta distâncias*, e, em cada caso, a velocidade média $\overline{V}$ alcançada pelos atletas é diferente. Durante um tempo muito limitado, geralmente, o atleta mantém uma velocidade igual à sua velocidade máxima. Se calcularmos a velocidade média $\overline{V}$ correspondente às provas típicas das *competições de atletismo*, notaremos que, no caso dos homens, $\overline{V}$ *aumenta* em corridas de até $d \approx 200$ m, ao passo que, em corridas para $d > 200$ m, $\overline{V}$ *decresce*. O gráfico da Figura 2.9 mostra esse comportamento de $\overline{V}$, em função da distância d. Os valores de $\overline{V}$ foram calculados com base nos *recordes mundiais* vigentes em agosto de 2010 nas respectivas provas de atletismo.

O gráfico da Figura 2.10 mostra como varia a velocidade de um atleta em função do tempo em uma prova de 200 m. Após $t \approx 2$ s, o atleta atinge uma velocidade próxima de 10,5 m/s, sua *velocidade máxima*. Para essa distância, a velocidade média é *menor* que a velocidade máxima, e se o período de aceleração é aproximadamente *o mesmo* para um corredor de distâncias curtas, então, como mostra a Figura 2.9, a velocidade média para d = 200 m será *maior* que para d = 100 m.

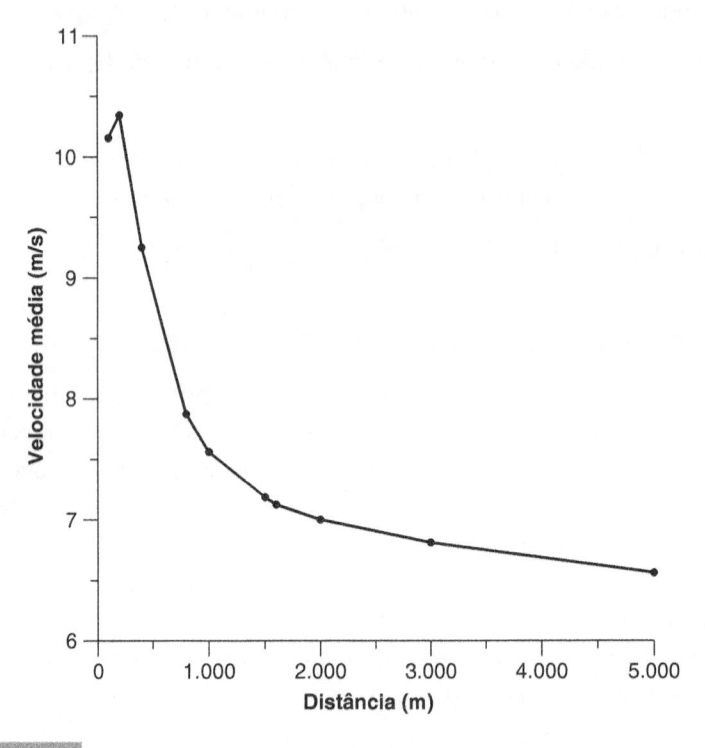

FIGURA 2.9

Velocidades médias observadas nas corridas de curta e longa distância. Os tempos correspondem aos recordes mundiais para cada distância em agosto de 2010.

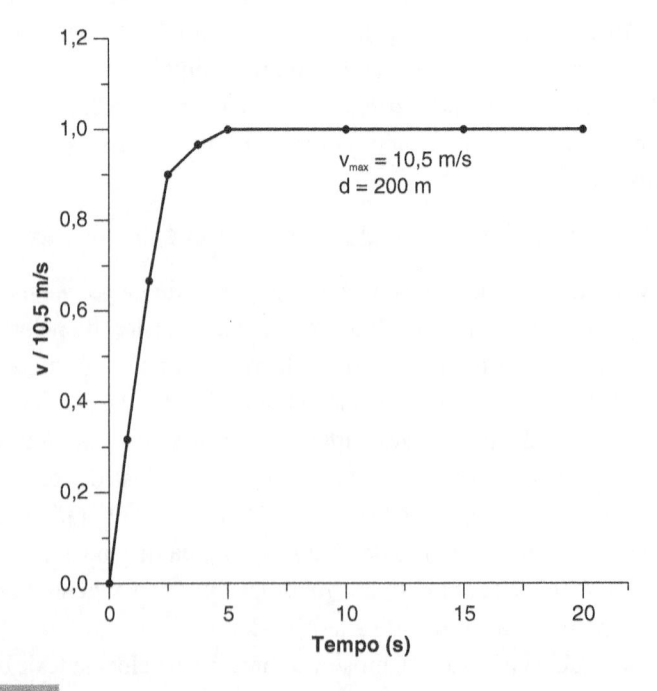

FIGURA 2.10

Variação do valor v normalizado em função de t para uma corrida de curta distância (200 m).

Para *médias* e *longas distâncias*, a velocidade média do atleta começa a *decrescer* à medida que a distância *aumenta*, pois o suprimento de O_2 começa a diminuir, tornando-se insuficiente para a demanda. O atleta inicia seu esgotamento de O_2 entre 200 m e 400 m.

Observações feitas em primatas,[6,7] correndo com dois ou quatro membros, mostram que o consumo de energia é o mesmo em ambas as situações. Como o custo energético para transportar o corpo é o *mesmo*, seja usando quatro ou dois membros, é preciso outro argumento para explicar a vantagem ou a desvantagem que o ser humano teria por se locomover com dois membros.[8,9] Logo adiante analisaremos a transformação de energia nas diferentes formas de locomoção de animais e seres humanos.

2.3 Movimento composto ou parabólico

Entende-se por *movimento composto* o resultado da *composição* de um movimento na direção horizontal com *velocidade uniforme*, e um *MUA* na direção vertical com aceleração $\vec{a}_0 = -g\hat{\jmath}$. A trajetória resultante dessa composição é *parabólica*, como está mostrado na Figura 2.11. As equações desse movimento são:

Na direção horizontal, $a_x = 0$; $v_x = v_{0x}$ e $x = x_0 + v_{0x}t$.

Durante a subida, na direção vertical, $a_y = -g$; $v_y = v_{0y} - g \cdot t$ e $y = y_0 + v_{0y}t - \frac{1}{2}gt^2$.

A Figura 2.11 mostra a posição inicial O de coordenadas (x_0, y_0), a velocidade inicial (v_{0x}, v_{0y}) e a velocidade em instante diferente. Note que a velocidade na trajetória ascendente tem o mesmo módulo, direção e sentido oposto que na trajetória descendente para uma mesma altura (pontos A e B na Figura 2.11).

Consideremos que $x_0 = y_0 = 0$, conforme a Figura 2.11, se a velocidade inicial $\vec{v}_0$ tem inclinação θ, então $v_{0x} = v_0 \cos\theta$ e $v_{0y} = v_0 \sin\theta$. O ponto M, a

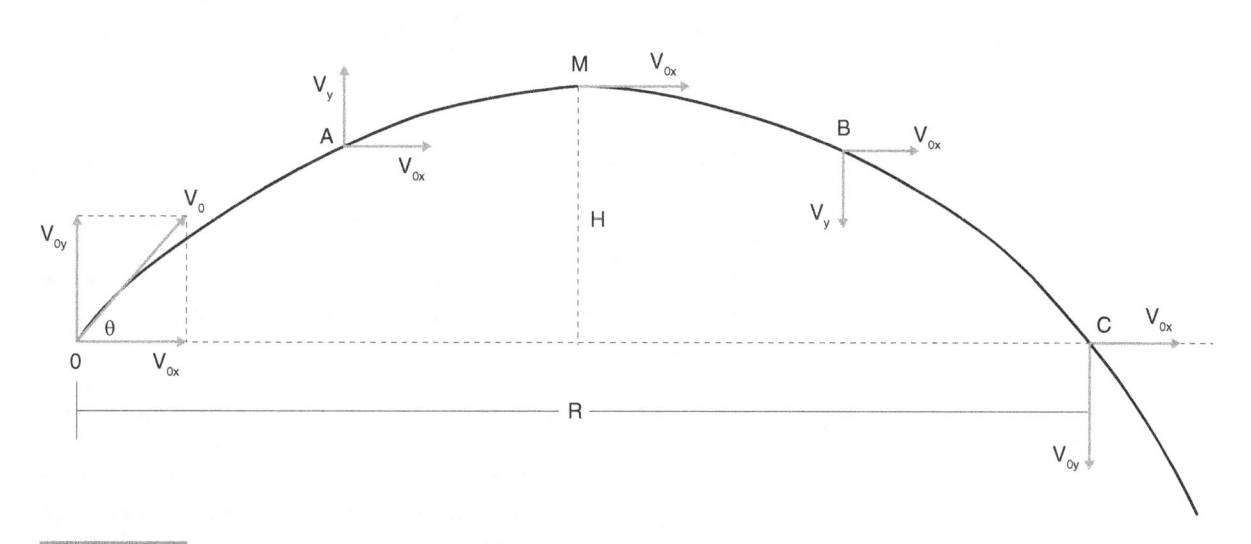

FIGURA 2.11

Trajetória parabólica de um movimento composto, com velocidade inicial v_0 e posição inicial $O = (x_0, y_0)$. H é a altura máxima da trajetória e R, o afastamento máximo.

altura máxima da trajetória, tem coordenadas $x_M = R/2$ e $y_M = H$. Nesse ponto $v_y = 0$; logo, se τ é o tempo empregado para ir desde O até M, então $v_{0y} = g\tau$

$$\Rightarrow \tau = \frac{v_{0y}}{g} = \frac{v_0}{g}\cos\theta.$$

No instante 2τ, a trajetória atinge o ponto C, seu afastamento máximo, portanto

$$R = 2\tau v_{0x} = \frac{1}{g}v_0^2 \operatorname{sen}2\theta \tag{2.18}$$

Como τ é o tempo empregado para alcançar altura máxima, então

$$H = (v_0 \operatorname{sen}\theta)\tau - \frac{1}{2}g\tau^2 = \frac{1}{2g}v_0^2 \operatorname{sen}^2\theta \tag{2.19}$$

Primeira aplicação: salto à distância

Um atleta vai realizar um *salto à distância*. Quando iniciar o salto, ele terá uma velocidade de 10,5 m/s. Se o seu centro de massa estiver a 60 cm do chão, que distância o atleta saltará? Desconsidere o efeito da resistência do ar.

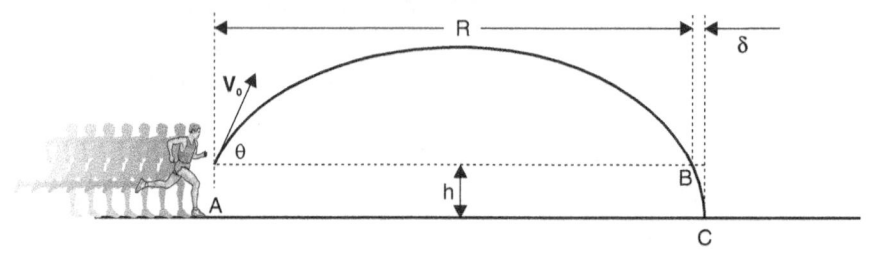

Discussão: Ao iniciar o salto, o atleta tem uma velocidade $v = 10{,}5$ m/s na direção horizontal (direção x), portanto $v_{0x} = 10{,}5$ m/s. Como ao iniciar o salto o *centro de massa* do atleta está a 0,6 m do chão, a componente vertical da velocidade inicial do movimento será: $v_{0y} = \sqrt{2(9{,}8 \text{ m/s}^2)(0{,}6 \text{ m})} = 3{,}43 \text{ m/s}$.

A magnitude e a inclinação do vetor velocidade inicial serão, respectivamente,

$$v_0 = \sqrt{v_{0x}^2 + v_{0y}^2} = 11{,}05 \text{ m/s}$$

$$\theta = \operatorname{tg}^{-1}\left(\frac{v_{0y}}{v_{0x}}\right) = \operatorname{tg}^{-1}\left(\frac{3{,}43}{10{,}5}\right) = 18{,}09°$$

No ponto B da trajetória, a velocidade do atleta será 11,05 m/s. Logo, pela Equação (2.18), determinamos o afastamento máximo,

$$R = \frac{1}{g}v_0^2 \operatorname{sen}2\theta = [(11{,}05 \text{ m/s})^2 \times \operatorname{sen}(36{,}18°)]/9{,}8 \text{ m/s}^2 = 7{,}35 \text{ m}.$$

O ponto C da trajetória será a posição do *centro de massa* do atleta ao bater no chão. Se τ é o tempo empregado para fazer a trajetória BC, então, pela Equação (2.16),

$$0{,}6 \text{ m} = v_{0y}\tau + \frac{1}{2}g\tau^2 = (3{,}43 \text{ m/s})\tau + (4{,}9 \text{ m/s}^2)\tau^2 \Rightarrow \tau = 0{,}145 \text{ s}$$

Logo, o afastamento horizontal δ será: $\delta = v_{0x}\tau = (10{,}5 \text{ m/s})\,0{,}145 \text{ s} = 1{,}52 \text{ m}$. Assim, o salto à distância do atleta será $R + \delta = 8{,}87 \text{ m}$. O cálculo dessa distância não levou em consideração o efeito da resistência do ar. *Normalmente* os atletas que praticam essa modalidade de esporte não são corredores de curta distância (com a honrosa exceção do atleta norte-americano Carl

Lewis). Assim, considerar v_{0x} = 10,5 m/s está um pouco além da velocidade inicial que esses atletas podem alcançar. Os recordes mundiais (em agosto de 2009) de 8,95 m para homens e 7,52 m para mulheres mostram que os atletas, além de tentar uma velocidade grande para iniciar o salto, precisam de um condicionamento especial dos músculos esqueléticos envolvidos no salto.

Segunda aplicação: salto de uma pulga

Observações cuidadosas do salto de uma pulga[10] mostram que a trajetória do salto é parabólica e que a velocidade inicial v_0 é próxima de 1,3 m/s, com uma inclinação θ de aproximadamente 87°. Com esses dados, mais o gráfico da Figura 2.12, discuta qual deve ser a aceleração produzida pelas patas da pulga para que ela realize este salto.

Discussão: considerando v_0 = 1,3 m/s e θ = 87°, pelas equações (2.19) e (2.18), a *altura e o afastamento* máximos do salto serão, respectivamente,

$$H = (1,3 \text{ m/s})^2(\text{sen}^2 87°)/2(9,8 \text{ m/s}^2) \approx 9 \text{ cm}$$

$$R = (1,3 \text{ m/s})^2(\text{sen} 174°)/(9,8 \text{ m/s}^2) \approx 2 \text{ cm}$$

Da Figura 2.12, extraímos que a pulga, para dar esse salto, encolheu suas patas durante um tempo médio de aproximadamente 1,25 ms. Logo, pela Equação (2.12), calculamos que a aceleração, por causa da ação dos músculos das patas, será:

$$a = v_0/t = (1,3 \text{ m/s})/(1,25 \times 10^{-3} \text{ s}) \approx 100 \text{ g}$$

ou seja, aproximadamente cem vezes maior que a aceleração da gravidade terrestre.

No salto de um gafanhoto[11,12], observou-se que o afastamento máximo de seu salto é ≈ 80 cm, e a inclinação da trajetória em seu ponto inicial é ≈ 55°. Logo, pela Equação (2.18), calculamos a velocidade inicial do salto,

$$v_0 = \sqrt{\frac{gR}{\text{sen} 2\theta}} = \sqrt{\frac{9,8 \times 0,8}{\text{sen} 110°}} \cong 2,89 \text{ m/s}.$$

Pela Equação (2.19), calculamos que a altura máxima H' que o salto do gafanhoto alcança é H' ≈ 30 cm (≫ que H da pulga). Como ≈ 30 ms é o tempo médio durante o qual os músculos de suas patas se encolheram para dar o salto, a aceleração por causa da ação desses músculos será a' = v_0/t = (2,89 m/s)/(30 × 10⁻³ s) ≈ 10·g (≪ que aceleração da pulga). Ou seja, aproximadamente dez vezes maior que a aceleração da gravidade terrestre. O movimento composto de um sapo analisado por Marsh et al.[13] a partir das vistas obtidas com um filme de alta velocidade mostrou um método diferente de se calcular a aceleração inicial das patas desse animal.

Movimento relativo

Muitas vezes um móvel que está em movimento encontra-se em um meio que também está em movimento. É o caso de um passageiro caminhando no corredor de um trem em movimento ou um peixe nadando em um rio com correnteza. O meio também pode estar em movimento com relação a um terceiro, e assim por diante. Esses movimentos são denominados *movimentos relativos*. Nessas situações, tanto a posição quanto a velocidade do móvel somente podem ser especificadas em relação a um meio.

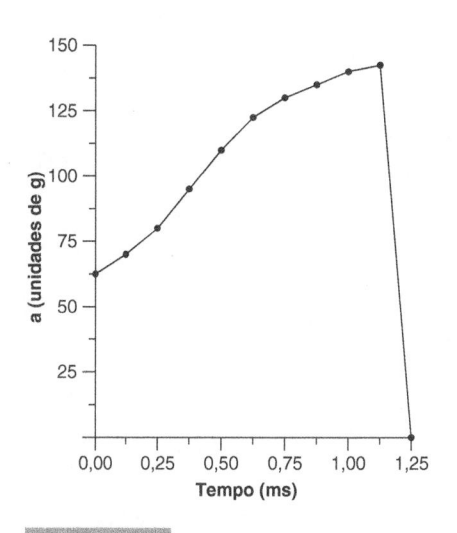

FIGURA 2.12

Variação da aceleração durante os primeiros milissegundos (ms) do salto da pulga [adaptado de Rothschild et al., (1973)].

Exemplo: Dois corpos A e B estão movendo-se em um mesmo plano xy. O movimento de A é dado pela equação: $\vec{r}_A = 2t\hat{i} - t^2\hat{j}$ e o de B, pela equação: $\vec{r}_B = (5t^2 - 12t + 4)\hat{i} + t^3\hat{j}$. Determine a velocidade e aceleração de B em relação a A, quando t = 2.

Resolução: as velocidades de A e B são, respectivamente, $\vec{v}_A = \dfrac{d\vec{r}_1}{dt} = 2\hat{i} - 2t\hat{j}$ e $\vec{v}_B = \dfrac{d\vec{r}_2}{dt} = (10t - 12)\hat{i} + 3t^2\hat{j}$. Quando t = 2, $\vec{v}_A = 2\hat{i} - 4\hat{j}$ e $\vec{v}_B = 8\hat{i} + 12\hat{j}$. A velocidade de B relativa a A será: $\vec{v}_{BA} = \vec{v}_B - \vec{v}_A = 6\hat{i} + 16\hat{j}$.

As acelerações de A e B são, respectivamente, $\vec{a}_A = \dfrac{d\vec{v}_A}{dt} = -2\hat{j}$ e $\vec{a}_B = \dfrac{d\vec{v}_B}{dt} = 10\hat{i} + 6t\hat{j}$. Quando t = 2, $\vec{a}_A = -2\hat{j}$ e $\vec{a}_B = 10\hat{i} + 12\hat{j}$. A aceleração de B relativa a A será: $\vec{a}_{BA} = \vec{a}_B - \vec{a}_A = 10\hat{i} + 14\hat{j}$.

Esse exemplo mostra como proceder matematicamente para determinar posição, velocidade ou aceleração relativa entre dois corpos em movimento, quando se conhece a equação de seus movimentos.

Matematicamente, o vetor $\vec{v}_{BA} = \vec{v}_B - \vec{v}_A$ representa a velocidade de B relativa a A e o vetor $\vec{v}_{AB} = \vec{v}_A - \vec{v}_B$, a velocidade de A relativa a B. Logo, $\vec{v}_{AB} = -\vec{v}_{BA}$. No caso em que um trem puxando uma longa plataforma tem uma velocidade $\vec{v}_{PT}$ em relação à velocidade $\vec{v}_T$ da Terra, e se na plataforma um automóvel se desloca com velocidade $\vec{v}_{AP}$ em relação à plataforma, então a velocidade do automóvel com relação à Terra será

$$\vec{v}_{AT} = \vec{v}_{AP} + \vec{v}_{PT}.$$

Se uma barata se desloca sobre o assoalho do automóvel com velocidade $\vec{v}_{BA}$ em relação ao automóvel, então a velocidade da barata em relação à Terra será

$$\vec{v}_{BT} = \vec{v}_{BA} + \vec{v}_{AT} = \vec{v}_{BA} + \vec{v}_{AP} + \vec{v}_{PT}.$$

Exemplo: Sobre a plataforma de um caminhão que se desloca com velocidade uniforme de 15 m/s, uma tartaruga avança na razão de 0,2 m/s, e um homem caminha em direção à tartaruga com uma velocidade de 1 m/s. Quais serão as velocidades da tartaruga e do homem em relação à Terra?

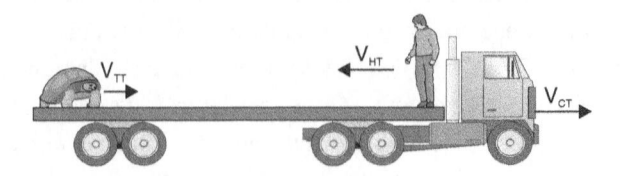

Resolução: considere que o movimento dos três corpos ocorra na direção x. Os vetores velocidades do caminhão em relação à Terra e da tartaruga e do homem em relação ao caminhão serão, respectivamente: $\vec{v}_{CT} = 15\hat{i}$; $\vec{v}_{TC} = 0,2\hat{i}$ e $\vec{v}_{HC} = -\hat{i}$.

Os módulos desses vetores estão em m/s. A velocidade da tartaruga em relação à Terra será: $\vec{v}_{TT} = \vec{v}_{TC} + \vec{v}_{CT} = 15,2\hat{i}$ m/s; já a velocidade do homem em relação à Terra será: $\vec{v}_{HT} = \vec{v}_{HC} + \vec{v}_{CT} = 14\hat{i}$ m/s.

Exemplo: A velocidade de uma ave em relação à Terra é 2,5 m/s, e a velocidade do vento em relação à Terra é 1 m/s. A direção da ave é 135° com relação ao leste e a do vento do oeste ao leste. Determine a velocidade e a direção da ave em relação ao vento.

Resolução: do gráfico ao lado, determinamos as componentes da velocidade da ave em relação à Terra:

$$\vec{v}_{AT} = -2{,}5\,\text{sen}\,45°\,\hat{i} + 2{,}5\cos 45°\,\hat{j} = -1{,}77\,\hat{i} + 1{,}77\,\hat{j}$$

A velocidade do vento em relação à Terra é: $\vec{v}_{VT} = \hat{i}$. Logo, a velocidade da ave em relação ao vento será:

$$\vec{v}_{AV} = \vec{v}_{AT} + \vec{v}_{TV} = -2{,}77\,\hat{i} + 1{,}77\,\hat{j}$$

portanto, $v_{AV} = \sqrt{(2{,}77)^2 + (1{,}77)^2} \cong 3{,}29$ m/s e $\text{tg}\,\psi = \dfrac{1{,}77}{2{,}77} = 0{,}6387 \Rightarrow \psi \cong 32{,}6°$.

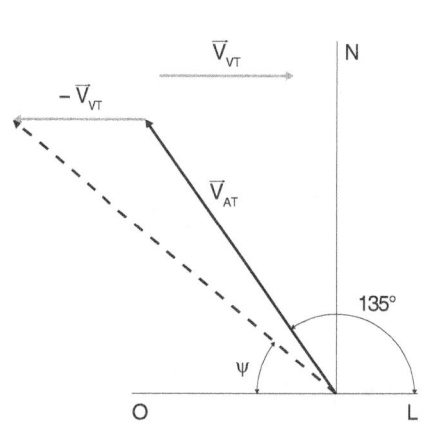

2.4 Biomecânica: as forças musculares

A *biomecânica* utiliza leis e conceitos da mecânica para interpretar e explicar diversos comportamentos do organismo de um *ser vivo* tanto em repouso quanto em *movimento*. Todo corpo inicialmente em *repouso*, ao acionar alguns de seus *músculos*, poderá se locomover. A física, por intermédio das leis da mecânica, faz possível entender total ou parcialmente o *movimento* do corpo. Essa ação sinérgica de ossos e músculos, no caso dos vertebrados, manifesta-se como *forças*, e os *efeitos* dessas forças sobre o corpo fazem que possa movimentar-se.

No caso dos vertebrados, a simplicidade ou complexidade das forças que atuam sobre o corpo em movimento dependem do tipo de movimento e da estrutura do corpo. Um beija-flor ao *voar* realiza movimentos que algumas outras aves não conseguem realizar. Isso deve-se a diversos fatores físicos e biológicos que influenciam esse tipo de locomoção. Também é comum, no reino animal, que certos animais *corram* mais rapidamente que outros. A *biomecânica* tenta explicar essa diferença nos *movimentos* dos seres vivos. Mas como se aplicam as leis da mecânica? Essa é a discussão que vem a seguir.

Forças fundamentais e derivadas

Por ser a força uma *grandeza vetorial*, para especificá-la, independente de sua natureza, é necessário conhecer a *direção* em que atua e sua *intensidade* (valor quantitativo em termos de uma unidade-padrão de força). No SIU, a força é medida em *Newton* (N) e, no sistema cgs, em *dina*. Para compor diversas forças, matematicamente seguimos às regras correspondentes às quantidades vetoriais. Na Figura 2.13 mostramos três forças $\vec{F}_1$, $\vec{F}_2$ e $\vec{F}_3$, suas respectivas componentes e finalmente a força resultante da composição dessas três forças.

Se em geral é necessário fazer a composição de n forças, inicialmente se determina a componente da força resultante na direção horizontal: $F_{Rx} = \sum_{n=1}^{3} F_{nx}$; e na direção vertical: $F_{Ry} = \sum_{n=1}^{3} F_{ny}$. A força resultante $\vec{F}_R = F_{Rx}\hat{i} + F_{Ry}\hat{j}$ terá inclinação $\theta = \text{tg}^{-1}(F_{Ry}/F_{Rx})$.

44 Biofísica: conceitos e aplicações

FIGURA 2.13

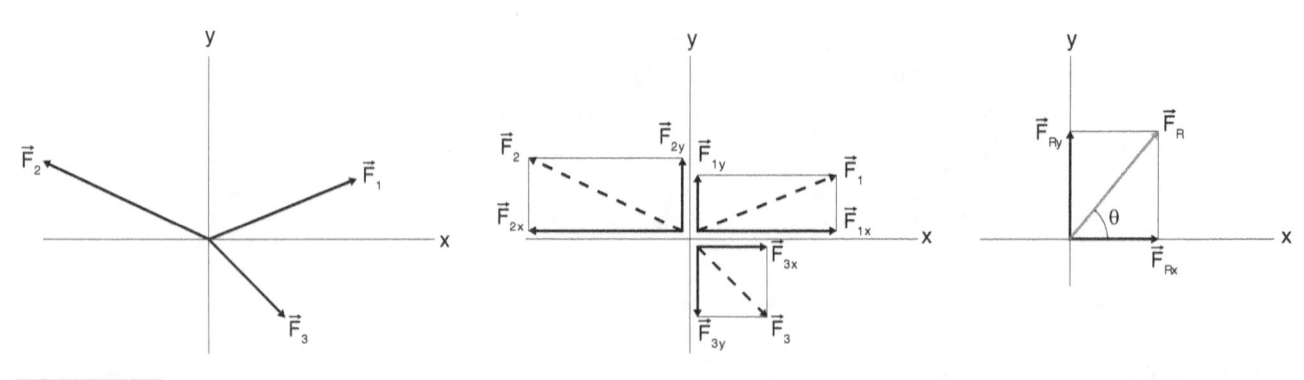

Composição de três forças e a força resultante de somar essas forças.

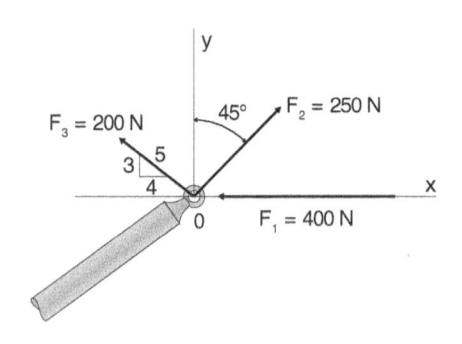

Exemplo: Determine a intensidade e a direção da força resultante das três forças que atuam no ponto O na figura ao lado.

Resolução: inicialmente determinamos as componentes horizontal e vertical da força resultante. Na figura a seguir são mostradas as componentes de cada uma das forças que agem no ponto O. Logo,

$$F_{Rx} = \sum_{n=1}^{3} F_{nx} = -383,2 \text{ N}; \quad F_{Ry} = \sum_{n=1}^{3} F_{ny} = 296,8 \text{ N}.$$

A intensidade da força resultante será:
$\sqrt{(-383,2)^2 + (296,8)^2} = 484,7$ N, e sua inclinação: $\theta = \text{tg}^{-1}(296,8/383,2) = 37,76°$.

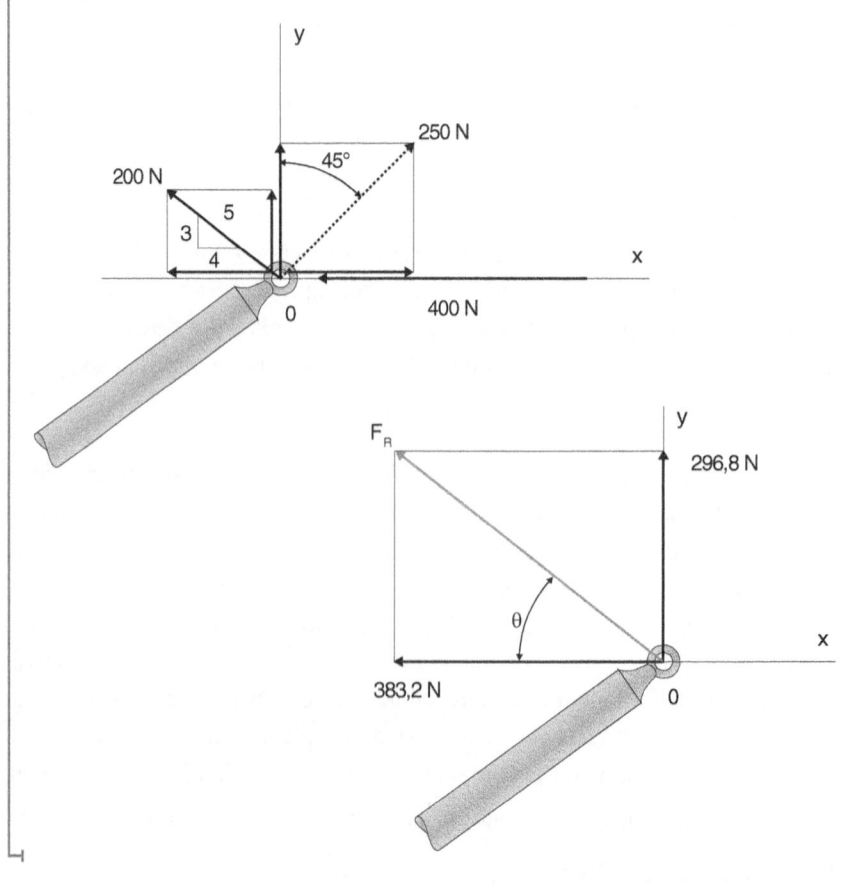

Leis do movimento ou leis de Newton

São três as leis do movimento enunciadas e demonstradas por Newton e mostradas de forma bastante simplificada na Figura 2.14.

Primeira Lei ou lei de inércia: quando agem diversas forças sobre um corpo e a resultante delas é nula, o corpo sempre estará com movimento uniforme (v = cte.) ou em repouso (v = 0).

Segunda Lei: quando a resultante $\vec{F}$ de agentes externos agindo sobre um corpo é não nula, então o corpo experimentará uma aceleração $\vec{a}$.

Terceira Lei: forças de ação e reação sempre se apresentam entre pares de corpos.

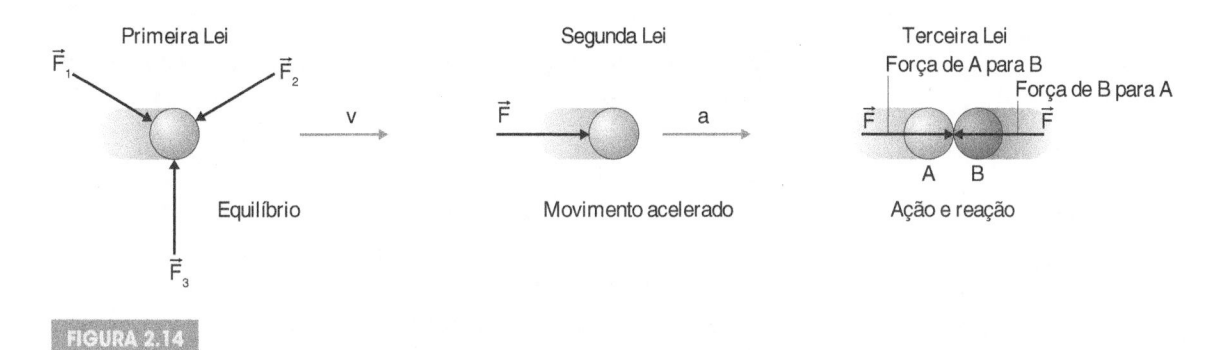

FIGURA 2.14

Forças atuando sobre um corpo e seus efeitos sobre o corpo ou corpos.

As forças podem ser fundamentais ou derivadas. As *forças fundamentais* são forças de interação entre corpos macroscópicos e/ou partículas elementares. Podem ser forças:

- *Gravitacionais*, ou resultante da interação entre massas.
- *Eletromagnéticas*, ou resultante da interação entre cargas elétricas.
- *Nucleares fortes*, de curto alcance, resultante da interação entre *núcleons* (nêutron ou próton).
- *Nucleares fracas*, de curto alcance, que provocam instabilidade em núcleos e partículas elementares.

Qualquer outra força cuja origem difere das quatro anteriores é uma *força derivada*. Por exemplo, as forças elásticas, de contato, musculares, moleculares etc. são forças derivadas.

Na *biomecânica*, lidamos principalmente com os efeitos de *forças derivadas*; estas podem ser de origem externa ao corpo em que agem ou resultantes de efeito de vários componentes do próprio corpo.

Forças de atrito

É uma *força de contato* porque sua origem é o contato físico entre dois corpos. A intensidade dessa força depende do coeficiente de atrito entre as superfícies dos corpos. Na Figura 2.15a se tem um corpo de massa m em repouso, seu peso é $\vec{P} = m\vec{g}$; na Figura 2.15b, temos o mesmo corpo, mas em movimento. Em qualquer dessas situações, a componente de vínculo ou *força normal* de contato satisfaz: $\vec{N} = \vec{P}$.

FIGURA 2.15

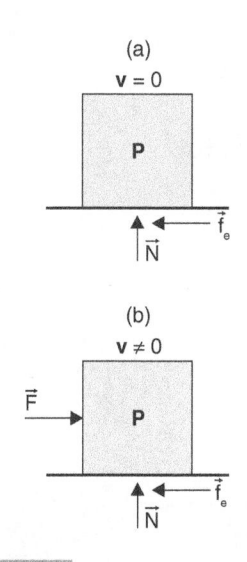

Corpo de peso P em repouso a) e em movimento b), as forças de atrito são, respectivamente, a estática f_e e a cinética f_c.

Quando o corpo está em *repouso*, a força de atrito denomina-se *força de atrito estático*, e sua magnitude é dada por: $f_e = \mu_e N$. Quando o corpo está em *movimento*, a força de atrito denomina-se *força de atrito cinético*, e sua magnitude é dada por: $f_c = \mu_c N$. Os coeficientes μ_c e μ_e são, respectivamente, os coeficientes de atrito cinético e estático. Para uma mesma superfície, geralmente $\mu_c < \mu_e$.

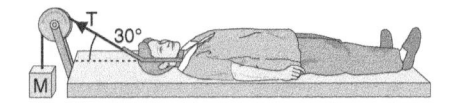

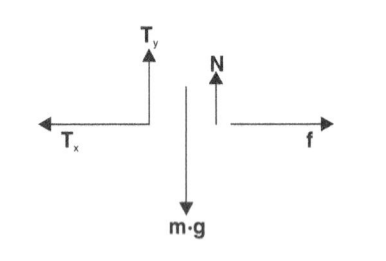

Exemplo: Um paciente com 70 kg está submetido a um esforço de *tração*, como se vê na figura ao lado. Qual será o valor máximo da massa suspensa M para que o esforço $\vec{T}$ na cabeça não o desloque ao longo da cama? Considere que o coeficiente de atrito entre a cama e as roupas do paciente é igual a 0,2.

Resolução: sobre o paciente de massa m, agem forças derivadas e fundamentais. O sistema paciente-massa M está em equilíbrio, então, pela Primeira lei do movimento:

$$M \cdot g = T \Rightarrow M = T/g \qquad (1)$$
$$N + T_y = m \cdot g \Rightarrow N = m \cdot g - T \cdot \operatorname{sen} 30° \qquad (2)$$
$$f = \mu \cdot N = T \cdot \cos 30° \Rightarrow N = T \cdot \cos 30°/\mu \qquad (3)$$

de (2) e (3), $T = \mu \cdot m \cdot g / (\cos 30° + \mu \cdot \operatorname{sen} 30°)$ \qquad (4)

Finalmente, de (1) e (4), encontramos que o valor máximo de M deverá ser:

$$M = \frac{\mu m}{\cos 30° + \mu \operatorname{sen} 30°} = \frac{0,2 \times 70 \text{ kg}}{\cos 30° + 0,2 \operatorname{sen} 30°} = 14,5 \text{ kg}.$$

Forças elásticas: os ossos

Todo corpo, ao ser submetido a certos *esforços*, de forma geral experimenta *deformações* em suas dimensões lineares. Nessas condições, a deformação sofrida pelo corpo dependerá do esforço aplicado, de sua forma geométrica e da natureza do material de que é constituído. Esses esforços deformantes podem ser:

- *Tração*: quando o corpo é submetido à ação de duas forças, com sentidos relativos de *afastamento*, aplicados em pontos diferentes. Como mostra a Figura 2.16a, o corpo sofrerá um *alongamento* na direção em que agem as forças e um *encurtamento* na direção perpendicular a essa direção.

- *Compressão*: quando o corpo é submetido à ação de duas forças com sentidos relativos de *aproximação*, aplicados em pontos diferentes. Como mostra a Figura 2.16b, o corpo será *encurtado* na direção das forças e experimentará um *alongamento* na direção perpendicular a essa direção.

- *Flexão*: quando o corpo está submetido pelo menos à ação de três forças, sendo duas no mesmo sentido e outra em sentido contrário. Como mostra a Figura 2.17, o corpo sofrerá *compressão* em uma superfície e *tração* em outra, por conta da distribuição das forças na parte interna do corpo. O corpo deformado apresentará uma *linha neutra* dd', na qual a ação da força resultante é nula.

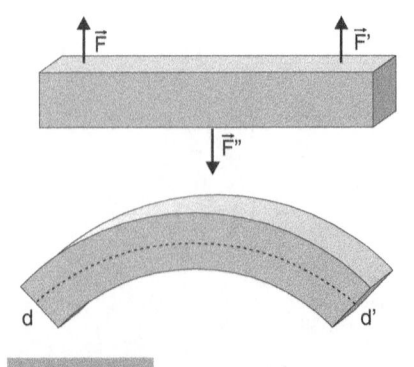

- *Torção*: quando um corpo é submetido à ação de *pares de força*, que agem em sentidos opostos e em planos diferentes. Na Figura

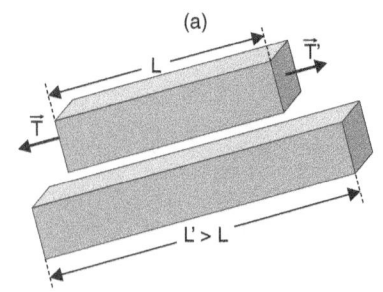

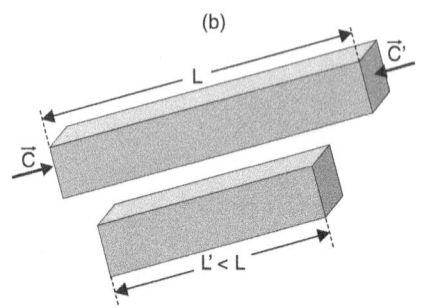

FIGURA 2.16
Corpo de comprimento L, submetido a um esforço de: a) tração e b) compressão.

FIGURA 2.17
Corpo submetido a esforço de flexão.

2.18 está representado o efeito de dois pares de força; as partes externas do corpo serão *torcidas* na direção de sua parte interna, que formará o eixo de torção.

A *elasticidade* de um corpo manifesta-se como a capacidade de ele retornar à sua forma inicial, depois que um esforço deformador deixou de agir sobre ele. É caracterizada por um parâmetro denominado *constante de força* ou de *elasticidade*. Na Figura 2.19, um corpo de comprimento L_0, ao ser submetido a uma força de deformação $\vec{F}$, é alongado em ΔL.

Diz-se que estamos na *região elástica de um corpo* enquanto a intensidade da força deformadora ou simplesmente força aplicada satisfaz a relação

$$|\vec{F}| = \kappa \Delta L. \tag{2.20}$$

Na Equação (2.20), κ é a constante elástica do material que constitui o corpo; essa equação é denominada *lei de Hooke*, que caracteriza a elasticidade dos materiais em geral. Essa lei é válida para materiais de composição homogênea.

No SIU, a constante κ tem unidades de N/m. O corpo é elástico se, ao retirarmos $\vec{F}$, ele volta a suas dimensões iniciais. Também é muito usual avaliar o *grau de elasticidade* de um material, usando-se uma constante Y, denominada *módulo de Young*, definida como

$$Y = \text{Tensão/Deformação} = (F/A)/(\Delta L/L_0). \tag{2.21}$$

Pela Equação (2.21) no SIU, Y terá unidades de N/m². Dessa forma, destacamos que se entende como *deformação* de um corpo a relação $\Delta L/L_0$, ou seja, a variação da dimensão do corpo em relação à sua dimensão antes de agir a *força ou esforço* aplicado.

Os diagramas nas figuras 2.20 e 2.21 tentam esclarecer o significado físico do que se entende por *tensão* em relação ao *esforço* que age sobre uma seção transversal do corpo.

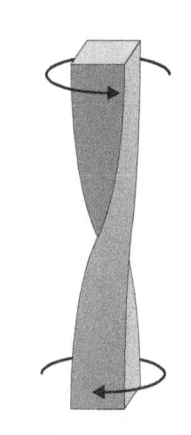

FIGURA 2.18

Corpo submetido a esforço de torção.

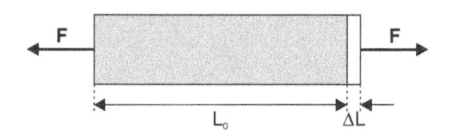

FIGURA 2.19

Corpo de constante elástica κ experimenta um esforço F, que produz uma deformação ΔL.

Robert Hooke (1635-1703), matemático e astrônomo inglês. O primeiro a conceber a possibilidade de se utilizar o movimento de um pêndulo para medir a aceleração da gravidade. Realizou numerosos trabalhos em óptica e em astronomia.

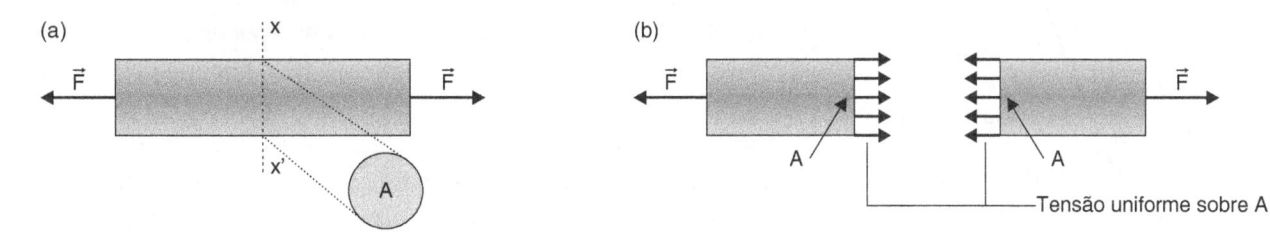

FIGURA 2.20

Esforço de tração F: a) aplicado a um corpo de seção transversal uniforme. xx'; b) distribuição de forma uniforme em um plano de área A transversal ao corpo.,

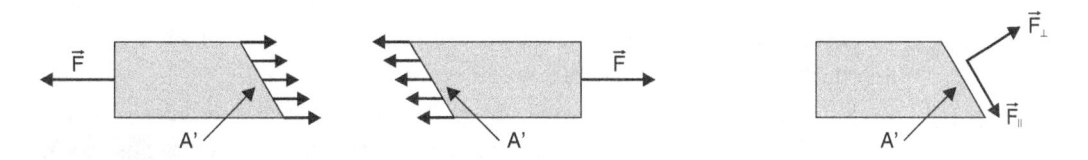

FIGURA 2.21

O esforço de tração F aplicado em uma seção de corpo de área A' pode ser decomposto em esforço tangencial $F_∥$ e esforço normal $F_⊥$.

FIGURA 2.22

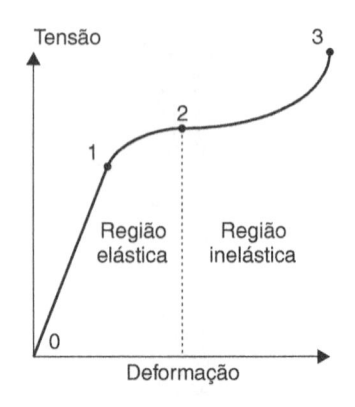

Forma característica do gráfico tensão × deformação para um material sólido.

Quando se analisa o efeito do esforço na seção do corpo de área A', como mostra a Figura 2.21, o esforço é descomposto em um componente normal $F_\perp$ e outro tangencial $F_\parallel$, de modo que temos uma tensão normal = $F_\perp/A$' e uma tangencial = $F_\parallel/A$', onde: $F^2 = F_\perp^2 + F_\parallel^2$.

A forma do *gráfico tensão × deformação*, característico de um grande número de materiais sólidos, está mostrada na Figura 2.22. Nesse gráfico, o intervalo 0 → 1 é a região de *proporcionalidade*. Nessa região, o módulo de elasticidade do material é constante, dependendo apenas da natureza do material. No intervalo 1 → 2, a relação entre a tensão e a deformação deixa de ser linear. O intervalo 0 → 2 define a *região elástica* do material. No intervalo 2 → 3, o corpo está permanentemente deformado até chegar ao valor em 3, conhecido como *ponto de ruptura*. O intervalo 2 → 3 define a *região inelástica* do material.

Por exemplo, no *intervalo linear*, para o aço duro e para o osso compacto (tíbia de boi) temos os seguintes valores experimentais:

	Tração máxima (N/m²)	Compressão máxima (N/m²)	Y (N/m²)
Aço duro	$82,7 \times 10^7$	$55,2 \times 10^7$	$2,07 \times 10^{11}$
Osso compacto	$9,8 \times 10^7$	$14,7 \times 10^7$	$1,79 \times 10^{10}$

Os *ossos* de um organismo estão permanentemente submetidos a forças intrínsecas ou extrínsecas por fazer parte de uma estrutura em *movimento*. Um osso possui uma grande resistência física, porém uma pequena resistência fisiológica. A *resistência física* é determinada pelas forças internas que se opõem às forças externas, mantendo o corpo em equilíbrio. A *resistência fisiológica* está associada à sua constituição, que é de aproximadamente 70% de componentes minerais, 20% de proteína e o restante, substâncias de adesão e água.

A *matriz inorgânica* de um osso, responsável pela sua rigidez e resistência compressiva, está constituída por carbonato de cálcio, fosfato de cálcio e minerais em forma de cristais de *hydroxiapatita*. A *matriz orgânica* responsável pela sua resistência elástica está constituída por uma componente proteica, que são as fibras de *colágeno*, e por água. O tecido que forma os ossos não é homogêneo, podendo ser compacto ou esponjoso.

A propriedade viscoelástica de um osso deve-se à presença da hydroxiapatita e ao colágeno. O colágeno é flexível como uma borracha e pode ser curvado facilmente quando comprimido. Quando o colágeno é removido do osso, a componente mineral restante é bastante frágil e pode ser comprimida com os dedos.

A Figura 2.23 mostra um gráfico típico na *região linear* da tensão e deformação, para um osso e seus componentes mineral e proteico. Observa-se que a componente mineral é o que garante a resistência do osso a um esforço. O colágeno contribui muito pouco para a resistência à compressão e pode ter contribuição expressiva para a resistência à tração.

A propriedade dos ossos de *resistir* aos esforços recebidos é consequência do arranjo otimizado das lâminas trabeculares; esses arranjos são os que dão origem à força interior que se opõe à exterior, dando a este material uma grande *resistência física*. A Figura 2.24 mostra esquematicamente as

FIGURA 2.23

Relação linear entre tensão e deformação para um osso compacto e suas componentes mineral e proteica. O comportamento destacado no primeiro quadrante refere-se ao caso em que a tensão é uma tração, e o comportamento destacado no terceiro quadrante, ao de uma compressão.

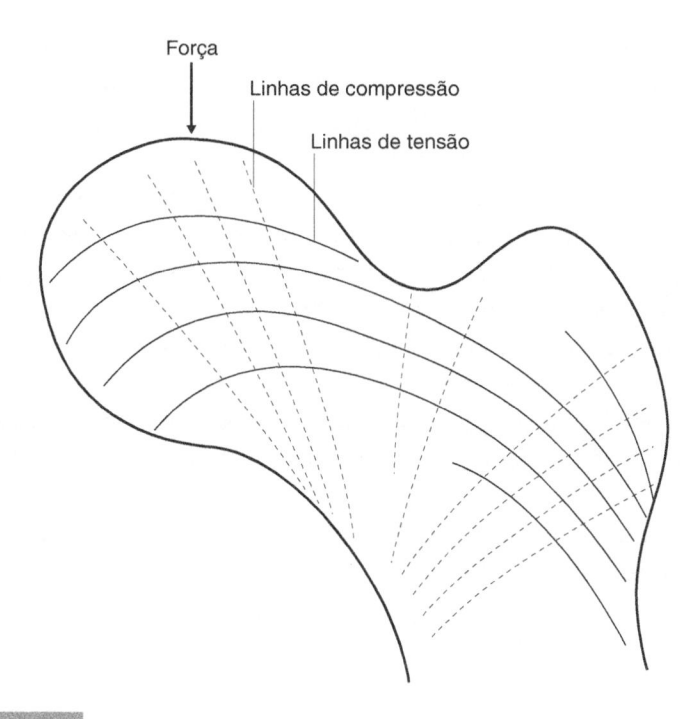

FIGURA 2.24

Linhas de tensão e compressão em um fêmur humano.

linhas de tensão e compressão na cabeça do fêmur humano. Como as *estruturas ósseas* dos animais são diferentes entre si, geralmente a *resistência* dos ossos a esforços de tração ou de compressão varia de uma espécie para outra.

Podem ser feitas medidas em qualquer *osso compacto*, para se determinar sua densidade; quanto estica ou comprime por causa da ação de uma força externa; que intensidade deverá ter a força necessária para quebrá-la sob tensão, compressão ou torção. Pode-se medir a dependência com o tempo da *resistência* do osso, durante a aplicação de uma força, e quanta energia elástica é armazenada, antes de o osso quebrar.

A densidade do *osso compacto* é constante, sendo aproximadamente $1,9 \times 10^3$ kg/m^3; com o tempo, o osso se torna mais poroso, mas a densidade do osso compacto restante não se altera; sua *resistência* é reduzida por ficar mais fino, e não porque seja menos denso. Ao medirmos a *deformação* de um osso que é submetido a uma tensão, obtemos uma curva semelhante à da Figura 2.22. No caso do *fêmur* humano ou de outros animais, esse osso apresenta diferentes *resistências* às tensões deformadoras de tração ou compressão, como está mostrado a seguir:[14]

Espécie	Tração × 10^7 N/m^2	Compressão × 10^7 N/m^2
Homem	12,4	17,0
Cavalo	12,1	14,5
Boi	11,3	14,7
Cervo	10,3	13,3
Javali	10,0	11,8
Porco	8,8	10,0

A máxima variação da *resistência* do fêmur entre as espécies anteriormente citadas é de um fator da ordem de 1,7. Uma discussão bastante interessante foi feita por Bonser[15] para calcular o *módulo de Young* aplicado aos constituintes da pata de uma avestruz.

Nos humanos, os ossos resistem às tensões de modo diferente. Além dos arranjos das trabéculas, há outros fatores. Por exemplo, nas *vértebras, é importante* a curvatura da coluna vertebral; na *clavícula, são importantes* as duas curvaturas e as duas bordas; no *úmero, é importante* a concavidade no terço inferior do eixo longitudinal; no *fêmur, são importantes* as formas da diáfise e duas epífises; na *tíbia, é importante* a forma da diáfise com uma concavidade dirigida para fora em seu terço superior e outra dirigida para dentro em seu terço inferior, ambas girando sobre o seu eixo longitudinal.

Exemplo: Um músculo sofre uma força de compressão; o gráfico tensão × deformação das fibras musculares é apresentado na figura a seguir. a) Determine o módulo de Young para tensões de $1,0 \times 10^5$; $2,5 \times 10^5$ e $3,5 \times 10^5$ N/m². b) Faça o gráfico do módulo de Young em função do esforço aplicado.

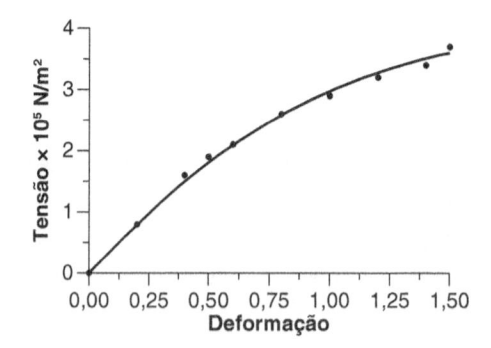

Resolução:

a) Do gráfico tensão × deformação, determinamos que, para as tensões $1,0 \times 10^5$; $2,5 \times 10^5$ e $3,5 \times 10^5$ N/m², as deformações são, respectivamente, 018, 0,79 e 1,5.

Portanto, os respectivos módulos de Young serão:

$Y = 1,0 \times 10^5/0,18 = 5,56 \times 10^5$ N/m²;
$Y = 2,5 \times 10^5/0,79 = 3,17 \times 10^5$ N/m²;
$Y = 3,5 \times 10^5/1,50 = 2,33 \times 10^5$ N/m².

b) Do gráfico (a seguir) módulo de Young × tensão, concluímos que, se a tensão *decresce*, o módulo de Young Y *aumenta*.

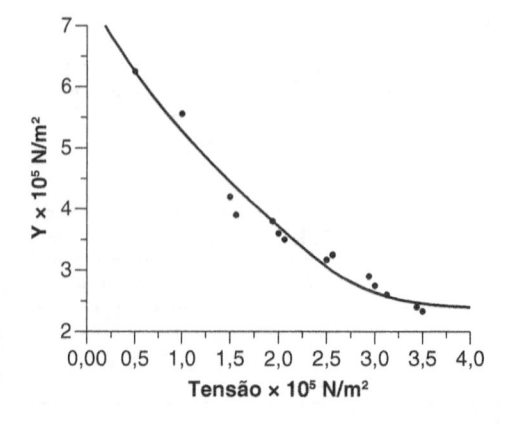

Exemplo: A tíbia é o osso mais vulnerável da perna do ser humano. Esse osso sofre fratura para esforços de compressão da ordem de 5×10^4 N. Suponha que um homem com 75 kg salta desde uma altura H e, ao cair no chão, não dobre os joelhos. O esforço que a tíbia sofre faz que ela tenha um encurtamento $\Delta l \approx 1$ cm. Qual deverá ser o valor máximo de H, para que esse osso não frature?

Resolução: utilizando a Equação (2.17), determinamos a velocidade v dos pés do homem ao chegar no chão: $v^2 = 2gH$. Ao tocar o chão, a tíbia experimenta uma força média de compressão $\vec{F}$, que provocará uma deformação Δl. Essa deformação acontece com uma aceleração média $\vec{a}$; logo, como a velocidade inicial do homem é nula, temos: $2g \cdot H = 2a \cdot \Delta l \Rightarrow a = g\left(\dfrac{H}{\Delta l}\right)$. A intensidade da compressão será $F = \dfrac{m \cdot g \cdot H}{\Delta l}$, sendo m a massa do homem. Se $F = 5 \times 10^4$ N, então temos que $H = \dfrac{5 \times 10^4 \text{ N} \times 0,01 \text{ m}}{75 \text{ kg} \times 9,8 \text{ m/s}^2} \cong 0,7$ m. Assim, ignorando a ação muscular, se um homem com 75 kg salta de alturas menores que 70 cm e cai de pé, não terá sua tíbia fraturada.

Tecido muscular esquelético: força muscular

Os *músculos* são essenciais para qualquer animal, convertem combustível do organismo em *movimento* e são capazes de crescer com exercícios. Os músculos fazem de tudo em um organismo. No corpo humano, há *três tipos* deles: esquelético, liso e cardíaco. Os processos moleculares *básicos* são os mesmos nos três tipos. No Capítulo 10 será apresentada a explicação bioquímica e biofísica desses processos. Na presente seção, concentraremo-nos em entender a origem da *força muscular* a partir de algumas características físico-biológicas dos músculos esqueléticos.

O *músculo estriado esquelético* ou simplesmente *músculo* caracteriza-se pela capacidade de *contração*, quando é devidamente estimulado, e é inervado pelo sistema nervoso central. As contrações do músculo esquelético permitem os movimentos dos diversos ossos, cartilagens do esqueleto. O músculo pode ser entendido como o *motor* de um organismo que faz a seguinte transformação energética:

Energia química ⇒ Energia mecânica + Energia térmica

Por exemplo, a ação de mexer o braço usando o músculo do bíceps acontece ao receber o músculo um sinal proveniente do cérebro. Na Figura 2.25, *o ventre se contrai e produz movimento; o tendão* transmite a *força de contração* do ventre para o osso. A quantidade de força que o músculo gera é variável. Resumindo, o que o músculo é capaz de fazer é criar uma *força de contração*. A *entese* é a parte do tendão que vem a se inserir no osso. A maior parte dos tendões está fixada aos ossos, mas alguns se prendem a órgãos, como os olhos, ou à pele.

A *força muscular* exercida pelo músculo na contração é medida pela unidade de tensão (medida na área de maior seção transversal do músculo), que permite a correção para o tamanho do músculo. O tamanho do músculo é dado como uma fração do componente do músculo em que ele é capaz de exercer maior *tensão isométrica*.

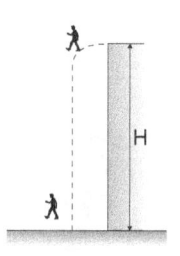

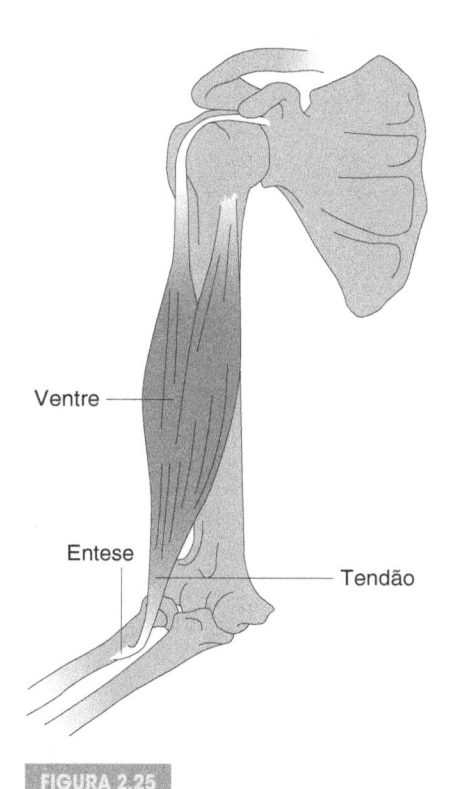

FIGURA 2.25

No músculo preso aos ossos, três partes são destacadas: ventre, tendão e entese.

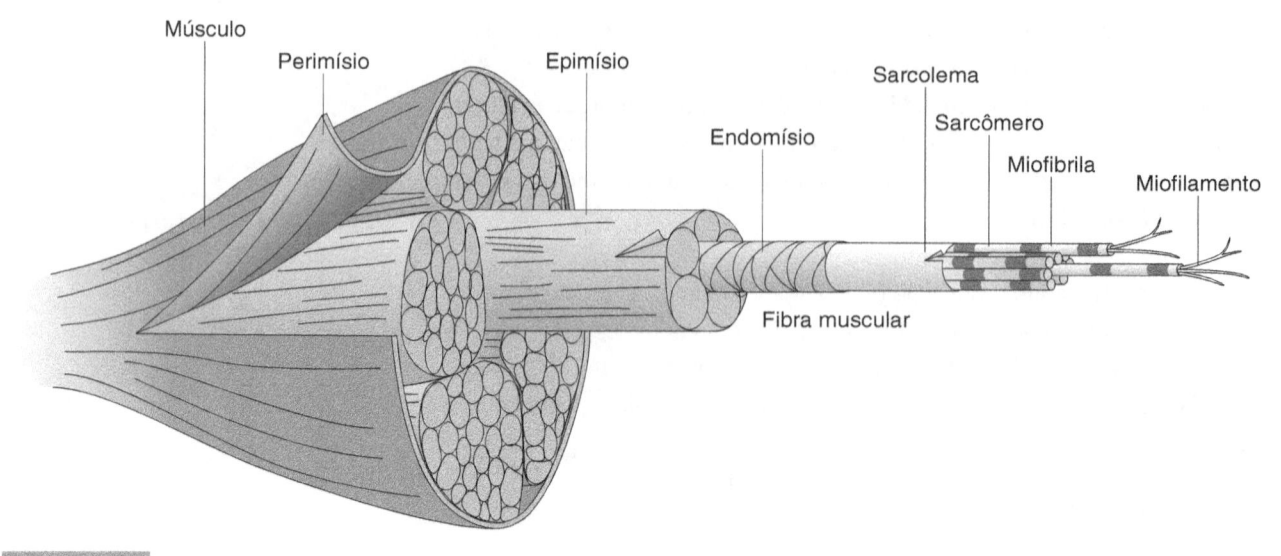

FIGURA 2.26

Músculo: contém fibras, miofibrilas e miofilamento. As miofibrilas estão divididas em sarcômeros que são sua unidade contrátil. O perimísio, epimísio e endomísio são envoltórios.

A Figura 2.26 mostra a constituição básica de um *tecido muscular*. O músculo estriado é constituído por células denominadas *fibras*, que são muito compridas, com muitos núcleos; seus extremos estão ligados a *tendões*. Cada fibra contém um conjunto paralelo de filamentos contráteis com *proteínas musculares*, e cada filamento é uma *miofibrila*. As miofibrilas divididas em *sarcômeros* (unidade contrátil do músculo) apresentam em sua composição filamentos de *miosina* (cerca de 1.500) e filamentos de *actina* (cerca de 3.000) dispostos lado a lado em padrões hexagonais ao longo do eixo da fibra. Eles são os responsáveis pela contração muscular.

Os miofilamentos são *filamentos grossos e finos* regularmente espaçados; cada filamento grosso é rodeado por seis filamentos finos. Esses filamentos ligam-se a outra estrutura chamada *disco Z ou linhas Z*. Essas linhas distribuem-se de forma perpendicular pelo eixo da fibra; a miofibrila que vai de uma linha Z até a próxima é denominada *sarcômero*. A Figura 2.27 mostra esta constituição da miofibrila.

A *contração* de um músculo resulta das ligações entre as pontes cruzadas da miosina com os filamentos de actina; ou, simplesmente, os filamentos finos deslizam entre os grossos, *encurtando* o sarcômero. Notemos que esse mecanismo *não explica* como o músculo cria a *força* necessária para isso. A *criação da força* é o resultado de um processo bioquímico que envolve liberação de energia por meio da criação e decomposição de moléculas de ATP. Esses filamentos e seus componentes histofisiológicos também estão relacionados com o mecanismo biomecânico do *relaxamento* de estruturas e filamentos citoesqueléticos. Um esquema bastante simplificado do relaxamento e contração muscular é mostrado na Figura 2.28.

A *força máxima* que um músculo pode exercer depende da área de sua seção transversal. No homem, essa força está dentro do intervalo de $2,7 \times 10^5$ a $3,6 \times 10^5$ N/m². Por exemplo, um músculo que exerce uma força de 530 N terá uma seção transversal entre 15 a 20 cm². Dependendo da localização

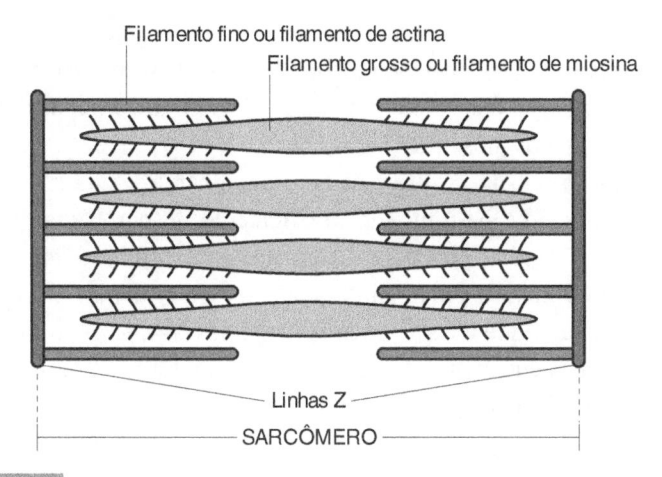

FIGURA 2.27

Divisão das miofibrilas em sarcômeros. Cada sarcômero contém filamentos grossos e finos.

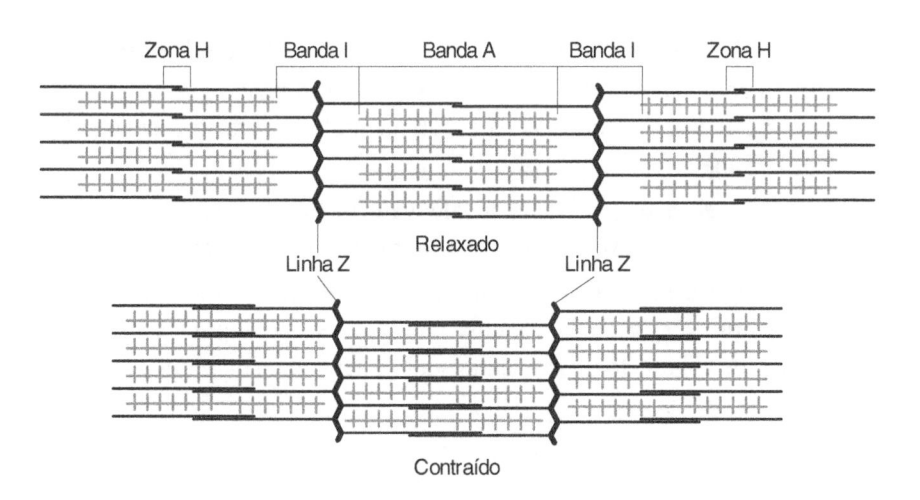

FIGURA 2.28

Quando o músculo está relaxado, a zona H e as bandas A (banda escura) e I (banda clara) têm o aspecto mostrado. Durante a contração do músculo, as bandas I e as zonas H encurtam, produzindo aproximação entre os tendões, que estão inseridos nos ossos.

do músculo e do tipo de movimento que executa, a *força muscular* gerada pode ser vista como resultante de componentes que atuam especificamente no movimento de uma parte do corpo. Na Figura 2.29 mostramos dois segmentos ósseos e um músculo, cuja origem O encontra-se em um segmento e a inserção I, em outro.

A força muscular $\vec{F}$ terá um componente rotador $\vec{R}$, e um componente estabilizador $\vec{E}$. Quando o segmento ósseo AC movimenta-se no sentido anti-horário, em torno da articulação A, tanto o componente $\vec{R}$ como o ângulo de tração φ aumentam, enquanto o componente $\vec{E}$ diminui. É evidente que esse efeito do músculo deve-se ao tipo de movimento de tal segmento ósseo. Um estudo bastante detalhado relacionando a função dos músculos com a elasticidade do tendão em vertebrados foi feito por Alexander,[16] em que destacou a importância dessas articulações para o movimento dos ossos.

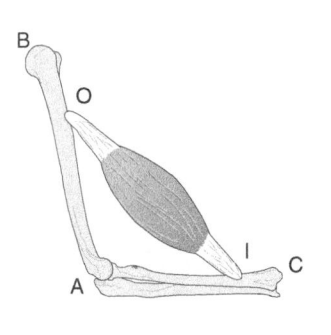

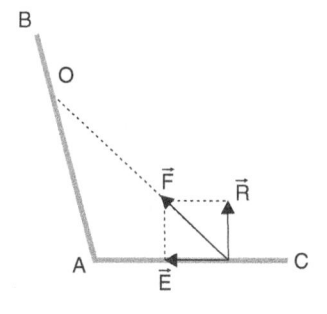

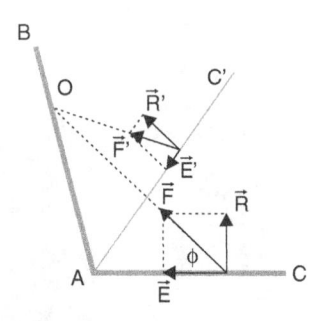

FIGURA 2.29

Músculo com origem O e inserção I, atuando sobre os ossos AB e AC. R e E são, respectivamente, os componentes rotador e estabilizador da força muscular F. Quando o osso AC muda para a posição AC', o ângulo de tração ϕ da força F' aumenta, sendo de R' > R e E' < E.

A *contração* de um músculo é medida pela alteração da força exercida em seus *pontos fixos* ou pelo seu simples encurtamento. De acordo com o efeito final, ou seja, com o movimento produzido no corpo, as contrações experimentadas pelos músculos podem ser:

- *Isométrica ou estática*: nesse caso, a carga ligada ao músculo é insuficiente para mover um segmento do corpo diante de uma determinada resistência. Externamente, o músculo *não* altera seu comprimento, porém, internamente, experimenta um equilíbrio entre as tendências ao encurtamento dos *elementos contráteis* e ao alongamento dos elementos elásticos. No tecido muscular, acontece a transformação:

Energia química $\Rightarrow$ Energia térmica

- *Isotônica ou dinâmica*: nesse caso, a carga ligada ao músculo pode mover uma parte do corpo diante de determinada resistência, produzindo um trabalho mecânico. No tecido muscular acontece a seguinte transformação:

Energia química $\Rightarrow$ Energia mecânica + Energia térmica

As contrações *isotônicas* podem ser de dois tipos:

- *Concêntrica*: quando há encurtamento das fibras musculares e o trabalho final é visível.
- *Excêntrica*: quando há um alongamento das fibras; ainda que haja contração, isso é superado pela resistência encontrada.

A Figura 2.30 mostra um modelo de contração isométrica, no qual as origens quanto à inserção do músculo estão fixas. A Figura 2.31 mostra um modelo de contração isotônica, no qual somente uma extremidade é fixa.

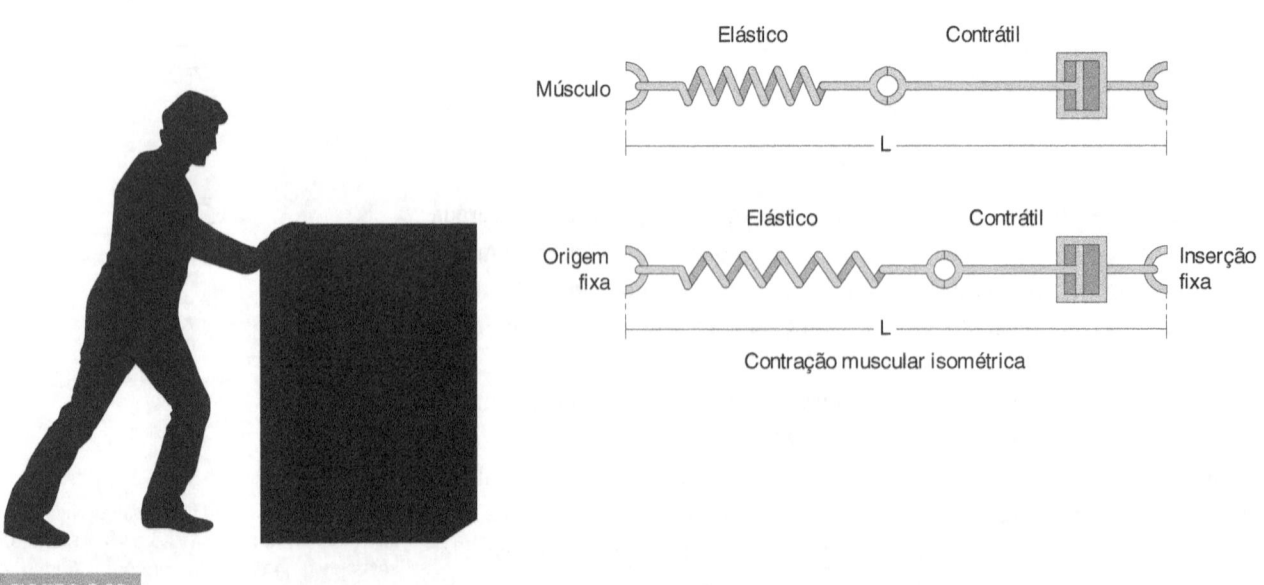

FIGURA 2.30

Pessoa tentando deslocar um objeto fixo no chão. Contração muscular isométrica: os elementos elásticos tendem a se alongar e os contráteis, a se encurtar. O comprimento da fibra muscular não se altera.

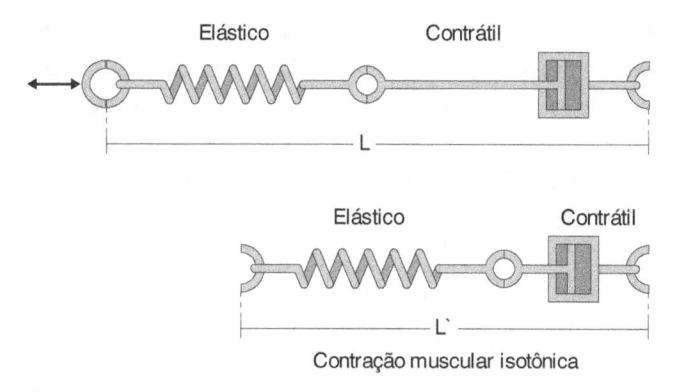

FIGURA 2.31

Contração muscular isotônica: os elementos elásticos não se alteram, enquanto os contráteis se encurtam ou alongam. As fibras musculares sofrem variação em seu comprimento.

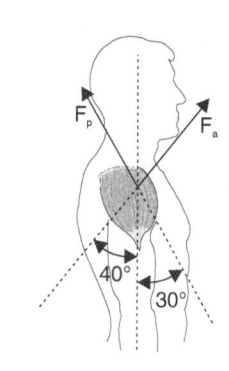

Exemplo: O músculo deltoide, mostrado na figura ao lado, tem formato triangular e movimenta o braço. Considere que as partes anterior e posterior deste músculo fazem esforços de 55 N e 35 N, respectivamente, para elevar o braço. Determine a intensidade e a direção da força resultante $\vec{F}$ exercida pelo músculo.

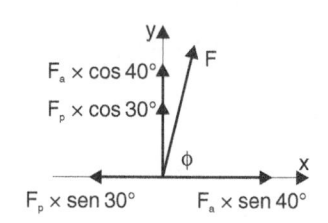

Resolução: devemos encontrar a força resultante $\vec{F}$ de duas forças conhecidas. De acordo com o diagrama de forças, nas direções x e y teremos as seguintes resultantes:

$$F_x = F_{ax} - F_{px} = 55 \cdot \text{sen}40° - 35 \cdot \text{sen}30° = 17,85 \text{ N}$$
$$F_y = F_{ay} + F_{py} = 55 \cdot \cos40° + 35 \cdot \cos30° = 72,44 \text{ N}$$

∴ Intensidade da força resultante $\vec{F}$: $F = \sqrt{F_x^2 + F_y^2} = 74,61$ N.
Direção da força resultante: $\phi = \text{tg}^{-1}(F_y/F_x) = 76,16°$.

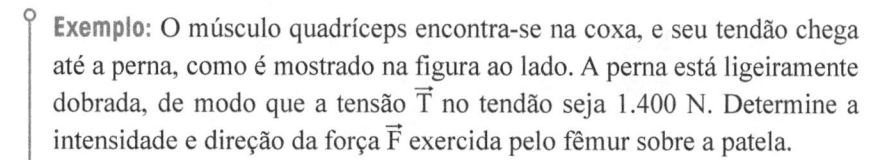

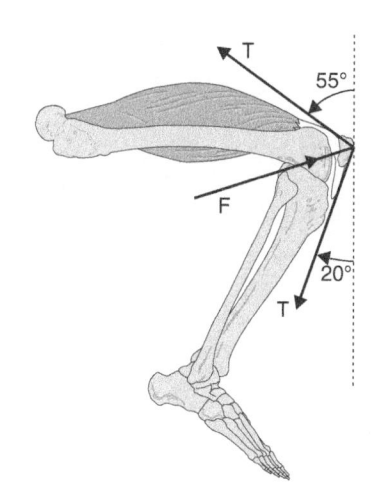

Exemplo: O músculo quadríceps encontra-se na coxa, e seu tendão chega até a perna, como é mostrado na figura ao lado. A perna está ligeiramente dobrada, de modo que a tensão $\vec{T}$ no tendão seja 1.400 N. Determine a intensidade e direção da força $\vec{F}$ exercida pelo fêmur sobre a patela.

Resolução: como o sistema de ossos na articulação da perna e o tendão do quadríceps estão em equilíbrio, a resultante das forças $\vec{T}$ e $\vec{F}$ deverá ser nula. De acordo com o diagrama de forças, nas direções x e y teremos, respectivamente:

$$F_x - 1.400 \text{ sen}20° - 1.400 \text{ sen}55° = 0 \rightarrow F_x = 1.625,64 \text{ N}.$$
$$F_y + 1.400 \cos55° - 1.400 \cos20° = 0 \rightarrow F_y = 512,56 \text{ N}.$$

∴ A intensidade e a direção da força de contato $\vec{F}$ serão
$F = \sqrt{F_x^2 + F_y^2} = 1.704,53$ N e $\phi = \text{tg}^{-1}(F_y/F_x) = 17,5°$.

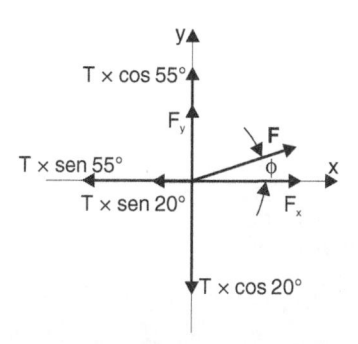

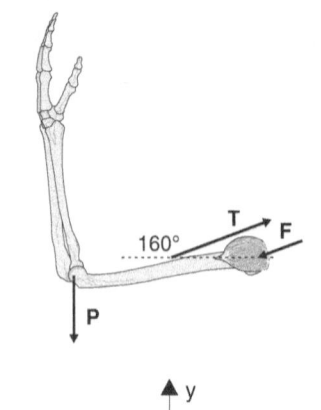

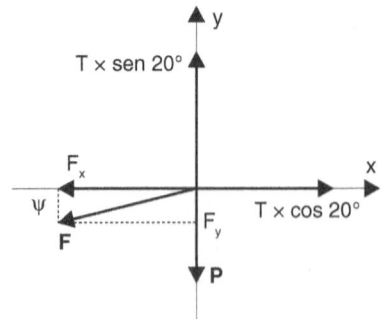

Exemplo: Considere que, em um braço esticado, o músculo deltoide exerce uma força de tração $\vec{T}$, que forma um ângulo de 20° com o úmero, como está mostrado na figura ao lado. Entre o osso e o ombro existe uma força de contato $\vec{F}$. Se o peso $\vec{P}$ do membro superior completo é 35 N e T = 300 N, determine a intensidade e a direção da força $\vec{F}$, para que o úmero se mantenha em equilíbrio.

Resolução: para que o úmero se mantenha em equilíbrio, a força resultante sobre o osso deverá ser nula. Considerando que a força $\vec{P}$ age no extremo anterior do úmero, esse sistema de três forças terá resultante nula nas direções x e y, ou seja,

$T \cdot \cos 20° - F_x = 0 \Rightarrow F_x = 281{,}91$ N.

$T \cdot \text{sen} 20° - P - F_y = 0 \Rightarrow F_y = 67{,}61$ N.

∴ A intensidade e direção da força de contato $\vec{F}$ serão $F = \sqrt{F_x^2 + F_y^2} = 289{,}90$ N e $\phi = \text{tg}^{-1}(F_y/F_x) = 193{,}49°$. Logo, $\psi = \phi - 180° = 13{,}49°$.

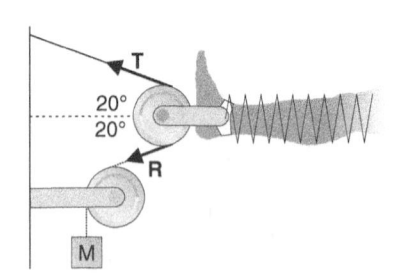

Exemplo: Uma perna engessada é submetida às tensões $\vec{T}$ e $\vec{R}$ geradas pela massa suspensa M. Nessa situação a perna experimenta uma tração longitudinal de 90 N. A perna é elevada até que $\vec{T}$ seja horizontal e faça um ângulo de 35° com $\vec{R}$. Determine a intensidade e direção da força $\vec{F}$ experimentada pela perna.

Resolução: a perna de início está em equilíbrio; logo, as forças $\vec{T}$, $\vec{R}$ e $\vec{f}$ terão resultante nula, sendo a força $\vec{f}$ a tração sobre a perna. Como a massa M está em equilíbrio, então R = M·g, enquanto:

$T \cdot \text{sen} 20° = R \cdot \text{sen} 20° \Rightarrow T = R = M \cdot g$.

$f = T \cdot \cos 20° + R \cdot \cos 20° \Rightarrow M = f/(2g \cdot \cos 20°) = 4{,}89$ kg.

Quando a perna é levantada, continuamos tendo T = R = Mg = 47,89 N. Como as forças $\vec{T}$, $\vec{R}$ e $\vec{F}$ estão em equilíbrio, então:

$F_x - T - R \cdot \cos 35° = 0 \Rightarrow F_x = 47{,}89 + 47{,}89 \cdot \cos 35° = 87{,}12$ N.

$F_y - R \cdot \text{sen} 35° = 0 \Rightarrow F_y = 47{,}89 \cdot \text{sen} 35° = 27{,}47$ N.

∴ A intensidade e direção da força $\vec{F}$ serão: $F = \sqrt{F_x^2 + F_y^2} = 91{,}34$ N e $\psi = \text{tg}^{-1}\left(\dfrac{F_y}{F_x}\right) = 17{,}5°$.

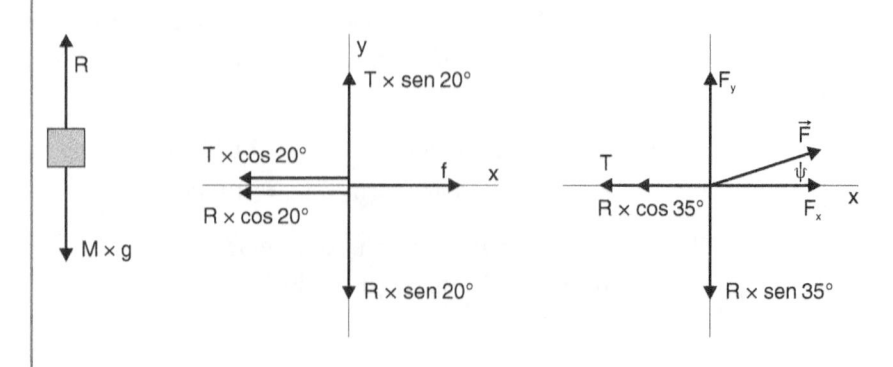

2.5 Momentos e centro de massa

A ação de uma força $\vec{F}$ calculada em relação a um ponto fixo O é uma quantidade vetorial denominada *momento ou torque* $\vec{M}$ por conta da força. O ponto fixo pode estar sobre o corpo ou fora dele. Quando a força que age sobre um corpo gera um momento, então o corpo tenderá a ter um *movimento de rotação* em torno de um eixo que passa por O. Se $\vec{r}$ é a distância entre o ponto de ação A da força e o ponto fixo O, como mostra a Figura 2.32, definimos:

$$\vec{M} = \vec{r} \times \vec{F} \quad (2.22)$$

A direção do vetor $\vec{M}$ é dada pela regra da mão direita aplicada a um produto vetorial, e sua intensidade será

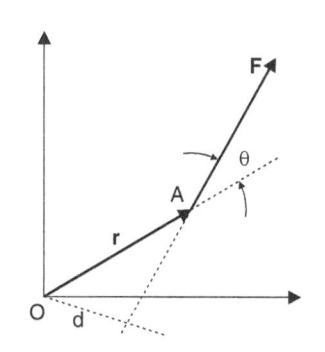

$$M = r\,F\,\text{sen}\theta = F(r\,\text{sen}\theta) = F d \quad (2.23)$$

FIGURA 2.32

Força **F** produzindo um momento **M** em relação ao ponto fixo O.

Na Equação (2.23), d é o braço da força $\vec{F}$ ou simplesmente braço de momento.

A *alavanca* é um sistema que, ao experimentar uma força de pequena intensidade $F_<$, pode equilibrar ou erguer um corpo que exerce uma força de intensidade maior $F_>$. A razão $F_>/F_<$ é denominada *vantagem mecânica*. Para se ter uma alavanca, o sistema deve experimentar a ação de pelo menos duas forças e ter um ponto de apoio. Se duas forças paralelas $\vec{P}$ e $\vec{R}$ agem sobre uma barra horizontal que tem um ponto de apoio, dependendo dos pontos de ação dessas forças, é possível gerar três tipos de alavancas, como se vê na Figura 2.33.

A função de uma alavanca é realizar um trabalho com boa vantagem mecânica, levando a um equilíbrio de forças com intensidades diferentes, por meio de seus *momentos*. No corpo humano, ossos e músculos formam conjuntos de alavancas, sendo comum encontrarem-se alavancas de *força* (Figura 2.33b) e de *velocidade* (Figura 2.33c). Os *ossos* atuam como uma barra sólida, inflexível, na qual são aplicadas forças, e os *músculos* agirão como gerador de *potência*, na produção de movimento ou como *resistência* adicionada a uma carga externa.

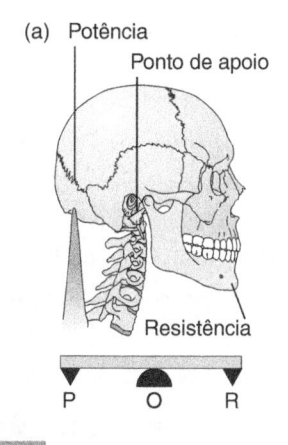

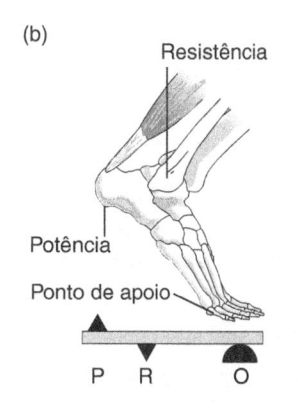

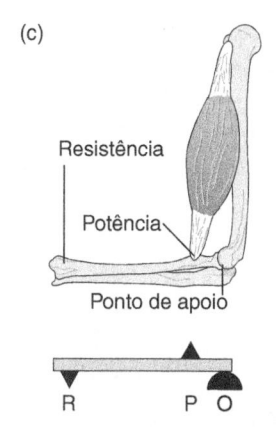

FIGURA 2.33

Três tipos de alavanca. **P** é uma força aplicada para equilibrar ou erguer a força resistente **R**.

Quando o momento sobre um corpo não é nulo, ele pode ter um *movimento* de rotação. Logo, para um corpo estar em *total equilíbrio*, deverá satisfazer as seguintes condições.

- Que a *resultante* das forças externas que agem sobre o corpo seja *nula*; assim permanecerá em *repouso* ou em movimento com velocidade constante.

- Que o *momento resultante* por causa das forças externas sobre o corpo seja *nulo*; assim permanecerá em equilíbrio de rotação.

Exemplo: O conjunto antebraço e mão de uma pessoa pesa 23,13 N, e o ponto de aplicação dessa força encontra-se a 11,9 cm do cúbito. A mão sustenta uma esfera de 60 N, como mostra a figura ao lado. Se o antebraço está perpendicular ao braço, determine a intensidade e a direção do momento gerado pela:
a) esfera, em torno do cúbito (ponto O);
b) força muscular em torno do cúbito.

Resolução: como o membro superior e a esfera estão em total *equilíbrio*, a resultante das forças que agem sobre o conjunto antebraço-mão e os momentos dessas forças deverão ser nulos. A força muscular $\vec{F}_m$ é perpendicular à direção dos ossos do antebraço. Logo, em relação ao ponto O, teremos que o momento gerado pela:
a) esfera tem direção perpendicular ao plano dos ossos do antebraço, sentido anti-horário e intensidade
$$M_e = 60 \text{ N} \times 0,33 \text{ m} = 19,8 \text{ N} \cdot \text{m}.$$
b) força muscular tem sentido horário, mesma direção que $\vec{M}_e$ e intensidade
$M_m = F_m \times 0,04 \text{ m} = 23,13 \text{ N} \times 0,119 \text{ m} + 60 \text{ N} \times 0,33 \text{ m} = 22,55 \text{ N} \cdot \text{m}$.
Pode-se também calcular a intensidade da força muscular utilizando a relação: $F_m = \dfrac{22,55 \text{ N} \cdot \text{m}}{0,04 \text{ m}} = 563,81 \text{ N}$.

Exemplo: A figura ao lado mostra um ginasta de 70 kg suspenso com as mãos em uma barra horizontal. Determine:
a) a força $\vec{F}$ exercida pela barra sobre a mão;
b) a força $\vec{T}$ no tendão do bíceps;
c) a força $\vec{R}$ exercida pelo úmero sobre o antebraço através do cúbito.

Resolução:
a) Consideremos que o centro de massa do ginasta está na direção vertical que é perpendicular à barra. Seu antebraço está levemente inclinado, formando um ângulo de 10° em relação à vertical. O eixo longitudinal do bíceps forma um ângulo de 20° em relação à direção do antebraço. O peso do ginasta é sustentado pelas mãos, de modo que a intensidade da força exercida pela barra em *uma mão* será
$F \cong F_y = \dfrac{1}{2}(70 \text{ kg}) \times (9,8 \text{ m/s}^2) = 343 \text{ N}$, por ser $F_x \cong 0$.

b) Como o antebraço está em equilíbrio, a resultante das forças que agem nele e o momento total deverão ser nulos.
$\therefore F_\perp \times \overline{AC} - T_\perp \times \overline{BC} = (F\text{sen}10°) \times (0,4 \text{ m}) - (T\text{sen}20°) \times (0,05 \text{ m}) = 0$.

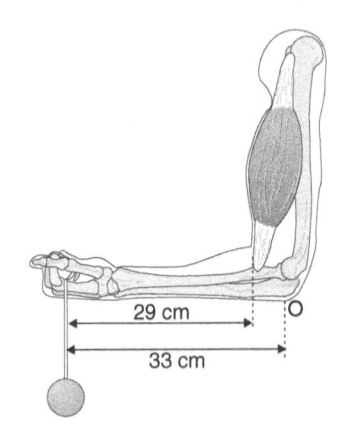

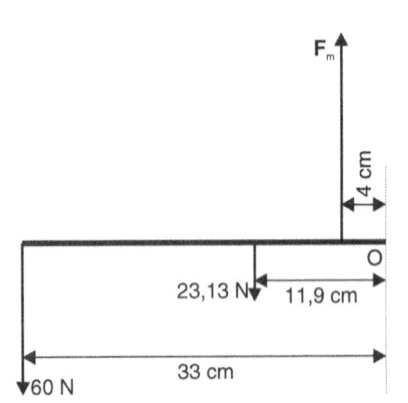

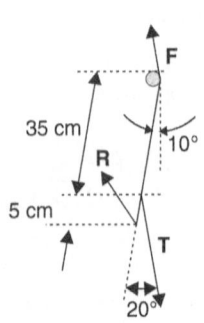

Logo, a intensidade da força $\vec{T}$ será: 1.393,16 N.

c) Na direção horizontal e vertical, a soma das componentes das forças deverá ser nula, portanto $R_x = T\text{sen}10° = 241,92$ N e $R_y = T\cos10° - F = 1.029,00$ N. Logo, a intensidade da força $\vec{R}$ será: $R = \sqrt{R_x^2 + R_y^2} = 1.057,06$ N. Note que, na solução deste exemplo, não foi considerado nenhum outro efeito da barra metálica por causa do *contato* com as mãos do ginasta.

Centro de massa

O centro de massa é um *ponto* que localiza a posição da aplicação da massa resultante de um corpo rígido ou de um sistema de partículas. No caso de um *corpo rígido*, esse ponto pode estar ou não na parte material do corpo e possui as seguintes propriedades:

- Movimenta-se com velocidade constante, quando a resultante das forças externas sobre o corpo rígido for nula ou na ausência de forças externas.
- Terá uma aceleração $\vec{a} = \vec{F}/M$ (Segunda lei do movimento), quando uma força externa $\vec{F}$ age sobre o corpo de massa M.

Para determinar a posição do centro de massa de um corpo, devem-se levar em conta duas possíveis situações: i) se o corpo tiver *forma geométrica regular*, o centro de massa coincidirá com o *centroide* ou centro geométrico ou centro de simetria do corpo; ii) se *tiver forma geométrica irregular*, o centro de massa é localizado da seguinte maneira:

- Descompomos o corpo de massa M em várias partes, sendo que cada parte de massa m_i (i = 1, 2,... n) deverá ter uma forma geométrica regular.
- Determinamos o centro de massa (x_i, y_i, z_i) de cada parte de massa m_i.
- As coordenadas $(\overline{x}, \overline{y}, \overline{z})$ do centro de massa do corpo serão dadas por:

$$\overline{x} = \frac{\sum m_i x_i}{\sum m_i}; \quad \overline{y} = \frac{\sum m_i y_i}{\sum m_i}; \quad \overline{z} = \frac{\sum m_i z_i}{\sum m_i}. \qquad (2.24)$$

A Figura 2.34 mostra um corpo de forma irregular constituído por dois discos finos de massas m_1 e m_3, respectivamente, e uma barra fina retangular de massa m_2. A barra está unida simetricamente aos discos. Para deter-

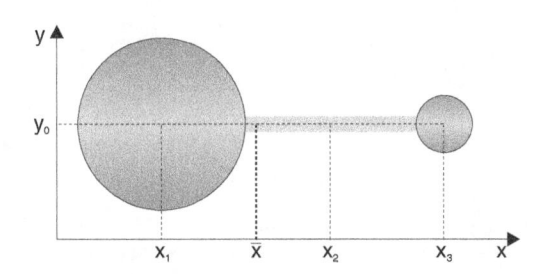

FIGURA 2.34

Centro de massa de um corpo constituído por dois discos finos com massas m_1 e m_3, respectivamente, e por uma barra retangular com massa m_2.

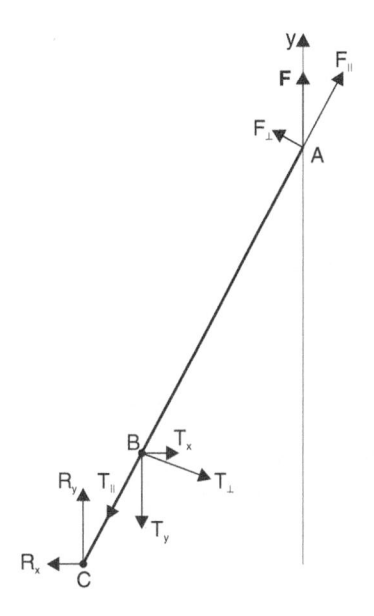

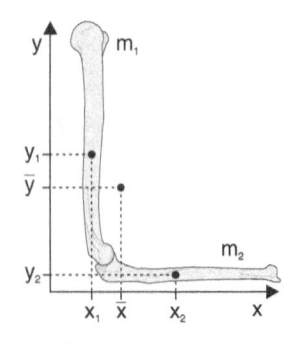

FIGURA 2.35

Conjunto de dois ossos em ângulo reto, sendo $m_1 > m_2$.

minar o *centro de massa* desse corpo, nós o descompomos em três corpos menores, cada um com forma regular. O centro de massa de cada corpo menor coincide com seu centroide. Se (x_1, y_1), (x_2, y_2) e (x_3, y_3) é o centro de massa de cada corpo menor, então o centro de massa do corpo todo será

$$\bar{x} = \frac{m_1 x_1 + m_2 x_2 + m_3 x_3}{m_1 + m_2 + m_3}; \quad \bar{y} = \frac{m_1 y_1 + m_2 y_2 + m_3 y_3}{m_1 + m_2 + m_3} = y_0$$

visto que a figura mostra $y_1 = y_2 = y_3 = y_0$.

A Figura 2.35 mostra um corpo de forma irregular, constituído por dois ossos de massas m_1 e m_2 cada um. Os ossos estão formando um ângulo reto, e o centro de massa de cada osso é (x_1, y_1) e (x_2, y_2); logo, o centro de massa do corpo todo será

$$\bar{x} = \frac{m_1 x_1 + m_2 x_2}{m_1 + m_2}; \quad \bar{y} = \frac{m_1 y_1 + m_2 y_2}{m_1 + m_2}.$$

Se $m_1 > m_2$ ou $m_1 = km_2$, com $k > 1$, então:

$$\bar{x} = \frac{km_2 x_1 + m_2 x_2}{km_2 + m_2} = \frac{kx_1 + x_2}{1 + k} \Rightarrow (x_2 - \bar{x}) = k(\bar{x} - x_1). \text{ Portanto, } \bar{x} \text{ está}$$

mais perto do osso com massa maior, nesse caso, m_1.

$$\bar{y} = \frac{km_2 y_1 + m_2 y_2}{km_2 + m_2} = \frac{ky_1 + y_2}{1 + k} \Rightarrow (\bar{y} - y_2) = k(y_1 - \bar{y}). \text{ Portanto, } \bar{y} \text{ está}$$

mais perto da coordenada y_1 do osso com massa maior.

No *corpo humano*, como os músculos trabalham constantemente para sustentar suas diversas partes, a fim de determinar seu centro de massa deve-se considerar o corpo no seu todo e, também, parcialmente. A Figura 2.36 mostra os centros de massa de diferentes partes do corpo humano, bem como os principais pontos de articulação.

A Tabela 2.1 mostra as coordenadas das articulações e dos centros de massa de diversas partes do corpo humano utilizadas pela NASA. Esses valores correspondem a um homem adulto e são percentuais de uma massa $M = 100$ e altura $H = 100$. Os eixos x, y e z são os mesmos da Figura 2.36.

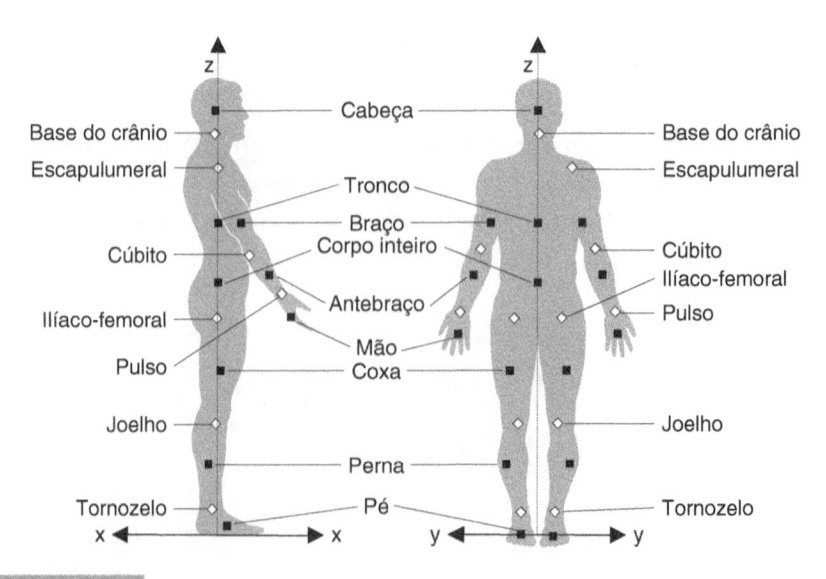

FIGURA 2.36

Informações usadas pela National Aeronautics and Space Administration (NASA) sobre os centros de massa e articulações de um homem adulto.

TABELA 2.1 Coordenadas das articulações e centros de massa de partes diferentes do corpo de um homem. Considera-se que o corpo tem massa M = 100 e altura = 100

Parte do corpo humano	Coordenadas			Massa
	X	Y	Z	
Cabeça	0,00	0,00	93,48	6,9
Base do crânio	0,00	0,00	91,23	
Tronco	0,00	0,00	71,09	46,1
Articulação escapulumeral	0,00	±10,66	81,16	
Braços	0,00	±10,66	71,74	6,6
Cúbitos	0,00	±10,66	62,20	
Antebraços	0,00	±10,66	55,33	4,2
Ilíaco-femoral	0,00	±5,04	52,19	
Mãos	0,00	±10,66	43,13	1,7
Pulsos	0,00	±10,66	46,21	
Coxas	0,00	±5,04	42,48	21,5
Joelhos	0,00	±5,04	28,44	
Pernas	0,00	±5,04	18,19	9,6
Tornozelos	0,00	±5,04	3,85	
Pés	3,85	±6,16	1,78	3,4
Corpo inteiro	0,00	0,00	57,95	100,0

Exemplo: Um homem de 80 kg e 1,75 m de altura está em pé e com os membros superiores esticados horizontalmente, como mostra a figura a seguir. Determine:

a) a massa de cada segmento dos membros superiores;

b) o centro de massa dos membros superiores em relação ao chão.

Resolução:

a) Utilizando os dados da Tabela 2.1, para o homem de 80 kg, encontramos as massas dos:
- Braços, $0{,}066 \times 80$ kg $= 5{,}28$ kg.
- Antebraços, $0{,}042 \times 80$ kg $= 3{,}36$ kg.
- Mãos, $0{,}017 \times 80$ kg $= 1{,}36$ kg. $\therefore$ a massa de cada membro superior é: 5,0 kg.

b) Coordenadas da articulação escapulumeral:
- $x_0 = 0{,}1076 \times 1{,}75$ m $= 0{,}1866$ m; $y_0 = 0{,}8116 \times 1{,}75$ m $= 1{,}42$ m

Coordenada horizontal do centro de massa do:
- Braço: $x_1 = x_0 + (0{,}8116 - 0{,}7174) \times 1{,}75$ m $= 0{,}3515$ m.
- Antebraço: $x_2 = x_0 + (0{,}8116 - 0{,}5533) \times 1{,}75$ m $= 0{,}6386$ m.
- Mão: $x_3 = x_0 + (0{,}8116 - 0{,}4313) \times 1{,}75$ m $= 0{,}8521$ m.

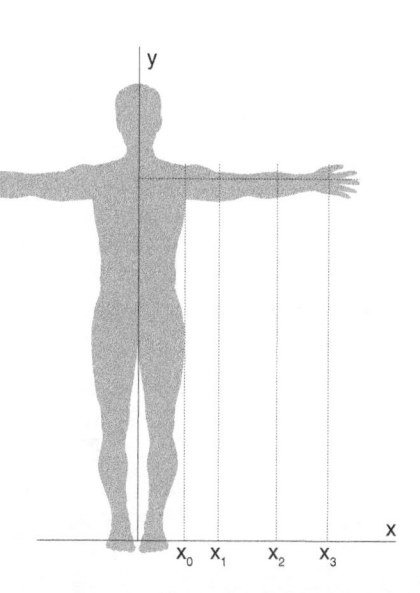

A coordenada vertical de cada parte coincide com a coordenada da articulação escapulumeral: $y_0 = 1,42$ m. O cálculo do centro de massa do membro superior é feito utilizando a Equação (2.24); portanto: $\bar{x} = [0,315$ m × $2,64$ kg + $0,6386$ m × $1,68$ kg + $0,8521$ m × $0,68$ kg]/(5 kg) = $0,516$ m e $\bar{y} = y_0 = 1,42$ m.

Se for necessário determinar o centro de massa de outras partes do corpo humano, seguimos um procedimento similar ao exemplo que acabamos de discutir.

Problemas

1. O vetor $\vec{A}$ de 25 unidades de magnitude encontra-se no terceiro quadrante do plano xy. Se $A_y = 2A_x$, então escreva $\vec{A}$ em função dos vetores unitários î e ĵ.

2. Um vetor $\vec{L}$ orientado para o leste tem 6 unidades de magnitude; outro vetor $\vec{S}$ orientado para o sul tem 8 unidades de magnitude. Determine:
   a) $\vec{L} - \vec{S}$;
   b) $\vec{L} + \vec{S}$;
   c) $\vec{L} \cdot \vec{S}$;
   d) $\vec{L} \times \vec{S}$.

3. Uma trajetória é dada por $\vec{r} = 3\cos 2t\hat{i} + 3\sen 2t\hat{j}$. Determine $(d\vec{r}/dt)$ e demonstre que sua direção é tangente à trajetória.

4. Três vetores $\vec{A}, \vec{B}$ e $\vec{C}$, de 5 unidades cada, estão respectivamente inclinados: 60°, 180° e 300°. Determine:
   a) $\vec{A} + \vec{C}$;
   b) $\vec{A} - \vec{B} + \vec{C}$;
   c) $\vec{A} \cdot \vec{B}$;
   d) $\vec{B} \cdot \vec{C}$;
   e) $\vec{A} \cdot \vec{C}$.

5. Dados os vetores: $\vec{A} = 5\hat{i} + 7\hat{j}$; $\vec{B} = \hat{i} + 2\hat{j}$; $\vec{C} = -4\hat{i} - 4\hat{j}$, determine a magnitude e direção de:
   a) $\vec{A} + \vec{B} + \vec{C}$;
   b) $\vec{A} - \vec{B} - \vec{C}$;
   c) $4\vec{B} - \vec{C}$.

6. O vetor posição de uma partícula é $\vec{r} = a\cos\omega t\hat{i} + b\sen\omega t\hat{j}$; a, b e ω são constantes.
   a) Demonstre que a magnitude do vetor $(d\vec{r}/dt)$ incrementa com o tempo e que a magnitude do vetor $(d^2\vec{r}/dt^2)$ é sempre constante.
   b) Calcule a equação da trajetória.

7. O gráfico deslocamento × tempo de um móvel que está se movimentando na direção x é mostrado a seguir.
   a) Determine a velocidade instantânea do móvel aos 5 s, 10 s e 15 s.
   b) Faça o gráfico da velocidade e da aceleração em função do tempo.

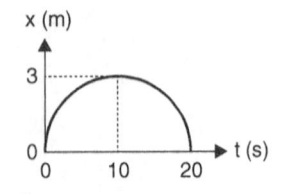

8. Considere que a posição de um móvel que está se deslocando na direção x é dada por x = 5t + 3; onde x é expresso em metros e t, em segundos. Em relação ao móvel, qual será:
   a) sua posição inicial;
   b) sua velocidade instantânea;
   c) sua aceleração?

9. Dois móveis A e B movem-se com movimento uniforme na direção x, mas em sentidos opostos. No instante t = 0, as posições de A e de B são, respectivamente, 20 m e 300 m. As velocidades de A e de B são, respectivamente, 16,7 m/s e 22,2 m/s. Determine o ponto de encontro de A e B.

10. Dois móveis A e B, no instante t = 0, encontram-se no ponto (0, 0). A e B seguem as trajetórias mostradas no gráfico a seguir e, depois de t = 10 s, chegam juntas ao ponto (20, 0). Determine:
    a) a velocidade escalar média da cada móvel;
    b) a magnitude do vetor velocidade média de cada móvel.

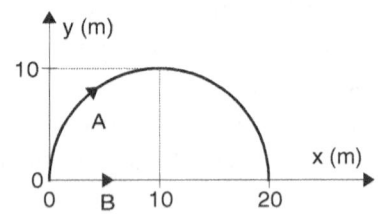

11. Um gafanhoto, para fazer um salto, estende suas patas 2,5 cm em 25 ms. Determine:
    a) a aceleração com a qual ele estende suas patas;
    b) a velocidade quando parte do chão, ou seja, no instante em que suas patas estão completamente estendidas;
    c) a altura máxima que conseguirá atingir nesse salto.

12. Um atleta de salto em altura fez um salto de 1,30 m. Se a eficiência de seu salto foi de 100%, com que velocidade saiu do chão?

13. Da parte mais alta de um prédio é solta uma pedra; passado 1 s, lança-se para baixo uma segunda pedra, com uma velocidade inicial de 20 m/s. A que distância da parte mais alta do prédio a segunda pedra alcançará a primeira?

14. Um estudante decide verificar *in vivo* a lei da queda livre. Para isso, ele sobe ao topo de um penhasco que

se encontra a 300 m do solo e se atira levando com ele um cronômetro. O Super-Homem aparece no topo do penhasco 5 s depois e se lança com uma aceleração igual à dos corpos em queda livre. A partir dessas informações, determine:

a) a velocidade inicial do Super-Homem, para agarrar o estudante justamente antes de tocar o solo;

b) de que altura o estudante deveria atirar-se para que nem mesmo o Super-Homem pudesse salvá-lo.

15. Da parte alta de um edifício de altura H soltamos um corpo de massa m; outro corpo de massa M é solto no instante em que m desceu uma altura D, tal como é mostrado na figura a seguir. Encontre a posição do corpo M com relação ao chão, no instante em que o corpo m alcança o chão.

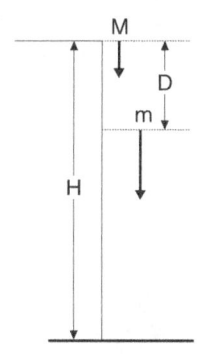

16. Entre animais de forma semelhante, os tamanhos são caracterizados pelo fator de escala L. Determine como a velocidade desses animais depende do fator de escala quando os animais correm colina acima.

17. Considere duas pessoas, uma com 1,80 m de altura e outra com 1,50 m. Qual será a relação entre suas velocidades de caminhada?

18. Um jogador de beisebol rebate uma bola. No instante em que se separa do taco, ele o faz com um ângulo de elevação de 30°. Outro jogador alcança a bola a 400 m do primeiro. A partir dessas informações, determine:

a) a velocidade inicial da bola;

b) a altura máxima que ela alcançará;

c) o tempo durante o qual a bola ficou no ar.

19. Um avião está voando a 2 km de altura, e no instante em que sua velocidade é 0,1 km/s, é solta uma caixa. Determine:

a) o tempo que a caixa leva para chegar ao solo;

b) a distância horizontal percorrida pela caixa;

c) sua velocidade no momento do impacto.

20. Um atleta é ensinado pelo seu treinador a arremessar o dardo com velocidade inicial $v_0 = 17{,}5\sqrt{0{,}1h}$ (no SIU) e inclinação de 37°, sendo h a altura da mão com relação ao chão no instante de ser lançado o dardo. A resistência do ar é desprezível, e o chão em torno do atleta é plano. Calcule:

a) a altura máxima alcançada pelo dardo;

b) a distância horizontal que o dardo percorreu quando atinge o chão.

21. Uma pedra é lançada com velocidade de 10 m/s e ângulo de elevação de 50°. Um ciclista avança no sentido da pedra a uma velocidade de 5 m/s. A que distância do ponto de lançamento deve estar o ciclista para ser atingido?

22. Um rio tem dois atracadouros a 1 km de distância um do outro. De um dos atracadouros duas pessoas vão até o outro e voltam. Uma delas sai num barco a 4 km/h tendo a correnteza com velocidade de 2 km/h a seu favor. A outra vai caminhando pela beira do rio a 4 km/h. Quanto tempo demora cada pessoa neste percurso de ida e volta?

23. Uma ave migratória está voando a 30 km/h em relação ao ar; há um vento de 12,5 km/h do oeste para leste. Se uma bússola presa à ave assinala rumo norte, determine:

a) a velocidade da ave em relação à Terra;

b) a direção que a bússola deve assinalar para que a ave esteja se dirigindo de fato ao norte;

c) qual seria sua velocidade em relação à Terra.

24. Quatro ovos são postos em pé sobre o chão. Cada pé de uma mesa de 20 kg descansa sobre um ovo, sem que eles se quebrem. Demonstre por que este esforço sobre cada ovo não é suficiente para romper sua casca.

25. Um animal de 200 kg está correndo a 5 m/s. Ao frear bruscamente, ele desliza durante 5 s até parar. Calcule:

a) o coeficiente de atrito cinético entre as patas do animal e o chão;

b) a distância que o animal percorre deslizando até parar.

26. Um corpo com 20 kg está sujeito à ação de três forças cujas direções são perpendiculares entre si, sendo a direção de $\vec{F}$ vertical. A intensidade de $\vec{T}$ e $\vec{R}$ é 30 N e 40 N, respectivamente. Qual será:

a) a intensidade e direção da força resultante, se o atrito sobre o corpo for desprezível;

b) o coeficiente de atrito entre o corpo e a superfície, caso se queira que o corpo continue em repouso?

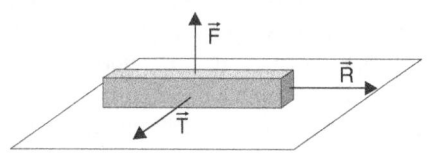

27. Um grupo de 25 formigas conduz um pedaço de queijo de forma retangular. O queijo desliza lentamente na direção $\vec{R}$. Com uma faca, retiramos a fileira de 11 formigas e vemos que o queijo se move mais rapidamente na mesma direção. Considerando que a intensidade da força exercida por cada formiga é aproximadamente a mesma, demonstre em que direção age a força exercida por cada formiga, para que o queijo se mova na direção $\vec{R}$.

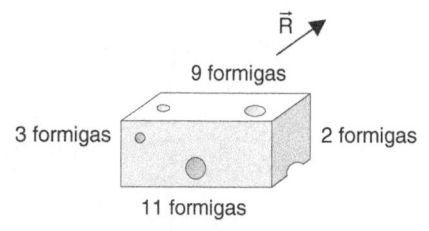

28. O dispositivo mostrado na figura a seguir é utilizado em próteses cirúrgicas da junta de um coelho. Se a força atuante ao longo da perna é de 360 N, determine suas componentes ao longo dos eixos x' e y'.

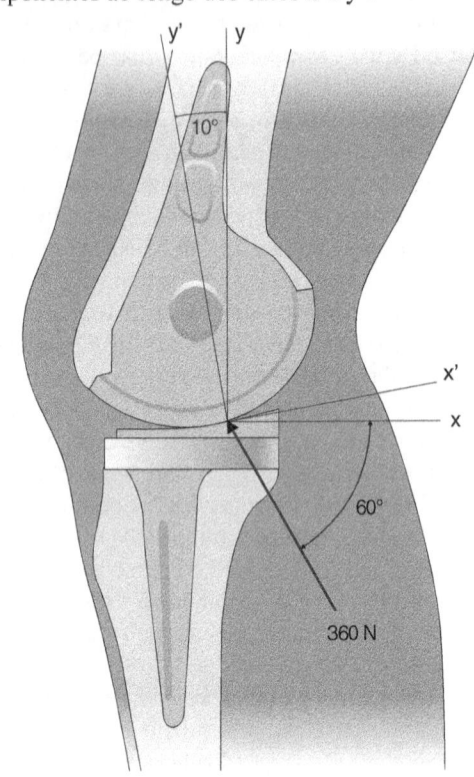

29. Um músculo bíceps exerce uma força de 600 N. A seção média deste músculo em sua região central tem 50 cm² e seus tendões, que estão presos a dois ossos, têm uma seção reta de 0,5 cm². Ache a tensão em cada uma das seções.

30. O contato entre o fêmur e a tíbia ocorre no ponto O, conforme mostra a figura a seguir. Uma força vertical de 175 N é aplicada neste ponto. Determine as componentes ao longo dos eixos x e y. (A componente y representa a força normal sobre a região de apoio entre os ossos; ambas as componentes x e y representam as forças que causam a compressão do líquido sinovial nos espaços da região de apoio.)

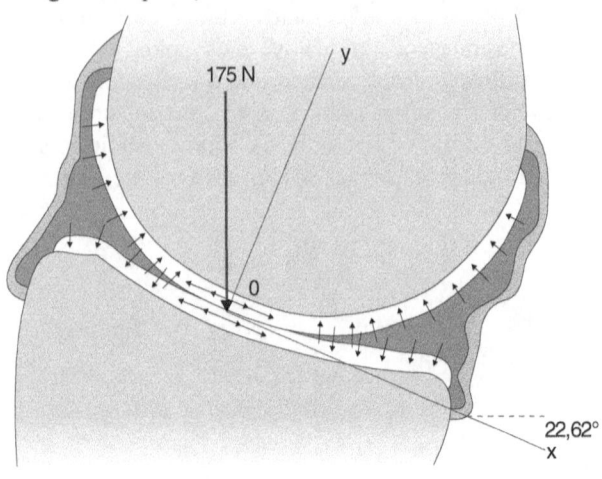

31. Um bíceps relaxado exige uma força de 25 N para aumentar 0,05 m em seu comprimento. Quando o músculo está com tensão máxima, são necessários 500 N para se ter a mesma elongação. Considere o músculo como um cilindro sólido de 0,2 m de altura e 0,04 m de raio e determine seu módulo de Young nas duas situações.

32. Qual é o encurtamento que sofre a perna de um homem de 70 kg quando apoia toda sua massa sobre essa perna? Considere que a perna estendida mede 0,9 m, a área da seção média do osso é 27 cm² e o módulo de Young é $1,79 \times 10^{10}$ N/m².

33. A perna de uma pessoa é mantida na posição mostrada na figura a seguir pelo quadríceps OC, que é fixo à pélvis no ponto O. Se a força exercida nesse músculo pela pélvis é de 85 N, na direção mostrada, determine a componente da força *estabilizadora* atuante ao longo do eixo +y e a componente da força de *sustentação* atuante ao longo do eixo −x.

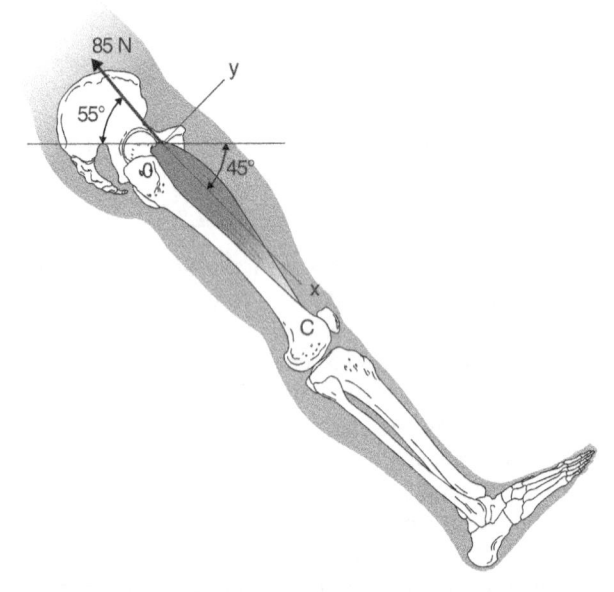

34. Uma pessoa de 70 kg encontra-se em pé. A projeção vertical de seu centro de massa passa a 3,2 cm à frente da junta do tornozelo, como mostra a figura a seguir. O músculo da barriga da perna se liga ao tornozelo a 4,4 cm da articulação. Considerando que cada perna suporta metade do peso da pessoa, determine:
a) a intensidade da força muscular $\vec{F}$;
b) a intensidade e a direção da força de contato $\vec{R}$ exercida pela articulação do tornozelo.

35. Uma pessoa de 91 kg encontra-se agachada, estando seu pé inclinado 44° em relação à horizontal, como mostra a figura a seguir. Determine:
a) a intensidade da força muscular $\vec{F}$ exercida pelo tendão sobre o calcâneo;
b) a intensidade e direção da força de contato $\vec{R}$ exercida pela articulação do tornozelo.

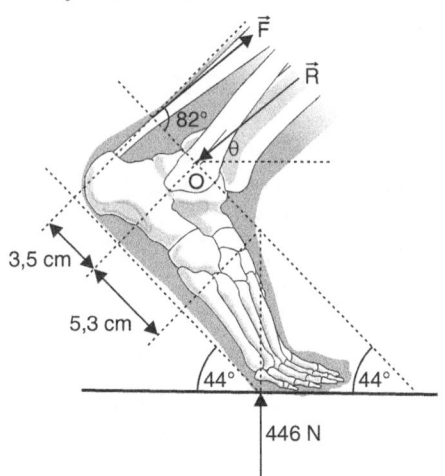

36. Uma pessoa de 70 kg está em pé e ereta. Determine:
a) a massa da cabeça, do tronco e dos membros inferiores e superiores;
b) o módulo da força de contato que sustenta a cabeça e o tronco;
c) a força que sustenta o braço;
d) a força total que exerce o tronco nas articulações dos quadris;
e) a força de contato total nas articulações dos joelhos;
f) a força de contato na articulação do joelho quando a pessoa se apoia em um dos pés;
g) a força na articulação do joelho que sustenta a perna não apoiada no chão.
(Sugestão: utilize os dados da Tabela 2.1.)

37. Uma pessoa de 80 kg tem o antebraço formando um ângulo de 45° com o braço, e sua mão sustenta uma esfera de 30 N, como mostra a figura a seguir. Suponha que a distância do cotovelo ao centro da esfera é de 41 cm, e ao tendão do bíceps, 5 cm. Determine a intensidade da força exercida:
a) pelo músculo bíceps;
b) pelo cotovelo sobre o antebraço.

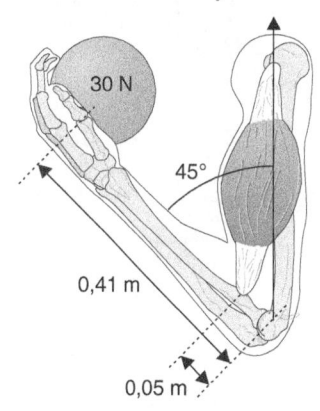

38. A junta do cotovelo é flexionada utilizando o músculo bíceps, que permanece praticamente na vertical quando o braço se move em um plano vertical, como mostra a figura a seguir. O músculo está localizado a uma distância de 16 mm da rótula O sobre o úmero.
a) Determine a capacidade de variação do momento em relação a O se uma força constante de 2,3 kN é desenvolvida pelo músculo.
b) Represente em um gráfico os resultados de M × θ para −60° ≤ θ ≤ 80°.

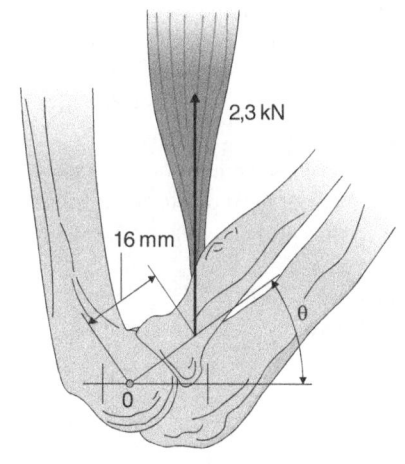

39. Um pé humano está submetido a duas forças trativas geradas por dois músculos flexores, conforme mostrado na figura a seguir. Determine o momento de cada uma dessas forças em relação ao ponto O de contato do pé com o solo.

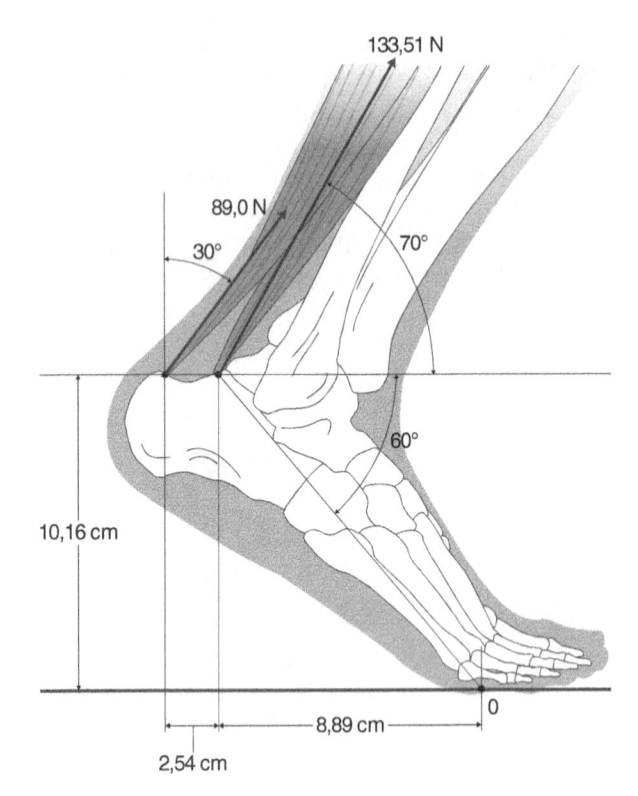

40. Três partículas com 2, 3 e 4 kg estão, respectivamente, localizadas nos pontos de coordenadas (3 m, 2 m); (1 m, –4 m) e (–3 m, 5 m) de um plano xy. Determine as coordenadas do centro de massa desse sistema de partículas.

41. Uma pessoa de 70 kg e 1,80 m de altura encontra-se em pé e ereta. Considere que ela levanta seu membro inferior direito até formar um ângulo de 90° com a direção vertical. Determine o centro de massa desse membro inferior.

42. Uma pessoa de 70 kg tem presa ao pulso uma mola cujo extremo está a 0,3 m do cotovelo. A pessoa exerce uma força de 374 N para equilibrar a força elástica produzida pela mola presa a seu pulso. Se o tendão do bíceps está a 0,05 m do cotovelo, quais serão as intensidades das forças exercidas:
a) pelo músculo bíceps?
b) pelo úmero?

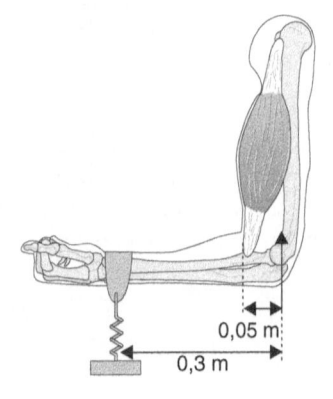

43. O sistema de tração de Russel, mostrado na figura a seguir, é utilizado para redução da fratura do fêmur. A perna engessada da pessoa pesa 40 N. A partir dessas informações, determine a força:
a) que o sistema exerce sobre a perna quando sustenta uma massa de m = 3,6 kg;
b) total exercida sobre a perna;
c) exercida pela perna sobre o fêmur.

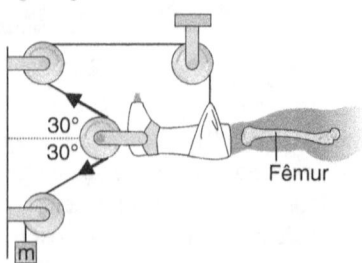

44. Uma pessoa de 80 kg e 1,80 m de altura encontra-se em pé e em posição ereta. Utilizando os dados da Tabela 2.1, determine o centro de massa dessa pessoa.

45. Um antebraço está inclinado 30° em relação à direção do braço, como mostra a figura a seguir. O tendão do bíceps exerce sobre o antebraço uma força $\vec{F}$ de 70 N de intensidade. Determine a intensidade:
a) da força estabilizadora (componente da força muscular paralela ao antebraço);
b) da força de sustentação (componente da força muscular normal ao antebraço).

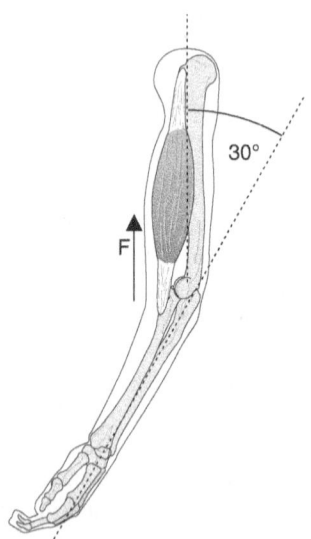

46. Um gafanhoto de 3 g realiza um salto com um ângulo de impulso de 55°. No momento do salto, a configuração típica dos músculos e partes de suas patas aparecem na figura a seguir. Se a área média da seção transversal do músculo é 0,35 cm² e do tendão, 0,01 mm², determine:
a) a intensidade da força muscular $\vec{F}$;
b) a tensão no músculo durante o salto;
c) a tensão no tendão durante o salto;
d) o fator de segurança para evitar a ruptura do tendão, se a tensão máxima que ele pode suportar é 6×10^8 N/m².

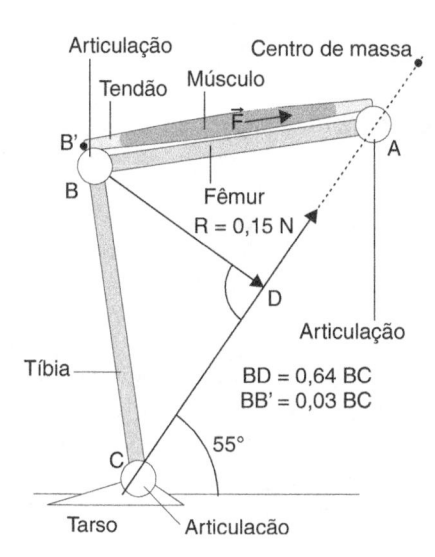

47. O centro de massa M de uma pessoa pode ser determinado por meio de uma balança e de uma plataforma rígida de comprimento x_0 e massa m, como mostrado na figura a seguir. P é a leitura na balança. Com esses dados, demonstre como determinar a coordenada X do centro de massa da pessoa.

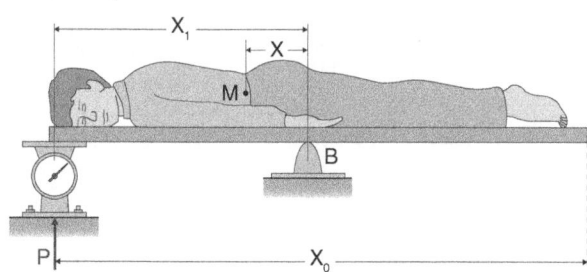

48. A figura a seguir mostra o esquema da perna de um humano e seu modelo físico correspondente. Parte da perna é suportada pelo músculo quadríceps fixado à bacia em A e ao osso patela em B. Esse osso desliza livremente sobre uma cartilagem na junta do joelho. O quadríceps é tenso e fixado à tíbia em C. A parte da perna em balanço tem massa de 3,2 kg e centro de massa em O_1; o pé tem uma massa de 1,6 kg e centro de massa em O_2. Determine:
a) a tração no quadríceps em C;
b) a intensidade da força resultante no fêmur (pino) em D, de modo a manter a perna na posição mostrada.

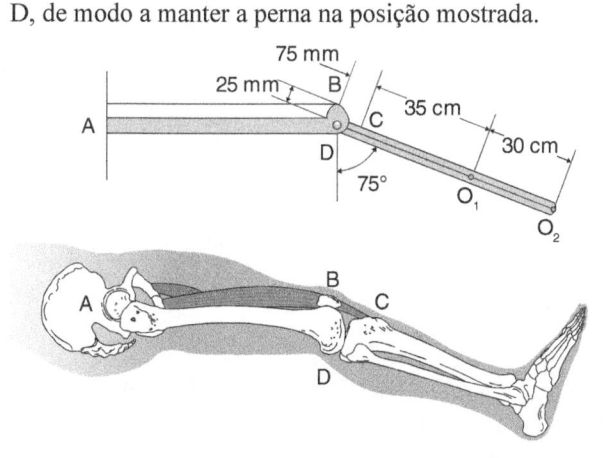

49. Um homem de 80 kg, ao caminhar vagarosamente, coloca todo seu peso sobre um de seus pés, como mostra a figura a seguir. Considerando que a força normal $\vec{N}$ do piso age no ponto O do pé, determine:
a) a força normal;
b) a força compressiva vertical resultante $\vec{T}$ que a tíbia exerce sobre o astrágalo em B;
c) a força de tração vertical $\vec{F}$ no tendão de Aquiles.

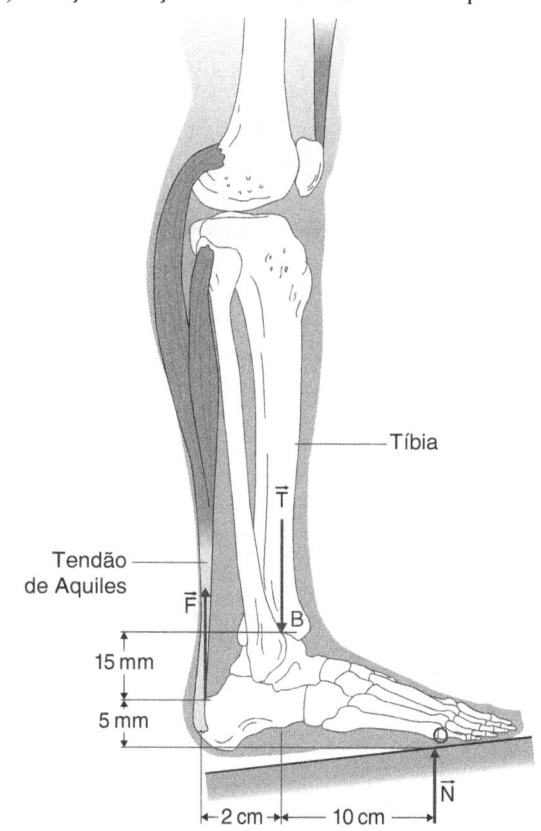

50. Os blocos uniformes de comprimento L e massa m cada um estão empilhados uns sobre os outros com uma defasagem d, conforme mostra a figura a seguir.
a) Se os blocos são colados entre si, de modo que não possam tombar, determine a coordenada horizontal do centro de massa da pilha de n blocos.
b) Demonstre que o número máximo de blocos que podem ser empilhados dessa maneira é n < (L/d).

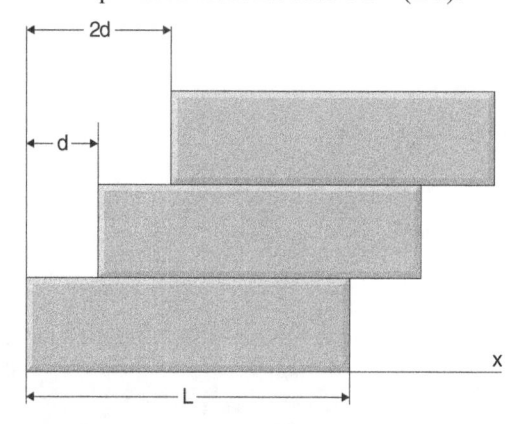

Referências bibliográficas

1. MAYNARD SMITH, J. *Mathematical ideas in biology*. Cambridge: Cambridge University Press, 1980.
2. KELLER, J. B. Theory of competitive running. *Physics Today*, v. 26, n. 9, Set. 1973, p. 42.
3. NAPIER, J. Antiquity of human walking. *Scientific American*, v. 216, n. 4, 1967, p. 56.
4. ALEXANDER, R. M. Optimization and gaits in the locomotion of vertebrates. *Physiological Reviews*, v. 69, n. 4, Out. 1989, p. 1.199-1.227.
5. ALEXANDER, R. M.; JAYES, A. J. Fourier analysis of forces exerted in walking and running. *Jornal of Biomechanics*, v. 13, n. 4, 1980, p. 383-390.
6. TAYLOR, C. R.; ROWNTREE, V. J. Running on 2 or on 4 legs – which consumes more energy? *Science*, v. 179, n. 4.069, 1973, p. 186-187.
7. TAYLOR, C. R.; SCHMID, T. N. K.; RAAB, J. L. Scaling of energetic cost of running to body size in mammals. *American Journal of Physiology*, v. 219, n. 4, 1970, p. 1.104.
8. KELLER, J. B., op. cit.
9. RYDER, H. W.; CARR, H. J.; HERGET, P. Future performance in foot racing. *Scientific American*, v. 234, n. 6, Jun. 1976, p. 109.
10. ROTHSCHILD, M. et al. Flying leap of flea. *Scientific American*, v. 229, n. 5, 1973, p. 92-100.
11. BROWN, R. H. J. Mechanism of locust jumping. *Nature*, v. 214, n. 5.091, 1967, p. 939.
12. ZARNACK, W. Biophysical studies of grasshoppers (*locusta-migratoria* L). 1. Movements of forewings. *Journal of Comparative Physiology*, v. 78, n. 4, 1972, p. 356-395.
13. MARSH, R. L.; JOHN-ALDER, H. B. Jumping performance of hylid frogs measured with high-speed cine film. *Journal of Experimental Biology*, v. 188, Mar. 1994, p. 131-141.
14. ALEXANDER, R. M., op. cit.
15. BONSER, R. H. C. The Young's modulus of ostrich claw keratin. *Journal of Material Science Lett.*, v. 19, n. 12, Jun. 2000, p. 1.039-1.040.
16. ALEXANDER, R. M. Tendon elasticity and muscle function. *American Zoologist*, v. 41, n. 6, Dez. 2001, p. 1.379.

CAPÍTULO 3

Dinâmica dos movimentos

OBJETIVOS DE APRENDIZAGEM

Depois de ler este capítulo, você será capaz de:
- Aplicar as equações da dinâmica para explicar e quantificar os diversos tipos de movimento aéreo no reino animal
- Entender e quantificar a influência do meio no voo com propulsão dos animais
- Entender e quantificar o movimento dos animais utilizando os conceitos de trabalho, energia cinética e potência mecânica
- Calcular os resultados dos diversos saltos de humanos por meio da aplicação do princípio da conservação de energia mecânica

3.1 Introdução

Inicialmente, deve-se entender o significado de *massa* de um corpo. Massa é uma propriedade *intrínseca* dos corpos, independente da circunstância em que estes estejam, bem como dos agentes externos ou tipo de força utilizado para medi-la. Essa grandeza escalar descreve quantitativamente a ideia intuitiva de *inércia* de um corpo ou quanto um corpo pode ser acelerado sob a ação de uma força externa. A massa de qualquer corpo é o resultado da comparação com uma *massa padrão*. No Sistema Internacional de Unidades (SIU) a massa é medida em quilogramas (kg) e, no sistema CGS (cm, grama, segundo) de unidades, em gramas (g), tendo-se a equivalência 1 kg = 1.000 g. Segundo a *teoria da relatividade*, massa e energia são duas manifestações de uma única magnitude física fundamental. Para *sistemas biológicos*, é suficiente considerar que, se não existe adição ou eliminação de matéria nesse sistema, a *massa permanece constante*. Experimentalmente, em condições ideais (por exemplo, sem nenhum tipo de atrito), verifica-se que, se uma força constante é aplicada a um corpo de massa $m_1 = 1$ kg e adquire uma aceleração $a_1 = 1$ m/s² na direção da força resultante, essa mesma força, ao ser aplicada a um corpo de massa $m_2 = 0,5$ kg, produzirá uma aceleração $a_2 = 2$ m/s². Logo, esses valores experimentais satisfazem a relação

$$\frac{m_1}{m_2} = \frac{a_2}{a_1} \Rightarrow m_2 = m_1 \frac{a_1}{a_2} = 0,5 \text{ kg}$$

A segunda lei do movimento ou segunda lei de Newton diz: *qualquer que seja a força $\vec{F}$ que age sobre um corpo de massa m, a aceleração resultante da ação dessa força será $\vec{a} = \vec{F}/m$*. Essa lei fundamental que rege os fenômenos dinâmicos teria o seguinte enunciado formal: *um corpo terá um movimento acelerado quando uma força resultante não nula agir sobre* *ele*. A direção da força resultante $\vec{F}$ e a da aceleração $\vec{a}$ são as mesmas, e suas magnitudes são proporcionais.

$$\therefore \vec{F} = m\vec{a} = m\frac{d\vec{v}}{dt} = \frac{d(m\vec{v})}{dt} = \frac{d\vec{p}}{dt} \qquad (3.1)$$

Na Equação (3.1), $\vec{p} = m\vec{v}$ é definido como a *quantidade de movimento* ou momento linear do corpo de massa constante m. A Equação (3.1) também pode ter o seguinte enunciado: *a força resultante $\vec{F}$ que age sobre um corpo de massa m é igual à taxa de variação de seu momento linear $\vec{p}$*. Em geral, $\vec{F}$ é a resultante da ação de várias forças que agem sobre o corpo de massa m: $\vec{F} = \vec{F}_1 + \vec{F}_2 + ... + \vec{F}_n = \sum_{i=1}^{n}\vec{F}_i$; então, a Equação (3.1) dará lugar às equações escalares: $\sum_i F_{ix} = ma_x$; $\sum_i F_{iy} = ma_y$; $\sum_i F_{iz} = ma_z$.

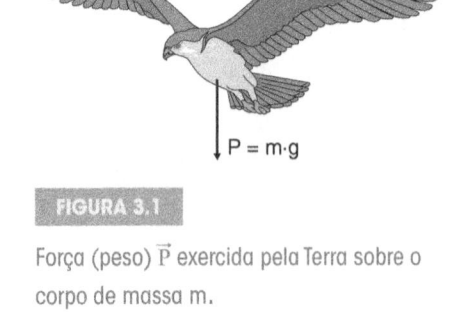

- O peso $\vec{P}$ de um corpo com massa m é definido como a força de atração gravitacional exercida pela Terra sobre o corpo, ou seja, $\vec{P} = m\vec{g}$ (veja Figura 3.1). O vetor $\vec{P}$ tem a direção de $\vec{g}$ no sentido ao centro da Terra. Como o vetor aceleração $\vec{g}$ é constante por causa da gravidade da Terra, a magnitude do vetor $\vec{P}$ será proporcional à massa m. No SIU, o peso é medido em Newton (1 Newton = 1 kg × 1 m/s^2) e, no sistema CGS de unidades, em dinas (1 dina = 1 g × 1 cm/s^2).

- Definimos o *impulso* $\vec{I}$ de um corpo de massa m ao deslocar-se de (1) → (2) (veja Figura 3.2) por causa da ação da força resultante $\vec{F}$ como a quantidade:

$$\vec{I} = \int_1^2 \vec{F}dt = \int_1^2 m\vec{a}dt = \int_1^2 md\vec{v} = m\vec{v}_2 - m\vec{v}_1 = \vec{p}_2 - \vec{p}_1 = \Delta\vec{p} \qquad (3.2)$$

Segundo a Equação (3.2), o impulso é igual à variação da quantidade do movimento do corpo.

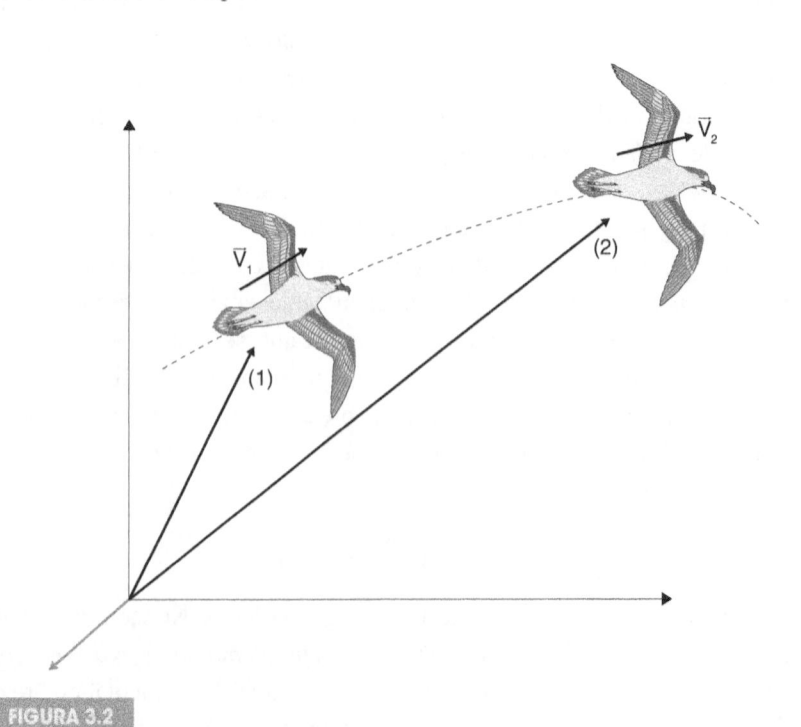

FIGURA 3.1

Força (peso) $\vec{P}$ exercida pela Terra sobre o corpo de massa m.

FIGURA 3.2

$\vec{v}_1$ e $\vec{v}_2$ são as velocidades instantâneas de m na posição (1) e (2), respectivamente.

Quando um corpo exerce uma força $\vec{F}$ sobre outro corpo, este exercerá sobre o primeiro corpo uma força $\vec{F}'$ de mesma intensidade, direção e sentido contrário ou *a toda ação se opõe uma força da mesma intensidade denominada reação*, esta é a terceira lei do movimento de Newton. Essas duas forças atuam em corpos diferentes. Na Figura 3.3, $\vec{F}$ e $\vec{F}'$ são, respectivamente, a força exercida pela *corda* sobre o *bloco* e a exercida pelo *bloco* sobre a *corda*. $\vec{T}'$ e $\vec{T}$ são, respectivamente, a força exercida pelo *animal* sobre a *corda* e a exercida pela *corda* sobre o *animal*. As forças $(\vec{F}, \vec{F}')$ e $(\vec{T}, \vec{T}')$ formam pares de ação e reação, ou seja, $\vec{F} = -\vec{F}'$ e $\vec{T} = -\vec{T}'$. A terceira lei aplica-se a corpos que estejam em repouso ou com movimento acelerado.

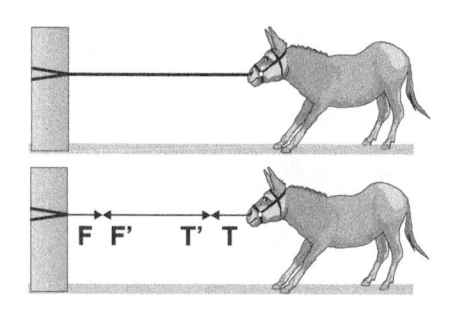

FIGURA 3.3

No sistema formado por um bloco, uma corda e um animal, as forças $(\vec{F}, \vec{F}')$ e $(\vec{T}, \vec{T}')$ formam pares ação-reação.

Quando *dois corpos em movimento estão isolados* (ou seja, o sistema formado pelos corpos não interage com o ambiente externo ao sistema), as únicas forças existentes, como mostra a Figura 3.4, são as que um corpo exerce sobre o outro e vice-versa. $\vec{F}_1$ é a força (ou ação) que age sobre o primeiro corpo e $\vec{F}_2$, a força (ou reação) sobre o segundo corpo. Pela terceira lei do movimento $\vec{F}_1 = -\vec{F}_2$ ou $\vec{F}_1 + \vec{F}_2 = 0$; como $\vec{F}_1 = \dfrac{d\vec{p}_1}{dt}$ e $\vec{F}_2 = \dfrac{d\vec{p}_2}{dt}$, portanto,

$$\frac{d\vec{p}_1}{dt} + \frac{d\vec{p}_2}{dt} = \frac{d}{dt}(\vec{p}_1 + \vec{p}_2) = 0 \tag{3.3}$$

A Equação (3.3) diz que a taxa de variação de $\vec{p}_1 + \vec{p}_2$ é nula; logo, $\vec{p}_1 + \vec{p}_2$ = constante. Isso significa que, em *sistemas isolados*, a quantidade de movimento total por causa dos corpos dentro do sistema se conservará.

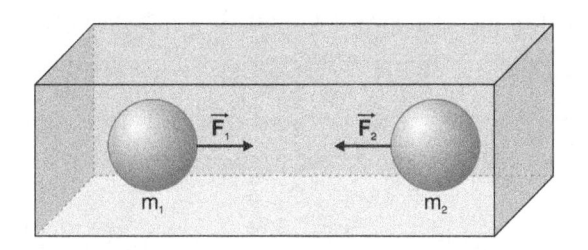

FIGURA 3.4

Corpos de massa m_1 e m_2 dentro de um sistema isolado. O momento total $p_1 + p_2$ se conservará.

3.2 Dinâmica do movimento aéreo de animais

A *dinâmica* envolvida no *movimento aéreo* de alguns espécimes (pássaros, morcegos, insetos etc.), quando estão se locomovendo, depende do tipo de movimento (*paraquedismo, planeio* ou *um voo com propulsão*) e, evidentemente, do meio onde se realiza o movimento.

O *paraquedismo* e o *planeio* não são movimentos de voo na forma tradicionalmente conhecida. Esses movimentos resultam do deslocamento do animal no ar, quando ele segue uma *trajetória descendente vertical* (caso do paraquedismo) ou uma *trajetória ascendente e/ou descendente retilínea* (caso do planeio). Exemplos de animais que realizam esses movimentos são o sapo voador de Bornéu (paraquedismo), o galeopiteco da Malásia (paraquedismo), a lagartixa voadora (planeio) e o esquilo voador (planeio). A capacidade desses animais para *voar* deve-se ao *patágio*, uma espécie de membrana que se

FIGURA 3.5

Esquilo voador.

desenvolve em determinadas partes de seu corpo e que pode se abrir como *asa*, funcionando como um paraquedas quando o animal salta de um local para outro. A Figura 3.5 mostra um *esquilo voador*, com o *patágio* ligando os membros de cada um dos lados de seu corpo.

Nos movimentos aéreos, a *resistência do meio* (ar) manifesta-se como uma força $\vec{F}_a$ denominada força resistiva ou força de arraste. Sua intensidade é proporcional a v^n, sendo $\vec{v}$ a velocidade instantânea. Normalmente $n \cong 1$ para baixas velocidades, ou $n \cong 2$ para grandes velocidades. Por causa dessa força, o movimento aéreo do animal terá aceleração variável.

A Figura 3.6a mostra um corpo de massa m, com movimento descendente na *direção vertical*. Pela segunda lei do movimento: $F_a \hat{k} - mg\hat{k} = -ma\hat{k}$ $\Rightarrow ma = mg - \kappa v_z^n$, onde $\hat{k}$ é um vetor unitário na direção vertical e κ, uma constante que depende das dimensões e da forma do corpo e das características do meio. Portanto,

$$\frac{dv_z}{dt} = g - \frac{\kappa}{m} v_z^n \qquad (3.4)$$

Se no início do movimento $v_z = 0$, então $F_a = 0$; pela Equação (3.4) a aceleração inicial será $a_0 = g$. Enquanto v_z aumentar, F_a também aumentará; no instante em que se tem $F_a = mg$, a aceleração será nula e o corpo começará a mover-se com velocidade constante.

• Quando o movimento do corpo é a *baixa velocidade* ($n \cong 1$), enquanto $a = 0$, o valor da velocidade será $v_L = mg/\kappa$. O valor de v_z em qualquer instante é determinado pela solução da Equação (3.4), ou seja, $\dfrac{dv_z}{v_z - v_L} = -\dfrac{\kappa}{m} dt \Rightarrow Ln(v_z - v_L) = -\dfrac{\kappa}{m} t +$ constante. Considerando que em $t = 0$, o corpo tem velocidade nula $v_z(0) = 0$; então, concluímos que: constante $= Ln(-v_L)$; logo,

$$Ln\left(1 - \frac{v_z}{v_L}\right) = -\frac{\kappa}{m} t \Rightarrow \left(1 - \frac{v_z}{v_L}\right) = e^{-\kappa t/m} \Rightarrow v_z = v_L(1 - e^{-\kappa t/m}) \qquad (3.5)$$

Portanto, a aceleração do corpo terá a seguinte dependência com relação ao tempo:

$$a = \frac{dv_z}{dt} = ge^{-\kappa t/m} \qquad (3.6)$$

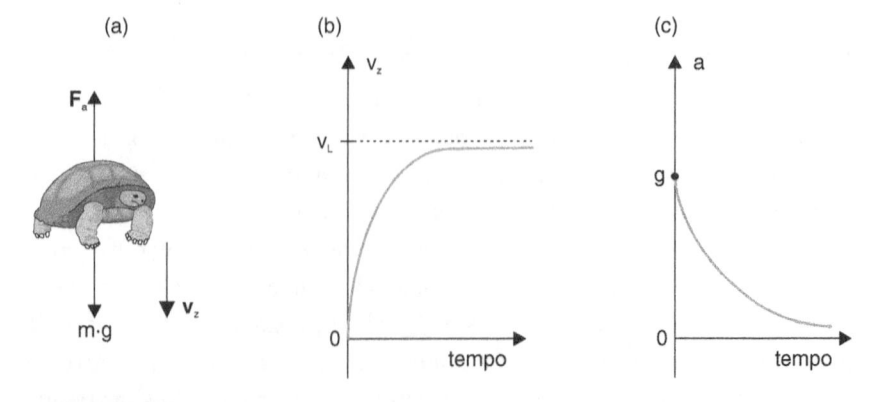

FIGURA 3.6

a) um corpo com massa m experimenta uma força de arraste F_a; b) no caso de baixas velocidades, v_z tende a um valor limite v_L; c) a aceleração $a \rightarrow 0$, quando $F_a \rightarrow mg$.

Os gráficos correspondentes às equações (3.5) e (3.6) são mostrados, respectivamente, nas figuras 3.6b e 3.6c.

- Quando o movimento do corpo é a *grande velocidade* ($n \cong 2$), a força resistiva será $F_a = \kappa v_z^2$, e a Equação (3.4) toma a forma

$$\frac{dv_z}{dt} = g - \frac{\kappa}{m}v_z^2 \qquad (3.7)$$

Se, no início do movimento $v_z(0) = 0$, a aceleração inicial será $a_0 = g$, quando $F_a = mg$, o corpo adquire uma velocidade terminal (constante) $v_T = \sqrt{mg/\kappa}$. A velocidade do corpo $v_z(t)$ em qualquer instante será determinada mediante a integração da Equação (3.7)

$$\frac{dv_z}{v_T^2 - v_z^2} = \frac{\kappa}{m}dt \therefore v_z = v_T \frac{e^{2t/\tau} - 1}{e^{2t/\tau} + 1} \qquad (3.8)$$

Na Equação (3.8), $\tau = \sqrt{m/\kappa g}$ é um tempo característico do movimento.

Aplicações práticas das equações (3.5), (3.6) e (3.8) serão vistas no Capítulo 6, no estudo do movimento de corpos em fluidos (líquidos ou gasosos).

Primeira aplicação: movimento de paraquedismo

O movimento de um paraquedas de massa m na *direção vertical* (direção z) pode ser descrito pela Equação (3.4). A *força resistiva* por causa do ar do meio é $\vec{F}_a = -\kappa \vec{v}_z^n$. No movimento do paraquedas, uma área efetiva dele $A_\perp$, perpendicular à direção do fluxo de ar, experimentará o efeito de $\vec{F}_a$. A constante κ dependerá das dimensões e da forma do paraquedas (δ); da viscosidade do meio (η); da densidade do meio (ρ) e da área efetiva do paraquedas em que age a força resistiva. Logo, $\kappa = \delta \cdot \eta \cdot \rho \cdot A_\perp$. A Figura 3.7 mostra um sapo voador com movimento de paraquedas. A membrana que atua como paraquedas está desenvolvida entre seus membros superior e inferior. Nesse caso, a área efetiva $A_\perp$ será a projeção da área superficial do sapo em um plano perpendicular à direção z do movimento.

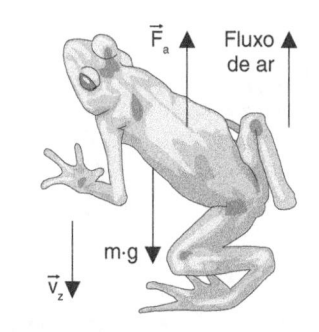

FIGURA 3.7

Sapo voador de Bornéu, realizando um movimento de paraquedas na direção z.

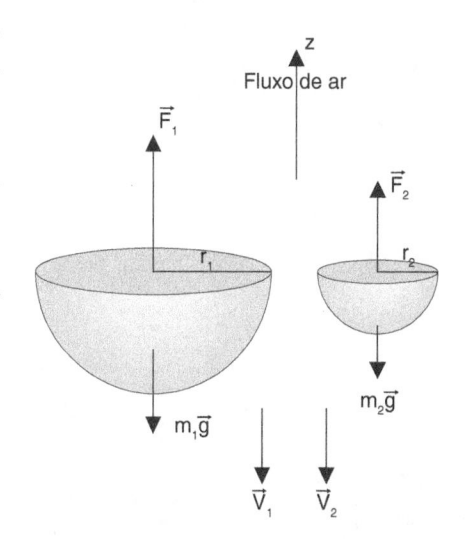

Exemplo: Considere dois paraquedas feitos do mesmo material, com formas semiesféricas e raios r_1 e r_2, respectivamente, como mostra a figura ao lado. Sendo $r_1 = 2r_2$ e se eles caem verticalmente com a parte plana voltada para cima, então a área efetiva de cada paraquedas será $A = \pi r^2$. Determine a razão entre:

a) a intensidade da força de resistência sobre cada paraquedas;
b) os expoentes das velocidades de cada paraquedas quando ambos caírem com a velocidade constante v_0.

Resolução: sejam $\vec{F}_1 = F_{1a}\hat{k}$ e $\vec{F}_2 = F_{2a}\hat{k}$ as forças em virtude da resistência exercida pelo meio sobre os paraquedas de raios r_1 e r_2, respectivamente. A intensidade de cada força será:

$$F_{1a} = \delta_1 \eta \rho A_{1\perp} v_1^{n_1} \text{ e } F_{2a} = \delta_2 \eta \rho A_{2\perp} v_2^{n_2}$$

a) Como ambos os paraquedas se movem no mesmo meio, então as constantes η e ρ que caracterizam o meio serão as mesmas para ambos os corpos.

Por ser $r_1 = 2r_2$, as áreas efetivas dos paraquedas satisfazem $A_{1\perp} = 4A_{2\perp}$; logo, $(F_{1a}/F_{2a}) = 4(\delta_1/\delta_2)(v_1^{n_1}/v_2^{n_2})$ será a razão entre as forças de resistência sobre cada paraquedas.

b) Quando ambos os paraquedas estão se movendo com a mesma velocidade constante v_0, esse movimento uniforme resulta de $\vec{F}_1 + m_1\vec{g} = 0$ e $\vec{F}_2 + m_2\vec{g} = 0$; logo, $v_0^{n_1} = m_1 g/\delta_1 \eta \rho A_{1\perp}$ e $v_0^{n_2} = m_2 g/\delta_2 \eta \rho A_{2\perp}$. Portanto,

$$v_0^{n_1-n_2} = \frac{m_1}{m_2} \cdot \frac{\delta_2}{\delta_1} \cdot \frac{A_{2\perp}}{A_{1\perp}} = \frac{1}{4} \cdot \frac{m_1}{m_2} \cdot \frac{\delta_2}{\delta_1}.$$

Se ρ_{ar} é a densidade do ar; ρ_{pq}, a densidade do material de que é feito o paraquedas; e Δr, a espessura deste, então $m_1 = r_1^3\left(\frac{2\pi}{3}\rho_{ar} + 2\pi\rho_{pq}\frac{\Delta r}{r_1}\right)$ e $m_2 = r_2^3\left(\frac{2\pi}{3}\rho_{ar} + 2\pi\rho_{pq}\frac{\Delta r}{r_2}\right)$. Logo, $\frac{m_1}{m_2} = 8\left[\frac{\rho_{ar}}{3} + \left(\frac{\rho_{pq}}{2}\right)\left(\frac{\Delta r}{r_2}\right)\right]/\left[\frac{\rho_{ar}}{3} + \rho_{pq}\left(\frac{\Delta r}{r_2}\right)\right] = 8\left[\frac{\rho_{ar}}{3\rho_{pq}} + \frac{\Delta r}{2r_2}\right]/\left[\frac{\rho_{ar}}{3\rho_{pq}} + \frac{\Delta r}{r_2}\right]$. Como $\rho_{ar} \ll \rho_{pq}$ e $\Delta r \ll r_2$, teremos $m_1 \cong 8m_2$, portanto

$$v_0^{n_1-n_2} = 2\frac{\delta_2}{\delta_1} \Rightarrow n_1 = n_2 + \frac{\log(2\delta_2/\delta_1)}{\log(v_0)}.$$

Evidentemente, o exercício discutido foi útil somente para entender o efeito da força de resistência em corpos que estão se movendo em um meio gasoso.

Segunda aplicação: movimento de planeio

O movimento de planeio de um animal com massa m seguirá uma *trajetória linear* que forma um ângulo θ com a direção horizontal. Esse ângulo denomina-se *ângulo de planeio*. A Figura 3.8 mostra um animal *planando*. Sobre o animal age uma força *aerodinâmica* $\vec{A}$ resultante da composição das forças de *arraste* $\vec{F}_a$ e de *sustentação* $\vec{F}_s$. Esta última tem como origem a diferença de pressões do ar entre as partes superior e inferior do planador, portanto $\vec{A} = \vec{F}_a + \vec{F}_s$. Nesse caso, a determinação da intensidade da força $\vec{F}_a$ exige que se conheça como a área efetiva $A_\perp$ muda durante o movimento. Como veremos no Capítulo 6, seguiremos outra via para quantificar o efeito da força de arraste.

O movimento de um animal voador será de *paraquedismo* ou *planeio* se $F_s \ll F_a$ ou $F_s \gg F_a$, respectivamente. Para cada situação, teremos, respectivamente, $\vec{A} \cong \vec{F}_a$ e $\vec{A} \cong \vec{F}_s$. Eventualmente, quando $F_s > F_a$, o movimento pode ser de *planeio*. Nesse caso, enquanto o animal está se deslocando para a frente com velocidade $\vec{v}_x$, sua altura vai diminuindo com velocidade $\vec{v}_y$. A relação de intensidades $\frac{v_x}{v_y}$ é denominada *razão de deslizamento*. A Figura 3.9 mostra que, nessa situação, a *velocidade de planeio* do animal será $\vec{v}_p = \vec{v}_x + \vec{v}_y$.

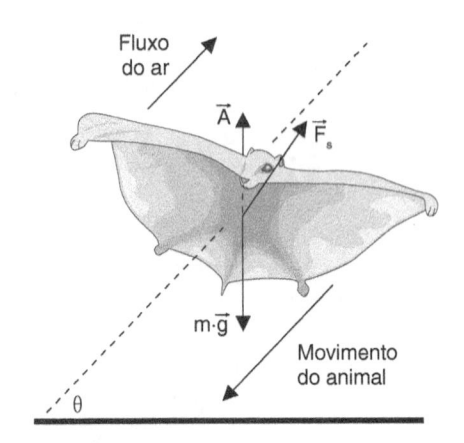

FIGURA 3.8

O galeopiteco da Malásia planando. Graças a seu patágio ele pode planar mais de 100 metros.

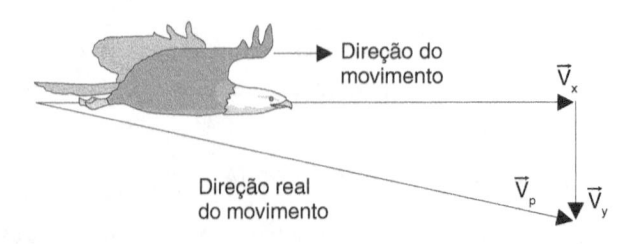

FIGURA 3.9

Ave deslocando-se para a frente com velocidade de planeio $\vec{v}_p = \vec{v}_x + \vec{v}_y$.

3.3 Voo com propulsão

Neste tipo de movimento, os animais realizam um *trabalho*. O voo do animal depende da *forma de seu corpo inteiro*, da *forma de suas asas*[1] e da direção de batimento. Em geral, a *maioria das aves* é voadora, e o tamanho de suas asas é importante na eficiência de seu movimento no ar. Na Figura 3.10 podem-se ver diferentes tamanhos de asas de aves de rapina. Os animais que *voam* podem fazê-lo de duas maneiras: batendo as asas ou planando. Os principais músculos do voo estão ligados ao grande osso peitoral, e são estes que realizam a maior parte do *trabalho* para o animal levantar voo, fazer manobras ou pousar.

A forma geométrica e a estrutura das asas permitem que uma ave se eleve durante o voo, quando o ar sopra sobre sua parte superior.[2] Além disso, quanto maior a velocidade do ar sobre a asa, mais ela sobe, ou seja, sua *sustentação* é maior. O peso do corpo comparado com a sustentação da asa forma a relação *carga-asa* e, quando essa proporção está equilibrada, o animal *plana*.

A Figura 3.11 é uma representação aproximada da forma da asa de uma ave. Dependendo da forma real, a asa *aumenta* a magnitude da força de sustentação $\vec{F}_s$ e *diminui* a da força de arraste $\vec{F}_a$. A pressão do ar na parte superior da asa é menor do que na inferior; logo, a velocidade $v_>$ na parte superior da asa é maior do que a velocidade $v_<$ na parte inferior. Já nos extremos A e B da asa a pressão é a mesma, logo, a velocidade v_0 nesses pontos será

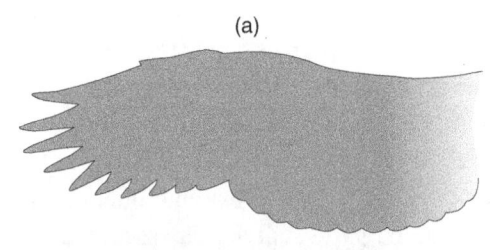

(a) Grandes asas como, por exemplo, nas águias, abutres e urubus

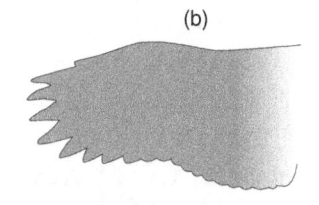

(b) Asas menores, curtas e grossas, como, por exemplo, nos gaviões e corujas

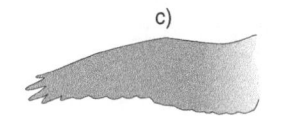

c) Asas estreitas, como, por exemplo, nos falcões

FIGURA 3.10

a) Grandes asas permitem alcançar grandes alturas; daí em diante, é possível que a ave voe longas distâncias sem mover as asas e com pouco esforço; b) asas menores permitem subir muito e com velocidade; c) asas estreitas permitem alcançar grande velocidade.

$P_<$: Pressão menor

$P_>$: Pressão maior

Com mais velocidade o ar causa a queda da pressão

A asa se desloca da pressão mais alta para a mais baixa

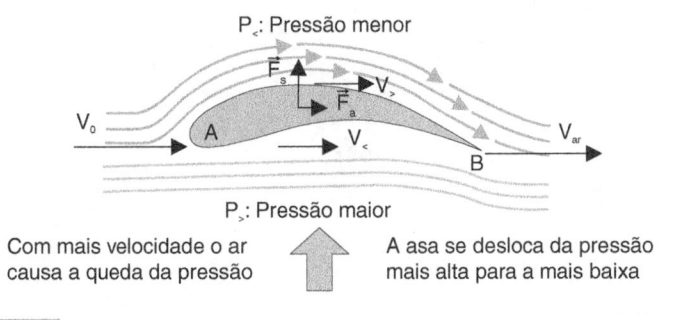

FIGURA 3.11

Por causa de sua forma geométrica, quando a asa adquire mais velocidade, o ar causa uma queda de pressão.

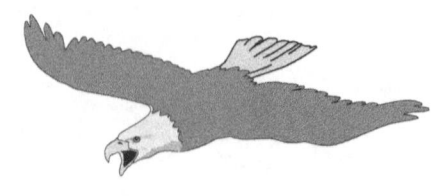

FIGURA 3.12

Quando uma ave voa, para ser mais veloz, ela vira a borda frontal das asas na direção do vento para cortar o ar.

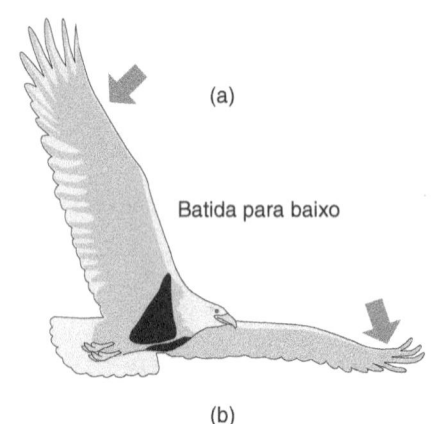

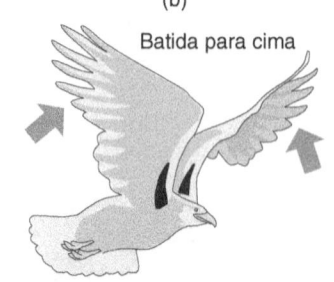

(a) Batida para baixo

(b) Batida para cima

FIGURA 3.13

Nas aves voadoras, os músculos que movimentam as asas para baixo (a) são maiores que os músculos que os movimentam para cima (b).

igual. Assim, *a asa se deslocará da região de pressão mais alta para a região de pressão mais baixa*. Esse deslocamento propicia elevação e propulsão da ave.

Uma ave pode voar mais rápido ou mais devagar apenas mudando a posição das asas.[3] Como mostra a Figura 3.12, para ser *mais veloz*, a ave vira as bordas frontais na direção do vento, *cortando* o ar. Para *diminuir a velocidade*, ela volta a superfície da asa *contra* o vento, fazendo com que as asas *resistam* ao ar. A ave em voo, ao *agitar* suas asas, obtém um impulso maior provocado pelas batidas de cima para baixo.

Como mostra a Figura 3.13, os músculos que impelem as asas para baixo são muito maiores do que os músculos que movimentam as asas para cima. Esses músculos são muito importantes durante o voo. Quando a ave está voando, a interação da asa com o fluxo de ar desenvolve uma *força de arraste* $\vec{F}_a$ e uma *força de sustentação* $\vec{F}_s$ perpendicular a $\vec{F}_a$. Como foi dito, a resultante dessas forças é a força *aerodinâmica* $\vec{A}$. Dessa forma, durante o voo, a intensidade e a direção da força aerodinâmica mudam constantemente.

Uma representação bastante aproximada das *principais forças* que agem sobre uma ave em voo aparece na Figura 3.14. A *força aerodinâmica* $\vec{A}$ que resulta da composição das forças $\vec{F}_s$ e $\vec{F}_a$, nos casos em que o voo é ascendente e para a frente, pode ser considerada como a composição $\vec{A} = \vec{F}_{vs} + \vec{F}$, onde $\vec{F}_{vs}$ é a componente vertical de $\vec{F}_s$, e $\vec{F}$, a força de impulso. A *condição mais favorável para voar* é $F_s \gg F_a$; isso implica que a força $\vec{A}$ deve estar orientada para cima e para a frente.

As aves, para *iniciar um voo* e ganhar altitude, batem vigorosamente as asas. Assim, a força aerodinâmica $\vec{A}$ muda continuamente sua intensidade e direção. Quando a ave está voando, o ar flui com mais rapidez sobre as asas; assim, a ave se eleva mais facilmente no ar. Durante o ciclo em que a ave bate as asas, *várias forças contrárias ao voo* agem momentaneamente sobre elas. A Figura 3.15 mostra algumas dessas forças: a força $\vec{R}$ age nos extremos laterais das asas; a força $\vec{S}$, orientada para baixo, age no extremo inferior das asas; a força $\vec{T}$, orientada para trás, age na parte superior das asas; a força de empuxo $\vec{E}$, orientada para a frente, age no extremo inferior das asas.

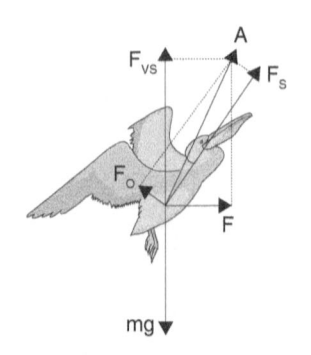

FIGURA 3.14

A força aerodinâmica $\vec{A}$, sobre uma ave voadora, depende das forças de impulso, de sustentação e de arraste.

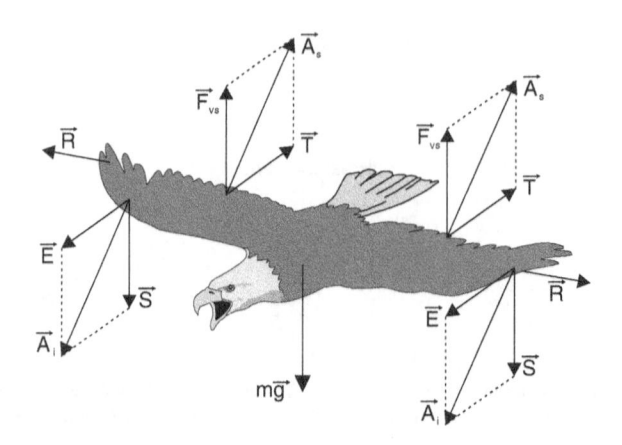

FIGURA 3.15

Algumas forças contrárias ao voo que agem quando a ave bate as asas:[4] $\vec{S}$, para baixo; $\vec{T}$, para trás; $\vec{E}$, para a frente; $\vec{R}$, força lateral. $\vec{A}$ é uma força aerodinâmica resultante.

Quando a ave está em pleno voo, *durante uma batida das asas*, a força aerodinâmica que age sobre *sua plumagem* e também sobre o:
- *Membro superior* é $\vec{A}_s = \vec{F}_{vs} + \vec{T} = \vec{F}_s + \vec{F}_a$.
- *Segmento de sua mão* é $\vec{A}_i = \vec{E} + \vec{S} = \vec{F}_s + \vec{F}_a$.

As forças de sustentação $\vec{F}_s$ e de arraste $\vec{F}_a$ (não representadas na Figura 3.15) são aquelas representadas na Figura 3.14.

Quando a ave está voando com *velocidade constante*, o valor médio durante várias batidas das asas, de algumas das forças que agem sobre ele, implica as seguintes condições:

$$<\vec{F}_{vs}> + <\vec{S}> = m\vec{g} \text{ (peso)} \quad (3.9)$$

$$<\vec{E}> + <\vec{T}> = -\vec{F}_{at} \text{ (força de arraste total)} \quad (3.10)$$

Em um voo *horizontal uniforme* ou de nível, como se vê na Figura 3.16a, as forças $\vec{S}$ e $\vec{T}$ não são importantes, portanto, nas equações (3.9) e (3.10), $<F_{vs}> = -m\vec{g}$ e $<\vec{E}> = \vec{F}_{at}$.

Para um voo ser *ascendente* e acelerado após o voo horizontal, como se vê na Figura 3.16b, devemos ter as forças resultantes $\vec{f}_v = \vec{F}_{vs} - m\vec{g}$ e $\vec{f}_h = \vec{E} - \vec{F}_{at}$. Assim, a ave é *acelerada* pela força $\vec{F}_R = \vec{f}_h + \vec{f}_v$.

Durante o voo, no intervalo de tempo em que as asas *ficam sem movimento*, as magnitudes das forças $\vec{F}_s$ e $\vec{F}_a$ aumentaram até que o ângulo de ataque α,[5] ou seja, o ângulo entre a direção instantânea das asas e a direção do fluxo do ar, atinja um *valor ótimo* α_0. A Figura 3.17 mostra uma ave voando e a direção de suas asas em três instantes diferentes.

Se A é a área máxima da asa quando olhamos o animal por cima e q é a pressão dinâmica exercida pelo ar sobre o animal, os *coeficientes polares de sustentação e de arraste* definem-se, respectivamente, como

$$C_s(\alpha) = \frac{F_s}{Aq}; \quad C_a(\alpha) = \frac{F_a}{Aq} \quad (3.11)$$

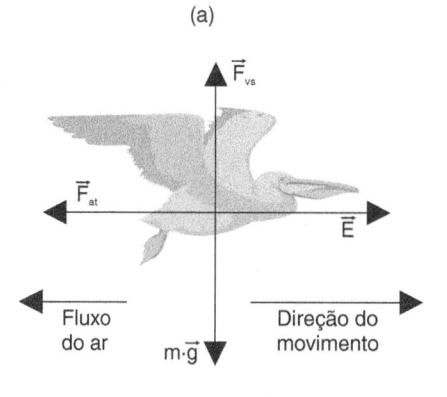

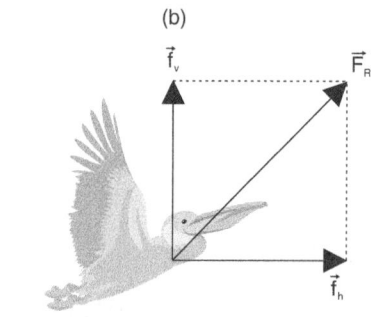

FIGURA 3.16

a) Em voo horizontal uniforme, as forças nas direções horizontal e vertical equilibraram-se; b) em voo ascendente, o desequilíbrio das forças origina uma força aceleradora $\vec{F}_R$.

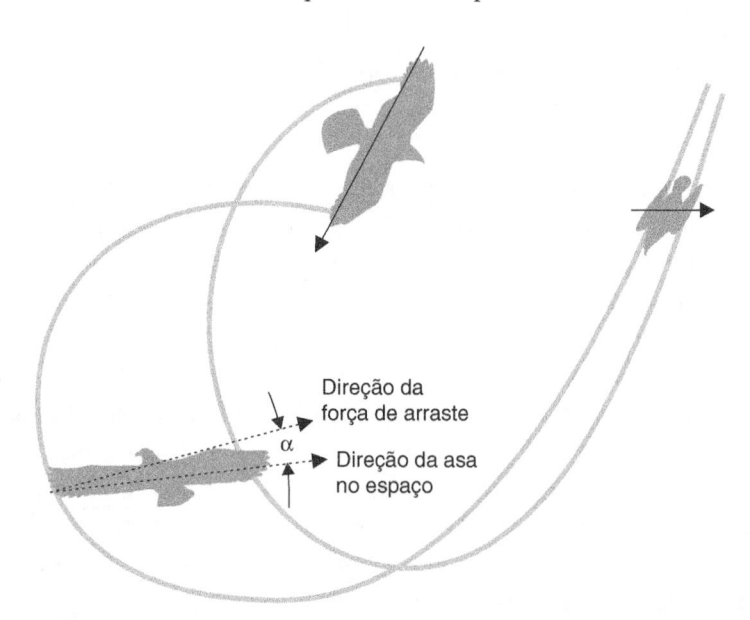

FIGURA 3.17

Quando uma ave está voando, o ângulo instantâneo α, entre as direções das asas e do fluxo de ar, é definido como ângulo de ataque ou ângulo de incidência.

A Equação (3.11) será interpretada com mais detalhe no Capítulo 6, no qual discutiremos as forças *resistivas em fluidos*. O estudo da *aerodinâmica do voo* das aves é feito analisando-se a variação dos coeficientes $C_s(\alpha)$ e $C_a(\alpha)$ em função do ângulo de ataque α. Os gráficos resultantes são denominados curvas polares. O gráfico $C_s(\alpha)$ em função de $C_s(\alpha)$ denomina-se *aerodinâmica polar* ou, simplesmente, *polar*. A forma dessa curva depende da turbulência do meio em que a ave está voando e da geometria das asas. A asa combina grandes possibilidades de valores $C_s(\alpha)$, com poucas possibilidades para os valores $C_a(\alpha)$.

A Figura 3.18a mostra as *curvas polares* correspondentes ao voo de um pardal.[6] Notamos que, nesse caso, $C_s(\alpha)$ toma alguns valores *negativos*, ao passo que os valores de $C_a(\alpha)$ são sempre *positivos*, como consequência da variação dos vetores $\vec{F}_s$ e $\vec{F}_a$ durante o voo. A Figura 3.18b mostra a *polar* $C_s(\alpha) \times C_a(\alpha)$. Esse gráfico permite determinar o *valor máximo* de $C_s(\alpha)$ e o *valor mínimo* de $C_a(\alpha)$. Neste gráfico a tangente traçada à polar a partir da origem de coordenadas forma o ângulo β_{min} com o eixo vertical resultando em um valor à razão $C_s(\alpha)/C_a(\alpha)$, que é o inverso da *razão de planeio*.[7]

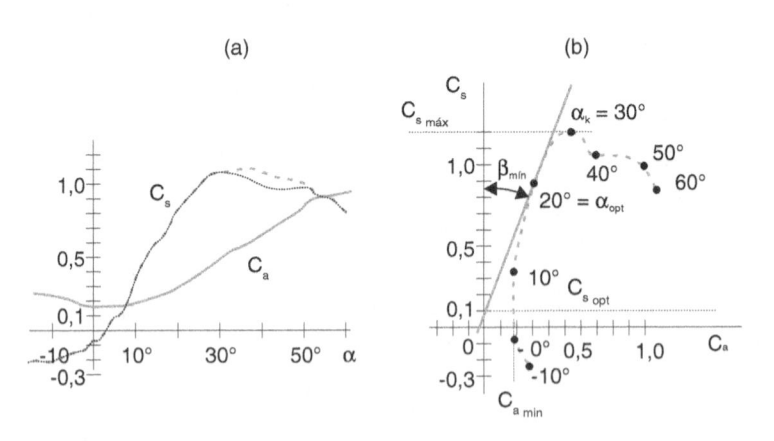

FIGURA 3.18

a) Curvas polares; b) aerodinâmica polar, ou polar, para o caso do voo de um pardal.
Fonte: baseado em Kempf et al.[8]

Como mostra a Figura 3.18b, a tangente à polar traçada desde a origem de coordenadas define o ângulo de ataque α_{opt}. Com esse valor de α, a ave pode realizar, desde que esteja a uma determinada altura, um *longo planeio* até alcançar o chão. A eficiência aerodinâmica de planeio ou o batimento das asas também são determinados pela turbulência do meio e pela geometria da asa. As asas das aves em voo rápido têm curvatura em forma arqueada, e essa é uma das razões de as asas de um aeroplano apresentarem tal formato.

Para ganhar altitude sem utilizar sua energia interna, a maioria dos animais voadores (exceto os insetos)[9] aproveita as correntes de ar. O vento, ao soprar em direção a uma montanha ou a uma colina, normalmente cria uma corrente chamada de *plano inclinado para cima*. A Figura 3.19 mostra uma águia aproveitando esse tipo de corrente.

Outro tipo de corrente muito utilizado pelos animais voadores são as *termas*, formadas quando o sol aquece o ar próximo do chão. Na Figura 3.20 mostramos que o ar quente, por ser menos denso, sobe, produzindo uma

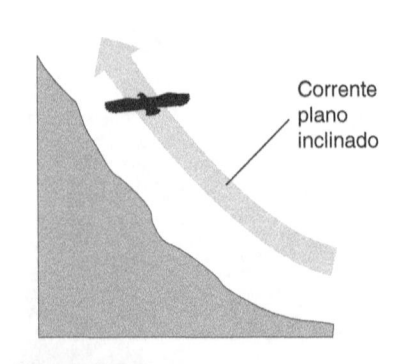

FIGURA 3.19

Uma águia utilizando uma corrente plano inclinado.

corrente ascendente na qual a ave pode flutuar. Quando a terma é grande, a ave pode alcançar até 5 km de altura.

Em voos de *grandes distâncias*, as aves costumam ganhar altura utilizando os *gradientes térmicos* e, posteriormente, deslizar na direção desejada com um consumo mínimo de sua energia interna. Além disso, quando a ave está voando e o ar não está calmo, ela pode ganhar altitude adquirindo uma energia potencial, que é proporcional à altura ganha.

Quando o ar tem movimento ascendente, como uma *rampa plana*, a ave também costuma se deslocar em movimento de zigue-zague para a frente e para trás, como se vê na Figura 3.21a. Quando há *convergência de duas massas de ar*, que origina uma linha de ar frontal elevada, a ave se movimenta preferencialmente ao longo dessa linha, como se vê na Figura 3.21b. Se o movimento do ar for ascendente, porém com trajetória ondulatória, o movimento da ave será por baixo da parte lateral ou, simplesmente, de zigue-zague.[10] Aves como patos, gansos e marrecos, entre outros, quando estão migrando, voam obliquamente, o que, provavelmente, está relacionado com seu consumo

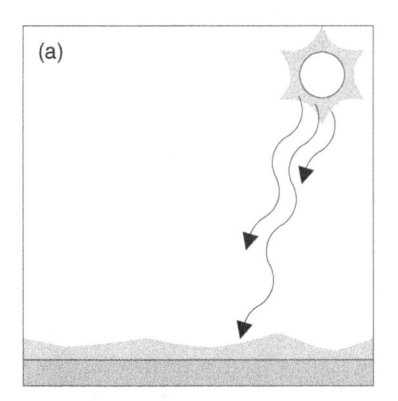

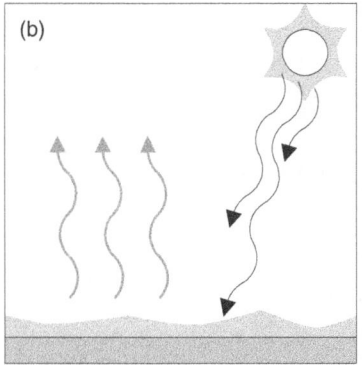

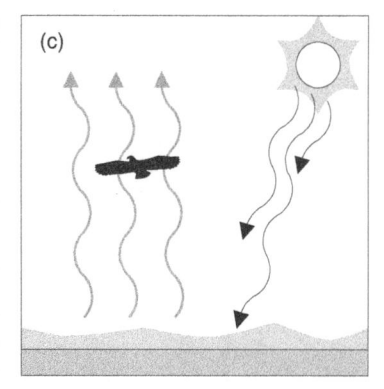

FIGURA 3.20

a) o ar próximo ao solo é aquecido; b) começa a subir; c) o animal entra nesta corrente e flutua.

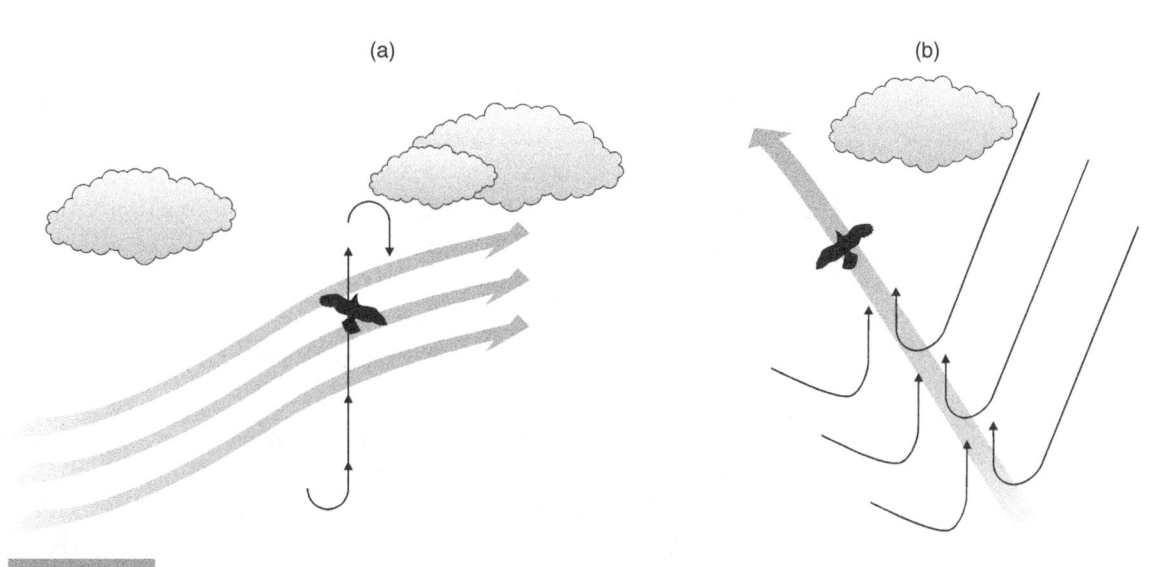

FIGURA 3.21

a) Com uma corrente de ar com movimento ascendente, a ave se desloca em movimento de zigue-zague; b) a convergência de duas massas de ar gera uma linha frontal elevada, que o animal utiliza para se movimentar.

de energia. A fase observada nos batimentos das asas dessas aves, que voam em formação, tem sido proposta como necessária para economizar energia.

Exemplo: Um pássaro com massa m está planando com um ângulo φ e velocidade constante $\vec{v}_0$. A intensidade da força de arraste $\vec{F}_a$ é κv_0. Determine:
a) a intensidade da força aerodinâmica $\vec{A}$;
b) a relação entre a intensidade de $\vec{A}$ e o ângulo de planeio.

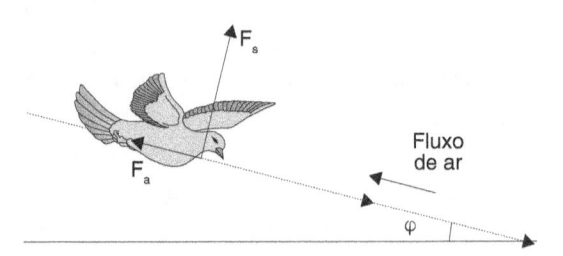

Resolução: o pássaro está se movendo com velocidade constante; logo, pela primeira lei de Newton, temos que: $\vec{A} + m\vec{g} = 0$. Por definição, $\vec{A} = \vec{F}_s$ (força de sustentação) + $\vec{F}_a$ (força de arraste). Logo:
a) $\sum F_x = 0 \Rightarrow F_a = mg\,\text{sen}\varphi$ e $\sum F_y = 0 \Rightarrow F_s = mg\cos\varphi$, portanto $A^2 = F_s^2 + F_a^2 = (mg)^2(\cos^2\varphi + \text{sen}^2\varphi) \Rightarrow A = mg$.
b) Como κv_0 é a magnitude da força de arraste, então: $\kappa v_0 = mg\,\text{sen}\varphi = A\,\text{sen}\varphi \Rightarrow A = \kappa v_0/\text{sen}\varphi$. Assim, se φ aumenta, para o pássaro manter sua velocidade constante, a intensidade da força aerodinâmica tem de decrescer.

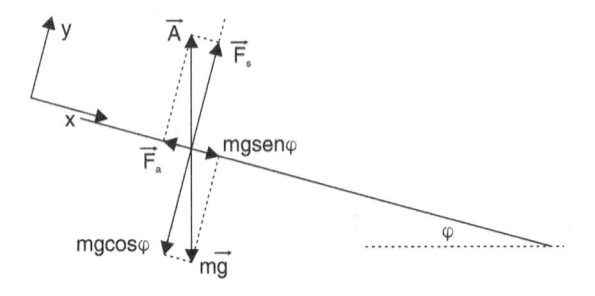

Exemplo: Uma gaivota de 1,2 kg está *flutuando* a uma altura de 5 m com relação à superfície do mar. Ela vê um peixe e, para capturá-lo, tem de *planar* com um ângulo de 30° com relação à superfície do mar. Considerando que a gaivota experimenta, por conta da resistência do ar, uma força constante de 2 N, e que a direção dessa força é paralela à superfície do mar, determine:
a) a força de sustentação da ave;
b) a força de arraste total sobre a ave;
c) o tempo que a gaivota demora para chegar até o peixe.

Resolução: neste caso a força resultante sobre a gaivota não é nula, então pela segunda lei de Newton, $\vec{F} = m\vec{a}$. Logo,
a) $\sum F_y = 0 \Rightarrow F_s = mg\cos 30° - f\,\text{sen}\,30° = 0$, portanto a intensidade da força de sustentação será: $F_s = 1,2 \times 9,8 \times \cos 30°\ \text{N} + 2 \times \text{sen}\,30° = 11,18$ N.
b) Força de arraste $F_a = f\cos 30° = 2 \times \cos 30° = 1,73$ N

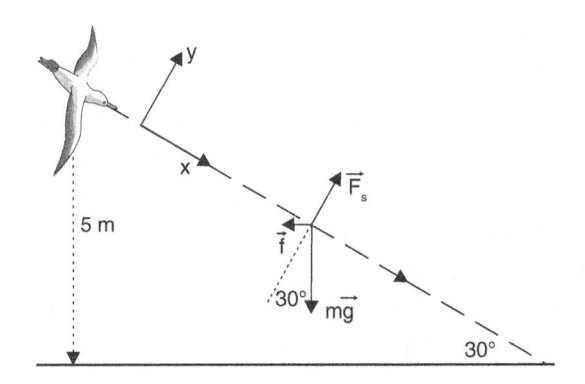

c) $\sum F_x = ma = mg\,\text{sen}\,30° - F_a = 4{,}15$ N implica que a aceleração da gaivota enquanto está planando é a = (4,15/1,2)m/s² = 3,46 m/s².

Como o espaço percorrido pela gaivota para chegar até o peixe é $d = \dfrac{5\text{ m}}{\text{sen}\,30°}$ = 10 m, então $d = v_0 t + \left(\dfrac{1}{2}\right)at^2$ e, considerando $v_0 = 0$, o tempo empregado pela gaivota para alcançar a superfície do mar será $t = \sqrt{2d/a}$ = 2,41 s.

Exemplo: Uma águia de 5 kg está voando com velocidade constante, seguindo uma trajetória horizontal. O ângulo formado por suas asas esticadas e a direção do fluxo de ar são tais que o coeficiente de sustentação é $C_s = 0{,}8$ e o de arraste, $C_a = 0{,}2$. Quais serão a *intensidade* e a *direção* da força:
a) aerodinâmica sobre o animal;
b) em virtude do impulso produzido pelas asas.

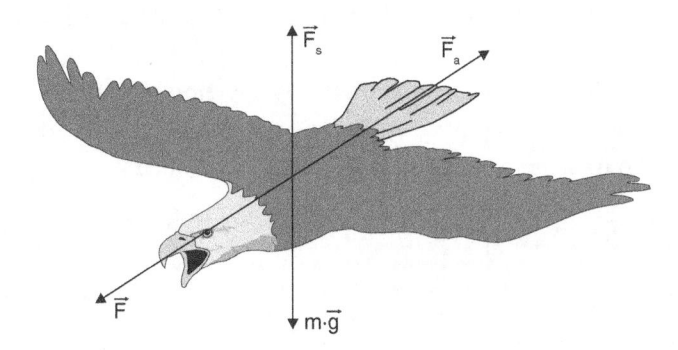

Resolução: da definição dos coeficientes C_s e C_a, temos $\dfrac{C_s}{C_a} = \dfrac{F_s}{F_a} = \dfrac{0{,}8}{0{,}2} = 4$; como o movimento é a velocidade constante, pela primeira lei de Newton: $F_s = mg = 49$ N.

a) A intensidade da força aerodinâmica sobre o animal é: $A^2 = F_s^2 + F_a^2 = F_s^2 + (F_s/4)^2 = 50{,}51$ N; e sua direção $\phi = \text{tg}^{-1}(F_s/F_a) = \text{tg}^{-1}(4) = 76°$. Essa direção é bastante próxima da vertical, o que seria de se esperar. Se o fluxo do ar tivesse alguma influência no voo, a direção de $\vec{A}$ se afastaria da vertical.

b) A força de impulso produzido pelas asas será $F = F_a = F_s/4 = 12{,}25$ N; e sua direção é horizontal de sentido contrário a $\vec{F}_a$. Nesse exemplo, por ser $C_s \gg C_a$, a força aerodinâmica e a de sustentação têm aproximadamente as mesmas intensidades, ao passo que a força de impulso é relativamente pequena.

3.4 Trabalho, energia cinética, potência

Todas as atividades dos seres vivos *consomem energia*. Dependendo da atividade realizada, muitas vezes o consumo pode ser quantificado. Como a energia se apresenta sob diversas formas, há vários métodos para quantificá-la. Já vimos que atividades como caminhar, correr, saltar, voar etc. geralmente dependem da ação de *forças externas*. Essas *forças* realizam trabalho mecânico que, por sua vez, se transformará em outras formas de energia que serão utilizadas para realizar várias atividades.

Teorema trabalho-energia

Quando um corpo de massa m se desloca uma distância $d\vec{r}$ sobre a trajetória s, por causa da ação de uma força resultante $\vec{F}$, como mostra a Figura 3.22a, definimos o trabalho realizado por $\vec{F}$ como $dW = \vec{F} \cdot d\vec{r}$. Portanto, o trabalho é uma grandeza escalar. Se pela ação da força $\vec{F}$ o corpo se desloca sobre uma trajetória reta, desde a posição x_1 até x_2, como mostra a Figura 3.22b, dizemos que $\vec{F}$ realizou *um trabalho* W,

$$W = \int_{x_1}^{x_2} \vec{F} \cdot d\vec{x} = F \cos\theta \int_{x_1}^{x_2} dx = F \cos\theta (x_2 - x_1) = Fd \cos\theta \quad (3.12)$$

Na Equação (3.12), o *valor máximo* de W ocorre quando $\vec{F}$ é paralelo à direção x ($\theta = 0°$); o *valor mínimo* ocorre quando $\vec{F}$ é antiparalelo à direção x ($\theta = 180°$). Quando $\vec{F}$ é perpendicular à direção x ($\theta = 90°$), não é realizado trabalho nenhum.

No SIU, o trabalho é medido em Joule (J), sendo $1 J = 1 N \times 1 m$. No sistema CGS, o trabalho é medido em ergs, sendo $1 ergs = 1 dina \times 1 cm$ $\therefore 1 J = 10^7 ergs$.

Se o bloco de massa m da Figura 3.22b tem velocidade $\vec{v}_1 = v_1 \hat{i}$ em x_1 e velocidade $\vec{v}_2 = v_2 \hat{i}$ em x_2, então, utilizando a segunda lei de Newton, calculamos o trabalho realizado por $\vec{F}$ da seguinte maneira:

$$W = \int_{x_1}^{x_2} \vec{F} \cdot d\vec{x} = m \int_{x_1}^{x_2} \frac{d\vec{v}}{dt} \cdot d\vec{x} = m \int_{v_1}^{v_2} \vec{v} \cdot d\vec{v} = \frac{m}{2} \int_{v_1}^{v_2} d(v^2) = \frac{1}{2} mv_2^2 - \frac{1}{2} mv_1^2$$
(3.13)

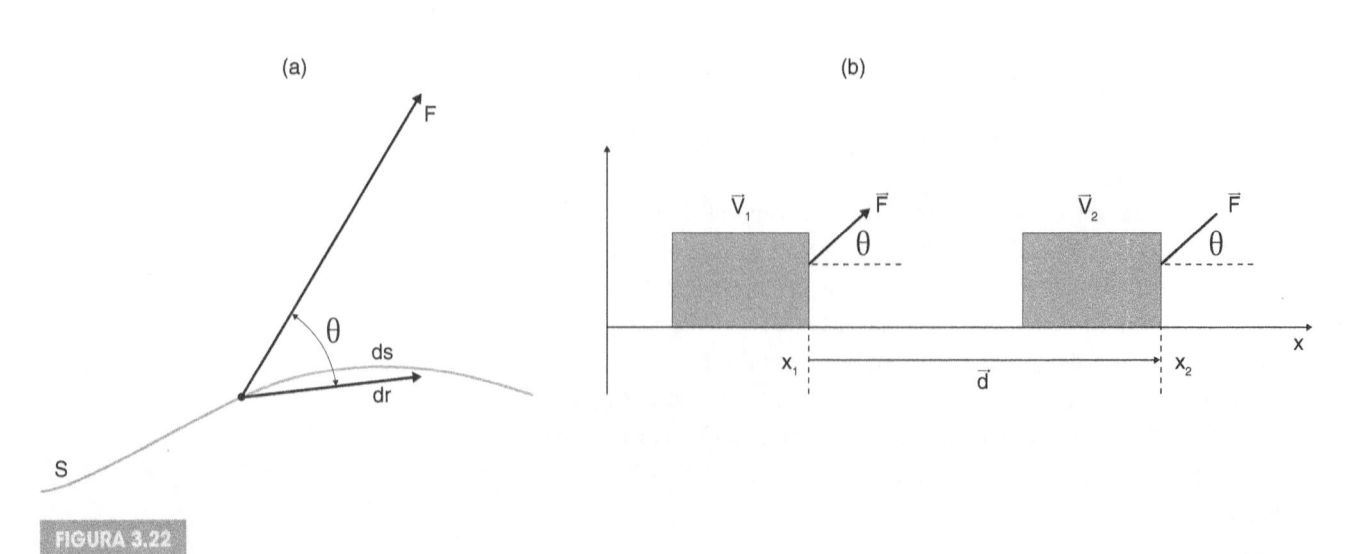

FIGURA 3.22

O corpo com massa m sob a ação de uma força externa $\vec{F}$ se desloca a uma distância: a) $d\vec{r}$; b) d.

Definindo a quantidade $K = \frac{1}{2} mv^2$ como a *energia cinética* de um corpo com massa m e velocidade $\vec{v}$, então a Equação (3.13) implica

$$W = K_2 - K_1 = \Delta K \qquad (3.14)$$

K_2 e K_1 são, respectivamente, as energias cinéticas do corpo de massa m nas posições x_2 e x_1, e ΔK é a variação dessa forma de energia. A Equação (3.14) é conhecida como o *teorema do trabalho-energia* e é interpretada como: *trabalho = variação da energia cinética*. Pela Equação (3.14), concluímos que a energia cinética é medida em Joules no SIU.

Se medirmos a razão com que a força $\vec{F}$ realiza trabalho, teremos a quantidade denominada *potência* instantânea em virtude de $\vec{F}$,

$$P_{ins} = \frac{dW}{dt} = \vec{F} \cdot \frac{d\vec{r}}{dt} = \vec{F} \cdot \vec{v}. \qquad (3.15)$$

Na Equação (3.15), $\vec{v}$ é a velocidade instantânea da massa m. A unidade de medida da potência no SIU é denominada Watt (W), definido como $1\ W = 1\ J/1\ s$.

Exemplo: Aplica-se a um bloco de 10 kg uma força de intensidade constante, com inclinação de 45° com relação à horizontal. O bloco se movimenta com aceleração constante de 5,1 m/s², e o coeficiente de atrito μ entre o bloco e a superfície é 0,5. Determine: 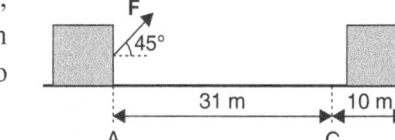
a) a intensidade da força $\vec{F}$;
b) o trabalho realizado quando o bloco se desloca de A até B;
c) a energia cinética do bloco em C e sua velocidade em B.

Resolução:
a) Pela primeira lei de Newton, as forças que agem sobre o bloco satisfazem

$$N + F \cdot \text{sen}45° = m \cdot g \qquad (1)$$
$$F \cdot \cos 45° - f = m \cdot a \qquad (2)$$

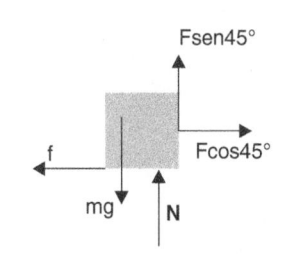

De (1), $N = m \cdot g - F\ \text{sen}45°$; como $f = \mu \cdot N$, então, de (2),

$$F = \frac{m(a + \mu g)}{\cos 45 + \text{sen}\ 45} = 94,28\ N.$$

b) Os trabalhos realizados pela força externa e de atrito serão, respectivamente,

$$W_e = F \cdot \cos 45° \cdot AB = 2.733,33\ J\ e\ W_a = -f \cdot AB = -642,33\ J$$

Logo, o trabalho total será $W = W_e + W_a = 2.091\ J$.

c) Como o bloco parte do repouso, sua energia cinética em A será $K_A = 0$. Da Equação (2.14) teremos $v_C^2 = 2a \cdot AC = 316,2\ m^2/s^2$; logo, a energia cinética do bloco em C será $K_C = \frac{1}{2} mv_C^2 = 1.581\ J$. Em B, o bloco terá uma energia cinética $K_B = 2.091\ J$; logo, sua velocidade nesse ponto será $v_B = \sqrt{2K_B/m} = 20,45\ m/s$.

Exemplo: Um homem de 70 kg está correndo a uma velocidade constante de 3 m/s. Se a distância entre duas pisadas consecutivas do mesmo pé for 2 m e cada perna tem massa m = 10 kg, calcule

a) o trabalho realizado por uma perna ao dar duas pisadas consecutivas;
b) a potência transmitida às pernas.

Resolução:

a) Pelo teorema trabalho-energia, se m_p é a massa de uma perna, o trabalho realizado pelos músculos da perna será $W = \frac{1}{2} m_p v^2 - \left(-\frac{1}{2} m_p v^2\right) = m_p v^2 = 90$ J.

b) A potência transmitida pelos músculos às duas pernas ao dar duas pisadas consecutivas será $P = 2 \times 90 \frac{J}{passo} \times 1,5 \frac{passo}{s} = 270$ W.

Velocidade de corrida de animais[11]

Se um animal está correndo com velocidade constante v_0, de acordo com a Equação (3.13), ele não estará realizando trabalho nenhum. No entanto, um conjunto de músculos realiza trabalho para mudar a energia cinética das patas do animal. Se m_p é a massa da pata do animal, enquanto está correndo, sua energia muda da seguinte maneira: $0 \rightarrow \frac{1}{2} m_p v_0^2 \rightarrow 0$, e assim por diante.

O trabalho realizado pelo conjunto de músculos da pata do animal será: $F_m \cdot d$, onde F_m é a força exercida por esse conjunto de músculos e d, a distância média que os músculos se contraem. Do teorema trabalho-energia, teremos

$$F_m d = \frac{1}{2} m_p v_0^2 \Rightarrow v_0^2 = 2F_m \frac{d}{m_p} \qquad (3.16)$$

Aplicando o conceito de fator de escala L à Equação (3.16), poderemos comparar as velocidades médias de animais com tamanhos diferentes, porém de formas similares; logo,

$$v^2 \propto L^2 \cdot L/L^3 = \text{constante.} \qquad (3.17)$$

Portanto, *todos os animais com formas semelhantes, independente do tamanho, terão valores de velocidade média muito próximos entre si.*[12]

A Tabela 3.1 mostra valores médios das velocidades de alguns animais conhecidos por serem *bons corredores*. Notamos que um leopardo é aproximadamente *duas vezes mais rápido* que um cachorro. Uma das razões dessa discrepância é a grande diferença entre as massas musculares das patas desses animais. Animais rápidos apresentam patas delgadas e a maior parte da massa muscular desses animais está localizada no corpo. No caso dos grandes felinos, tanto suas patas dianteiras quanto as traseiras têm músculos potentes, o que lhes permite ter uma grande força propulsora para correr e pular.

A Figura 3.23 mostra um felino perseguindo uma presa; durante a corrida, ele dobra a coluna vertebral, colocando as patas traseiras na frente das dianteiras, o que possibilita que ele mantenha sua velocidade.[13] Os felinos de patas musculosas estão adaptados para dar grandes saltos, que são feitos com grande aceleração. Uma explicação física para isso é que, nesses animais, a coluna vertebral funciona como se fosse uma *espécie de mola propulsora* que agiliza seus largos passos. Na corrida, quando suas patas ficam juntas, ele dobra a coluna para cima e, em seguida, seu dorso se curva para baixo, enquanto as patas posteriores projetam o corpo para a frente; a Figura 3.24 mostra cada um desses passos.

TABELA 3.1

Velocidades médias de alguns animais corredores

Animais	V (m/s)
Leopardo	30
Gazela	28
Avestruz	23
Raposa	20
Cavalo	19
Coelho	18
Lobo	18
Cão	16

FIGURA 3.23

O guepardo atinge aproximadamente 113 km/h, quando persegue a presa.

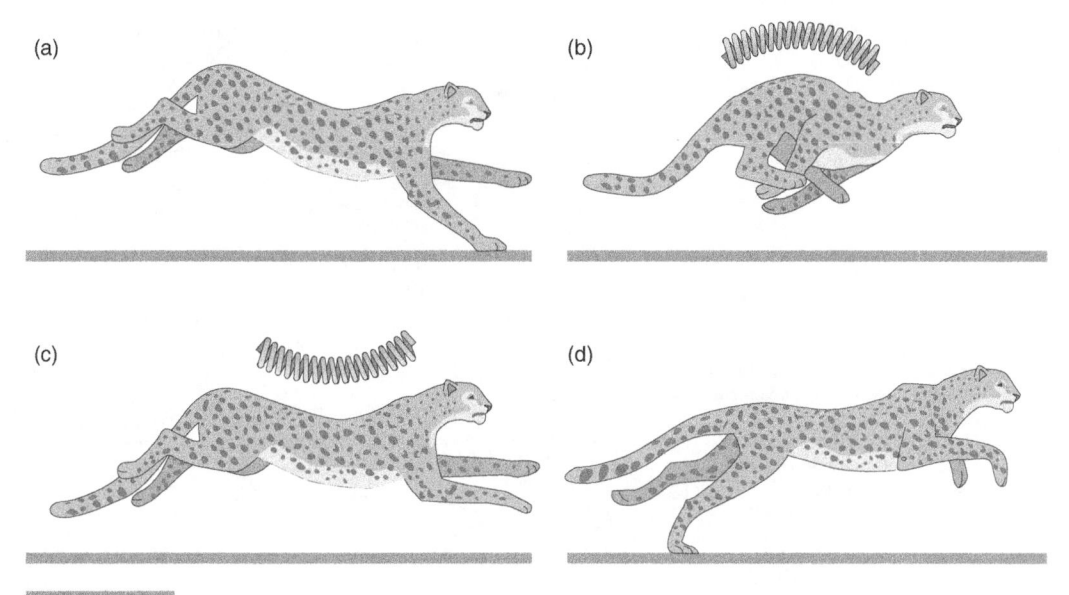

FIGURA 3.24

a) ao correr, o guepardo b) dobra a coluna para cima e, em seguida, c) seu dorso se curva para baixo e d) as patas posteriores projetam seu corpo para a frente.

A resistência do ar interfere no salto de um animal, e a *altura* alcançada depende muito do tamanho deste.[14] Entretanto, é comum encontrar grandes diferenças entre os saltos de animais que têm tamanhos muito próximos. A Figura 3.25 mostra o salto de três felinos. Destacamos o desempenho no salto do puma, que chega a alcançar até 5,5 m de altura. A ação direta dos músculos em um salto pode ser medida pela *potência muscular específica*, sendo aproximadamente 1 kW/kg_{mus} o limite superior dessa potência.[15] Uma relação empírica que permite caracterizar um salto é:

$$\text{comprimento do animal} \propto \frac{\text{massa muscular}}{\text{parte da superfície do animal exposta à resistência do ar}}$$

Comparado com os animais corredores, o humano não é um corredor eficiente. A velocidade máxima em uma corrida é da ordem de 10,4 m/s. Como mostra a Figura 3.26, sua propulsão deve-se às fibras rápidas dos músculos localizados nos membros inferiores, que contribuem aumentando a massa

FIGURA 3.25

Comparação do salto de três felinos. Normalmente, o puma chega a ser o mais pesado entre esses três. Os valores 9 m, 12 m e 15 m representam o avanço horizontal com o salto.

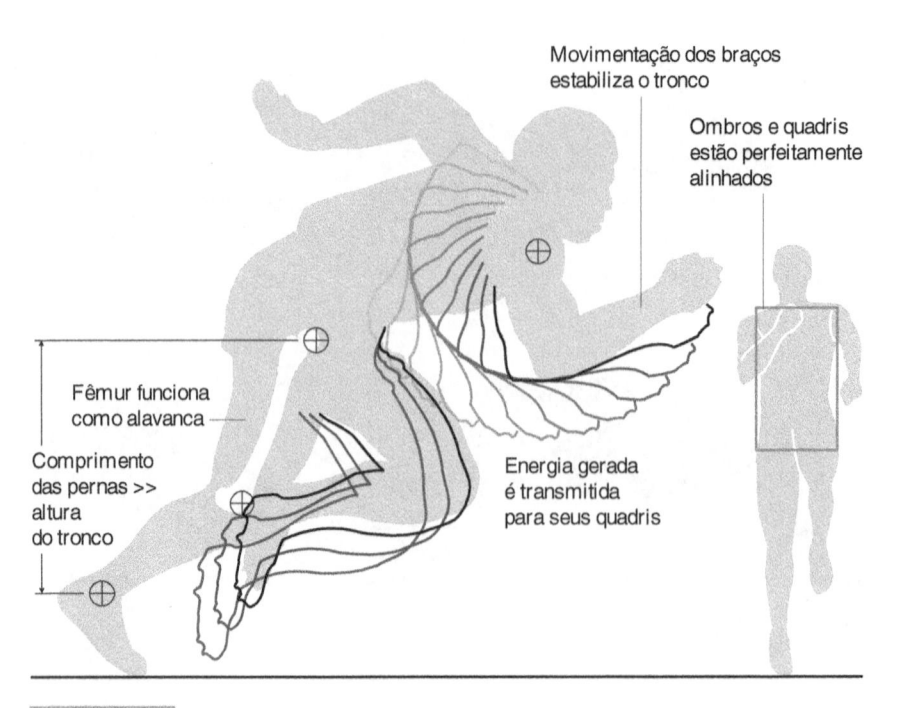

FIGURA 3.26

Movimento dos braços, passadas e balanço de um corredor.

que deve ser acelerada ou desacelerada.[16,17] A movimentação dos braços deve estabilizar o tronco, para que a energia produzida seja transferida para seus quadris, melhorando sua aceleração. No balanço do corpo durante a corrida, a eficiência é aumentada quando se consegue que os ombros e quadris estejam perfeitamente alinhados. Geralmente o tamanho das pernas de um humano considerado bom corredor supera a altura de seu tronco, de modo que o fêmur funciona como uma poderosa alavanca.

Exemplo: A massa da pata de uma raposa é 400 g e a de um lobo, 600 g. Se a força muscular nas patas de ambos os animais for aproximadamente a mesma, e a distância entre os extremos dos músculos na pata do lobo que agem em cada passo for 1,2 vezes maior do que na raposa, qual será a velocidade média de corrida do lobo, se a velocidade média da corrida da raposa é de 20 m/s?

Resolução: de acordo com a Equação (3.16), o trabalho feito pelo conjunto de músculos da pata da raposa será: $\frac{1}{2} \times (0,4 \text{ kg}) \times (20 \text{ m/s})^2 = 80$ J.

Logo, o trabalho feito pelo conjunto de músculos da pata do lobo deverá ser $1,2 \times 80$ J $= 96$ J.

Chamando v a velocidade do lobo, pelo teorema trabalho-energia, teremos: 96 J $= \frac{1}{2} (0,6 \text{ kg})v^2$, portanto v $= 17,9$ m/s.

Exemplo: Considere dois animais de forma semelhante, mas de tamanhos diferentes. Se o fator de escala entre eles é L, qual será a relação do fator L com o trabalho máximo realizado por esses animais?

Resolução: como a força muscular é $F \propto L^2$ e a distância d que os músculos se contraem é $d \propto L$, então o trabalho máximo realizado pelos animais terá a seguinte relação com L:

$$W \propto L^2 \cdot L = L^3.$$

Potência total no voo de animais

Toda vez que um animal está voando, seus *músculos* realizam um *trabalho por unidade de tempo*, ou seja, eles desenvolvem uma *potência mecânica*. Isso é consequência do *consumo de sua energia química* disponível. O consumo dessa *potência* durante o voo em função da velocidade do animal pode se dar de três maneiras:

- *Potência induzida* (P_i), utilizada para neutralizar o próprio peso do animal; seu valor é máximo quando $v = 0$, ou seja, quando o animal está *flutuando*.
- *Potência parasita* (P_p), utilizada para superar o arraste que o animal sofre em virtude da forma de seu corpo. Em geral, $P_p \propto v^3$.
- *Potência de contorno* (P_c), utilizada para superar o arraste que o animal experimenta por causa da forma de suas asas. Muda muito pouco com v.

O gráfico da Figura 3.27 mostra como a potência varia em função da velocidade para o voo de um pombo. São destacados os seguintes valores da potência e da velocidade:

- P_0: valor da potência quando o pombo está *flutuando*, ou seja, quando $v = 0$. No gráfico, temos $P_0 \approx 11,7$ W.
- $P_{mín}$: valor da potência quando o pombo está voando com velocidade v_{pl}, que lhe permite uma *permanência* longa no ar dado o suprimento de combustível (gordura corporal).
- P_{am}: valor da potência quando o pombo pode abranger *grandes distâncias* com um determinado suprimento de combustível.
- $P_{máx}$: valor da potência utilizado pelo pombo, em intervalos curtos de tempo, para uma *ascensão vertical*. Na Figura 3.27, esse valor é de aproximadamente 20,4 W.
- v_{am}: é a velocidade de *alcance máxima*, ou seja, a velocidade com a qual o pombo pode atingir grandes distâncias por unidade de trabalho.

No gráfico, quando a potência total é $P_{am} = 11,2$ W, haverá dois valores para a velocidade de voo do pombo, $v_{mín} \cong 3$ m/s e $v_{máx} \cong 16$ m/s. Esses valores definem o intervalo de velocidade necessário para voos prolongados do pombo.

Para os animais voadores, geralmente $v_{am} > 1,3\ v_{pl}$. Aves grandes e pesadas têm um valor limite de massa para poder voar. O gráfico da Figura 3.28 mostra os dados[19] da potência utilizada por diferentes pássaros para poder voar em função de sua massa M.

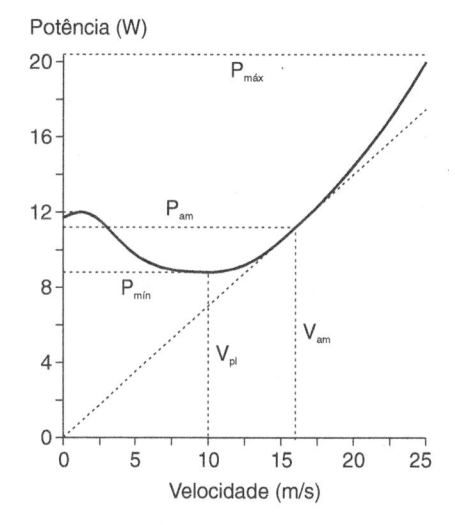

FIGURA 3.27

Potência total em função da velocidade de um pombo.[18] A potência é resultante do somatório dos componentes induzido, parasita e de contorno.

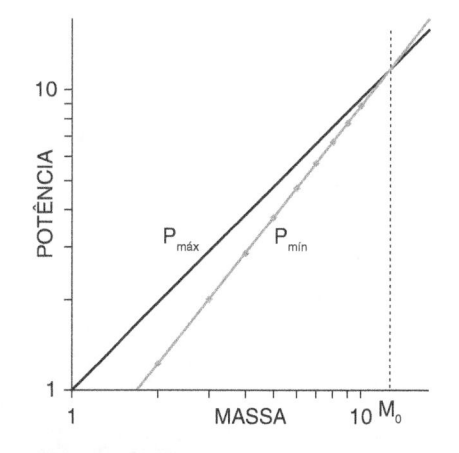

FIGURA 3.28

Potência em função da massa de pássaros diferentes. M_0 é a massa limite para levantar voo ou poder voar.

Segundo Pennycuick,[20] a potência muscular
- *Máxima* $P_{máx}$, utilizada pelo pássaro para voar, é proporcional a $M^{7/6}$;
- *Mínima* P_{min}, para que o pássaro, batendo as asas, possa deslocar-se horizontalmente, é proporcional a $M^{2/3}$.

Logo, aves pesadas não têm capacidade para realizar voos sustentados.

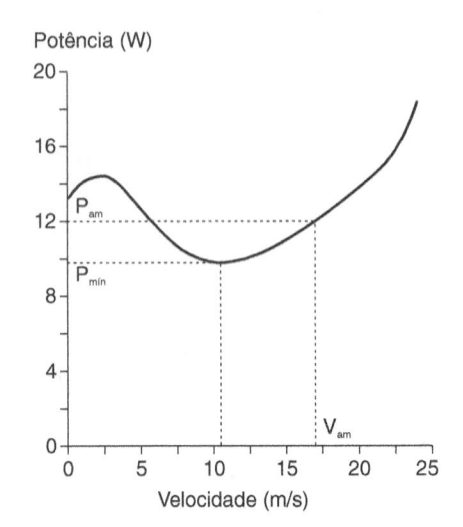

Exemplo: Um falcão com 36 g de gordura corporal desenvolve uma potência total de voo em função de sua velocidade, conforme mostrado pelo gráfico ao lado. A oxidação completa de 1 g de gordura gera uma energia total de 4×10^4 J, que o falcão utiliza para voar. Considerando uma eficiência muscular de 0,25, determine:
a) o tempo máximo que o falcão pode permanecer no ar;
b) o alcance máximo do falcão;
c) a quantidade de gordura consumida para ficar pairando durante 2 minutos.

Resolução:
a) A partir do gráfico, concluímos que a *potência mínima* utilizada pelo falcão é ≈ 10 J/s; logo, o tempo máximo que ele pode permanecer no ar será $t_{máx} = \dfrac{0{,}25 \times 4 \times 10^4 \text{ J/g}}{10 \text{ J/s}} \times 36 \text{ g} = 3{,}6 \times 10^4 \text{ s} = 10$ horas.

b) A potência utilizada para obter o *alcance máximo* é ≈ 12 J/s, que corresponde a uma velocidade de alcance máximo de ≈ 17 m/s. Logo, a distância máxima que o falcão alcançará ao consumir seus 36 g de gordura será $d_{máx} = \dfrac{17 \text{ m/s} \times 0{,}25 \times 4 \times 10^4 \text{ J/g}}{12 \text{ J/s}} \times 36 \text{ g} = 510$ km.

Observação: os valores de P_{am} e v_{am} correspondem ao ponto em que a tangente traçada desde o ponto (0,0) ao gráfico $P \times v$ toca o gráfico.

c) Como $P_0 \cong 13$ J/s é a potência correspondente a $v = 0$ segundo o gráfico $P \times v$, quando o falcão está *pairando* consome 1 g de sua gordura em $\dfrac{0{,}25 \times 4 \times 10^4 \text{ J}}{13 \text{ J/s}} = 769$ s. Logo, ao ficar pairando durante 120 s, a quantidade de gordura consumida será: 120 s/769 s/g = 0,156 g = 156 mg.

Exemplo: Um pássaro com massa m encontra-se flutuando no ar, movimentando as asas com velocidade v. Calcule o fator de escala entre a *potência necessária* para sustentar o pássaro nessa posição e a potência que está sendo realmente utilizada.

Resolução: se L é o comprimento característico do pássaro, então a potência necessária para o pássaro flutuar no ar será $m \cdot g \cdot v$. Como a velocidade não depende de L, então: $P_{req} \propto L^3$. A potência utilizada (ou razão metabólica) é $P_{uti} \propto L^2$. Logo, a razão entre essas duas potências será proporcional a L.

3.5 Forças conservativas e energia potencial

Quando o trabalho realizado por uma força ao mover um objeto de uma posição a outra é *independente da trajetória* seguida, a força é denominada *força conservativa*. São exemplos de forças conservativas o peso de um objeto e a força elástica exercida por uma mola. Em geral, se uma força $\vec{F}_c$ age sobre a massa m como na Figura 3.29, dizemos que $\vec{F}_c$ é uma força conservativa, se o trabalho $W_{A \to B}$ realizado para levar m desde A até B é o mesmo tanto pela trajetória (1) quanto pela (2). Como a capacidade de realizar um trabalho pode ser associada a uma energia, quando essa energia tem como origem unicamente a *posição* do objeto com relação a uma linha (ou plano) de referência, ela é denominada *energia potencial* e é representada por uma função da forma U = U(r), sendo r a posição do objeto. Logo, se U(A) é a energia potencial de m na posição A e U(B) na posição B, o trabalho realizado pela força conservativa ao mover o objeto da posição A para a posição B poderá ser

$$W_{A \to B} = U(A) - U(B) \quad (3.18)$$

Energia potencial gravitacional

Quando a *força conservativa* que age sobre um corpo de massa m, como mostra a Figura 3.30, é seu *peso ou força gravitacional*, o *trabalho realizado por essa força* ao levar m desde A até B será

$$W_{grav} = \int_A^B m\vec{g} \cdot d\vec{r} = \int_A^B m(-g\hat{j})(dx\hat{i} + dy\hat{j}) = -mg\int_{y_1}^{y_2} dy = -mg(y_2 - y_1) = mgh \quad (3.19)$$

Na Equação (3.19) $-\hat{j}$ é a direção da força conservativa e h = $y_1 - y_2$ é a diferença entre as coordenadas verticais dos pontos A e B.

Definindo $U_g(y) = mgy$ como a função *energia potencial gravitacional* de um corpo de massa m quando está a uma distância vertical y em relação a uma direção horizontal de referência, o *trabalho em virtude da força gravitacional*, segundo a Equação (3.19), ao deslocar o corpo de A até B (Figura 3.30), será

$$W_{grav} = U_g(A) - U_g(B) = -\Delta U_g. \quad (3.20)$$

Na Equação (3.20), ΔU_g é a variação da energia potencial (energia final-energia inicial) de m. Pelo teorema trabalho-energia, o trabalho realizado sobre m ao movê-lo de A até B satisfaz a relação $W_{A \to B} = K(B) - K(A)$. Logo, pela Equação (3.20), se terá $\Delta K = -\Delta U_g$, ou seja,

$$K(B) + U_g(B) = K(A) + U_g(A) \quad (3.21)$$

A soma das energias $K + U_g = E$ é conhecida como a *energia mecânica* do objeto em movimento, então, generalizando, *quando as únicas forças que agem sobre o objeto são conservativas, a energia mecânica desse objeto se conservará*; isto é, E(A) = E(B) = constante.

Quando a força conservativa é unicamente a força gravitacional, a Equação (3.18) diz:
- Se $U_g(A) > U_g(B)$, W_{grav} é positivo, o que significa um deslocamento para baixo, logo y é *decrescente*. Assim, a energia potencial gravitacional *decresce*.
- Se $U_g(A) < U_g(B)$, W_{grav} é negativo, o que significa um deslocamento para cima, logo y é *crescente*. Assim, a energia potencial gravitacional *aumenta*.

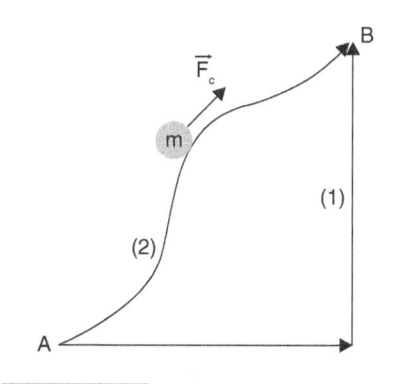

FIGURA 3.29

Se sobre uma massa m age uma força conservativa $\vec{F}_c$, o trabalho realizado por $\vec{F}_c$ para levar m de A até B será independente da trajetória (1) ou (2) a ser seguida.

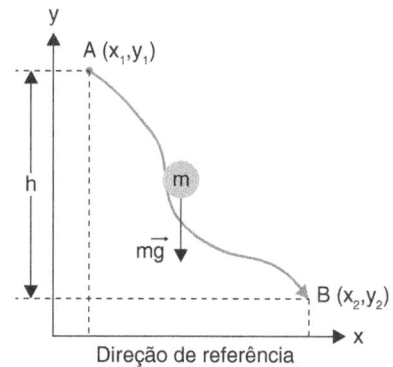

FIGURA 3.30

A força conservativa mg desloca o corpo de massa m do ponto A até B. O trabalho será mgh.

Força de atração gravitacional

No caso em que a distância percorrida por um corpo com massa m é *muito grande* em virtude da ação da força gravitacional, o cálculo de sua *energia potencial gravitacional* é feito a partir da expressão geral para a força de atração gravitacional entre a massa m e a massa da Terra M = 6 × 10^{24} kg. Sendo r a distância entre m e M, teremos

$$\vec{F}_g = \gamma \frac{m \cdot M}{r^2} \hat{i}_r. \tag{3.22}$$

Na Equação (3.22), $\gamma = 6{,}67 \times 10^{-11}$ N·m²kg^{-2} é o valor da constante gravitacional no SIU, e $\hat{i}_r$ é um vetor unitário na direção que une os centros de massa de m e M.

Quando o corpo de massa m se desloca desde a posição $\vec{r}_1$ até $\vec{r}_2$, como mostra a Figura 3.31, o trabalho, por causa da *força gravitacional*, será

$$W_{grav} = \int_A^B \vec{F}_g \cdot d\vec{s} = -\gamma mM \int_A^B \frac{\hat{i}_r \cdot d\vec{s}}{r^2} = -\gamma mM \int_{r_1}^{r_2} \frac{dr}{r^2} = \gamma mM \left(\frac{1}{r_2} - \frac{1}{r_1} \right). \tag{3.23}$$

Na Equação (3.23), o produto escalar $\hat{i}_r \cdot d\vec{s} = dr$ é a projeção de $d\vec{s}$ na direção $\hat{i}_r$. Comparando as equações (3.23) e (3.20), pode-se concluir que a *energia potencial gravitacional* de um corpo de massa m, que está a uma distância r do centro da Terra, terá a seguinte expressão:

$$U_g(r) = -\gamma \frac{mM}{r} \tag{3.24}$$

Em particular, se o corpo de massa m encontra-se a uma altura h da superfície terrestre, com h $\ll$ R, sendo R = 6,38 × 10^6 m o raio da Terra, então o inverso da distância r = (R + h) entre os centros de massa de m e M terá o seguinte desenvolvimento em série $\frac{1}{r} = \frac{1}{R+h} = \frac{1}{R}\left[1 - \frac{h}{R} + \left(\frac{h}{R}\right)^2 - - - -\right]$. Logo, a energia potencial gravitacional será $U_g(h) = -\gamma \frac{mM}{R}\left[1 - \frac{h}{R} + \left(\frac{h}{r}\right)^2 - - -\right] = -mg\left(R - h + \frac{h^2}{R} - - -\right) \cong mgh - mgR$, portanto

$$U_g(h) = mgh + \text{constante} \tag{3.25}$$

Na dedução da Equação (3.25) foram utilizadas as expressões equivalentes da *energia potencial gravitacional* $U_g(r) = -\gamma \frac{M \cdot m}{r} = -m \cdot g \frac{R^2}{r}$. Essa igualdade será mostrada no próximo exemplo.

Quando um corpo de massa m se desloca da posição (x_1, y_1) até (x_2, y_2) por causa de uma força resultante $\vec{F}$, que exclui a força gravitacional, então o trabalho W' realizado por $\vec{F}$ pelo teorema trabalho-energia satisfaz W' + W$_{grav}$ = ΔK. Portanto, utilizando a Equação 3.20,

$$W' = \Delta K + \Delta U_g$$
$$= [K(2) - K(1)] + [U_g(2) - U_g(1)]$$
$$= [K(2) - U_g(2)] - [K(1) - U_g(1)]$$
$$= E(2) - E(1)$$

$$W' = \Delta E \tag{3.26}$$

E(2) e E(1) é a energia mecânica de m nas posições (x_2, y_2) e (x_1, y_1), respectivamente. Logo, como mostra a Figura 3.32, o trabalho em virtude da

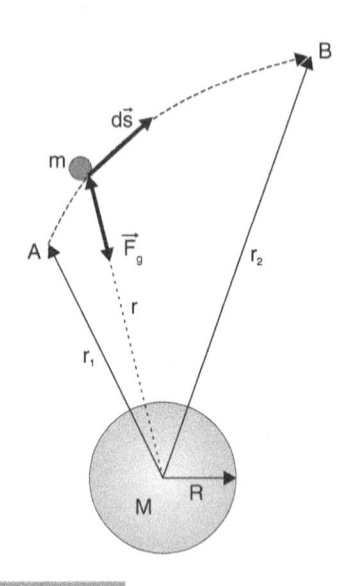

FIGURA 3.31

Corpo de massa m atraído pela força gravitacional $\vec{F}_g$ deslocando-se da posição r_1 até r_2.

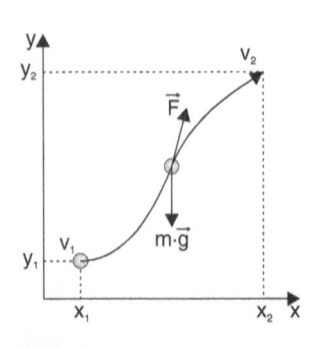

FIGURA 3.32

Corpo de massa m, deslocando-se sob a ação de uma força $\vec{F}$, que exclui a força gravitacional m$\vec{g}$.

força resultante $\vec{F}$ (excluindo a força gravitacional) que age sobre o corpo de massa m é igual à variação de sua energia mecânica.

> **Exemplo:** Um corpo de massa m encontra-se a uma distância r da superfície da Terra. O corpo está em queda livre e r ≪ R (raio da Terra). Com base nisso, demonstre que a aceleração do corpo é constante.
>
> **Resolução:** a intensidade da força exercida pela massa M da Terra sobre o corpo de massa m que está a uma distância r de sua superfície é dada pela Equação (3.22): $F_g = \gamma \frac{mM}{(r+R)^2}$. O corpo m exerce uma força da mesma intensidade sobre a massa da Terra. Como m está em queda livre, então $mg = F_g \Rightarrow g = \frac{\gamma M}{R^2 \left(\frac{r}{R}+1\right)^2} \cong \frac{\gamma M}{R^2}$ = constante.
>
> Assim, a aceleração de qualquer corpo em queda livre é uma constante. Dentro dessa aproximação, a massa da Terra será dada por $M \cong \frac{g}{\gamma} R^2$. Portanto, a energia potencial gravitacional do corpo m será $U_g(r) = -\gamma \frac{mM}{(r+R)} \cong -\frac{\gamma m}{(r+R)} \cdot \frac{g}{\gamma} R^2 \cong -mg \frac{R^2}{(r+R)}$.

3.6 Energia mecânica dos humanos ao fazer um salto[21,22]

A natureza nos mostra que um número grande de espécies se desloca executando saltos; outros utilizam o salto como recurso para sobrevivência e alimentação. Esses saltos são bastante variados, isto é, não existe um padrão para classificá-los. Dessa forma, é difícil avaliar quanta energia foi necessária para executar esses saltos. No caso dos humanos, os saltos executados por eles são normalmente feitos de duas maneiras:

- um simples salto vertical, ou seja, um salto a partir de uma posição de repouso; ou
- um salto que exige uma corrida prévia, como no caso do salto com vara ou do salto de altura, muito comuns em competições esportivas.

O salto vertical

Neste salto, o humano utiliza principalmente os músculos de seus membros inferiores. Consideremos um humano de massa m e altura h_a. O centro de massa (cm) do corpo inteiro pelos dados da Tabela 2.1 encontra-se a uma altura $h_{CM} \cong 0{,}58\, h_a$ do chão. Como mostra a Figura 3.33, antes de ser executado o salto, o cm do humano desce uma altura d e, em seguida eleva-se à altura máxima $d + h_{sv}$. Se considerarmos desprezível o efeito da resistência do meio ao salto do humano, o *trabalho* realizado pelos músculos para alcançar a altura máxima se transformará na *energia potencial* necessária para o salto, pois a *energia cinética* do atleta é nula tanto no início quanto no final do salto; portanto, $W = mg(d + h_{sv})$.

Normalmente a distância entre o centro de massa de corpo inteiro na posição ortostática e agachada é $d \cong 0{,}35\, h_a$; h_{sv} é a distância entre o centro

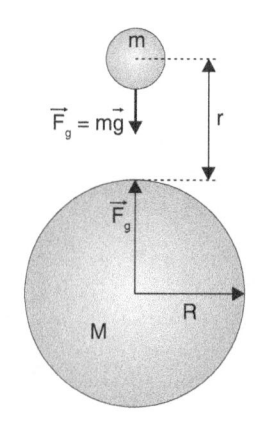

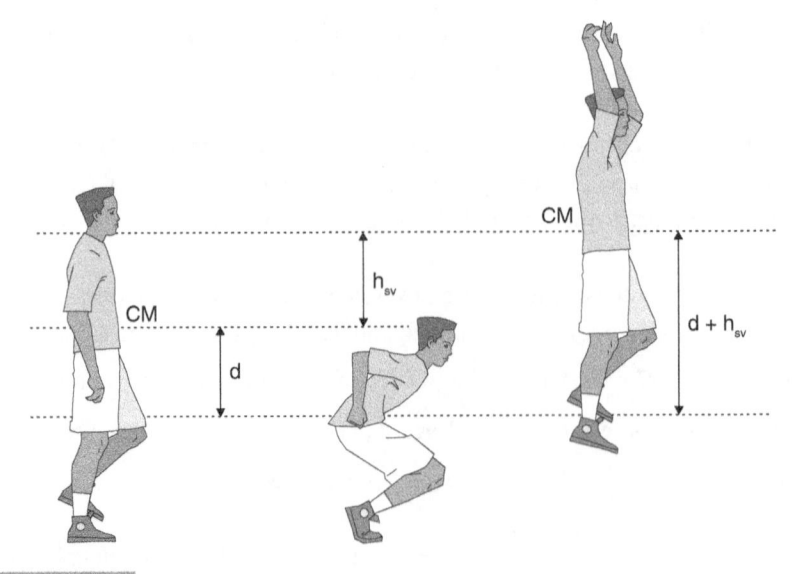

FIGURA 3.33

Quando o salto vertical é realizado, a variação da energia potencial gravitacional é dada por m·g(h_{sv} + d), onde h_{sv} é a altura que se eleva ao centro de massa e d é aproximadamente a distância entre os centros de massa do corpo inteiro e dos joelhos na posição ortostática.

de massa do corpo inteiro quando o atleta atinge a altura máxima em sua posição ortostática.

O trabalho realizado no salto pela força muscular por unidade de peso do atleta satisfaz a relação $0,44\, h_a < \frac{W}{mg} < 0,54\, h_a$, portanto $0,14\, h_a < h_{sv} < 0,24\, h_a$. Quando $h_{sv} \cong 0,24\, h_a$, o trabalho W para um atleta de $h_a = 1,70$ m tende a um valor igual ao trabalho necessário para elevar em 1 m de altura seu peso.

Com relação à altura alcançada pelos animais quando executam um salto vertical, se eles são de formas semelhantes, a altura alcançada será aproximadamente independente do tamanho do animal. Isto é, se entre esses animais o fator de escala é L, teremos

$$h_{sv} + d = \frac{\text{trabalho}}{\text{peso}} \propto \frac{L^2 \cdot L}{L^3} = \text{constante}.$$

O salto de altura

Para executar este salto o atleta adquire inicialmente uma *energia cinética*, por intermédio de uma corrida; essa energia se transformará na *energia potencial* necessária para executar o salto. Como mostra a Figura 3.34, nesse salto, considerando desprezível a resistência do meio, o centro de massa do atleta se eleva à altura $H = h_0 - h_{CM} + \varepsilon$, sendo $\varepsilon \geq 0,08\, h_a$.

O atleta, para fazer um *salto vertical*, não tem necessidade de adquirir *a priori* energia cinética para elevar seu centro de massa uma altura h_{sv}. Portanto, a energia cinética previamente adquirida pelo atleta é necessária para que, ao se transformar em energia potencial, ele consiga elevar seu centro de massa até uma altura $H - h_{sv}$.

Se no instante em que inicia o salto o atleta de massa m tem uma *velocidade instantânea v*, sua energia cinética será $\frac{1}{2}mv^2$. Como a execução

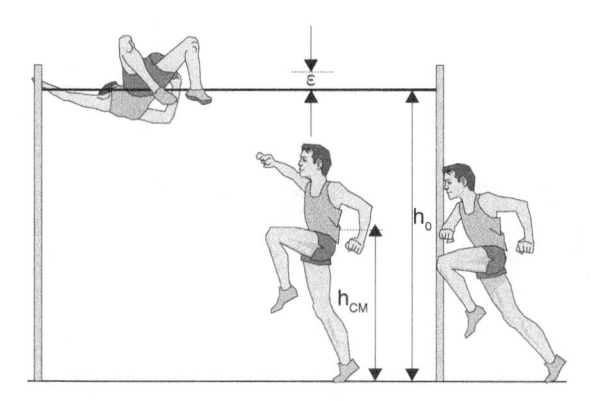

FIGURA 3.34

Para realizar um salto em altura, um atleta deve antes adquirir energia cinética. Para isso ele corre antes de realizar o salto.

do salto exige uma energia potencial $mg(H - h_{sv})$, deve-se satisfazer a condição $\frac{1}{2} mv^2 \geq mg(H - h_{sv})$; portanto,

$$v \geq \sqrt{2g(H - h_{sv})} \qquad (3.27)$$

A Equação (3.27) permite estimar o valor mínimo da velocidade do atleta ao iniciar o salto.

Para um atleta com 1,70 m de altura, temos $h_{cm} \cong 1$ m e $\varepsilon \cong 0,14$ m. Se $h_0 = 2,3$ m (o atual recorde mundial, 2,45 m, pertence ao atleta cubano Jávier Sotomayor, obtido em 27 de julho de 1993, em Salamanca), teremos, considerando desprezível o efeito do meio, $H \cong 2,30$ m $- 1,00$ m $+ 0,14$ m $= 1,44$ m. Com $h_{sv} \cong 0,40$ m, a velocidade do atleta no início do salto deverá satisfazer $v \geq \sqrt{2 \times 1,04 \text{ m} \times 9,8 \text{ m/s}^2} \cong 4,5$ m/s. Uma relação mais de acordo com a realidade entre o valor da velocidade do atleta ao iniciar o salto e a altura alcançada requer o reconhecimento de que a fração de sua energia cinética no início do salto foi utilizada para vencer o efeito da resistência do meio. Outros fatores, como o valor exato de ε e h_{sv}, também interferem no real valor da altura H.

O salto com vara

Como mostra a Figura 3.35, para executar este salto o atleta inicialmente adquire uma energia cinética K, que será *transferida* a uma vara de fibra de carbono ou fibra de vidro. A energia elástica da vara será *transferida* ao atleta para que ele complete o salto. Como o salto tem *altura total* $H = h + h_{CM} + h_{sv}$, onde h é a altura que o centro de massa do atleta se eleva pela transferência da energia elástica da vara e h_{CM}, a mesma altura definida na Figura 3.34, a energia que a vara transfere ao atleta deve ser igual a $mg(h + \varepsilon)$ (ε foi definido na Figura 3.34). Se não tivermos perdas importantes nessas *transformações* da energia, deve-se satisfazer: $\frac{1}{2} mv^2 \cong mg(h + \varepsilon)$, portanto

$$h \cong \frac{1}{2g} v^2 - \varepsilon \qquad (3.28)$$

Na Figura 3.36 é detalhado o salto de 6,14 m (atual recorde mundial) realizado pelo atleta ucraniano Serguei Bubka, em 31 de julho de 1994. O atleta de 1,84 m de altura e 80 kg, na data do salto, consegue uma energia

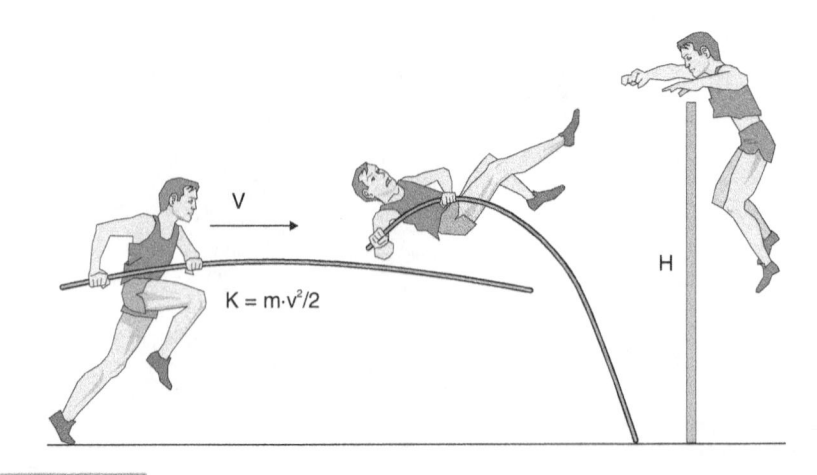

FIGURA 3.35

Um atleta, com energia cinética K no instante de iniciar o salto, transfere temporariamente parte dessa energia para uma vara elástica, que se dobra. Ao se esticar novamente, a vara devolve a energia ao atleta para que ele complete o salto.

cinética de $\frac{1}{2}$ 80 kg(7,7 m/s)² = 2.371,6 J no momento de encostar a vara no chão. Quando se desprende da vara para concluir o salto, seu centro de massa eleva-se ≅ 6,34 m – 3,50 m = 2,84 m para atingir a altura máxima. Isso exigiu uma energia potencial de ≅ 80 kg × 9,8 m/s² × 2,84 m = 2.226,56 J. Nesse

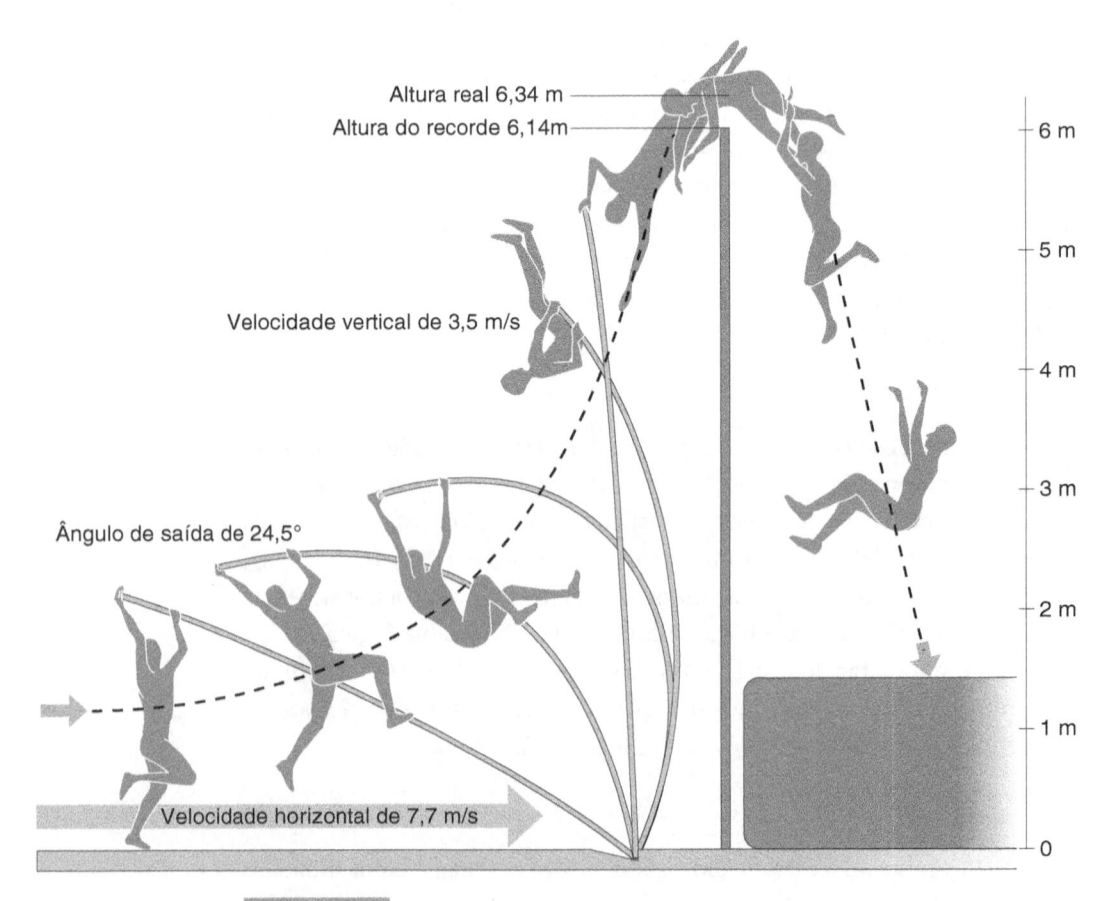

FIGURA 3.36

Detalhe do salto recorde do atleta ucraniano Serguei Bubka em 31 de julho de 1994.

salto, a energia gasta para vencer a resistência do meio e na transferência da energia elástica da vara foi $\cong 2.371,6$ J $- 2.226,56$ J $= 145,04$ J, que equivale a $\cong 6,1\%$ da energia cinética inicial de que dispunha o atleta.

Exemplo: Um atleta de 70 kg e 1,72 m de altura faz um salto vertical simples.
a) Calcule a quantidade de trabalho que o atleta realiza ao saltar de uma posição inicial agachada até a altura máxima que ele pode alcançar.
b) Ao realizar este salto, os músculos dos membros inferiores agem durante 0,18 s. Qual será a potência desenvolvida por esses músculos?

Resolução:
a) Na Figura 3.33, se h $\cong 0,4$ m e d $\cong 0,52$ m, então a altura total que o atleta se eleva será h + d $\cong 0,92$ m. Pela Equação (3.26), o trabalho realizado neste salto vertical será 0,92 m × 70 kg × 9,8 m/s$^2 \cong 631$ J.
b) Admitindo que o trabalho realizado no salto é por causa da ação dos músculos dos membros inferiores e que a eficiência desses músculos é de 100% (o que está longe da realidade), a potência desenvolvida seria: 631 J/0,18 s $\cong 3.506$ W.

Exemplo: Qual será a altura que um atleta de 70 kg e 1,72 m de altura atingirá ao realizar um salto com vara, se o atleta no instante de encostar a vara no chão tem uma velocidade de 7,0 m/s e utiliza 90% de sua energia cinética inicial para realizar o salto?

Resolução: a energia cinética do atleta no momento de iniciar o salto é $\frac{1}{2}$ 70 kg × (7 m/s)$^2 \cong 1.715$ J. Como 0,9 × 1.715 J $\cong 1.543,5$ J é a energia potencial utilizada pelo atleta para concluir o salto após desprender-se da vara, teremos 1.543,5 J = 70 kg × 9,8 m/s^2 × (h + ε), ou h + ε $\cong 2,25$ m. Como ε $\cong 0,08 \times 1,72$ m $\cong 0,14$ m, a altura total do salto será H $\cong$ h + h$_{CM}$ + h$_{sv}$ = 2,11 m + 1,0 m + 0,4 m $\cong 3,51$ m.

3.7 Energia potencial elástica

No Capítulo 2, Seção 2.4, "Biomecânica: as forças musculares", foi destacado que a *elasticidade de um corpo* está caracterizada pelo tipo de material que o constitui. Essa *elasticidade* manifesta-se toda vez que algum estímulo externo temporário $\vec{T}$ aplicado ao corpo elástico produz uma deformação deste. Uma vez retirado o estímulo $\vec{T}$, o corpo retorna à sua forma inicial.

A Figura 3.37 mostra uma mola presa em um de seus extremos; a mola é feita de um material uniforme de *constante elástica* (*ou rigidez*) κ. Inicialmente, a mola é esticada um comprimento x por um estímulo externo (não representado na figura). Retiramos o estímulo e agora age no extremo livre da mola somente uma força elástica (conservativa) $\vec{F}_e$ que satisfaz a lei de Hooke — Equação (2.20) —, portanto

$$\vec{F}_e = -\kappa x \hat{i} \quad (3.29)$$

Se um corpo de massa m é fixado no extremo livre da mola, e este é deslocado a uma distância x pela ação de um estímulo externo, ao retirar

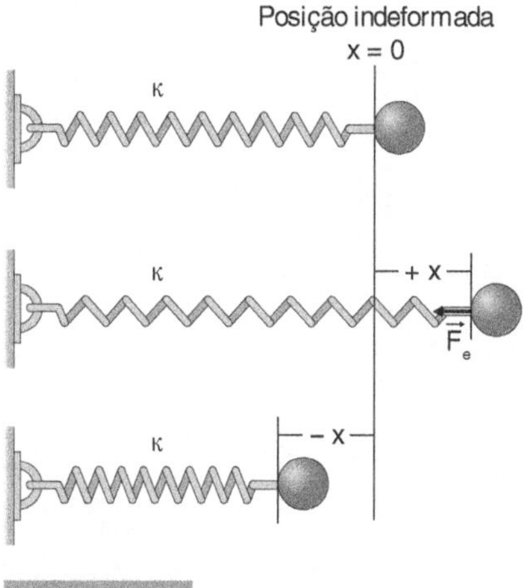

FIGURA 3.37

Deformação longitudinal ±x de uma mola de constante elástica κ e a força elástica $\vec{F}_e$ agindo na mola.

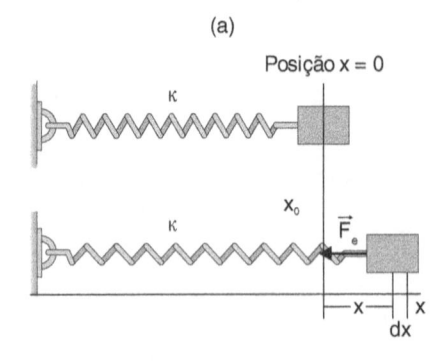

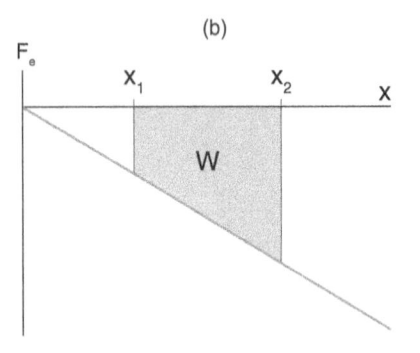

o estímulo agirá sobre m a força elástica $\vec{F}_e$, como mostra a Figura 3.38a. Desconsiderando qualquer atrito sobre m enquanto está em movimento, o trabalho realizado pela força elástica $\vec{F}_e$ quando a mola é esticada da posição x_1 até x_2 será

$$W = \int_{x_1}^{x_2} \vec{F}_e \cdot d\vec{x} = -\kappa \int_{x_1}^{x_2} x dx = -\left(\frac{1}{2}\kappa x_2^2 - \frac{1}{2}\kappa x_1^2\right) \quad (3.30)$$

Na Equação (3.30), o trabalho será *negativo*, pois a mola exerce sobre m uma força $\vec{F}_e$ de sentido oposto a seu deslocamento $d\vec{x}$. No gráfico da força F_e em função de x, o trabalho dado pela Equação (3.30) é a área mostrada na Figura 3.38b.

Quando um extremo de uma mola é *alongado ou comprimido* uma distância x a partir de seu comprimento original, a *energia potencial elástica* por causa da nova configuração da mola é definida como

$$U_e(x) = \frac{1}{2}\kappa x^2. \quad (3.31)$$

Pela Equação (3.31), $U_e(x)$ sempre é *positivo*, pois, na posição deformada, a força da mola tem a capacidade de realizar um trabalho positivo sobre a massa m, quando a mola volta à sua posição sem deformação.

Comparando as equações (3.31) e (3.30), verificamos que o trabalho por conta da força elástica é igual ao negativo da variação da energia potencial elástica. De fato,

$$W = U_e(x_1) - U_e(x_2) = -\Delta U_e. \quad (3.32)$$

Se sobre o corpo de massa m fixado no extremo de uma mola age uma força externa $\vec{T}$ e se $\vec{W}'$ é o trabalho dessa força quando m está se deslocando, então, pelo teorema do trabalho-energia, podemos concluir que $W' + W = \Delta K$ ou $W' = \Delta K + \Delta U_e$, de modo que, quando $\vec{W}'$ é nulo, a energia mecânica é conservada.

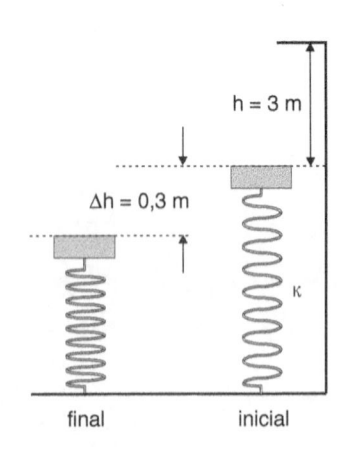

Exemplo: Um homem de 80 kg cai de uma altura de 3 m sobre um suporte que está fixado a uma mola, como mostra a figura ao lado. A mola se comprime 0,3 m. Determine a constante elástica κ da mola.

Resolução: pelo princípio da conservação da energia mecânica, quando a compressão da mola for máxima, a energia cinética é nula; logo, a perda de energia potencial gravitacional deverá ser igual ao ganho da energia potencial elástica da mola. Como o homem tem uma queda total $h + \Delta h$, teremos $mg(h + \Delta h) = \frac{1}{2}\kappa(\Delta h)^2 \therefore \kappa = \dfrac{2mg(h + \Delta h)}{(\Delta h)^2} = 57.493$ N/m.

FIGURA 3.38

a) A força elástica $\vec{F}_e$ realiza um trabalho que é igual à variação da energia potencial elástica da mola. b) No gráfico F_e em função do deslocamento x, o trabalho realizado pela força elástica $\vec{F}_e$ ao deslocar m de x_2 até x_1 é dado pela área mostrada na figura.

Problemas

1. Um passarinho de 30 g pousa bem no meio de um fio esticado, como mostra a figura a seguir. Admitindo que cada metade do fio se mantém reta, calcule a tensão no fio para uma inclinação θ.

2. Os ecologistas costumam dizer que *você nunca pode fazer apenas uma coisa*.
   a) Discuta a possível ligação entre esta afirmação e a terceira lei de Newton.
   b) Qual das afirmações lhe parece mais acertada, o provérbio ou a terceira lei de Newton? Explique.

3. Três livros estão empilhados em uma mesa, como mostra a figura a seguir. Cada livro pesa 13 N, 18 N e 14 N, contando de cima para baixo.
   a) Faça um diagrama das forças que agem sobre cada livro.
   b) Determine a intensidade de cada uma das forças.

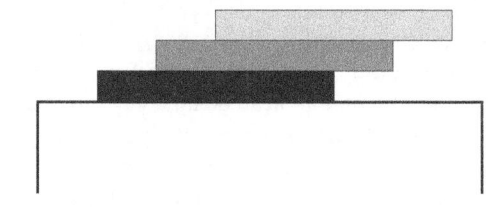

4. A velocidade máxima (ou terminal) de um esquiador de 70 kg com seus braços e pés estendidos é aproximadamente 53,6 m/s.
   a) Qual é a força que o ar exerce sobre o esquiador?
   b) Se o esquiador encolhe os braços em seu corpo, em geral, sua velocidade pode chegar até 80,5 m/s. Qual é a força atual que o ar exerce sobre o esquiador?

5. Uma força atua sobre uma massa m_1. Outra massa, m_2, é adicionada, e você observa que a aceleração diminui a $\frac{1}{5}$ da aceleração inicial. Considerando que a força mantida é a mesma, encontre a razão $\frac{m_1}{m_2}$.

6. A força resultante $\vec{R}$ que age sobre um animal com massa m, na ausência de vento, é $\vec{R} = m\vec{g} + \vec{F}_a$.
   a) Que tipo de movimento apresenta um animal que cai com $\vec{R}$ positivo, na ausência de vento?
   b) Como sua aceleração varia em função do tempo?
   c) Qual é o movimento de um animal paraquedista sobre o qual atua uma força resultante $\vec{R}$ negativa na ausência de vento?
   d) Como varia sua aceleração em função do tempo?

7. Considere um paraquedista com massa m sobre o qual atua a força de arraste $F_a = \kappa v_z^n$. Qual é a velocidade limite ao atingir o solo?

8. Um paraquedista de massa m está descendo verticalmente.
   a) O que acontece com sua velocidade descendente v_z no caso de $mg > F_a$?
   b) E quando $mg < F_a$?
   c) Que condição é necessária para que F_a possa ser maior que mg?

9. A área efetiva de um paraquedas de massa m, com forma de cone, de altura h e raio r é πr^2.
   a) Determine a razão entre as forças de resistência do ar sobre dois paraquedas com formas semelhantes, feitos do mesmo material, tendo a mesma altura e raios r_1 e $r_2 = 0,5\, r_1$.
   b) Quando eles estão descendo com a mesma velocidade v_t, com a parte plana do paraquedas voltada para cima, qual será a razão entre os expoentes n das velocidades e das constantes κ de cada paraquedas?

10. a) Qual é a principal diferença entre a força aerodinâmica resultante que atua sobre um animal que desce com movimento de paraquedas e outro que desce planando?
    b) Qual é a trajetória de cada um?
    c) Como age a força de sustentação em um animal planador? E em um animal com movimento de paraquedas?

11. Da curva polar do voo de um periquito de 300 g, encontramos que, para um ângulo de ataque α = 20°, $C_s(\alpha) = 1,2$ e $C_a(\alpha) = 0,2$. O periquito voa segundo uma trajetória horizontal com aceleração de 5 m/s², experimentando, por causa da resistência do ar, uma força constante de 0,5 N. Qual será:
    a) O módulo e direção da força aerodinâmica que age sobre o periquito?
    b) O módulo e a direção da força de impulso produzida por suas asas?
    c) A variação da energia cinética do periquito ao deslocar-se 50 m?

12. Considere animais com formas semelhantes, mas de tamanhos diferentes. Se o fator de escala entre estes animais é L, qual é a relação entre o tamanho do animal e a energia cinética máxima consumida ao caminhar?

13. Admita que a força de arrasto exercida pela água sobre uma chata é proporcional à velocidade da chata com relação à água. Um rebocador fornece 230 HP à chata quando navega a 0,25 m/s (constante). De quanto será:
    a) a potência necessária para mover a chata a 0,75 m/s?
    b) a força exercida pelo rebocador sobre a chata na velocidade mais baixa e na mais alta?

14. Um homem de 70 kg está em pé sobre um trenó de 30 kg. O trenó é puxado por um cavalo sobre uma superfície sem atrito até uma distância de 15 m, com uma força de 200 N, inclinada 30° em relação à horizontal. Calcule:
    a) as forças que agem nesse sistema e
    b) o trabalho realizado por cada uma dessas forças.

15. Uma baleia de 5,5 Mg encalhou em uma praia. Um rebocador de 12 Mg é utilizado para puxar a baleia mediante uma corda inextensível fixada à sua cauda. Para vencer a força de atrito entre a baleia e a areia, o rebocador deixa

a corda aliviada e, em seguida, movimenta-se com uma velocidade de 3 m/s. Se o motor do rebocador é então desligado, determine:
a) a força de atrito média $\vec{F}$, se o deslizamento da baleia ocorre 1,5 s antes de o rebocador parar e após a corda ficar tensa;
b) o valor da força média sobre a corda durante a operação de reboque.

16. No problema 14 considere que o coeficiente de atrito cinético entre o trenó e a superfície é de 0,1. Qual é a taxa de energia dissipada devido ao atrito?

17. Uma força resultante de 100 N age sobre um corpo de 25 kg. Se o corpo parte do repouso:
a) Qual será sua energia cinética após mover-se 5 m?
b) Qual sua velocidade depois deste deslocamento?

18. Uma pessoa encontra-se no alto de um prédio de altura h. Ao saltar de lá, ele tem uma velocidade horizontal v_h, atingindo o solo em um ponto O. Determine:
a) o trabalho realizado pela força gravitacional;
b) a velocidade da pessoa quando atinge o chão no ponto O.

19. Uma pulga com 0,5 g de massa salta 0,1 m, sendo que 50% de sua energia inicial é utilizada para vencer a resistência do ar. Calcule:
a) a velocidade com a qual a pulga salta.
b) quantas vezes maior que 'g' é a aceleração que os músculos das patas da pulga geram, se estas precisaram se contrair durante 2 ms para atingir essa velocidade.

20. Um animal está caminhando com velocidade constante ao longo de uma estrada horizontal; explique se está sendo realizado algum trabalho sobre o animal.

21. Um corpo de 2 kg está inicialmente em repouso. Aplica-se durante 10 s uma força de 10 N sobre este corpo. Calcule:
a) a energia cinética adquirida pelo corpo;
b) o trabalho realizado pela força.

22. Uma massa de 200 g de sangue, ao ser bombeada pelo coração, em regime de baixa atividade, adquire uma velocidade de 30 cm/s. Com uma atividade mais intensa do coração, essa mesma massa de sangue atinge uma velocidade de 60 cm/s. Calcule, em ambos os casos, a energia cinética dessa massa de sangue e o trabalho realizado pelo coração.

23. Uma garota joga para cima uma bola de 0,2 kg, que atinge uma altura de 6 m. Qual é:
a) a energia cinética da bola quando esta sai das mãos da garota?
b) o trabalho realizado pela garota ao arremessar a bola?
c) a força média exercida pelos músculos dos braços da garota se eles contraem-se 0,05 m quando ela arremessa a bola?

24. Uma mulher de 50 kg, ao escalar uma montanha de 1.500 m de altitude, consome 4.000 calorias de energia alimentícia por cada 1.000 calorias de trabalho realizado — uma caloria alimentar (= 1 kcal física) contém 4.186 J de energia química. Calcule:
a) o trabalho realizado pela mulher;
b) a quantidade de energia alimentícia consumida nessa escalada.

25. A potência induzida P_{ind} necessária para manter *pairando* um pássaro de massa m com velocidade instantânea v satisfaz $P_{ind} \propto mgv$. Esboce um gráfico que mostre o comportamento da potência induzida descrita em função da velocidade de voo v.

26. A potência parasita P_{par} utilizada por um pássaro em voo, para superar o atrito do ar contra seu corpo, satisfaz $P_{par} = \vec{F}_a \cdot \vec{v}$, sendo $F_a \propto Av^2$, onde A é a área efetiva do pássaro; então, $P_{par} \propto Av^3$. Esboce um gráfico que mostre o comportamento dessa potência em função da velocidade de voo v.

27. Quando um animal voa, geralmente há oxidação completa de 1 g de gordura produzindo uma energia de 4×10^4 J. Considerando que, em média, a eficiência muscular dessas aves é 25%, determine:
a) a quantidade de gordura consumida por um *beija-flor* ao voar durante 1 minuto com uma *potência mínima* de 0,7 W.
b) o alcance máximo de um *periquito* com 60 mg de gordura, se P_{cm} = 3,66 W e v_{cm} = 5,5 m/s.
c) a potência de flutuação de uma *gaivota* que consome 113 mg de gordura ao ficar pairando durante 1 minuto.

28. Utilizando os diversos conceitos da potência do voo das aves, explique por que a galinha e o peru não são aves voadoras.

29. Um ciclista de 65 kg está pedalando para subir uma colina, a uma velocidade de 3 m/s. A inclinação da estrada é 4°, e a bicicleta tem 15 kg de massa. Estime a potência que o ciclista está usando e também a que usaria para manter essa velocidade contra o atrito se a estrada fosse nivelada.

30. A água de uma cachoeira com 30 m de altura flui a uma razão de 10 kg de água por segundo. Qual a taxa do aumento da energia cinética da água durante a queda?

31. Uma pessoa gera 90 W enquanto dorme, consumindo 1 g de oxigênio (densidade = 0,26 kg/m^3) para cada 10 kJ de energia do corpo. Duas pessoas dormem durante 8 h em um dormitório (de volume = 4 m × 4 m × 2,5 m) completamente vedado. Pergunta-se:
a) Eles consumirão todo o oxigênio do dormitório?
b) Se não, que porcentagem consumirão?
c) A ventilação é necessária?

32. Mostre que a altura vertical que animais de formas semelhantes podem saltar é independente de seus tamanhos.

33. As patas de um cavalo medem 91,4 cm, e ele está caminhando a uma velocidade de 2,0 m/s. Qual será a velocidade de caminhada de uma girafa cujas patas medem 137,2 cm?

34. Determine a dependência entre a velocidade e o tamanho dos animais de formas semelhantes quando sobem uma colina correndo.

35. Foi determinado que a melhor estratégia para se obter a maior potência ao pedalar uma bicicleta é impor, de início, uma alta aceleração e, em seguida, aumentar a potência gradualmente ao longo dos 30 segundos seguintes, de modo a atingir a maior velocidade em regime. Utilizando a curva de potência biomecânica mostrada a seguir, determine a velocidade máxima atingida pelo corredor e sua bicicleta, cuja massa total é de 92 kg, quando o corredor sobe uma inclinação de 20° partindo do repouso.

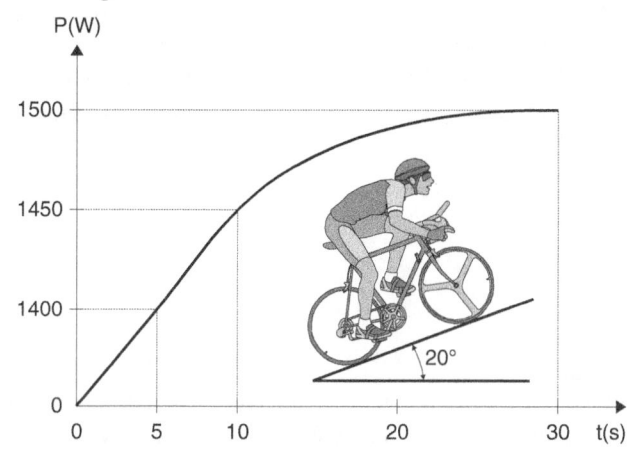

36. Um rinoceronte de 800 kg correndo a 20 m/s colide com uma árvore. Ele para em 0,03 s, que corresponde a uma deformação de 30 cm. Qual a força média que atuou no rinoceronte durante esse tempo?

37. Um projétil de massa m tem uma velocidade v_0 e direção paralela à Terra quando está a uma altura h da superfície da Terra. Ele atinge o solo no ponto A. Qual é:
a) o trabalho realizado pela força gravitacional?
b) a velocidade do projétil quando atinge o solo?

38. Qual é a energia potencial gravitacional a uma distância r da superfície da Terra, quando:
a) r é uma posição no interior da Terra?
b) r está localizada no centro da Terra?

39. Qual a força da gravidade sobre um astronauta com 80 kg:
a) na superfície da Terra?
b) em uma órbita 200 km sobre a superfície da Terra?
c) a meio caminho da Lua, a uma distância de $1,9 \times 10^5$ km do centro da Terra?

40. Estime a velocidade mínima para que uma molécula da atmosfera escape da Terra. Utilizando esse resultado, descubra:
a) qual das moléculas, H_2 ou O_2, tem maior probabilidade de escapar da atmosfera?
b) qual atmosfera deve ser mais rarefeita, a da Terra ou da Lua ($\gamma = 6,67 \times 10^{-11}$ N·m²/kg², massa da Terra = 6×10^{24} kg, raio da Terra = $6,4 \times 10^6$ m)?

41. A massa da Lua é $7,40 \times 10^{22}$ kg, e seu raio é $1,74 \times 10^6$ m. Calcule:
a) a aceleração da gravidade na Lua;
b) o peso na Lua de um astronauta de 80 kg na Terra;
c) a velocidade com que um foguete deve ser lançado da superfície da Lua para que possa escapar dela.

42. Estime a velocidade mínima com que um meteoro atinge a atmosfera terrestre. Qual o efeito de fricção por causa da resistência do ar sobre o meteoro?

43. A massa do Sol é 2×10^{30} kg, que está a $1,5 \times 10^{11}$ m da Terra.
a) Encontre a energia potencial gravitacional da Terra devido à força gravitacional do Sol.
b) Que velocidade a Terra deveria ter para escapar completamente do Sol?

44. Uma cachoeira de 30 m de altura flui a uma razão de 10 kg de água/s. Qual a taxa de aumento da energia cinética da água durante a queda?

45. a) De que altura deve cair uma massa de 1 kg, para que sua energia cinética aumente 100 J?
b) Quanto tempo de queda é necessário?

46. Um corpo de 5 g move-se para a direita no sentido A → B. O corpo está sob a ação de uma força constante de 2×10^5 N e de sentido B → A.
a) Quanto trabalho deve ser realizado para mover o corpo de A até B ao longo de uma distância de 1,5 m?
b) Quanto varia sua energia potencial?

47. Um atleta de 70 kg e 1,72 m de altura realiza um salto em altura de 2 m. Qual deve ser a velocidade média do atleta para que 50% de sua energia cinética seja utilizada nesse salto?

48. Um atleta de 79,5 kg segurando uma vara uniforme de 4,9 m e 4,5 kg aproxima-se do salto com uma velocidade v e consegue passar raspando a barra a uma altura de 6,26 m. Ao passar acima da barra, sua velocidade e a da vara são nulas. Calcule o valor mínimo possível de v necessário para ele dar o salto. Considere que o centro de massa do atleta está 1,066 m acima do chão.

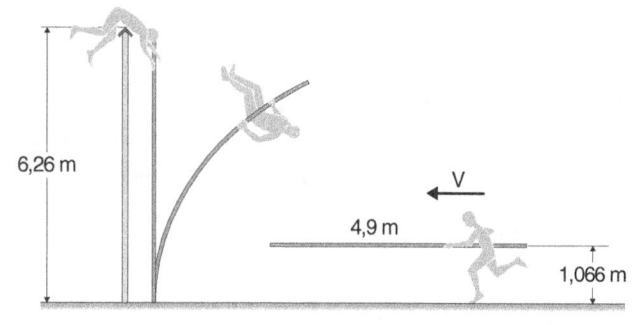

49. Em 1994, o atleta *Serguei Bubka,* de 80 kg e 1,84 m de altura, realiza um salto com vara, de 6,14 m de altura. No instante em que inicia o salto, a velocidade do atleta é 7,7 m/s. Se 90% da energia cinética do atleta é transferida para a vara, qual deverá ser a eficiência da vara para realizar esse salto?

50. Mostre que a altura vertical h que os animais de formas semelhantes podem saltar é independente de seu tamanho. Ajuda: a altura do salto depende do trabalho feito pelos músculos das patas do animal.

51. Assumindo que os músculos têm uma eficiência de 22% para converter energia em trabalho, quanta energia é consumida por uma pessoa de 80 kg ao elevar-se a uma distância vertical de 15 m?

52. Um bloco de 1 kg colide com uma mola horizontal de massa desprezível e constante elástica κ = 2 N/m. A compressão máxima da mola é 0,5 m a partir da posição de repouso. Considerando desprezível o atrito entre a massa m e a mesa horizontal, qual é o valor da velocidade do bloco no instante da colisão?

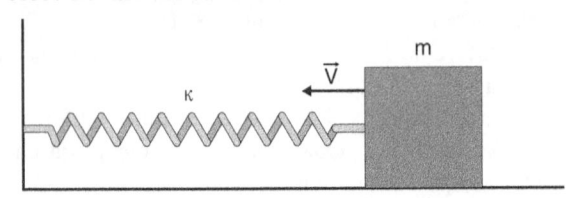

53. Uma gaiola para pássaros de 0,5 kg, pendurada na extremidade de uma mola, abaixou sua altura em 4 cm. A gaiola é puxada 2 cm abaixo da posição de equilíbrio e depois solta. Determine:

a) o valor da constante de mola;
b) a frequência de oscilação da gaiola em torno de sua posição de equilíbrio;
c) a energia mecânica da gaiola;
d) a velocidade da gaiola ao passar pela posição de equilíbrio.

54. Uma tartaruga de 2 kg é solta de uma altura de 0,4 m e cai sobre uma plataforma sustentada por uma mola vertical de constante elástica 1.960 N/m. Determine o valor da compressão máxima da mola.

55. Utilizando argumentos de fator de escala, mostre que, para um pêndulo simples de comprimento L e massa m, seu período de oscilação é $\propto \sqrt{L}$. Ajuda: considere como escala do período L/v, onde v é a máxima velocidade do pêndulo.

Referências bibliográficas

1. VOGEL, S. Flight in *Drosphila*. III Aerodynamic characteristics of fly wings and wings models. *Journal of Experimental Biology*, v. 46, n. 3, jun. 1967, p. 431-443.
2. EVANS, M. R.; ROSEN, M.; PARK, K. J. et al. How do birds' tails work? Delta-wing theory fails to predict tail shape during flight. *Proceedings of the Royal Society B Biological Sciences*, v. 269, n. 1.495, 2002, p. 1.053-1.057.
3. PENNYCUICK, C. J. Soaring flight of vultures. *Scientific American*, v. 229, n. 6, 1973, p. 102-109.
4. KEMPF, B.; NACHTIGALL, W. A smoke canal for flow study on bird wings. *Experiential*, v. 26, n. 6, 1970, p. 667.
5. Idem, ibidem.
6. Idem, ibidem.
7. VOGEL, S, op. cit.
8. KEMPF, B.; NACHTIGALL, W., op. cit.
9. ALEXANDER, R. M. The biomechanics of insect flight: form, function and evolution by Dudley, R. *Nature*, v. 405, n. 6.782, may 2000, p. 17-18.
10. PENNYCUICK, C. J. Power requirements for horizontal flight in pigeon *columba livia*. *Journal of Experimental Biology*, v. 49, n. 3, 1968, p. 527-555.
11. ALEXANDER, R. M. Optimization and gaits in the locomotion of vertebrates. *Physiological Reviews*, v. 69, n. 4, oct. 1989, p. 1.199-1.227.
12. HEGLUND, N. C. et al. Energetics and mechanics of terrestrial locomotion. 4. Total mechanical energy changes as a function of speed and body size in birds and mammals. *Journal of Experimental Biology*, v. 97, apr. 1982, p. 57-66.
13. CAVAGNA, G. A.; HEGLUND, N. C.; TAYLOR, C. R. Mechanical work in terrestrial locomotion – 2 basic mechanisms for minimizing energy-expenditure. *American Journal of Physiology*, v. 233, n. 5, 1977, p. R243-R261.
14. BENNET-CLARK, H. C.; LUCEY, E. C. A. Jump of flea: a study of energetics and a model of mechanism. *Journal of Experimental Biology*, v. 47, n. 1, 1967, p. 59-76.
15. BENNET-CLARK, H. C. Energetics of jump of locust *schistocerca-gregaria*. *Journal of Experimental Biology*, v. 63, n. 1, 1975, p. 53-83.
16. TAYLOR, C. R.; ROWNTREE, V. J. Running on 2 or on 4 legs: which consumes more energy? *Science*, v. 179, n. 4.069, 1973, p. 186-187.
17. BONSER, R. H. C. Longitudinal variation in mechanical competence of bone along the avian homeruns. *Journal of Experience Biology*, v. 198, n. 1, jan. 1995, p. 209-212.
18. PENNYCUICK, C. J. Power requirements for horizontal flight in pigeon. *columba livia*. *Journal of Experimental Biology*, v. 49, n. 3, 1968, p. 527-555.
19. Idem, ibidem.
20. Idem, ibidem.
21. CAVAGNA, N. A.; WILLEMS, P. A.; HEGLUND, N. C. The role of gravity in human walking: pendular energy exchange, external work and optimal speed. *Journal of Physiology London*, v. 528, n. 3, Nov. 2000, p. 657-668.
22. NATHAN, A. M. Baseball pitches. *Scientific American*, v. 277, n. 3, set. 1997, p. 102-103.

CAPÍTULO 4

Bioenergética

OBJETIVOS DE APRENDIZAGEM

Depois de ler este capítulo, você será capaz de:
- Quantificar outras formas de energia comumente presentes em sistemas biológicos
- Entender o significado de bioenergética
- Fazer os cálculos necessários a partir de conceitos bioquímicos da energia envolvida em reações com a participação da molécula de ATP
- Avaliar a importância da molécula de ATP no funcionamento de um espécime vivo
- Denominar energia biológica e explicar o metabolismo como parte de um sistema isolado maior
- Quantificar a energia das ondas mecânicas
- Entender as propriedades físico-biológicas dos sons gerados pela voz humana
- Compreender a importância das ondas ultrassônicas na biologia e na medicina
- Compreender o efeito Doppler e suas aplicações na biologia e na medicina

4.1 Introdução

A energia se apresenta sob diversas formas, tais como energia mecânica, térmica, química, luminosa, elétrica, magnética etc. É bastante comum a *conversão* de uma dessas formas em outra, mas a diminuição em certa quantidade de uma forma de energia pode dar origem a outras formas de energia, porém sempre na mesma quantidade. Quando essas conversões ocorrem dentro de um *sistema isolado, a energia total do sistema se conservará*. Esse é o princípio da conservação da energia.

4.2 Outras formas de energia

Energia térmica

Sua origem é a energia cinética gerada pelo movimento das moléculas (*agitação térmica*) na matéria, se manifesta em forma de *calor*. A matéria ficará *aquecida* quando *receber* calor — nessa situação, sua energia térmica aumenta. Inversamente, será *esfriada* quando *perder* calor — nesse caso, sua energia térmica diminui.

A energia térmica (ou simplesmente calor) é medida em Joules no SIU. Existe outra unidade que ainda é muito utilizada, denominada *caloria (cal)*, definida como a quantidade de energia térmica recebida por 1 g de água quando passa de 14,5°C a 15,5°C sob pressão normal (76 cm de Hg) e por interação puramente *diatérmica*. Pela experiência de Joule para calcular o equivalente mecânico do calor, chegou-se a: *1 cal = 4,184 J*. Um múltiplo bastante utilizado dessa unidade é a *quilocaloria* (*kcal*), que equivale a mil calorias.

Se determinada quantidade de matéria (sólida, líquida ou gasosa), ao interagir com um meio externo, aumentou sua energia térmica em Q e alterou sua temperatura desde um valor inicial t_1^0 até um valor final t_2^0, dizemos que sua *capacidade térmica média* entre t_1^0 e t_2^0 é dada pela razão: $\overline{C} = \left| \dfrac{Q}{t_2^0 - t_1^0} \right|$. Se a variação da temperatura fosse de t^0 para $t^0 + dt^0$ e a energia térmica ganha (ou cedida) for δQ, sua *capacidade térmica* a t^0 será $C = \dfrac{\delta Q}{dt^0}$.

Se m é uma quantidade de matéria, denomina-se *calor específico* dessa matéria a razão c = C/m. Logo, uma pequena alteração de sua energia térmica será: $\delta Q = m \cdot c \cdot dt^0$. Portanto, a quantidade de energia térmica recebida (ou cedida) por m, ao mudar sua temperatura de t_1^0 até t_2^0, será: $Q = m \int_{t_1^0}^{t_2^0} c \, dt^0$. Quando c é constante, teremos simplesmente

$$Q = mc(t_2^0 - t_1^0) = mc\Delta t^0 \qquad (4.1)$$

Analisemos a situação física em que um fluido em *equilíbrio termodinâmico* contém *partículas idênticas* suspensas que participam da agitação térmica do meio. Segundo a teoria cinética clássica dos fluidos, a *energia cinética média* <K> em virtude do movimento de translação de cada partícula idêntica de massa m é dada por

$$<K> = \frac{3}{2} kT \qquad (4.2)$$

Na Equação (4.2), T é a temperatura absoluta do fluido e k = $1{,}38 \times 10^{-23}$ J/K, a constante universal de Boltzmann.

Exemplo: Um bloco de cobre de $m_1 = 0{,}11$ kg e $c_1 = 385$ J/kg·K é aquecido até a temperatura $\theta_1 = 100°C$. Em seguida, nós o transferimos a um calorímetro que contém $m_2 = 0{,}2$ kg de um líquido a $\theta_2 = 10°C$. A temperatura de equilíbrio é $\theta_e = 18°C$. Repete-se a experiência em condições análogas, alterando-se, porém, a massa do líquido contido no calorímetro a $m_3 = 0{,}4$ kg. A nova temperatura de equilíbrio é $\theta'_e = 14{,}5°C$. Determine o calor específico do líquido c_2 e a capacidade térmica C do calorímetro.

Resolução: considerando que o calor específico do líquido e do metal são constantes durante as duas experiências e então aplicando a Equação (4.1), encontramos:

$$m_1 c_1(\theta_e - \theta_1) + (m_2 c_2 + C)(\theta_e - \theta_2) = 0 \qquad (1)$$
$$m_1 c_1(\theta'_e - \theta_1) + (m_3 c_2 + C)(\theta'_e - \theta_2) = 0 \qquad (2)$$

Substituindo os dados nas equações (1) e (2) e resolvendo, encontramos que o calor específico do líquido é $c_2 = 1.850$ J/kg·K, e a capacidade térmica do calorímetro é C = 63,7 J/K.

Exemplo: Calcule a velocidade média quadrática v_{mq} das moléculas de O_2 (massa molecular = 32) e das moléculas de N_2 (massa molecular = 28) presentes na atmosfera, cuja temperatura média é 27°C (número de Avogadro $N_0 = 6{,}02 \times 10^{23}$ mol^{-1}).

Resolução: a energia cinética de uma partícula com massa m em um meio com temperatura T será $\frac{1}{2}$ m <v^2> = $\frac{3}{2}$ kT, onde <v^2> é a média quadrática de v. A *velocidade média quadrática* da partícula de massa m será $v_{mq} = \sqrt{<v^2>} = \sqrt{3kT/m}$. Como T = 300 K, para uma molécula de O_2, m = $(32 \times 10^{-3} / 6{,}02 \times 10^{23})$kg $\Rightarrow v_{mq} = 4{,}8 \times 10^2$ m/s; e para uma molécula de N_2, m = $(28 \times 10^{-3} / 6{,}02 \times 10^{23})$kg $\Rightarrow v_{mq} = 5{,}2 \times 10^2$ m/s.

Energia potencial molecular

É uma forma de energia cuja origem é a interação eletromagnética entre os núcleos e/ou elétrons dos átomos que constituem a molécula. Toda molécula estável está constituída pela associação de dois ou mais átomos, na qual cada átomo mantém sua identidade. Ou, de outro ponto de vista, a molécula é um arranjo de um grupo de núcleos e elétrons, o qual é determinado pelas *forças eletromagnéticas e as leis da mecânica quântica*. Quando uma molécula se forma de dois átomos, os elétrons das camadas internas de cada átomo ficam fortemente ligados ao núcleo original e quase não são perturbados.

Ao acercarem-se os átomos entre si, até que os núcleos ou íons encontrem-se muito próximos, nós os estamos *ligando*, ou seja, estamos indo a uma situação de *energia total* menor. A interação entre os átomos deve-se às forças atômicas, de origem eletromagnética. Pode-se afirmar que os elétrons de valência têm um papel fundamental na ligação molecular.

As formas principais em que se apresentam as ligações moleculares são duas: *ligação iônica* (caso da molécula NaCl) e *ligação covalente* (caso da molécula H_2). Vamos considerar a ligação iônica do NaCl para entender o significado da energia potencial molecular.

O átomo de Na tem um *potencial de ionização* de 5,1 eV, ou seja, essa é a energia necessária para arrancar seu elétron de valência (3s) de sua posição no átomo e levá-lo ao infinito, portanto

$$Na + 5{,}1 \text{ eV} \rightarrow Na^+ + e^- \qquad (4.3)$$

O átomo de Cl tem uma *afinidade eletrônica* de 3,8 eV, ou seja, essa é a energia liberada quando o átomo neutro adquire um elétron (3p) e forma um íon negativo, portanto

$$Cl + e^- \rightarrow Cl^- + 3{,}8 \text{ eV} \qquad (4.4)$$

De (4.4) e (4.3), Na + Cl + 1,3 eV → Na^+ + Cl^-, portanto, a um custo de energia de 1,3 eV, formamos os íons Na^+ e Cl^-. Esses íons interagem eletricamente, sendo *a energia potencial* U_m de atração, maior que 1,3 eV. O valor U_m depende da distância relativa entre os íons e da *energia total* E da molécula. Para um determinado valor de energia E, U_m pode tomar valores positivos, negativos ou nulos.

O comportamento típico da energia U_m em função da distância r de separação entre os íons, para uma *molécula diatômica com ligação iônica*, está mostrado no gráfico da Figura 4.1. Nesse caso trata-se dos íons Na^+ e Cl^-. Como a *energia potencial* entre os íons é negativa, inicialmente U_m decresce à medida que a distância entre os íons vai se reduzindo. Quando os íons estão mais próximos entre si, as distribuições de carga elétrica começam a se superpor, aumentando U_m; portanto, o gráfico de U_m apresenta uma parte correspondente a uma força repulsiva entre os íons e as separações nucleares pequenas e outra correspondente às forças atrativas a separações grandes.

O valor r = 2,4 Å é a separação de equilíbrio entre os íons, a força entre eles é zero, e U_m alcança seu valor mínimo de –4,9 eV. Para dissociar a molécula de NaCl nos átomos Na e Cl, será necessária uma energia de (4,9 eV – 1,3 eV) = 3,6 eV.

Quando a energia total da molécula é *negativa*, dizemos que os íons estão *ligados*, tendo distâncias de separação mínima e máxima. Na Figura 4.1, se $E = E_2$, as separações mínima e máxima dos íons serão r_1 e r_2, respectivamente. Para um valor *positivo* da energia total da molécula ($E = E_3$ na Figura 4.1), dizemos que o sistema *não está ligado*, ou seja, os íons (ou os átomos) da molécula estão dissociados.

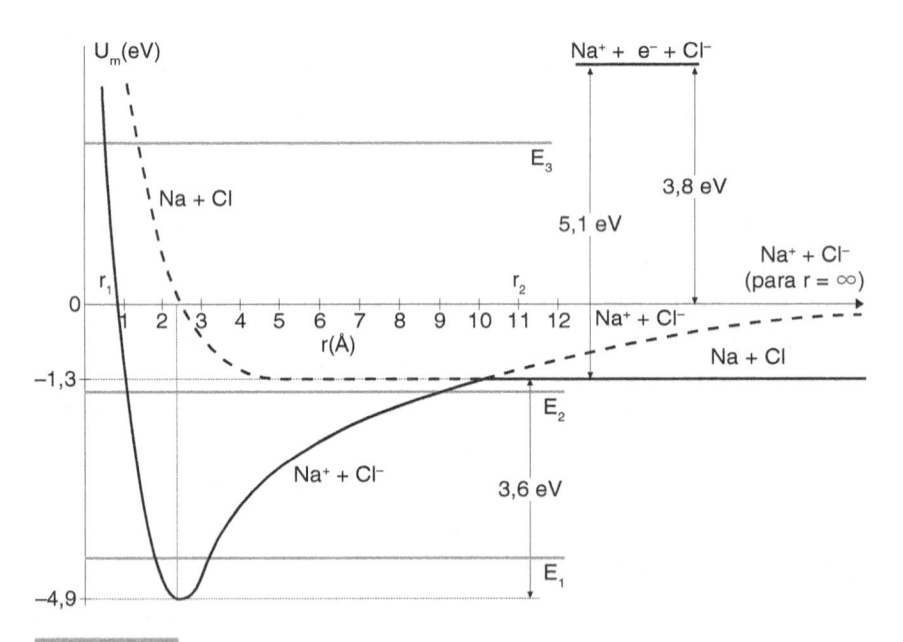

FIGURA 4.1

Energia potencial da molécula diatômica NaCl em função da distância de separação nuclear. E_1, E_2 e E_3 são valores da energia total da molécula. Também está representada a energia dos átomos neutros Na + Cl. A combinação iônica tem energia menor para separações pequenas, ao passo que a combinação de átomos neutros tem energia menor para separações grandes.

Exemplo: A energia potencial U_m da molécula XY, em função da distância internuclear r entre os íons X^+ e Y^-, tem as seguintes características:
- $U_m = -2,0 \times 10^{-19}$ J, quando $r = 1,4 \times 10^{-10}$ m ou $7,0 \times 10^{-10}$ m.
- $U_m = +4,0 \times 10^{-19}$ J, quando $r = 0,7 \times 10^{-10}$ m.
- $U_m = -4,0 \times 10^{-19}$ J, quando $r = 1,8 \times 10^{-10}$ m ou $3,5 \times 10^{-10}$ m.

Se na separação de equilíbrio $r = 2,4 \times 10^{-10}$ m, a energia da molécula é $-4,9 \times 10^{-19}$ J.
a) Faça o gráfico U_m em função da distância de separação internuclear r.
b) Determine a separação internuclear máxima $r_>$ e mínima $r_<$, quando a energia total da molécula for $-3,0 \times 10^{-19}$ J.
c) Sendo a energia total da molécula $-3,0 \times 10^{-19}$ J, determine a energia cinética da molécula para $r = 3,0 \times 10^{-10}$ m, $r = r_>$ e $r = r_<$.

Resolução:
a) O gráfico da energia potencial molecular em função da distância de separação entre os íons é apresentado a seguir.

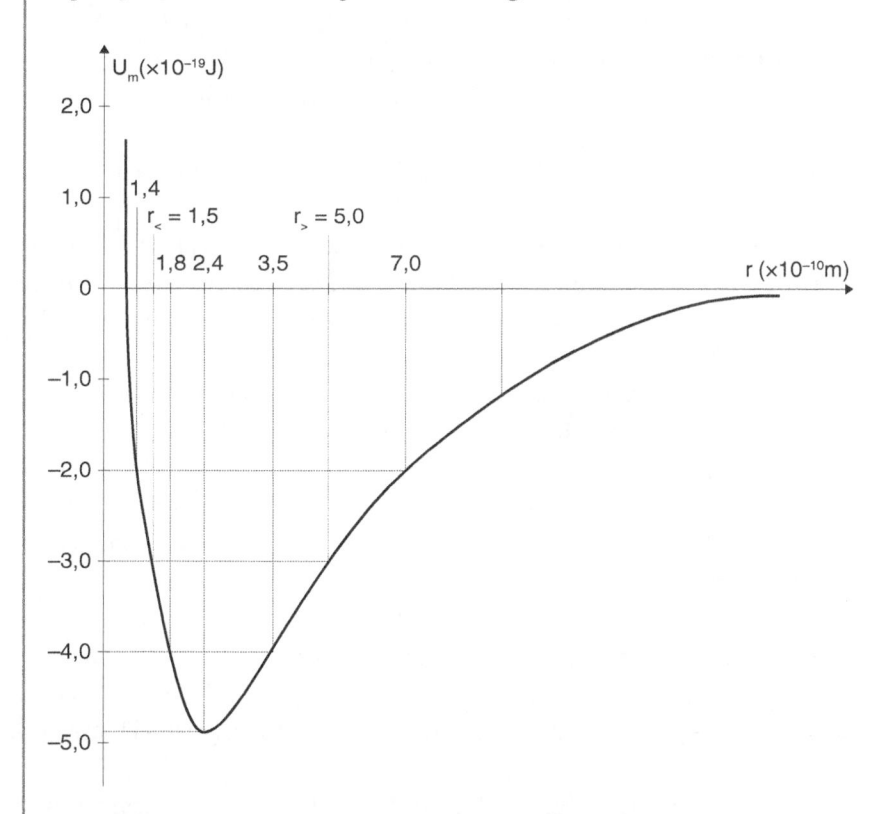

b) Quando $E = -3,0 \times 10^{-19}$ J, do gráfico obtemos que a separação internuclear máxima dos íons é $r_> \cong 5,0 \times 10^{-10}$ m e a mínima, $r_< \cong 1,5 \times 10^{-10}$ m.
c) Como $E = K + U_m = -3,0 \times 10^{-19}$ J, então, para $r = r_>$ e $r = r_<$, se terá $K = 0$. Quando $r = 3,0 \times 10^{-10}$ m, do gráfico achamos $U_m \cong -4,5 \times 10^{-19}$ J. Logo, a energia cinética da molécula será: $K = E - U_m = 1,5 \times 10^{-19}$ J.

4.3 Bioenergética

Moléculas de ATP

As moléculas possuem *energia potencial* de origem eletromagnética e seus valores são dependentes da interação entre os núcleos e elétrons dos diversos átomos que a constituem. As *forças* que originam essa energia são de *natureza elétrica*. Quando combinamos várias moléculas, é possível originar uma reação química por causa da absorção ou emissão de alguma outra forma

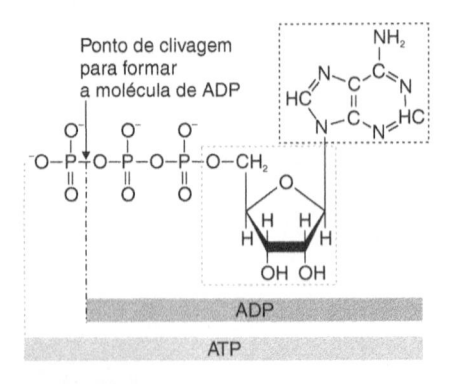

FIGURA 4.2

Molécula de ATP em sua forma ionizada. Quando esta molécula é hidrolisada, surgem uma molécula de ADP e outra de fosfato inorgânico (P_i).

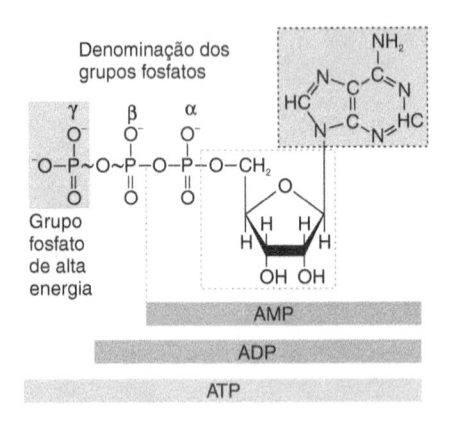

FIGURA 4.3

Grupos fosfatos do ATP unidos por ligações de alta energia e estruturas do ATP, ADP e AMP.

de energia. Logo, podemos dizer que a energia associada a uma reação química *tem basicamente uma natureza elétrica*.

Como a manutenção de qualquer forma de vida envolve transformações moleculares, as transferências de energia em um ser vivo são feitas por meio de algumas reações químicas. Por exemplo, a molécula *trifosfato de adenosina* (*ATP*), quimicamente constituído pela adenina (base nitrogenada), um açúcar (ribose) e três grupos fosfatos, como mostra a Figura 4.2, é um composto com uma grande quantidade de energia armazenada nela. Essa molécula é um ânion com quatro cargas negativas e funciona como o maior *portador* de energia química das células dos organismos vivos. O ATP é também uma fonte transmissora da energia requerida pelas células para realizar suas diversas atividades, como a síntese de biomoléculas no transporte ativo de íons através das biomembranas; e na contração muscular etc.

A estrutura da molécula ATP contém três grupos fosfatos denominados α, β e γ. Como mostra a Figura 4.3, pode-se dizer que o fosfato γ encontra-se em um *estado ativado*. Quando o ATP é *hidrolisado*, acontece a seguinte reação: ATP + H_2O → ADP + P_i.

P_i é o fosfato inorgânico HPO_4^{2-} e ADP, a molécula *difosfato de adenosina*; na hidrólise do ATP acontece uma liberação de *energia livre* de $\cong -7,7$ *kcal/mol de ATP*. O ADP, ao ser *hidrolisado*, segue a reação: ADP + H_2O → AMP + P_i.

AMP é a molécula *monofosfato de adenosina*; nessa reação acontece uma liberação de energia livre de $\cong -7,2$ *kcal/mol de ADP*.

Células vivas capturam, armazenam e transportam energia, principalmente como ATP, e esta pode *transferir energia* a outras biomoléculas durante sua hidrólise, quando a ligação P_i–P_i terminal é quebrada, como mostra a Figura 4.2.

Para sintetizar moléculas de ATP a partir de ADP, deve-se fornecer uma energia superior a 7,7 kcal/mol. As *reações de oxidação* normalmente fornecem essa energia a partir de: ADP + P_i + energia livre → ATP + H_2O; ou seja, quando os grupos fosfatos transferem-se ao ADP para gerar ATP, estamos armazenando energia.

Como mostra a Figura 4.4, a molécula ADP, à custa da energia solar (nas células fotossintéticas) ou da energia química (em células de animais), pode receber um grupo fosfato e reconstituir a molécula de ATP. O ATP também pode ser sintetizado a partir da molécula ADP e do fosfato P_i por meio de outros dois processos: (a) fosforilação em nível de substrato (acontece no citoplasma celular) e (b) mecanismo quimiosmótico de Mitchell (acontece

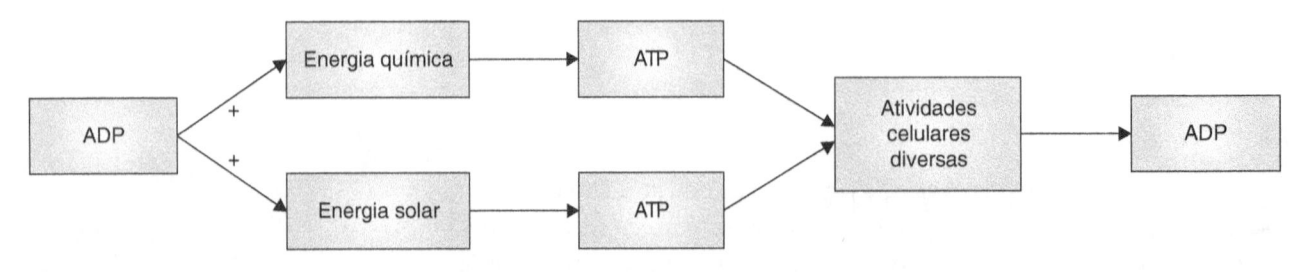

FIGURA 4.4

Moléculas de ADP transformando-se em moléculas ATP, que são fontes de energia utilizadas pelas células para realizar várias funções.

através da membrana das mitocôndrias). Pode-se, então, denominar *energia biológica* toda energia resultante do processo de transferência de energia em sistemas biológicos que envolvem as moléculas ATP e ADP.

As moléculas de ATP são encontradas na solução aquosa das células vivas em concentrações da ordem de 0,5 mg/ml a 5 mg/ml. Essas moléculas são continuamente formadas no interior das células durante os processos de *fotossíntese, fermentação e da respiração* do organismo biológico e são utilizadas pelas células como um doador de: (a) fosfato (P_i); (b) pirofosfato; (c) moléculas ADP; (d) moléculas AMP. Na prática, a energia dos *nutrientes ricos em energia* excepcionalmente é liberada por *hidrólise* às células vivas. A energia potencial das moléculas, por sua vez, é utilizada como um *potencial de transferência*, ou seja, é utilizada para transferir uma porção da molécula do composto rico em energia a um *aceptor* que se torna *ativado*.

A energia liberada ou utilizada em uma reação química resulta da *diferença* entre as quantidades de energia dos reagentes e dos produtos e pode ser positiva (reação endergônica) ou negativa (reação exergônica). Essa diferença de energia é denominada *variação de energia livre* (ΔG) e é o potencial químico máximo de uma reação para realizar um trabalho útil.

Exemplo: A reação endergônica ADP + $P_i \rightarrow$ ATP + H_2O utiliza uma energia livre de 7,7 kcal/mol de ATP sintetizado.* A conversão da *glicose* ($C_6H_{12}O_6$) em *ácido láctico* ($CH_3 - CHOH - COOH$) por uma reação exergônica produz uma energia livre de –52 kcal/mol. Em uma célula anaeróbia, essa conversão é acoplada à reação de síntese de 2 mols de ATP por mol de glicose. Calcule:
a) a energia total obtida na reação acoplada;
b) a eficiência do processo na célula anaeróbia.
* Note que este valor corresponde à formação da ligação específica P_i–ADP, e não dos átomos, dando origem ao ATP.

Resolução:
a) Se temos: 2 ADP + 2 $P_i \rightarrow$ 2 ATP + 2 H_2O, com $\Delta G = 2 \times 7{,}7$ kcal/mol; e

$$C_6H_{12}O_6 \rightarrow 2\ CH_3 - CHOH - COOH, \text{ com } \Delta G' = -52 \text{ kcal/mol}$$
(glicose) → (2 ácidos lácticos) + energia.

A reação acoplada $\Rightarrow$ glicose + 2 ADP + 2 $P_i \rightarrow$ 2 ácidos lácticos + 2 ATP + 2 H_2O. A energia total obtida será, portanto, $\Delta G + \Delta G' = 15{,}4$ kcal/mol – 52 kcal/mol = –36,6 kcal/mol.
b) Eficiência do processo:
$$\frac{\text{energia utilizada}}{\text{energia disponível}} \times 100\% = \frac{15{,}4 \text{ kcal/mol}}{52 \text{ kcal/mol}} \times 100\% = 29{,}6\%.$$

Exemplo: Quando a glicose é completamente oxidada a CO_2 e H_2O, é produzida uma energia livre de –686 kcal/mol. Considerando que a eficiência da célula anaeróbia é 29,6%, calcule:
a) o número de moles de ATP por mol de glicose que poderiam ser obtidos em um organismo aeróbico, no qual a glicose é completamente oxidada;
b) a energia obtida para a oxidação total acoplada à síntese de ATP.

> **Resolução:**
> a) Síntese de n mols de ATP:
> n ADP + n P$_i$ → n ATP + n H$_2$O, com ΔG = n × 7,7 kcal/mol.
> Oxidação da glicose: C$_6$H$_{12}$O$_6$ + 6 O$_2$ → 6 CO$_2$ + 6 H$_2$O, com $\Delta G'$ = –686 kcal/mol.
> Reação da glicose completamente oxidada, acoplada com a síntese de n mols de ATP
>
> C$_6$H$_{12}$O$_6$ + 6 O$_2$ + n ADP + n P$_i$ → 6 CO$_2$ + (6 + n)H$_2$O + nATP
>
> Como a eficiência do processo na célula anaeróbia é 29,6%, a energia total conservada será 0,296 × 686 kcal/mol = 203,2 kcal/mol.
> Para a síntese de um mol de ATP são necessárias 7,7 kcal. Obteremos na oxidação completa da glicose n = $\dfrac{203,2 \text{ kcal/mol}}{7,7 \text{ kcal/mol}} \cong$ 26 mols de ATP.
> b) A *energia obtida* na reação total acoplada será $\Delta G'$ + ΔG = –485,8 kcal/mol.

Energia interna e conservação da energia

Todo sistema constituído por átomos e moléculas (simples e complexas) é denominado *sistema termodinâmico*. Esse sistema está sempre em contato com um *meio externo* a ele e sua *energia interna* I está associada ao somatório das contribuições da energia potencial (gravitacional e elástica) e cinética em razão dos movimentos de translação, rotação e vibração de cada parte individual do sistema.

Experimentalmente, observamos que, se a *energia interna* de um sistema termodinâmico aumenta (ou diminui), sua temperatura T também aumenta (ou diminui), ou seja, I = I(T). Salvo casos em que a alteração da energia interna acontece por um processo denominado adiabático (não há troca de energia térmica entre o sistema e o meio externo), teremos sempre I = I(T). Na *transferência adiabática de energia* entre o sistema e o meio externo, a energia cedida (ou recebida) pelo meio externo foi recebida (ou cedida) pelo sistema termodinâmico. Essa energia pode ser medida pela *transferência de energia mecânica* entre o meio externo e o sistema.

Quando além da transferência de energia mecânica existe transferência de energia térmica (ou calor) entre o meio externo e o sistema termodinâmico, então a variação da energia interna do sistema termodinâmico será dada por

$$\Delta I = W \text{ (energia mecânica)} + Q \text{ (energia térmica)} \qquad (4.5)$$

A Equação (4.5) é um *princípio de conservação da energia* também denominada *primeiro princípio da termodinâmica*. Note que, nessa equação, Q será considerada *positiva*, quando o *sistema recebe* calor, e negativa quando o *sistema cede* energia térmica. Do mesmo modo, a energia mecânica W será considerada *positiva* quando for *recebida pelo sistema termodinâmico* e *negativa* quando for *cedida por ele*. Preste atenção ao fato de que, para a forma apresentada na Equação (4.5), estamos adotando a convenção que acabamos de mencionar para os sinais das energias W e Q.

Para avaliar a quantidade de energia mecânica (W) transferida entre o meio externo e o sistema termodinâmico, é necessário conhecer as forças que esse meio exerce sobre o sistema. O cálculo da quantidade de energia térmica (Q) transferida entre o sistema e o meio externo requer que se conheça qual parte do meio externo interage não adiabaticamente com o sistema termodinâmico.

Quando o *sistema termodinâmico é o corpo humano*,[1] então esse sistema, como mostra a Figura 4.5, é não isolado e interage termicamente com o meio externo a ele. A variação de sua energia interna será dada pelo primeiro princípio da termodinâmica — Equação (4.5) —

$$\Delta I = W + |H_{con}| + |H_{rad}| + H_{eva} + H_{res} + M. \quad (4.6)$$

Na Equação (4.6) W é uma energia mecânica; H_{con}, o calor trocado com o meio externo por *convecção*; H_{rad}, o calor trocado com o meio externo por *radiação*; H_{eva}, o calor liberado pelo sistema por *evaporação*; H_{res}, o calor liberado pelo sistema pela *respiração*; e M, a energia metabólica do sistema. O *hipotálamo* procura manter constante a energia interna do corpo ($\Delta I = 0$), mesmo quando o ambiente externo experimenta mudanças térmicas.

A variação da energia interna do corpo humano reflete a quantidade de energia liberada pelos nutrientes ao sofrerem *oxidação*, por cada litro de oxigênio que é consumido no interior do organismo, ou uma medida da energia liberada por um grama de substância após experimentar uma oxidação.

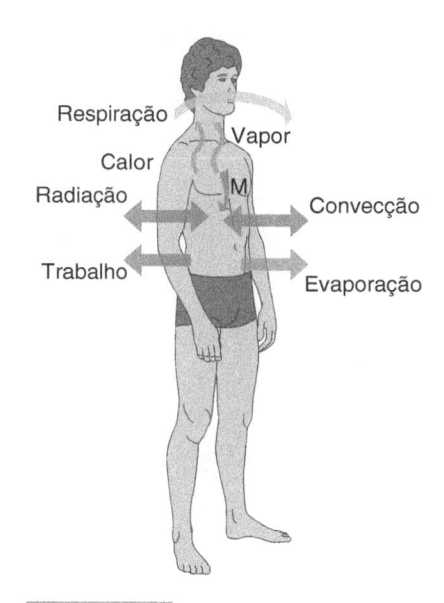

FIGURA 4.5

Esquema representativo do princípio da conservação da energia no corpo humano.

Exemplo: A energia resultante da oxidação dos alimentos ingeridos é $\approx$ 5 kcal por cada litro de O_2 consumido. A condição respiratória para exercer uma atividade mínima é de 0,5 litro de ar por inspiração e 11 inspirações por minuto. Como $\approx$ 20% do ar é constituído por oxigênio, aproximadamente 25% do O_2 inspirado é absorvido e utilizado pelo organismo na condição de repouso. Que fração dessa energia trocada com os arredores é utilizada para aquecer o ar inspirado, se a temperatura ambiente é $-20°C$ (calor específico do ar $\approx$ 0,24 cal/g·°C e densidade do ar 1,3 kg/m³)?

Resolução: a razão da energia liberada na oxidação dos alimentos ingeridos é:

$$0,5 \frac{\text{litro de ar}}{\text{inspiração}} \times 11 \frac{\text{inspiração}}{\text{minuto}} \times 0,2 \times 0,25 \frac{\text{litro de } O_2}{\text{litro de ar}} \times 5 \frac{\text{kcal}}{\text{litro de } O_2} = 1,375 \frac{\text{kcal}}{\text{min}}$$

Se o organismo, na condição de repouso, encontra-se a 36°C, então a energia necessária para aquecer o ar inspirado em um minuto será:

$$(36+20)°C \times 0,24 \frac{\text{cal}}{\text{g°C}} \times 11 \frac{\text{insp.}}{\text{min}} \times 0,5 \frac{\text{litro de ar}}{\text{insp.}} \times 10^{-3} \frac{m^3}{\text{litro}} \times 1,29 \times 10^3 \frac{g}{m^3} = 0,0954 \frac{\text{kcal}}{\text{min}}$$

Essa energia corresponde a uma fração da energia trocada com os arredores de:

$$100\% \times \left(0,0954 \frac{\text{kcal}}{\text{min}}\right) / \left(1,375 \frac{\text{kcal}}{\text{min}}\right) \cong 7\%$$

4.4 Energia e metabolismo

Em termos bioquímicos, a energia pode ser entendida como uma capacidade de gerar mudanças, já que a energia pode ser transformada de uma forma para outra. Seu estudo é a base da *termodinâmica*, cujas leis podem ser aplicadas às *células* ao serem consideradas como *sistemas abertos*, ou seja, como parte pequena de um *sistema isolado* maior.

As células de corpo humano, assim como no da maioria dos seres vivos, necessitam de energia para desenvolver-se e sobreviver. As fontes dessa energia são os *alimentos ingeridos*. As células absorvem partículas minúsculas que constituem os alimentos e extraem energia deles, que, por sua vez, passará a ser o combustível do organismo, além de também ser necessária para as diversas *reações químicas* que acontecem no interior das células para criar *energia biológica*, inclusive gorduras e proteínas. Na Figura 4.6 está esquematizado como essa energia é gerada a partir dos alimentos ingeridos pelo ser humano.

Cada célula executa muitas reações químicas, que podem ser *exergônica* (com liberação de energia) ou *endergônica* (com consumo de energia). Esse conjunto de reações constitui o *metabolismo celular*; ou seja, pode-se entender o metabolismo como o conjunto de reações químicas que caracterizam o estado vital. O metabolismo descreve todas as funções que utilizam ou liberam energia. A energia modificada mínima necessária para que as células sustentem sua atividade é denominada *metabolismo basal ou fundamental*.

As células associam as reações, ou seja, as reações endergônicas acontecem com a energia liberada pelas reações exergônicas. As células também sintetizam moléculas portadoras de energia, com a finalidade de capturar energia das reações exergônicas, e as levam às reações endergônicas.

Denomina-se *anabolismo* o conjunto de reações químicas que utilizam a energia biológica para construir novas moléculas e manter o organismo funcionando. Essas reações requerem energia, como é mostrado no esquema a seguir.

ANABOLISMO

Moléculas simples → Moléculas complexas

ATP → ADP + P_i

Alimentos ingeridos → Modificação química dos alimentos → Moléculas dos alimentos incorporadas ao corpo → Reações de oxidação no interior das células → Produção de ATP → Energia utilizável

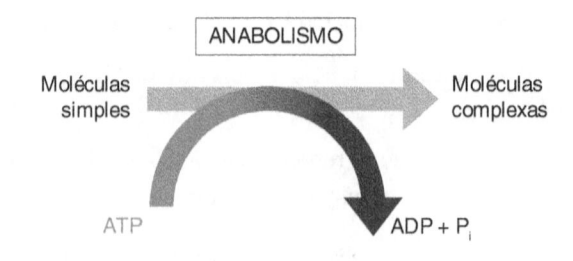

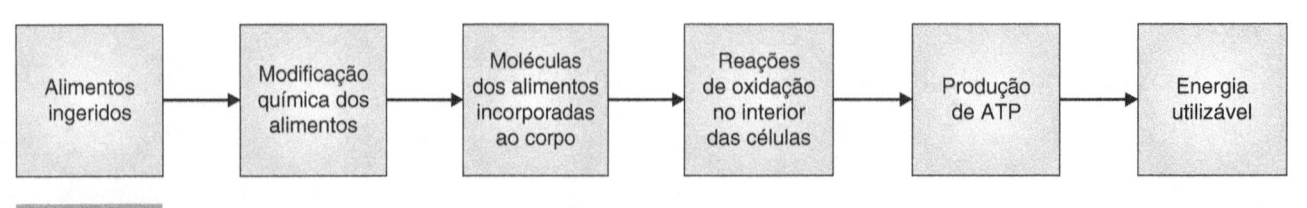

FIGURA 4.6

Esquema que mostra a transformação dos alimentos ingeridos em energia.

O *catabolismo* é o conjunto de reações químicas que liberam energia em forma de ATP; essa energia é utilizada em processos que realizam trabalho e nas reações anabólicas. O esquema deste processo é mostrado a seguir.

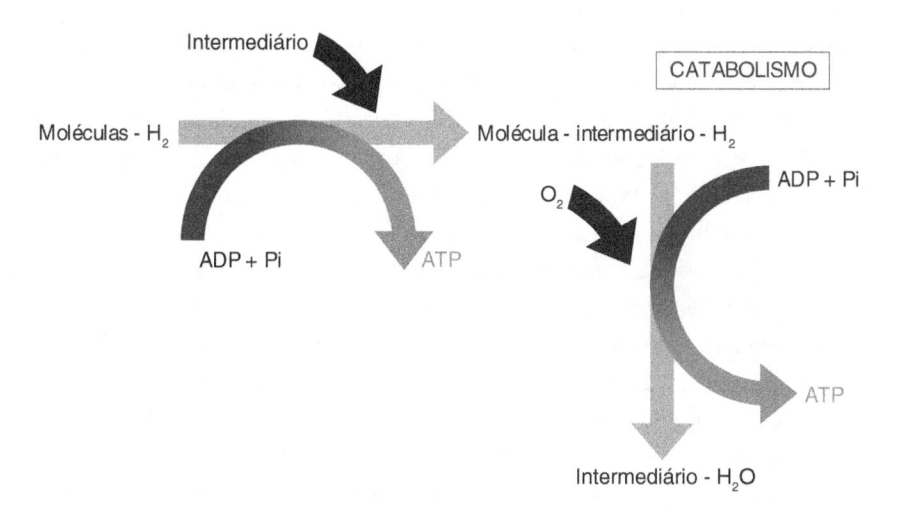

A Figura 4.7 mostra que as criações das moléculas orgânicas combustíveis acontecem a partir dos alimentos ingeridos e dos estoques existentes no corpo. As moléculas de glicose estão estocadas na forma de glicogênio; moléculas de ácidos graxos são estocadas no tecido adiposo (principalmente) na forma de triglicérios e moléculas de aminoácidos geram moléculas de glicose.

A maioria dos compostos ingeridos serve como alimento, mas todos são transformados em *glicose* – que é o combustível básico para se obter energia – por uma série de graduais *oxidações*, reguladas enzimaticamente. Nesse processo, o oxigênio ingerido pela *respiração* une-se aos átomos de hidrogênio das citadas moléculas para formar H_2O. Em cada oxidação, são liberadas gradualmente pequenas quantidades de energia, que são capturadas para formar

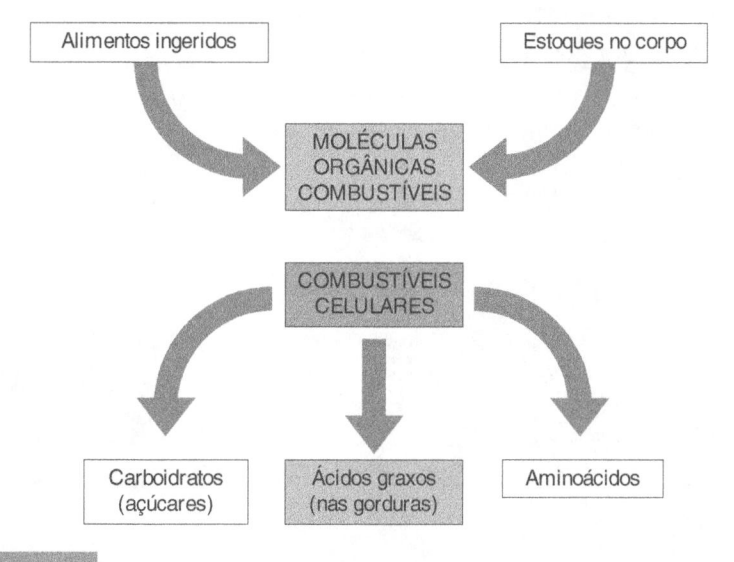

FIGURA 4.7

As células absorvem combustível (glicose, por exemplo), blocos de estruturas de gordura e proteínas, e oxigênio do sangue, para criar moléculas orgânicas combustíveis.

o ATP. Durante o processo de se obter energia a partir da glicose, acontecem três processos metabólicos: glicólises, respiração celular e fermentação.

A *glicólise* acontece no citosol, onde cada molécula de glicose com seus seis átomos de carbono dá origem a duas moléculas de piruvato (com três átomos de carbono). Investem-se dois ATPs e geram-se quatro. A *respiração celular* acontece quando o ambiente é aeróbico (contém O_2) e o piruvato se transforma em dióxido de carbono (CO_2), liberando a energia armazenada nas ligações piruvato e prendendo-a ao ATP. A *fermentação* acontece quando o O_2 está ausente e quando o ambiente anaeróbico, em lugar de produzir CO_2, produz outras moléculas, como o ácido láctico ou o etanol.

No interior das células, como mostra a Figura 4.8, as moléculas de ATP e as *mitocôndrias* são os constituintes básicos para a transformação do combustível em energia. Com a energia adquirida da ruptura de moléculas complexas, como a glicose, que, por sua vez, derivam dos alimentos ingeridos, as moléculas de ATP acoplam-se às mitocôndrias a partir do ADP e dos P_i. Moléculas de *glicose* (na forma de glicogênio), moléculas de *ácidos graxos e aminoácidos* são componentes dos alimentos cujas cadeias moleculares chegam às mitocôndrias, onde acontece um conjunto de reações e transformações utilizadas para gerar ATP, e desencadeiam uma série de reações químicas.

Na Tabela 4.1 são apresentadas as *energias típicas* de alguns nutrientes. E_v, E_{qc} e E_{gc} são, respectivamente, as energias liberadas por unidade de volume de O_2 consumido, por quilograma consumido e por grama consumido, utilizando a equivalência 1 kcal $\cong$ 4.186 J.

Quando o corpo humano exerce diversas atividades, ocorrem trocas de energia; e até mesmo estando em repouso, o corpo humano consome energia. A Figura 4.9 mostra um esquema contendo as diversas *transformações da energia utilizável* pelo corpo humano.

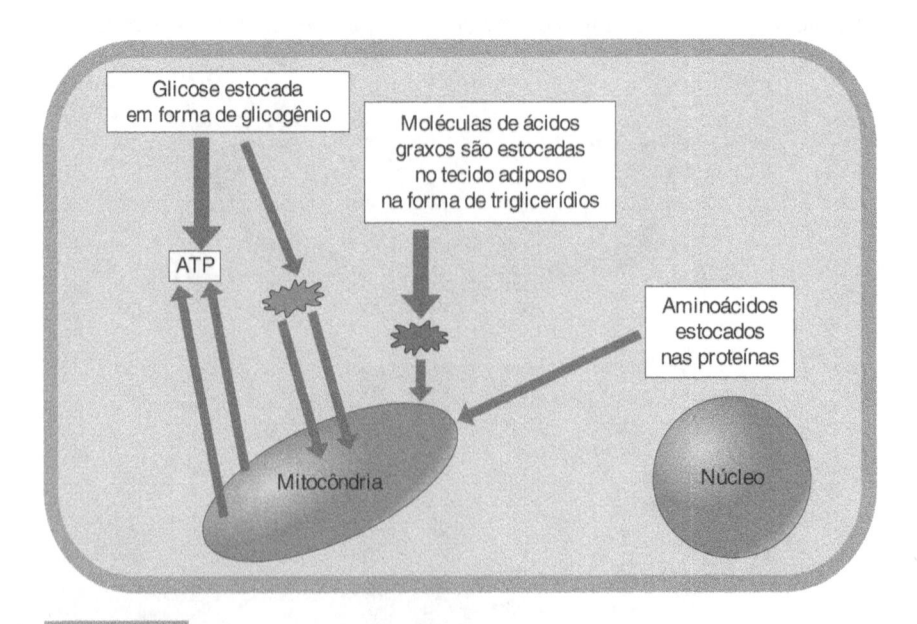

FIGURA 4.8

A energia é liberada das partículas dos alimentos no interior das mitocôndrias, em um processo que requer oxigênio e produz dióxido de carbono, e é utilizada para todos os processos vitais do corpo humano.

TABELA 4.1 — Energia típica de alguns constituintes dos alimentos

	$E_v \times 10^3$ (J/litro)	$E_{qc} \times 10^7$ (J/kg)	E_{gc} · (kcal/g)
Carboidratos	22,2	1,71	4,1
Proteínas	18,0	1,72	4,1
Gorduras	19,7	3,89	9,3

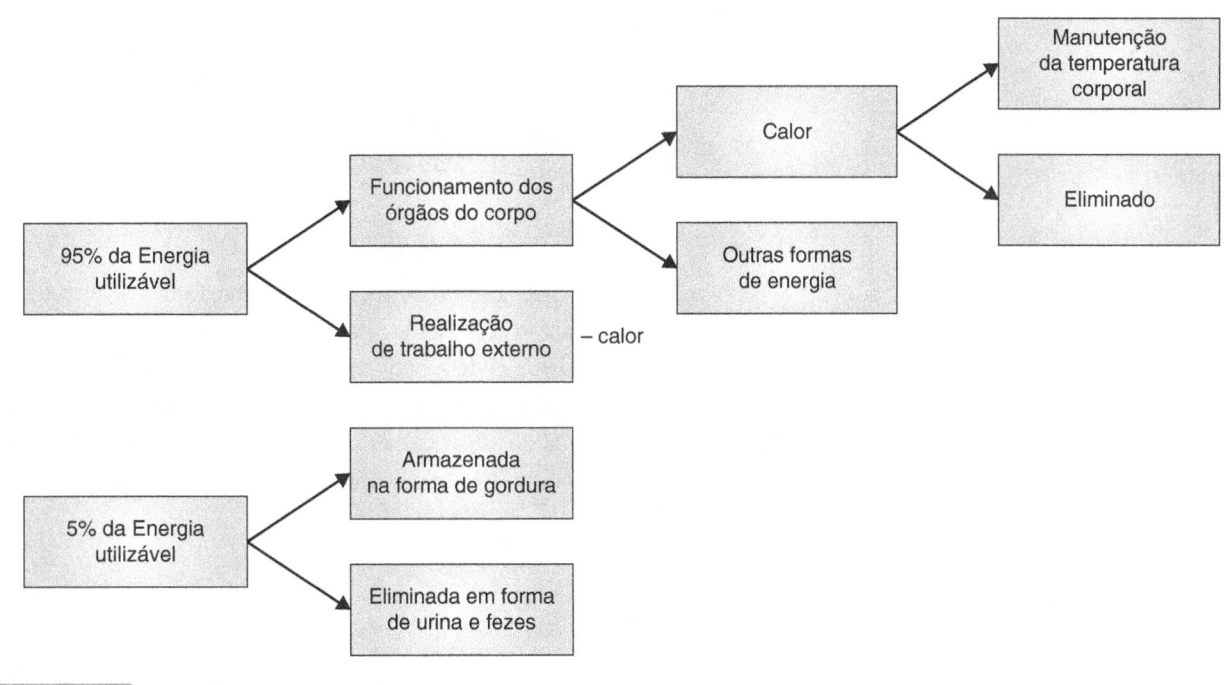

FIGURA 4.9
A energia utilizável passa por diversas transformações no corpo humano.

Exemplo: A oxidação da gordura segue: $C_3H_5O_3(OC_4H_7)_3 + 18,5O_2 \rightarrow 15CO_2 + 13H_2O$ ($\Delta G = -1941$ kcal/mol de gordura). Calcule:

a) a massa molecular de cada uma das quatro moléculas envolvidas na reação;
b) o valor calórico da reação;
c) a energia liberada por litro de O_2;
d) o número de litros de O_2 produzido por grama de gordura;
e) o número de litros de CO_2 produzido por grama de gordura;
f) o quociente respiratório.

Resolução:

a) massa de:
1 mol de gordura = $3 \times 12 + 5 + 3 \times 16 + 3 \times 16 + 12 \times 12 + 21 = 302$ g;
1 mol de O_2 = 32 g; 1 mol de CO_2 = 44 g e 1 mol de H_2O = 18 g.

b) Valor calórico da reação:
$$\frac{\text{energia liberada}}{\text{quant. de gordura}} = \frac{1941 \text{ kcal/mol}}{302 \text{ g/mol}} = 6,427 \text{ kcal/g}.$$

c) Como 1 mol de gás, a CNPT ocupa um volume de 22,4 litros, então a energia liberada será:

$$\frac{\text{energia liberada}}{\text{litro de } O_2} = \frac{1941 \text{ kcal/mol}}{18,5 \times 22,4 \text{ litro/mol}} = 4,68 \frac{\text{kcal}}{\text{litro de } O_2}.$$

d) Número de litros de O_2 produzido =

$$\frac{18,5 \times 22,4 \text{ litros de } O_2/\text{mol}}{302 \text{ g/mol}} = 1,37 \frac{\text{litros de } O_2}{\text{g de gordura}}.$$

e) Número de litros de CO_2 produzido =

$$\frac{15 \times 22,4 \text{ litros de } CO_2/\text{mol}}{302 \text{ g/mol}} = 1,11 \frac{\text{litros de } CO_2}{\text{g de gordura}}.$$

f) Quociente respiratório = $\frac{\text{núm. de mols de } CO_2}{\text{núm. de mols de } O_2} = \frac{15}{18,5} = 0,81$.

Funcionamento dos vários órgãos do corpo humano

A razão da energia consumida para a manutenção das atividades indispensáveis dos organismos vivos, quando estão em repouso, é denominada *taxa de metabolismo basal* (TMB), enquanto a razão entre a TMB e a massa do organismo é denominada *razão de metabolismo basal* (RMB). Na Tabela 4.2 apresentamos a RMB de alguns seres vivos e na Tabela 4.3 mostramos a razão média de consumo de oxigênio de alguns organismos vivos e sua contribuição à TMB.

TABELA 4.2 Razão de metabolismo basal de alguns seres vivos

Espécime	Massa (kg)	RMB kcal/min·kg
Cavalo	441	$7,86 \times 10^{-3}$
Porco	128	$7,26 \times 10^{-3}$
Homem	65	$2,26 \times 10^{-2}$
Cão	15	$3,53 \times 10^{-2}$
Camundongo	0,2	$1,65 \times 10^{-2}$

TABELA 4.3 Consumo de oxigênio e sua contribuição à taxa metabólica basal (TMB) de alguns órgãos de um homem com 65 kg, saudável e em repouso

Órgão	Massa (kg)	Consumo de O_2 (ml/min)	TMB (kcal/min)	RMB (kcal/min·kg)	% da TMB
Músculo do esqueleto	28,00	45	0,22	$7,9 \times 10^{-3}$	18
Cérebro	1,40	47	0,23	0,16	19
Coração	0,32	17	0,08	0,25	7
Rim	0,30	26	0,13	0,43	10
Fígado e baço	****	67	0,33	****	27
Restante	****	48	0,23	****	19
Total	****	250	1,22	****	100

Exemplo: Uma pessoa de 70 kg tem uma área corporal total de 2,5 m². Dormindo 8 horas, apresenta uma taxa de metabolismo basal de 75 W. A energia gerada no corpo da pessoa em virtude de sua alimentação é 4,8 kcal por litro de O_2 consumido. Enquanto ela está dormindo, qual será:
a) a razão de consumo de oxigênio?
b) a razão de metabolismo basal?

Resolução: o consumo de energia pela pessoa durante as 8 horas em que está dormindo é:
75 W × (8 × 3.600) s = 21,6 × 10⁵ J = (21,6 × 10⁵/4.185) kcal = 516,13 kcal.
O consumo de O_2 nesse tempo será (516,13/4,8) litro = 107,52 litros. Logo,
a) A razão de consumo de O_2 será (107,52 litros)/(8 × 60 min) = 0,224 litro/min.
b) A razão de metabolismo basal será
$$\frac{75\,W}{70\,kg} \cong 1,07\,\frac{W}{kg} = 1,54 \times 10^{-2}\,\frac{kcal}{min \cdot kg}.$$

Por exemplo, se um humano dispõe de 100 W, em uma hora de descanso poderá consumir até 3,6 × 10⁵ J. De acordo com a Tabela 4.3, o cérebro necessita, para seu funcionamento, de 0,23/1,22 ≅ 0,19 ou 19% dessa energia, ou seja, 0,19 × 3,6 × 10⁵ J ≅ 6,84 × 10⁵ J; os músculos do esqueleto e o coração consumirão: (0,18 × 0,07) × 3,6 × 10⁵ J ≅ 9,0 × 10⁴ J etc.

Realização de trabalho externo

A realização de um trabalho externo W por um humano está associada ao conceito de *eficiência* η, definido pela relação $-\frac{W}{\Delta I}$, onde ΔI é a variação da energia interna do corpo humano. A *razão total da energia* utilizada pelo corpo humano para realizar um trabalho externo é definida pela relação

$$R = -\frac{\Delta I}{\Delta t} = \frac{W}{\eta \Delta t} = \frac{<P>}{\eta}, \qquad (4.7)$$

onde <P> é a potência média com que o humano realiza um trabalho. Na Tabela 4.4, mostramos alguns valores médios aproximados de η.

A razão de energia utilizada pelos organismos vivos para realizar uma atividade denomina-se *razão ou taxa metabólica*² (*TM*). Sua medida é feita a partir da quantidade de oxigênio que é consumido por minuto ao realizar a atividade. Por cada litro de oxigênio consumido por um organismo vivo acontece a seguinte reação:

O_2 + (carboidratos, gorduras, proteínas) ⇒ energia de ≅ 20 kJ ≅ 5 kcal.

Logo, se uma pessoa, ao andar de bicicleta, consome 1,5 litro de O_2 por minuto, a TM para esta atividade será TM ≅ (1,5 l/m) × (20.000 J/l) = 500 J/s = 500 W.

Em geral um homem de 70 kg utiliza aproximadamente 10⁷ J/dia, e esse valor depende das atividades físicas realizadas. Sua TM média será $\frac{(10^7\,J)}{(24 \times 3600\,s)} \cong 116$ W. Esse valor diminui para ≅ 75 W enquanto dorme e aumenta para ≅ 230 W enquanto caminha.

A capacidade máxima de um humano para fazer um trabalho é muito variável, sendo proporcional à máxima razão de O_2 consumido nos trabalhos

TABELA 4.4

Alguns valores aproximados da eficiência em %

	η(%)
Músculo do corpo humano	20
Andar de bicicleta	20
Nadar embaixo da água	4
Caminhada	3

TABELA 4.5	Consumo de oxigênio e potência necessária para algumas atividades de um humano		
	Consumo de $O_2 \times 10^{-3}$ (l/s)	Calor gerado (W)	Consumo de energia (J/m²·s)
Adormecido	4,0	83	47,7
Repouso (sentado)	5,7	120	66,8
Repouso (em pé)	6,0	125	72,6
Caminhada ($\cong$ 1,4 m/s)	12,7	265	151,1
Andar de bicicleta ($\cong$ 4,2 m/s)	19,0	400	226,6
Subir escada ($\cong$ 116 passos/min)	32,7	685	390,0
Andar de bicicleta ($\cong$ 5,8 m/s)	33,3	700	395,0
Jogar basquetebol	38,0	800	450,0

musculares. A Tabela 4.5 mostra o consumo médio de O_2 e a potência necessária para algumas atividades humanas.

Por exemplo, o membro inferior de um atleta de 70 kg possui 10 kg de massa; enquanto está correndo, para cada passada os músculos de cada membro inferior realizam um trabalho aproximado de $\frac{1}{2}mv^2 - \left(-\frac{1}{2}mv^2\right) = mv^2$. Se o atleta corre com velocidade constante de 5 m/s, o trabalho realizado sobre um membro inferior em cada passada será 250 J. Considerando que a passada de uma perna é 1 m, então $250\frac{J}{passo} \times 5\frac{passos}{s} = 1.250$ W seria a potência consumida por um dos membros inferiores do atleta nesse tipo de corrida. Considerando que a eficiência dos músculos dos membros inferiores é 20%, então a taxa metabólica em razão dos dois membros inferiores será aproximadamente $TM = \frac{2.500 \text{ W}}{0,2} = 12.500$ W.

Em 1932 foram feitas medidas da TM de diversos mamíferos em função da massa m, e concluíram que a TM segue a lei empírica $TM \propto m^{0,75}$. Posteriormente, foi observado que a mesma lei empírica é seguida pelos micro-organismos e por outros seres vivos menores.[3,4] Quando se considera a área externa A do espécime em vez de sua massa m, a TM segue a lei empírica $TM \propto A^{0,67}$.

Para animais com formas semelhantes, porém de tamanhos diferentes, com fator de escala biológica L, teremos $TM \propto L^2$. Logo, a máxima potência consumida por um animal grande é L^2 vezes maior que a de um animal menor.

Perda de calor pelo corpo humano

São vários os mecanismos para *perda de calor* pelo corpo humano ou de mamíferos em geral. Para um consumo de energia térmica de 2.400 kcal/dia, a razão de calor gerado é $\approx$ 1,7 kcal/min $\cong$ 120 W. O *hipotálamo* no cérebro de um humano é o termostato do corpo, portanto, para manter constante a temperatura do corpo, ele deve *perder* calor na mesma razão, e essa perda pode ser por radiação, convecção, evaporação ou pela respiração.

Em condições normais, $\approx$ 50 % da energia térmica perdida pelo corpo humano é na forma de radiações de calor e $\approx$ 25 % é na forma de convecção térmica. Na perda de energia térmica por *radiação*, há uma emissão contínua de energia em forma de *radiação eletromagnética* (*rem*) através da superfície externa do corpo. A intensidade da radiação emitida é dada pela *lei de Stefan-Boltzmann*, $I = \sigma T^4$, onde T é a temperatura absoluta do corpo emissor e $\sigma = 5,6699 \times 10^{-8}$ W·m^{-2}·K^{-4} é a constante Stefan-Boltzmann; logo, I é medido em W/m^2. Essa energia radiante na forma de rem, quando atinge corpos não transparentes (a mão, por exemplo), é absorvida pelo corpo.

Se A é a área do corpo emissor de rem, a taxa de radiação de energia térmica em forma de rem segue a expressão: $H = \varepsilon \cdot \sigma \cdot A \cdot T_c^4$, onde T_c é a temperatura do corpo emissor e ε, sua emissividade, que toma valores entre 0 e 1. $\varepsilon = 1$ corresponde ao corpo negro ou corpo que absorve toda a radiação que incide sobre ele; $\varepsilon = 0$ corresponde a um refletor perfeito ou corpo que não absorve a radiação que incide sobre ele. Como mostramos na Figura 4.10, a vizinhança em torno do corpo também pode estar emitindo rem. Nessa situação, sendo T_v a temperatura da vizinhança, a razão de ganho (ou perda) de energia por causa da radiação será

$$H_{rad} = \varepsilon \cdot \kappa_r A_r (T_c^4 - T_v^4) \tag{4.8}$$

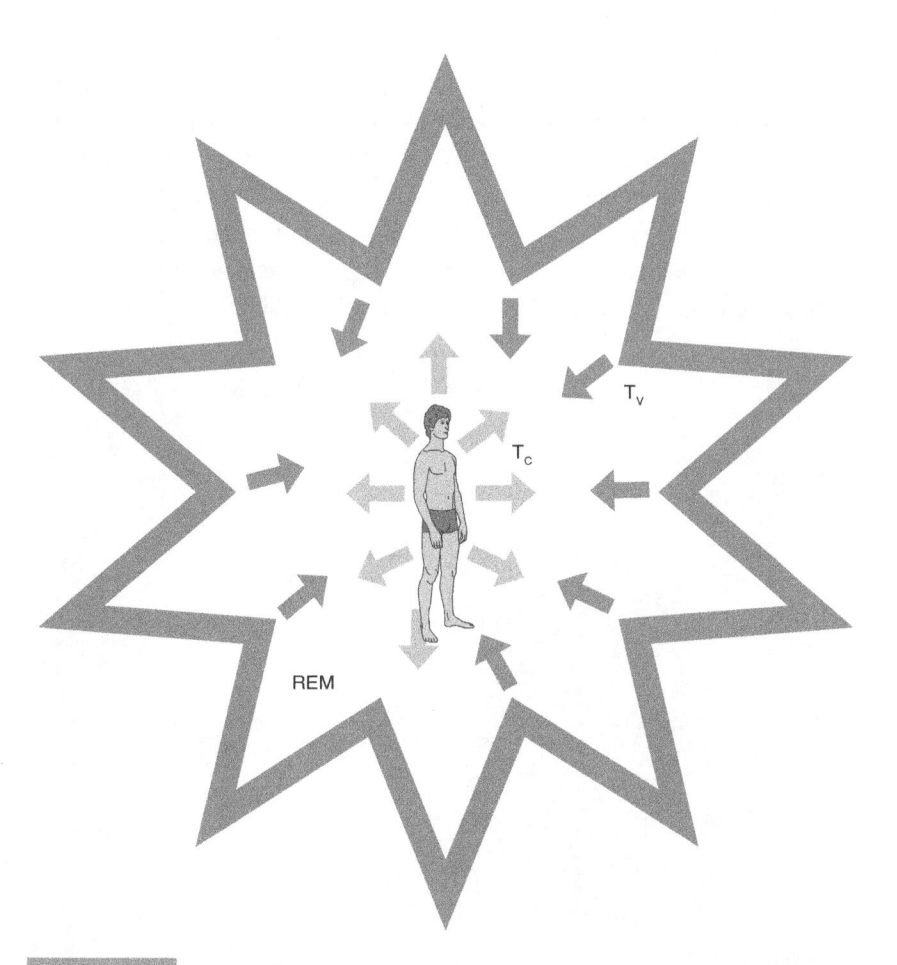

FIGURA 4.10

Radiação eletromagnética (rem) emitida por um corpo à temperatura T_c e sua vizinhança à temperatura T_v.

Na Equação (4.8), $\kappa_r \cong 5{,}8833 \times 10^{-8}$ W·m^{-2}T^{-4} é uma constante que depende de vários parâmetros físicos, e A_r é uma área efetiva do corpo que emite a radiação.

Na perda de energia térmica por *convecção*, há transmissão ou transferência de calor de um lugar para outro pelo deslocamento material. Em geral, como mostra a Figura 4.11, a taxa de troca de calor entre um corpo sólido cuja superfície está à temperatura T_s e o fluido (ar, por exemplo) à temperatura T_{ext} que circunda o corpo é dada pela *lei de resfriamento de Newton*: $H_{con} = h_c A(T_{ext} - T_s)$, onde h_c é o coeficiente de transferência de calor e A, a área da superfície externa do corpo. Quando o corpo sólido é o corpo humano, sendo a temperatura da pele T_{ch}, e o fluido em torno do corpo é ar à temperatura T_{ar}, a razão da perda de energia térmica por convecção será dada por

$$H_{con} = h_c A(T_{ar} - T_{ch}) \tag{4.9}$$

Para um corpo em repouso, $h_c \cong 2{,}67$ W·m^{-2}·K^{-1}; em geral, o valor desse parâmetro depende do movimento do ar.

A energia térmica liberada por *evaporação* através da pele do corpo humano é um mecanismo em que as moléculas em uma fase líquida transformam-se na fase gasosa. A máxima quantidade de calor eliminada por evaporação acontece quando a pele está completamente coberta de suor. O cálculo da razão de perda de energia requer conhecimento do calor molar de vaporização do líquido.

A energia térmica liberada pela *respiração* origina-se do ar externo aspirado. Este, ao circular pelos pulmões, recebe calor e umidade, o que eleva sua temperatura (calor sensível) além da adição de vapor pela evaporação da água contida nos pulmões (calor latente). Normalmente, a temperatura do ar na saída dos pulmões é 34°C e a ventilação destes é diretamente dependente da energia metabólica. O cálculo da razão de perda de energia exige que se conheça a pressão parcial do vapor no ar do meio ambiente.

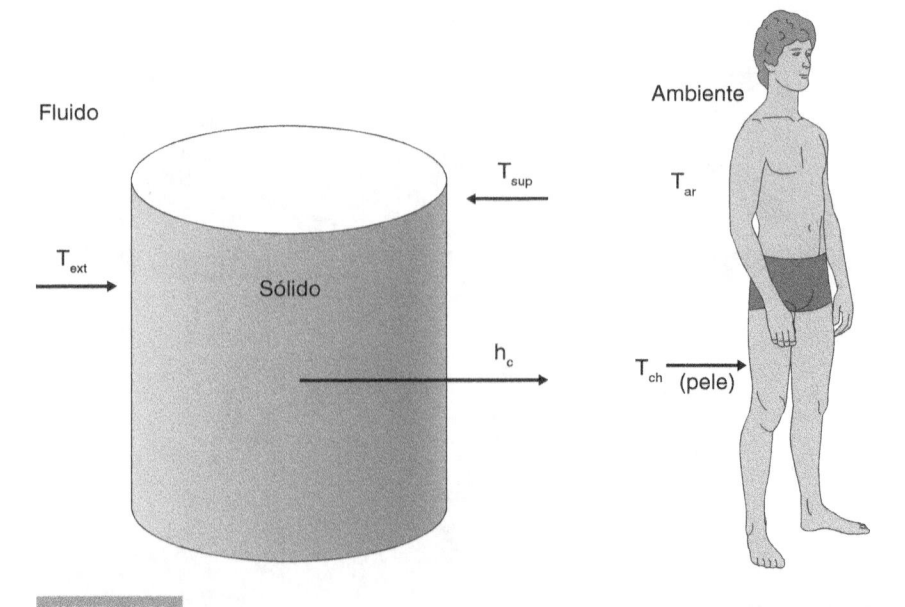

FIGURA 4.11

Perda de energia térmica por convecção por um corpo humano em contato com o ar. O corpo e o ar estão a temperaturas diferentes.

Exemplo: A temperatura da pele de uma pessoa nua em um quarto fechado a 22°C é 28°C. A área do corpo da pessoa é 2 m² e tem uma perda média de energia térmica de 7,2 kJ/min. Se ≈ 55% da energia térmica é emitida na forma de radiação eletromagnética, quanto vale a emissividade da pessoa?

Resolução: considerando que a razão de perda média de energia térmica pelo corpo humano é $\cong$ 120 W, a energia térmica emitida em forma de radiação será $0,55 \times 120$ W = 66 W.

Pela Equação (4.9), $H_{rad} = \varepsilon \cdot \kappa_r A_r (T_c^4 - T_v^4) = \varepsilon \times 5,8833 \times 10^{-8} \dfrac{W}{m^2 K^4} \times 2m^2 \times (301^4 - 295^4)K^4 = \varepsilon \times 74,74$ W $\Rightarrow \varepsilon = \dfrac{66\ W}{74,74\ W} = 0,88$.

Exemplo: Toda pessoa que não está realizando atividades que exijam consumos altos de energia metabólica (M) tem uma evaporação insensível de água proveniente da pele e dos pulmões de seu corpo a uma razão de 600 g de água/dia. Considere que 2,4 kJ/g é a energia afastada por cada grama de água evaporada. Qual é:
(a) a razão de perda de calor por causa dessa evaporação?
(b) o porcentual dessa energia térmica emitida pelo corpo humano?

Resolução:
a) O calor perdido por causa da evaporação de 600 g da água será: $600\ g \times 2,4\ kJ/g = 1440$ kJ. A razão com que se perde essa energia térmica é: $H_{eva} = \dfrac{1,44 \times 10^6\ J}{24 \times 3600\ s} \cong 16,7\ W$. Considerando que a razão de perda média de energia térmica pelo corpo humano é $\cong 120$ W, o porcentual de perda da energia térmica em virtude da evaporação será: $\dfrac{16,7}{120} \times 100\% \cong 14\%$.

4.5 Energia e intensidade das ondas mecânicas

Ondas mecânicas são perturbações ou distúrbios que se propagam pelos meios materiais. São exemplos de ondas mecânicas:
- Ondas em cordas (geradas por muitos instrumentos musicais).
- Ondas sonoras (importantes na comunicação de seres vivos).
- Ondas na água etc.

Essas ondas transportam energias e, por essa razão, são bastante utilizadas em medicina, odontologia e biologia. Também têm aplicação em tratamentos de saúde, observação interna de organismos e pesquisas em geral. Por sua ampla gama de comprimentos, as ondas mecânicas são utilizadas como *meio de comunicação* por diversas espécies. Elas também são utilizadas para detectar a presença de seres vivos[5] ou como elementos de orientação. *Enfim, a importância desse tipo de onda para muitas espécies é bastante grande*.

Diferentemente das *ondas eletromagnéticas*, que são *transversais*, as ondas mecânicas podem ser:
- *Transversais*: quando a perturbação é perpendicular à direção de propagação da onda (como é o caso das ondas produzidas pelas cordas);

- *Longitudinais*: quando a perturbação é paralela à direção de propagação da onda (como é o caso das ondas sonoras).

Energia das ondas harmônicas

As ondas harmônicas ou progressivas são muito utilizadas para representar uma onda mecânica, cuja variação espacial e temporal é uma função periódica do tipo seno ou cosseno. Uma onda harmônica com amplitude máxima ψ_0, propagando-se com velocidade v na direção +x, terá na posição x e no instante t uma amplitude:

$$\psi(x,t) = \psi_0 \operatorname{sen}(x - vt) = \psi_0 \operatorname{sen}(kx - \omega t). \quad (4.10)$$

Na Equação (4.10), $k = 2\pi/\lambda$ é o número de onda, sendo λ o comprimento de onda; $\omega = 2\pi\nu = 2\pi/\tau$ é a frequência angular, sendo ν a frequência da onda e τ, seu período. Na Equação (4.10), quando o tempo é fixo, a *variação espacial do deslocamento* tem a forma mostrada na Figura 4.12a. A frequência da onda será a mesma do movimento harmônico simples de uma partícula do meio. O ponto de maior deslocamento positivo é denominado *crista da onda* e o ponto de deslocamento mais baixo, *depressão da onda*. Em uma posição fixa x_0, pela Equação (4.10), o deslocamento de um ponto físico do meio será um movimento harmônico simples, como mostra a Figura 4.12b.

Há uma relação simples entre a frequência da onda progressiva $\nu = \omega/2\pi$, o comprimento de onda $\lambda = 2\pi/k$ e a *velocidade v da onda progressiva*:

$$v = \lambda \cdot \nu = \frac{\omega}{k} \quad (4.11)$$

Da Equação (4.10), podem-se induzir as seguintes características de uma onda harmônica:

- A velocidade de um ponto material em uma posição fixa x_0, que segue um movimento harmônico simples, é dada por

$$u = \frac{\partial \psi}{\partial t} = -\psi_0 \omega \cdot \cos(kx_0 - \omega t) \quad (4.12)$$

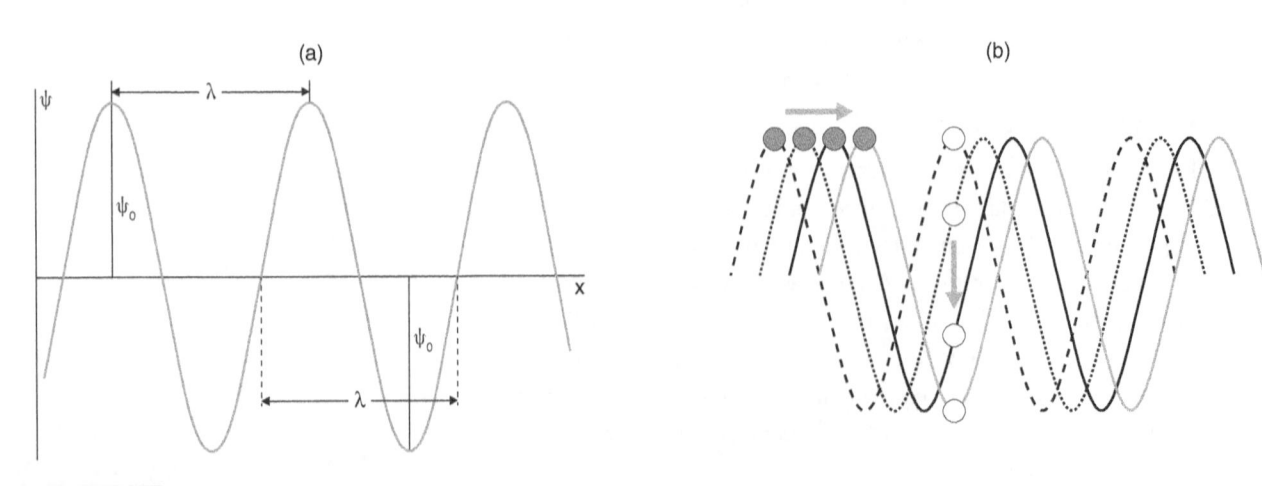

FIGURA 4.12

a) Variação espacial de uma onda harmônica de amplitude ψ_0 e comprimento de onda λ. b) Onda harmônica em quatro instantes consecutivos: os círculos escuros marcam um ponto característico da onda e os claros, um ponto físico no meio.

- Por ser: $\dfrac{\partial^2 \psi}{\partial t^2} = -\psi_0 \omega^2 \cdot \operatorname{sen}(kx - \omega t)$ e $\dfrac{\partial^2 \psi}{\partial x^2} = -\psi_0 k^2 \cdot \operatorname{sen}(kx - \omega t)$, a Equação (4.10) que representa uma onda progressiva satisfaz a *equação de onda linear*:

$$\frac{\partial^2 \psi}{\partial x^2} = \frac{1}{v^2} \frac{\partial^2 \psi}{\partial t^2} \qquad (4.13)$$

Exemplo: No instante t_0, a equação de uma onda progressiva é $\psi(x) = 3{,}5\,\operatorname{sen}(\pi x/3)$, onde ψ e x estão medidos em cm. Quais serão a amplitude máxima e o comprimento de onda?

Resolução: de acordo com a Equação (4.10), a amplitude máxima da onda será $\psi_0 = 3{,}5$ cm. Como $k = \pi/3 = 2\pi/\lambda$, o comprimento de onda será $\lambda = 6$ cm.

Toda onda mecânica contém energia, portanto, quando se desloca, está se *transportando energia* na direção de seu movimento. A energia é transportada através do meio em que a onda está se propagando. Para o cálculo da energia transportada por uma onda mecânica, analisaremos o caso de uma *onda transversal* propagando-se ao longo de uma corda uniforme estendida de densidade linear μ.

A Figura 4.13a mostra um segmento de corda nos instantes t e $t + \Delta t$, quando uma onda está se propagando com velocidade v na direção $+x$. A energia do segmento Δs de corda no instante t será igual à energia do segmento $\Delta s'$ no instante $t + \Delta t$. A Figura 4.13b mostra, no instante t, um segmento de corda ds de massa $dm = \mu \cdot ds$, que possui energia cinética dK por causa de seu *movimento* e de sua energia potencial dU, em virtude da *distensão* experimentada pela passagem da onda.

Na Figura 4.13b, admitindo que o deslocamento transversal do elemento de corda dx é pequeno, então $\theta \cong 0°$. Logo, $dx = ds\cdot\cos\theta \cong ds$, e a energia cinética desse elemento será: $dK = \dfrac{1}{2}\mu \cdot dx\left(\dfrac{\partial \psi}{\partial t}\right)^2$. A energia cinética por unidade de comprimento ou *densidade de energia cinética* é definida como

$$\rho_K = \frac{dK}{dx} = \frac{1}{2}\mu\left(\frac{\partial \psi}{\partial t}\right)^2 \qquad (4.14)$$

Em virtude da passagem da onda mecânica, o elemento de corda dx experimenta um estiramento $(ds - dx) = \dfrac{dx}{\sqrt{1 - \operatorname{sen}^2\theta}} - dx \cong \dfrac{dx}{2}\left(\dfrac{\partial \psi}{\partial x}\right)^2$; logo, uma energia potencial dU é armazenada nesse elemento. Essa energia é igual ao trabalho realizado pela tensão $\vec{T}$ na corda para esticá-la, portanto $dU = \dfrac{1}{2}T \cdot dx\left(\dfrac{\partial \psi}{\partial x}\right)^2$. A energia potencial por unidade de comprimento ou *densidade de energia potencial* será

$$\rho_U = \frac{dU}{dx} = \frac{1}{2}T \cdot \left(\frac{\partial \psi}{\partial t}\right)^2. \qquad (4.15)$$

A *densidade de energia total* $\rho_E = \rho_K + \rho_U$ da onda mecânica será

$$\rho_E = \frac{1}{2}\mu \cdot \left(\frac{\partial \psi}{\partial t}\right)^2 + \frac{1}{2}T \cdot \left(\frac{\partial \psi}{\partial x}\right)^2. \qquad (4.16)$$

No caso da onda progressiva, teremos $\rho_K = \rho_U$, logo $\rho_E = 2\rho_K = 2\rho_U$.

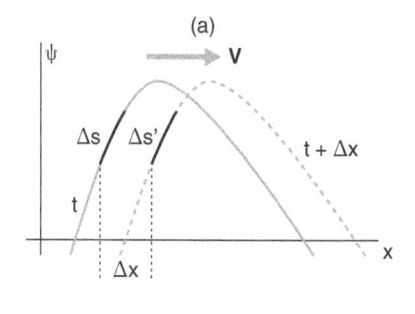

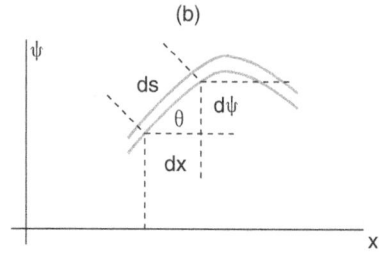

FIGURA 4.13

a) Energia propagando-se ao longo de uma corda com velocidade $\dfrac{\Delta x}{\Delta t}$. b) Elemento de corda ds no instante t experimenta uma distensão aproximada $(ds - dx)$.

A Figura 4.13a mostra que a energia do segmento de corda Δs é passada para $\Delta s'$ no intervalo de tempo Δt, com uma velocidade média $\frac{\Delta x}{\Delta t}$, que é a velocidade v da onda. Assim, a potência associada à onda senoidal progressiva será

$$P = \frac{\Delta E}{\Delta t} = \frac{\Delta E}{\Delta x} \cdot \frac{\Delta x}{\Delta t} = \rho_E \cdot v. \quad (4.17)$$

Para uma onda progressiva, $\psi(x,t) = \psi_0 \text{sen}(kx - \omega t) \Rightarrow P = \mu\omega^2\psi_0^2 v\cos^2(kx - \omega t)$. O transporte de energia pela onda progressiva também pode ser descrito em termos de *intensidade da onda*, que se define como a taxa média de energia transmitida pela área A, normal à direção de propagação da onda

$$I = \frac{1}{A}\left\langle \frac{\Delta E}{\Delta t} \right\rangle = \frac{<P>}{A} = \frac{\rho_E}{A} \cdot v = \eta \cdot v. \quad (4.18)$$

Na Equação (4.18), η é a *densidade de energia total por unidade de volume*. A intensidade da onda mede-se no SIU em W/m^2.

> **Exemplo:** As ondas transversais que se propagam ao longo de uma corda de $\mu = 0,1$ kg/m são dadas pela função de onda $\psi(x,t) = 0,02 \text{ sen}(0,2\pi x - 4\pi t)$, onde ψ e x estão em metros e t, em segundos. Determine:
> a) amplitude, frequência e comprimento dessas ondas;
> b) sua velocidade de propagação;
> c) sua densidade de energia total;
> d) sua potência.
>
> **Resolução:**
> a) Comparando a expressão da função de onda fornecida e a expressão geral de uma onda progressiva na Equação (4.10), temos: amplitude = ψ_0 = 0,02 m; frequência = $\nu = \omega/2\pi = 4\pi/2\pi = 2$ Hz e comprimento de onda = $\lambda = 2\pi/k = 2\pi/0,2\pi = 10$ m.
> b) A velocidade de propagação da onda será: $v = \nu \cdot \lambda = (2 \text{ Hz})(10 \text{ m}) = 20$ m/s.
> c) A densidade de energia total é duas vezes a densidade de energia cinética. Da Equação (4.14), encontramos $\rho_E = 0,1[0,08\pi \cos(0,2x - 4\pi t)]^2$ J/m = $6,3 \times 10^{-3} \cos^2(0,2x - 4\pi t)$ J/m.
> d) A potência da onda, pela Equação (4.17), será $P = \rho_E \cdot v = 0,13 \cos^2(0,2x - 4\pi t)$ W.

Ondas estacionárias

Ondas estacionárias são ondas de amplitude variável e nodos fixos, as quais *resultam da superposição* de ondas que avançam em uma mesma direção, porém em sentidos opostos. A *interferência* dessas ondas provoca a formação de uma configuração estacionária ou permanente de vibração. Entre dois nodos consecutivos, os pontos da corda vibram harmonicamente em fase.

• Vejamos o caso de *ondas estacionárias longitudinais* geradas no interior de um tubo cujas *extremidades são abertas*. A Figura 4.14a mostra quatro *harmônicos* das ondas estacionárias de deslocamento. Observa-se que, nos extremos do tubo, as ondas de deslocamento apresentam amplitude *máxima*. No entanto, se os harmônicos re-

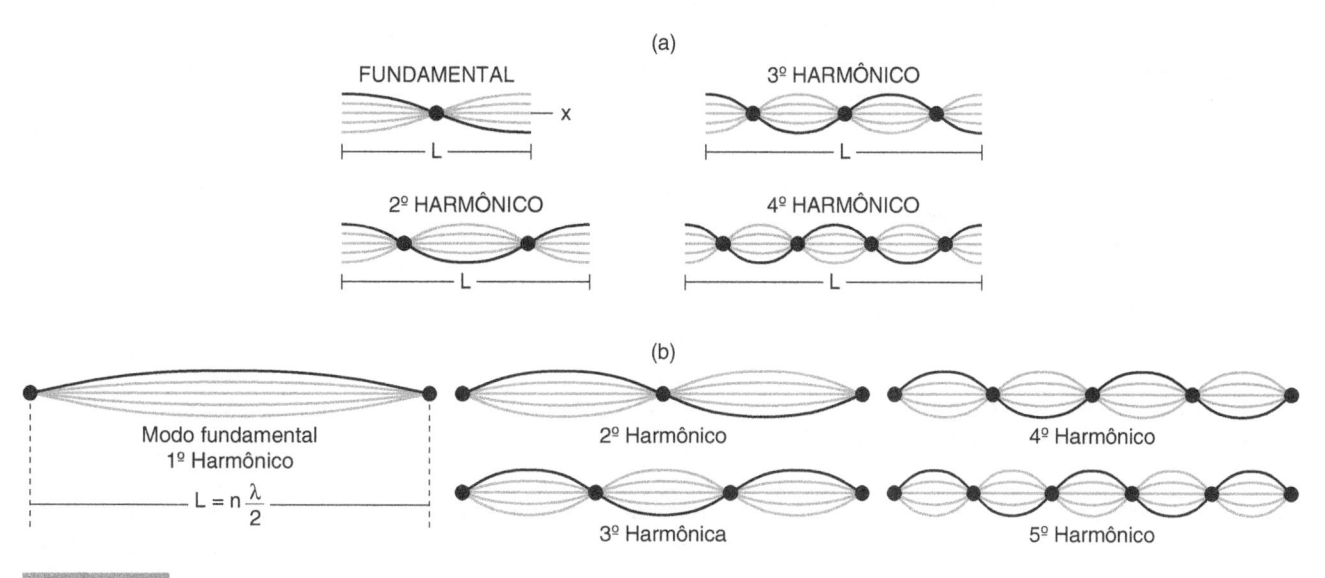

FIGURA 4.14

Ondas estacionárias em um tubo com extremidades abertas. São mostrados harmônicos das ondas de: a) deslocamento; b) variação de pressão.

presentarem ondas de variação de pressão, nos extremos do tubo haveria *nodos ou intensidades nulas* dessas ondas, tal como mostra a Figura 4.14b.

Os modelos de ondas estacionárias representadas na Figura 4.14b são os mesmos que as *ondas estacionárias transversais* produzidas em uma *corda com suas extremidades fixas*. A onda gerada por uma fonte localizada em um dos extremos do tubo de extremidades abertas experimentará uma *interferência construtiva* com a onda refletida no outro extremo do tubo. Esse processo continuará até que seja atingida uma *amplitude máxima* para a onda estacionária resultante.

A onda gerada pela fonte e o meio de propagação entraram em *ressonância* quando a frequência ν de vibração da fonte gera uma perturbação, cujo comprimento de onda λ é igual ao dobro do comprimento L do tubo. Observando a Figura 4.14b, notamos que a onda estacionária da variação de pressão é nula nos extremos do tubo, ou seja, $\psi_p = 0$. Isso significa a condição física $p = p_o$ (normalmente a pressão atmosférica). Portanto, $(n\lambda/2) = L$ ($n = 1, 2, 3...$); logo,

$$\lambda_n = \frac{2L}{n}. \qquad (4.19)$$

A Equação (4.19) é a expressão dos comprimentos de onda dos diversos harmônicos gerados. As frequências desses harmônicos satisfazem a condição $\nu_n = \frac{v}{\lambda_n} = \frac{nv}{2L} = n\nu_1$. A frequência $\nu_1 = v/2L$ correspondente a $n = 1$ é denominada *frequência fundamental*. Dizemos então que, ao vibrar o meio com uma das frequências naturais ν_n, ele absorverá energia da fonte externa até a amplitude da onda atingir um valor máximo.

- No caso de *ondas estacionárias longitudinais* geradas no interior de um tubo com *uma extremidade aberta e outra fechada*, as ondas de variação de pressão apresentam a forma mostrada na Figura 4.15. Na extremidade aberta, a onda tem um nodo e, na

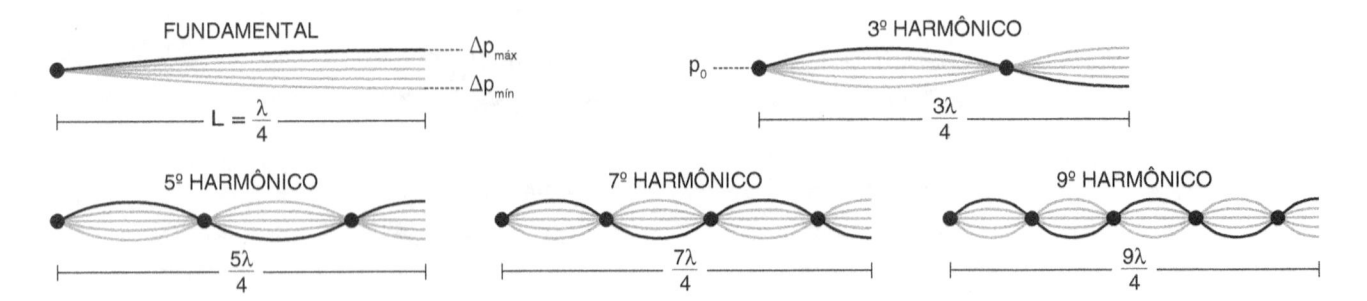

FIGURA 4.15

Ondas estacionárias em um tubo com uma extremidade aberta e outra fechada. São mostrados cinco harmônicos de ondas de pressão. O valor da pressão em um nodo da onda é a pressão do meio.

extremidade fechada, uma amplitude máxima. Esses modelos de ondas estacionárias também representam as *ondas estacionárias transversais* geradas em uma corda com *uma extremidade livre e outra fixa*. Nesse caso, a onda gerada pela fonte localizada no extremo aberto do tubo, ao ser refletida na extremidade fechada deste, *não é invertida*. Já a reflexão que acontece no extremo onde está a fonte *inverte* a onda incidente.

A onda estacionária da variação de pressão, no extremo fechado do tubo de comprimento L, deve ter amplitude *máxima*, ao passo que, no extremo aberto, deve ter amplitude *nula*; ou seja, $(n\lambda/4) = L$ ($n = 1, 3, 5...$). Logo,

$$\lambda_n = \frac{4L}{n}. \tag{4.20}$$

A Equação (4.20) é a expressão dos comprimentos de onda dos diversos harmônicos gerados. As frequências desses harmônicos satisfazem a condição $\nu_n = \frac{v}{\lambda_n} = \frac{nv}{4L} = n\nu_1$. A frequência $\nu_1 = v/4L$ correspondente a $n = 1$ é denominada *frequência fundamental*.

Exemplo: Uma fonte pontual emite energia com potência de 10 W na forma de ondas sonoras esféricas. Calcule:
a) a intensidade da energia a 5 m da fonte;
b) a energia por uma área (perpendicular à direção de propagação) de 3 cm^2 a cada 5 s. A área considerada está a 5 m da fonte.

Resolução: a intensidade da energia a uma distância r da fonte é:
$I = \frac{\Delta E}{\Delta t \cdot \Delta A} = \frac{P}{\Delta A} = \frac{P}{4\pi r^2}$.

a) Quando r = 5 m, teremos I = 3,2 × 10^{-2} W/m^2.
b) Para esta intensidade, $\Delta E = 3,2 \times 10^{-2} \times 5 \times 3 \times 10^{-4}$ J = 48 × 10^{-6} J = 48 μJ.

Exemplo: Uma corda de violão de 0,75 m de comprimento tem frequência fundamental de 440 Hz. Qual será:
a) a velocidade de uma onda que se propaga pela corda?
b) o comprimento necessário para produzir uma frequência fundamental de 660 Hz, se o comprimento efetivo da corda é alterado, pressionando-o em um ponto debaixo do extremo da corda?

Resolução: esse é o caso de uma corda com seus extremos fixos. Se L é o comprimento efetivo da corda, as frequências das ondas estacionárias geradas satisfazem $\nu_n = (nv/2L)$. Para a frequência fundamental (n = 1), a velocidade da onda será $v = 2L\nu_1$.
a) Quando $\nu_1 = 440$ Hz, teremos: v = 2 × 0,75 m × 440 Hz = 660 m/s.
b) Se $\nu_1 = 660$ Hz e a velocidade da onda não muda, então o novo comprimento da corda será L' = v/2ν_1 = (660 m/s)/(2 × 660 Hz) = 0,5 m.

Exemplo: Para que valor de frequência o ouvido humano é mais sensível se, em média, o ouvido externo tem um canal auditivo cujo comprimento é da ordem de 2,7 cm?

Resolução: esse caso corresponde a um tubo de L = 2,7 cm contendo ar, tendo uma extremidade aberta e a outra fechada. Como a onda sonora se propaga no ar a 340 m/s, a frequência fundamental será ν_1 = v/4L = (340 m/s)/(4 × 2,7 × 10^{-2} m) = 3.148 Hz. Essa frequência corresponde a um valor para o qual o ouvido humano é mais sensível.

Exemplo: A velocidade do som no ar a 20°C é, aproximadamente, 340 m/s.
a) Qual o comprimento da onda sonora cuja frequência é 32 Hz? Essa frequência corresponde à nota mais grave em um tubo de órgão de tamanho médio.
b) Qual a frequência de uma onda sonora de comprimento de onda 122 cm?

Resolução: da relação fundamental entre a frequência e o comprimento de onda teremos:
a) $\lambda = v/\nu$ = (340 m/s)/(32 Hz) = 10,62 m.
b) Se λ = 1,22 m, então $\nu = v/\lambda$ = (340 m/s)/(1,22 m) = 279 Hz.

4.6 Intensidade de uma onda sonora

As *ondas sonoras* são ondas mecânicas longitudinais[6] cuja expressão matemática, a partir da Equação (4.10), tem a seguinte forma quando se trata de uma onda de pressão:

$$\psi_p(x,t) = \psi_{0p}\text{sen}(kx - \omega t). \qquad (4.21)$$

Na Equação (4.21), ψ_{0p} é o máximo valor da diferença entre a pressão em um pequeno volume do meio de propagação da onda e a pressão normal do meio. Quando se trata de uma onda de deslocamento, existe uma defasagem de 90° com relação à Equação (4.21), ou seja,

$$\psi(x,t) = \psi_0 \text{sen}(kx - \omega t + 90°). \qquad (4.22)$$

As amplitudes máximas da onda de variação da pressão ψ_{0p} e da onda de deslocamento ψ_0 têm a seguinte relação:

$$\psi_{0p} = Z \cdot \omega \cdot \psi_0. \qquad (4.23)$$

Na Equação (4.23), Z é a impedância acústica do meio, definido como Z = $\rho \cdot v$, sendo ρ a densidade do meio e v, a velocidade da onda. Para determinarmos a *intensidade I* de uma onda sonora, é necessário conhecer sua densidade de energia η (energia por unidade de volume),

$$\eta = \frac{<E>}{\Delta V} = \frac{1}{2} \cdot \frac{\Delta m}{\Delta V} \cdot \omega^2 \psi_0^2 = \frac{1}{2} \cdot \rho \cdot \omega^2 \psi_0^2 = \frac{1}{2} \cdot \frac{\psi_{0p}^2}{\rho v^2} \qquad (4.24)$$

Logo, a energia que se propaga através de uma unidade de área por unidade de tempo ou *intensidade* de uma onda sonora progressiva em um meio gasoso será

$$I = \eta \cdot v = \frac{1}{2} \cdot Z \cdot \omega^2 \psi_0^2 = \frac{1}{2Z} \cdot \psi_{0p}^2. \qquad (4.25)$$

Entendemos por som toda *sensação* produzida no ouvido humano por um trem de ondas de certas frequências e intensidade, que percorre um *meio elástico*. *O som não se propaga no vácuo*. Toda vez que experimentamos uma sensação sonora há:

- Um movimento vibratório de um meio material, que pode ser sólido (caso de uma corda), líquido (por exemplo, água) ou gasoso (por exemplo, o ar).
- Um meio material elástico entre o corpo vibrante e a orelha.

Os sons distinguem-se um do outro pelas seguintes qualidades fisiológicas:

- *A altura*, que está ligada unicamente à frequência da onda sonora.
- *O timbre*, que depende dos harmônicos associados ao som fundamental.
- *A intensidade* fisiológica de um som, que está ligada à amplitude das vibrações.

Os *sons gerados pela voz humana* são ricos em harmônicos, mas sua amplitude decresce rapidamente quando sua frequência cresce. Os sons audíveis pelos humanos, os quais se propagam no ar, devem ter frequências entre

$$20 \text{ Hz} < \nu < 20.000 \text{ Hz} = 20 \text{ kHz}.$$

Uma vez que a velocidade das ondas no ar é aproximadamente 343 m/s, o intervalo de frequência audível corresponde às ondas sonoras de comprimento de onda entre:

$$1,7 \text{ cm} < \lambda < 17 \text{ m}$$

Uma pessoa normal, quando fala, emite ondas sonoras de $\approx 10^{-5}$ W. A abertura da boca ao falar tem $\approx 10^{-3}$ m², portanto a intensidade $I_0 = 10^{-2}$ W/m² será o padrão da onda emitida. A intensidade *mais fraca* de um som que o ouvido pode detectar depende da frequência da onda sonora. Por exemplo, para um som de 440 Hz, o *limiar de audição* para a média das pessoas tem intensidade de: $10^{-10} I_0 = 10^{-12}$ W/m².

O *intervalo dinâmico* de audição do *ouvido humano* de uma pessoa normal está na faixa de intensidades de 10^{-12} W/m² até $I \approx 100 I_0 = 1$ W/m², que corresponde ao som quando se fala em voz alta (ou grita). Sons com intensidades entre 1 W/m² a ≈ 10 W/m² produzem *uma sensação de dor* no ouvido.

Tomando $\rho = 1,29$ kg/m³ para a densidade do ar e v = 343 m/s para a velocidade do som no ar, a impedância acústica do ar será $Z \cong 4,43 \times 10^2$ kg·m⁻²·s⁻¹. Pela Equação (4.25), determinamos que o *intervalo*

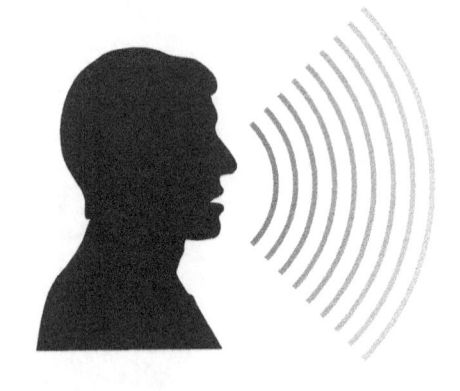

dinâmico de audição corresponde a amplitudes máximas da onda de variação da pressão entre: $\psi_{0p} \cong 2{,}97 \times 10^{-5}\,N\cdot m^{-2}$ até $\psi_{0p} \cong 29{,}7\,N\cdot m^{-2}$. Essas variações são bem pequenas em relação ao valor normal da pressão do ar: $1{,}01 \times 10^{5}\,N/m^{2}$.

A intensidade I de um som também pode quantificar-se como um *nível de intensidade sonora* β, medido em decibéis (dB) e definido por:

$$\beta = 10\log\left(\frac{I}{I_0}\right) \qquad (4.26)$$

Com essa definição de β, teremos a seguinte correspondência:
- *Limiar de audição*: $I = 10^{-12}\,W/m^2 \Rightarrow \beta = 0$ dB.
- *Limiar doloroso*: $I = 1\,W/m^2 \Rightarrow \beta = 10\log(10^{12}) = 120$ dB.

Quando o nível de intensidade sonora é $\beta > 120$ dB, a *sensação no ouvido é dolorosa*. Portanto, para a *audição humana*, em condições normais, o nível de intensidade sonora estará na faixa de valores $0\,dB \leq \beta \leq 120\,dB$. Na Figura 4.16 está esquematizado o campo de audibilidade correspondente a um ouvido humano normal. É destacado o intervalo aproximado de frequência correspondente ao domínio da palavra.

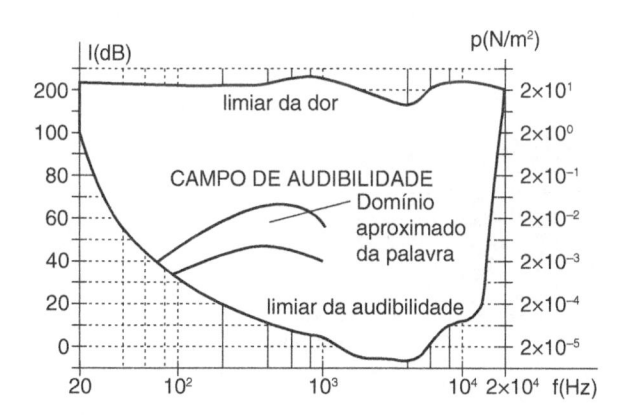

FIGURA 4.16

Gráfico mostrando campo de audibilidade de uma pessoa normal.

Exemplo: Uma onda sonora com nível de intensidade de 80 dB incide sobre um tímpano de área 0,6 cm². Quanta energia absorve o tímpano em 3 minutos?

Resolução: primeiro calculamos a intensidade da onda sonora. Da Equação (4.26), obtemos:
80 dB = $10\log(10^{12}I)$ ou $8 = 12 + \log\cdot I$. Logo, $I = 10^{-4}\,W/m^2$.
Com a Equação (4.18), calculamos a potência média da onda: $\overline{P} = 10^{-4}\,\dfrac{W}{m^2}$ × $6 \times 10^{-5}\,m^2 = 6 \times 10^{-9}\,W$. Portanto, a energia que absorve o tímpano em 180 s é $\overline{P}\cdot t = 1{,}08 \times 10^{-6}\,J$.

Exemplo: Uma onda sonora no ar ($\rho = 1{,}29\,kg/m^3$) tem um nível de intensidade de 120 dB. Determine:
a) a amplitude máxima da onda de variação de pressão;
b) a força exercida sobre um tímpano de área 0,55 cm².

Resolução: como a onda se propaga no ar, sua velocidade é 343 m/s; sua intensidade I satisfaz a relação 120 dB = 10 log (10^{12}I) ou 12 = 12 + log I. Logo, I = 1 W/m².

a) Da Equação (4.25), obtemos $\psi_{0p} = \sqrt{2\rho vI} = \sqrt{2 \times 1,29 \times 343 \times 1}$ = 29,75 Pa.

b) A força sobre o tímpano será F = ψ_{op} × área = 29,75 Pa × 0,55 × 10^{-4} m² = 1,64 × 10^{-3} N. Esse valor é acrescentado ao valor da força exercida pela pressão atmosférica em condições normais: 1,01 × 10^5 Pa × 0,55 × 10^{-4} m² ≅ 5,55 N.

A voz humana

A produção da fala é o resultado de um conjunto de processos que envolvem diversas partes do organismo que estão interconectadas, como mostra a Figura 4.17a, e experimentam interações entre elas. Na Figura 4.17b está representado um modelo físico que mostra como é gerada a fala.

A fala é consequência do movimento reduzido, aumentado e não coordenado das partes mostradas na Figura 4.17. A *respiração*, ou seja, o ato de

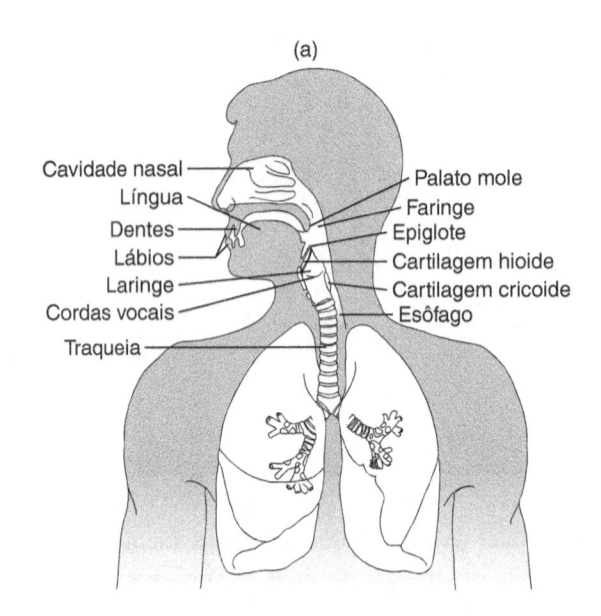

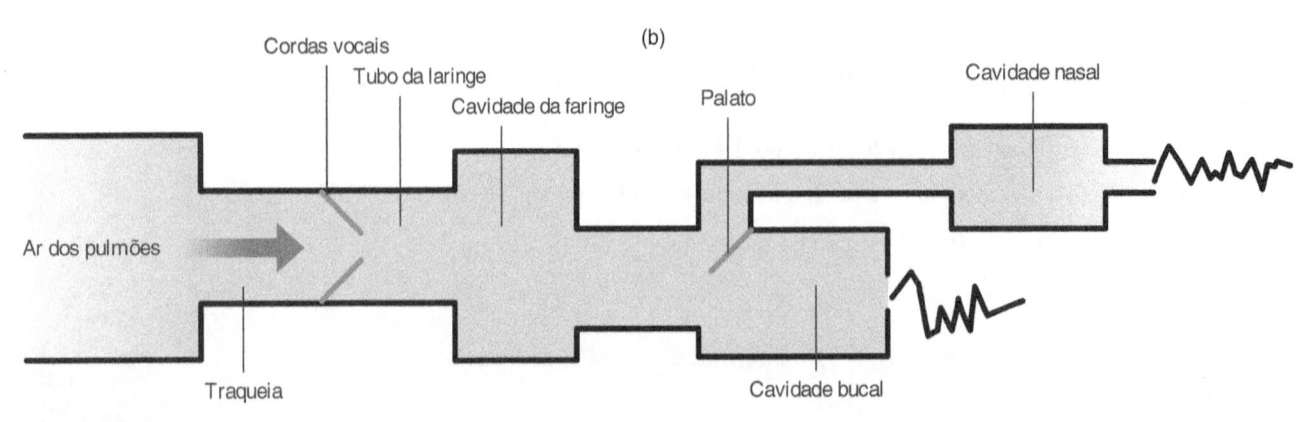

FIGURA 4.17

a) Componentes funcionais para o mecanismo da fala; b) esquema de um modelo fonte-filtro para geração da fala.

introduzir ar pela boca ou pelo nariz, passando pela traqueia até os pulmões, proporciona a matéria-prima para a fala, resultando:

- Na produção de um som que pode ser ouvido. As diversas cavidades variam o som da onda emitida.
- No controle desse som, para produzir uma fonação concreta.

Durante a *fonação*, o ar da respiração produz a *vibração das cordas vocais* mostradas na Figura 4.18. Inicialmente as cordas estão *fechadas*, o que resulta em um som complexo. A garganta e a cavidade nasal — que são *bastante fixas* em uma pessoa — determinam principalmente o som da voz. A cavidade bucal, que *muda* constantemente por causa do movimento do palato mole, do maxilar e da língua, determina o som específico que será emitido. Entre os sons vocalizados, são produzidos *segmentos mudos* da corrente respiratória, que são emitidos entre as *cordas relaxadas*.

A frequência do som produzido pelas cordas vocais depende da tensão experimentada e de sua massa. A massa das cordas vocais do homem é maior do que a da mulher; logo, para uma tensão determinada, a frequência fundamental da voz de um homem é menor do que a da mulher. Assim:

- No *homem*: $\nu_1 = 125$ Hz; $\nu_2 = 250$ Hz $= 2\nu_1$; $\nu_3 = 3\nu_1$; ....
- Na *mulher*, $\nu_1 = 250$ Hz; $\nu_2 = 500$ Hz $= 2\nu_1$; $\nu_3 = 3\nu_1$; ....

Um som *grave* corresponde a uma frequência $\nu_g \cong 64$ Hz; e um som de *soprano*, a $\nu_s \cong 2.048$ Hz (frequência mais alta produzida para soprano).

Para produzir um *fonema concreto*, a corrente respiratória resultante com componentes periódicas e não periódicas tem de ser modelada e modificada. A Figura 4.19 mostra, por meio de gráficos, o mecanismo físico envolvido nesse processo.

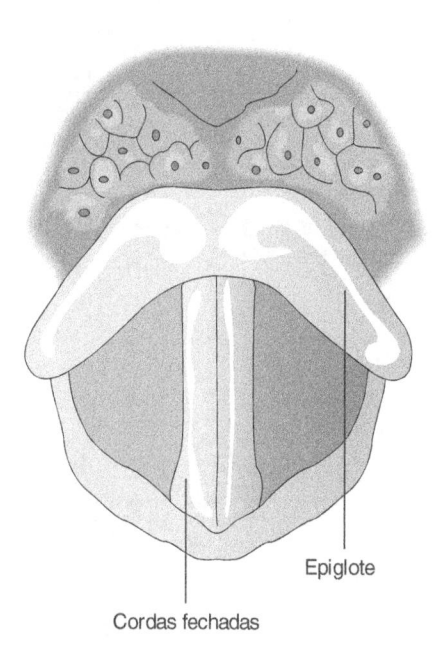

FIGURA 4.18

Cordas vocais gerando um som complexo.

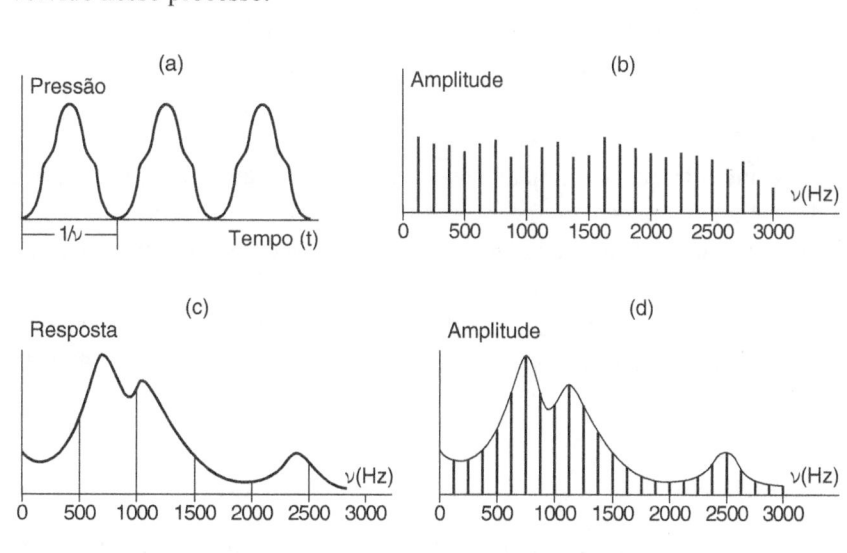

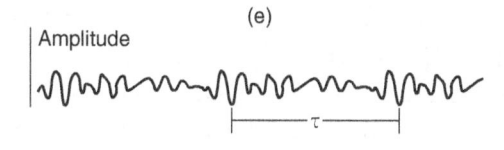

FIGURA 4.19

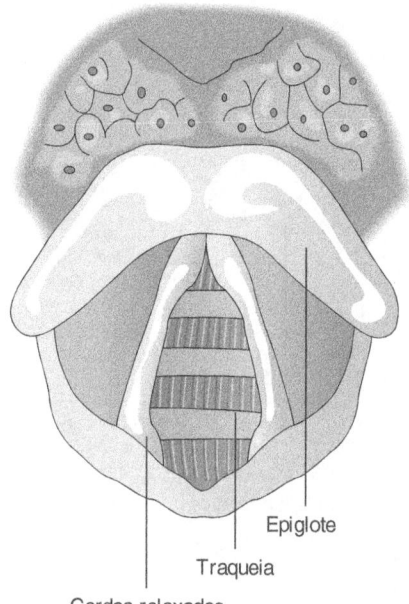

a) Pulsos de pressão em função do tempo produzidos pela laringe; b) espectro de pulsos periódicos; c) curva resposta da boca e faringe; d) espectro após a ressonância; e) onda sonora final.

Um *fonema* é a resultante do seguinte procedimento físico-anatômico:
- O conjunto faringe, cavidade bucal e cavidade nasal forma uma *cavidade ressonante* (veja Figura 4.17b), que reforça certos componentes do som. Se juntarmos a cavidade nasal a outras cavidades, teremos um *som nasal definido*.
- Os músculos da parte superior da faringe e o palato mole iniciam uma conexão (veja Figura 4.17a) e/ou desligamento com alterações na ressonância.
- A cavidade oral pode mudar as condições de ressonância para uma posição diferencial da língua e o maxilar inferior e por alterações na abertura dos lábios.
- A corrente respiratória passa a ser um *fonema concreto* por meio da impedância produzida pelos articuladores: língua, dentes e lábios.

A Figura 4.20 mostra os fônicos utilizados ao pronunciar-se o termo "ah".

Os sons que seguem uma rápida sequência agrupam-se em palavras. Estas são unidas em frases a diferentes velocidades, com os ritmos característicos de um idioma. Pode-se, assim, dizer que a produção da fala é o resultado da influência de uma série de válvulas musculo esqueléticas sobre a corrente da respiração.

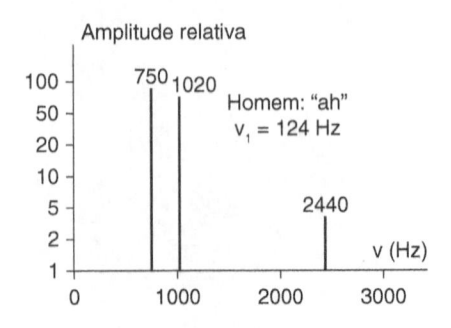

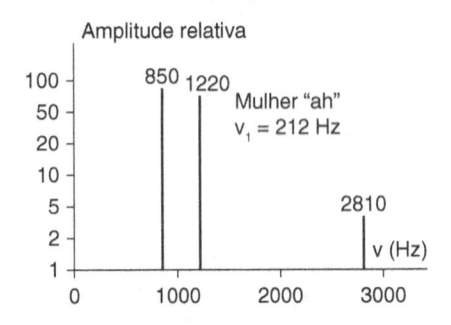

FIGURA 4.20

Amplitudes relativas dos primeiros três fônicos da pronúncia de "ah".

Exemplo: A frequência fundamental das cordas vocais de um homem é 125 Hz. Ao pronunciar o fonema "*ah*", a primeira frequência formante da cavidade de sua fala é 730 Hz.
a) Que harmônico é mais intensificado e por quê?
b) Se o homem respirasse hélio (velocidade da onda sonora nesse meio é $\cong$ 987 m/s), qual seria a primeira frequência formante?

Resolução:
a) Como a frequência fundamental é ν_1 = 125 Hz, então o quinto e sexto harmônico terão as seguintes frequências, respectivamente: ν_5 = 625 Hz e ν_6 = 750 Hz. Podemos dizer que o sexto harmônico será mais intensificado por estar mais perto do valor 730 Hz.
b) A velocidade da onda sonora é diretamente proporcional à sua frequência ν. Logo, no hélio, a primeira frequência formante será ν_{He} = 730 × 987/343 = 2.101 Hz.

Christian Doppler (1803-1853), físico austríaco. Descobriu em 1842 a variação da frequência do som percebida por um observador quando a fonte sonora está em movimento em relação a este.

Efeito Doppler

Toda vez que se tem uma fonte geradora de ondas e um receptor de ondas, com um movimento relativo entre eles, pode acontecer o seguinte:
- Se a fonte (F) estiver em *repouso* com relação ao receptor (R) e o meio pelo qual se propaga a onda *está em repouso* com relação a ambos, então a frequência ν_R com que a onda chega ao receptor é *a mesma* que a frequência ν_0 da onda na fonte. Portanto, sendo v *a velocidade da onda relativa ao meio* e λ_0 o comprimento da onda, $\nu_0 = \nu_R = v/\lambda_0$.

Na Figura 4.21a, se N é o número de ondas emitidas pela fonte em um tempo Δt, então $N = \nu_0 \Delta t$. Essas ondas ocupam um espaço $v\Delta t$. O comprimento da onda que chega ao receptor será: $\lambda_R = \dfrac{v\Delta t}{N} = \dfrac{v \cdot \Delta t}{\nu_0 \cdot \Delta t} = \dfrac{v}{\nu_0} = \lambda_0$, e sua frequência

$$\nu_R = \frac{N}{\Delta t} = \frac{1}{\Delta t} \cdot \frac{v\Delta t}{\lambda_R} = \frac{v}{\lambda_R} = \frac{v}{\lambda_0} = \nu_0. \tag{4.27}$$

- Se a fonte estiver em *repouso* com relação ao receptor, e o meio pelo qual se propaga a onda *não estiver em repouso* com relação a ambos, então o comprimento da onda λ_0 emitida pela fonte *se modificará*. Como é mostrado na Figura 4.21b, se o meio está se movendo com velocidade v_m no sentido da fonte para o receptor, o número de ondas emitidas pela fonte no tempo Δt será $N = \nu_0 \Delta t$. Essas ondas ocupam um espaço $v'\Delta t = (v + v_m)\Delta t$, sendo v' a velocidade das ondas relativa à fonte ou ao receptor. O comprimento da onda ao chegar ao receptor será: $\lambda_R = \dfrac{(v+v_m)\Delta t}{\nu_0 \Delta t} = \dfrac{v+v_m}{\nu_0} = \left(1 + \dfrac{v_m}{v}\right)\dfrac{v}{\nu_0} = \left(1 + \dfrac{v_m}{v}\right)\lambda_0$, e sua frequência:

$$\nu_R = \frac{N}{\Delta t} = \frac{1}{\Delta t} \cdot \frac{v'\Delta t}{\lambda_R} = \frac{v'}{\lambda_R} = \frac{v}{\lambda_0} = \nu_0. \tag{4.28}$$

Quando a fonte e o receptor estiverem se *aproximando ou se afastando* um em relação ao outro, a frequência ν_R da onda que chega ao receptor *não será a mesma* que a frequência ν_0 da onda emitida pela fonte. Esse fenômeno é denominado *efeito Doppler*.

- Se a fonte estiver se movendo com velocidade v_f com relação ao meio no qual a velocidade da onda é v, então, no mesmo sentido do movimento da fonte, as frentes de onda estarão mais próximas. Logo, a onda que chega ao receptor (R) terá uma frequência ν' *maior* que a frequência ν_0 da fonte. De fato, como mostra a Figura 4.22, no tempo Δt, o número de ondas emitidas pela fonte é $N = \nu_0 \Delta t$, sendo $v\Delta t$ a distância que avança a primeira frente de ondas e $v_f \Delta t$, a distância coberta pela fonte no tempo Δt; então, *na zona frontal à fonte*, N frentes de onda ocuparam a distância $v\Delta t - v_f \Delta t = (v - v_f)\Delta t$. Logo, o comprimento da onda que passa por um ponto em repouso com relação ao meio será: $\lambda' = \dfrac{(v - v_f)\Delta t}{\nu_0 \Delta t} = \dfrac{v - v_f}{\nu_0} = \dfrac{v}{\nu_0}\left(1 - \dfrac{v_f}{v}\right) = \lambda_0\left(1 - \dfrac{v_f}{v}\right)$, e sua frequência

$$\nu' = \frac{v}{\lambda'} = \frac{\nu_0}{1 - \dfrac{v_f}{v}} \tag{4.29}$$

A Equação (4.29) é a expressão da frequência em *frente à fonte móvel*, ou seja, quando a fonte se aproxima do receptor. Na *região posterior à fonte*, as frentes de ondas estão mais espaçadas. As ondas que chegam ao receptor terão comprimento $\lambda'' = \lambda_0\left(1 + \dfrac{v_f}{v}\right)$, e sua frequência será

$$\nu'' = \frac{v}{\lambda''} = \frac{\nu_0}{1 + \dfrac{v_f}{v}}. \tag{4.30}$$

FIGURA 4.21

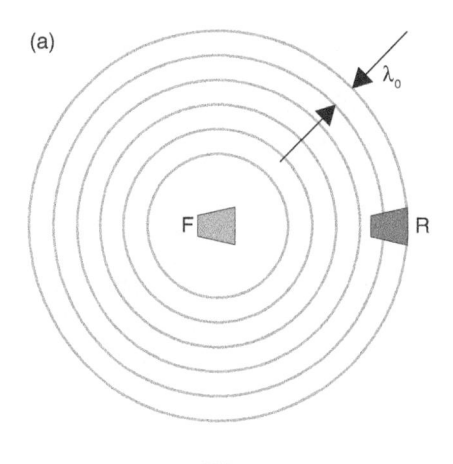

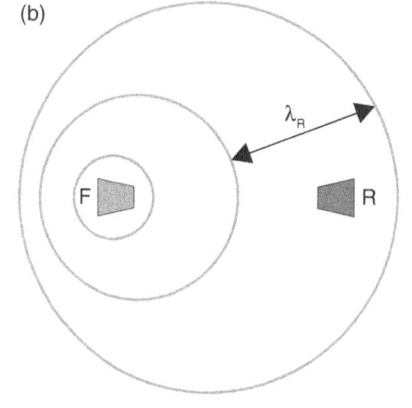

Frentes de onda gerada por uma fonte pontual (F) em repouso com relação ao meio: a) em repouso; b) em movimento com velocidade v_m no sentido da fonte ao receptor (R).

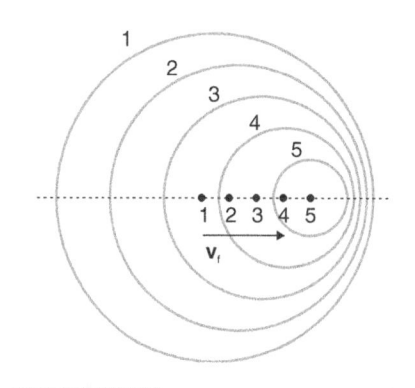

FIGURA 4.22

Frentes de ondas sucessivas emitidas por uma fonte que se move com velocidade v_f para a direita.

FIGURA 4.23

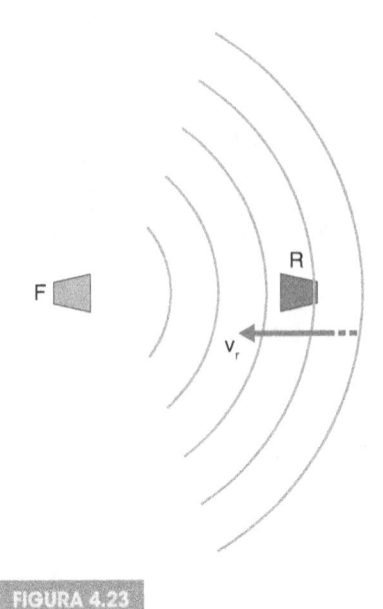

Receptor (R) movendo-se no sentido de acercar-se à fonte (F) com velocidade v_r.

A Equação (4.30) é a expressão da frequência, quando a fonte se afasta do receptor.

- Se a fonte (F) estiver em repouso e o receptor (R) se move em relação ao meio com velocidade v_r, *não haverá modificação* do comprimento de onda λ_0. A frequência das ondas ν' ao chegar ao receptor *aumentará,* caso este se mova em direção à fonte, e *diminuirá,* caso se afaste dela. Observando a Figura 4.23, quando o receptor estiver estacionário, o número de ondas detectadas em um tempo Δt será $\frac{v\Delta t}{\lambda_0}$. Se o receptor se mover na direção da fonte com velocidade v_r, o número adicional de ondas detectadas será $v_r\Delta t/\lambda_0$.

Portanto, o número total de ondas detectadas pelo receptor será $N = (v\Delta t + v_r\Delta t)/\lambda_0 = (v + v_r)\Delta t/\lambda_0$. Logo, a frequência ν' com que se detecta a onda será

$$\nu' = \frac{N}{\Delta t} = \nu_0\left(1 + \frac{v_r}{v}\right). \tag{4.31}$$

Quando o receptor se move, afastando-se da fonte, a frequência ν'' com que se detecta as ondas será:

$$\nu'' = \frac{N}{\Delta t} = \nu_0\left(1 - \frac{v_r}{v}\right). \tag{4.32}$$

Quando fonte e receptor estão movendo-se em relação ao meio, a velocidade da onda v é substituída por $v' = v \pm v_m$, onde v_m é a velocidade do meio.

Exemplo: Um morcego está voando com velocidade de 10 m/s em direção a uma parede. O animal emite um som ultrassônico de 100 kHz.
a) Calcule a frequência com que a onda incide na parede e o comprimento de onda na região frontal ao morcego.
b) Uma vez que o som é refletido pela parede, esta atua como uma fonte de ondas, cuja frequência é a calculada em (a). Com que frequência o morcego ouve o som refletido pela parede?

Resolução:
a) Nesse caso, a fonte é o morcego que emite ondas de frequência $\nu_0 = 100$ kHz. A fonte se move com velocidade $v_f = 10$ m/s em relação ao meio. Utilizando a Equação (4.29), determinamos a frequência dessas ondas na parede ou receptor, $\nu' = \frac{100}{1 - \frac{10}{343}}$ kHz = 103 Hz. O comprimento de onda será $\lambda' = \frac{v}{\nu'} = \frac{343 \text{ m/s}}{103 \times 10^3 \text{ Hz}} = 3,3 \times 10^{-3}$ m.

b) Nesse caso, a fonte é a parede e emite ondas de frequência $\nu_0 = 103$ kHz. O morcego será o receptor que se move com velocidade $v_r = 10$ m/s. Utilizando a Equação (4.31), determinamos a frequência das ondas refletidas que chegam ao ouvido do morcego. Portanto, $\nu' = 103\left(1 + \frac{10}{343}\right)$ kHz = 106 kHz.

Comentário: a compensação do deslocamento Doppler, no sistema de detecção sonoro do morcego, foi amplamente analisada por Behrend.[7]

Exemplo: Uma baleia está se deslocando com velocidade de 10 m/s, no mesmo sentido que uma correnteza com velocidade de 2 m/s. Simultaneamente, um golfinho se desloca com velocidade de 30 m/s em direção à baleia e sentido oposto à correnteza. A baleia emite um som de 9,74 kHz. Determine:
a) com que frequência o golfinho ouvirá esse som;
b) o golfinho responde com um som de frequência igual ao que ouviu. Com que frequência a baleia ouvirá este som? (Considere que a velocidade do som na água do mar é 1.500 m/s.)

Resolução: este exemplo pode ser resolvido de várias maneiras. Daremos uma resolução a partir das considerações da figura a seguir. A magnitude da velocidade da onda será 1.502 m/s para o caso (a) e 1.498 m/s para o caso (b). As magnitudes da velocidade da baleia e do golfinho serão 10 m/s e 30 m/s, respectivamente.

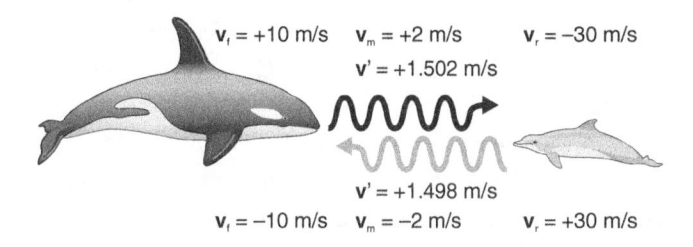

a) A fonte (baleia) está se movendo com velocidade v_f em relação ao meio, no qual a velocidade da onda é v'. Se o receptor (golfinho) estiver em repouso, ele detectará a onda emitida pela baleia com a frequência dada pela Equação (4.29): $v' = \dfrac{9,74}{1-(10/1.502)}$ kHz. Como o receptor está se acercando da fonte com velocidade v_r, o golfinho ouvirá o som emitido pela baleia com a frequência dada pela Equação (4.31):

$$v_f = v'\left(1+\frac{30}{1.502}\right) = \frac{9,74\,\text{kHz}\left(1+\dfrac{30}{1.502}\right)}{1-(10/1.502)} = 10\,\text{kHz}.$$

b) A fonte (golfinho) está se movendo com velocidade 30 m/s em relação ao meio, no qual a velocidade da onda é 1.498 m/s. Se o receptor (baleia) estiver em repouso, detectará a onda emitida pela baleia com a frequência dada pela Equação (4.29): $v' = \dfrac{10}{1-\dfrac{30}{1.498}}$ kHz. Como a baleia está se acercando da fonte com velocidade 10 m/s, ela ouvirá o som emitido pelo golfinho, com a frequência dada pela Equação (4.31):

$$v_f = v'\left(1+\frac{10}{1.498}\right) = \frac{10\,\text{kHz}\left(1+\dfrac{10}{1.498}\right)}{1-\dfrac{30}{1.498}} = 10,27\,\text{kHz}.$$

4.7 Outras ondas acústicas

Se a frequência da onda acústica está fora do campo de audibilidade dos humanos, a onda é denominada *infrassônica* (se sua frequência for menor do que 20 Hz) ou *ultrassônica* (se sua frequência for maior do que 20.000 Hz = 20 kHz).

As *características físicas* das ondas infrassônicas e ultrassônicas são as mesmas que das ondas acústicas audíveis pelo humano. A descrição das interações físicas dessas ondas acústicas com o meio em que estão se propagando se faz sem que se tente diferenciar o tipo de onda. As *ondas infrassônicas* provocam intensas *oscilações de pressão* no meio em que estão se propagando, e as *ondas ultrassônicas* produzem *alterações do meio*.

No reino animal, muitos espécimes apresentam campo de audição que inclui essas ondas acústicas.[8] Por exemplo:

- Cães podem ouvir frequências entre 15 Hz e 50 kHz.
- Gatos podem ouvir frequências entre 60 Hz e 65 kHz.
- Morcegos[9, 10, 11] podem ouvir frequências entre 10 kHz e 120 kHz.
- Golfinhos podem ouvir frequências entre 10 kHz e 240 kHz etc.

Para a geração de ondas ultrassônicas, utilizamos fontes denominadas *transdutores*, que são mecanismos que convertem energia elétrica em energia mecânica. A Figura 4.24 mostra um *material piezolétrico* de forma retangular ao qual se aplica uma diferença de potencial. O campo elétrico no interior do material tem frequência apropriada para induzir vibrações mecânicas nesse meio, e essas vibrações darão origem às *ondas ultrassônicas*.

Quanto menor for a espessura do transdutor, maior será a frequência de vibração das moléculas do material. O efeito piezolétrico no material permite que o transdutor simultaneamente possa receber um eco ultrassônico, induzindo um sinal elétrico que será processado e, finalmente, lido e interpretado.

A *intensidade* de uma onda ultrassônica é baixa, quando utilizada para obter informações de um meio, e alta, em terapia médica ou para limpeza por cavitação; nesse caso, as ondas podem produzir alterações no meio, como a ruptura das células biológicas.

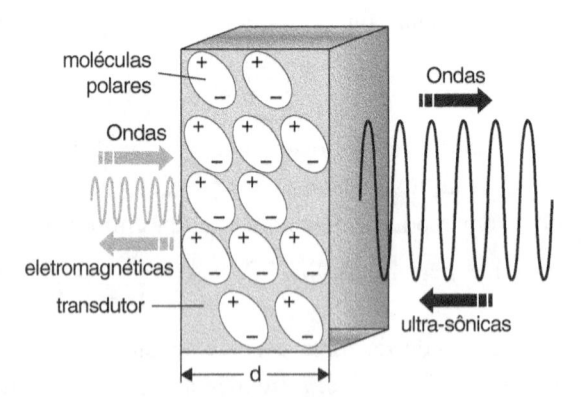

FIGURA 4.24

Cristal piezolétrico recebendo e emitindo energia elétrica. A espessura do transdutor varia, produzindo ondas ultrassônicas com frequências diferentes.

Exemplo: Um transdutor gera uma onda ultrassônica de 10^5 W/m² de intensidade. Calcule:
a) o nível de intensidade da onda;
b) a energia que incide sobre uma superfície de 1 cm² em 1 minuto;
c) a amplitude da onda de variação de pressão;

d) a intensidade da onda ao propagar-se na água, mantendo a mesma amplitude de variação de pressão.

Resolução:

a) Utilizando a Equação (4.26), calculamos que o nível de intensidade dessa onda será $\beta = 10\log\left(\dfrac{10^5}{10^{-12}}\right) = 170$ dB. Esse valor, pela Figura 4.26, está acima do limiar da dor no caso de um humano.

b) Da Equação (4.18), encontramos que a energia que incide sobre uma superfície de 1 cm² será: $\Delta E = I \cdot A \cdot \Delta t = (10^5\,W/m^2)(10^{-4}\,m^2)(60\,s) = 600$ J.

c) O cálculo da amplitude máxima da onda de variação será feito a partir da Equação (4.25):
$\psi_{0p} = \sqrt{2I\rho_{ar}v_{ar}} = \sqrt{2 \times 10^5\,W/m^2 \times 1,29 \times 10^3\,kg/m^3 \times 340\,m/s} =$
$9,4 \times 10^3$ Pa. Essa variação de pressão é aproximadamente equivalente a 0,093 atmosfera.

d) Se o meio de propagação fosse a água, para o valor ψ_{0p} calculado em (c), teríamos a seguinte intensidade:
$I_{água} = \dfrac{\psi_p^2}{2\rho_{água}v_{água}} = \dfrac{(9,4 \times 10^3\,Pa)^2}{2 \times 10^3\,kg/m^3 \times 1430\,m/s} = 30,9\,\dfrac{W}{m^2}$.

Propriedades e algumas aplicações do ultrassom

Algumas propriedades físicas e interações das *ondas ultrassônicas* com a matéria são as mesmas que as das *ondas luminosas* (o que será abordado no próximo capítulo). É o caso de reflexão, refração, interferência, difração, espalhamento e absorção de energia dessas ondas. Com exceção da interferência, na qual a intensidade do feixe ondulatório pode ser aumentada ou diminuída, as outras interações reduzem a intensidade do feixe, ou seja, a *onda é atenuada*.

Quando se utiliza o ultrassom em diagnóstico médico, geralmente é observada a reflexão dessas ondas na superfície que separa dois meios de impedâncias acústicas Z_1 e Z_2 diferentes.[12] A Figura 4.25 mostra um esquema da onda refletida e transmitida, para uma onda de incidência normal à superfície que separa os meios. Algumas vezes, observamos o *deslocamento Doppler* produzido pelas partes de um meio que está em movimento.

Se as intensidades da onda incidente, refletida e transmitida forem, respectivamente, I_0, I_r e I_t, definimos o coeficiente de reflexão da onda como $R = I_r / I_0$, e o coeficiente de transmissão como $T = I_t / I_0$, de forma que $R + T = 1$ por conservação da energia. Como a intensidade da onda é proporcional

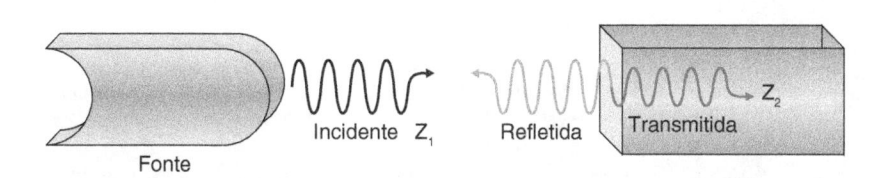

FIGURA 4.25

Reflexão e refração de uma onda ultrassônica para uma incidência normal na superfície que separa dois meios de impedâncias acústicas Z_1 e Z_2 diferentes.

ao quadrado de sua amplitude — Equação (4.25) —, pode-se mostrar que, para o caso de uma *incidência normal*:

$$R = \frac{I_r}{I_0} = \frac{(Z_1 - Z_2)^2}{(Z_1 + Z_2)^2}; \quad T = \frac{I_t}{I_0} = \frac{4 \cdot Z_1 \cdot Z_2}{(Z_1 + Z_2)^2}, \quad (4.33)$$

Z_1 e Z_2 são as impedâncias acústicas do meio incidente e transmitido, respectivamente.

Se a diferença entre as impedâncias acústicas dos meios for pequena, a magnitude da onda refletida será pequena; se essa diferença for apreciável, uma fração grande da onda será refletida. Como a transmissão e a recepção das ondas são feitas por um mesmo mecanismo, uma *detecção máxima* do eco refletido acontecerá se a onda tiver *incidência normal* na interface que separa os dois meios.

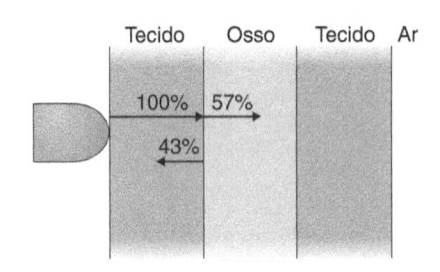

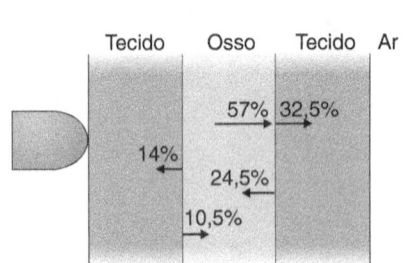

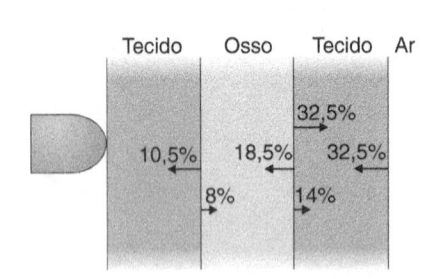

Exemplo: Considere as interfaces que separam os meios tecido ↔ osso ↔ tecido ↔ ar. Se as impedâncias acústicas do tecido, osso e ar forem, respectivamente, $Z_t = 1{,}63 \times 10^6$ kg/s·m²; $Z_0 = 7{,}8 \times 10^6$ kg/s·m² e $Z_{ar} = 4{,}4 \times 10^2$ kg/s·m², determine os coeficientes de reflexão e transmissão em cada interface para o caso de uma incidência normal.

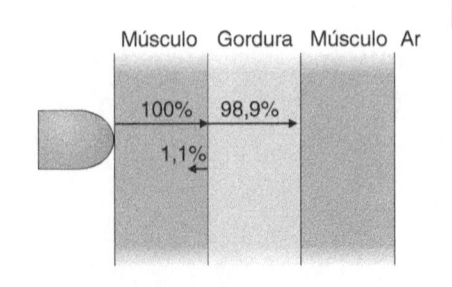

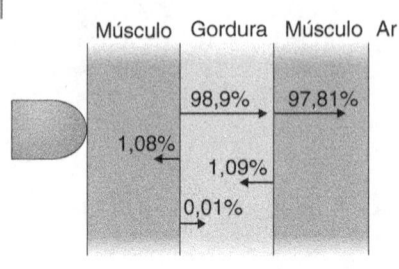

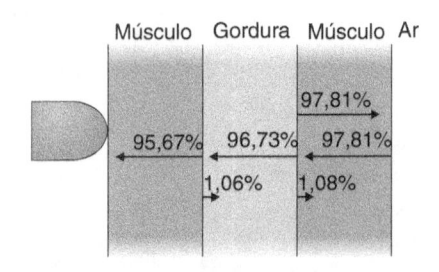

Resolução: utilizando a Equação (4.33) para determinar esses coeficientes em cada interface, de acordo com o esquema mostrado a seguir, encontramos:

Para a interface tecido-osso:

coeficiente de reflexão, $R_{to} = \frac{(Z_t - Z_o)^2}{(Z_t + Z_o)^2} = \left(\frac{-6{,}17}{9{,}43}\right)^2 = 0{,}43$ e

coeficiente de transmissão: $T_{to} = \frac{4 Z_o \cdot Z_t}{(Z_t + Z_o)^2} = \frac{4 \times 1{,}63 \times 7{,}8}{(9{,}43)^2} = 0{,}572$.

Procedendo de forma semelhante para o cálculo dos coeficientes R e T nas outras interfaces, encontramos:

Para a interface osso-tecido: $R_{ot} = 0{,}43 \times 0{,}57 = 0{,}245$; $T_{ot} = 0{,}57 \times 0{,}57 = 0{,}325$. O eco que volta à fonte terá um coeficiente $T'_{ot} = 0{,}57 \times 0{,}245 = 0{,}14$. Para a interface tecido-ar, $R_{ta} = 1 \times 0{,}325 = 0{,}325$ é transmitido ao meio osso: $T'_{to} = 0{,}57 \times 0{,}325 = 0{,}185$. O eco que volta à fonte será $T''_{ot} = 0{,}57 \times 0{,}185 = 0{,}105$. O esquema ao lado mostra a distribuição desses percentuais de energia em cada um dos meios.

Exemplo: Considere as interfaces que separam os meios: músculo ↔ gordura ↔ músculo ↔ ar. Se as impedâncias acústicas do músculo e da gordura são, respectivamente, $Z_m = 1{,}7 \times 10^6$ kg/s·m² e $Z_g = 1{,}38 \times 10^6$ kg/s·m², determine os coeficientes de reflexão e transmissão em cada interface para o caso de uma incidência normal.

Resolução: utilizamos a Equação (4.33) e seguindo um raciocínio semelhante ao do exemplo anterior, de acordo com o esquema mostrado anteriormente, encontramos:

Na interface músculo-gordura, o coeficiente de reflexão é $R_{mg} = \dfrac{(Z_m - Z_g)^2}{(Z_m + Z_g)^2} = \left(\dfrac{0,32}{3,08}\right)^2 = 0,011$; e o coeficiente de transmissão, $T_{mg} = \dfrac{4Z_m \cdot Z_g}{(Z_m + Z_g)^2} = \dfrac{4 \times 1,7 \times 1,38}{(3,08)^2} = 0,989$. Procedendo de forma semelhante para o cálculo dos coeficientes R e T nas outras interfaces, encontramos:

Para a interface gordura-músculo, $R_{gm} = 0,011 \times 0,989 = 0,0109$ e $T_{gm} = 0,989 \times 0,989 = 0,9781$. O eco que volta à fonte terá $T'_{gm} = 0,989 \times 0,0109 = 0,0108$.

Para a interface músculo-ar, $R_{ma} = 1 \times 0,9781 = 0,9781$ é transmitido ao meio gordura $T'_{mg} = 0,989 \times 0,9781 = 0,9673$. O eco que volta à fonte terá $T''_{gm} = 0,989 \times 0,9673 = 0,9567$. O esquema exposto mostra a distribuição desses percentuais de energia em cada um dos meios.

À exceção da reflexão, todas as interações que diminuem a intensidade do feixe que incide no material absorvedor são incluídas nos *processos de atenuação*. A Figura 4.26 mostra uma onda ultrassônica de intensidade I_0 incidindo sobre um meio absorvedor uniforme, homogêneo e isotrópico de espessura Δx. Se o coeficiente de atenuação do material é α, a intensidade I da onda transmitida, quando α se mantém constante, obedece à relação:

$$I = I_0 \exp(-2\alpha \cdot x). \tag{4.34}$$

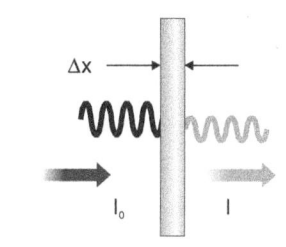

FIGURA 4.26

Meio absorvedor de coeficiente de atenuação α, atenuando uma onda ultrassônica de intensidade I_0.

Exemplo: O coeficiente de atenuação do osso é 1,2 cm^{-1}. Um feixe ultrassônico de 1 MHz tem incidência normal sobre a superfície do osso. Para que espessura do osso ocorrerá 90% de atenuação desse feixe?

Resolução: como 90% do feixe incidente foi atenuado, a intensidade I do feixe transmitido é 0,1 I_0. Logo, da Equação (4.34), teremos $0,1 = \exp(-2,4 \cdot \Delta x)$; portanto, $\Delta x = 0,96$ cm.

Ecolocalização

A ecolocalização descreve um sistema de autoinformação. O espécime que possui essa capacidade tem um órgão para *emitir* um sinal acústico e outro órgão para *receber* sinais, que podem ser o eco do sinal emitido. A energia utilizada para obter informações é gerada pelo próprio espécime. Espécimes que têm a capacidade de captar o sinal refletido da onda emitida por ele podem avaliar a distância da superfície de reflexão. Se o sinal emitido varre certo setor, o espécime poderá diferenciar o contorno de um obstáculo nesse setor. A Figura 4.27 mostra essa característica no caso de o espécime ser um morcego.

As características principais dos espécimes com capacidade de *ecolocalização* são:

- Possuem um mecanismo evoluído para gerar sons (morcegos, cetáceos, pássaros).

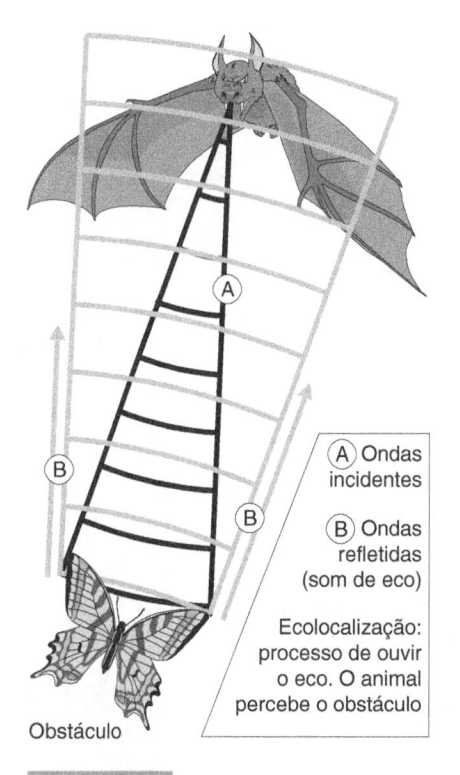

(A) Ondas incidentes
(B) Ondas refletidas (som de eco)

Ecolocalização: processo de ouvir o eco. O animal percebe o obstáculo

Obstáculo

FIGURA 4.27

Morcego emitindo ondas ultrassônicas que incidem sobre um obstáculo. Pela ecolocalização, o morcego percebe o obstáculo.

- Possuem grande extensão espacial para suas atividades (nadadores e voadores).
- Consomem sua atividade diária em mais ou menos completa escuridão.

A *ecolocalização* foi estudada detalhadamente em diversas espécies de morcegos.[13] Observa-se que os sinais emitidos são em forma de *pulsos ultrassônicos ou estalidos*, de duração variável. No caso do *Myotus lucifugus*, a duração de um pulso varia de 1 ms a 5 ms.

Normalmente, quando o morcego está em *repouso*, ele emite poucos estalidos. Ao *preparar-se para voar*, emite em torno de 20 estalidos por segundo. Quando o animal *está voando*, a duração dos pulsos muda constantemente, dependendo se o animal está voando para se alimentar ou se está passando perto de obstáculos pequenos ou do solo.

A Figura 4.28 mostra essa sequência quando um morcego vai se alimentar. Cada estalido emitido é acompanhado de um fraco som audível. Durante a emissão acelerada, esses sons fracos são mais frequentes, produzindo um débil zumbido.

Observa-se que a *intensidade* dos pulsos emitidos por um morcego não é uniforme em todas as direções. Há um máximo na direção frontal ao animal. A Figura 4.29 mostra alguns espectros ultrassônicos emitidos por uma espécie de morcego ao capturar seu alimento.

A fonte emissora dos sinais ultrassônicos dos morcegos está localizada em seu *trato respiratório*.[14] Estudos anatômicos têm mostrado que eles apresentam uma *laringe* muito grande, com estrutura altamente especializada. Com relação aos *ouvidos*, a fonte de detecção dos ecos ultrassônicos, eles apresentam uma sensibilidade muito apurada, capazes de identificar os ecos das ondas emitidas por outros obstáculos em sua vizinhança, que, frequentemente, são da mesma intensidade. A maioria das espécies de morcegos fica totalmente desorientada quando seus ouvidos são vedados ou fechados.

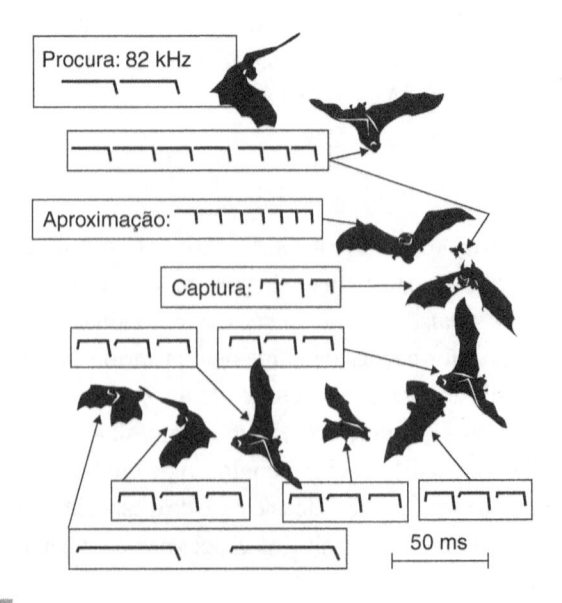

FIGURA 4.28

Morcego seguindo uma trajetória em forma de ferradura, utilizando a ecolocalização para alimentar-se. No instante em que alcança seu alimento, não é emitido nenhum som.

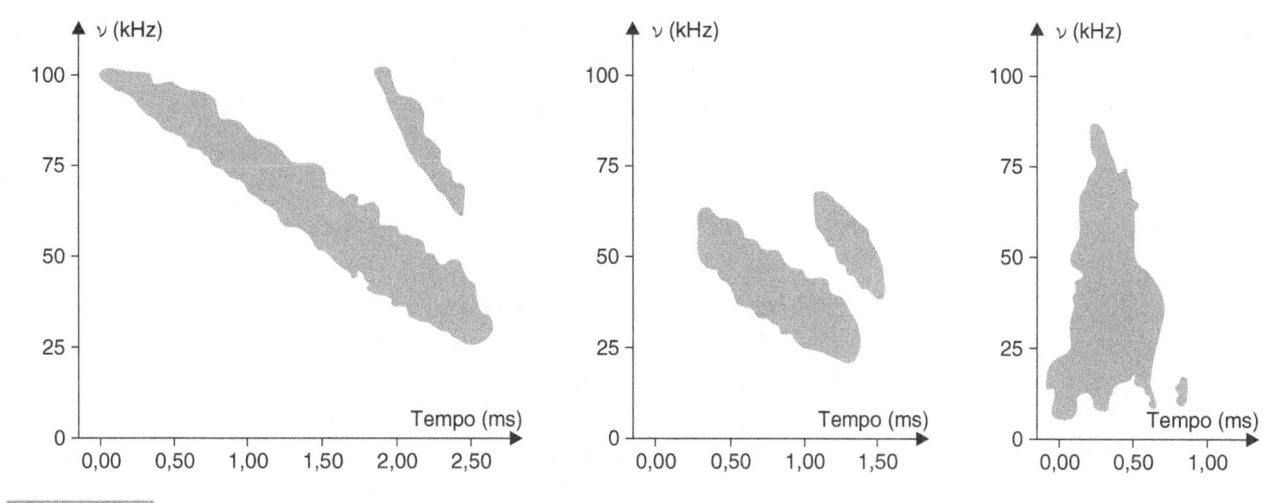

FIGURA 4.29

Sons de ecolocalização emitidos pelo morcego *Myotis myotis* nas fases em que ele procura, se aproxima e captura seu alimento, respectivamente.

À semelhança do ouvido humano, o pavilhão do ouvido externo desses animais serve para *focalizar o som*. Essa focalização varia com a frequência dos pulsos detectados. No ouvido interno, o órgão coclear dos morcegos é similar ao dos outros mamíferos,[15] com as seguintes importantes diferenças:

- A parte da cóclea próxima do ouvido médio, excitada por ondas de altas frequências, é *mais desenvolvida que em outros mamíferos*.[16]

- A *janela redonda* está em contato com o fluido do ouvido interno de forma diferente dos outros mamíferos, ou seja, ela não está situada no extremo da cóclea, e sim *1 mm depois de sua primeira espira*.

- Nos mamíferos, a *base da membrana basilar* é menos larga e fracamente rígida. No caso dos morcegos, é mais grossa que a parte aparentemente livre para vibrar em resposta aos sons de frequências mais baixas que o normal.

Os morcegos, em geral, possuem um cérebro especializado relacionado com seu modo de vida. Em particular, a área da audição é altamente desenvolvida.

Outras espécies que possuem *ecolocalização* são, por exemplo:

- Os vertebrados aquáticos, como os golfinhos e as baleias, que apresentam um alto grau de desenvolvimento da ecolocalização. Como o som se propaga na água a 1.500 m/s, pelo sistema de ecolocalização, em 2 s, uma baleia pode *ver* objetos situados a 1.500 m de distância. Em geral, os odontocetáceos possuem sistema de ecolocalização. A Figura 4.30 mostra a ecolocalização de um golfinho no interior do oceano.

- Os pássaros, como o *Steatornis caripensis*, emitem estalidos de 6,1 kHz a 8,75 kHz, e o *Collocalia brevirostris unicolor* emite estalidos de 3 kHz a 4 kHz. Essas duas espécies se orientam utilizando também a visão, à semelhança da espécie de morcego *Rousettus*.

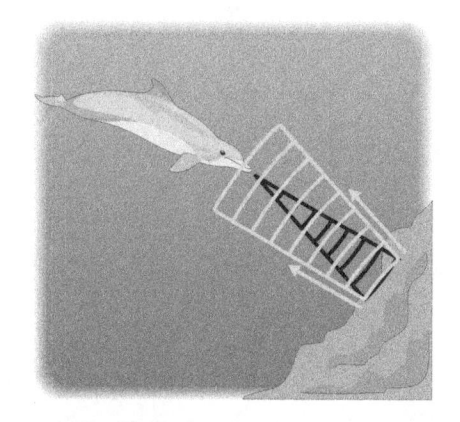

FIGURA 4.30

O golfinho, ao se aproximar de obstáculos, perceberá a posição destes por meio da emissão e da recepção de sons.

- Os mamíferos, como o porco da Guiné (*Cavia cobaya*), emitem pulsos de até 54 kHz. O *Rattus norvegicus* emite pulsos de 19 kHz até 29 kHz, e seu som de bufar chega até 80 kHz.
- Os insetos, como o *Prodenio* e o *Gyrinus*, emitem pulsos ultrassônicos, mas não se dispõe de informações sobre se eles têm poder de ecolocalização.

Exemplo: Um morcego, ao procurar seu alimento, emite ondas ultrassônicas de 10^4 W/m² e, quando captura seu alimento, a intensidade da onda é reduzida a 5×10^3 W/m².

a) Qual é o nível de intensidade dessas ondas?
b) Se a fase de procura dura 2,5 s e a fase de captura 0,5 s, quanta energia recebeu a traça (seu alimento) em cada fase?
c) Qual é a amplitude da variação de pressão dessas ondas?
d) Se, em lugar do morcego, consideramos um golfinho emitindo as mesmas ondas, sendo o seu alimento um peixe, qual será a intensidade dessas ondas ultrassônicas, que têm a mesma amplitude de variação de pressão calculada em (c)?

Resolução:

a) O nível de intensidade das ondas será determinado a partir da Equação (4.26).
Na fase de procura, teremos $\beta_p = 10 \log(10^4 \times 10^{12})$ dB = 160 dB e, na fase de captura, $\beta_c = 10 \log(5 \times 10^3 \times 10^{12})$ dB = 157 dB.

b) A energia por unidade de área emitida pelo morcego na fase de procura é $\Delta E_p = (10^4$ W/m²$)(2,5$ s$) = 2,5 \times 10^8$ J/cm². Na fase de captura será $\Delta E_c = (5 \times 10^3$ W/m²$)(0,5$ s$) = 2,5 \times 10^7$ J/cm².

c) Da Equação (4.25), temos: $\psi_p = \sqrt{2\rho_{ar} v_{ar} I}$; logo, para as ondas emitidas na fase de procura, teremos $\psi_{pp} = \sqrt{2 \times 1,3 \times 344 \times 10^4} = 2.991$ Pa. Para a fase de captura, $\psi_{pc} = \sqrt{2 \times 1,3 \times 344 \times 5 \times 10^3} = 2.115$ Pa.

d) Como o golfinho se desloca na água salgada ($\rho = 1,03 \times 10^3$ kg/m³) e a velocidade da onda nesse meio é 1.478 m/s, pela Equação (4.25), teremos que, na fase de procura,

$$I_p = \frac{1}{2\rho v}\psi_{pp}^2 = \frac{(2.991)^2}{2 \times 1,03 \times 10^3 \times 1.478} W = 2,94 \frac{W}{m^2}.$$

Para a fase de captura teremos

$$I_c = \frac{1}{2\rho v}\psi_{pc}^2 = \frac{(2.115)^2}{2 \times 1,03 \times 10^3 \times 1.478} W = 1,47 \frac{W}{m^2}.$$

Concluindo, pode-se dizer que existem classes diferentes de animais (ocasionalmente incluídos os humanos) que ouvem ruídos diretamente ligados a uma atividade normal, como caminhar, nadar, correr, espirrar etc., e animais que ouvem sons especialmente emitidos para ecolocalização: morcegos, cetáceos e pássaros. Esses sons não são normalmente usados ou ligados a outras atividades.

Problemas

1. Uma pedra de 400 g cai de uma altura de 1.200 m dentro de um recipiente contendo 2,5 kg de água. Em quanto se eleva a temperatura da água?
2. Um estudante toma um banho de 10 minutos, usando água quente a uma razão de 15 l/min. A temperatura da água quente é 60°C e da água fria, 20°C. Qual é:
   a) a energia térmica total utilizada neste banho?
   b) a taxa de energia térmica utilizada?
   c) o custo do banho, se essa energia custa 1 real por kWh?
3. Para elevar a temperatura de 350 g de chumbo de 0°C a 20°C foram necessários 880 J. Qual é o calor específico do chumbo?
4. Qual o aumento de temperatura na água fluindo em uma cachoeira de 50 m de altura?
5. Um arroio desce 200 m em uma distância de 2 km. Supondo que nenhum calor flua para dentro ou para fora do arroio, qual seria o aumento de temperatura?
6. Calcule a velocidade média quadrática de uma molécula de oxigênio a 27°C.
7. Partículas com massa $7,5 \times 10^{-17}$ kg estão suspensas em um líquido a 17°C. Calcule a velocidade média quadrática dessas partículas.
8. A velocidade média quadrática das moléculas de N_2, em determinado meio, é 1.500 m/s a 0°C. Calcule a velocidade média quadrática de partículas coloidais com massa molecular 3×10^3 kg/mol em suspensão nesse meio.
9. Se a temperatura de N_2 é 300 K, então calcule, em J e eV, a energia cinética média das moléculas desse gás.
10. A energia potencial elétrica entre duas partículas com cargas elétrica +q e –q separadas uma distância r é dada por $U(r) = -k\dfrac{q^2}{r}$, sendo k uma constante. Para isso, estamos considerando que a energia potencial é nula na distância $r = \infty$, ou seja, $U(\infty) = 0$.
    a) Faça um gráfico de U em função da distância r entre as cargas elétricas.
    b) Supondo que a energia total E desse sistema de partículas é conhecida, para que valores de r estão limitados os movimentos das partículas, quando $U(r) = E$, sendo $E < 0$?
    c) Qual o menor valor da energia total E para que as duas partículas possam se separar definitivamente?
11. A figura a seguir é um gráfico típico da energia potencial molecular U(r) entre dois íons, de uma molécula diatômica em função da separação r entre os centros do íons. Quando:
    a) $r = r_1$, calcule a energia cinética e a energia total da molécula.
    b) $r = r_2$, calcule a energia cinética da molécula.

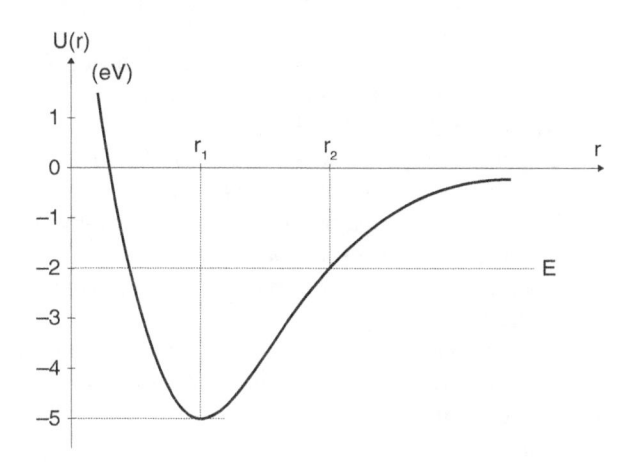

12. A figura a seguir é um gráfico da energia potencial U(r) da molécula HF em função da distância r entre os íons H^+ e F^-. Determine:
    a) para quais valores de r os íons se atraem e para quais se repelem. Explique sua resposta.
    b) o valor da energia potencial quando a distância entre os íons for muito grande ($r \to \infty$).

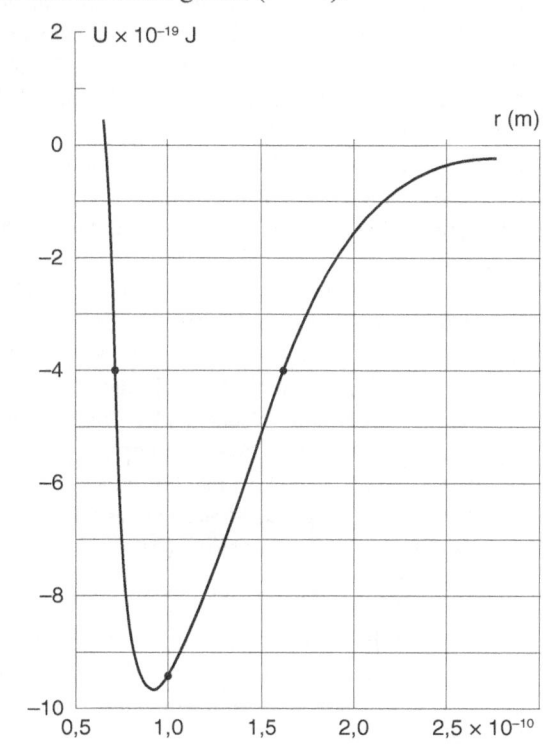

13. No gráfico do problema 12, considere:
    a) que o íon H^+ se encontra a $1,5 \times 10^{-10}$ m do íon F^-. A energia cinética de H^+ é $4,0 \times 10^{-19}$ J e a energia cinética de F^- é desprezível. Determine a energia potencial e a energia total da molécula HF;

b) que os íons estão separados, $2,15 \times 10^{-10}$ m. Determine a energia cinética da molécula, se a energia total é a mesma do item (a);

c) que o íon H^+ se encontra à máxima distância do íon F^- sem a molécula ser dissociada. Determine essa distância.

14. No gráfico do problema 12:
a) Considere que a energia total da molécula é $-9,5 \times 10^{-19}$ J; explique o movimento dos íons H^+ e F^-.
b) Calcule a energia mínima que deve ser fornecida à molécula para obter sua dissociação.
c) Calcule a energia liberada na formação de um mol de ácido fluorídrico.

15. Um mol de etanol (C_2H_5OH) é completamente oxidado a CO_2 e H_2O ($\Delta G = -327$ kcal/mol de etanol). Na oxidação de 1 g de etanol, calcule:
a) a energia livre liberada;
b) a quantidade de O_2 consumido;
c) a quantidade de CO_2 produzida.

16. Determine qual composto produziria maior quantidade de ATP por mol, ao sofrer oxidação completa a CO_2 e H_2O, um ácido graxo com 6 carbonos (por exemplo, ácido n-hexanoico) ou um glicídio de 6 carbonos (por exemplo, frutose).

17. Nas reações exergônicas: glicose → 2 ácidos lácticos e glicose + 6 O_2 → 6 CO_2 + 6 H_2O temos, respectivamente, $\Delta G = -52$ kcal/mol e $\Delta G' = -686$ kcal/mol. Calcule:
a) a energia livre produzida na oxidação completa do ácido láctico a CO_2 e H_2O;
b) quantos mols de ATP que poderiam ser sintetizados no acoplamento da oxidação da glicose com a reação endergônica ADP + P_i → ATP + H_2O, com uma eficiência de 40 %.

18. Nas seguintes reações exergônicas: glicose + 6 O_2 ↔ 6 CO_2 + 6 H_2O e glicose ↔ 2 etanol + 2 CO_2 temos, respectivamente, $\Delta G = -686$ kcal/mol e $\Delta G' = -55$ kcal/mol. Calcule o número de mols de ATP que poderiam ser sintetizados a partir da reação endergônica ADP + P_i → ATP acoplada com a oxidação completa de 1 mol de etanol a 2 CO_2 + 3 H_2O. Considere uma eficiência de conservação de energia de 44% sob condições padrão.

19. A energia de um einstein (um mol) é: $E = \dfrac{Nhc}{\lambda} = \dfrac{0,0286}{\lambda} \dfrac{cal}{einstein}$, onde $N = 6,023 \times 10^{23}$ fótons/einstein; $h = 6.626 \times 10^{-34}$ J·s $= 1.58 \times 10^{-34}$ cal·s é a constante de Planck; $c = 3 \times 10^8$ m/s é a velocidade da luz, e λ em metros é o comprimento de onda da luz. Calcule:
a) quantos mols de ATP poderiam ser sintetizados com eficiência máxima, por um organismo fotossintético, quando da absorção de 1 einstein de luz vermelha com $\lambda = 700$ nm;
b) quantas moléculas de ATP poderiam ser produzidas por um fóton;
c) a eficiência total de conversão de energia se 1 mol de ATP é formado por 2 einsteins de fótons.

20. Para a formação de um mol de glicose é necessário $\Delta G = 686$ kcal. A formação de glicose na fotossíntese segue a reação: 6 CO_2 + 6 H_2O + (nhc/λ) $\xrightarrow{fotossíntese}$ $C_6H_{12}O_6$ + 6 O_2. A eficiência desse processo, dada pela razão entre a energia armazenada e a energia fornecida, é em geral muito baixa ($\approx 2\%$). Entretanto, em experiências de laboratório é possível aumentar essa eficiência. Em uma dessas experiências, foram necessários em média 8 fótons de luz vermelha ($\lambda = 700$ nm) para a *redução de uma molécula de* CO_2. Calcule:
a) quantos fótons de luz vermelha foram necessários para a redução de um mol de CO_2;
b) a quantidade de energia radiante fornecida para a formação de um mol de glicose;
c) a eficiência do processo.

21. Anualmente são fixadas na Terra por fotossíntese pelo menos $1,6 \times 10^{10}$ toneladas de dióxido de carbono. Supondo que todo esse carbono seja utilizado na formação de glicose e que sejam necessárias 686 kcal para formação de um mol dessa substância, determine a ordem de grandeza do fluxo de energia no mundo biológico. Leve em conta que aproximadamente 2% da energia luminosa absorvida pelas plantas é convertida em energia química. Se a energia é realmente conservada, qual seria a razão de haver crise energética?

22. Uma pessoa caminha 50 km a uma razão constante de 5 km/h. Determine:
a) a energia gasta nesta caminhada;
b) a quantidade de alimento necessária para essa caminhada, assumindo uma energia alimentícia equivalente de $2,1 \times 10^7$ J/kg.

23. Uma pessoa de 50 kg consome 4.000 kcal de energia alimentícia por cada 1.000 kcal de trabalho realizado.
a) Quanto trabalho realiza a pessoa ao escalar uma montanha de 1.500 m?
b) Quanta energia alimentícia consome nessa escalada?

24. Uma dieta normal de uma pessoa adulta é aproximadamente 2.400 kcal/dia. Suponha que se queira perder 4,5 kg de gordura realizando uma atividade física ou seguindo um regime dietético. Quanto tempo:
a) necessitará trabalhar em uma atividade de 10^3 J/s?
b) será necessário mantendo uma dieta alimentícia de 1.200 kcal/dia?

25. A alimentação de uma pessoa corresponde à energia de $2,4 \times 10^3$ kcal/dia. Se toda esta energia for convertida em calor, determine:
a) a taxa média de energia liberada;
b) a quantidade de pessoas que se deve ter em um quarto, para liberar a mesma energia que um aquecedor elétrico de 1.500 W, se cada pessoa libera a taxa de calor em (a).

26. Quando uma pessoa está desperta, mas em repouso absoluto, sua taxa metabólica basal é proporcional à área da superfície total de seu corpo. Uma pessoa com área corporal total de 1,7 m² consome 15 litros de O_2 por hora, quando está em completo descanso. (Considere que o O_2 consumido reage com os carboidratos, gorduras e proteínas do corpo, liberando em média 4,8 kcal de energia por litro de O_2 consumido.) Determine:

a) a taxa metabólica basal;
b) a razão de metabolismo basal.

27. Se a gordura contém aproximadamente 40 kJ/grama, por quanto tempo 0,5 kg de gordura pode suprir a necessidade de combustível para manter um exercício moderado que exige uma taxa média de energia metabólica de 500 W?

28. Todo dia um homem com 70 kg usa aproximadamente 2.500 kcal de suas reservas energéticas. (A quantidade exata depende da atividade física desenvolvida pelo homem, ou seja, do trabalho realizado.) Se 1 kcal equivale a 4.185 J, qual será sua taxa metabólica ou consumo de energia por dia?

29. A taxa de metabolismo basal por dia de uma pessoa em média varia entre 80 W, ao dormir, e 150 W, quando está acordada. Quantas kcal devem ser consumidas por dia para a pessoa se manter viva?

30. Qual a razão de consumo de O_2 para uma pessoa durante o sono, admitindo-se uma taxa metabólica basal de 80 W?

31. Uma pessoa jejua durante uma semana. A sua taxa metabólica média é de 100 W. Estime a sua perda de peso.

32. Uma pessoa deseja reduzir seu peso por meio de uma dieta. Se ela reduz a sua alimentação de forma que a gordura de seu corpo deva suprir 1.000 kcal/dia, qual é o peso que ela perde em uma semana?

33. Uma pessoa de peso excessivo despende 1 h por dia em exercícios. Seu corpo despende uma taxa média de energia metabólica de 400 W em esforço adicional durante o exercício. Admitindo não haver acréscimo em sua dieta, qual é o peso que perde em uma semana?

34. Para um cavalo de 500 kg, determine:
a) a taxa metabólica;
b) a quantidade mínima de alimento de que ele necessita por dia, supondo que o valor calórico de sua dieta seja 5 kcal/g.

35. A razão de metabolismo basal (RMB) de um organismo é, por definição, independente de seu tamanho. Qual a RMB para uma pessoa com uma superfície corporal de 2,2 m^2, que consome 0,30 litros de O_2 por minuto?

36. Uma pessoa quando está caminhando consome em média 760 cm^3 de O_2 por minuto. Supondo que o valor calórico da dieta da pessoa seja 4,9 kcal/g, calcule:
a) a energia despendida por esta pessoa ao percorrer 10 km à velocidade constante;
b) a quantidade de alimento dessa dieta necessária para que ela reponha a energia utilizada.

37. Um homem com 70 kg subiu a pé, em 3 horas, uma montanha de 1.000 m de altura. Durante a subida, a pessoa consumiu O_2 com taxa de 2 litros/min. A metabolização de uma dieta típica libera 4,9 kcal por litro de O_2. Sendo g = 9,8 m/s^2, calcule:
a) o trabalho externo realizado pelo homem;
b) a potência média com que foi realizado esse trabalho;
c) a eficiência com que foi realizado o trabalho externo calculado no item (a);
d) a quantidade de energia transformada em calor pelo corpo do homem;
e) quanto alimento este homem precisa ingerir para recuperar a energia usada pelo corpo.

38. As eficiências metabólicas de duas pessoas são, respectivamente, 60% e 75%. Sua dieta típica é de 6.000 kcal e ambas realizam trabalho externo total de 3.600 kcal por dia. Como varia o peso de sua massa corporal aproximadamente? Considere o valor calórico da gordura.

39. Uma garota joga uma bola de 0,2 kg a uma altura de 6 m no ar; se os músculos do braço se contraem 5 mm quando do arremesso da bola, qual a força média exercida pelo músculo?

40. Assumindo que os músculos de uma pessoa de 80 kg têm uma eficiência de 22% para converter energia em trabalho, quanta energia é despendida pela pessoa ao subir uma altura de 15 m?

41. Um corredor consome O_2 a uma razão de 4,1 litros/min. Qual é sua taxa metabólica?

42. A potência de um ciclista deslocando-se com velocidade constante de 6,0 m/s em uma estrada plana é de 120 W. Calcule:
a) a força de atrito exercida pelo ar sobre o ciclista;
b) sua velocidade se ele mantiver a mesma potência e estiver dirigindo debruçado no guidão. Nesta posição o ciclista reduz a resistência do vento para 18 N.

43. Em que porcentagem aumentaria sua taxa metabólica se a temperatura de seu corpo passar de 37°C para 39°C?

44. Durante os exercícios físicos de uma pessoa, o sangue a 37°C flui em direção à pele a uma razão de 100 g/s. Se a razão de transferência de calor é 5.000 W, qual é a temperatura do sangue quando retorna ao interior do corpo humano? Assuma que o calor transferido surge do sangue e que o calor específico do sangue é o mesmo da água.

45. A evaporação do suor é um mecanismo importante no controle da temperatura em animais de sangue quente. Que massa de água deverá evaporar a superfície de um corpo humano com 80 kg para resfriá-lo 1°C? (Calor específico do corpo humano ≈ 3,48 kJ/kg·K; calor latente de vaporização da água a 37°C é 577 cal/g.)

46. O corpo de uma pessoa tem uma superfície efetiva de 1,2 m^2, e a temperatura de sua pele é 34°C. Calcule a razão com que o corpo perde calor para manter a temperatura do ar a 25°C.

47. Uma pessoa está em uma praia em um dia ensolarado, a uma temperatura de 30°C, absorvendo 30 kcal/hora na forma de radiação. A temperatura de sua pele é de 32°C, e sua área exposta, 0,9 m^2. Sendo h_C = 2,5 kcal/m^2·h·K, calcule:
a) a energia total absorvida durante uma hora;
b) a perda de calor por convecção.

48. Quando uma pessoa está submersa na água, sua perda de calor por convecção aumenta, sendo h_C = 16,5 kcal/m^2·h·K. Para uma pessoa de 70 kg, qual deve ser a temperatura da água para que sua perda de calor por convecção iguale a sua taxa metabólica basal? Considere A = 1,8 m^2 e T_{ch} = 35°C.

49. A TM de uma mulher de 50 kg incrementa para 350 W enquanto se sacode levemente. Se seu corpo perde calor em uma razão aproximada de 330 W, em quanto incrementará a temperatura de seu corpo durante 30 minutos desse movimento moderado? Considere o calor específico do corpo humano sendo igual a 3,48 kJ/kg·K.

50. Na falta de qualquer transpiração observável, há uma evaporação imperceptível de água através da pele e dos pulmões, que equivale a 600 g de água por dia. O calor de vaporização da água a 37°C é de 43,4 kJ. Qual é a razão de perda de calor em virtude dessa perda imperceptível?

51. A figura a seguir mostra uma onda senoidal propagando-se em uma corda. A curva sólida representa a forma da corda no instante t = 0; a curva tracejada representa a forma no instante t = 0,1 s. Determine:
a) a amplitude máxima da onda;
b) o comprimento da onda;
c) a velocidade da onda;
d) a frequência da onda;
e) o período da onda.

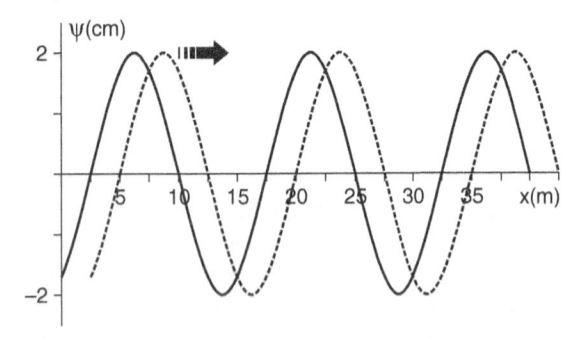

52. Em t = 0, a equação de uma onda é $\psi(x,0) = 0{,}2\,\text{sen}(0{,}5\pi \cdot x)$, onde ψ e x estão em cm. Para essa onda, calcule:
a) a amplitude máxima;
b) o comprimento de onda;
c) o deslocamento para x = 0,50 cm. Desenhe a onda no intervalo de 0 cm a 2 cm;
d) o deslocamento vertical para x = 0,66 cm no instante t = 6,6 ms, se a onda se move para a direita com velocidade de 50 cm/s;
e) o deslocamento vertical para x = 0,5 cm no instante t = 40 ms, se a onda se move para a direita com velocidade de 50 cm/s.

53. Escreva a equação de uma onda progressiva cuja amplitude máxima é 0,12 m, e o seu comprimento de onda é 30 cm.

54. Uma onda progressiva transversal em uma corda longa é descrita pela equação: $\psi(x,t) = 10\,\text{sen}[\pi \cdot x/2 - \pi \cdot t]$, sendo ψ em centímetro, x em metro e t em segundo.
a) Desenhe a configuração da corda até x = 4 m para os instantes t = 0, $\tau/4$, $\tau/2$, $3\tau/4$ e t = τ.
b) Determine a amplitude, a velocidade, o período (τ) e a frequência da onda.

55. O espectro de uma onda progressiva contém as seguintes frequências: 12 Hz, 24 Hz, 48 Hz e 96 Hz. Quais os harmônicos intermediários que faltam?

56. A equação $\psi(x,t) = A\,\text{sen}(k \cdot x - \omega \cdot t)$ pode representar tanto uma onda progressiva longitudinal quanto uma onda progressiva transversal. Explique o significado das variáveis x e ψ para cada tipo de onda.

57. Uma corda de violão de 0,75 m de comprimento tem frequência fundamental de 440 Hz. A densidade linear da corda é 2,2 g/m.
a) Quando se pulsa a corda fortemente, o harmônico fundamental vibra com um deslocamento máximo de 0,2 cm. Qual é a energia deste harmônico?
b) Qual é a energia do terceiro harmônico, se sua amplitude é 0,05 cm? (Lembre-se de que a amplitude de uma onda estacionária é o dobro da amplitude de sua componente senoidal.)

58. Como uma onda distorce o meio em que ela se propaga, há energia potencial associada à onda. Na Figura 4.13b, um elemento da corda de comprimento dx é distendido por uma onda a um novo comprimento ds. A energia potencial dU desse elemento de corda é o trabalho realizado pela tensão $\vec{T}$ ao distender o elemento. Demonstre que $(dU/dx) = \tfrac{1}{2}\,T \cdot (\partial \psi/\partial x)^2$.

59. A velocidade do som na água é de aproximadamente 1.480 m/s. Encontre a frequência da onda sonora cujo comprimento de onda na água seja o mesmo que o de uma onda no ar de frequência de 1.000 Hz.

60. Golpeia-se uma das extremidades de um trilho no qual a velocidade do som é 5.000 m/s. Uma pessoa, na outra extremidade, escuta dois sons, um deles produzido pela onda que se propagou ao longo do trilho e outro produzido pela onda que se propagou no ar. O intervalo de tempo que separa a chegada dos dois sons é 10 s. Calcule:
a) o comprimento do trilho;
b) o tempo gasto para o som atingir a outra extremidade através do ar.

61. Qual é a frequência de uma onda sonora:
a) cujo comprimento de onda no ar é de 5 m?
b) no mar, com o mesmo comprimento de onda que a anterior?

62. Para obedecer à exigência legal, um fabricante desenhou seus carros com um ruído máximo de 80 dB. Um teste na estrada com um desses carros revelou que o ruído máximo era de 90 dB. O fabricante afirma que a diferença entre a intensidade medida e o limite legal é desprezível. Calcule o aumento na intensidade do ruído e verifique a afirmação do fabricante.

63. Sons acima de 160 dB podem danificar o tímpano. Qual é:
a) a amplitude de pressão de uma onda sonora no ar com um nível de intensidade de 160 dB?
b) a força exercida sobre um tímpano de $5{,}5 \times 10^{-5}$ m² de área, por causa dessa onda? Considere a densidade do ar igual a 1,2 kg/m³ e a velocidade do som no ar, 341 m/s.

64. Um tubo de 1 m de comprimento é fechado em uma das extremidades. Um fio de 0,30 m de comprimento e 0,01 kg de massa fixa em ambas as extremidades vibra com sua frequência fundamental e está colocado transversalmente na extremidade aberta do tubo. Em consequência, a coluna de ar no tubo vibra em ressonância, também com a frequência fundamental. Determine:
a) a frequência de vibração da coluna de ar no tubo;
b) a tensão do fio.

65. Um foguete explode a uma altura de 400 m, produzindo, em um ponto no chão verticalmente abaixo dele, uma intensidade sonora média de $6,7 \times 10^{-2}$ W/m^2 durante 0,2 s. Calcule:
a) a intensidade média do som a uma distância de 10 m do foguete;
b) o nível do som a 10 m de distância do foguete;
c) a energia sonora total irradiada na explosão.

66. O ouvido externo consiste de uma parte externamente visível e do canal auditivo, que é a passagem do exterior para o tímpano.
a) Determine a frequência fundamental dessa passagem se o seu comprimento for 2 cm;
b) Explique o papel dessa cavidade na audição.

67. Quando uma mulher pronuncia o fonema *aw*, a primeira frequência formante da cavidade de sua fala é 590 Hz e a frequência fundamental de suas cordas vocais é 216 Hz.
a) Que harmônico é mais intensificado e por quê?
b) Se a mulher estivesse dentro da água do mar (velocidade do som, 1.478 m/s), qual seria a primeira frequência formante?

68. A frequência fundamental das cordas vocais de uma mulher é 212 Hz. Dentro da água do mar tenta comunicar-se com um golfinho que pode ouvir sons com frequência mínima de 10 kHz.
a) Qual deve ser a primeira frequência *formante* da cavidade de sua fala, ao pronunciar um *fonema* que possa ser ouvido pelo golfinho?
b) Que harmônico é mais intensificado e por quê? As velocidades do som no ar e na água do mar são, respectivamente, 343 m/s e 1.478 m/s.

69. Golfinhos e morcegos emitem ondas ultrassônicas com frequência superior a $2,5 \times 10^5$ e 10^5 Hz, respectivamente. Qual é o máximo comprimento de onda dessas ondas:
a) na água?
b) no ar?

70. Uma onda ultrassônica de 200 kHz de frequência, ao propagar-se em um meio, possui comprimento de onda igual a 2 mm. Ao passar para outro meio diferente, o comprimento de onda torna-se igual a 3 mm. Calcule:
a) a velocidade de propagação dessa onda em ambos os meios;
b) a relação entre as densidades dos dois meios, se R = 10% e T = 90%.

71. As ondas ultrassônicas têm muitas aplicações tecnológicas e médicas. Ondas com altas intensidades podem ser usadas sem dano ao ouvido humano. Para uma onda com intensidade de 10 W/cm^2, calcule:
a) seu nível de intensidade;
b) a energia transmitida em uma superfície de 1 cm^2 em 1 min;
c) a amplitude da onda de variação de pressão no ar;
d) a intensidade na água de uma onda ultrassônica com amplitude de pressão encontrada em (c). Considere: ρ_{ar} = 1,29 kg/m^3; $\rho_{água}$ = 10^3 kg/m^3; v_{ar} = 343 m/s a 20°C; $v_{água}$ = 1.500 m/s.

72. Compare a intensidade e o nível de intensidade do som audível que o ouvido humano tolera com os do ultrassom utilizado na diagnose médica e na fisioterapia.

73. Um morcego voa dentro de uma caverna, orientando-se mediante a utilização de bipes ultrassônicos (emissões curtas com duração de 1 ms ou menos e repetidas vezes por segundo). O morcego emite um som de 39 kHz. Durante uma arremetida veloz diretamente contra a superfície plana de uma parede, o morcego desloca-se a 1/40 da velocidade do som no ar. Qual a frequência com que:
a) as ondas incidem sobre a parede?
b) o morcego ouve o som refletido na parede?

74. Morcegos podem examinar características de um objeto, tais como tamanho, forma, distância, direção e movimento, sentindo como os sons de alta frequência emitidos por eles são refletidos pelos objetos. Discuta cada um desses aspectos. (Veja *Information content of bat sonar echoes*, por J. A. Simmons et al.)[17]

75. Quando um morcego procura seu alimento, emite ondas ultrassônicas de 160 dB; ao capturar seu alimento, a intensidade da onda emitida é 150 dB.
a) A fase de procura demora 2,5 s. Quanta energia recebe seu alimento em cada fase?
b) Quais são as amplitudes dessas ondas de pressão?

76. O efeito Doppler é usado para examinar o movimento das paredes do coração, principalmente dos fetos. Para isso, ondas ultrassônicas de comprimento de onda de 0,3 mm são emitidas, na direção do movimento da parede cardíaca. Se as velocidades de movimento dessa parede e do ultrassom no corpo humano forem, respectivamente, 7,5 cm/s e 1.500 m/s, calcule a variação de frequência observada devido ao efeito Doppler.

77. Uma onda ultrassônica de 1 MHz utilizada na diagnose está atravessando 1 cm de músculo e, em seguida, atravessará 1 cm de gordura até atingir o osso. A intensidade inicial do feixe incidente no músculo é de 10 mW/cm^2. Para ultrassom de 1 MHz, os coeficientes de atenuação do feixe no músculo, na gordura e no osso são, respectivamente, 0,13 cm^{-1}, 0,05 cm^{-1} e 1,2 cm^{-1}. Calcule a intensidade inicial transmitida na gordura e no osso e a intensidade do eco que atinge o transdutor proveniente da interação gordura-osso. Consulte a tabela a seguir:

Densidade e impedância acústica de alguns materiais e velocidade do ultrassom neles			
Material	ρ(kg/m³)	v(m/s)	Z(kg/m²·s)
Ar	1,29	331	430
Água	$1,00 \times 10^3$	1.480	$1,48 \times 10^6$
Músculo	$1,04 \times 10^3$	1.580	$1,64 \times 10^6$
Cérebro	$1,02 \times 10^3$	1.530	$1,56 \times 10^6$
Gordura	$0,92 \times 10^3$	1.450	$1,33 \times 10^6$
Osso	$1,90 \times 10^3$	4.040	$7,68 \times 10^6$

Referências bibliográficas

1. WILLEMS, P. A.; CAVAGNA, G. A.; HEGLUND N. C. External, internal and total work in human locomotion. *Journal of Experimental Biology*, v. 198, n. 2, fev. 1995, p. 379-393.

2. WARD, S.; MOLLER, U. et al. Metabolic power, mechanical power and efficiency during wind tunnel flight by the European starling *Sturnus vulgaris*. *Journal of Experimental Biology*, v. 204, n. 19, out. 2001, p. 3.311-3.322.

3. MCMAHON, T. A. Size and shape biology. *Science*, v. 179, n. 4.079, 1973, p. 1.201-1.204.

4. SCHMIDT-NIELSEN, K. Locomotion-energy cost of swimming, flying and running. *Science*, v. 177, n. 4.045, 1972, p. 222.

5. HINGEE, M.; MAGRATH, R. D. Flights of fear: a mechanical wing whistle sounds the alarm in a flocking bird. *Proceedings of the Royal Society B.*, v. 276, 2009, p. 4173-4179.

6. KINSLER, L. et al. *Fundamentals of Acoustics*. Monterrey: John Willey and Sons, 1982.

7. BEHREND, O.; KOSSL, M.; SCHULLER, G. Binaural influences on Doppler shift compensation of the horseshoe bat *Rhinolophus rouxi*. *The Journal of Comparative Physiology*, v. A185, n. 6, dez. 1999, p. 529-538.

8. KALKO, E. K. V.; SCHNITZLER, H. U.; KAIPF, I.; GRINNELL, A. D. Echolocation and foraging behavior of the lesser bulldog bat, *Noctilio albiventris*: preadaptations for piscivory? *Behavioral Ecology and Sociobiology*, v. 42, n. 5, maio 1998, p. 305-319.

9. KIANG, N. Y. S.; MAXON, E. C. Tails of tuning curves of auditory-nerve fibers. *Journal of the Acoustical Society of America*, v. 55, n. 3, 1974, p. 620-630.

10. RAVICZ, M. E.; MELCHER, J. R.; KIANG, N. Y. S. Acoustic noise during functional magnetic resonance imaging. *Journal of the Acoustical Society of America*, v. 108, n. 4, out. 2000, p. 1.683-1.696.

11. KREITHEN, M. L.; QUINE, D. B. Infrasound detection by the homing pigeon — behavioral audiogram. *The Journal of Comparative Physiology*, v. 129, n. 1, 1979, p. 1-4.

12. HILL, C. R. *Physical principles of medical ultrasonic*. England: Ellis Horwood Limited, 1986.

13. SIMMONS, J. A.; HOWELL, D. J.; SUGA, N. Information-content of bat sonar echoes. *American Scientist*, v. 63, n. 2, 1975, p. 204-215.

14. SCHÜLLER, G. Vocalization influences auditory processing in collicular neurons of the CF- FM-Bat, *Rhinolophusferrumequinum*. *The Journal of Comparative Physiology*, v. 132, n. 1, 1979, p. 39-46.

15. SANDERSON, M. I.; SIMMONS, J. A. Neural responses to overlapping FM sounds in the inferior colliculus of echo locating bats. *Journal of Neurophysiology*, v. 83, n. 4, abr. 2000, p. 1.840-1.855.

16. BRUNS, V.; SCHMIESZEK, E. Cochlear innervations in the greater horseshoe bat – demonstration of an acoustic fovea. *Hear. Res.*, v. 3, n. 1, 1980, p. 27-43.

17. SIMMONS, J. A.; HOWEL, D. J.; SUGA, N. Information-content of bat sonar echoes. *American Scientist*, v. 63, n. 2, 1975, p. 204-215.

CAPÍTULO 5

Biofísica da visão

OBJETIVOS DE APRENDIZAGEM

Depois de ler este capítulo, você será capaz de:
- Aplicar os conceitos básicos da óptica geométrica na biofísica da visão.
- Comparar e diferenciar os formatos das diversas formas de olhos existentes no reino animal e entender como é o funcionamento biológico deles.
- Explicar o funcionamento do olho humano e suas limitações ao ser comparado com a visão de outros espécimes do reino animal.
- Entender a importância das lentes no funcionamento de diversos instrumentos ópticos.
- Entender a origem e quantificar alguns defeitos visuais no humano.

5.1 Introdução

A *visão* dos espécimes vivos acontece através dos olhos, cujo funcionamento é uma resposta à ação *da luz*. O *termo luz* é utilizado para designar a radiação eletromagnética na *faixa de luz visível e um pouco fora dessa faixa*. Como mostra a Figura 5.1, a faixa de luz visível no *espectro eletromagnético* corresponde à radiação eletromagnética com comprimentos de onda (λ) entre 4×10^{-7} m e 7×10^{-7} m ou frequências (ν) entre $7,5 \times 10^{14}$ Hz e $4,3 \times 10^{14}$ Hz. Esse intervalo de frequência contém as correspondentes às cores que vão desde o violeta até o vermelho. A *luz ultravioleta* é uma faixa de radiação eletromagnética com frequências $\nu > 4,3 \times 10^{14}$ Hz, e a *luz infravermelha* é

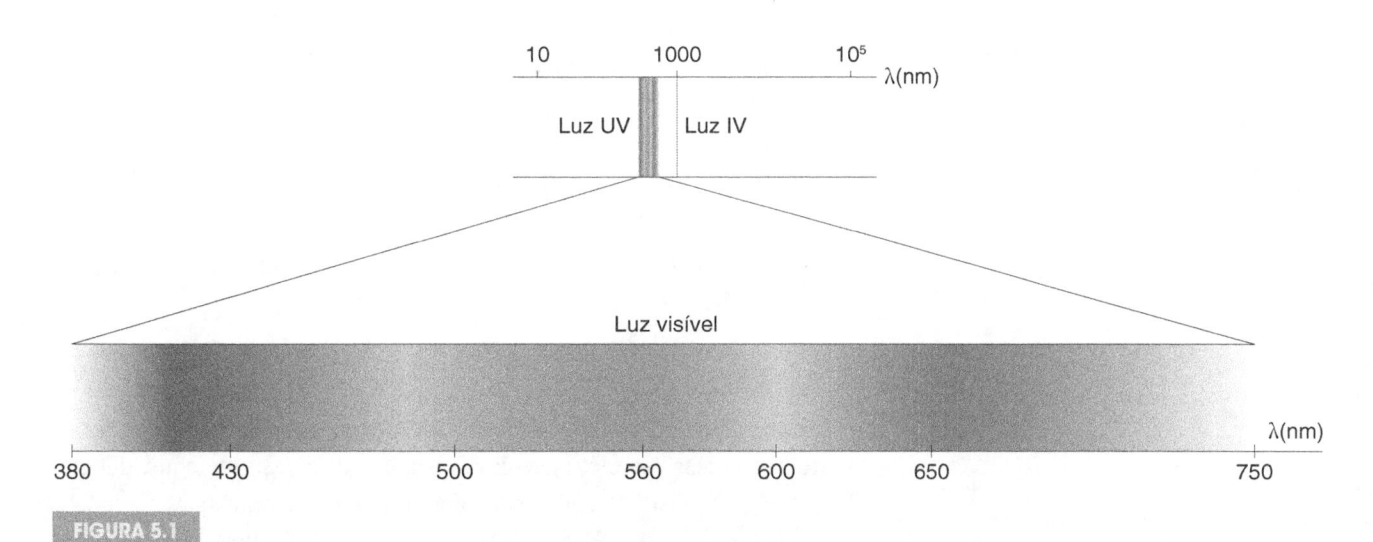

FIGURA 5.1

Faixas no espectro eletromagnético da luz visível, ultravioleta e infravermelha.

uma faixa de radiação eletromagnética com frequências $\nu < 7{,}5 \times 10^{14}$ Hz. A faixa de frequências no espectro eletromagnético desses dois tipos de luz também é mostrada na Figura 5.1.

A luz propaga energia sem propagar massa, sendo importante para todo tipo de vida que existe na Terra. Além disso, ela proporciona aos espécimes informações sobre o meio ambiente que são vitais para sua sobrevivência. A luz é muito utilizada em aplicações médicas, científicas, tecnológicas etc. A *natureza* da luz pode ser *ondulatória* (nesse caso, apresenta-se como ondas transversais) ou *corpuscular* (constituída por corpúsculos ou *quantum* de energia).

Se a frequência da luz for ν, um *quantum* de energia ΔE é definido pela relação:

$$\Delta E = h \cdot \nu = h \cdot \frac{c}{\lambda} \qquad (5.1)$$

Na Equação (5.1), h é a constante de Planck de valor $6{,}626 \times 10^{-34}$ J·s e c, a velocidade constante da luz no ar ou no vácuo de valor 3×10^8 m/s. Como a luz visível é policromática, a energia total de um *quantum* de energia é determinada pela integração dos *quanta* de energia correspondentes a cada frequência constituinte do espectro visível.

A velocidade v da luz em um meio que não seja ar ou vácuo depende das características físicas desse meio. O *índice de refração n* é um parâmetro que caracteriza certas propriedades ópticas de um meio e seu valor afeta a velocidade da luz nesse meio.

$$n = c/v. \qquad (5.2)$$

Como $c \geq v$, para qualquer meio óptico, então sempre teremos $n \geq 1$. No caso do ar ou vácuo, teremos n = 1. Valores de n para outros meios estão relacionados na Tabela 5.1.

TABELA 5.1

Índice de refração de algumas substâncias (valores correspondentes à luz amarela)

Substância	n
Ar (CNPT)	1,000
Água a 20°C	1,333
Acetona a 20°C	1,358
Etanol a 20°C	1,360
Diamante	2,4168
Cristal de quartzo	1,553
Quartzo fundido	1,458
Cloreto de sódio	1,544
Córnea	1,340
Humor aquoso	1,330
Lente do olho	1,424
Humor vítreo	1,336

Exemplo: O comprimento de onda típico das micro-ondas é 3 cm; da luz vermelha, 6.500 Å, e dos raios x brandos, 0,37 Å. Determine o valor de um *quantum* de energia de cada uma dessas radiações eletromagnéticas e comente seus resultados.

Resolução: na Equação (5.1), substituindo os valores da constante de Planck e da velocidade da luz no vácuo, teremos $\Delta E = (19{,}878 \times 10^{-26}/\lambda)$ J, sendo λ medido em metros. Logo:

- para as micro-ondas com $\lambda = 3 \times 10^{-2}$ m, teremos $\Delta E_{mw} = 6{,}626 \times 10^{-24}$ J;
- para a luz vermelha com $\lambda = 6{,}5 \times 10^{-7}$ m, teremos $\Delta E_{ver} = 3{,}058 \times 10^{-19}$ J;
- para os raios x brandos com $\lambda = 0{,}37 \times 10^{-10}$ m, teremos $\Delta E_{rx} = 5{,}372 \times 10^{-15}$ J.

A unidade de energia comumente utilizada quando se trabalha com radiações eletromagnéticas é o elétron volt (eV), que tem a seguinte equivalência: 1 eV = $1{,}602 \times 10^{-19}$ J. Em função dessa unidade, teremos: $\Delta E_{mw} = 4{,}12 \times 10^{-5}$ eV $\ll \Delta E_{ver} = 1{,}91$ eV $\ll \Delta E_{rx} = 3{,}35 \times 10^4$ eV. Portanto, enquanto o λ da radiação diminui, os quanta de energia ficam mais energetizados.

Exemplo: Calcule a velocidade da luz:
a) na água;
b) no vidro e
c) no diamante. O que você conclui desses resultados?

Resolução: a Tabela 5.1 apresenta os índices de refração de cada uma das substâncias mencionadas. Portanto, utilizando a Equação (5.2), determinamos que a velocidade da luz é:
a) Na água, $v_{água} = c/n_{água} = (3 \times 10^8/1{,}333)$ m/s $= 2{,}25 \times 10^8$ m/s.
b) No vidro, $v_{vidro} = c/n_{vidro} = (3 \times 10^8/1{,}517)$ m/s $= 1{,}98 \times 10^8$ m/s.
c) No diamante, $v_{dia} = c/n_{dia} = (3 \times 10^8/2{,}4168)$ m/s $= 1{,}24 \times 10^8$ m/s.
Dessa maneira, concluímos que, nos meios opticamente mais densos do que o ar ou vácuo, a luz propaga-se mais lentamente.

Reflexão e refração da luz

Toda vez que a luz *incide* sobre a superfície que separa dois meios ópticos transparentes à luz, esta será *refletida e refratada*. O comprimento da onda incidente (λ_i) será igual ao da onda refletida (λ_r) e diferente do comprimento da onda refratada (λ_t). De fato, como as luzes incidentes e refletidas estão no mesmo meio óptico de índice de refração n, de acordo com a Equação (5.2), a velocidade da luz incidente será a mesma que a da luz refletida. Logo $v_i = c/n = \nu\lambda_i$ e $v_r = c/n = \nu\lambda_r$, assim $\lambda_i = \lambda_r$. Quando acontece a refração, as luzes incidentes e refratadas se encontram em meios ópticos diferentes com índices de refração n e n', respectivamente. Portanto, no meio incidente, $n = c/v_i = c/\nu\lambda_i$ ou $n\lambda_i = c/\nu$ e, no meio refratado, $n'\lambda_t = c/\nu$, o que implica $n\lambda_i = n'\lambda_t$. Na Figura 5.2 foi utilizada a natureza ondulatória da luz para mostrar as leis da reflexão e da refração da luz, quando incide sobre uma superfície plana que separa dois meios ópticos de índices de refração n e n'.

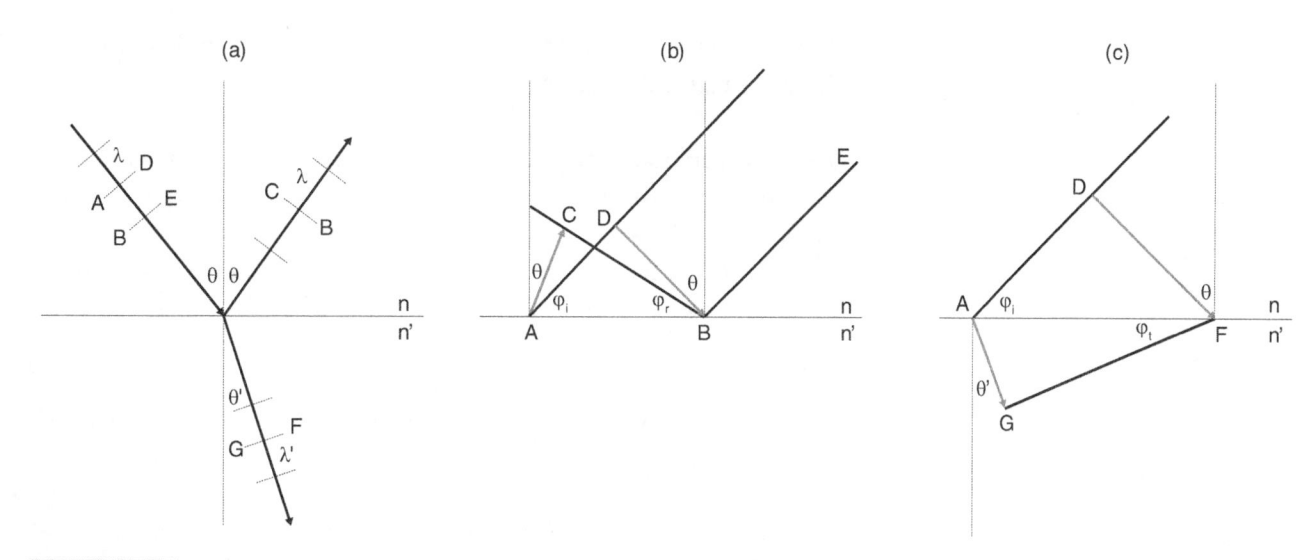

FIGURA 5.2

a) Raios de luz: incidente, refletido e refratado (transmitido) com as respectivas frentes de onda e meios ópticos de índices de refração n e n'. b) Frentes de onda incidente AD e refletido BC; φ_i e φ_r são os ângulos de incidência e reflexão, respectivamente. c) Frentes de onda incidente AD e refratado GF; φ_i e φ_t são os ângulos de incidência e refração, respectivamente.

Na Figura 5.2b, os triângulos retângulos ADB e ACB são congruentes; como AC = BD = vτ (τ, período da onda, e v, velocidade no meio de índice de refração n), teremos $\varphi_i = \varphi_r = \theta$, ou seja, *ângulo de incidência = ângulo de reflexão* (lei da reflexão).

Na Figura 5.2c, DF = vτ e AG = v'τ (v', velocidade da onda no meio de índice n'), e do triângulo retângulo ADF: $AF = \dfrac{DF}{\sen \varphi_i} = \dfrac{v\tau}{\sen \theta}$. Do triângulo retângulo AGF: $AF = \dfrac{AG}{\sen \varphi_t} = \dfrac{v'\tau}{\sen \theta'}$; logo, $\dfrac{v}{\sen \theta} = \dfrac{v'}{\sen \theta'}$, ou pela Equação (5.2), teremos

$$n \cdot \sen\theta = n' \cdot \sen\theta' \tag{5.3}$$

Willebrord Snell Van Royen (1580-1626), astrônomo e matemático holandês. Introduziu o método de triangulação em substituição aos métodos diretos para calcular distâncias. Executou a primeira medida correta de um arco de meridiano terrestre e descobriu a lei da refração da luz (1620).

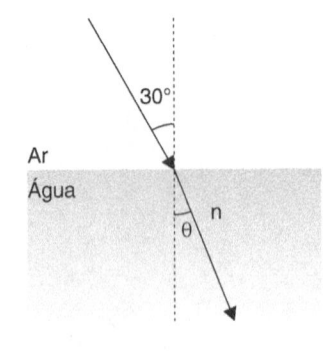

A Equação (5.3) denomina-se *lei da refração* ou lei de Snell.
Dos valores relativos de n e n', pode-se concluir que, quando:

- n = n', o *meio é único* e não tem significado falarmos em luz refratada.
- n' → ∞, o *meio n' é compacto*; nesse caso, senθ' → 0, e a refração não acontece.
- n' > n ⇒ senθ > senθ' ou θ > θ', ou seja, a luz refratada *acerca-se* da normal à superfície que separa os meios.
- se n > n' ⇒ senθ' > senθ ou θ' > θ, ou seja, a luz refratada *afasta-se* da normal à superfície que separa os meios.
- θ' = 90°, a luz incidente é totalmente refletida; dizemos que houve *uma reflexão interna total*. Se n > n', o correspondente ângulo de incidência denomina-se *ângulo crítico* θ_c. Nesse caso, pela lei de Snell: $n \cdot \sen\theta_c = n' \cdot \sen 90°$ ou $\sen\theta_c = n'/n$.

Toda vez que a luz incidir com um ângulo $\theta > \theta_c$, acontecerá uma reflexão interna total. Por exemplo, se o meio incidente é o vidro (n = 1,5) e o meio de refração é o ar (n' = 1,0), então $\sen\theta_c = \dfrac{1}{1,5} = 0,667$ ou $\theta_c \cong 42°$ para a superfície vidro/ar.

Exemplo: Um feixe de luz no ar incide sobre a água com um ângulo de 30°. Qual é o ângulo do feixe transmitido?

Resolução: aplicando-se a lei de Snell — Equação (5.3) — à figura ao lado, teremos sen30° = n·senθ. Utilizando-se para n o valor da Tabela 5.1, teremos sen30° = 1,333 × senθ. Portanto, senθ = 0,375, ou θ ≅ 22°.
Nesse caso, por ser o índice de refração do meio transmitido *maior* do que o do meio incidente, o feixe refratado estará mais perto da normal que o feixe incidente.

Exemplo: Qual deve ser o ângulo crítico entre os meios água e ar para termos reflexão interna total?

Resolução: para se ter *reflexão interna total*, o meio incidente deverá ter índice de refração maior que o do meio transmitido. Pela definição de ângulo crítico e utilizando a lei de Snell, teremos: 1,333 × $\sen\theta_c$ = sen90°, logo $\theta_c \cong 48,6°$. Assim, para ângulos de incidência acima de 48,6°, não haverá feixe transmitido no caso de os meios serem ar e água.

Exemplo: Um tanque retangular de 1 m de altura está cheio de água. Uma pessoa na parte externa ao tanque observa, com um ângulo de 30°, um peixe que está no fundo do tanque. Qual deverá ser o tamanho máximo do peixe para que este seja totalmente observado pela pessoa?

Resolução: a figura ao lado mostra como a pessoa enxerga o peixe. Sendo x o comprimento do peixe, aplicando-se a lei de Snell e conhecendo-se $n = \frac{4}{3}$ para a água, teremos $\text{sen}\,30° = n \cdot \text{sen}\,\varphi$; então $\text{sen}\,\varphi = 0,375$.

Por outro lado, do triângulo retângulo no interior do tanque, temos $\text{sen}\,\varphi = \frac{x}{\sqrt{x^2 + 1}} = 0,375$. Resolvendo essa equação, encontramos que o tamanho máximo do peixe no fundo do tanque deverá ser $x = 40,45$ cm.

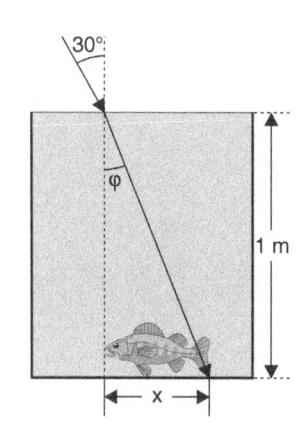

Coeficientes de reflexão e transmissão

A *energia da luz incidente* na superfície que separa dois meios ópticos diferentes se fraciona entre a luz que é refletida e a que é transmitida. Essa fração de energia é medida pelos coeficientes de reflexão (R) e de transmissão (T), respectivamente. Os valores desses coeficientes dependem: (1) do ângulo de incidência; (2) dos índices de refração dos meios ópticos e (3) da polarização da onda eletromagnética incidente.

A Figura 5.3 representa uma situação com os feixes incidente, refletido e transmitido em um mesmo plano ou *plano de incidência*. Os vetores campo elétrico $\vec{E}_i$, $\vec{E}_r$ e $\vec{E}_t$ de cada feixe também estão nesse plano, e *os meios ópticos* têm índices de refração n_1 e n_2. A *polarização* dos vetores campo elétrico é *paralela* ao plano de incidência.

Ao deduzir as expressões gerais de R e T, deve-se levar em consideração que a intensidade I da onda é proporcional ao quadrado da intensidade de campo elétrico ou do campo magnético: $I \propto E^2$ ou $I \propto B^2$, sendo $\vec{B}$ o componente magnético da onda eletromagnética. Escolhendo o vetor campo elétrico para o cálculo de I, as intensidades dos feixes incidente, refletido e refratado satisfazem, respectivamente: $I_i \propto E_i^2$, $I_r \propto E_r^2$ e $I_t \propto E_t^2$.

O feixe luminoso é uma *onda transversal eletromagnética progressiva*, que satisfaz a equação de onda (4.13). Tanto a componente campo elétrico $\vec{E}$ como campo magnético $\vec{B}$ da onda eletromagnética satisfazem essa equação. A forma matemática mais geral para expressar $\vec{E}$ ou $\vec{B}$ será a parte real de

$$\vec{E} = \vec{E}_0 e^{i(\vec{k}\cdot\vec{r} - \omega t)} \text{ ou } \vec{B} = \vec{B}_0 e^{i(\vec{k}\cdot\vec{r} - \omega t)} \quad (5.4)$$

Na Equação (5.4), $\vec{k}$ é o vetor de onda, ω é frequência angular da onda e $\vec{r}$, o vetor de posição. Se o vetor do campo elétrico dos feixes incidente, refletido e transmitido tem, respectivamente, as amplitudes $\vec{E}_{0i}$, $\vec{E}_{0r}$ e $\vec{E}_{0t}$, pode-se demonstrar que

$$\frac{E_{0r}}{E_{0i}} = \frac{n_1^2 \,\text{sen}\,\theta \cos\varphi - n_2^2 \cos\theta\,\text{sen}\,\varphi}{n_1^2 \,\text{sen}\,\theta \cos\varphi + n_2^2 \cos\theta\,\text{sen}\,\varphi} \quad (5.5)$$

$$\frac{E_{0t}}{E_{0i}} = \frac{2 n_1^2 \,\text{sen}\,\theta \cos\theta}{n_1^2 \,\text{sen}\,\theta \cos\varphi + n_2^2 \cos\theta\,\text{sen}\,\varphi} \quad (5.6)$$

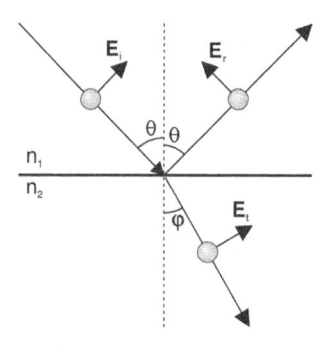

FIGURA 5.3

Plano de incidência contendo os feixes de luz incidente, refletido e transmitido.

Os coeficientes de reflexão e transmissão são definidos como:

$$R = \left|\frac{E_{0r}}{E_{0i}}\right|^2; \quad T = \frac{n_2}{n_1}\left|\frac{E_{0t}}{E_{0i}}\right|^2 \quad (5.7)$$

Em particular, para uma incidência normal à superfície ($\theta = \varphi = 0$) que separa os meios, teremos:

$$R = \frac{I_r}{I_i} = \left(\frac{n_2 - n_1}{n_2 + n_1}\right)^2; \quad T = \frac{I_t}{I_i} = \frac{4n_1 n_2}{(n_2 + n_1)^2} \quad (5.8)$$

Pela conservação da energia, $I_i = I_r + I_t$ ou $R + T = 1$.

Exemplo: Duas placas de vidro ($n_0 = 1{,}5$) estão separadas por uma camada fina de um líquido de índice de refração n. Se $\theta = 60°$ e o líquido for:
a) água ($n = 1{,}33$), de quanto é o ângulo de refração?
b) álcool ($n = 1{,}36$), qual é a intensidade da luz transmitida na placa inferior de vidro?

Resolução: as trajetórias dos feixes luminosos estão mostradas na figura ao lado.
a) Aplicando-se a lei de Snell, calculamos o ângulo de refração φ do feixe transmitido na água. De $1{,}5$ sen $60° = 1{,}33$ senφ, encontramos sen$\varphi = 0{,}9743$ ou $\varphi \cong 77°$.
b) Na superfície que separa o álcool do vidro, o feixe incide com um ângulo ψ que satisfaz a relação $1{,}36$ sen$\psi = 1{,}5$ sen$60°$; logo, sen$\psi = 0{,}9552$ ou $\psi \cong 72{,}78°$. Se I_0 é a intensidade do feixe na placa superior de vidro, e I_1 a intensidade do feixe no álcool, então $I_1 = TI_0$. O coeficiente de transmissão T será calculado utilizando-se a Equação (5.7):

$$T = \frac{1{,}36}{1{,}5}\left(\frac{2 \times 1{,}5^2 \operatorname{sen} 60° \cos 60°}{1{,}5^2 \cos 72{,}78° \operatorname{sen} 60° + 1{,}36^2 \operatorname{sen} 72{,}78° \cos 60°}\right)^2 = 0{,}956.$$

Se I_2 é a intensidade do feixe na placa inferior de vidro, então $I_2 = T'I_1 = 0{,}956T'I_0$. O coeficiente T' será

$$T' = \frac{1{,}36}{1{,}5}\left(\frac{2 \times 1{,}36^2 \operatorname{sen} 72{,}78° \cos 72{,}78°}{1{,}36^2 \operatorname{sen} 72{,}78° \cos 60° + 1{,}5^2 \cos 72{,}78° \operatorname{sen} 60°}\right)^2 = 0{,}566.$$

A intensidade da luz transmitida na placa inferior de vidro será $I_2 = 0{,}5411 I_0$ ou 54,11% da intensidade da luz incidente.

Reflexão interna total: fibras ópticas

Fibras ópticas são fios longos e flexíveis de vidro ou plástico transparente, com diâmetros da ordem de 2×10^{-3} cm $= 20$ μm. A luz que incide em um dos extremos da fibra, como mostra a Figura 5.4, experimenta *reflexão total no interior dela*.

As *fibras ópticas* são bastante utilizadas em medicina, odontologia e, principalmente, na tecnologia de transmissões.

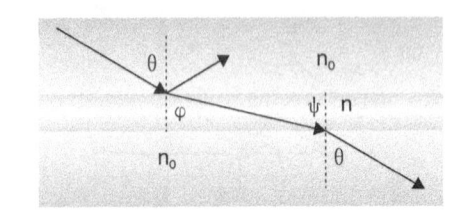

FIGURA 5.4

Esquema simplificado de uma fibra óptica.

Exemplo: O índice de refração do rabdoma de um omatídio de uma mosca do gênero *Calliphora* é 1,365 e do meio que o rodeia, 1,339. Qual o ângulo do vértice do cone que contém os raios luminosos que, ao atingir o rabdoma, experimentam reflexões internas totais e não escapam dele, à semelhança de uma *fibra óptica*?

Resolução: considerando que o rabdoma tem forma cilíndrica e que o cone de luz incidindo em um de seus extremos tem ângulo 2ψ, como mostra a figura ao lado, para acontecer *reflexão interna total* no ponto P sobre a superfície do rabdoma, o ângulo de incidência θ deverá satisfazer a lei de Snell: $n_1 \cdot \text{sen}\theta = n_2 \cdot \text{sen}90°$, ou $\text{sen}\theta = n_2/n_1$.

Logo, $\text{sen}\theta = 0,98$ ou $\theta \cong 78,8°$; como $\theta + \psi \cong 90°$, teremos $\psi \cong 11,2°$. Dessa forma, todos os raios de luz que estão no cone de ângulo $2\psi \cong 22,4°$ e que incidem no centro do extremo de rabdoma experimentarão reflexão interna total.

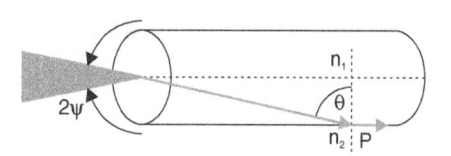

5.2 Biofísica da visão

O acionamento de sentido da visão inicia-se nos olhos; é a *incidência de luz nos olhos* que fornece a energia necessária para que células especializadas, localizadas em sua estrutura, sejam excitadas. O *potencial receptor* resultante do estímulo luminoso gera potenciais de ação que são conduzidos pelas células nervosas até o cérebro, onde é interpretada a mensagem do estímulo. A interpretação físico-biológica da excitação produzida por essa radiação eletromagnética depende da estrutura da célula receptora presente no olho. Em alguns espécimes, sobretudo em mamíferos, a *percepção das cores* pelo sentido da visão é essencial, e os mecanismos para isso dependem de *fatores evolucionários*, que provavelmente estão ligados à necessidade de busca e reconhecimento dos alimentos.

Nos primatas herbívoros, a percepção das cores é importante para encontrar alimentos adequados; já os mamíferos de hábitos noturnos possuem um sistema de percepção de cores cuja sensibilidade é bastante reduzida, visto que não há luz suficiente para o funcionamento das células especializadas.

Algumas formas de olhos

No reino animal, a forma dos olhos é bastante diversificada; porém, independentemente de sua forma, em geral encontramos em sua estrutura células fotorreceptoras e uma camada com pigmentos. A Figura 5.5 mostra olhos com formas de *cálice* (figura a) e de *vesícula* (figuras b e c), as quais fazem com que os feixes de luz que incidem no olho tenham direções bastante limitadas, pelo fato de a abertura por onde passam ser estreita. Algumas espécies apresentam uma *lente* na abertura do olho e, nesse caso, o feixe de luz incidente experimenta uma refração antes de chegar à retina.

A forma dos *olhos dos vertebrados* (figura d) apresenta uma lente de forma adequada para que os feixes de luz refratados cheguem a uma maior área da retina, a qual possui um formato côncavo. Os cefalópodes, uma classe de moluscos, apresentam uma forma de olho semelhante à dos vertebrados.

Algumas formas de olhos apresentam um conjunto de lentes de tamanhos diferentes alinhadas em série (figura e), como é o caso dos copépodes (ordem de crustáceos) *pontella*.

O arranjo das células fotorreceptoras no interior do olho adapta-se à forma do olho, como mostra a Figura 5.6. As células fotorreceptoras podem estar alinhadas sobre: uma lâmina plana e lisa (figura a); um contorno em forma de cálice (figura b); um contorno vesicular (figura c) ou um contorno

FIGURA 5.5

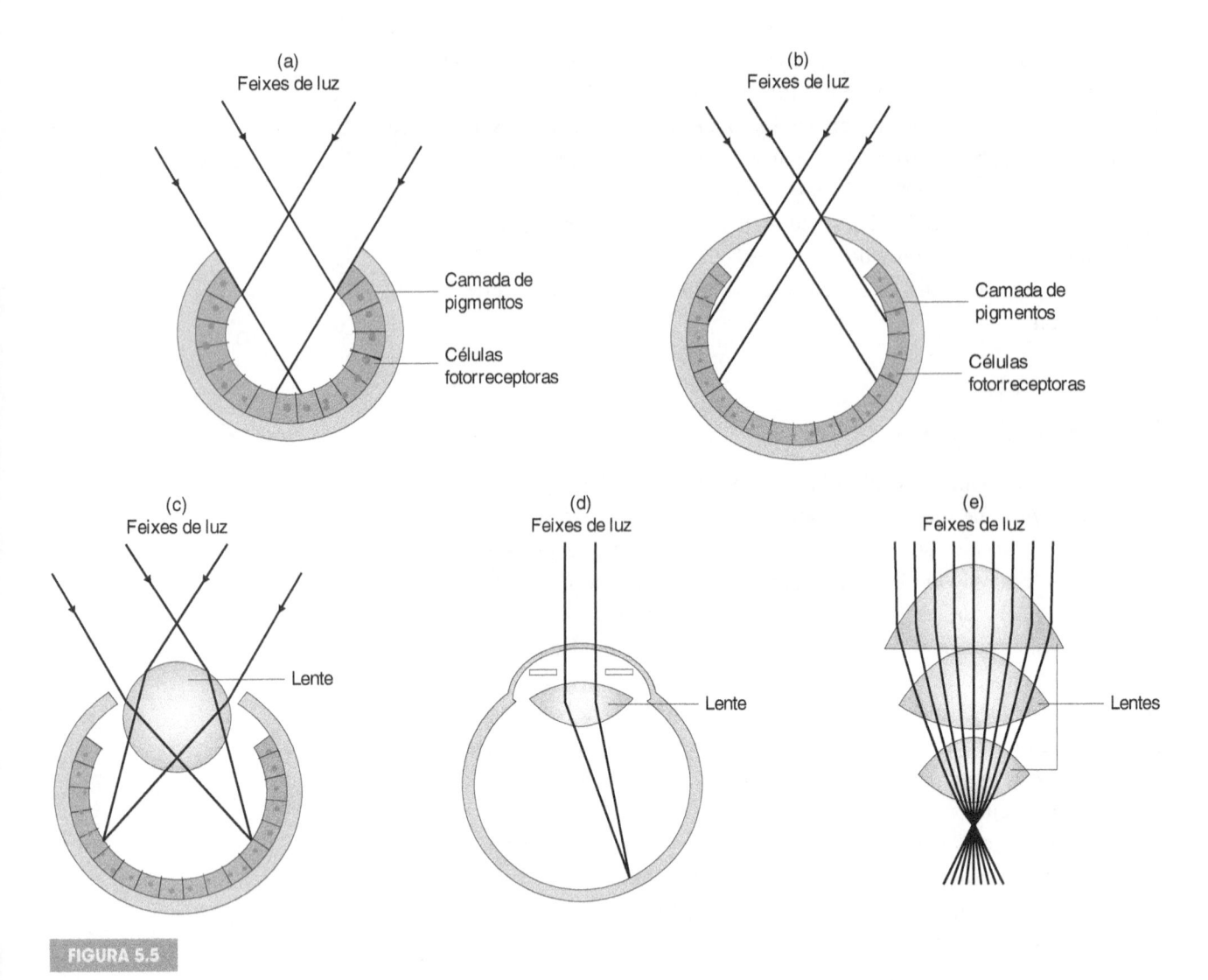

Olhos em forma de: cálice (a); vesícula sem lente (b); vesícula com lente (c). Forma dos olhos dos vertebrados (d) e olhos constituídos por várias lentes em série (e).

de forma convexa (figura d). Os neurônios que transmitem a informação elétrica do estímulo luminoso estão ligados em série com terminais das células fotorreceptoras.

Olhos compostos

Os olhos dos artrópodes (insetos, crustáceos, miriápodes, aracnídeos) e de alguns moluscos são denominados *olhos compostos*, por serem órgãos constituídos por um grande número de omatídios, pequenas facetas receptoras da luz que possuem lente e cone cristalino. Essas facetas ou protuberâncias da membrana celular contêm *fotopigmentos*, que absorvem fótons de luz. Por exemplo, o número de omatídios na libélula é da ordem de 28.000; na mutuca, da ordem de 7.000; na mosca, da ordem de 4.000 etc. A Figura 5.7 mostra um esquema da estrutura de um olho composto obtido a partir das observações com microscópios óptico e eletrônico. Observamos que o *omatídio* possui várias componentes, entre elas o *rabdoma*, que apresentam uma camada interna de *células retinulares*, local onde encontramos a *rodopsina*, ou pigmentos fotossensíveis.

Capítulo 5 Biofísica da visão **155**

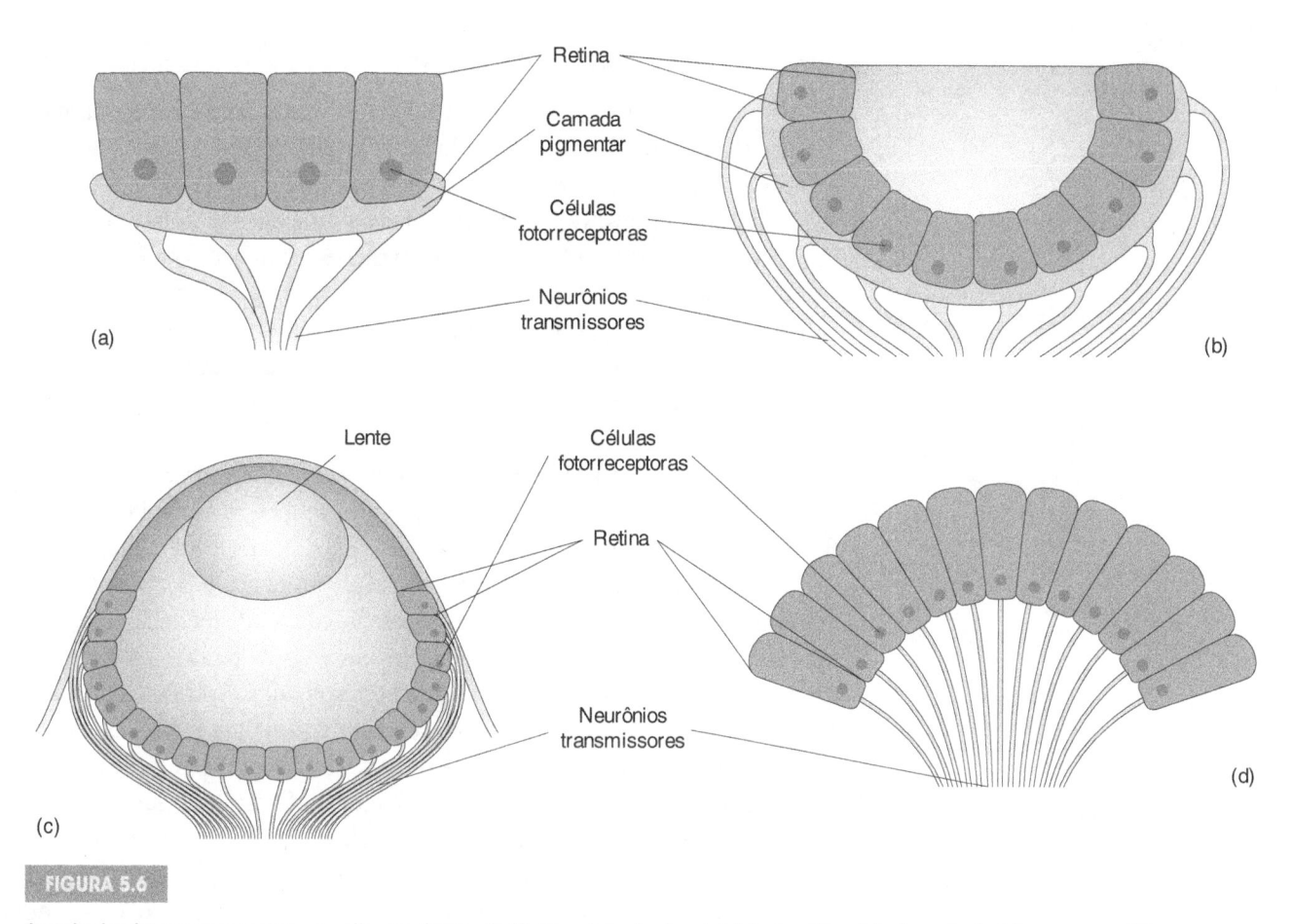

FIGURA 5.6

Arranjo dos fotorreceptores em um olho em forma: de lâmina plana horizontal (a); de cálice (b); de vesícula (c) e convexa (d).

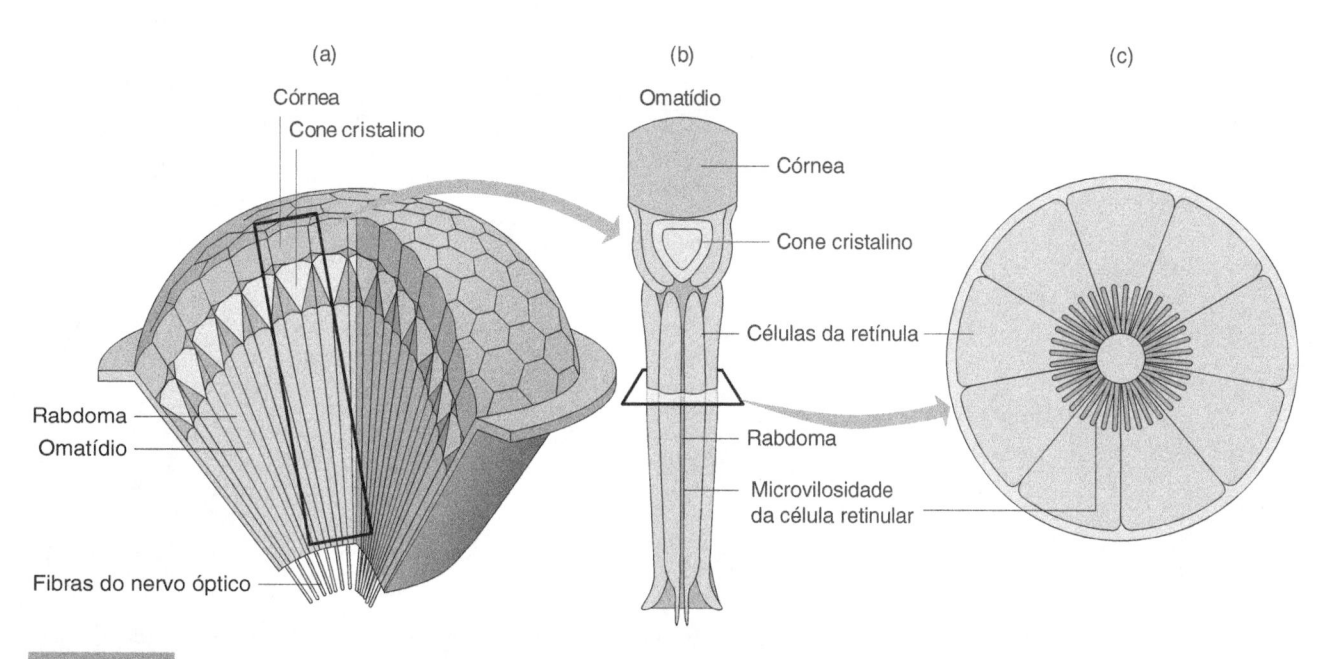

FIGURA 5.7

Nesta representação esquemática de um olho composto (a) é destacada a forma de um omatídio (b). Os fotopigmentos estão localizados em protuberâncias da membrana celular semelhantes a dedos (microvilosidades) (c).

Transmissão da luz pelo rabdoma

A luz, ao incidir na córnea, atravessa-a, passa pelo cone cristalino e é focalizada sobre a extremidade do rabdoma. O conjunto *córnea + cone cristalino* é denominado *dispositivo dióptrico* do olho. A trajetória da luz, ao atravessar esse dispositivo, segue as regras da reflexão e da refração através de meio óptico transparente. Essa trajetória está esquematizada na Figura 5.8a. Normalmente, os raios de luz que incidem na córnea (n > 1) encontram-se no ar (n = 1) e, ao serem transmitidos através do dispositivo dióptrico, eles tendem a convergir ao extremo do *rabdoma*. Esse efeito é reforçado pelo fato de o raio de curvatura das *lentes dos olhos* ser fixo, sendo, portanto, seu ponto focal também fixo.

Sendo n o índice de refração da córnea, pela lei de Snell: $\text{sen}\theta_i = n \cdot \text{sen}\theta_r$. Por ser n > 1, o ângulo de refração θ_r é menor que o ângulo incidente θ_i; logo, o raio transmitido acerca-se do eixo axial do dispositivo dióptrico.

A Figura 5.8b mostra a seção transversal de um omatídio. Observamos que o rabdoma está envolto por uma camada de células da retínula, que cobre toda sua extensão. É no rabdoma que encontramos os pigmentos fotossensíveis que absorvem fótons de luz. Para certos ângulos, os raios luminosos que chegam a um extremo do rabdoma experimentarão uma *reflexão interna total*, não conseguindo, portanto, escapar de seu interior (à semelhança do que acontece com uma fibra óptica). Quando o olho composto é de *aposição* (por exemplo, o olho de uma abelha), os rabdômeros apresentam-se em formato compacto, bem como a camada de células da retínula, como mostra a Figura 5.8c. Nos olhos compostos de *superposição neural* (por exemplo, o olho de uma mosca), a disposição dos pigmentos é semelhante aos olhos de aposição, porém os rabdômeros não são contínuos, como mostra a Figura 5.8d.

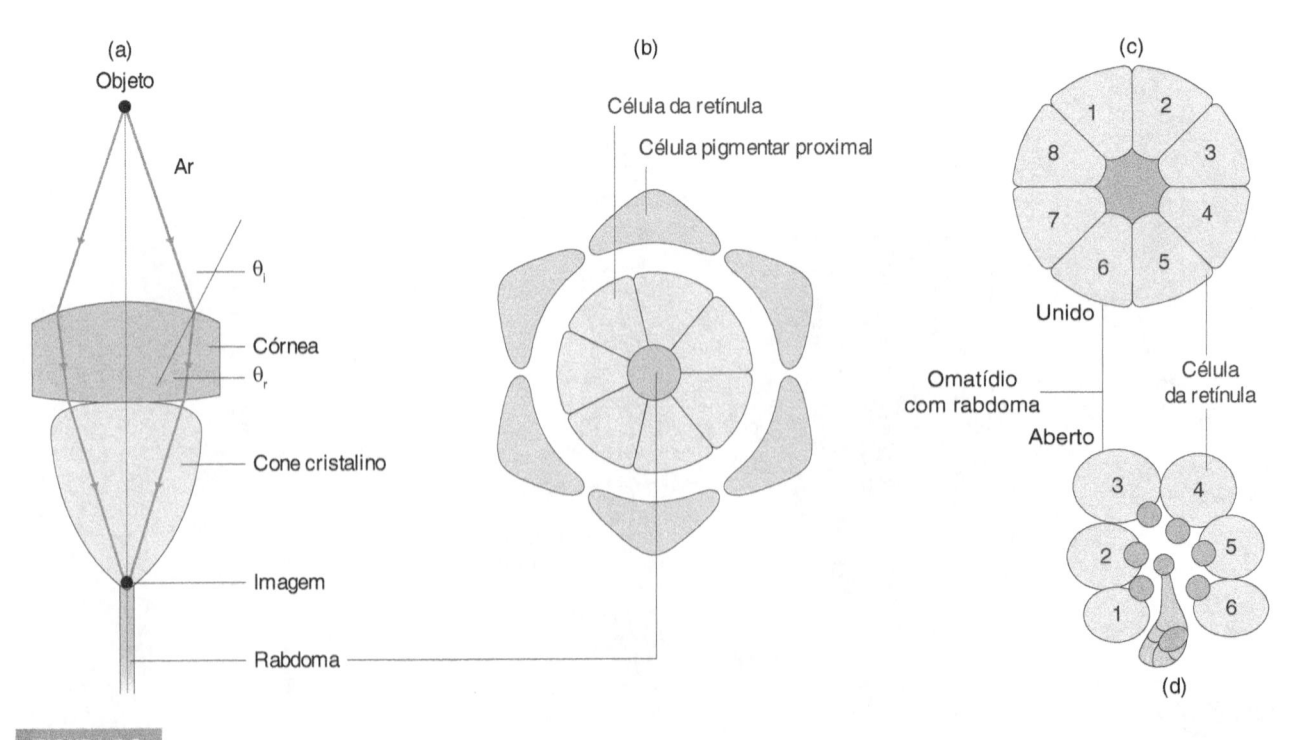

FIGURA 5.8

a) Dispositivo dióptrico. Seção transversal de um: b) omatídio; c) omatídio com rabdoma unido; d) omatídio com rabdoma aberto.

Normalmente, *o rabdoma dos insetos* tem comprimento entre 100 μm a 600 μm e índice de refração (n) maior que o do meio que o rodeia (n_0). Por exemplo, no caso da mosca: n = 1,365 e n_0 = 1,339.

Exemplo: Apesar de a lente do olho dos humanos ter superfície bastante curvada, o efeito de focalização da lente praticamente não é tão grande. A principal ação de focalização no olho deve-se à córnea. O meio externo ao olho é o ar; o índice de refração da lente é 1,424 e dos humores aquoso e vítreo, 1,336; explique esse efeito de focalização com o traçado de raios luminosos.

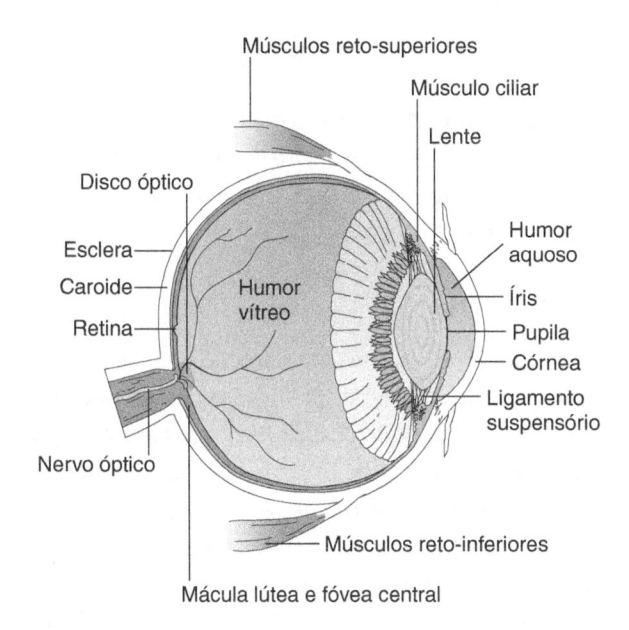

Resolução:
C: córnea
L: lente
n_0 = 1,000
n_l = 1,424
n_{ha} = n_{hv} = 1,336

θ = ângulo de incidência
$θ_4$ = ângulo de refração
O_1: centro de curvatura de C
O_2: centro de curvatura de L

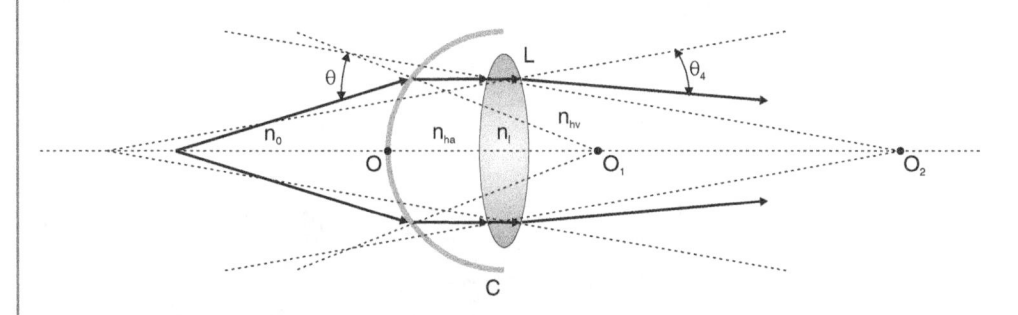

Para um raio de luz que incide com ângulo $θ_1$ sobre a superfície que separa o humor aquoso da lente, teremos um ângulo refratado $θ_2$, que satisfaz a relação: sen$θ_2$ ≅ 0,938 sen$θ_1$; logo, $θ_1$ > $θ_2$. Na superfície que separa a lente do humor vítreo, veremos que um ângulo incidente $θ_3$ e um ângulo refratado $θ_4$ satisfazem a relação sen$θ_4$ ≅ 1,066 sen$θ_3$, logo $θ_4$ > $θ_3$. Considerando L uma lente delgada, no diagrama da trajetória do feixe luminoso teremos:

$\theta_3 \cong \theta_2$, o que implica $\theta_4 > \theta_2$ e, finalmente, $\theta_4 \cong \theta_1$. Assim, os raios luminosos que vão da pupila ao humor vítreo experimentam uma pequena convergência por causa da ação da lente L do olho.

Os feixes luminosos que incidem desde o ar com ângulo θ sobre a superfície curva da córnea experimentam uma refração de ângulo φ que satisfaz a relação sen$\varphi \cong 0,75$ senθ, logo $\varphi < \theta$. Dessa maneira, todo feixe de luz que vai do ar à lente do olho experimenta uma convergência mais acentuada, que é produzida pela lente na passagem desse mesmo feixe ao humor vítreo.

5.3 Difração e interferência da luz

O fenômeno resultante da passagem de uma onda de comprimento λ através de uma *fenda estreita* de abertura b é conhecido como *difração da onda*. A onda difratada, como mostra a Figura 5.9, experimenta uma *divergência angular* θ. A difração será:

- *Fraca*, quando temos uma fenda com abertura $b \gg \lambda$.
- *Acentuada*, quando temos abertura $b \cong \lambda$; neste caso, sen$\theta \cong \lambda/b$.

Entendemos por *interferência* todo efeito ondulatório do princípio da *superposição*. Ou seja, se duas ou mais ondas encontram-se em um ponto, o deslocamento do meio é a soma do deslocamento de cada onda. A Figura 5.10 mostra esse efeito para a superposição de duas ondas esféricas.

As regiões onde as cristas (ou os vales) de ambas as ondas se cortam são de *interferência construtiva*; já as regiões onde as cristas de uma onda se cruzam com os vales da outra são de *interferência destrutiva*. Se um ponto contém mais de duas ondas, as figuras de interferência dependerão da distância entre as fendas, porém sua intensidade estará modulada pela difração.

Um dos experimentos mais destacados na física foi o realizado por Young para mostrar a *natureza ondulatória* da luz. Nesse experimento, uma onda plana de comprimento λ incide em um painel com duas fendas estreitas separadas uma distância d, como mostra a Figura 5.11. A figura de interferência resultante é projetada em um anteparo que se encontra a uma distância $D \gg d$ do painel.

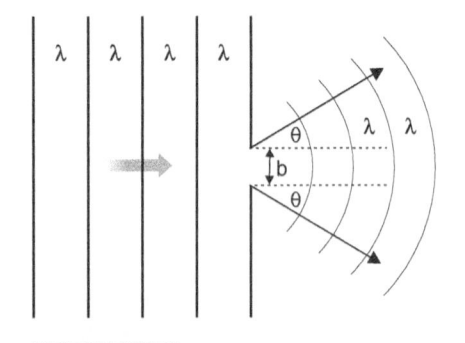

FIGURA 5.9

Difração de uma onda de comprimento de onda λ através de uma fenda estreita de espessura b.

Thomas Young (1773-1829), médico e filólogo inglês. Observou e interpretou o fenômeno das interferências luminosas e descobriu a acomodação do cristalino que permite a visão nítida nas diferentes distâncias. Propôs a teoria da visão.

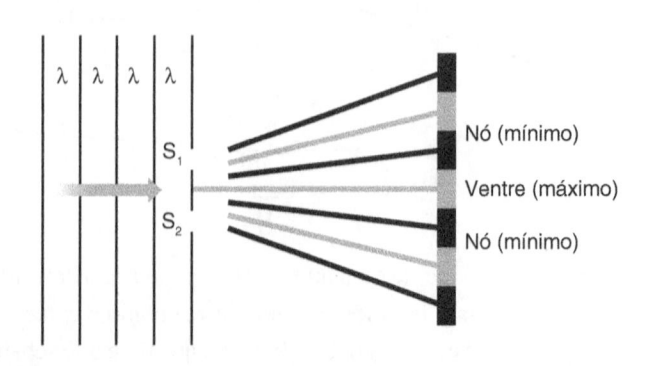

FIGURA 5.10

Modelo de interferência de duas ondas esféricas que emanam das fendas S_1 e S_2, cuja dimensão é menor do que λ.

Como d ≪ D, pode-se considerar como *quase paralelos* os raios AP e BP difratados pelas fendas A e B, respectivamente; o ponto P sobre o anteparo está a uma distância x do ponto O da linha de simetria QO. Se o ponto P for uma zona *brilhante*, nessa zona aconteceu uma *interferência construtiva* pelo fato de que a diferença de caminhos BC das ondas originadas nas fendas é um *número inteiro n* de comprimentos de onda λ; ou seja: BC = n·λ ≅ d·senθ, sendo n = 0, 1, 2, 3... A zona correspondente a n = 0 é o máximo central do espectro de interferência; os outros máximos serão zonas localizadas simetricamente com relação ao máximo central.

No caso de *interferências construtivas*, devemos ter

$$\operatorname{sen}\theta \cong n\frac{\lambda}{d}. \tag{5.9}$$

A *interferência destrutiva* acontecerá quando θ satisfaz a relação

$$\operatorname{sen}\theta \cong \left(n+\frac{1}{2}\right)\frac{\lambda}{d}. \tag{5.10}$$

Como d ≪ D, à distância QP ≅ D; logo, senθ ≅ tgθ = $\frac{x}{D}$. Assim, a distância entre o centro da franja máxima central e o centro da franja máxima de ordem n será:

$$x_n \cong n\lambda \cdot \frac{D}{d}. \tag{5.11}$$

A distância entre o centro de duas franjas máximas consecutivas será:

$$\Delta x = x_{n+1} - x_n = \lambda \cdot \frac{D}{d}. \tag{5.12}$$

Se uma onda plana incide sobre uma fenda retangular muito estreita de largura b, teremos uma *figura de difração* constituída por zonas de interferências construtivas e destrutivas, como é mostrado na Figura 5.12. O máximo central é muito mais largo que os máximos secundários simetricamente distribuídos em ambos os lados do máximo central.

Quando L ≫ b, a franja de ordem n correspondente a uma *interferência destrutiva* satisfaz a seguinte relação:

$$\operatorname{sen}\theta_n \cong n \cdot \frac{\lambda}{b}. \tag{5.13}$$

Na Equação (5.13), n = ±1, ±2, ±3 etc., e θ_n é o ângulo formado pela horizontal e a reta que une o centro da fenda e o centro da enésima franja de interferência destrutiva. Se $x_1 = \frac{L\lambda}{b}$ e $x_2 = \frac{2L\lambda}{b}$ são posições no anteparo da primeira e da segunda zona de interferência destrutiva, respectivamente, medidas desde o centro do máximo principal (veja Figura 5.12), então $x_2 = 2x_1$, ou seja, a *largura do máximo principal é o dobro da largura do máximo seguinte*.

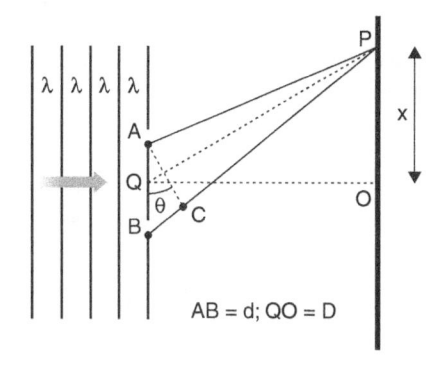

FIGURA 5.11

Montagem do experimento de Young, para o caso de duas fendas separadas uma distância d.

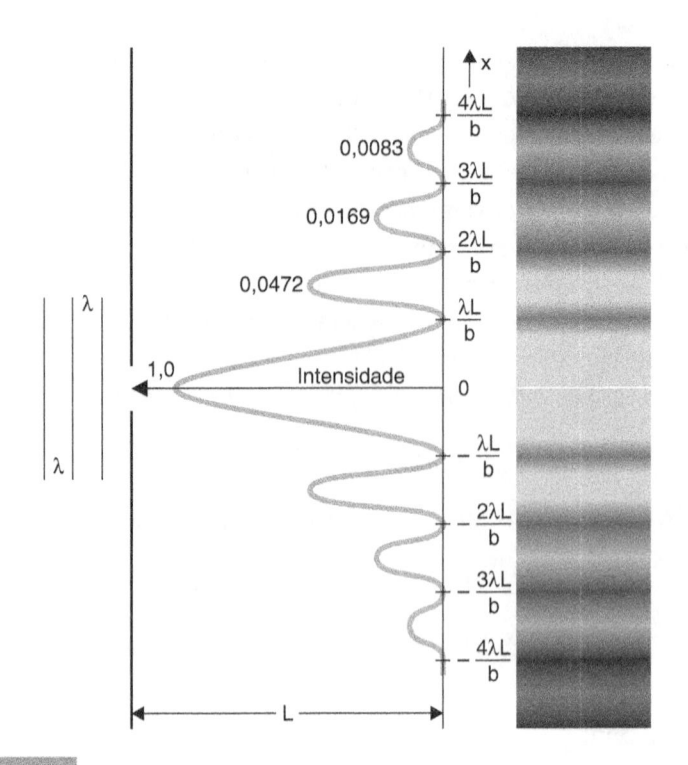

FIGURA 5.12

Difração de Fraunhofer em uma fenda simples de largura b.

Exemplo: Uma luz vermelha de $\lambda = 700$ nm experimenta *difração* por uma fenda horizontal de 1,4 μm de largura.
a) Qual deverá ser a frequência de uma onda sonora para que esta sofra igual difração por uma porta de 1 m de largura?
b) Essa onda pode ser ouvida por uma pessoa?

Resolução: a Equação (5.13) fornece a posição de cada zona escura do espectro de difração gerado por uma fenda simples. Logo, $\operatorname{sen}\theta_n = n \cdot \dfrac{7 \times 10^{-7}\,\text{m}}{1,4 \times 10^{-6}\,\text{m}} = 0,5n$.
a) Uma onda sonora que experimenta a mesma difração através de uma fenda de 1 m de largura deve satisfazer a relação: $\lambda_{os} = (1\,\text{m}) \times 0,5 = 0,5$ m. A frequência dessa onda sonora será $\nu_{os} = (343\,\text{m/s})/0,5\,\text{m} = 686$ Hz.
b) Essa frequência está dentro da faixa de audição dos humanos.

Exemplo: A luz que incide sobre um obstáculo opaco com duas fendas separadas 0,15 mm gera um espectro de *interferência* sobre um anteparo colocado a 2,5 m do obstáculo. A distância entre as zonas brilhantes do espectro é 7,6 mm. Qual é o comprimento de onda da luz que gerou este espectro?

Resolução: como a separação entre as fendas é muito menor do que a sua distância ao anteparo, então, pela Equação (5.12), a separação entre duas zonas brilhantes consecutivas será $7,6 \times 10^{-3}\,\text{m} = \lambda \cdot \dfrac{2,5\,\text{m}}{1,5 \times 10^{-4}\,\text{m}}$. Logo, $\lambda = 4,56 \times 10^{-7}$ m $= 456$ nm.

Difração por uma fenda circular

Se uma onda plana, de comprimento de onda λ, incide sobre uma *fenda circular* de raio a, resultará uma figura de difração que consiste em franjas circulares claras e escuras que correspondem, respectivamente, a interferências construtivas e destrutivas. A Figura 5.13 mostra esse espectro de difração; o círculo central do espectro é o máximo principal, ou *disco de Airy*; a primeira franja escura ou primeiro mínimo acontece quando: $\sen\theta = 1,22\frac{\lambda}{2a}$.

Esse caso de difração se aplica no estudo do mecanismo de geração de imagens nos olhos de formato esférico. Aplica-se também na resolução de instrumentos ópticos.

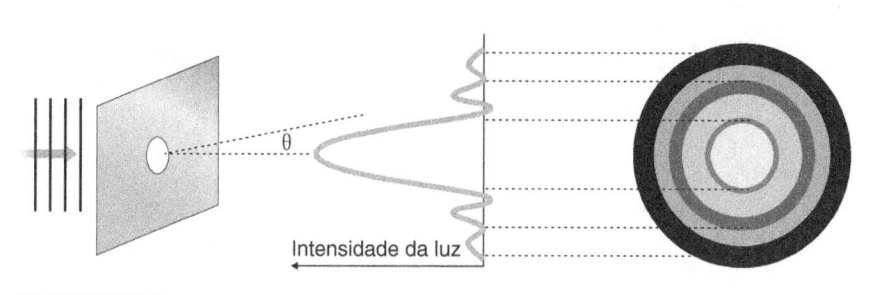

FIGURA 5.13

Difração de Fraunhofer por uma fenda circular de raio a.

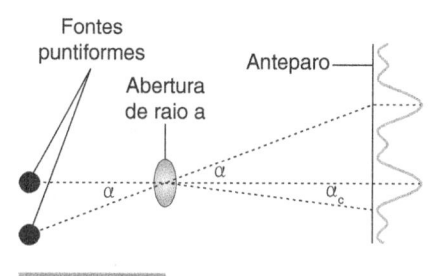

FIGURA 5.14

Os espectros de difração de duas fontes distantes da abertura são facilmente separados quando $\sen\alpha$ é maior do que $\frac{1,22\lambda}{2a}$.

Poder de resolução

Toda vez que se tem duas fontes luminosas pontuais e incoerentes, a separação angular entre elas em relação ao centro de uma abertura circular é fundamental para se obter um espectro de difração bem resolvido (a Figura 5.14 mostra o caso de uma separação α entre as fontes). Entende-se por *poder de resolução* a separação angular das fontes de luz quando o centro do máximo principal do espectro de difração de uma fonte e o primeiro mínimo do outro espectro coincidem. Com isso, as duas fontes estão perceptivelmente separadas. Esse é o critério de resolução de Rayleigh.

Quando as fontes têm uma *separação angular crítica* α_c, onde $\alpha_c = \sen^{-1}\left(\frac{1,22\lambda}{2a}\right)$, o critério de Rayleigh se satisfaz. Teremos, então, uma figura de difração com resolução máxima. Toda vez que a separação angular $\alpha > \alpha_c$, haverá uma pequena superposição das figuras de difração, e as fontes aparecerão distintas. A Figura 5.15 mostra as figuras de difração resultantes quando $\alpha \gg \alpha_c$ e $\alpha_c \cong \alpha$; as figuras mostram que, se α diminui, a superposição das figuras de difração aumenta, tornando-se difícil distinguir as duas fontes.

Na natureza, encontramos um grande número de animais com seu sistema visual bastante evoluído.[1,2,3] Esses espécimes apresentam fotorreceptores com formato *fino e comprido*, com índice de refração muito maior que do meio que envolve o fotorreceptor. Esses sistemas visuais apresentam um *grande poder de resolução*.

John William Strutt Rayleigh (1842-1919), físico britânico, estudou a difusão da luz na atmosfera, com o que explicou o azul do céu. Determinou um valor para o número de Avogadro e descobriu o argônio com Ramsay. Recebeu o Prêmio Nobel de física em 1904.

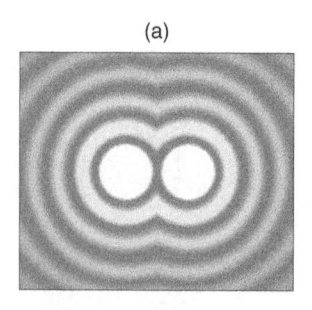

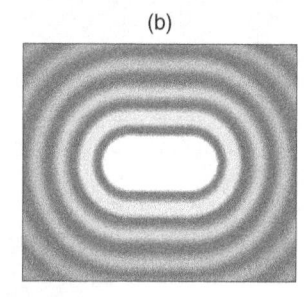

FIGURA 5.15

Figura de difração através de uma abertura circular de duas fontes incoerentes, quando: a) $\alpha \gg \frac{0,61\lambda}{a}$; b) $\alpha = \frac{0,61\lambda}{a}$.

Exemplo: Calcule o poder de resolução do olho humano normal, sabendo que sua máxima sensibilidade acontece para $\lambda_0 = 550$ nm e que o diâmetro da pupila é 2 mm. Considere que a refração da luz somente acontece na córnea, e a imagem de um objeto colocado 25 cm à frente do olho forma-se em um meio com n = 1,33 (índice de refração do humor vítreo).

Resolução: na figura a seguir, P' e Q' são os centros dos discos de difração das fontes P e Q, respectivamente. Pelo critério de resolução de Rayleigh, a distância P'Q' será igual ao raio do disco central do espectro de difração.

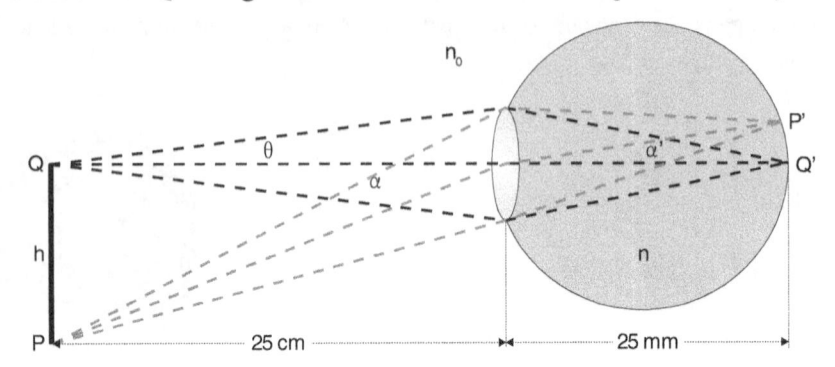

Pelo critério de Rayleigh: $\operatorname{sen}\alpha = \dfrac{1,22 \times \lambda_0}{\text{abertura}} = \dfrac{1,22 \times 5,5 \times 10^{-7}\,\text{m}}{2 \times 10^{-3}\,\text{m}} \cong$ $0,33 \times 10^{-3}$ rad. $\therefore$ PQ = 250 mm $\times$ tg$\alpha \cong$ 250 mm $\times$ sen$\alpha \cong$ 0,0839 mm $\cong$ 0,1 mm. *Esse valor é aproximadamente o poder separador real de um olho normal.* Pela lei de Snell, $n_0 \operatorname{sen}\alpha = n \operatorname{sen}\alpha'$, portanto sen$\alpha' \cong 0,25 \times 10^{-3}$ rad. Logo, P'Q' = 25 mm $\times$ tg$\alpha' \cong$ 25 mm $\times$ sen$\alpha' \cong 6,3 \times 10^{-3}$ mm $\cong$ 0,01 mm. Dessa forma, para um olho normal, todo objeto colocado a 25 cm na frente do olho produz uma imagem na retina com dimensões de aproximadamente 0,1 da dimensão real.

Exemplo: Quando olhamos diretamente para um objeto, os raios de luz desse objeto convergem para a fóvea (a linha do centro da lente até a fóvea é denominada *eixo visual* e forma um ângulo aproximado de 4° em relação ao eixo da lente). A fóvea contém *somente* cones em um número aproximado de 10.000, e sua área é da ordem de 0,05 mm^2. Considerando essas informações:
a) Calcule a distância média entre os centros dos cones na fóvea.
b) Para que a imagem que se forma na fóvea tenha um máximo poder de resolução, que ângulo é subtendido a partir do centro da lente?
c) O objeto observado, cuja imagem se forma na fóvea, encontra-se a 100 m do olho. De quanto será sua dimensão linear?

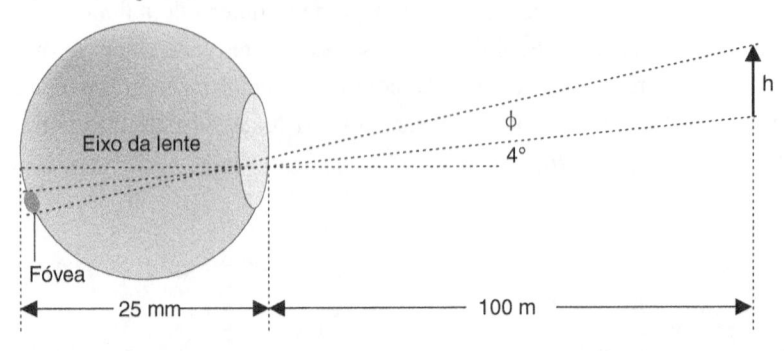

Resolução: se r é o raio médio da seção transversal de um cone, $10.000\,\pi r^2 \cong 0,05$ mm², ou $r \cong 1,26 \times 10^{-3}$ mm.

a) A distância média entre os centros dos cones será $2r \cong 2,52$ μm.

b) Se a forma da fóvea é aproximadamente um círculo de raio a, teremos $\pi a^2 = 0,05$ mm²; logo, $a \cong 0,126$ mm. Considerando que a imagem formada na fóvea tenha um comprimento igual a 2a, então a fóvea subtenderá um ângulo $\phi = \dfrac{\text{arco}}{\text{raio}} \cong \dfrac{2 \times 0,126}{25} = 0,01\text{ rad} \cong 0,6° \cong 35'$, medido desde o centro da lente.

c) Por ser ϕ muito pequeno, desconsideraremos a pequena alteração de ϕ, no meio externo ao olho por efeito da refração experimentada. Logo, se h é a dimensão característica do objeto, cuja imagem tem o tamanho 2a, teremos $\text{tg}\,\phi \cong \dfrac{h}{100}$, o que implica $h \cong 1$ m.

Exemplo: O diâmetro da pupila de uma ave marinha é da ordem de 1 mm. A ave está pairando no ar a 100 m da superfície do mar (n = 1,333) e enxerga um peixe que está a 3 m de profundidade. Qual deverá ser o *tamanho mínimo* do peixe, se a luz que incide sobre ele tem comprimento de onda de 500 nm?

Resolução: essa situação corresponde ao caso de um sistema visual com *grande poder de resolução*. A resolução das fontes será máxima quando o critério Rayleigh for satisfeito. Na figura ao lado, se α_c é a separação angular crítica, então

$\alpha_c = \text{arcsen}(1,22 \times 5 \times 10^{-7}\text{m}/10^{-3}\text{m}) = \text{arcsen}(6,1 \times 10^{-4}) = 2\theta$.

Logo, $\text{sen}\,\theta \cong 3,05 \times 10^{-4} \cong \dfrac{d}{100\text{ m}} \Rightarrow d = 3,05$ cm ou $2d \cong 6,1$ cm.

Aplicando a lei de Snell na superfície que separa o ar do mar, temos: $\text{sen}\,\theta = 1,33\,\text{sen}\,\varphi$, ou $\text{sen}\,\varphi = 2,2875 \times 10^{-4}$.

Logo, $\text{sen}\,\varphi \cong x/3\text{ m} \Rightarrow x \cong 0,0686$ cm ou $2x \cong 0,13725$ cm. Portanto, o tamanho mínimo do peixe deverá ser $2d + 2x \cong 6,24$ cm.

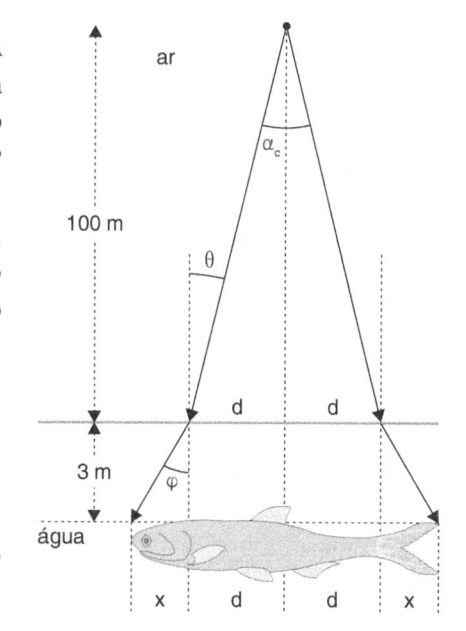

5.4 O olho humano

O olho dos vertebrados em geral é um *órgão óptico* cujo funcionamento é semelhante ao de uma câmera fotográfica com uma complexidade maior e é de primordial importância para todos os espécimes que o possuem.

O olho humano, como mostra a Figura 5.16, apresenta *externamente* as seguintes estruturas: pupila, córnea, pálpebra, esclera, músculos extrínsecos e nervo óptico. Em seu *interior* apresenta: cristalino, esclera, coroide e a retina constituída por fotorreceptores e células nervosas. Ao incidir sobre o olho, a luz o atravessa pela *pupila*, que é uma abertura variável e é focalizada na *retina* pelo sistema córnea-cristalino.

A maior parte da refração da luz incidente acontece na *córnea*, pois o *cristalino* tem um índice de refração quase igual ao do meio em que está imerso. A espessura e forma do cristalino podem ser ligeiramente alteradas pela ação do *músculo ciliar*. A *retina* recobre a superfície posterior do globo ocular e contém uma estrutura sensível, na qual encontramos aproximadamente

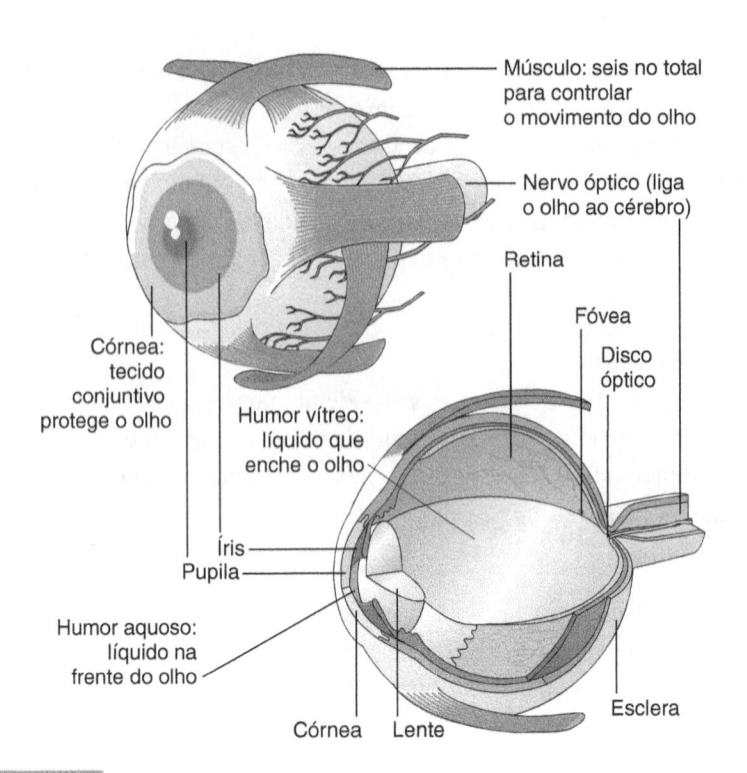

FIGURA 5.16

Corte esquemático do olho humano. A quantidade de luz que atinge a retina é regulada pela íris.

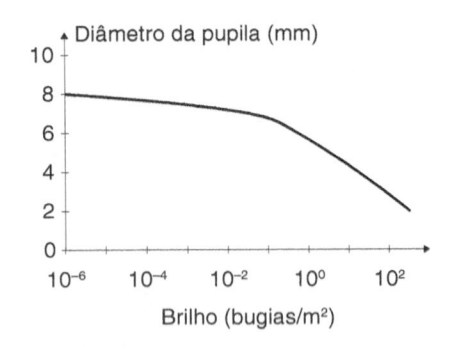

FIGURA 5.17

Relação aproximada da variação do brilho em função do diâmetro da pupila.

125 milhões de receptores: os *cones e bastonetes*. Estes são células que recebem o estímulo luminoso e o transformam em um *potencial receptor*, que excita as células ganglionares fazendo com que elas disparem *potenciais de ação* por suas fibras aferentes que constituem o *nervo óptico*.

A *pupila* é a parte do olho que regula a quantidade de luz que incide no olho, além de, normalmente, poder mudar o seu diâmetro em até quatro vezes seu tamanho relativo, ou seja, sua área pode aumentar até 16 vezes. O olho normal adapta-se a variações de brilho luminoso em escalas de 1 até 10^5. A Figura 5.17 mostra, aproximadamente, como a variação do brilho muda em função do diâmetro da pupila.

As células especializadas *bastonetes* e *cones*, localizadas em diferentes partes da retina, têm formas e tamanhos diferentes. A percepção de cores em mamíferos se faz pelos *cones*, que contêm pigmentos sensíveis a regiões diferentes do espectro luminoso; já os *bastonetes*, cuja estrutura é mostrada na Figura 5.18, são células especializadas em *escurecer a luz*. Os mecanismos de fotorrecepção de ambas as células são similares.

Analisaremos com mais detalhes a composição da célula *bastonete* (o funcionamento dessa célula será estudado no Capítulo 10). Sua estrutura, como mostra a Figura 5.18, está dividida em duas partes:

- O *segmento externo* de formato cilíndrico contém aproximadamente *mil discos* densamente empilhados, que estão fisicamente separados da membrana do segmento. Na membrana do segmento externo e dos discos, como mostra a Figura 5.19, está a proteína denominada *rodopsina*. Essa proteína nas células visuais dos humanos absorve *luz verde* com maior eficiência do que outras cores do espectro

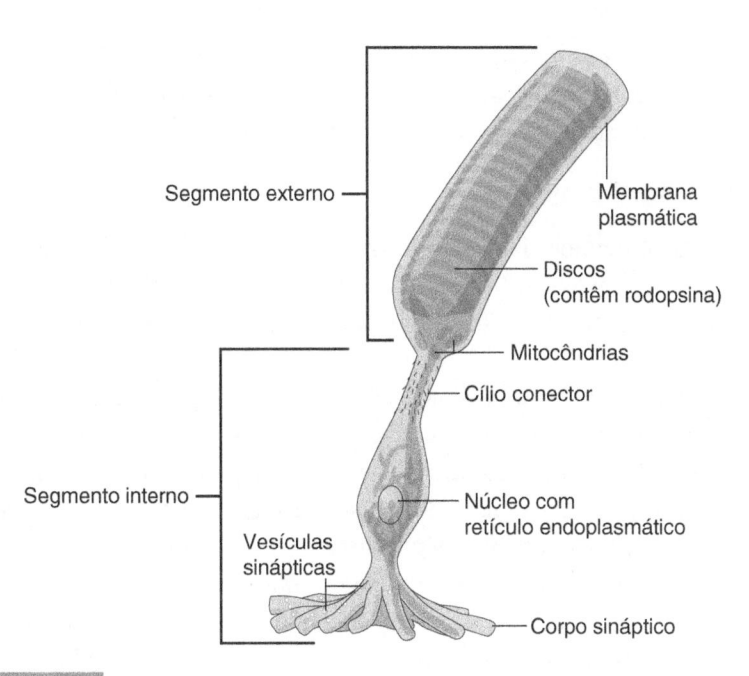

FIGURA 5.18

Estrutura de uma célula bastonete. Seus discos contêm compostos fotossensitivos. Seu corpo sináptico contém vesículas sinápticas que incluem neurotransmissores.

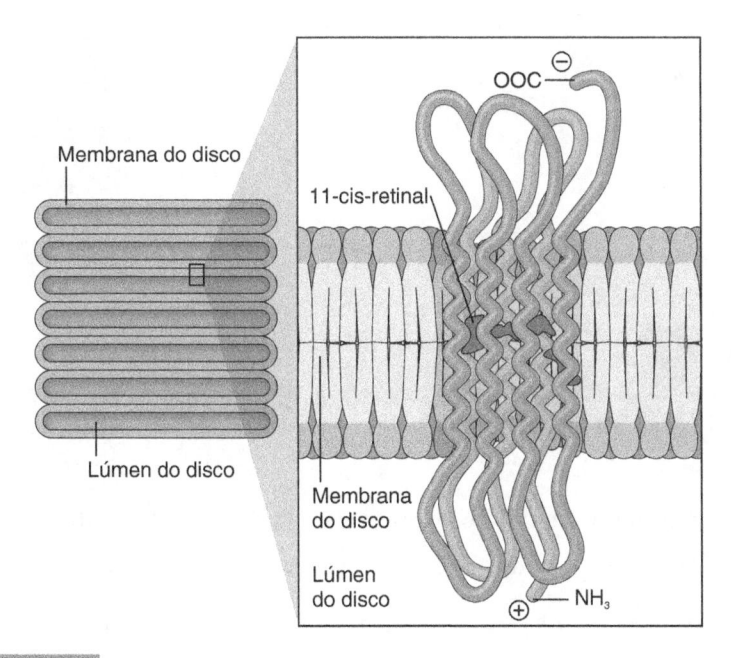

FIGURA 5.19

Estrutura da rodopsina. Esta proteína está embutida nas membranas em formas de discos. Aproximadamente a metade de sua massa está no interior da membrana.

eletromagnético. O respectivo pico de absorção tem um máximo próximo a $\lambda = 500$ nm, como mostra a Figura 5.20.

- O *segmento interno* contém: mitocôndrias, que fornecerão energia à célula; *cílios*, que conectam os segmentos externo e interno; núcleo com retículo endoplasmático e um corpo sináptico, com muitas

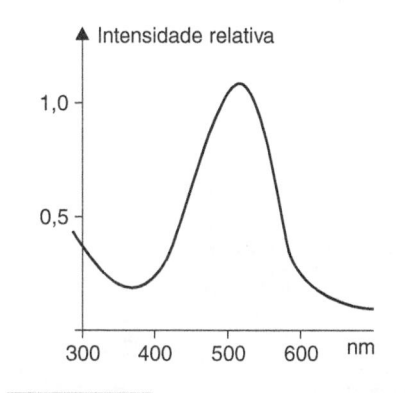

FIGURA 5.20

Espectro de absorção da rodopsina do olho humano.

vesículas sinápticas. Os *neurotransmissores* localizados dentro dessas vesículas são soltos na fenda sináptica após o segmento externo do bastonete absorver energia luminosa.

Fotorreceptividade

Os princípios físicos da fotorreceptividade serão explicados com detalhes no Capítulo 10. No entanto, é necessário o entendimento imediato de algumas características dos fotorreceptores para a continuação do estudo da visão.

Complementando as colocações feitas na Seção 5.2, o extremo de fotorreceptor excitado ao absorver energia luminosa está no plano focal (PF) da lente do olho, sendo a luz que incide no PF um ponto. Mas em uma *situação real* a luz, ao incidir no olho, passará a seu interior por uma pequena abertura, produzindo, assim, uma *figura de difração* no PF. De fato, como mostra a Figura 5.21, se a abertura tem um raio r, a figura de difração será semelhante à da Figura 5.13; porém, somente o disco central da figura de difração será levado em conta, porque aqui se concentra 85% da luz.

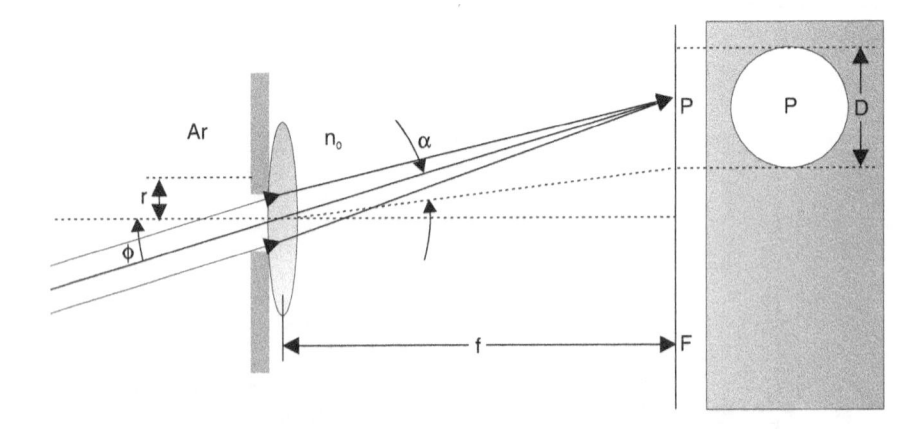

FIGURA 5.21

Disco central da figura de difração formada no plano focal (PF) da lente, quando a luz passa através de uma abertura de raio r.

No meio de índice de refração n_0, o comprimento de onda da luz será $\lambda_0 = \frac{\lambda}{n_0}$, onde λ é o comprimento de onda no ar. Também $\operatorname{sen}\alpha = 0{,}61\frac{\lambda_0}{r} = 0{,}61\frac{\lambda}{n_0 r}$. Se o diâmetro do disco é D, com $D \ll f$, então teremos $\operatorname{tg}\alpha = \frac{D}{2f}$; além disso, se $r \ll f$, o ângulo de incidência ϕ não poderá ser tão grande para se obter um bom *poder de resolução* da figura de difração no PF. A partir dessas considerações, concluímos que $\operatorname{tg}\alpha \cong \operatorname{sen}\alpha$; logo,

$$D \cong 1{,}22 \cdot \frac{\lambda}{r} \cdot \frac{f}{n_0}. \tag{5.14}$$

O ponto P no PF pode cair dentro ou fora da entrada do fotorreceptor; sendo assim, a situação no PF será algo semelhante ao mostrado na Figura 5.22. Em geral, o diâmetro d do fotorreceptor satisfaz $D \geq d$; como D depende de r^{-1}, o valor de r regula D, ao passo que o ângulo ϕ regula a posição do

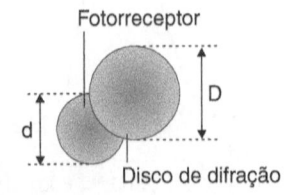

FIGURA 5.22

Cruzamento no plano focal do disco de difração e da abertura de um fotorreceptor.

centro do disco no PF. Dessa forma, a *sensibilidade* do fotorreceptor, que é proporcional à área de interseção destacada na Figura 5.22, dependerá de ϕ e de r. Com isso, é possível mostrar que a sensibilidade é mais acentuada para valores do ângulo de incidência ϕ dentro do intervalo

$$\Delta\phi = \pm\frac{1}{2}\sqrt{\left(\frac{\lambda}{2r}\right)^2 + \left(\frac{d}{f}\right)^2}. \quad (5.15)$$

No caso do *olho composto*,[4] se a lente possui um comprimento meio δ (nas abelhas $\delta \cong 5 \times 10^{-3}$ cm), o ângulo 2α, subtendido pela lente até a entrada do rabdoma, dependerá do raio R do olho $\left(2\alpha \cong \frac{\delta}{R}\right)$. A Figura 5.23 mostra que, para a abelha, $\alpha \cong 2,5 \times 10^{-3}/R$ (R em cm). Dessa forma, para se ter uma *boa sensibilidade no fotorreceptor*, os ângulos de incidência ϕ sobre a lente deverão ser muito pequenos.

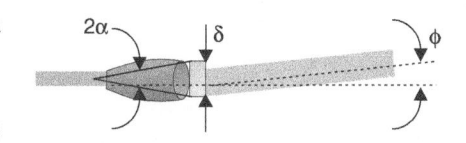

FIGURA 5.23

Omatídio de uma abelha com $\delta \cong 5 \times 10^{-3}$ cm.

Visão com pouca luminosidade

Muitos espécimes diurnos estão longe de competir com espécimes de hábitos noturnos, principalmente quanto ao uso dos sentidos da *visão*, audição e tato. A coruja, assim como tantos outros espécimes de hábitos noturnos, tem um *número de bastonetes* muito grande, o que lhe permite enxergar bem no escuro. A Figura 5.24 mostra o formato do olho de uma coruja o qual, semelhantemente aos olhos dos humanos, possui em sua parte anterior uma lente e um cristalino que concentra a luz; porém, o número de bastonetes bem maior que na retina dos humanos faz com que este animal seja muito sensível à luz, permitindo que ele enxergue objetos com pouca ou quase nenhuma iluminação.

Alguns espécimes podem enxergar com muito *pouca luminosidade*, porque seus olhos percebem cada raio de luz duas vezes. Como mostra a Figura 5.25, a luz incide nos bastonetes (A) e, em seguida, reflete como em um espelho no fundo do olho (B) e sensibiliza novamente os bastonetes; esse espelho é denominado *tapete*. Por esse motivo, os espécimes que possuem tapete em seus olhos mostram, no escuro, um brilho bastante característico.

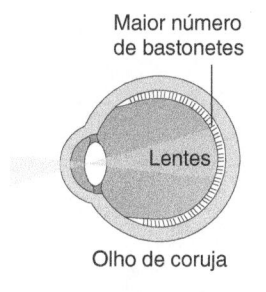

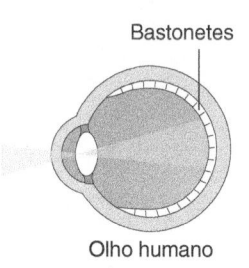

FIGURA 5.24

O número de bastonetes no olho da coruja é maior que no olho do humano.

Visão de luz não visível

A visão normal dos humanos utiliza três tipos de cones, conferindo-lhes uma visão *tricomática*. A córnea, o cristalino e os demais meios ópticos transparentes do olho bloqueiam a chegada à retina de luz com comprimento de onda λ < 400 nm (região ultravioleta). No entanto, eventualmente, se a luz ultravioleta chegasse à retina, as células fotorreceptoras *não seriam sensíveis* a essa radiação. Os cones no olho humano (cones S, M, L) têm receptividade máxima em três faixas de comprimento de onda, como mostra a Figura 5.26.

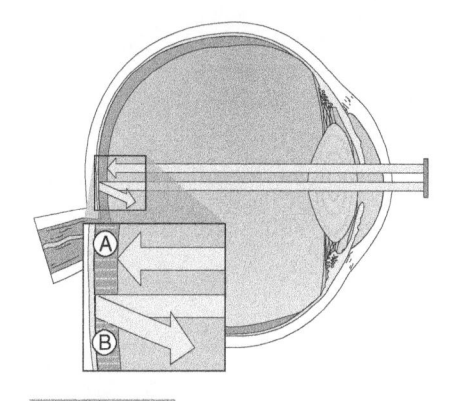

Os *mamíferos* possuem cones com máxima sensibilidade para ondas eletromagnéticas com comprimentos de onda (em nm) de 424, 530 e 560. Em 1972, pesquisas com a visão de cores do pombo mostraram que ela é afetada pela luz ultravioleta. Porém, os comprimentos de onda da luz ultravioleta para os quais suas células fotorreceptoras têm maior sensibilidade foram determinados apenas em 1978.[5]

Nas *aves* e nos *peixes*, há cones sensíveis nos comprimentos de onda (em nm) 370 (uv), 445, 508 e 565. A visão *tetracromática* em virtude dos quatro tipos de pigmentos presentes na retina de aves e répteis é mostrada na Figura 5.27.

FIGURA 5.25

Tapete (B) do olho de alguns animais.

FIGURA 5.26

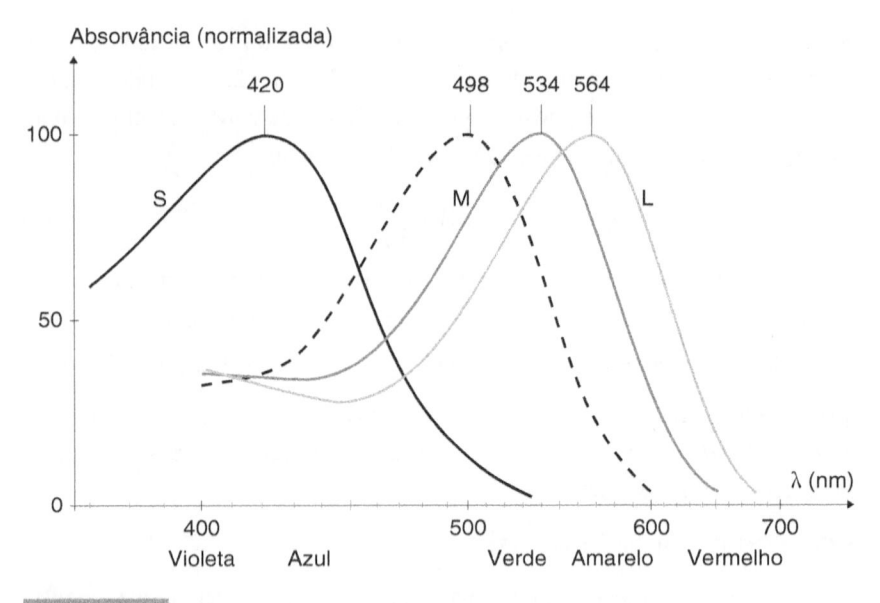

Absorção luminosa dos cones S, M e L. O gráfico pontilhado corresponde a uma resposta global.

Alguns primatas e mamíferos são apenas *dicromáticos*, e muitos espécimes sequer possuem visão da cor. Na década de 1980, a visão ultravioleta foi descoberta em outras aves, lagartos e também em alguns peixes. Podemos *postular* que, provavelmente, os vertebrados não mamíferos tenham em comum essa capacidade.[6]

Resultados publicados em 1981 mostraram que o *beija-flor* tem uma capacidade muito desenvolvida de discriminar cores; sua visão seria *pentacromática* por possuir fotorreceptores sensíveis à luz ultravioleta. No entanto,

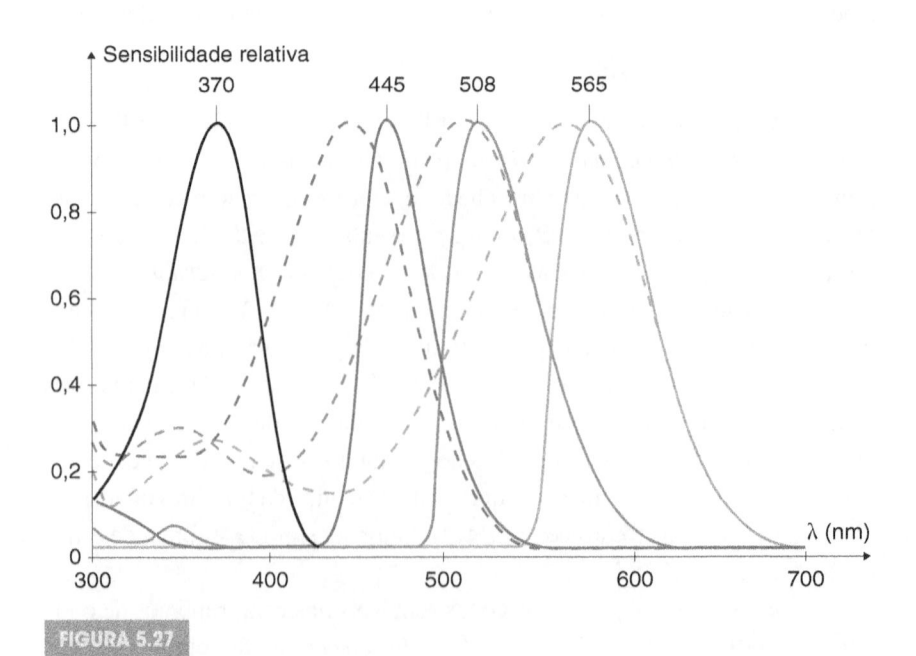

FIGURA 5.27

Absorção dos quatro tipos de pigmentos presentes na retina de aves e répteis. O pigmento em 370 nm corresponde a uma visão ultravioleta.

ainda não há evidências de que as aves em geral possuam fotorreceptores sensíveis a esse tipo de luz. O que está comprovado é que as abelhas apresentam três tipos de fotorreceptores, cada um deles com sensibilidade máxima para luz ultravioleta, azul e verde, respectivamente. A Figura 5.28 mostra as curvas de absorção luminosa dos fotorreceptores dos olhos compostos de vários himenópteros que visitam flores.[7,8]

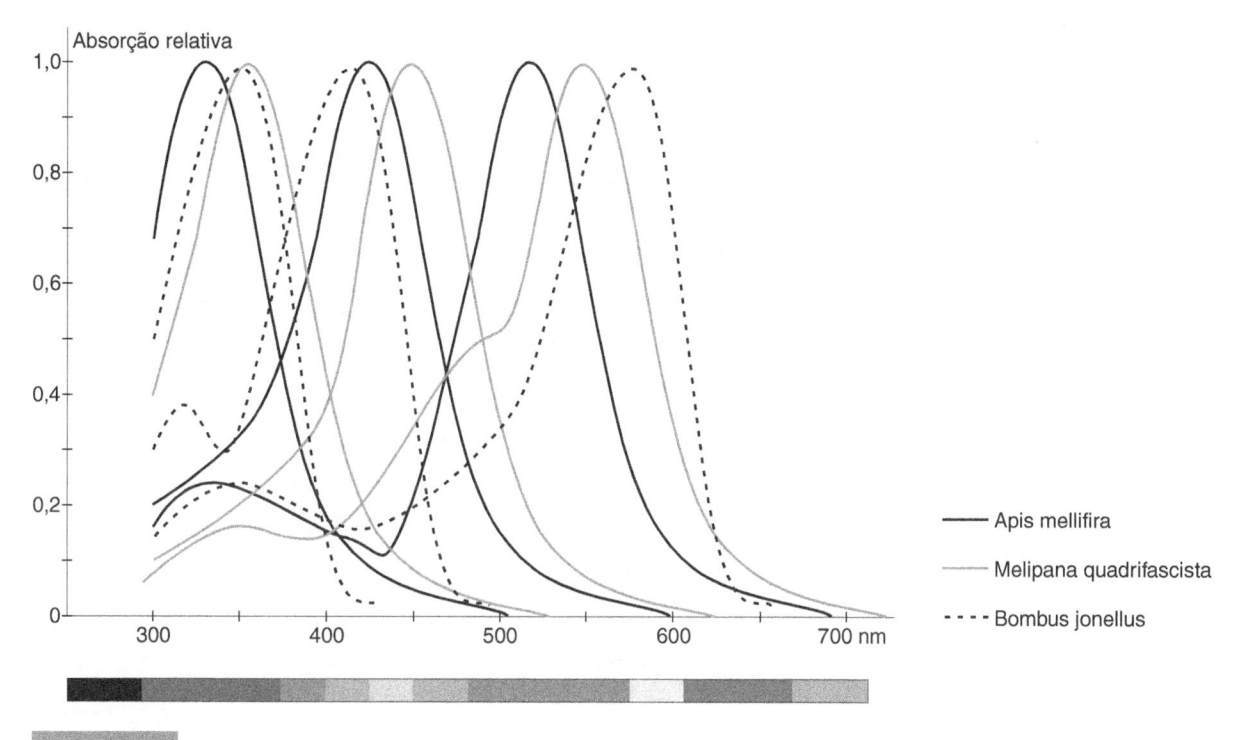

FIGURA 5.28

Curvas de sensibilidade espectral dos fotorreceptores de vários himenópteros.

5.5 Polarização da luz

Em uma onda eletromagnética, o vetor campo elétrico $\vec{E}$ pode ter todas as orientações transversais possíveis. Diz-se, então, que a onda *não está polarizada*. A onda estará polarizada quando as vibrações do vetor $\vec{E}$ acontecem em uma mesma direção e, para que isso aconteça, utilizamos elementos denominados *polarizadores*. A Figura 5.29 mostra: a) luz não polarizada; b) luz não polarizada em duas direções; c) luz polarizada em uma direção; e d) um polarizador. Como a intensidade I da luz é $I \propto |\vec{E}|^2$, então, se I_0 for a intensidade da luz não polarizada e I_1 a intensidade da luz polarizada, teremos:

$$I_0 \propto E_0^2 \quad e \quad I_1 \propto E_1^2 \quad \Rightarrow \quad I_1 = \frac{1}{2}I_0. \tag{5.16}$$

Na Equação (5.16), E_0 e E_1 são, respectivamente, a amplitude máxima do vetor campo elétrico da luz não polarizada e da luz polarizada.

Quando um feixe de *luz polarizada* de intensidade I_1 incide sobre um segundo polarizador denominado *analisador* (veja a Figura 5.30), cujo eixo óptico faz um ângulo θ com relação ao eixo do primeiro polarizador, então: $E_2 = E_1\cos\theta$. Logo, a intensidade da luz que atravessa o *analisador* será:

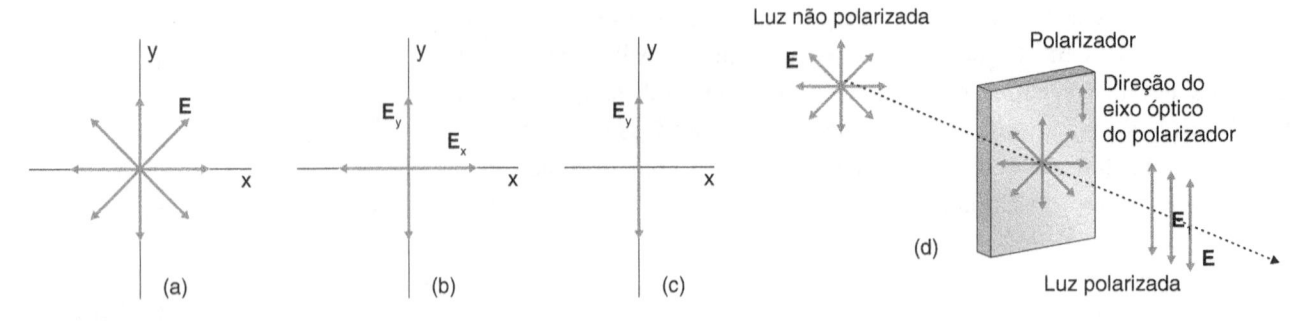

FIGURA 5.29

Vetor campo elétrico $\vec{E}$ para: a) luz não polarizada; b) luz não polarizada com componentes de $\vec{E}$ nas direções x e y; c) luz com polarização na direção y; e d) produção de luz polarizada utilizando-se um polarizador. A intensidade da luz polarizada é 50% da luz não polarizada.

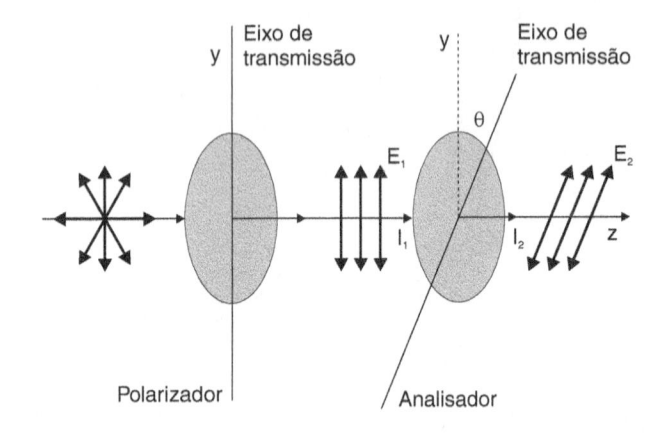

FIGURA 5.30

Dois polarizadores com seus eixos ópticos fazendo um ângulo θ.

$$I_2 = E_2^2 = I_1\cos^2\theta. \tag{5.17}$$

Da Equação (5.17), $\theta = 0 \Rightarrow I_2 = I_1$; $\theta = 90° \Rightarrow I_2 = 0$; e $\theta = 45° \Rightarrow I_2 = I_1/2$.

Na Figura 5.31, a luz solar é espalhada e parcialmente polarizada pelas moléculas da atmosfera. Assim, em um ponto do céu, a intensidade e a direção da luz polarizada dependem da posição do ponto com relação ao Sol.

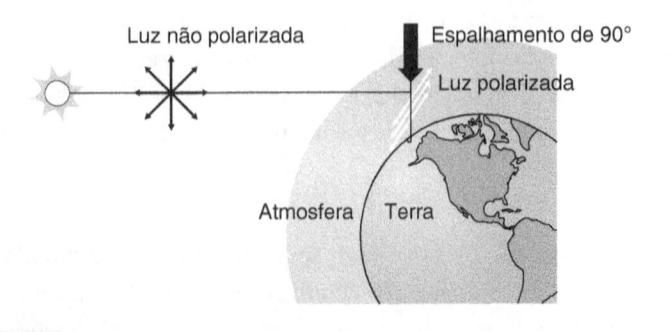

FIGURA 5.31

Luz solar não polarizada é espalhada pelas moléculas da atmosfera. A luz espalhada é parcialmente polarizada.

Quando o ângulo de espalhamento é 90°, o percentual de polarização é *máximo*, sendo aproximadamente de 70%.

Experimentos com pássaros[9,10,11,12] e com abelhas[13,14,15] mostraram que eles têm a capacidade de detectar a polarização do céu; dessa maneira, as abelhas deduzem a posição relativa do Sol. Essa capacidade das abelhas deve-se ao fato de que cada rabdômero possui as células sensórias linearmente arranjadas de acordo com a Figura 5.32. Outras experiências com abelhas mostraram que a direção de seu *movimento de dança* toma como referência a posição relativa do Sol, além da dependência com o campo geomagnético.

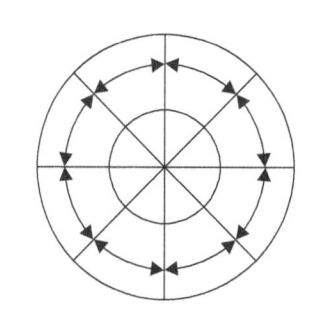

Para pesquisar se as abelhas são capazes de *diferenciar cores*, o etólogo austríaco Karl von Frisch criou um analisador que consistia em oito lâminas polarizadoras em forma de triângulos, arranjadas de modo a formar um octógono, como mostra a Figura 5.33.

FIGURA 5.32

Rabdômero de uma abelha.

As abelhas, ao retornarem à colmeia após colher alimentos, *iniciam uma dança* que varia em rotação e direção de acordo com as diferentes posições da fonte de alimentos em relação ao Sol e à colmeia. Um esquema desses movimentos para quatro posições relativas diferentes entre a fonte, a colmeia e o Sol é mostrado na Figura 5.34. A dança da abelha permite localizar o lugar em que o alimento está. Parece certo que a abelha, com sua dança, fornece indicações de alimentos distantes até 3 km, com uma precisão de 50 m.

No experimento de Frisch, as abelhas foram condicionadas a voar na *direção leste*, em uma colmeia que, por meio do *analisador de Frisch*, somente lhes permitia ver uma parte do céu nessa direção (veja a Figura 5.35a). A seguir, foi colocada uma *lâmina polarizadora* sobre a colmeia. Com isso, e olhando através do analisador de Frisch, as abelhas se orientaram a 35° ao sul do leste (veja a Figura 5.35b). Ao olharmos o céu 34° ao norte do leste com o analisador (veja a Figura 5.35c), observamos que a polarização do céu

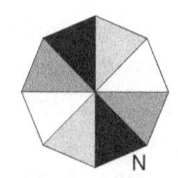

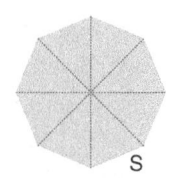

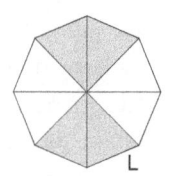

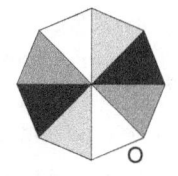

FIGURA 5.33

Diferentes regiões do céu vistas com um analisador de Frisch.

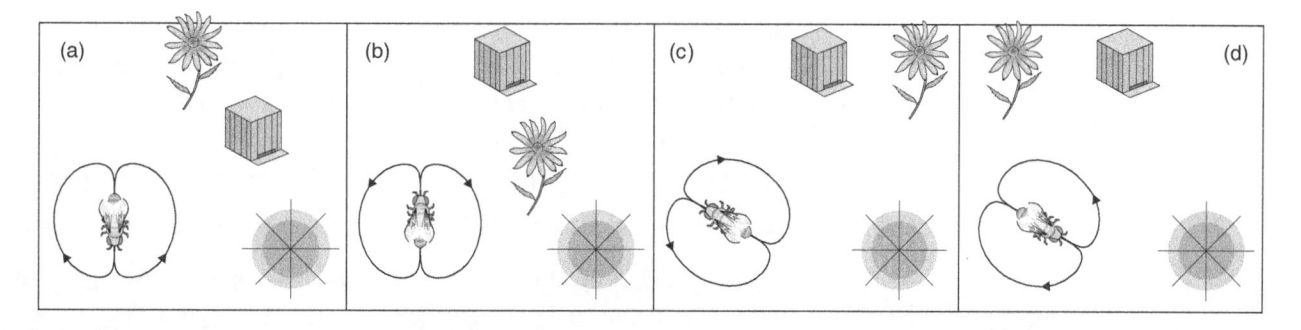

FIGURA 5.34

A direção da dança de uma abelha varia em relação à posição da fonte de alimento em relação à colmeia e ao Sol.

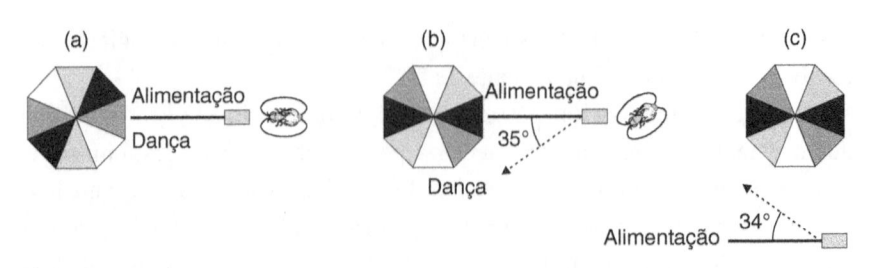

FIGURA 5.35

Experimento de Frisch para comprovar a habilidade das abelhas de navegar pela polarização do céu.

é a mesma que em (b). Portanto, as abelhas olhavam o leste através da lâmina polarizadora como se essa direção fosse 34° ao norte do leste.

> **Exemplo:** Luz não polarizada de intensidade I_0 incide sobre um sistema polarizador-analisador. O eixo óptico do analisador faz um ângulo de 60° com polarizador. Responda:
> a) qual a direção de polarização da luz após o analisador?
> b) qual a intensidade de luz transmitida através do analisador?
>
> **Resolução:** a intensidade da luz ao atravessar o polarizador é: $I_p = \frac{1}{2}I_0$.
>
> a) Considerando que o eixo de transmissão do polarizador é a direção y, então a direção da polarização da luz, após o analisador, fará um ângulo de 60° com a direção y.
> b) A intensidade da luz transmitida pelo analisador será $I_a = I_p \cos^2 60° = 0,125\, I_0$.

> **Exemplo:** Toda vez que um feixe de *luz não polarizada* incide sobre uma superfície que separa dois meios ópticos e seu raio refletido forma um ângulo de 90° com o refratado, então o raio refletido será *polarizado*. Na figura ao lado temos uma lâmina de vidro (n = 1,5) imersa em água (n = 1,33).
> a) Se o raio refletido r_1 estiver *polarizado*, qual será o ângulo de incidência?
> b) Se o raio refletido r_2 na superfície de vidro estiver *polarizado*, qual será o ângulo entre as superfícies vidro-água?
>
> **Resolução:** no ponto P da superfície ar-água, pelo fato de o raio r_1 estar polarizado, teremos $\theta + \varphi = 90°$; logo, $\text{sen}\varphi = \cos\theta$. Aplicando a lei de Snell nesse ponto, teremos: $\text{sen}\theta = 1,33\, \text{sen}\varphi = 1,33\, \cos\theta$. Portanto, $\text{tg}\theta = 1,33$; o ângulo de incidência será $\theta \cong 59,03°$ e o ângulo de refração, $\varphi = 90° - \theta \cong 30,97°$.
> b) Aplicando a lei de Snell no ponto Q da superfície vidro-água e lembrando que o raio refletido r_2 está polarizado, teremos $\text{tg}\,\phi = \frac{1,5}{1,33} = 1,125$; portanto, $\phi \cong 53,74°$. A partir da figura ao lado, temos: $\phi = \varphi + \psi$; logo, $\psi \cong 22,77°$ será o ângulo entre as superfícies de vidro e da água.

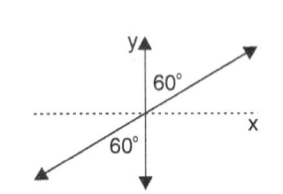

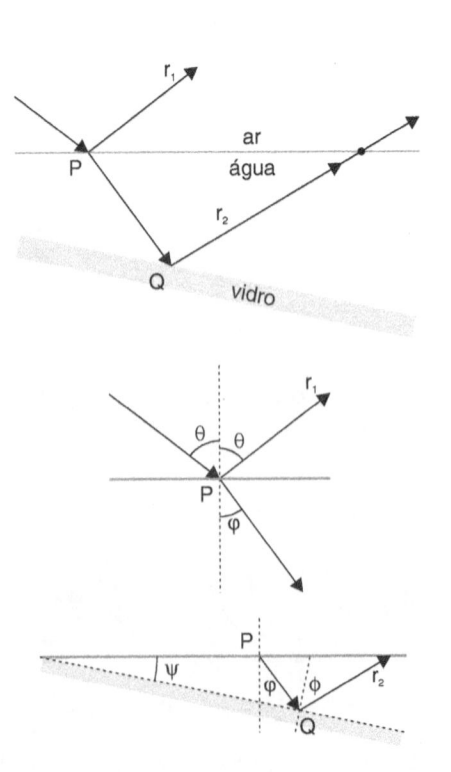

5.6 Raios de luz atravessando meios transparentes

Um formato de meio transparente à luz bastante utilizado em inúmeras aplicações é o de um *prisma regular*, que normalmente é encontrado em formas triangulares. Quando uma *luz branca* incide sobre a face de um prisma transparente, como o mostrado na Figura 5.36a, observamos que cada um dos comprimentos de onda que a constituem experimenta diferentes ângulos de desvio, dando como resultado um *espectro colorido*.

A Figura 5.36b mostra a *seção longitudinal* de um prisma de ângulo ψ, feito com material de índice de refração n; os outros ângulos do prisma são iguais. Um feixe de luz no meio de índice de refração n_0, que incide na face AC do prisma com ângulo θ_1, é transmitido ao interior do prisma com ângulo θ_2. Esse feixe refratado incide na face CB do prisma com ângulo φ_2 e, finalmente, emerge com ângulo φ_1. Aplicando a lei de Snell na superfície AC, teremos: $n_0 \text{sen}\theta_1 = n\text{sen}\theta_2$, o que implica $\text{sen}\theta_2 = \left(\frac{n_0}{n}\right)\text{sen}\theta_1$.

Logo, para essa forma geométrica do prisma, conhecido o ângulo de incidência θ_1, é possível determinar o ângulo refratado θ_2. Após calcular θ_2, se o feixe luminoso dentro do prisma é paralelo ao lado AB, determinamos $\varphi_2 = \psi - \theta_2$. Aplicando-se a lei de Snell na superfície CB: $n_0 \text{sen}\varphi_1 = n\text{sen}\varphi_2$, logo $\text{sen}\varphi_1 = \left(\frac{n}{n_0}\right)\text{sen}\varphi_2$. Assim, conseguimos determinar φ_1. Portanto, para essa situação particular, o *ângulo de desvio* do prisma será: $\delta = \theta_1 + \varphi_1 - \psi$.

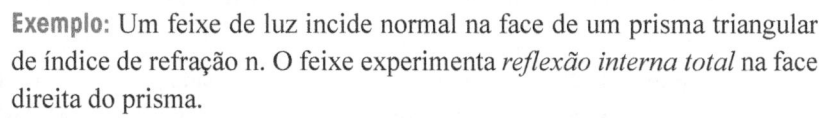

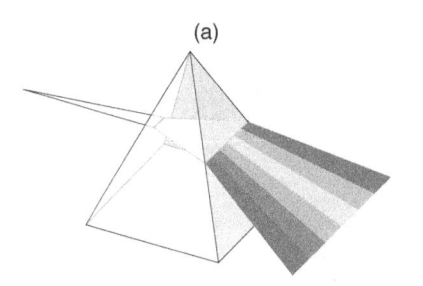

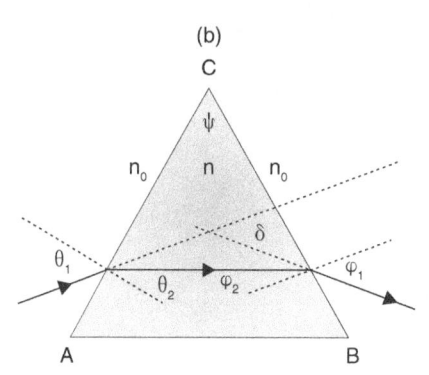

FIGURA 5.36

a) Espectro colorido de uma luz branca ao atravessar um prisma transparente; b) ângulo de desvio em um prisma de ângulo ψ e índice de refração n.

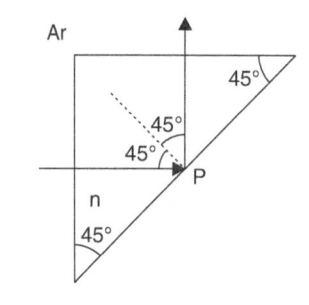

Exemplo: Um feixe de luz incide normal na face de um prisma triangular de índice de refração n. O feixe experimenta *reflexão interna total* na face direita do prisma.
a) Qual é o valor mínimo de n para termos essa reflexão total?
b) O prisma é imerso em um líquido de índice de refração 1,15 e continua a haver reflexão total, mas sua imersão em água (n = 1,33) a elimina. Com essas informações, limite os possíveis valores de n.

Resolução:
a) No ponto P sobre a face direita do prisma acontece uma reflexão interna total, logo o ângulo de reflexão nesse ponto é 90°. Aplicando-se a lei de Snell para um ângulo de incidência de 45°, teremos $n = \frac{1}{\text{sen}45°} = 1{,}414$. Esse será o valor mínimo do índice de refração do prisma para termos reflexão total.

b) Quando o prisma é imerso em um líquido de índice de refração 1,15, ainda se tem reflexão total. Para isso acontecer, o índice de refração n' do prisma deve satisfazer: n'sen45° = 1,15, ou $n' = \frac{1{,}15}{\text{sen}45°} = 1{,}626$. Se o líquido fosse água, teríamos um ângulo de refração φ para o ângulo de incidência 45°. O índice de refração n" do prisma deve satisfazer: n"sen45° = 1,33 senφ ou $n'' = 1{,}33 \times \left(\frac{\text{sen}\varphi}{\text{sen}45°}\right) = 1{,}886 \,\text{sen}\varphi$. Como $\varphi < 90°$, então sen$\varphi < 1$; logo, n" < 1,886. Portanto, prismas com índice de refração dentro da faixa de valores 1,414 ≤ n < 1,886 experimentarão reflexão total ao serem imersos em fluidos com índice de refração cujos valores vão de 1 até 1,333.

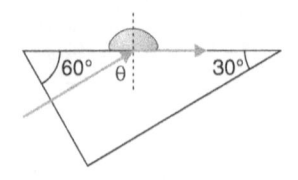

Exemplo: Um feixe de luz incide normal na face menor de um prisma de índice de refração 1,5. Colocamos uma gota de um líquido sobre a hipotenusa do prisma. Encontre o valor do índice de refração do líquido para que esse feixe de luz não consiga atravessar o prisma pela sua hipotenusa.

Resolução: na hipotenusa do prisma, a reflexão interna total começa quando o ângulo de incidência θ toma o valor crítico θ_c. Pela lei de Snell, $1,5 \operatorname{sen}\theta_c = n \operatorname{sen}90°$, sendo n o índice de refração da gota. Para qualquer ângulo de incidência $\theta > \theta_c$, teremos reflexão total. Na figura anterior, $\theta_c = 60°$, logo $n = 1,5 \operatorname{sen}60° = 1,3$.

Lentes

Lentes são dispositivos ópticos feitos de material transparentes (vidro, quartzo ou plástico); nesses dispositivos, a face pela qual incide o feixe de luz pode ser plana ou curva. As lentes, em geral de pequena espessura (caso das *lentes delgadas*), podem ser:

- *Convergentes ou positivas*, uma de suas faces é *convexa*, com um raio de curvatura conhecido. Alguns formatos desse tipo de lente são mostrados na Figura 5.37a.
- *Divergentes ou negativas*, uma de suas faces é *côncava*, com um raio de curvatura conhecido. Alguns formatos dessas lentes são mostrados na Figura 5.37b.

Toda lente tem *dois pontos focais*, um denominado *primário* e o outro, *secundário*. A distância entre o centro da lente e um dos pontos focais é denominada *distância focal f* da lente. A Figura 5.38 mostra os pontos focais de uma lente positiva, uma lente negativa e o eixo óptico das lentes. As trajetórias dos feixes luminosos mostram que, se o feixe incidente passa por um ponto focal da lente, o feixe resultante tem *direção paralela* ao eixo óptico; mas se o feixe for *paralelo* ao eixo óptico da lente, ao atravessá-lo, passará pelo ponto focal da lente.

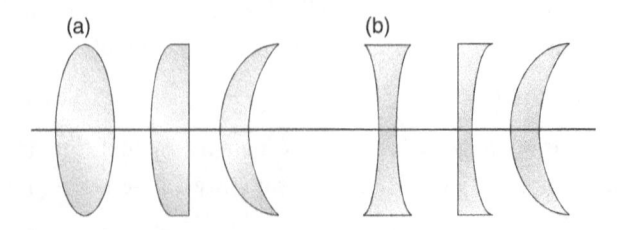

FIGURA 5.37

a) As três primeiras lentes são positivas; b) as três últimas lentes são negativas.

FIGURA 5.38

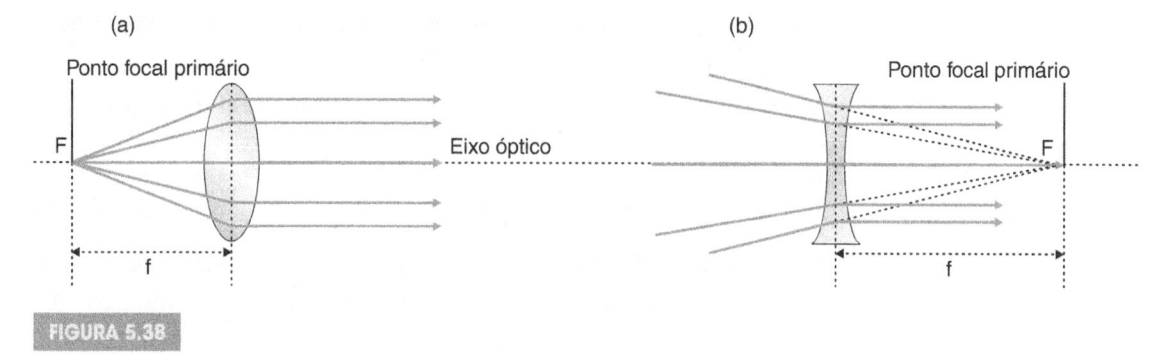

Ponto focal primário, eixo óptico e distância focal f de uma lente: a) positiva; b) negativa.

Formação de imagem em lentes

Consideramos a *lente delgada biconvexa* mostrada na Figura 5.39, cujo índice de refração é n, e que encontra-se no ar. Se os raios de curvatura das superfícies da lente são r_1 e r_2, sua distância focal f será:

$$\frac{1}{f} = (n-1)\left(\frac{1}{r_1} - \frac{1}{r_2}\right) \quad (5.18)$$

A Equação (5.18) é conhecida como a *equação dos fabricantes de lentes*, porque dá a distância focal em função dos parâmetros da lente. Como n > 1, o *sinal de f* dependerá dos sinais de r_1 e r_2.

Vamos considerar uma *lente positiva* de distância focal f, como mostra a Figura 5.40. O objeto AB está a uma distância o da lente, e sua imagem A'B', a uma distância i. Para determinar a imagem B' do ponto B, deve-se levar em conta que o raio que passa por B e:

- Pelo *centro da lente* não experimentará desvio nenhum ao atravessá-la,

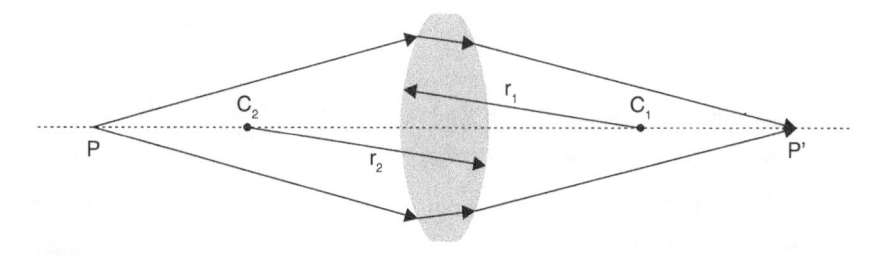

FIGURA 5.39

Lente biconvexa, as duas superfícies desviam os raios para o eixo.

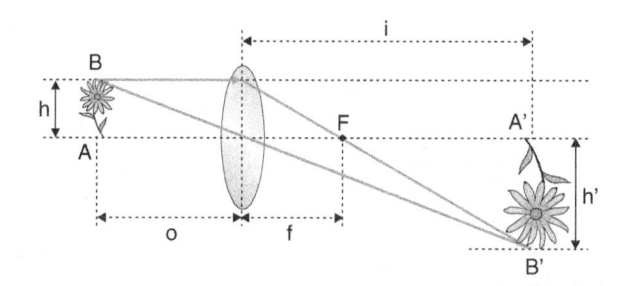

FIGURA 5.40

Imagem real fornecida por uma lente positiva de distância focal f.

- É *paralelo ao eixo óptico* e passará pelo ponto focal ao atravessar a lente.

Se h e h' são os tamanhos do objeto e da imagem, respectivamente, então

$$\frac{1}{o} + \frac{1}{i} = \frac{1}{f}. \tag{5.19}$$

A Equação (5.19) é denominada *equação das lentes delgadas*. A *ampliação lateral* da imagem, ou aumento linear transversal, é definida como:

$$A = -\frac{h'}{h} = -\frac{i}{o}. \tag{5.20}$$

Quando A é negativo, a *imagem é invertida* com relação ao objeto.

Exemplo: Uma câmera com uma lente de 50 mm de distância focal é utilizada para fotografar uma árvore de 25 m de altura. Se a imagem da árvore no filme tem 25 mm de altura, qual é a distância entre a câmera e a árvore?

Resolução: sendo h e h' as alturas do objeto e da imagem, respectivamente, pela Equação (5.20), teremos: $\frac{1}{i} = \frac{1}{o} \cdot \frac{h}{h'}$. Utilizando a Equação (5.19), achamos que a distância objeto (no caso a distância da árvore à lente) será: $o = f\left(1 + \frac{h}{h'}\right) = 50{,}05$ m.

Exemplo: Um objeto está 4 cm à frente de uma lente de 6 cm de distância focal. Determine:
a) a posição da imagem;
b) o tipo de imagem obtida;
c) o aumento da imagem.

Resolução:

a) A partir da Equação (5.19), obtemos: $i = \frac{o \cdot f}{o - f} = \frac{4 \text{ cm} \times 6 \text{ cm}}{4 \text{ cm} - 6 \text{ cm}} = -12$ cm

b) Essa imagem é denominada *virtual*.

c) A partir da Equação (5.20), obtemos: $A = \left(-\frac{-12 \text{ cm}}{4 \text{ cm}}\right) = 3$. Assim, a imagem é direita e maior que o objeto.

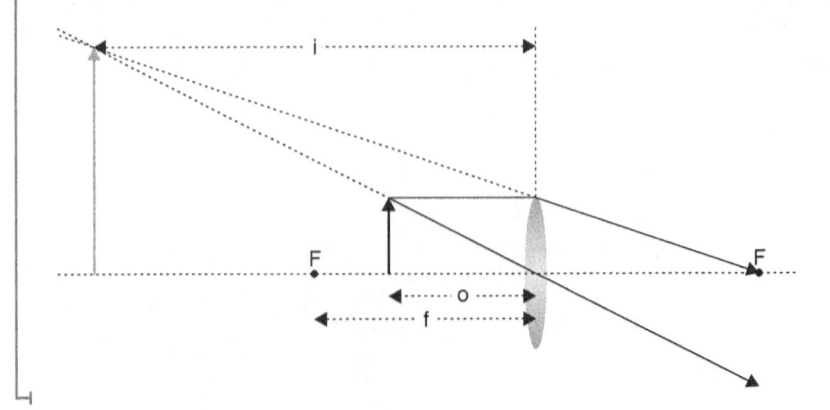

Exemplo: Um naturalista quer fotografar um rinoceronte a 75 m de distância. O animal tem 4,0 m de largura e sua imagem no filme deve ser de 1,2 cm de largura.
a) De quanto deve ser a distância focal da lente?
b) Qual seria o tamanho da imagem caso fosse utilizada uma lente normal de 50 mm de distância focal?

Resolução:
a) Seguindo um raciocínio semelhante ao do exemplo anterior, encontramos que a distância focal da lente deveria ser: $f = \dfrac{o}{1 + \dfrac{h}{h'}} = \dfrac{75\text{ m}}{1 + \dfrac{400}{1,2}} = 22,4$ cm.

b) Se, para fotografar o rinoceronte, utilizamos uma lente de $f = 50$ mm, então a distância da imagem seria $i = \dfrac{o \cdot f}{o - f} = \dfrac{7500 \text{ cm} \times 5 \text{ cm}}{7500 \text{ cm} - 5 \text{ cm}} \cong 5$ cm.
A largura da nova imagem será $h' = h \cdot \dfrac{i}{o} = 400 \text{ cm} \cdot \dfrac{5 \text{ cm}}{7500 \text{ cm}} = 0,27$ cm.

As equações (5.18), (5.19) e (5.20) nos permitem as seguintes conclusões:

- quando o objeto estiver longe da lente ($o \to \infty$), a imagem se formará no foco ($i = f$).
- quando o objeto estiver no foco ($o = f$), a imagem se formará longe da lente ($i \to \infty$).
- a ampliação lateral é *negativa* por ser a imagem invertida em relação ao objeto.
- a distância *objeto será positiva* quando h estiver no lado em que incide a luz (*objeto real*) e será *negativa* quando h estiver no lado oposto ao da incidência (*objeto virtual*).
- a distância *imagem será positiva* quando h' estiver no lado da lente oposto ao lado em que estiver incidindo a luz e será *negativa* se estiver no lado que incide a luz.
- o *raio de curvatura* será *positivo* se o centro de curvatura estiver à direita da superfície, que é o lado real; mas será *negativo* se o centro de curvatura estiver no lado esquerdo — ou virtual — da superfície.

Se escrevermos as distâncias objeto e imagem na forma: $o = x \cdot f$ e $i = y \cdot f$, onde x e y são números positivos ou negativos, a Equação (5.19) assume a seguinte forma: $\dfrac{1}{x} + \dfrac{1}{y} = \pm 1$, sendo (+) no caso das lentes positivas e (−) no caso das lentes negativas.

O gráfico y em função de x apresenta curvas hiperbólicas, simétricas em relação à reta que passa pelos pontos (0,0) e (2,2). Essas curvas têm as assíntotas $x = \pm 1$ e $y = \pm 1$. A Figura 5.41 mostra o gráfico correspondente às *lentes positivas* e, nesse gráfico, o ponto de coordenadas (x,y) corresponde a uma distância objeto $o = x \cdot f$ e a uma distância imagem $i = y \cdot f$. Por exemplo, a coordenada $x = 3$ implica que $y = 1,5$; ou distância objeto $o = 3 \cdot f$ e distância imagem $i = 1,5\ f$. Como se trata de uma *lente positiva*, então $f > 0$; assim, o e i serão sempre positivos.

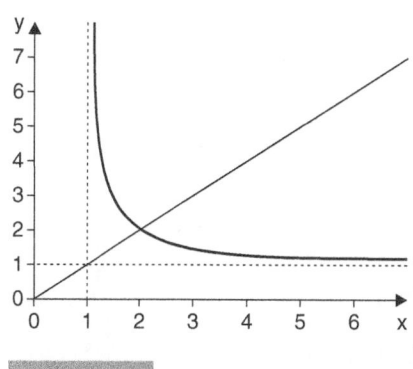

FIGURA 5.41

Gráfico da equação das lentes positivas.

O gráfico na Figura 5.41 apresenta as seguintes características:
- valores de x > 2 implicam valores de y < 2;
- valores de x < 2 implicam valores de y > 2;
- valores de x < 1 não geram imagens reais.

Quanto menor é o valor de x, maior será o valor de y. No caso de *lentes negativas*, o gráfico de y em função de x será no quadrante onde os valores de x e y são negativos. Sua forma será semelhante ao gráfico das lentes positivas.

Exemplo: A distância entre a lente de um *projetor* e o diapositivo pode variar entre 20 cm e 30 cm. Se a distância focal da lente é 20 cm:
a) Determine qual a menor distância entre a lente e o anteparo para que se possa focalizar a imagem.
b) Discuta seu resultado no gráfico das lentes positivas (Figura 5.41).

Resolução:
a) Valores de distância de objeto entre 20 cm < o < 30 cm, para uma lente positiva de f = 20 cm, implicam valores de x no intervalo 1 < x < 1,5. Os valores de y correspondentes estarão dentro da faixa ∞ < y < 3. Logo, a menor distância entre a lente e o anteparo para focalizar a imagem será i_{min} = y·f = 3 × 20 cm = 60 cm.
b) No gráfico da Figura 5.41, notamos que esse *projetor típico* toma valores (x,y) que estão no *extremo superior* da curva correspondente às lentes positivas.

Exemplo: Nas *câmeras fotográficas* mais comuns, a distância entre a lente e o filme é da ordem de 5 cm. Considere uma câmera com lente móvel de distância focal de 50 mm;
a) A que distância deve-se posicionar um objeto para que sua imagem seja bem focalizada?
b) Discuta seu resultado no gráfico das lentes positivas (Figura 5.41).

Resolução:
a) Para essa câmera, os valores de y estão em torno de y = (i/f) = 1. Os correspondentes valores de x serão muito grandes ($\rightarrow \infty$). O valor exato da distância objeto o = x·f dependerá do valor da distância imagem i. Normalmente, os valores da distância do objeto são da ordem de alguns metros.
b) No gráfico da Figura 5.41, notamos que essa *câmera típica* toma valores (x,y), que estão no *extremo inferior* da curva correspondente às lentes positivas.

Convergência de uma lente

A convergência de uma lente é a capacidade que esta tem para desviar os raios luminosos por refração. Se f é a distância focal da lente, a convergência C da lente é dada por C = 1/f. Quando f é medida em metros, a convergência será medida em dioptrias (di). A Figura 5.42 apresenta três valores diferentes de convergência.

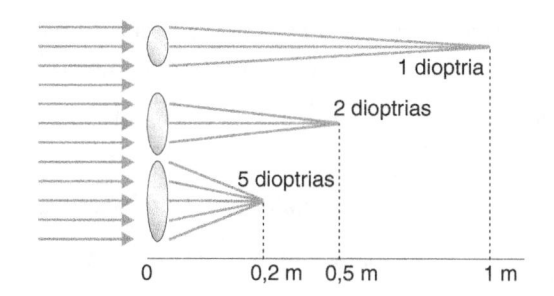

FIGURA 5.42

Convergência de lentes positivas.

O olho humano possui convergência variável pelo fato de que a forma do cristalino pode ser ligeiramente alterada por meio da ação do *músculo ciliar*. Quando a vista é focalizada em um *objeto distante*, o músculo está *relaxado*, e o sistema cristalino-córnea tem distância focal máxima em torno dos 2,0 a 2,5 cm, que é a distância entre a córnea e a retina (veja a Figura 5.43a). Quando o objeto está *próximo* da vista, o músculo ciliar se contrai, aumentando a curvatura do cristalino e diminuindo a distância focal do sistema. Assim, a imagem é novamente focalizada na retina (veja a Figura 5.43b).

O ponto mais próximo ao olho em que o cristalino consegue focalizar a luz na retina é o *ponto próximo*. A distância entre o olho e o ponto próximo varia entre as pessoas e, para uma mesma pessoa, essa distância varia com a idade. A Tabela 5.2 mostra valores médios do ponto próximo em função da idade de pessoa com visão normal.

A menos que uma aplicação seja fornecida, o valor do ponto próximo será considerado *25,0 cm* para esse ponto. Se um objeto está no ponto próximo (o = 25 cm), para que a imagem se forme na retina (i ≅ 2,0 cm), a lente deverá ter uma distância focal f ≅ 1,85 cm ou uma convergência de $C_{pp} \cong$ 1/(0,0185 m) = *54 di*. Quando o objeto está no *ponto distante ou ponto remoto do olho* (o = ∞), para que sua imagem se forme na retina (i ≅ 2,0 cm), a lente deverá ter f ≅ 2,0 cm ou uma convergência de C_{pr} = 1/(0,02 m) = *50 di*.

TABELA 5.2

Ponto próximo em função da idade de uma pessoa com visão normal.

Idade (anos)	Ponto próximo (cm)
10	7
20	10
30	14
40	22
50	40
60	200

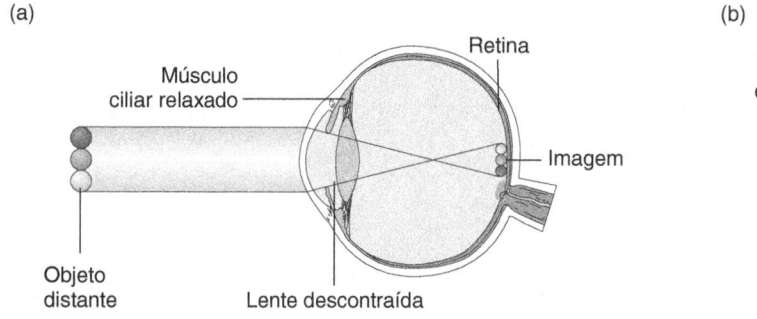

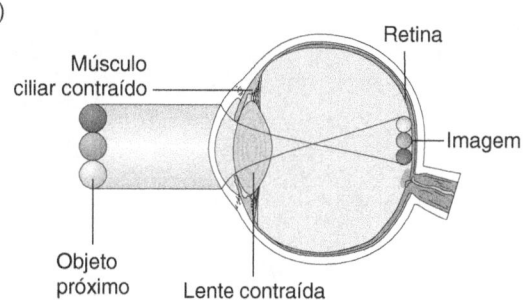

FIGURA 5.43

Convergência do olho humano.

Exemplo: Uma pessoa vê nitidamente objetos localizados entre 25,0 cm a 400 cm dos olhos. Determine o *poder de acomodação* do olho.

Resolução: consideremos que a imagem se forma na retina a 2,0 cm da lente do olho. Quando o objeto está a 400,0 cm do olho, a lente terá uma distância focal: $f_d = \dfrac{400 \text{ cm} \times 2 \text{ cm}}{400 \text{ cm} + 2 \text{ cm}} = 1{,}99$ cm, ou uma convergência de $C_d = 100/1{,}99 = 50{,}25$ di.

Quando o objeto está a 25,0 cm do olho, a lente terá uma distância focal: $f_p = \dfrac{25 \text{ cm} \times 2 \text{ cm}}{25 \text{ cm} + 2 \text{ cm}} = 1{,}85$ cm, ou uma convergência de $C_p = 100/1{,}85 = 54$ di.

O *poder de acomodação* desse olho será: $C_p - C_d = 3{,}75$ di.

Exemplo: Em um *olho normal*, todo objeto distante ($o = \infty$) forma uma imagem nítida na retina ($i = 2$ cm). Certo olho apresenta o seguinte defeito: objetos localizados a distâncias maiores que 5,0 m não apresentam imagens nítidas na retina. Que potência deverá ter uma lente para que, ao ser colocada na frente do olho, corrija esse defeito?

Resolução: a lente corretora deverá formar a imagem de objetos distantes ($o = \infty$) a uma distância $i = -5{,}0$ m. A distância focal dessa lente corretora será $f = i = -5{,}0$ m. Assim, a potência da *lente corretora negativa* é $C = 1/f = -0{,}2$ di.

Exemplo: Uma *lupa simples* é uma lente positiva que aumenta o tamanho aparente de um objeto. A figura a seguir mostra um objeto de altura $h \ll 25$ cm em torno do *ponto próximo* do olho. Uma lente positiva de distância focal f é colocada próxima ao olho. Se o objeto de altura h fica próximo da lente de distância focal menor que 25 cm, diz-se que a lente atua como uma *lupa*. A partir dessas informações, determine o aumento angular da lente.

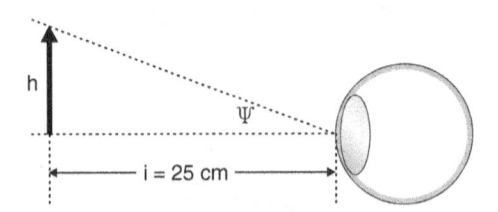

Resolução: antes de colocar a lente, a vista está desarmada; o objeto subtende um ângulo $\psi \cong \text{tg}\,\psi = h/25$ cm.

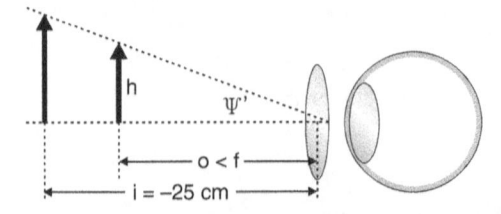

Se o objeto estiver no ponto focal de uma lente positiva de distância focal f, a imagem formada pela lente será virtual, direita, estará no infinito e pode ser olhada pela vista relaxada. Essa imagem subtende um ângulo $\varphi \approx \text{tg}\,\varphi = h/f$. A razão entre os ângulos φ/ψ é definida como o *aumento*

angular M da lente. Nessa situação, quando a imagem está no infinito, temos $M = \varphi/\psi \cong 25 \text{ cm}/f$.

Se o objeto ficar próximo da lente a uma distância o < f, a imagem também ficará mais próxima, e o ângulo subtendido ψ' crescerá (veja figura anterior). O maior aumento angular corresponde à posição mais próxima da imagem, que é no ponto próximo a 25 cm do olho; logo, $\frac{1}{o} - \frac{1}{25} = \frac{1}{f}$ ou $o = \frac{25 \cdot f}{25 + f}$. Assim, quando a imagem está no ponto próximo, o ângulo subtendido pelo objeto de altura h será $\psi' \cong \text{tg}\psi' = \frac{h}{o} = \frac{(25 + f)h}{25f}$. Nessa situação, o aumento angular da lupa será

$$M = \frac{\psi'}{\psi} = 1 + \frac{25 \text{ cm}}{f}. \quad (5.21)$$

Exemplo: Qual é o aumento angular de uma lente que tem 20 dioptrias de potência?

Resolução: a distância focal dessa lente é $f = 1/C = 1/20$ di $= 0,05$ m $= 5$ cm. Pela Equação (5.21), o aumento angular da lente será $M = 1 + (25 \text{ cm}/5 \text{ cm}) = 6$.

Exemplo: Considere uma lupa com um aumento de 10.
a) Qual é sua distância focal?
b) A que distância da lupa tem que estar o objeto para obtermos esse aumento?

Resolução:
a) Pela Equação (5.21), a lupa com $M = 10$ corresponde a uma lente positiva de distância focal: $f = 25 \text{ cm}/9 = 2,78$ cm.
b) Para um olho normal, seu ponto próximo é aproximadamente 25 cm. Dessa forma, a imagem produzida pela lupa deverá localizar-se a: $i = -25$ cm; o objeto estará localizado a uma distância: $o = \frac{i \cdot f}{i - f} = \frac{-25 \text{ cm} \times 2,78 \text{ cm}}{-25 \text{ cm} - 2,78 \text{ cm}} = 2,5$ cm do lado esquerdo da lente.

Exemplo: Um microscópio óptico em sua forma mais simples é constituído por duas lentes convergentes. A lente mais próxima do objeto é a *objetiva*, que forma uma imagem real. A lente mais próxima à vista é a *ocular*, que é utilizada como uma lupa para examinar a imagem formada pela objetiva. A partir do diagrama mostrado a seguir, calcule o aumento total do microscópio.

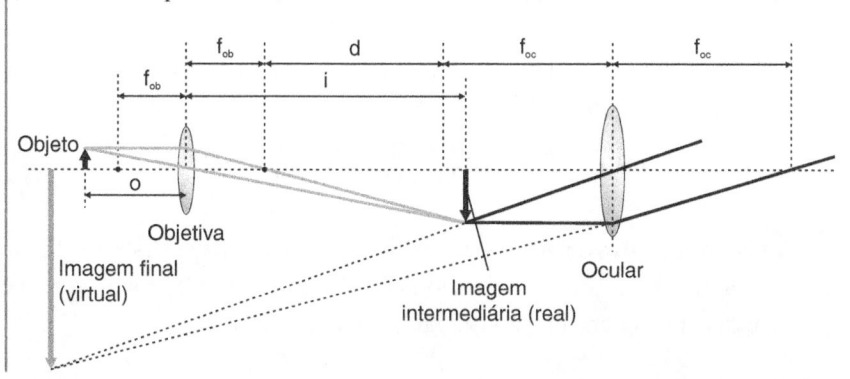

Resolução: A *ampliação lateral* da objetiva será $A = \left|\dfrac{i}{o}\right| = \dfrac{1 - f_{ob}}{f_{ob}} = \dfrac{1}{f_{ob}} - 1$, ao passo que o *aumento angular* da ocular dependerá da focalização da imagem final (virtual). Se a separação das lentes $\varepsilon = d + f_{ob} + f_{oc}$ for ajustada até que a imagem virtual esteja no ponto próximo do olho, então $M = 1 + (25\text{ cm}/f_{oc})$. O *aumento total* do microscópio será

$$m = A \cdot M = \left(\dfrac{1}{f_{ob}} - 1\right)\left(1 + \dfrac{25\text{ cm}}{f_{oc}}\right). \qquad (5.22)$$

Se a imagem real está localizada no ponto focal da ocular, então $M = 25\text{ cm}/f_{oc}$. Nesse caso, o *aumento total* do microscópio será

$$m = A \cdot M = \dfrac{d}{f_{ob}} \cdot \dfrac{25\text{ cm}}{f_{oc}}. \qquad (5.23)$$

A Equação (5.23) expressa a condição na qual o olho está descontraído, sendo esta a mais usual ao utilizarmos um microscópio.

Exemplo: Um microscópio está ajustado para produzir um aumento total de 100. Neste ajuste, a distância entre as lentes ocular ($f_{oc} = 12{,}5$ mm) e a objetiva é 20 cm. Levando em conta que a imagem final está a 25 cm da ocular, determine:

a) a distância focal da objetiva;
b) a posição do objeto observado com o microscópio.

Resolução: a lente ocular atua como uma lupa; logo, pela Equação (5.21), o aumento por causa dessa lente será: $M_{oc} = 1 + (25\text{ cm}/1{,}25\text{ cm}) = 21$. Pela Equação (5.22), encontramos $(i_1/f_{ob}) - 1 = 100/21 = 4{,}762$, ou $(i_1/f_{ob}) = 5{,}762$.

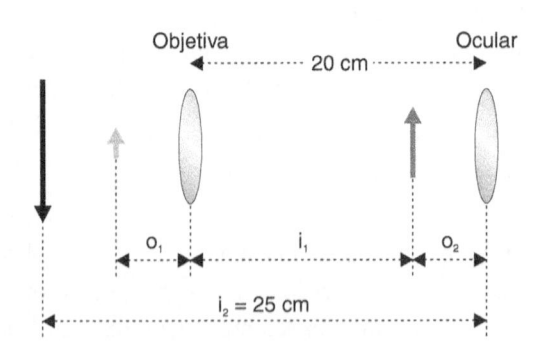

Com relação à lente ocular: $\dfrac{1}{o_2} + \dfrac{1}{i_2} = \dfrac{1}{f_{oc}}$; por ser $i_2 = -25$ cm, teremos $o_2 = 1{,}19$ cm. A partir do diagrama anterior, obtemos: $i_1 = 20$ cm $- 1{,}19$ cm $= 18{,}81$ cm.

a) A distância focal da lente objetiva será $f_{ob} = 18{,}81\text{ cm}/5{,}762 = 3{,}26$ cm.
b) A distância do objeto à lente objetiva será

$$o_1 = \dfrac{i_1 \cdot f_{ob}}{i_1 - f_{ob}} = \dfrac{18{,}81\text{ cm} \times 3{,}26\text{ cm}}{18{,}81\text{ cm} - 3{,}26\text{ cm}} = 3{,}94\text{ cm}.$$

Exemplo: A objetiva de um microscópio possui uma distância focal de 0,5 cm e está a 16 cm da ocular. Sabendo que o aumento total do microscópio é 600 e que a imagem final é vista no infinito, determine:

a) a distância focal da ocular;
b) o aumento angular do microscópio.

Resolução: quando a imagem final está em $i_2 = \infty$, o aumento total é dado pela Equação (5.23).

a) A distância focal da lente ocular será f_{oc} = (25 cm/600)(16 cm/0,5 cm) = 1,33 cm.

b) O aumento angular do microscópio para essa situação física é M = 25 cm/1,33 cm = 18,75.

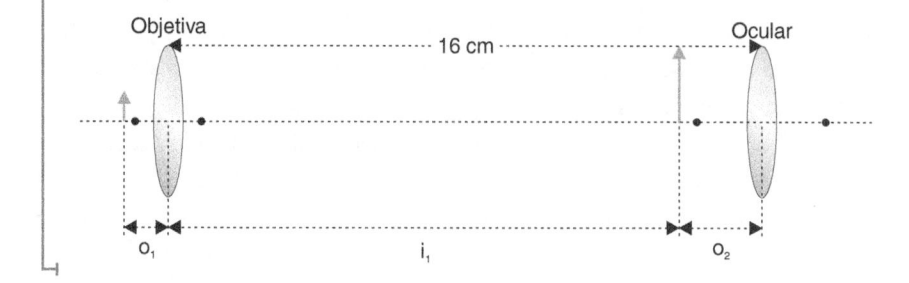

5.7 Defeitos visuais do olho humano

A formação de uma imagem no olho segue as etapas destacadas na Figura 5.44. O *estímulo luminoso* externo proveniente do objeto passa pela lente do olho, atravessa o humor vítreo e chega à retina. Nessa parte do interior do olho, a célula fotorreceptora é excitada, criando um *potencial receptor*, que se propaga às células bipolares e, em seguida, às células ganglionares. Nesta célula cria-se um *potencial de ação* que se propaga através de suas ramificações, que constituem o nervo óptico. O sinal elétrico é transmitido através do nervo óptico ao cérebro, onde o estímulo externo é interpretado.

Os *defeitos visuais* em grande número de casos estão relacionados aos problemas de *focalização*, isto é, o olho não produz imagens nítidas dos

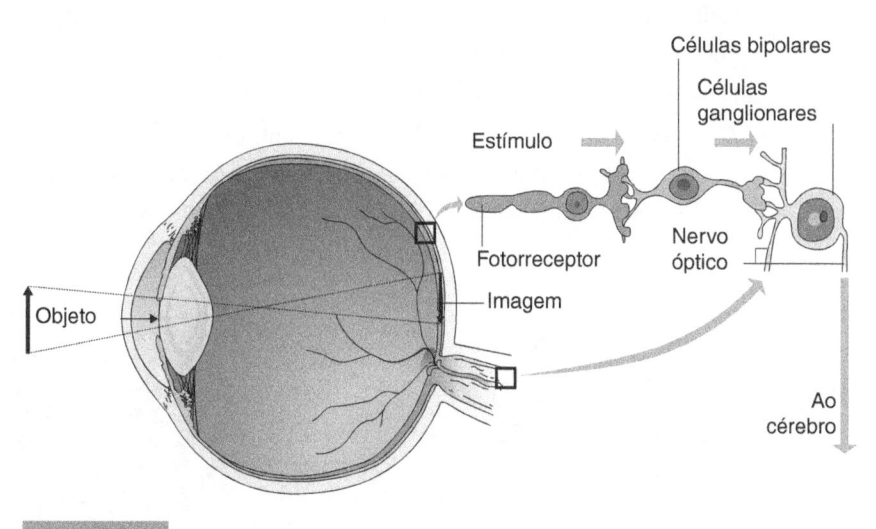

FIGURA 5.44

Na formação de uma imagem no olho, o estímulo externo produz potenciais de ação na retina que são transmitidos ao cérebro para ser interpretados.

objetos ou das cenas. É comum observarmos pessoas que *aproximam* objetos aos olhos, enquanto outras procuram *afastá-los* para enxergá-los nitidamente. Um olho normal pode *focalizar nitidamente* objetos localizados a distâncias que vão desde o infinito até aproximadamente 15 cm a sua frente. Isso é resultado da ação conjunta do *cristalino e do músculo ciliar* (veja Figura 5.16). Se o músculo ciliar *não é contraído*, está focalizando um objeto distante do olho; por outro lado, se for *contraído*, está focalizando um objeto próximo do olho e o cristalino tende a uma forma esférica. Esse processo de arranjo dessas componentes do olho é denominado *acomodação visual*.

A posição do *ponto próximo* de um olho depende de quanto pode variar a curvatura do cristalino mediante a acomodação. A idade de uma pessoa tem influência direta na variação da acomodação do olho, e é por essa razão que o ponto próximo afasta-se gradualmente à medida que a pessoa envelhece. Esse afastamento do ponto próximo com a idade é denominado *presbitismo ou presbiopia*, ou seja, não se enxerga bem a pequenas distâncias. Como isso acontece quase da mesma forma em todos os olhos normais, a *presbiopia* não é considerada um defeito de visão, e a correção desse problema é obtida pelo uso de uma *lente convergente*, que deve ser bifocal: a parte inferior da lente é usada para ver objetos próximos e a parte superior, para ver objetos distantes.

Ametropias oculares

Vários defeitos de visão devem-se à desarmonia entre o sistema óptico do olho e seu comprimento axial, ou seja, há uma *relação incorreta* entre os diversos elementos que constituem o globo ocular. O olho normal, ou *emétrope*, quando está em repouso, forma na retina a imagem de objetos situados no infinito (tal situação é mostrada na Figura 5.45a). O *olho amétrope* é aquele cujo ponto remoto não está situado no infinito e dá origem a dois tipos de defeitos visuais:

- *Miopia* (ou braquiometropia), associada à dificuldade de enxergar objetos distantes. Nesse caso, as imagens são focalizadas na parte anterior à retina, como mostra a Figura 5.45b. Para pessoas com esse defeito, os objetos mais afastados, cuja imagem se forma na retina, não estão situados no infinito, ou seja, seu ponto remoto encontra-se a uma distância finita do olho. No olho míope, o ponto próximo fica mais próximo ao olho do que no olho normal.
- *Hipermetropia*: está associada à dificuldade de enxergar objetos próximos; nesse caso, as imagens são focalizadas atrás da retina, como mostra a Figura 5.45c. Se a capacidade de acomodação visual

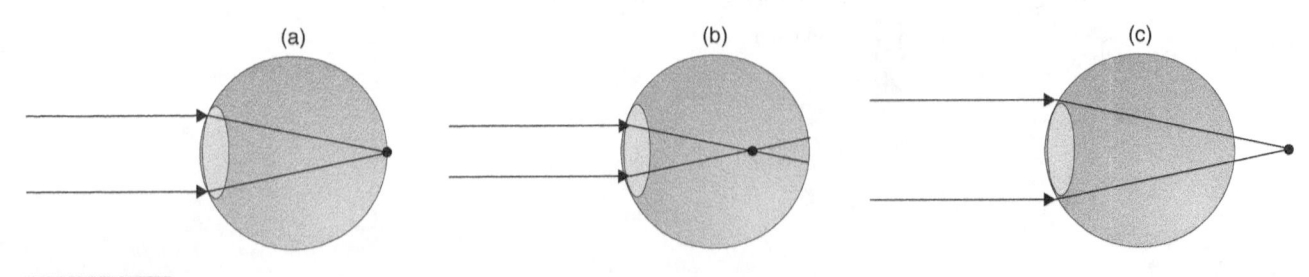

FIGURA 5.45

Ametropias oculares: a) emetropia, b) miopia, c) hipermetropia.

for normal, o ponto próximo do olho hipermétrope estará mais distante do que o do olho normal.

Exemplo: O ponto remoto de certo olho está a 1 m à sua frente. Que lente deve ser utilizada para ver claramente um objeto localizado no infinito?

Resolução: neste caso, a distância do objeto à lente corretora é o = ∞, e sua imagem estará localizada a i = –1 m em relação à lente. Logo, pela Equação (5.19), essa lente terá f = –1 m, ou seja, uma potência de –1 di. Isso significa que a lente corretora será divergente.

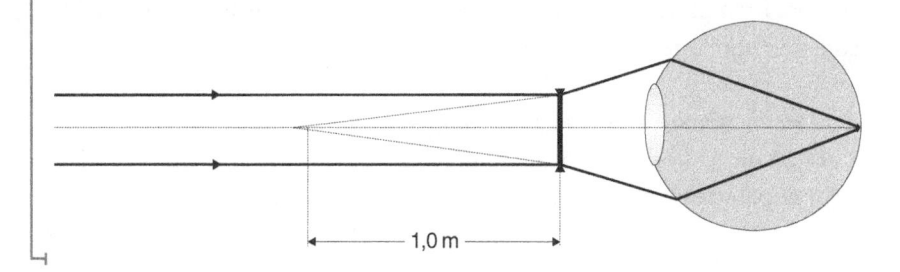

Exemplo: O ponto próximo de certo olho está a 1 m. Que lente deve ser utilizada para se ver claramente um objeto localizado a 25 cm do olho?

Resolução: neste caso, a distância do objeto à lente corretora é o = 0,25 m, e sua imagem estará localizada a i = –1 m em relação à lente. Pela Equação (5.19), essa lente terá f = 0,33 m, ou seja, uma potência de 3 di. Isso significa que a lente corretora será convergente.

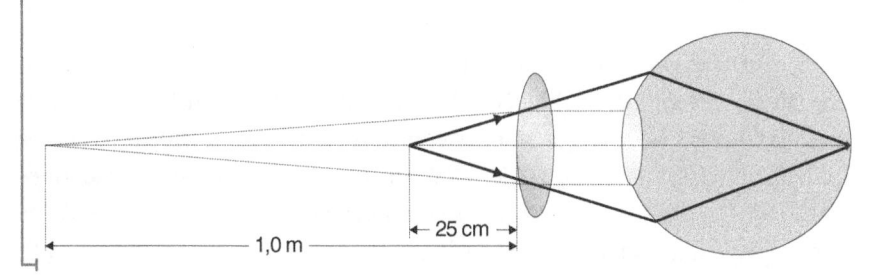

Os dois defeitos mencionados estão relacionados à *convergência* de um feixe de raios paralelos. Quando esta é *demasiado grande*, a imagem se forma antes da retina (miopia); e, quando é *insuficiente*, a imagem se forma após a retina (hipermetropia). Em ambos os defeitos, o olho pode ter suas dimensões axiais iguais às de um olho normal.

A *correção das ametropias* é feita por meio da utilização de lentes convergentes ou divergentes. Um olho *míope* necessita de lentes *divergentes* para ser corrigido (veja a Figura 5.46a), ao passo que um olho *hipermétrope* necessita de lentes *convergentes* (veja a Figura 5.46b).

As lentes utilizadas para correção das ametropias devem ter uma distância focal que coincida com o *ponto remoto* do olho em questão. A imagem que a lente corretora fornece de um objeto situado no infinito deve ser formada

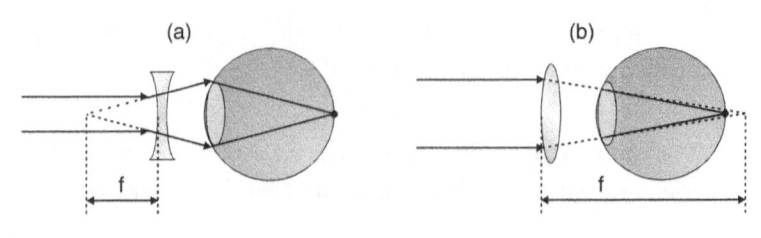

FIGURA 5.46

A correção da focalização é feita com uma lente: a) negativa para um olho míope; b) positiva para um olho hipermétrope.

no ponto remoto do globo ocular. Dessa forma, um dos focos da lente deve coincidir com o ponto remoto do olho.

Exemplo: Qual é a potência dos óculos necessária para:
a) um olho míope cujo ponto remoto está a 50 cm?
b) um olho hipermétrope com ponto próximo a 125 cm?

Resolução:
a) A lente corretora para o olho míope deve formar a imagem de objetos distantes (o = ∞) a uma distância i = –50 cm. Logo, a distância focal da lente será f = i = –50 cm = –0,5 m; portanto, sua potência é C = 1/f = –2 di.
b) Para o olho hipermétrope, a lente corretora formará a uma distância i = –125 cm a imagem de um objeto a o = 25 cm da lente (ponto próximo do olho normal).
A distância focal da lente é $f = \dfrac{o \cdot i}{o + i} = \dfrac{-25 \text{ cm} \times 125 \text{ cm}}{25 \text{ cm} - 125 \text{ cm}} = 31,25$ cm, portanto sua potência será C = 1/f = 3,2 di.

O *astigmatismo* é um defeito da visão que consiste na perda de focalização em determinadas direções. Acontece quando o *cristalino* tem forma irregular ou a *córnea* tem curvatura irregular. A perda de esfericidade da córnea faz com que o raio de curvatura de sua superfície não seja o mesmo em todos os meridianos; nesse caso, as imagens se produzem distorcidas e/ou borradas na retina e se formam em diferentes posições do eixo óptico (veja a Figura 5.47).

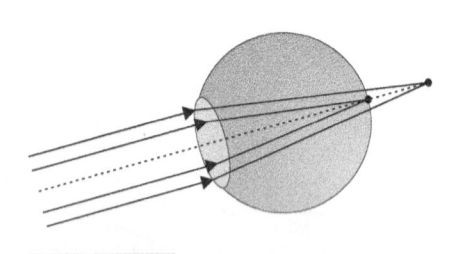

Esse defeito é corrigido com o uso de *lentes denominadas cilíndricas*. Na oftalmologia são usados dois tipos de cilindros: os positivos e os negativos; ambos podem ser utilizados para a correção do astigmatismo.

FIGURA 5.47

Raios de luz de um objeto no infinito, incidindo sobre um olho astigmático.

Exemplo: Para ler um livro colocado a 25 cm dos olhos, um *presbita* usa óculos com lentes cuja convergência é 2 di. Com o passar dos anos, sua presbiopia aumenta, e o livro deve ser colocado a 35 cm do olho para que ele possa ler, usando ainda os mesmos óculos. Com base nessas informações, responda:
a) Para que a pessoa torne a ler um livro colocado a 25 cm de seus olhos, ela deverá usar lentes de que convergência?
b) Qual será o ponto próximo da pessoa nas duas situações?

Resolução: quando o objeto está a o = 35 cm da lente, a imagem se forma na retina do olho (i = 2 cm). Logo, a distância focal da lente deverá ser $f = \dfrac{o \cdot i}{o + i} = 1{,}89$ cm ou potência de C = 1/f = 52,86 di.

a) A convergência do ponto próximo de um olho normal é 54 di, portanto a correção será 54 − 52,86 = 1,14 di. A convergência das novas lentes deverá ser de 2 di + 1,14 di = 3,14 di.

b) A convergência inicial do cristalino é 54 di − 2 di = 52 di, ou distância focal de f = 1/C = 1,92 cm. O ponto próximo, para que a imagem se forme na retina (i = 2 cm), é:

$o = \dfrac{i \cdot f}{i - f} = \dfrac{2\,\text{cm} \times 1{,}92\,\text{cm}}{2\,\text{cm} - 1{,}92\,\text{cm}} \cong 50$ cm. Com as novas lentes de distância focal: $f = \dfrac{1}{54 - 3{,}14} = 1{,}97 \times 10^{-2}$ m = 1,97 cm; para a imagem formar-se na retina (i = 2 cm), o novo ponto próximo deverá estar localizado em

$o' = \dfrac{i \cdot f}{i - f} = \dfrac{2\,\text{cm} \times 1{,}97\,\text{cm}}{2\,\text{cm} - 1{,}97\,\text{cm}} \cong 116{,}3$ cm = 1,16 m.

Problemas

1. Calcule:
   a) a velocidade da luz em um diamante (veja Tabela 5.1);
   b) o índice de refração do topázio, se a velocidade da luz nesse material é $1{,}85 \times 10^8$ m/s.

2. Calcule:
   a) a frequência da luz verde com comprimento de onda de 525 nm;
   b) o comprimento de onda dessa luz no vidro (n = 1,5), no qual sua frequência é a mesma.

3. Um raio de luz incide em um espelho plano:
   a) O espelho gira um ângulo θ em torno de um eixo perpendicular ao plano de incidência. Em quanto se altera seu ângulo de reflexão?
   b) Considerando que o espelho é giratório e que o raio refletido incide em um espelho fixo localizado a 1 km de distância, calcule a velocidade angular do espelho, levando em conta que o raio que volta forma, após sua reflexão, um ângulo de 1° com o raio incidente inicial.

4. Um recipiente de 10 cm de altura contém álcool (n = 1,361), ao passo que outro recipiente idêntico contém uma camada de água (n = 4/3), sobre a qual flutua uma camada de óleo (n = 1,473). Ambos os recipientes estão cheios. Se cada recipiente contém o mesmo número de ondas quando a luz o atravessa verticalmente, qual será a espessura da camada de óleo?

5. Uma balsa quadrada de 3,05 m de lado está flutuando em uma lagoa calma. Descreva o volume embaixo da balsa no qual um peixe pode nadar sem ser visto por alguém que está acima da água (n = 4/3) e que está olhando a balsa.

6. Faça um gráfico do ângulo de incidência em função do ângulo de refração para um feixe de luz amarela incidindo sobre uma interface água-ar, sendo $n_{\text{água}} = 1{,}33$. Comente.

7. Um peixe olha o céu através da água de um lago calmo. No céu, há quatro estrelas em ângulos 25°, 45°, 65° e 85° ao zênite. Determine os ângulos aparentes dessas estrelas, ao serem olhadas pelo peixe.

8. A seção longitudinal de um diamante lapidado (n = 2,4) tem a forma de um pentágono regular. Um feixe luminoso incide normal à face AE.
   a) Determine a trajetória desse feixe até que saia do cristal. Justifique.
   b) Qual deve ser o maior ângulo θ de incidência na face AE de modo que ainda ocorra reflexão total na face BC?
   c) Um diamante lapidado é denominado brilhante. Esse nome se justifica?

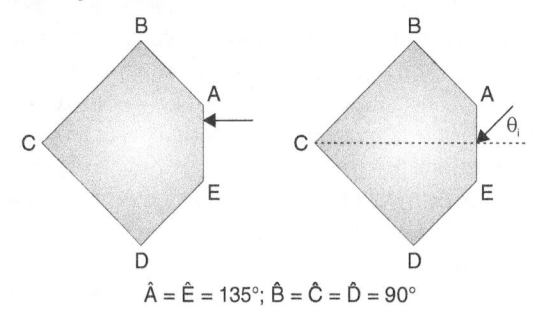

   Â = Ê = 135°; B̂ = Ĉ = D̂ = 90°

9. Um tanque retangular de 2 m de altura está cheio de água (n = 1,33). Um raio luminoso incide na água em um dos lados do tanque com um ângulo de 60°. A partir dessas informações, determine a distância atingida no fundo pelo raio a partir desse lado.

10. As leis da reflexão e refração são as mesmas para as ondas luminosas e sonoras. Define-se índice de refração de um meio como a razão entre as velocidades da onda no ar e no meio. Dados: velocidade do som na água = 1.500 m/s e velocidade do som no acrílico = 2.800 m/s.

a) Calcule o ângulo crítico para que ocorra a reflexão total do som na interface ar-água de uma piscina.
b) Determine a trajetória do som supondo que o ângulo de incidência na água seja de 11,5° e que as paredes da piscina sejam de acrílico.
c) Você poderia dizer por que dentro da piscina é tão silencioso? Justifique.

11. Para o som, o índice de refração de um meio também é definido como a razão entre as velocidades do som no ar (344 m/s) e no meio.
a) Determine o índice de refração da água sabendo que a velocidade do som na água é 1.500 m/s.
b) Qual é o ângulo crítico para a reflexão total do som na interface ar-água?

12. O ângulo de incidência de um raio luminoso em uma lâmina de faces paralelas de espessura d vale θ_1. O índice de refração da lâmina é n_2 e ela está em um meio com índice de refração n_1. Determine o ângulo do raio emergente da lâmina.

13. Considere uma janela de vidro (n = 1,52) de 3 mm de espessura. Um feixe de luz incide perpendicularmente sobre uma de suas superfícies. A partir dessas informações, determine a intensidade do feixe transmitido ao ar pela outra superfície.

14. O prisma mostrado na figura a seguir, de índice de refração $\sqrt{2}$, está no ar, tem por seção reta um triângulo isóscele. O que acontece a um feixe que incide perpendicularmente à face AB?

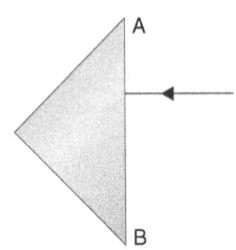

15. Um raio de luz incide com um ângulo de 43,84° sobre um prisma (n = 1,5) cujo ângulo do vértice superior é ψ = 55°. O raio emergente também faz um ângulo de 43,84° com a normal à outra face. Qual é o ângulo de desvio δ?

16. O prisma da figura abaixo colocado no ar tem um índice de refração $\sqrt{2}$ e seus ângulos A e B são iguais a 30°. Considere dois raios de luz que incidem perpendicular à face maior. Determine:
a) o ângulo entre os raios emergentes do prisma;
b) o índice de refração do prisma para que haja reflexão total na face OA.

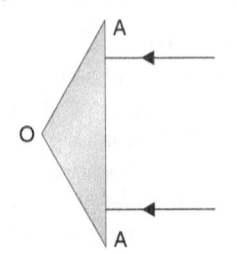

17. A figura a seguir mostra um raio de luz incidindo sobre um prisma de vidro no ar. O ângulo interno do prisma é A = 60°. O ângulo de incidência θ = 45° é tal que o raio emergente também faz um ângulo θ normal à outra face.
a) Qual é o índice de refração do vidro do prisma com relação ao ar?
b) Se o comprimento de onda da luz incidente for igual a 700 nm (vermelha), qual será o comprimento de onda da luz no interior do prisma, sabendo-se que sua frequência não muda?

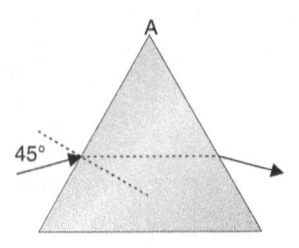

18. Um bastão de vidro (n = 1,5) de seção transversal retangular é dobrado na forma mostrada na figura a seguir. Um feixe de luz incide normal à superfície S_1. Determine o valor mínimo de r/d, para que toda a luz que entra por S_1 atravesse o vidro e saia por S_2.

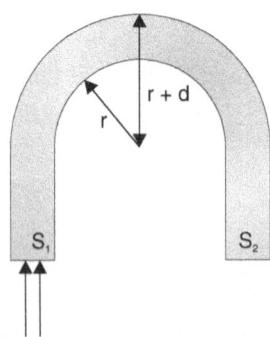

19. Um raio de luz incide com um ângulo θ sobre o extremo de uma fibra óptica (n = 1,3), como mostra a figura a seguir. O raio refratado incide sobre a parede interna da fibra com um ângulo ψ. Qual será o melhor valor de θ para que o raio experimente reflexão total na parede da fibra?

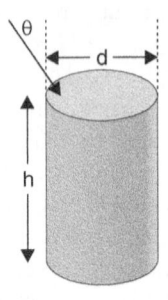

20. Uma fibra óptica (n = 1,39) tem 2 m de comprimento e diâmetro de 2×10^{-3} cm.
a) Qual o maior ângulo de incidência de um raio de luz na extremidade da fibra para que seja totalmente refletido pela sua parede?

b) Para um ângulo de incidência de 40°, quantas reflexões ocorrerão antes de o raio emergir na outra extremidade da fibra?

21. Na prática, as fibras ópticas têm um revestimento de vidro (n = 1,512) para proteger a superfície óptica da fibra. Se a fibra tem um índice de refração n = 1,7, qual é o ângulo crítico para que se tenha reflexão total interna de um raio de luz dentro da fibra?

22. Luz de comprimento de onda de 589 nm incide sobre um par de orifícios e produz um diagrama de interferência no qual a separação entre as franjas brilhantes é 0,53 cm. Uma segunda luz produz um diagrama de interferência com uma separação de 0,64 cm entre as franjas. Qual é o comprimento de onda dessa segunda luz?

23. Experimento de Young: na figura a seguir, S é uma fonte de luz; S_1 e S_2, duas aberturas em um anteparo opaco. Suponha que a experiência foi feita com uma fonte luminosa de λ = 500 nm e que o anteparo no qual se observa a franja de interferência está a 1 m do anteparo com os dois furos. Se a distância entre os máximos é 0,5 mm, determine a distância entre S_1 e S_2.

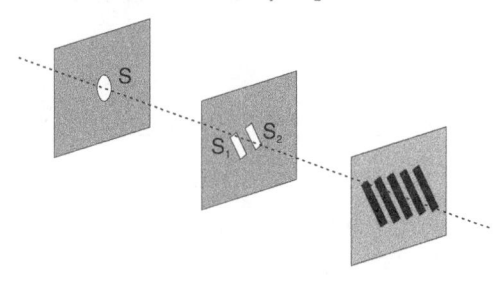

24. A luz de um laser de hélio-neônio (630 nm) incide sobre dois orifícios. No diagrama de interferência projetado sobre um anteparo que se encontra a 1,5 m dos orifícios, as franjas brilhantes estão separadas 1,35 cm. Qual é a separação entre os orifícios?

25. Uma abertura retangular de 1,4 μm de largura é utilizada para produzir uma figura de difração de Fraunhofer. Calcule a meia largura angular da faixa central da figura de difração, quando utilizamos fontes monocromáticas de:
a) 400 nm;
b) 700 nm.

26. Uma abertura retangular de 0,4 mm de largura é utilizada para produzir uma figura de difração de Fraunhofer no plano focal de uma lente com f = 1 m. A luz incidente contém dois comprimentos de onda λ_1 e λ_2. Se o 4º mínimo correspondente a λ_1 e o 5º mínimo correspondente a λ_2 acontecem em um mesmo ponto a 5 mm do máximo central, determine λ_1 e λ_2.

27. Calcule o raio do disco central da figura de difração da imagem de uma estrela formada por:
a) um objetivo fotográfico de 2,5 cm de diâmetro e 7,5 cm de distância focal;
b) uma luneta de 15 cm de diâmetro e 1,5 m de distância focal.

28. Um feixe monocromático de λ = 600 nm incide normal a um anteparo opaco que tem uma abertura circular de 0,5 mm de diâmetro. Descreva a figura de difração observada no plano focal de uma lente convergente com f = 2 m e encostada próxima à abertura.

29. A luz entra no olho (n ≅ 1,336) pela pupila de diâmetro 7 mm. Qual é o ângulo de difração θ produzido quando um raio paralelo de luz amarela (589 nm) passa através da pupila?

30. Um astronauta em órbita a uma altura de 240 km disse que podia identificar as casas da cidade enquanto passava sobre elas. Pode-se dar crédito a isso? Suponha λ = 550 nm; diâmetro da pupila igual a 1 mm e n ≅ 1,336 para o olho.

31. O diâmetro da pupila de uma águia mede 4 mm. A 1 km do chão, essa águia em voo consegue enxergar um rato de 4 cm de comprimento? Considere λ = 550 nm.

32. Determine:
a) A separação angular mínima entre duas estrelas. Isso só é possível com um telescópio de 1 m, que tenha filtros de luz vermelha (λ = 650 nm) ou de luz azul (λ = 400 nm).
b) A distância entre os centros das imagens das estrelas, se a lente objetiva do telescópio tem f = 10 m.

33. A distância entre os centros dos faróis dianteiros de um carro é 1,5 m; o carro está a 6 km de um observador. Considerando o raio da pupila 1 mm; n ≅ 1,336 para o olho; e 2,5 cm o diâmetro do olho, calcule:
a) a distância entre os centros das imagens formadas na retina;
b) o raio do disco central de difração de cada imagem;
c) a distância máxima que pode separar os faróis; considere λ = 550 nm.

34. A distância entre os centros dos faróis dianteiros de um carro é 1,3 m; a resolução da imagem dos faróis na retina do olho (n ≅ 1,336) é determinada pela difração da luz ao passar pela pupila do olho (r = 2,5 mm). Calcule a distância entre o carro e a pessoa para se ter um máximo poder de resolução, se λ = 550 nm.

35. Qual é a distância mínima entre dois pontos que apenas podem ser resolvidos pelo olho humano a 25 cm do olho (n ≅ 1,336), sendo seu poder de resolução $1,3 \times 10^{-4}$ rad?

36. Um feixe paralelo de luz natural incide com um ângulo de 58° sobre uma superfície plana de vidro. O feixe refletido está completamente polarizado em um plano. Calcule:
a) o ângulo de refração do feixe transmitido;
b) o índice de refração do vidro.

37. Que altura sobre o horizonte deve ter o Sol para que a luz procedente dele esteja polarizada, quando é refletida sobre uma superfície de água em repouso?

38. A luz não polarizada pode, em determinadas condições, ser refletida por uma superfície como luz polarizada. Constatou-se, experimentalmente, que isso ocorre quando os raios refletidos e refratados são perpendiculares entre si. Considere um feixe de luz incidindo sobre uma placa de vidro (n = 1,5) e determine o ângulo de polarização, ou seja, o ângulo de incidência para o qual é observada a polarização da onda refletida.

39. A amplitude de um feixe de luz polarizada forma um ângulo de 65° com o eixo de uma lâmina polarizadora. Que fração do feixe é transmitida através da lâmina?

40. Os eixos ópticos de um polarizador e de um analisador são orientados em ângulo reto entre si. Um segundo polarizador é colocado entre eles com seu eixo a 30° com o eixo do primeiro.

a) Se uma luz não polarizada de intensidade I_0 incidir sobre esse sistema, qual será a intensidade transmitida após cada lâmina polarizadora?

b) Indique a direção de polarização da luz após cada polarizador.

c) Qual a intensidade da luz transmitida quando se remove a lâmina intermediária?

41. Suponha que um olho esteja cheio de uma substância homogênea com n = 1,336. Qual será:

a) o raio de curvatura da córnea, se o foco da lente encontra-se na retina a 25 mm do vértice da córnea?

b) o tamanho da imagem de um objeto de 10 cm de altura a 2 m do olho?

42. Embora a lente do olho tenha superfícies fortemente curvadas (Figura 5.16), o efeito de focalização da lente na realidade não é muito grande. Explique esse efeito e mostre-o com o traçado de raios luminosos, utilizando o valor 1,424 para o índice de refração da lente e 1,336 para o índice de refração dos humores aquoso e vítreo.

43. Considere uma esfera de vidro de raio r e índice de refração n segundo a figura a seguir. A esfera é cortada a uma distância d de seu centro por um plano perpendicular a OS. Uma fonte pontual que está em S emite luz que passa pelo vidro, tal que os raios emergem da esfera ao longo de linhas que divergem do ponto P. Se OP = nr, determine a distância OS.

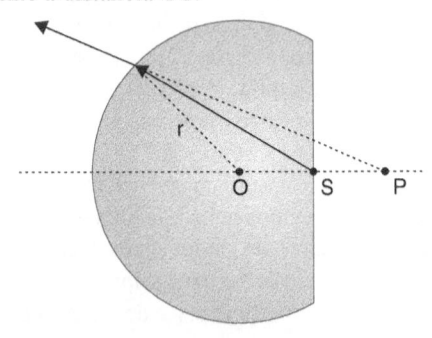

44. Comente sobre posição, natureza e tamanho da imagem formada por uma lente convergente quando o objeto (real) é colocado:

a) no ponto focal;

b) entre o ponto focal e a lente;

c) além da distância focal.

45. Um objeto (real) é colocado a 15 cm de uma lente convergente de distância focal de 5,0 cm. Do outro lado dessa lente, a 5,0 cm dela, é colocada uma lente divergente de distância focal de 20 cm. Determine a posição, a natureza e o tamanho da imagem final formada.

46. Para uma lente delgada de:

a) índice de refração n em um meio de índice n_0, deduza uma expressão semelhante à Equação (5.18);

b) n = 1,53; f = 25 cm no ar e submersa em água (n = 4/3), qual será o valor de f?

47. Uma lente delgada biconvexa de vidro (n = 1,5) tem f = 30 cm no ar. A lente está montada em uma abertura feita na parede de um depósito cheio de água (n = 4/3). Na parede oposta do depósito há um espelho plano, a 80 cm da lente.

a) Encontre a posição da imagem de um objeto localizado no exterior do depósito, no eixo da lente a 90 cm desta;

b) a imagem é real ou virtual?

c) direita ou invertida?

48. Calcule a distância focal de uma lente delgada de vidro (n = 1,5) com superfícies plano-convexas.

49. A figura a seguir mostra uma lente objetiva com f = 15 cm e a imagem de um objeto que está a 3 m da lente. Uma lâmina de vidro (n = 1,5) de 12 mm de espessura é colocada entre a lente e o ponto imagem. Determine:

a) a nova posição da imagem;

b) a que distância da lente o objeto deverá ser colocado para que a imagem se forme no ponto F, mantendo-se o vidro na mesma posição.

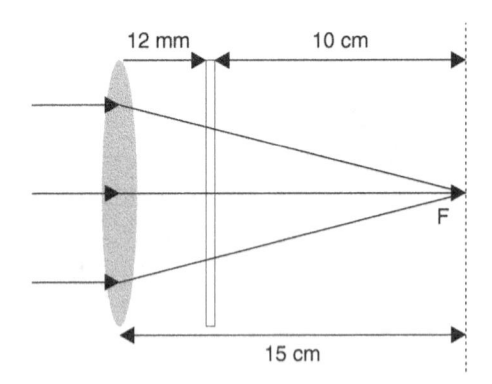

50. Uma lente com distância focal de 10 cm é usada como uma lupa simples por duas pessoas cujos pontos próximos estão, respectivamente, a 25 cm e 50 cm do olho. Considere o diâmetro do olho (n ≅ 1,336) igual a 2 cm e o olho estando junto à superfície da lente. Calcule, para cada uma dessas pessoas:

a) o aumento angular;

b) a relação entre o tamanho do objeto e o da imagem na retina quando estão usando a lupa.

51. Uma lente de aumento para leitura tem uma distância focal de 5 cm. Determine o aumento linear e o aumento angular da lente.

52. Quais são os aumentos angulares quando um objeto é visto através de uma lente de aumento com distância focal igual a 4,8 cm e colocado a 4 cm dela, nas condições em que o olho está:

a) junto à superfície da lente?

b) a 10 cm da lente?

c) a 20 cm da lente?

53. Um projetor de diapositivos com lente de 10 cm de distância focal projeta uma imagem sobre um anteparo que está a 2,5 m da lente. Qual é:

a) a distância entre o diapositivo e a lente?

b) o aumento da imagem?

c) a largura da imagem de um diapositivo de 35 mm?

54. A distância entre a lente de um projetor e o diapositivo pode variar entre 22 cm a 30 cm. Considerando a distância focal da lente igual a 21 cm, calcule:
a) a menor e a maior distância entre a lente e o anteparo para que a imagem possa ser focalizada;
b) o aumento linear transversal da lente para cada caso.

55. Para fazermos fotos a pequenas distâncias (macrofotografia), utilizamos uma lente de 40 mm de distância focal.
a) Se a lente pode estar no máximo a 5,2 cm do filme, qual será a menor distância (desde a lente) a qual se pode focar um objeto?
b) Qual é o aumento neste caso?
c) Se a lente não pode estar a menos de 5,0 cm do filme, qual será a menor distância a que se poderá focar um objeto?

56. Uma câmera fotográfica com lente de distância focal de 5 cm é utilizada para fotografar uma árvore de 1,68 m de altura.
a) A que distância da árvore deve ser posicionada a lente da câmera para que o tamanho da imagem no filme seja de 2 cm?
b) Calcule a distância entre a lente e o filme.

57. A distância focal da objetiva e ocular de um microscópio é, respectivamente, 0,5 cm e 1,0 cm. Um objeto colocado a 0,52 cm da objetiva produz uma imagem virtual a 25 cm do olho. Com base nessas informações, calcule:
a) a distância de separação das duas lentes;
b) o aumento total do microscópio.

58. Um microscópio dispõe de lentes objetivas cujas distâncias focais são 16 mm, 4 mm e 1,9 mm e de lentes oculares de aumentos angulares 5 vezes e 10 vezes. Quais os valores máximo e mínimo de aumento total que se podem obter, sendo que cada lente objetiva forma uma imagem localizada 16 cm além de seu ponto focal?

59. Em um microscópio, a distância focal da lente objetiva é 3 mm e da lente ocular, 2 cm.
a) Onde deve estar a imagem formada pela objetiva, para que a ocular produza uma imagem virtual de 25 cm diante da ocular?
b) Se as lentes estão separadas 20 cm, que distância separa a objetiva do objeto que está sendo observado?
c) Qual é o aumento total do microscópio?

60. Em um microscópio, a lente objetiva tem f = 16 mm, a lente ocular, f = 2,5 cm, e a separação entre ambas é de 22,1 cm. A imagem final formada pela ocular está no infinito.
a) Qual deve ser a distância da objetiva ao objeto examinado?
b) Qual é o aumento lateral produzido pela objetiva?
c) Qual é o aumento total?

61. Encontre a localização do ponto:
a) próximo de um olho para o qual estão prescritas lentes com potência de +2 dioptrias;
b) remoto de um olho para o qual estão prescritas lentes com potência de –0,5 dioptria.

62. Uma pessoa usa óculos com lentes de 1,33 dioptrias. Onde se localiza o ponto próximo dessa pessoa quando ela não estiver usando óculos?

63. Um livro é colocado a 25 cm de um olho (n = 1,33 para o humor vítreo) relaxado. Que tamanho tem na retina a imagem de uma letra do livro, se a altura da letra é 2 mm?

64. Uma pessoa com lentes de distância focal de –200 cm vê nitidamente objetos localizados entre 25 cm e o infinito.
a) Onde se situam os pontos próximo e distante de seus olhos quando ele não estiver usando as lentes?
b) Qual é o poder de acomodação de seu olho?

65. O intervalo de visão nítida de uma pessoa é de 175 cm a partir de 75 cm de seus olhos.
a) De que tipo de lente corretora ela precisa para ver objetos a grandes distâncias e ler livros a 25 cm de seus olhos?
b) Determine o intervalo em que sua visão não é muito nítida, quando essa pessoa usa os óculos corretores.

66. Lentes bifocais com distâncias focais de 40 cm e –300 cm são prescritas a um paciente.
a) Para que serve cada uma das partes dessas lentes?
b) Descreva a localização e calcule a convergência de cada uma das partes dessas lentes.
c) Determine o ponto próximo e distante do olho desse paciente sem os óculos.

67. Uma pessoa vê nitidamente objetos colocados entre 25 cm e 400 cm de seus olhos. Com base nessas informações, determine:
a) o poder de acomodação do olho;
b) a convergência das lentes corretoras;
c) a que distância mínima dos olhos deve ser colocado o livro, para que possa ser lido utilizando-se esses óculos.

68. O ponto remoto de um míope está a 1 m diante de seus olhos.
a) Que potência deverão ter os óculos necessários para ver claramente um objetivo localizado no infinito?
b) Se com esses óculos seu ponto próximo está a 25 cm, onde está sem eles?

Referências bibliográficas

1. GOULD, J. L. Sensory bases of navigation. *Current Biology*, v. 8, n. 20, out. 1998, p. R731-R738.
2. ADLER, K.; TAYLOR D. H. Extraocular perception of polarized-light by orienting salamanders. *Journal of Comparative Physiology*, v. 87, n. 3, 1973, p. 203-212.
3. WILTSCHKO, W.; WILTSCHKO, R.; KEETON, W. T.; BROWN, A. J. Pigeon homing: the orientation young birds that had been prevented from seeing the sun. *Ethology*, v. 76, n. 1, set. 1987, p. 27-32.

4. KIEN, J.; MENZEL, R. Chromatic properties of interneurons in optic lobes of bee. 2. Narrow-band and color opponent neurons. *Journal of Comparative Physiology*, v. 113, n. 1, 1977, p. 35-53.

5. KREITHEN, M. L.; EISNER, T. Ultraviolet-light detection by homing pigeon. *Nature*, v. 272, n. 5.651, 1978, p. 347-348.

6. PHILLIPS, J. B.; ADLER, K.; BORLAND, S. C. True navigation by an amphibian. *Animal Behaviour*, v. 50, p. 855-858, Part 3, set. 1995.

7. VON FRISCH, K. *The dance language and orientation of bees*. Cambridge, MA: Harvard University Press, 1967.

8. VON FRISCH, K. Decoding language of bee. *Science*, v. 185, n. 4.152, 1974, p. 663-668.

9. ABLE, K. P. Skylight polarization patterns at dusk influence migratory orientation in birds. *Nature*, v. 299, n. 5.883, 1982, p. 550-551.

10. ABLE, K. P. Skylight polarization patterns and the orientation of migratory birds. *Journal of Experimental Biology*, v. 141, jan. 1989, p. 241-256.

11. ABLE, K. P.; ABLE, M. A. Daytime calibration of magnetic orientation in a migratory bird requires a view of skylight polarization. *Nature*, v. 364, n. 6.437, ago. 1993, p. 523-525.

12. WILTSCHKO, R.; MUNRO, U.; FORD, H.; WILTSCHKO, W. Orientation in migratory birds: time-associated relearning of celestial cues. *Animal Behaviour*, v. 62, ago. 2001, p. 245-250, Part 2.

13. VON FRISCH, K. Die Sonne als Kompass in leben der Bienen. *Experientia*, v. 6, n. 6, 1950, p. 210-221.

14. VON FRISCH, K.; LINDAUER, M.; DAUMER, K. Liber die wahrnehmung Polarisierten lightes durch das Bienenauge. *Experientia*, v. 16, n. 7, 1960, p. 289-301.

15. VON FRISCH, K. The language of bee (reprinted from *Science Progress*, v. 32, 1937, p. 29-37). *Bee World*, v. 74, n. 2, 1993, p. 92-98.

CAPÍTULO 6

Fluidos líquidos

OBJETIVOS DE APRENDIZAGEM

Depois de ler este capítulo, você será capaz de:
- Entender a importância dos fluidos líquidos e gasosos nos sistemas biofísicos
- Aplicar a teoria física dos fluidos no funcionamento do corpo humano no cálculo de pressões, na explicação da respiração no corpo humano e aos líquidos celulares
- Explicar o importante papel do comportamento dinâmico dos fluidos no deslocamento de partículas e espécimes através dele
- Quantificar as diversas forças resistivas experimentadas pelos espécimes que se movem nos meios fluidos (gasosos ou líquidos)

6.1 Introdução

Na natureza, a matéria apresenta-se nos estados sólido, líquido ou gasoso. Nos estados líquido ou gasoso, a matéria é denominada um *fluido* e não possui forma definida, como acontece no estado sólido. Enquanto no estado líquido o volume da matéria pode ser definido (*fluido incompressível*), no estado gasoso pode não acontecer o mesmo (*fluido compressível*). A densidade ρ do fluido é uma quantidade importante para caracterizá-lo e, em geral, é função da pressão P e da temperatura T do fluido, ou seja, $\rho = \rho(P,T)$. Vale também ressaltar que os líquidos e gases são *fluidos viscosos*, o que significa que podem transmitir forças de cisalhamento.

O ar e a *água* são fluidos de importância fundamental para qualquer tipo de vida animal ou vegetal. O *ar* porque contém o elemento oxigênio na forma de O_2, necessário para que os organismos vivos possam realizar suas atividades vitais. A *água* (H_2O) porque está presente no interior dos organismos vivos, exercendo um papel vital no funcionamento normal destes; encontramos este elemento na natureza nos três estados da matéria. Por exemplo, em um indivíduo com média de 70 kg, a quantidade total de água no interior de seu organismo é da ordem de 40 litros, ou seja, aproximadamente 57% de sua massa corporal total. Dessa quantidade, aproximadamente 63% constituem o líquido intracelular e aproximadamente 37% correspondem ao líquido extracelular.

A importância dos *fluidos* para o reino animal é grande porque são vitais para a existência da cadeia alimentar desses seres, além de serem fundamentais para suas locomoções e servirem como elemento transportador das variadas formas de comunicação entre eles.

A *água* no estado líquido à temperatura de 0°C e pressão de 1 atmosfera tem uma densidade $\rho_0 = 1000$ kg/m^3 = 1 kg/litro = 1 g/cm^3. Qualquer corpo de densidade ρ, ao ser colocado sobre a água, *submergirá* se $\rho > \rho_0$ ou *flutuará* se $\rho < \rho_0$.

O *ar* no estado gasoso à temperatura de 0°C tem densidade de 1,3 kg/m^3, e no estado líquido à temperatura de –183°C é $1,14 \times 10^3$ kg/m^3; já o *sangue*, por sua vez, no estado líquido à temperatura de 37°C tem densidade de $1,05 \times 10^3$ kg/m^3.

6.2 Pressão exercida pelos fluidos

Um dos efeitos físicos dos fluidos quando há corpos em seu interior ou sobre ele é a *pressão* exercida pelo fluido na superfície externa dos corpos. Como, por definição, a *pressão* é a intensidade da força exercida pelo fluido por unidade de área do corpo, ela é medida em N/m^2 = 1 pascal (1 Pa) no SIU. A pressão é uma das poucas quantidades físicas que apresentam um número grande de unidades para sua quantificação.

Pressão atmosférica

Todo corpo que está sobre ou acima da superfície terrestre experimenta uma *pressão* da *atmosfera* devido ao peso do ar sobre o corpo. Cada metro quadrado da superfície terrestre *ao nível do mar* experimenta uma força devido ao peso do ar sobre este m^2. A intensidade dessa força é da ordem de 10^5 N, e a pressão resultante é denominada *uma atmosfera* (1 atm). Sua equivalência no SIU é 1 atm = $1,013 \times 10^5$ Pa.

A Figura 6.1 apresenta um gráfico da altura (z) a que se encontra um corpo em relação ao nível do mar (z = 0) em função do porcentual de ar atmosférico que o corpo suporta a essa altura. O gráfico mostra que um corpo

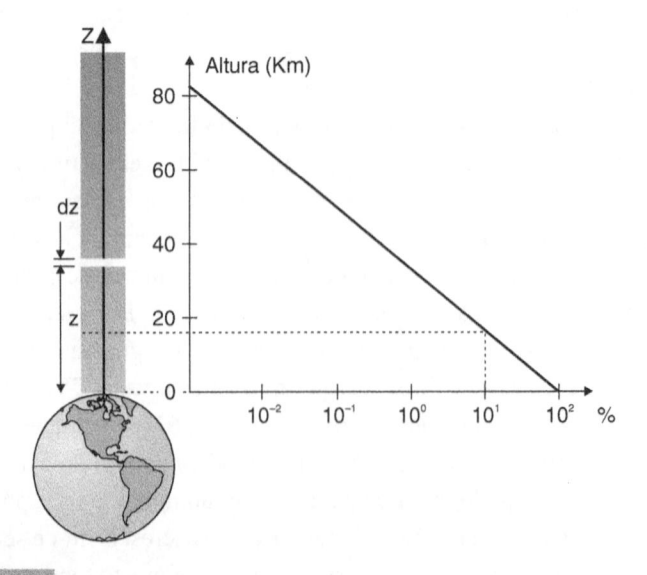

FIGURA 6.1

Como a densidade do fluido atmosférico diminui conforme nos afastamos da Terra, a pressão atmosférica dependerá da distância em relação à superfície terrestre.

que está a 16 km sobre o nível do mar suporta aproximadamente 10% do ar atmosférico.

Considerando que a aceleração devido à gravidade é constante até algumas centenas de km e que a atmosfera está em equilíbrio térmico, ou seja, sua temperatura é constante, então a *densidade* ρ *do ar* diminuirá com o aumento da altura em relação ao nível do mar e variará linearmente com a pressão P do ar, ou $\frac{\rho}{P}$ = constante. Se ρ_0 e P_0 são, respectivamente, a densidade do ar e a pressão atmosférica ao nível do mar, então $\frac{\rho}{P} = \frac{\rho_0}{P_0}$.

Na Figura 6.1, o volume elementar de ar de espessura dz a uma altura z do nível do mar experimenta a variação de pressão $dP = -\rho \cdot g \cdot dz$ — essa relação será demonstrada na dedução da Equação (6.2); logo, $dP = -\rho_0 g \frac{P}{P_0} dz$. Portanto,

$$\int_{P_0}^{P} \frac{dP}{P} = -\frac{\rho_0 g}{P_0} \int_0^z dz \Rightarrow P = P_0 e^{-\frac{\rho_0 g}{P_0} z}. \quad (6.1)$$

A Equação (6.1) diz que, quando são satisfeitas as aproximações mencionadas anteriormente, a pressão atmosférica *diminuirá exponencialmente* à medida que nos afastamos da superfície terrestre. Nessa aproximação: $\frac{\rho_0 g}{P_0} = \frac{1,3 \text{ kg/m}^3 \times 9,8 \text{ m/s}^2}{1,013 \times 10^5 \text{ Pa}} \cong \frac{1}{8 \text{ km}}$, portanto $P(z) \cong P_0 e^{-z/8}$, sendo z em km.

Exemplo: Qual é a pressão atmosférica sobre uma cidade localizada a 1.500 m acima do nível do mar? Considere a densidade do ar nessa cidade 1,0 kg/m³.

Resolução: na Figura 6.1 observamos que z = 1,5 km corresponde a uma *pequena variação* da densidade do fluido atmosférico. Logo, utilizando a Equação (6.1), teremos:

$$P_{1,5} = e^{-1,5/8} \cong 0,829 \text{ atm} = 0,84 \times 10^5 \text{ Pa}.$$

Essa diminuição da pressão, com relação à pressão ao nível do mar, está diretamente relacionada com a diminuição da densidade do ar a esta altura.

Pressão hidrostática

A *hidrostática* estuda os fluidos incompressíveis em equilíbrio ou movendo-se em bloco com velocidade constante. Quando um corpo com massa m e densidade ρ_0 é introduzido em um líquido incompressível de densidade ρ, ele experimentará forças de volume (peso do corpo) e forças de superfície. Estas últimas são normais à superfície que contorna o corpo dentro do líquido e serão as que originam a pressão exercida pelo fluido sobre o corpo.

Na hidrostática, em todos os pontos de um plano horizontal de um mesmo fluido em equilíbrio, *a pressão é a mesma*, ou seja, se o plano considerado está a uma distância y da superfície livre do fluido, a pressão exercida por ele no plano será P = P(y). A Figura 6.2 mostra um volume ΔV do fluido com massa m em forma de um paralelepípedo retangular de espessura Δy. Nas superfícies planas de área A do volume ΔV, nas distâncias $|y|$ e $|y + \Delta y|$ da superfície livre do fluido, agem, respectivamente, as forças $\vec{F}_1 = P_1 A \hat{j}$ e

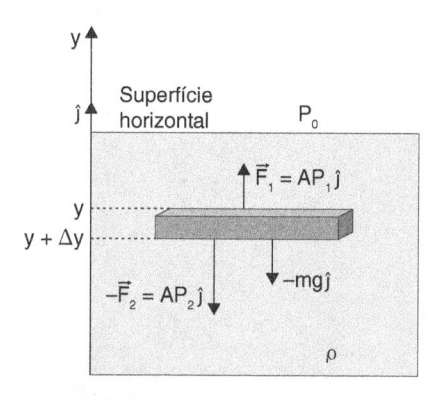

FIGURA 6.2

Para determinarmos a pressão do fluido a uma distância $|y|$ de sua superfície, considera-se um volume ΔV do fluido de espessura infinitesimal Δy. Em seguida, fazemos que a espessura $\Delta y \to 0$.

$\vec{F}_2 = -P_2 A\hat{j}$, sendo $P_1 = P(y)$ e $P_2 = P(y + \Delta y)$. Como ΔV está em equilíbrio, $\vec{F}_1 + \vec{F}_2 + m\vec{g} = 0$.

A massa do fluido de volume ΔV e densidade ρ é $\rho \cdot A \cdot \Delta y$ e $\vec{g} = -g\hat{j}$. Portanto, $P(y + \Delta y) - P(y) = -\rho\, g\, \Delta y$; na situação limite $\Delta y \to 0$, teremos: $\dfrac{dP}{dy} = -\rho g$, logo, sendo y sempre negativo,

$$P(y) = P_0 + \rho\, g\, |y| \qquad (6.2)$$

Na Equação (6.2), $P(y)$ é a *pressão absoluta* do fluido a uma profundidade $|y|$; P_0 é a pressão na superfície livre do fluido ($y = 0$), normalmente a *pressão atmosférica*; e ρ foi considerado independente da pressão e da temperatura. Essa equação permite concluir que a superfície livre do líquido ou a superfície de separação entre o líquido e outro fluido (líquido ou gás) não miscível com ele é um plano horizontal.

A quantidade $(P - P_0)$ é denominada pressão padrão ou *pressão manométrica*. Medidores de pressão bastante utilizados são o barômetro e o manômetro de mercúrio. Nesses aparelhos, a pressão exercida por uma coluna de 1 mm de mercúrio denomina-se 1 torricelli. Outras unidades de medida da pressão, além do pascal, são:

- *Bar*, muito utilizado na meteorologia: 1 bar = 10^5 Pa.
- *Torricelli*, muito utilizado na tecnologia de vácuo: 1 torr = 133,3 Pa.
- *Milímetro de mercúrio*, muito utilizado na medicina: 1 mm de Hg = 133,3 Pa.
- *Centímetros de água*: 1 cm de H_2O = 98 Pa.
- *Libra por polegada quadrada*: utilizada na engenharia, 1 lb/pol^2 = 6,89 × 10^3 Pa.

Esta é a Lei de Pascal. [**Blaise Pascal** (1623-1662), matemático, físico, filósofo e escritor francês. Inventou uma máquina de aritmética; fez muitas experiências sobre o vácuo; enunciou um dos princípios da hidrostática: "em um líquido incompressível em equilíbrio, toda variação de pressão se transmite integralmente em todas as direções"].

Pressão no corpo humano

No corpo humano existem vários lugares em que a *pressão manométrica* é menor que a atmosférica ou negativa. Por exemplo, quando *inspiramos ar*, a pressão nos pulmões deve ser um pouco menor que a atmosférica (tipicamente alguns centímetros negativos de água), senão o ar não fluiria para dentro do corpo. Quando uma pessoa bebe por um canudo, a pressão na sua boca deve ser negativa em uma quantidade igual à altura em que sua boca está acima do nível do líquido que ela está absorvendo.

No corpo humano, a circulação do sangue acontece pelos *vasos sanguíneos* e pode ser *pulmonar* (pelos dos pulmões) ou sistêmica (restante do corpo humano), regulada pelo *coração*, que atua como uma bomba, produzindo pressão bastante alta (de 100 a 140 mm Hg). No coração, como é mostrado esquematicamente na Figura 6.3, existem dois reservatórios, duas bombas e quatro válvulas reguladoras de pressão. Durante a *contração* (*sístole*), a pressão máxima em V_1 é próxima a 120 mm Hg e, durante o *relaxamento* (*diástole*), próxima a 80 mm Hg. Na *contração*, o sangue sai do ventrículo esquerdo com pressão máxima, depois de fazer a circulação sistêmica, e retorna ao átrio direito com pressão quase nula. O sangue sai do ventrículo direito com uma pressão aproximada de 25 mm Hg e realiza a circulação pulmonar para, então, retornar ao átrio esquerdo.

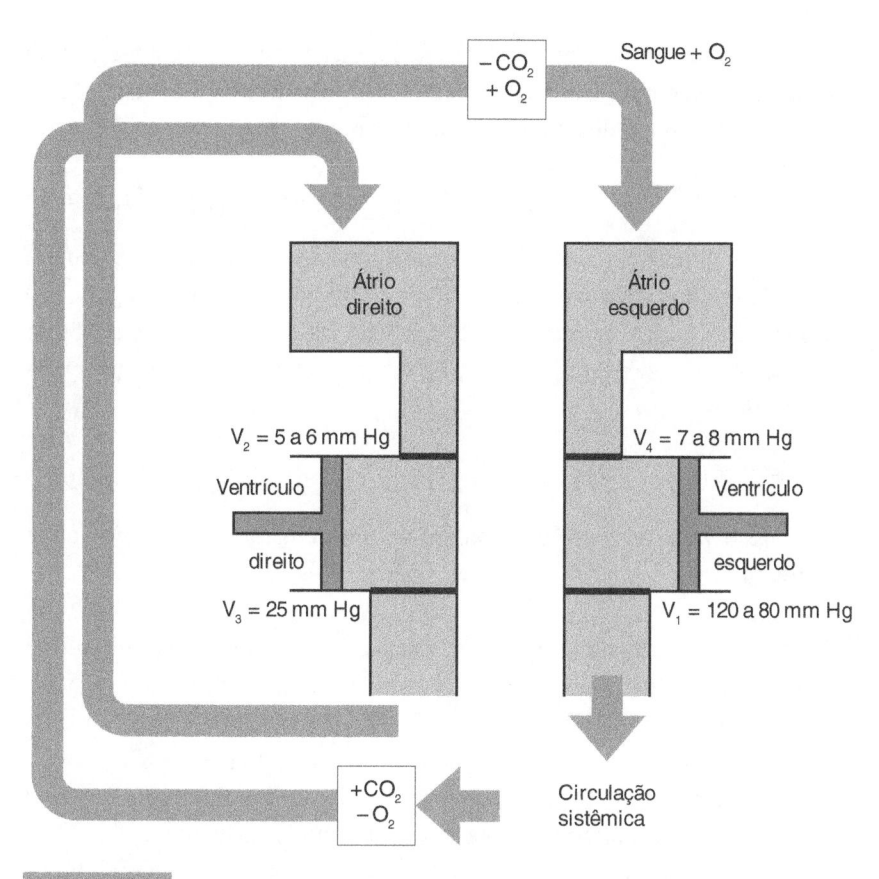

FIGURA 6.3

Esquema representativo do funcionamento do coração no sistema circulatório do corpo humano.

O instrumento clínico mais utilizado para medir pressão sanguínea é o *esfigmomanômetro*. Medidas da pressão em outras partes do corpo exigem outros métodos ou instrumentos. Para medir a *pressão dentro do crânio* utiliza-se um método qualitativo baseado nas propriedades de espalhamento da luz, a transiluminação. Medidas da *pressão do olho* utilizam instrumentos diferentes denominados tonômetros, que medem a quantidade de endentação produzida por uma força conhecida. A *pressão na bexiga urinária* pode ser medida passando-se um cateter com um sensor de pressão no interior da bexiga através da passagem urinária (existem outras técnicas para a medida dessa pressão). A pressão em outras partes do corpo exige métodos de medida específicos para cada uma delas.

As pressões sanguíneas arterial (através de artérias), venosa (através das veias) e capilar (outros vasos sanguíneos) têm valores bastante diferentes entre si. Como mostra a Figura 6.4, em uma mesma região do corpo humano, as pressões médias arteriais e venosas apresentam valores cuja diferença é de aproximadamente 100 mm Hg. Em alguma região do corpo humano, que está a uma distância h do centro do coração, a *pressão arterial* é calculada a partir da Equação (6.2):

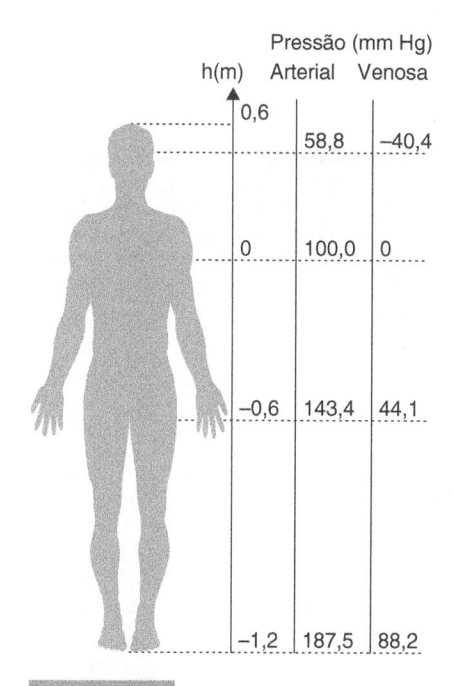

$$P_{arterial} = P_{coração} - \rho_s g h, \tag{6.3}$$

FIGURA 6.4

Valores médios, em mm Hg, das pressões arterial e venosa em quatro regiões do corpo de um homem com 1,80 m de altura.

onde $\rho s \cong 1,055 \times 10^3$ kg/m³ é a densidade do sangue e $P_{coração}$ é a pressão no coração. Por exemplo, se a distância entre o centro da cabeça e o coração de um homem de 1,80 m de altura for 0,55 m, a pressão arterial na cabeça será

$$P_{cabeça} = 100 \text{ torr} - \left(1,055 \times 10^3 \frac{\text{kg}}{\text{m}^3}\right)\left(9,8 \frac{\text{m}}{\text{s}^2}\right)(0,55 \text{ m})\frac{1 \text{ torr}}{133,3 \text{ Pa}} \cong 57,34 \text{ torr}.$$

Nas girafas, os valores das pressões sistólica e diastólica assumem valores dentro dos intervalos 200 torr < P_{sis} < 300 torr e 100 torr < P_{dias} < 170 torr. Para uma girafa, cujo centro de massa da cabeça encontra-se a 2,50 m acima do coração, se a $P_{cabeça} \cong 59,6$ torr, então, pela Equação (6.3), podemos avaliar a pressão arterial no coração,

$$P_{coração} = 59,6 \text{ torr} + \left(1,055 \times 10^3 \frac{\text{kg}}{\text{m}^3}\right)\left(9,8 \frac{\text{m}}{\text{s}^2}\right)(2,5 \text{ m})\frac{1 \text{ torr}}{133,3 \text{ Pa}} \cong 253,5 \text{ torr}.$$

Este valor de pressão no coração é muito maior do que o de outros mamíferos.

Exemplo: Há plasma dentro de uma sacola ligada a um tubo plástico fino cujo extremo livre se pode ligar à veia do braço de um paciente:
a) Se a superfície inferior do plasma dentro da sacola está 1,5 m acima do braço do paciente, qual é a pressão do plasma ao entrar na veia?
b) Se a pressão sanguínea na veia é 12 mm Hg, a que altura mínima deve estar da superfície inferior do plasma para fluir dentro da veia?
c) Se o paciente está na Lua (g = 1,63 m/s²), qual será a altura mínima da superfície inferior do plasma?

Resolução: neste caso, calcularemos a pressão manométrica, ou seja, $P(h) - P_0$:
a) Pressão do plasma ao chegar à veia = $\rho g h = 1,055 \times 10^3 \times 9,8 \times 1,5 = 1,55 \times 10^4$ Pa $\times \frac{1 \text{ mm Hg}}{133,3 \text{ Pa}} = 116,3$ mm Hg.
b) Altura mínima em que deve estar posicionada a sacola contendo plasma para um paciente na Terra = $\frac{12 \text{ mm Hg} \times 133,3 \text{ Pa/mm Hg}}{1,055 \times 10^3 \text{ kg/m}^3 \times 9,8 \text{ m/s}^2} \cong 0,155$ m.
c) Altura mínima em que deve estar posicionada a sacola contendo plasma para um paciente na Lua = $\frac{12 \text{ mm Hg} \times 133,3 \text{ Pa/mm Hg}}{1,055 \times 10^3 \text{ kg/m}^3 \times 1,63 \text{ m/s}^2} \cong 0,93$ m.

Arquimedes (287 a.C.-212 a.C.), matemático e inventor grego. Foi o mais importante matemático da Antiguidade. Estabeleceu as leis fundamentais da estática e da hidrostática e enunciou um dos princípios mais importantes desta última.

Flutuação: princípio de Arquimedes

Quando um corpo de volume V e massa m está *imerso* dentro de um líquido em equilíbrio de densidade ρ, a massa de fluido deslocado por esse corpo será ρV, seu peso deslocado será $\rho V \cdot g$. As forças de pressão sobre a superfície do corpo imerso no fluido originam uma força resultante denominada *empuxo* de direção vertical e sentido para cima. Pelo princípio de Arquimedes: *o empuxo ou força de flutuação exercida pelo fluido sobre o corpo é igual ao peso do fluido deslocado pelo corpo*. Logo, a magnitude do empuxo experimentado pelo corpo imerso no líquido será: $E = \rho g \cdot V$.

A Figura 6.5 mostra um corpo de massa m e densidade ρ_0, flutuando dentro de um líquido em equilíbrio de densidade ρ. A força total experimentada pelo corpo imerso no fluido será: $\vec{F} = \vec{E} + m\vec{g} = E\hat{j} - mg\hat{j} = (E - mg)\hat{j}$, e sua magnitude é $F = \rho gV - \rho_0 gV = (\rho - \rho_0)gV$.

Quando $\rho > \rho_0$, o sentido de F é para cima, portanto o objeto flutuará; se $\rho < \rho_0$, o sentido de F é para baixo, portanto o objeto afundará. O corpo permanecerá em equilíbrio indiferente quando $\rho = \rho_0$.

Se, em uma situação de equilíbrio indiferente, somente um volume V' do corpo de volume V estiver dentro do fluido, então $\rho gV' = \rho_0 gV$, o que implica: $\dfrac{V'}{V} = \dfrac{\rho_0}{\rho}$.

Agora podemos explicar que toda vez que um peixe de densidade ρ está em repouso indiferente dentro da água de densidade ρ_a é porque $\rho = \rho_a$. Isto é possível porque alguns peixes possuem uma bexiga natatória que lhes permite modificar sua densidade, podendo ficar em repouso toda vez que quiserem.

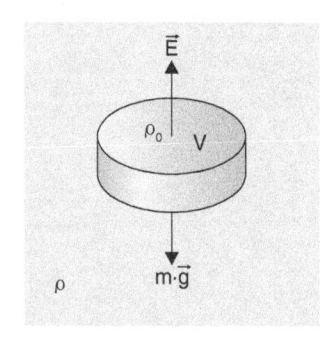

FIGURA 6.5

Um corpo de densidade ρ_0, ao flutuar em um fluido de densidade ρ, experimentará um empuxo **E**.

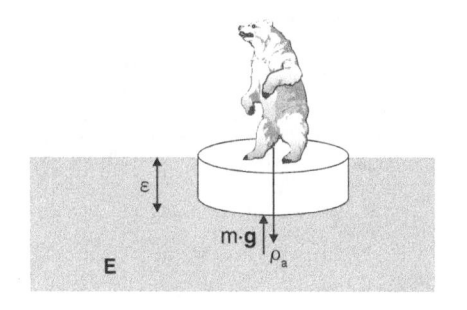

Exemplo: Um urso polar de 300 kg está sobre um bloco de gelo (ρ_g = 0,917 g/cm³) de 50 cm de espessura. Qual deverá ser a área da seção transversal do bloco para que ele flutue totalmente na água do mar (ρ_a = 1,018 g/cm³)?

Resolução: o volume do bloco de gelo será: $V = \varepsilon \cdot A$, onde ε é a espessura do bloco e A, a área de sua seção transversal. O peso do fluido deslocado pelo bloco será $\rho_a \varepsilon A g$, que deve ser igual ao empuxo E exercido pelo fluido sobre o bloco de gelo. O peso do bloco é $\rho_g \varepsilon A g$, e a condição de equilíbrio implica que: $m \cdot g + \rho_g \varepsilon A g = \rho_a \varepsilon A g$. Logo,

$$A = \frac{m}{\varepsilon(\rho_a - \rho_g)} = \frac{300 \text{ kg}}{0,5 \text{ m}(1018 - 917)\text{kg/m}^3} = 5,94 \text{ m}^2.$$

Exemplo: Considere um balão de ar quente de 10 m de diâmetro. Se o valor da densidade do ar dentro do balão é 75% de seu valor fora dele, quantos passageiros o balão poderia transportar com segurança? Considere a densidade do ar fora do balão = 1,300 kg/m³.

Resolução: neste exercício, aplicaremos o princípio de Arquimedes a um corpo imerso em um fluido gasoso. A massa do gás deslocado é $M = \rho_{ar}\left(\dfrac{4}{3}\pi r^3\right) = 1,3 \times \dfrac{4\pi}{3} \times 5^3 = 680,7$ kg. Portanto, a massa de ar no interior do balão será: $0,75 \times 680,7 = 510,5$ kg.

Força que impulsiona o balão para cima (empuxo) é: $E = Mg = 680,7 \times 9,8 = 6.670,6$ N, logo o balão estará em equilíbrio se transportar 680,7 kg, incluindo a massa de ar em seu interior.

A massa disponível para carga externa é 680,7 kg − 510,5 kg $\cong$ 170,2 kg; implica que o balão poderia transportar dois adultos mais um compartimento leve para passageiros.

6.3 Tensão superficial em um líquido

Em um líquido, as *forças atrativas* entre suas moléculas são suficientes para manter o fluido em um estado condensado, exibindo uma superfície. Essas forças entre moléculas do mesmo tipo e próximas entre si são denominadas *forças coesivas* e são importantes nos fenômenos associados à superfície do líquido. As moléculas na superfície do líquido experimentam uma força resultante média dirigida para seu interior. Podemos dizer que a origem dessa força é uma *energia potencial da superfície*, e essa energia potencial por unidade de área define uma propriedade intrínseca do líquido, denominada *tensão superficial* γ.

A tensão superficial também pode ser definida como uma medida do trabalho por unidade de área necessária para aumentar a superfície do líquido. No SIU, a tensão superficial é medida em N/m ou J/m².

O valor da tensão superficial de um líquido depende do fluido gasoso com o qual ele forma uma interface. A Tabela 6.1 fornece valores de γ para três líquidos; pode-se observar, por meio dessa tabela, que o valor de γ depende da temperatura do líquido.

A superfície de um fluido líquido possui características similares ao de uma membrana elástica esticada. A *força de tensão superficial* necessária para *romper* a superfície do fluido líquido pode ser medida de maneira bastante simples. A Figura 6.6 mostra o *efeito* de uma força externa $\vec{F}$ que puxa para cima, da superfície do líquido, um arame em forma de cone de peso $m\vec{g}$. Nesse caso, a força de tensão superficial $\vec{T}_\gamma$ será a diferença entre a força externa máxima $\vec{F}$ necessária para libertar o cone do líquido e o peso do cone:

$$\vec{T}_\gamma = \vec{F} - m\vec{g} \qquad (6.4)$$

A magnitude de T_γ é proporcional ao *comprimento total l* do contorno que define a base do cone, ou seja, $T_\gamma \propto l$, $T_\gamma = \gamma l$. O valor da constante γ é uma característica do líquido.

As informações sobre os efeitos das forças entre as moléculas do fluido estão contidas na constante γ, que é o *coeficiente de tensão superficial* do líquido. A *tensão superficial* dos fluidos líquidos é importante para o funcionamento correto dos pulmões[1] e da traqueia dos insetos. Também permite explicar o porquê de alguns seres vivos poderem se movimentar ou correr sobre a superfície da água.[2]

Existem *substâncias tensoativas ou surfactantes*, que, ao misturar-se com um líquido, diminuem a tensão superficial deste. O líquido originalmente contém dois tipos de partículas, as tensoativas e as não tensoativas. As do primeiro tipo são fracamente atraídas pelas moléculas do líquido se comparadas com a atração experimentada pelas do segundo; como consequência, acumulam-se mais facilmente sobre a superfície do líquido. Entretanto, as partículas tensoativas exercem forças de atração pequenas sobre outras moléculas; assim, quando essas partículas estão concentradas na superfície do líquido, diluem as moléculas do líquido, diminuindo sua tensão superficial. Os detergentes são eficientes substâncias tensoativas.

Quando um inseto está sobre a superfície de um líquido, normalmente fica em pé sem afundar-se. Para explicar esse fenômeno físico, observemos

TABELA 6.1

Valores da tensão superficial de alguns líquidos a temperaturas diferentes

Líquido-ar	γ (N/m)
Água (100°C)	0,0589
Água (37°C)	0,0700
Água (20°C)	0,0728
Água (0°C)	0,0756
Mercúrio (20°C)	0,0465
Sangue (37°C)	0,0580

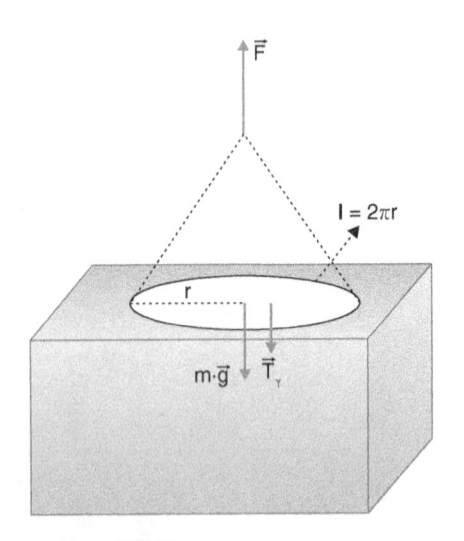

FIGURA 6.6

Conjunto de forças que agem sobre o cone de arame que é puxado pela força externa $\vec{F}$ para arrancá-lo da superfície do líquido.

a Figura 6.7. No líquido de coeficiente de tensão superficial γ aparecerá uma força $\vec{f}_\gamma$ por causa da tensão superficial que age no comprimento δl da circunferência que define a *curva de nível*. A intensidade dessa força será: $f_\gamma = \gamma \cdot \delta l$. Sendo T_γ a força total cuja origem é a tensão superficial, a condição de equilíbrio implica: $\sum f_{\gamma x} = \sum f_\gamma \text{sen}\theta = \sum \gamma \cdot \delta l \cdot \text{sen}\theta = 0$ e $\sum f_{\gamma y} = \sum f_\gamma \cos\theta = \sum \gamma \cdot \delta l \cdot \cos\theta = 2\pi r \gamma \cdot \cos\theta$.

Logo, a força total em virtude da tensão superficial será: $T_\gamma = 2\pi r \gamma \cdot \cos\vartheta$. Essa força equilibra a fração do peso do inseto que é suportada pela pata.

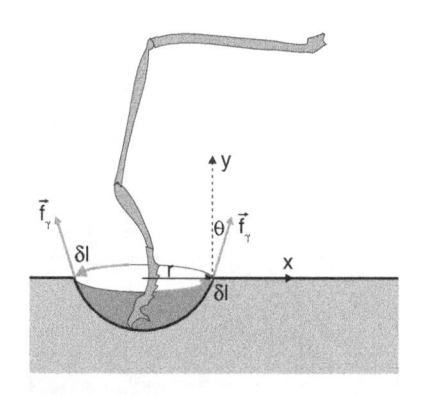

Exemplo: Um inseto está em pé sobre a água de uma lagoa. Sua pata produz na água uma depressão de 2 mm de raio e ângulo de 40°. Calcule:
a) a fração de peso do inseto que a depressão está suportando;
b) a massa do inseto, admitindo que cada uma de suas seis patas suporta pesos aproximadamente iguais. Considere $\gamma_{\text{água}}(20°) = 0,0728$ N/m.

Resolução: a) a fração de peso T_γ suportado pela depressão será
$T_\gamma = 2\pi r \gamma \cdot \cos\theta = 2\pi \times 2 \times 10^{-3} \times 7,28 \times 10^{-2} \cos 40°$ N $\cong 7 \times 10^{-4}$ N.
b) o peso total do inseto é $6 \times 7 \times 10^{-4}$ N $= 4,2 \times 10^{-3}$ N, portanto sua massa será: m = 0,43 g.

FIGURA 6.7

Ao pisar em um líquido, a pata de um inseto cria uma depressão cuja *curva de nível* tem um raio r. A força de tensão superficial resultante T_γ terá magnitude $2\pi \cdot r \cdot \gamma \cdot \cos\theta$.

Respiração no corpo humano

Na *inspiração*, o ar ($\approx 80\%$ N_2; $\approx 20\%$ O_2) entra pelo nariz e faz o seguinte caminho: boca, traqueia, brônquios, bronquíolos e alvéolos (com aproximadamente 0,2 mm de diâmetro). Na *expiração*, o gás alveolar ($\approx 80\%$ N_2; $\approx 16\%$ O_2; $\approx 4\%$ CO_2) faz o mesmo caminho, mas inversamente. Na inspiração, aumenta-se o volume da cavidade torácica, o que *reduz a pressão do ar dentro do tórax* com relação à pressão atmosférica. O ar é então sugado até chegar aos alvéolos. Na expiração normal o volume da cavidade torácica é reduzido, a *pressão alveolar ultrapassa a pressão atmosférica* e o ar flui dos pulmões para a atmosfera.

O *gradiente de pressão* entre a cavidade torácica e a atmosfera faz com que o ar flua para dentro e para fora dos pulmões. Se houver alguma alteração na pressão de um pulmão normal, ocorrerá uma alteração proporcional no volume pulmonar. Um dos principais fatores que podem ocasionar uma alteração da pressão nos pulmões é a *tensão superficial na superfície dos alvéolos* (normalmente baixa na presença de surfactantes).

Capilaridade

Um efeito por causa da tensão superficial de um líquido é a capacidade que ele tem para subir ou descer dentro de um tubo de diâmetro muito pequeno. Esse efeito é denominado *ação capilar* ou *capilaridade* e, aparentemente, viola a ação da gravidade.

Quando há capilaridade, o líquido dentro do capilar alcança uma determinada altura e a superfície livre do líquido no interior do capilar apresenta uma curvatura definida por um ângulo denominado *ângulo de contato*.[3] As figuras 6.8a e 6.8b apresentam a *ação capilar* ao introduzir um tubo fino

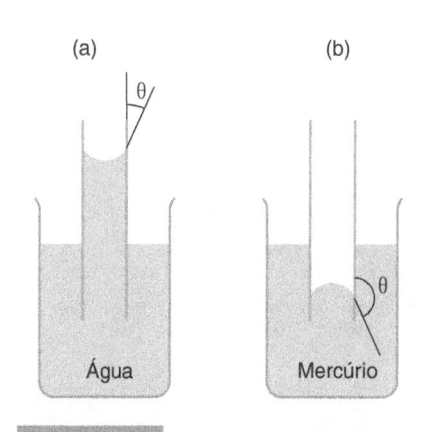

FIGURA 6.8

Ação capilar quando o líquido é (a) água e (b) mercúrio, sendo θ o ângulo de contato.

FIGURA 6.9

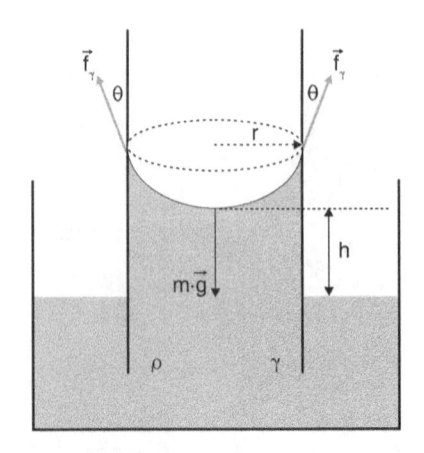

Caso em que um líquido se eleva a uma altura h dentro de um tubo fino com raio r.

com extremidades abertas em recipientes que contenham água e mercúrio, respectivamente.

O ângulo de contato θ e a altura h em que o líquido se *eleva* ou *decai* dentro do tubo dependerão da intensidade relativa das forças coesivas $\vec{F}_{coe}$ entre as moléculas do líquido e das forças adesivas $\vec{F}_{ade}$ entre as moléculas do líquido e do material do tubo. Se $F_{coe} < F_{ade}$, o líquido se *elevará* dentro do tubo, e se $F_{coe} > F_{ade}$, o líquido *decairá* dentro do tubo. Logo, teremos, respectivamente, $\theta < 90°$ e $\theta > 90°$.

A Figura 6.9 apresenta um caso de capilaridade quando um líquido de densidade ρ se *eleva* a uma altura h dentro do tubo de raio r. Na superfície livre do líquido, age a força vertical resultante em virtude da tensão superficial $T_{\gamma y} = 2\pi r \gamma \cdot \cos\theta$, e o peso da coluna de líquido de altura h, $mg \cong \rho \cdot \pi r^2 h \cdot g$. Como o líquido está em repouso, $T_{\gamma y} = mg$; portanto,

$$h = \frac{2\gamma \cdot \cos\vartheta}{\rho \cdot g \cdot r}. \qquad (6.5)$$

A Equação (6.5) mostra que o coeficiente de tensão superficial e a densidade do líquido são as principais variáveis que caracterizam a altura h que o líquido atinge dentro do tubo.

A *capilaridade* é parcialmente responsável pela elevação da seiva, desde as raízes de uma planta ou árvore até sua folhagem. A *pressão negativa* é outro fenômeno relacionado com a *capilaridade*.

Exemplo: Considere que cada xilema em certa árvore de 100 m de altura tem um diâmetro médio de 0,1 mm. Admitindo que a *tensão superficial* seja a única responsável pelo transporte da seiva ($\rho \cong 1.000$ kg/m³) até a folhagem, responda:
a) qual deve ser o valor do coeficiente de tensão superficial da seiva?
b) que conclusões são possíveis de extrair desse resultado?

Resolução:
a) Considerando os condutores da seiva como capilares, se $\theta \cong °0$. Da Equação (6.5), determinamos:

$$\gamma \cong \frac{1}{2} \times 10^2 \text{m} \times 1 \times 10^3 \frac{\text{kg}}{\text{m}^3} \times 9{,}8 \frac{\text{m}}{\text{s}^2} \times 5 \times 10^{-5} \text{m} = 24{,}5 \text{ N/m}.$$

b) Como a tensão superficial da seiva é da ordem de $5{,}5 \times 10^{-2}$ N/m, podemos concluir que o fenômeno de tensão superficial não é suficiente para explicar o transporte da seiva ao topo das árvores muito altas.

Exemplo: Suponha que os capilares existentes na camada externa ativa de uma árvore sejam cilindros uniformes e que a elevação da seiva ($\gamma = 0{,}05$ N/m) deve-se exclusivamente à *capilaridade* com ângulo de contato de 45°. Qual seria o raio máximo dos capilares em uma árvore com 20 m de altura?

Resolução: da Equação (6.5), temos $r = \dfrac{2\gamma \cdot \cos\theta}{\rho gh}$. Para árvores com 20 m de altura, o máximo valor de r será

$$r_{máx} = \frac{2 \times 5 \times 10^{-2} \cos 45}{10^3 \times 9{,}8 \times 20} \text{m} \cong 0{,}36 \times 10^{-3} \text{mm}.$$

6.4 Pressão no interior de uma bolha de ar

Vamos supor que a *bolha de ar* tenha forma esférica de raio R. Ela experimenta uma *pressão interna* P_{int} em seu lado côncavo e uma *pressão externa* P_{ext} no lado convexo. O modelo mostrado na Figura 6.10 considera que o menisco côncavo que define a superfície livre de um líquido no interior de um capilar de raio r é parte de uma esfera de raio R. Denominamos P_1 a pressão exercida pelo ar sobre o lado côncavo do menisco, e P_2, a pressão exercida pelo líquido sobre o lado convexo do menisco. Como $r = R \cos\theta$, pela Equação (6.5), teremos $\rho \cdot g \cdot R \cdot h = 2\gamma$; portanto, $\rho \cdot g \cdot h = 2\gamma/R$. Considerando que o líquido no interior do tubo está em equilíbrio, pela Equação (6.2), encontramos que a diferença de pressão no menisco será

$$P_1 - P_2 = \frac{2\gamma}{R}. \tag{6.6}$$

Para o caso de uma bolha de raio R, a diferença entre as pressões em seu interior e no meio em que a bolha está será

$$P_{int} - P_{ext} = \frac{2\gamma}{R}. \tag{6.7}$$

Quando a bolha apresenta duas superfícies, como no caso das bolhas de sabão, a diferença entre as pressões de seu lado interno e externo será

$$P_{int} - P_{ext} = \frac{4\gamma}{R}. \tag{6.8}$$

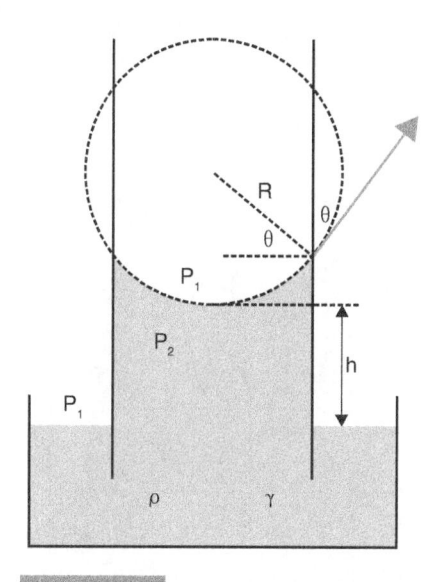

FIGURA 6.10

Modelo utilizado para se determinar a pressão no interior de uma bolha com uma superfície.

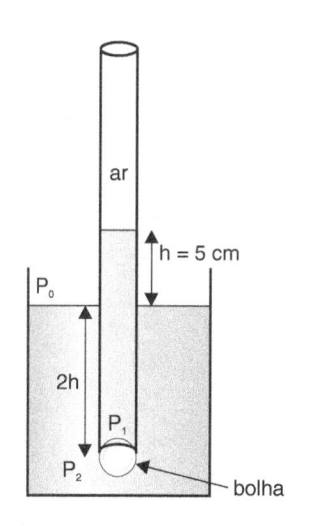

Exemplo: Um tubo capilar é mergulhado na água ($\gamma = 0,073$ N/m) com sua extremidade inferior 10 cm abaixo da superfície livre do líquido. A água sobe no tubo até uma altura de 5 cm acima do nível da água em volta, e ângulo de contato nulo; calcule:
a) a pressão manométrica necessária para soprar uma bolha hemisférica na extremidade inferior do tubo;
b) o raio que deverá ter o tubo capilar.

Resolução: utilizamos a Equação (6.2) para determinar a pressão no extremo inferior do capilar: $P_1 = P_0 + \rho g(3h)$.
A pressão no extremo inferior do capilar, por causa do líquido em volta do tubo, será $P_2 = P_0 + \rho g(2h)$.
a) Na bolha, P_1 é a pressão sobre o lado côncavo e P_2, a pressão sobre o lado convexo. Logo, a pressão manométrica necessária para soprar a bolha terá de ser: $P_1 - P_2 = \rho g h = 10^3 \times 9,8 \times 5 \times 10^{-2}$ Pa $= 490$ Pa.
b) O raio da bolha pode ser calculado pela Equação (6.7)
$$R = \frac{2\gamma}{P_1 - P_2} = \frac{2 \times 7,3 \times 10^{-2}}{490} \text{m} = 0,3 \times 10^{-3} \text{ m}.$$
O raio r do capilar será: $r = R \cos\theta = 0,3$ mm.

Exemplo: Considere que os alvéolos pulmonares têm formas esféricas. Durante a inspiração, seus raios expandem-se de 0,05 mm até 0,1 mm. Os alvéolos são contornados por um fluido viscoso com $\gamma \approx 0,05$ N/m. Determine:

BRONQUÍOLOS
Ramificação dos brônquios

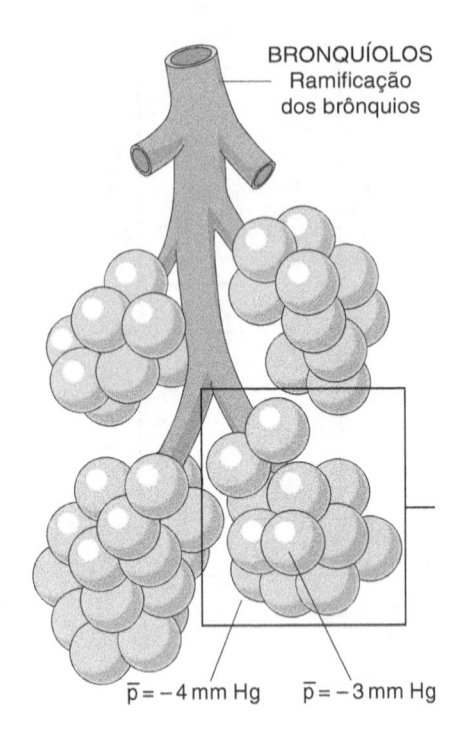

$\bar{p} = -4$ mm Hg $\bar{p} = -3$ mm Hg

a) qual será a diferença de pressão necessária para inflar um alvéolo?
b) para os valores de pressão mostrados na figura ao lado, em quanto deve ser alterado γ e como isso acontece?

Resolução: consideremos o alvéolo com seu raio mínimo:
a) Utilizando a Equação (6.7), calculamos a diferença de pressão entre seus lados interno e externo, $P_{int} - P_{ext} = \dfrac{2 \times 0{,}05 \text{ N/m}}{5 \times 10^{-5} \text{m}} = 2.000$ Pa $\cong 0{,}02$ atm $\cong 15$ mm Hg. Ao se inflar o alvéolo até um raio de 0,1 mm, com o mesmo valor para γ, teremos $P_{int} - P_{ext} = 1.000$ Pa $\cong 0{,}01$ atm $\cong 7{,}5$ mm Hg.
b) Quando o alvéolo está inflado, a diferença de pressão é $P_{int} - P_{ext} = (-3) - (-4) = 1$ mm Hg. O resultado em (a) é maior que 1 mm Hg. A possibilidade maior para se conseguir esse valor de diferença de pressões é que o coeficiente de tensão superficial se altere para o valor: $\gamma' = (5 \times 10^{-2} \text{ N/m})/7{,}5 \cong 6{,}7 \times 10^{-3}$ N/m. Isso será possível se algum *surfactante* se misturar com o fluido viscoso em torno dos alvéolos.

6.5 Viscosidade e escoamento de fluidos

A viscosidade é uma propriedade dos fluidos de gerar forças de corte ou cisalhamento, quando uma camada de fluido se move sobre uma outra camada paralela com velocidade finita. A origem dessas forças são as *forças dissipativas* existentes entre as moléculas do fluido. Fluidos com elevado atrito interno são altamente *viscosos* e, como as interações entre as moléculas de um líquido são mais intensas que entre as moléculas de um gás, a *viscosidade dos líquidos é muito maior que a dos gases*. Em geral, a *viscosidade* de um fluido depende de sua temperatura, pois, à medida que a temperatura aumenta, a viscosidade dos líquidos diminui e a dos gases cresce.

Quando um fluido está em *equilíbrio*, ou seja, em repouso ou movendo-se com velocidade uniforme, *não existirá* esforço por cisalhamento (direção paralela ao plano). Na Figura 6.11 destacam-se as forças que atuam no plano z = 0 de um fluido. O fluido na parte inferior do plano exerce uma força média por unidade de área normal ao plano $\vec{F}_{zz}$, e a intensidade dessa força é a pressão média na parte inferior do plano z = 0. Pela terceira lei de Newton, o fluido na parte superior ao plano z = 0 exercerá uma força média por unidade de área normal ao plano ou, simplesmente, esforço normal $-\vec{f}_{zz}$.

Dizemos que um fluido está em *desequilíbrio* quando não possui a *mesma velocidade* em toda sua massa. A Figura 6.12 mostra um fluido em desequilíbrio movendo-se entre os planos z = 0 e z = L. Vamos supor que o plano de fluido z = constante move-se com velocidade constante $\vec{v}_y = v_y \hat{j}$. Em

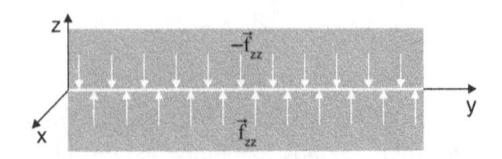

FIGURA 6.11

O plano z = 0 de um fluido em equilíbrio experimenta forças por unidade de área $\vec{f}_{zz}$ e $-\vec{f}_{zz}$.

FIGURA 6.12

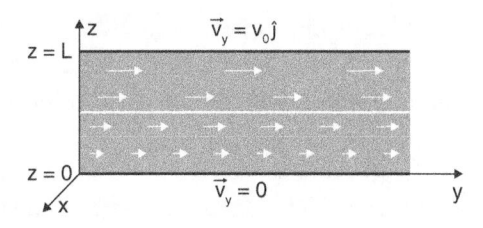

Fluido em desequilíbrio contido entre duas lâminas: uma força viscosa aparece devido a $\partial v_y/\partial z$.

outro plano, pelo fato de z = constante, a velocidade de deslocamento do fluido terá outro valor constante, ou seja, $v_y = v_y(z)$.

Consideremos que o plano z = 0 é uma lâmina fina e fixa em repouso e o plano z = L é uma lâmina fina que se move com velocidade constante $\vec{v}_0 = v_0\hat{\jmath}$. Se as camadas de fluido em contato com essas lâminas têm as mesmas velocidades que elas, então qualquer outra camada de fluido com direção $\hat{\jmath}$ entre essas lâminas terá velocidade entre 0 e v_0.

As outras camadas z = constante terão velocidades com intensidades que variam entre 0 e v_0.

Em um fluido em *desequilíbrio*, o contato com a lâmina em movimento exerce uma *força tangencial* ou *força viscosa* $\vec{F}_v$ sobre a lâmina com tendência a restaurar a situação de equilíbrio. A camada de fluido embaixo, com plano z = constante, exerce um *esforço tangencial* $\vec{f}_{zy}$ (força por unidade de área) sobre o fluido que está acima dela. A intensidade desse esforço é representada pela função $\dfrac{\partial v_y}{\partial z}$, tal que $f_{zy} = 0$ quando $\dfrac{\partial v_y}{\partial z}= 0$.

Considerando que $\dfrac{\partial v_y}{\partial z}$ é relativamente pequeno, a intensidade do *esforço (força viscosa por unidade de área)* será aproximadamente dada pela relação linear:

$$f_{zy} = -\eta\frac{\partial v_y}{\partial z} \quad (6.9)$$

Na Equação (6.9), η é o coeficiente de viscosidade do fluido. Normalmente, seu valor é dependente da temperatura do fluido. Nessa equação, o sinal negativo indica que, quando v_y aumenta, z também aumenta, ou seja, $\left(\dfrac{\partial v_y}{\partial z}\right) > 0$, o fluido que está embaixo, com plano tende a frear o fluido acima deste, originando uma força na direção –y oposta ao movimento do fluido.

Na Tabela 6.2 são mostrados valores de η do sangue, do álcool e da água a diferentes temperaturas.

No SIU, η é medido em Pa·s, denominado *poiseuille* (*Pl*); já no sistema CGS, η é medido em dina·s /cm² e é denominado *poise* (*P*). Logo, 1 Pl = 10 P. O *centipoise* (*cp*) = 10^{-2} P é um submúltiplo do poise bastante utilizado.

Exemplo: Uma arraia com aproximadamente 0,8 m² de área na parte inferior de seu corpo está se deslocando ao longo de um canal a uma velocidade de 3 m/s. O peixe está a 10 cm do fundo do canal, e seu deslocamento é paralelo ao leito do canal. Se a viscosidade da água desse canal é 10^{-3} Pa·s, qual é a força viscosa exercida sobre o peixe?

TABELA 6.2

Valores do coeficiente de viscosidade de alguns líquidos.

Fluido	η (cp)
Água (100°C)	0,282
Água (37°C)	0,691
Água (0°C)	1,790
Álcool (20°C)	1,200
Sangue (37°C)	4,000
Plasma sanguíneo (37°C)	1,500

Resolução: se considerarmos que a velocidade do fluido no fundo do canal é 0 m/s e, a uma altura de 0,1 m, é 3 m/s, então a força viscosa por unidade de área sobre a parte inferior do peixe será

$$f_{zy} = -\eta \frac{\Delta v_y}{\Delta z} = -10^3 \text{ Pa} \cdot \text{s} \frac{3 \text{ m/s}}{0,1 \text{ m}} = -0,03 \text{ N/m}^2.$$

Portanto, a força viscosa que o fluido exerce sobre a parte inferior do peixe será

$$F_{vy} = -(0,03 \text{ N/m}^2) \times 0,8 \text{ m}^2 = -0,0024 \text{ N} = -2,4 \text{ mN}.$$

Dinâmica de fluidos

O escoamento dos fluidos é um *efeito dinâmico*,[4] e seu movimento é especificado pela velocidade de escoamento $\vec{v}$ e pela densidade ρ do fluido. Se em qualquer instante, em um ponto do fluido, sua velocidade $\vec{v}$ é *constante*, teremos um *escoamento permanente*; quando a velocidade $\vec{v}$ *não for constante*, teremos um *escoamento variado*.

Em um fluido em movimento, se sua *densidade não varia*, ele é *incompressível*. Se, além disso, o fluido não apresenta resistência ao movimento ($\eta \approx 0$), dizemos que ele *é ideal*. Mas quando as forças dissipativas no fluido são importantes, ele *é real*.

A *vazão* Q — ou taxa de escoamento de um fluido — é definida como o volume do fluido que escoa através de uma seção transversal por unidade de tempo. Na Figura 6.13 está representado o *escoamento permanente* de um *fluido ideal*. $\vec{v}_1$ é uniforme sobre a área A_1 e $\vec{v}_2$, sobre a área A_2. A massa de fluido $\rho v_1 A_1 \Delta t$ atravessa A_1 no tempo Δt, e a massa $\rho v_2 A_2 \Delta t$ atravessa A_2 no mesmo tempo. Pelo fato de o fluido ser incompressível, $\rho v_1 A_1 \Delta t = \rho v_2 A_2 \Delta t$ ou $v_1 A_1 = v_2 A_2$, o que indica que o *fluxo é constante*.

Se a velocidade não for uniforme sobre a seção transversal escolhida, escolhemos a velocidade média $\bar{v}$ sobre a seção transversal. As vazões nas seções A_1 e A_2 serão, respectivamente: $Q_1 = \frac{A_1 \bar{v}_1 \Delta t}{\Delta t} = A_1 \bar{v}_1$ e $Q_2 = A_2 \bar{v}_2$. Pelo fato de o fluido ser incompressível, $\bar{v}_1 A_1 = \bar{v}_2 A_2$. Essa relação é denominada *equação de continuidade*.

Na Figura 6.14, os capilares T_1, T_2 e T_3, fixados sobre um tubo de raio a, no qual escoa um fluido de densidade ρ, funcionam como *manômetros*. Se a altura de fluido em cada capilar satisfaz a relação $h_1 > h_2 > h_3$, os valores da pressão nos pontos A, B e C em uma mesma linha horizontal ao longo do tubo satisfazem a condição: $P_A > P_B > P_C$. Dessa maneira, teremos, ao longo do tubo, um *gradiente de pressão*: $\Delta P/\Delta x$, onde ΔP é a diferença de pressão entre os pontos A e B (ou B e C) e Δx, a distância AB (ou BC). Fisicamente, haverá uma diminuição de energia em função da existência de forças de resistência (forças viscosas) ao movimento do fluido que está escoando.

Exemplo: A *potência do coração* é o trabalho por segundo realizado por esse órgão para bombear sangue ao organismo humano. Para um adulto que realiza atividades normais, a velocidade média do sangue através de uma aorta de 9 mm de raio é 0,33 m/s. Calcule:

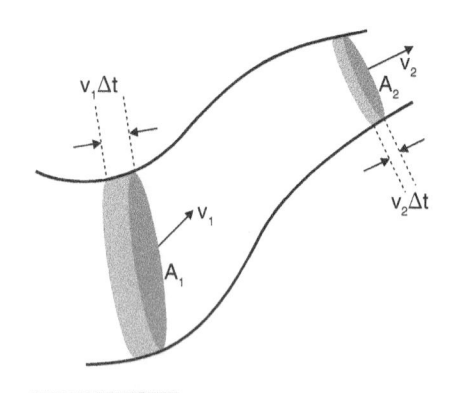

FIGURA 6.13

Escoamento permanente de um fluido ideal. Se Q_1 e Q_2 representam a vazão em A_1 e A_2, respectivamente, então $Q_1 = Q_2$.

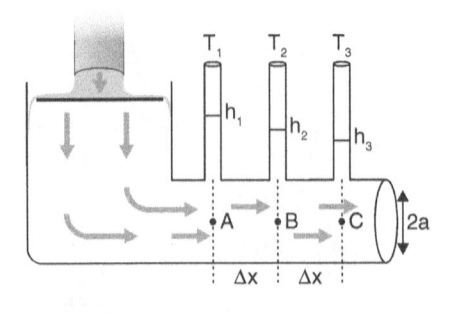

FIGURA 6.14

Os três capilares sobre um tubo funcionam como medidores de pressão do fluido que está escoando em seu interior.

a) a potência do coração, se a pressão média do sangue na aorta for 100 mm Hg;

b) o consumo de oxigênio, se a taxa metabólica do adulto for aproximadamente cem vezes a potência de seu coração e se cada litro de oxigênio consumido liberar uma energia de 4,78 kcal.

Resolução:

a) A vazão média $\overline{Q}$ do sangue na aorta será $\overline{Q} = A\overline{v} = \pi(9 \times 10^{-3})^2 \text{m}^2 \times 0{,}33$ m/s $= 8{,}4 \times 10^{-5}$ m³/s. Como a pressão exercida pelo sangue na aorta é $100 \times 133{,}3$ Pa $= 1{,}333 \times 10^4$ Pa, a potência do coração será P = pressão $\times \overline{Q} = 1{,}333 \times 10^4 \times 8{,}4 \times 10^{-5} = 1{,}12$ W.

b) Uma TM = 112 J/s equivale a TM = (112/4,186) cal/s = 26,76 cal/s. O consumo de 1 litro de O_2 libera uma energia de 4.780 cal; logo, a taxa de consumo de O_2 por esse adulto é $(27{,}76/4.780) = 5{,}6 \times 10^{-3}$ litro/s = 5,6 ml/s.

Número de Reynolds

O *escoamento* de fluidos mais simples é o *lamelar*. Porém, quando a velocidade do fluido atinge certo *valor crítico*, o escoamento torna-se altamente irregular, fazendo com que surjam *correntes circulares aleatórias*, além de um aumento bastante pronunciado na resistência ao escoamento; esse tipo de escoamento é denominado *turbulento*. Essas mudanças no escoamento ocorrem por conta de uma combinação de quantidades que excedem um determinado valor crítico. Essa combinação é chamada *número de Reynolds*. Para um fluido com densidade ρ e coeficiente de viscosidade η é definido como

$$\Re = \frac{\rho d}{\eta} \overline{v}, \qquad (6.10)$$

sendo $\overline{v}$ a velocidade média do fluido e d, uma dimensão característica do sistema.

Por exemplo, para um líquido que escoa no interior de um tubo, d poderia ser o diâmetro do tubo. A aplicação prática da Equação (6.10) requer que a velocidade média do fluido seja *suficientemente pequena* — ou *não muito grande*.

Em geral, no *escoamento de fluidos*, quando $\Re < 2.000$, o escoamento é *lamelar*, e quando $\Re > 2.000$, é *turbulento*. A transição de um tipo de escoamento para outro em um mesmo sistema é caracterizada por certo valor do número de Reynolds, denominado *número crítico de Reynolds* ($\Re_c$).

A Equação (6.10) também pode ser utilizada quando um corpo de determinado formato desloca-se dentro de um fluido.[5] Nesse caso, d será um *comprimento característico* do corpo. Por exemplo, para uma esfera dentro de um fluido, d seria o diâmetro da esfera. Se o corpo em movimento for um espécime de *comprimento característico L*, ao aplicar a Equação (6.10), d poderia ser o comprimento do espécime, sua largura ou, ainda, a altura de uma asa (se tiver asas) etc. $\overline{v}$ seria a velocidade de cruzeiro com que se desloca o espécime no fluido.[6] Para uma bolha de ar que sobe em um recipiente com água ou uma bola caindo no ar, o mesmo valor $\Re_c$ caracterizará o valor de $\overline{v}$ para a transição escoamento lamelar → escoamento turbulento. Se corpos estiverem em movimento na região do fluido com $\Re < \Re_c$, o escoamento

Osborne Reynolds (1842-1912), físico e engenheiro inglês. Estudou diversos regimes de escoamento dos fluidos viscosos, mostrou a existência de uma velocidade crítica e ressaltou a importância, em mecânica dos fluidos, da relação conhecida como *número de Reynolds*.

do fluido em volta do corpo será pouco crítico; com $\Re > \Re_c$, o escoamento do fluido em volta do corpo será bastante crítico.

Corpos com formato de esfera, elipsoides rotacionais alongadas ou algumas formas de animais (gaivotas, baleias etc.) são muito sensíveis aos valores do número de Reynolds do fluido em que se estão movendo. A Figura 6.15 mostra uma esfera de raio r movendo-se em um líquido (água). Sendo o valor crítico do número de Reynolds $\Re_c \approx 4,1 \times 10^5$, a transição escoamento lamelar → escoamento turbulento terá relação com o ângulo entre uma linha horizontal de referência e a reta que une o centro da esfera com o ponto de contato das linhas do fluido com a superfície da esfera.

Quando uma pessoa está em repouso, a vazão do sangue através da artéria aorta é $Q \cong 8 \times 10^{-5}$ m³/s. Considerando o raio da aorta $r \cong 1,0$ cm, a velocidade média do escoamento seria $\bar{v} = Q/(\pi r^2) \cong 0,25$ m/s. Utilizando a Equação (6.10) com d = diâmetro da aorta, encontramos
$$\Re = \frac{1,05 \times 10^3 \text{ kg/m}^3}{4 \times 10^{-3} \text{ Pa}\cdot\text{s}} \times 2 \times 10^{-2} \text{ m} \times 0,25 \text{ m/s} \cong 1.337.$$ Como $\Re_c \cong 3.000$ dá início ao escoamento turbulento em um tubo cilíndrico longo, ao considerarmos a aorta aproximadamente como um tubo cilíndrico, o escoamento sanguíneo seria *lamelar*.

Água a 37°C escoa a uma velocidade média $\bar{v} = 10$ cm/s em um tubo com raio 0,5 cm; nessas condições $\Re = \dfrac{10^3 \text{ kg/m}^3}{0,691 \times 10^{-3} \text{ Pa}\cdot\text{s}} \times 10^{-2}$ m $\times 10^{-1}$ m/s $\cong 1.450$; então, o escoamento será *lamelar*. Se a velocidade média do fluxo for $\bar{v} = 30$ cm/s, então $\Re \cong 4.340$; portanto, o escoamento será *turbulento*.

A 20°C, para a água $\dfrac{\eta}{\rho} \cong \dfrac{10^{-3} \text{ Pa}\cdot\text{s}}{10^3 \text{ kg/m}^3} \cong 10^{-6}$ m²/s e, para o ar, $\dfrac{\eta}{\rho} \cong \dfrac{1,86 \times 10^{-5} \text{ Pa}\cdot\text{s}}{1,3 \text{ kg/m}^3} \cong 14,3 \times 10^{-6}$ m²/s. Os respectivos números de Reynolds serão $\Re_{\text{água}} \cong 1,0 \times 10^6 \text{ d}\cdot\bar{v}$ e $\Re_{\text{ar}} \cong 7,0 \times 10^4 \text{ d}\cdot\bar{v}$. Portanto, para corpos pequenos que se movem lentamente na água ou no ar, pode-se dizer que $\Re \propto \bar{v}$. Situações correspondentes a corpos grandes que se deslocam rapidamente serão analisadas na próxima seção deste capítulo.[7]

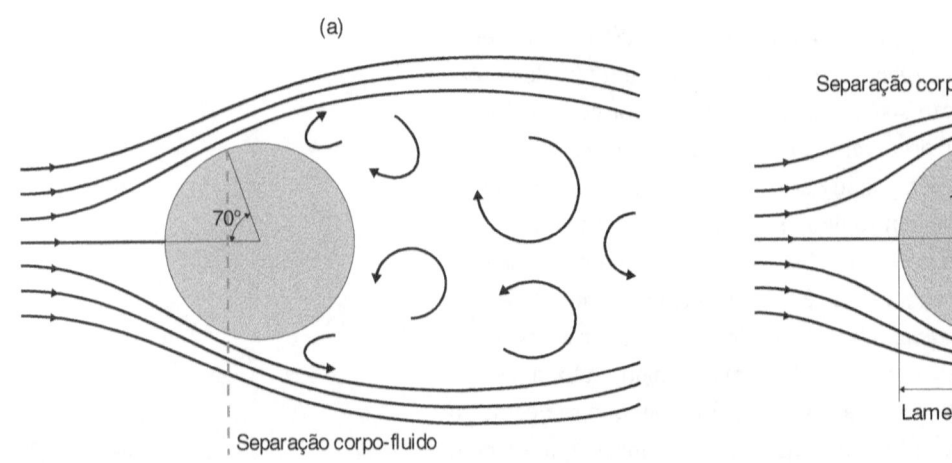

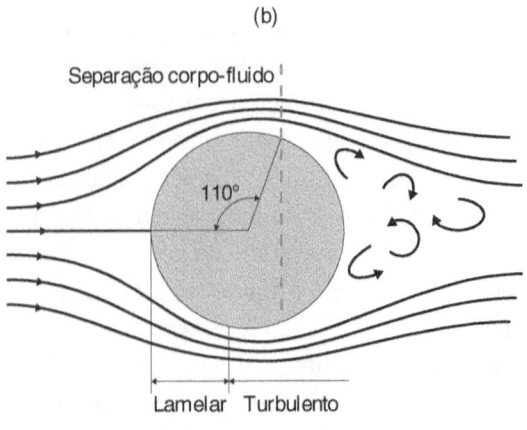

FIGURA 6.15

a) Se o ângulo mostrado na figura é de cerca de 70°, a transição do escoamento do fluido em torno da esfera não se manifesta.
b) Quando o ângulo é de cerca de 110°, a transição lamelar → turbulento do escoamento do fluido é bastante nítida.

Exemplo: Para um adulto em repouso, a vazão do sangue ($\rho = 1,05$ g/cm^3) através da artéria aorta é de aproximadamente 80 cm^3/s. Se os raios da artéria aorta e de um capilar típico forem aproximadamente 1 cm e 0,2 mm, respectivamente,

a) calcule o número de Reynolds para o sangue ($\eta = 4 \times 10^{-3}$ Pa·s) que flui nesses condutores;

b) determine as condições físicas para que o escoamento do sangue através de um capilar seja lamelar.

Resolução:

a) A velocidade média do sangue através da aorta será:

$$\bar{v} = \frac{Q}{\pi r^2} = \frac{8 \times 10^{-5}}{\pi (0,01)^2} \text{ m/s} \cong 0,25 \text{ m/s}.$$

O número de Reynolds correspondente do sangue nessa velocidade é

$$\mathfrak{R} = \frac{2 \times 1,05 \times 10^3 \times 10^{-2} \times 0,25}{4 \times 10^{-3}} \cong 1.313.$$

Considerando que a vazão do sangue *seja a mesma* através do capilar, então a velocidade média do sangue através do capilar será $\bar{v}' = \frac{8 \times 10^{-5}}{\pi (2 \times 10^{-4})^2}$ m/s $\cong 637$ m/s. O correspondente número de Reynolds é

$$\mathfrak{R}' = \frac{2 \times 1,05 \times 10^3 \times 2 \times 10^{-4} \times 637}{4 \times 10^{-3}} \cong 6,7 \times 10^4.$$

b) O número de Reynolds é dado pela Equação (6.10),

$$\mathfrak{R} = \frac{\rho d}{\eta} \times \frac{Q}{\pi r^2} = \frac{2\rho}{\eta \pi} \times \frac{Q}{r} \cong 16,71 \times 10^4 \frac{m}{m^3/s} \times \left(\frac{Q}{r}\right).$$ Para que o escoamento *seja lamelar* deve-se ter $\mathfrak{R} < 2.000$; nesse caso, $\left(\frac{Q}{r}\right) < 1,2 \times 10^{-2}$ com Q em m^3/s e o raio r em metros.

Exemplo: Um fluido está escoando com velocidade média de 20 cm/s através de um tubo de 1 cm de raio. O escoamento será lamelar ou turbulento se o fluido a 20°C for:

a) água ($\eta = 1 \times 10^{-3}$ Pa·s);

b) ar ($\eta = 1,84 \times 10^{-5}$ Pa·s; $\rho = 1,29$ kg/m^3).

Resolução:

a) Se o fluido for água, $\mathfrak{R} = \frac{(10^3 \text{kg/m}^3) \times 2 \times 10^{-2} \text{m} \times (0,2 \text{ m/s})}{10^{-3} \text{Pa} \cdot \text{s}} = 4.000$; logo, o escoamento será *turbulento*, por ser $\mathfrak{R} > 2.000$.

b) Para o ar, $\mathfrak{R} = \frac{(1,29 \text{ kg/m}^3) \times 2 \times 10^{-2} \text{m} \times (0,2 \text{ m/s})}{1,84 \times 10^{-5} \text{Pa} \cdot \text{s}} \cong 280$; logo, o escoamento será *lamelar*.

Exemplo: Uma baleia-azul tem 30 m de comprimento e formato aproximadamente cilíndrico com 1,5 m de diâmetro médio. Quando submersa, ela se desloca a uma velocidade próxima de 20 m/s. O escoamento da água em torno do animal é lamelar ou turbulento? (Considere a densidade e a viscosidade da água do mar aproximadamente iguais às da água doce, ou seja, $\rho = 10^3$ kg/m^3 e $\eta \cong 10^{-3}$ Pa·s com a água a 20°C.)

> **Resolução:** para o movimento desse espécime, o cálculo do número de Reynolds será feito tomando-se d = 30 m como comprimento característico; logo,
>
> $\Re = (10^3 \text{ kg/m}^3) \times 30 \text{ m} \times (20 \text{ m/s})/(10^{-3} \text{ Pa·s}) \cong 6 \times 10^8$.
>
> Este valor está muito acima do valor crítico do número de Reynolds para corpos de forma cilíndrica. Assim, o escoamento da água em torno da baleia será considerado turbulento.

Fluidos líquidos no corpo humano

Uma pessoa com 70 kg de massa possui aproximadamente *40 litros de água* em seu corpo, ou seja, aproximadamente 57% de sua massa corporal. Dessa quantidade, perto de 25 litros constituem o *líquido intracelular*, localizado nos compartimentos intracelulares, e 15 litros constituem o *líquido extracelular*, que é distribuído aproximadamente como 12 litros de *líquido intersticial* e 3 litros de líquido *no plasma sanguíneo*.

O *líquido extracelular* difunde-se nos dois sentidos pelos poros da membrana capilar, passando do plasma sanguíneo para o líquido nos espaços intersticiais e vice-versa. Dessa forma, o líquido extracelular é continuamente misturado e transportado pelo sangue de todos os setores do corpo, resultando na condução dos nutrientes para as células e removendo delas suas excretas.

O *líquido intersticial* é um líquido que fica por fora dos capilares, entre as células dos tecidos. Geralmente, considera-se que o líquido intersticial inclui também os líquidos especiais, como os contidos no sistema encefalorraquidiano, nas câmaras dos olhos, no espaço intrapleural, na linfa e nas cavidades peritoneal, pericárdicas e articulares. Apesar da rápida difusão do líquido extracelular através das paredes capilares, o volume do líquido intersticial e do líquido plasmático permanecem aproximadamente constantes. Isso se deve ao fato de que as forças que originam o movimento do líquido nas duas direções através dos poros das membranas capilares estão em equilíbrio.

A origem das forças que agem no sentido de fazer com que o líquido saia dos capilares através de sua membrana são as *pressões*: (a) *capilar*, de aproximadamente 17 mm Hg; (b) *coloidosmótica*, das proteínas do líquido intersticial, de aproximadamente 5 mm Hg; (c) *do líquido no líquido intersticial*, de aproximadamente –6 mm Hg. Em oposição a essas forças existe uma força que age no sentido inverso, cuja origem é a *pressão coloidosmótica* das proteínas do plasma que está no interior dos capilares, de aproximadamente 28 mm Hg.

O sangue que escoa através do sistema circulatório do corpo é constituído por células e pelo plasma, que é o líquido entre as células, como mostra a Figura 6.16. A parte plasmática do sangue é o líquido extracelular típico, com maior concentração de proteínas do que o líquido extracelular nas demais partes do corpo. Essas proteínas são importantes para reter o plasma no interior do sistema circulatório. As células são de dois tipos: (a) glóbulos vermelhos ou hemácias (diâmetro $\cong$ 7 μm) e (b) glóbulos brancos ou leucócitos (diâmetro $\cong$ 9 μm a 15 μm). O número de glóbulos vermelhos é aproximadamente 500 vezes o de glóbulos brancos. O volume total normal do plasma presente no sangue é da ordem de 3 litros, ao passo que o das células é da ordem de 2 litros.

FIGURA 6.16

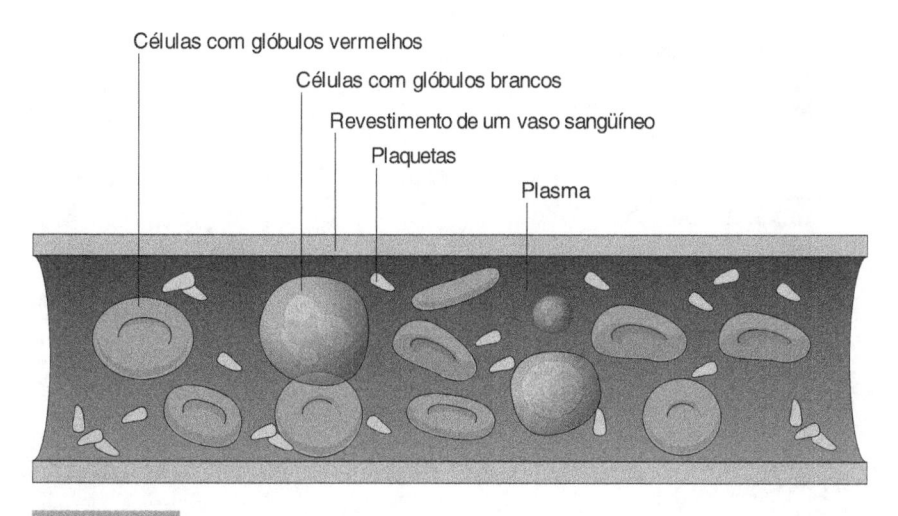

Seção longitudinal de um vaso sanguíneo. Em destaque, o plasma, os glóbulos vermelhos e brancos e as plaquetas.

O escoamento sanguíneo através das artérias normalmente é *lamelar*. Como existem *forças atrativas* entre as paredes da artéria e as moléculas do sangue, a velocidade de escoamento será aproximadamente nula na parede da artéria. Como mostra a Figura 6.17, a velocidade de escoamento é máxima ao longo do eixo longitudinal que passa pelo centro da artéria. Ao observarmos a seção transversal da artéria, verificamos que a *pressão*, graças ao escoamento, aumenta radialmente. Dessa forma, a diferença de pressão experimentada pelas células sanguíneas originará uma força que as puxa para o centro da artéria.

O sangue, ao circular através do leito vascular, gera pressões variáveis por conta da diferença entre os diâmetros dos diversos tubos pelos quais ele flui. Uma representação gráfica bastante aproximada dos valores da pressão em função do diâmetro do tubo é apresentada na Figura 6.18. Por exemplo, em um indivíduo adulto, a pressão sistólica toma valores entre 100 a 140 mm Hg, e a pressão diastólica toma entre 60 a 90 mm Hg. Pode-se assumir que a pressão média na aorta seja 100 mm Hg, como sugere o gráfico. De forma semelhante, podemos estimar uma pressão média para os outros tubos de diâmetros menores.

No *sistema linfático* do corpo humano, a *linfa* é o líquido que filtra dos espaços teciduais para os capilares linfáticos. Todos os vasos linfáticos possuem um grande número de válvulas linfáticas, orientadas de modo a permitir somente o escoamento para fora dos tecidos. O sistema linfático devolve as proteínas plasmáticas do líquido intersticial à circulação do sangue. O retorno das proteínas normalmente necessita de uma intensidade pequena de escoamento linfático, da ordem de 2 a 3 litros de linfa a cada dia.

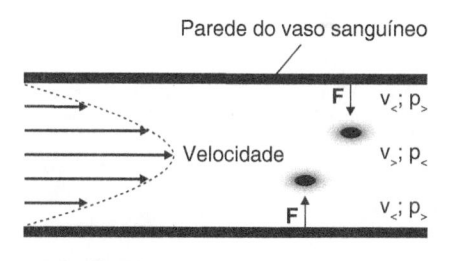

FIGURA 6.17

A pressão em virtude do escoamento do sangue é mínima no centro da artéria e máxima quando próxima à parede arterial.

6.6 Movimento de corpos em fluidos

Na maioria dos fluidos viscosos com *escoamento lamelar* entre duas superfícies planas e paralelas, com a superfície inferior em repouso e a superfície superior deslocando-se com velocidade constante $\vec{v} = v_0 \hat{j}$, como mostra

FIGURA 6.18

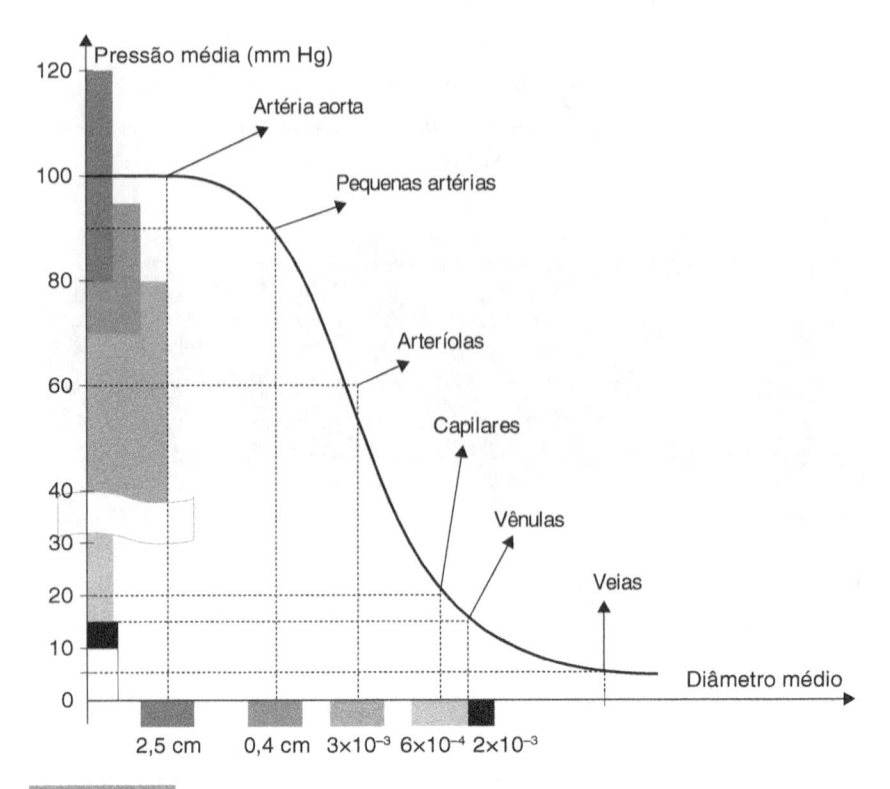

Valores médios da pressão nos diferentes tubos sanguíneos.

a Figura 6.19, as camadas paralelas intermediárias de fluido deslocaram-se com velocidades cujas magnitudes variam linearmente com sua distância vertical em relação à superfície inferior. Pela Figura 6.19, concluímos que $\frac{v(z)}{z} = \frac{v_0}{L} \Rightarrow v(z) = v_0 \left(\frac{z}{L}\right)$ para esta situação física.

Quando o *escoamento lamelar* do fluido viscoso ocorre ao longo de um tubo de *raio a*, sua velocidade através de uma seção transversal do tubo será máxima no centro da seção. Sua magnitude decrescerá simetricamente, segundo uma função parabólica, até um valor nulo na camada adjacente à parede do tubo. O decréscimo da velocidade é em virtude da ação das forças de atrito tangencial ou *forças viscosas*, como se pode ver na Figura 6.20.

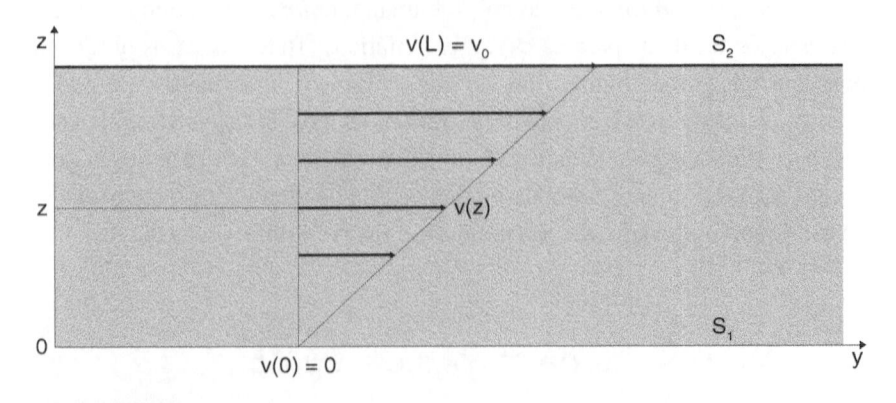

FIGURA 6.19

Escoamento lamelar de um líquido entre duas superfícies planas paralelas. No plano S_1, o fluido está em repouso e, na superfície S_2, possui velocidade v_0.

FIGURA 6.20

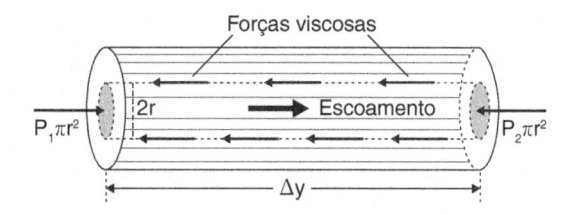

No escoamento lamelar ao longo do tubo, o fluido experimenta uma *força propulsora* que é equilibrada pela *força viscosa*. A variação da velocidade do fluido na direção radial do tubo ocorrerá por causa do gradiente de pressão existente ao longo do tubo.

A diferença de pressão entre duas seções transversais do tubo separadas uma distância Δy origina uma *força propulsora* de intensidade $F_p = (P_1 - P_2)\pi r^2 = (\Delta P)\pi r^2$, que será equilibrada pela *força viscosa* de intensidade $F_v = -\eta \cdot 2\pi \cdot r \cdot \Delta y \cdot \frac{dv}{dr}$. Esse equilíbrio implica $dv = -\frac{1}{2\eta}\frac{\Delta P}{\Delta y} r \cdot dr \Rightarrow v(r) = -\frac{1}{2\eta}\frac{\Delta P}{\Delta y}\int r \cdot dr = -\frac{1}{4\eta}\frac{\Delta P}{\Delta y}r^2 +$ constante. Como em $r = a$, $v(a) = 0$, então,

$$v(r) = \frac{1}{4\eta}\frac{\Delta P}{\Delta y}(a^2 - r^2). \tag{6.11}$$

Segundo a Equação (6.11), em $r = 0$ teremos $v(0) = v_{máx} = \frac{a^2}{4\eta}\frac{\Delta P}{\Delta y}$ e, em $r = a$, $v(a) = v_{min} = 0$. A função velocidade $v(r) = v_{máx}\left(1 - \frac{r^2}{a^2}\right)$ está representada na Figura 6.21.

A Equação (6.11) descreve a variação da velocidade do fluido viscoso, com *escoamento lamelar* ao longo de um tubo de raio a. Podemos agora calcular a vazão total Q através do tubo. Para isso, consideramos um cilindro coaxial de espessura dr, como mostra a Figura 6.22. Em um tempo dt, o volume de fluido nesse cilindro coaxial será $dV = (2\pi r)dr[v(r)dt]$; logo, a vazão correspondente é $dQ = \frac{dV}{dt} = 2\pi \cdot v(r) \cdot r \cdot dr = 2\pi \cdot v_{máx} \cdot \left(1 - \frac{r^2}{a^2}\right)r \cdot dr$. Integrando desde $r = 0$ até $r = a$ e substituindo o valor de $v_{máx}$, obtemos

$$Q = \frac{\pi \cdot a^4}{8\eta}\frac{\Delta P}{\Delta y}. \tag{6.12}$$

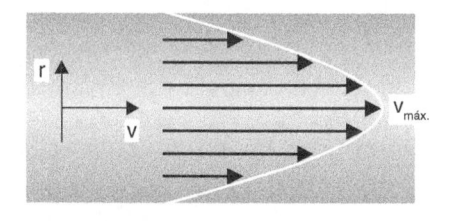

FIGURA 6.21

Variação da velocidade de um fluido viscoso através de um tubo com raio a.

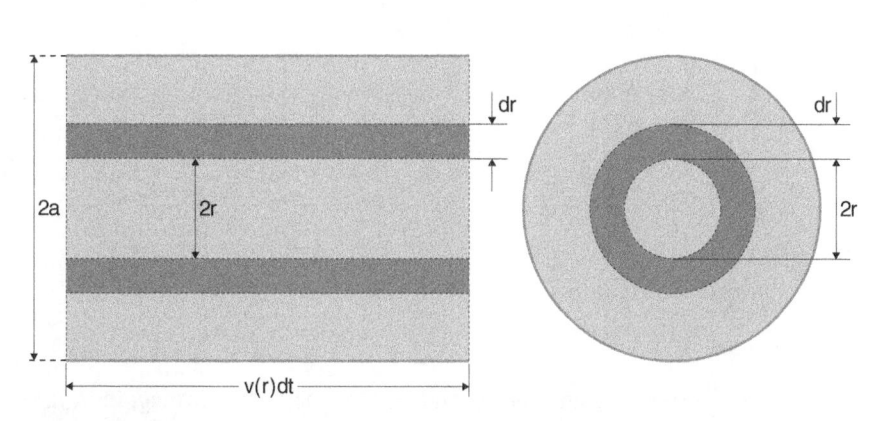

FIGURA 6.22

Cilindro coaxial concêntrico com o tubo de raio a. A área de escoamento neste cilindro coaxial é $(2\pi r)dr$; o volume de fluido escoado no tempo dt será $dV = (2\pi r)dr[v(r)dt]$.

Jean Louis Poiseuille (1799-1869), médico e físico francês. Estudando a circulação sanguínea, estabeleceu as leis do escoamento lamelar de um fluido viscoso.

A Equação (6.12) foi determinada experimentalmente pelo físico *J. L. M. Poiseuille* ao fazer observações do escoamento sanguíneo através dos capilares. Por exemplo, se uma pessoa está em *repouso*, sua vazão sanguínea através da *artéria aorta* é $Q \cong 80$ cm³/s. Como o raio da aorta é $a \cong 1$ cm, de acordo com a lei de Poiseuille, o gradiente de pressão experimentado pelo sangue na aorta será: $\frac{\Delta P}{\Delta y} \cong 81,5$ Pa/m $\cong 0,6$ Torr/m.

Se aplicarmos a Equação (6.12) ao escoamento de um fluido através de uma tubulação de comprimento L e raio a, podemos definir a *resistência da tubulação* ao escoamento do fluido como $R = \frac{\Delta P}{Q} = \frac{8\eta L}{\pi a^4}$.

Para *fluidos reais*, a velocidade média do escoamento de um fluido através de um tubo de raio a será $\bar{v} = \frac{\text{vazão}}{\text{seção do tubo}} = \frac{Q}{\pi a^2} = \frac{a^2}{8\eta}\frac{\Delta P}{\Delta y}$.

Exemplo: A vazão máxima do sangue ($\eta = 4 \times 10^{-3}$ Pa·s) ao sair do coração é 500 ml/s. Se a artéria aorta tem um diâmetro aproximado de 2,0 cm, calcule:
a) a velocidade do sangue no centro da aorta;
b) o gradiente de pressão ao longo da aorta; e
c) faça o gráfico da velocidade do sangue em função da distância medida a partir do centro da aorta.

Resolução: o raio da artéria aorta é $a \cong 1,0$ cm. Se o sangue estiver fluindo na direção y, pela Equação (6.12) encontramos a expressão correspondente para o gradiente de pressão $\frac{\Delta P}{\Delta y}$.

A Equação (6.11) permite determinar a velocidade do fluido a uma distância r do centro da artéria aorta: $v(r) = \frac{2Q}{\pi a^4}(a^2 - r^2)$.

a) A velocidade do sangue em $r = 0$ é $v(0) = \frac{2Q}{\pi a^2} = \frac{2 \times 500}{\pi} = 318,3$ cm/s $\cong 3,2$ m/s. $\therefore v(r) = 3,2\left[1 - \left(\frac{r}{a}\right)^2\right]$ m/s.

b) O gradiente de pressão ao longo da aorta é $\frac{\Delta P}{\Delta y} = \frac{8\eta Q}{\pi a^4} = 509,3$ N/m³ = 509,3 Pa/m = 3,82 Torr/m.

c)

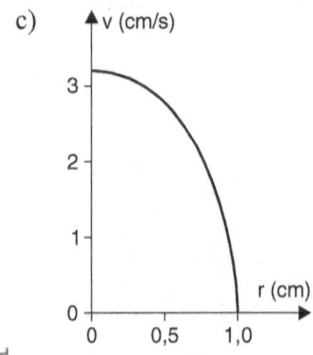

Lei de Stokes

Todo corpo que está se deslocando com velocidade $\vec{v}$ de magnitude *não muito grande* em um fluido com coeficiente de viscosidade η experimentará uma força arraste (atrito) $\vec{D}$ cuja magnitude é proporcional a v. A direção dessa força é oposta à do movimento, portanto $\vec{D} = -\kappa \cdot \eta \cdot \vec{v}$, onde κ é uma constante cujo valor depende da forma e dimensões do corpo e de alguns parâmetros físicos do fluido. A força $\vec{D}$ é semelhante à *força de arraste* introduzida no estudo do *movimento aéreo* de animais. Quando a velocidade v for *relativamente baixa*, a força $\vec{D}$ é denominada *força de arrastamento viscoso*.

Se o corpo em movimento for um espécime de *comprimento característico L*, que se desloca em um fluido com velocidade de cruzeiro $\bar{v}$, a força de arraste exercida pelo fluido sobre o espécime será $\vec{D} = -\kappa' \cdot \eta \cdot L \cdot \vec{v}$, onde κ' depende das características físicas do fluido.[8] Embora a análise do movimento de *corpos esféricos* em fluidos, com velocidade reduzida, seja complicada, pode-se mostrar que, para uma esfera de raio a, $\kappa = 6\pi \cdot a$, de modo que a força de arrastamento viscoso é dada por

$$\vec{D} = -6\pi \cdot a \cdot \eta \cdot \vec{v} \qquad (6.13)$$

A Equação (6.13), válida para valores suficientemente pequenos de v, é denominada *lei de Stokes*. Esta lei é aplicada somente a obstáculos de forma esférica. Quando a velocidade do corpo (ou a velocidade de escoamento de um fluido) cresce muito, o fluido em torno dele torna-se turbulento; a força de arraste associada será de intensidade bem maior do que para um escoamento lamelar. Nessas condições, a relação $|\vec{D}| \propto |\vec{v}|$ não será válida.

George Gabriel Stokes (1819-1913), matemático e físico irlandês. Estabeleceu a lei que rege a queda de uma esfera em meio líquido, criou uma teoria da fluorescência e mostrou que os raios x eram da mesma natureza da luz.

Exemplo: Um peixe, ao absorver ar, adquire uma forma esférica com 10 cm de raio. Levando em conta que a densidade média desse peixe é 1,02 kg/m³, calcule:

a) a força de arraste experimentada pelo peixe, ao se deslocar na água ($\eta = 1 \times 10^{-3}$ Pa·s) com velocidade de 2 m/s;

b) a velocidade terminal do peixe, quando a intensidade do empuxo exercido pelo fluido é aproximadamente 39 mN, e se o peixe segue uma trajetória vertical em direção ao fundo do oceano.

Resolução:

a) Pela lei de Stokes, a força de arraste para este corpo com forma esférica será
$D = 6\pi \cdot \eta \cdot a \cdot v = 6\pi \times 1 \times 10^{-3}$ Pa·s $\times 0,1$ m $\times 2$ m/s $= 3,8 \times 10^{-3}$ N.

b) Na situação com velocidade terminal, as forças que agem sobre o peixe devem satisfazer: empuxo + $\vec{D}$ = peso do peixe. Portanto, empuxo + $6\pi \cdot \eta \cdot a \cdot v_t = \frac{4}{3} \pi a^3 \rho_{peixe}\, g$, onde v_t é a velocidade terminal do peixe; logo,
$6\pi \cdot \eta \cdot a \cdot v_t = \frac{4}{3}\pi \times 10^{-3} \times 1,02 \times 9,8$ N $- 39 \times 10^{-3}$ N $= 2,87 \times 10^{-3}$ N. $\therefore v_t \cong 1,52$ m/s. Foi considerado que a densidade média do peixe inclui o ar absorvido.

Forças resistivas nos fluidos

Dois corpos deslocando-se em um fluido serão *hidrodinamicamente semelhantes* se possuírem formas geométricas semelhantes e se o valor do número de Reynolds $\mathfrak{R}$ for o mesmo. Nos animais em que o corpo rígido e o aparelho locomotor estão estruturalmente separados (como a tartaruga marinha e o besouro), a *força resistiva* $\vec{D}$ originada do atrito entre o corpo do animal e o fluido é devida ao corpo rígido do próprio animal. A estrutura nadadeira somente exercerá uma *força de impulso*. Em geral, nos animais nadadores, independentemente de sua forma, além da força resistiva $\vec{D}$, há também uma *força propulsora* $\vec{F}$.[9] No caso dos peixes, como as enguias, e de animais com forma alongada (golfinho, baleia, foca, pinguim etc.), as forças $\vec{D}$ e $\vec{F}$ estão biomecanicamente integradas em um único sistema.[10,11]

Normalmente a *força resistiva* $\vec{D}$ é dada em função de $\Re$. Quando $\vec{D}(\Re)$ possui uma variação:

- desprezível em relação às variações de $\Re$, dizemos que os corpos no fluido *são insensíveis* a $\Re$;
- grande em relação às variações de $\Re$, dizemos que os corpos *são sensíveis* a $\Re$.

A *força resistiva* $\vec{D}$ é resultante de duas componentes, $\vec{D} = \vec{D}_f + \vec{D}_p$, onde $\vec{D}_f$ é a componente de atrito ou *arraste superficial* e $\vec{D}_p$, a componente de pressão ou *arraste de contorno*. A magnitude desses componentes depende do tamanho do corpo do animal e da velocidade de escoamento do fluido; no entanto, a viscosidade do meio influi muito na magnitude da força $\vec{D}_f$, e a inércia do meio em escoamento leva à separação de uma camada limite, influindo, assim, na magnitude da força $\vec{D}_p$. A Figura 6.23 apresenta o intervalo de valores de $\Re$, nos quais as forças $\vec{D}_f$ e $\vec{D}_p$ são individualmente dominantes, bem como o intervalo de valores de $\Re$ no qual esses componentes são importantes.[12]

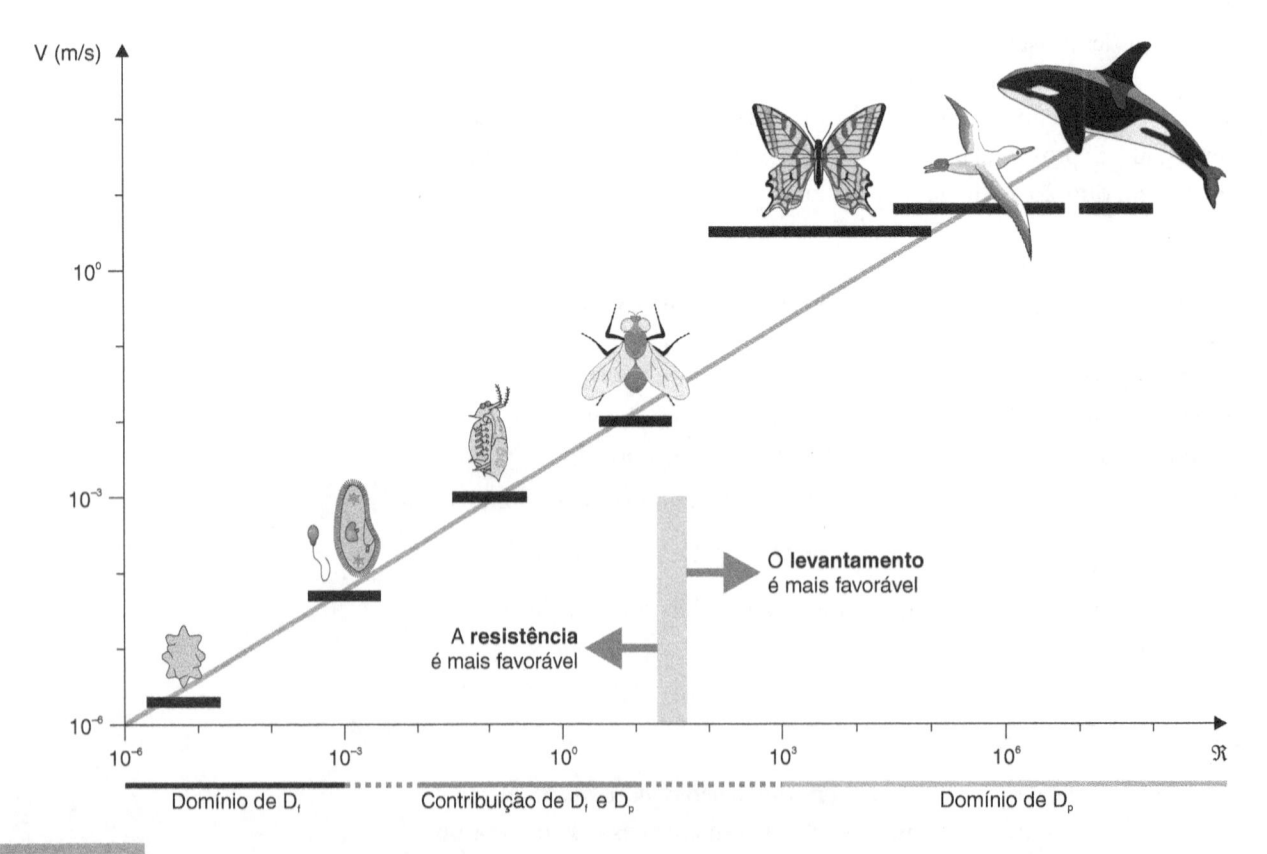

FIGURA 6.23

O movimento dos organismos em fluidos depende dos valores do número de Reynolds. Para valores de $\Re$ nos quais predomina a componente $\vec{D}_f$, temos $D \propto V$ (caso dos flagelíferos). Para valores de $\Re$ nos quais predomina $\vec{D}_p$, temos $D \propto V^2$ (caso das baleias). Para valores intermediários de $\Re$ (caso do voo de pequenos insetos), $\vec{D}$ depende de V e V^2 (adaptado de Nichtigal).[13]

Uma análise do caso em que o fluido está com *escoamento turbulento* foge a esta introdução; no entanto, sabe-se que, para uma ampla faixa de valores da velocidade do fluido (ou do corpo com relação ao fluido), os *valores de* $\Re$ *são grandes*. Nessa situação, a força resistiva total é dada por

$$D = \delta \cdot s \cdot \frac{\rho v^2}{2} = \delta \cdot s \cdot q. \qquad (6.14)$$

Na Equação (6.14), ρ é a densidade do fluido; S, uma área de referência que o corpo apresenta para o fluido; q, pressão na cabeceira do corpo em movimento (ou uma energia cinética por unidade de volume); e δ, o *coeficiente de escoamento* (ou constante empírica) adimensional, que depende da forma do corpo.

Na verdade, quando um corpo se desloca por um fluido, ele *arrasta* uma parte desse fluido consigo. A *esteira* deixada pelo fluido não é arrastada com a velocidade v de modo uniforme. A constante δ relaciona a área da seção transversal real de um corpo com a correspondente área imaginária que deixaria uma esteira ideal.

Como vimos ao estudar o movimento aéreo das aves, a Equação (6.14) define a *força de arraste* nesses movimentos, e a constante δ foi denominada *coeficiente de arraste* C_D; portanto, dessa comparação, $C_D = \frac{D}{S \cdot q}$. O valor de C_D dependerá de $\Re$ e de S e, por sua vez, a área S depende de qual componente da *força resistiva total* predomina no movimento do corpo. Quando predomina a componente D_{Df}, então $S = S_T$ (área da superfície do corpo); logo, $C_{Df} = \frac{D}{S_T \cdot q}$; quando predomina a componente D_{Dp}, então $S = S_b$ (área da superfície frontal ou de proa); logo, $C_{Dp} = \frac{D}{S_b \cdot q}$.

Outra área de referência usual é a área volumétrica $S_V = V^{2/3} \propto (L^3)^{2/3} = L^2$, que tem a dimensão de área (sendo L o comprimento característico do corpo). Nesse caso, $C_{DV} = \frac{D}{Sv \cdot q}$. A área S_V é utilizada nas análises de custo de transporte de energia por unidade de volume deslocado. Quando $\Re$ é constante, os coeficientes D_{Df}, D_{Dp} e D_{DV} permitem comparar as características hidrodinâmicas dos corpos de diversos tamanhos e velocidades, desde que $C_D(\Re)$ seja variável. Para *valores médios* de $\Re$, os valores de C_D estão entre: $1{,}3 \leq C_D \leq 0{,}2$. Na região do fluido em que seu número de Reynolds $\Re \approx \Re_c$, a variação $dC_D/d\Re$ mudará drasticamente para uma forma determinada de um corpo.

Problemas

1. Uma dançarina de 490 N de peso está sustentada sobre um único pé. Se a área da ponta de seu pé é 22 cm², qual é a pressão exercida sobre o chão?
2. A pressão do ar liberado por um paciente em um respirador é de 20 cm H_2O. Converta essa pressão em:
   a) mm Hg;   b) Pascal;   c) atmosferas.
3. Uma explosão cria um aumento momentâneo da pressão do ar em sua vizinhança. Se a explosão origina uma pressão de 2.700 Pa nas paredes de um edifício de 9 m de largura por 6 m de altura, calcule a força total exercida sobre as paredes do edifício.
4. Em um manômetro de tubo aberto, o diâmetro de um dos ramos é o dobro do diâmetro do outro. Com base nessas informações:
   a) Explique de que modo esse fato influi sobre as medidas feitas com o manômetro.

b) Haveria interesse em saber qual dos ramos de manômetro estaria ligado a uma câmara cuja pressão se quer medir?

5. A pressão média com que o coração bombeia o sangue para a artéria aorta é 100 mm Hg. Se a seção transversal dessa artéria for ≈ 3 cm², qual a força média exercida pelo coração sobre o sangue que está entrando na artéria aorta?

6. Qual será a pressão absoluta no pulmão durante a respiração normal, se a pressão manométrica pulmonar for -7 cm H_2O?

7. A seção transversal de uma seringa hipodérmica é 3 cm² e da agulha, 0,6 mm²; calcule:
a) a força mínima que deve ser aplicada sobre o êmbolo para injetar o fluido na veia, se a pressão sanguínea venosa for 12 mm Hg;
b) a pressão manométrica sobre o fluido dentro da seringa, se a força aplicada ao êmbolo for uma vez e meia maior que a força mínima.

8. Um carrinho levando um recipiente com água desce com aceleração a ao longo de um plano cuja inclinação é α:
a) Determine o ângulo θ que a superfície livre da água faz com o plano inclinado.
b) Analise os casos em que $\alpha = 0$ e α qualquer, quando um carrinho está descendo sob a ação do próprio peso e não há atrito.

9. A barragem de concreto ($\rho = 2.500$ kg/m³), mostrada na figura a seguir, é estabilizada pelo seu próprio peso. Determine o valor de d que evitará o giro da barragem em relação ao ponto A, em virtude da força exercida pela água ($\rho = 1.000$ kg/m³).

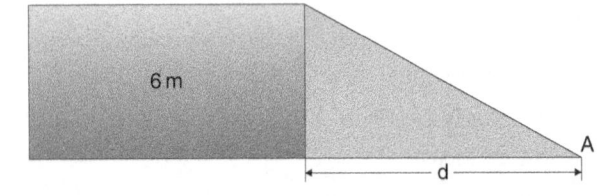

10. Um bloco de madeira flutua meio submerso na água contida em um recipiente. O que acontecerá ao volume imerso (aumenta, diminui ou não se altera) se o recipiente for colocado em um elevador:
a) que sobe ou desce com velocidade constante?
b) com aceleração para cima?
c) com aceleração para baixo?

11. Algumas pessoas, ao usarem elevadores, experimentam problemas nos ouvidos em virtude de mudanças de pressão. Se a pressão interna do tímpano não mudar durante a subida, então a diminuição na pressão externa causará o aparecimento de uma força direcionada para fora do tímpano. A partir dessas informações, determine:
a) a mudança na pressão do ar quando subimos 100 m em um elevador;
b) a força exercida sobre o tímpano, nessas condições, considerando que ele possui área de 0,6 cm².

12. Se a atmosfera terrestre tivesse densidade uniforme ($\rho = 1,25$ kg/m³), qual seria sua espessura?

13. Uma proveta cilíndrica graduada em divisões de igual volume contém água e Hg ($\rho = 13,6$ g/cm³). Mergulha-se um corpo sólido na proveta, vindo ele a flutuar na superfície de separação água-Hg. O nível de Hg sobe 80 divisões e o nível de água, 150 divisões. Calcule a densidade do sólido.

14. Uma transfusão de sangue é feita ligando-se por um tubo a veia do paciente a uma bolsa com plasma ($\rho = 1,04$ g/cm³) que está a uma altura h acima do paciente; determine:
a) Se h = 1 m, qual será a pressão do plasma (em mm de Hg) ao entrar na veia?
b) A que altura mínima deve ser colocada a bolsa de plasma se a pressão venosa for 3 mm Hg?
c) A que altura mínima deveria se colocar a bolsa de plasma em um planeta onde a aceleração da gravidade fosse 70% do valor da aceleração gravitacional da Terra?

15. O tubo em U da figura a seguir contém Hg ($\rho = 13,6$ g/cm³). Em um dos ramos do tubo, verte-se um líquido de densidade desconhecida. Observa-se que, com h = 20 cm, a diferença entre os níveis de Hg é d = 2 cm. Determine a densidade do líquido.

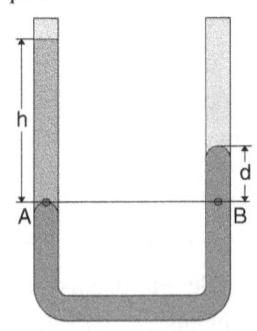

16. Na *inspiração*, o diafragma desloca-se para baixo, de modo que a pressão do ar dentro dos pulmões (ar alveolar) fica 3 mm Hg abaixo da pressão atmosférica, provocando a entrada de ar neles. Na *expiração*, ocorre o processo contrário: o diafragma eleva-se, aumentando a pressão interna dos pulmões para cerca de 3 mm Hg acima da pressão atmosférica. Desse modo, a pressão média do ar dentro dos pulmões é aproximadamente igual à pressão atmosférica do ambiente. Sendo assim, calcule:
a) a porcentagem de CO_2 na constituição do ar alveolar, sendo a pressão parcial desse gás no ar alveolar 42 mm Hg;
b) a pressão parcial de O_2, considerando que o ar seja constituído por 14% de O_2;
c) a fração do N_2 nesse ar se, além do CO_2 e do O_2, o ar alveolar ainda estiver saturado com vapor de água (a pressão de vapor de H_2O a 37°C é de 47 mm Hg);
d) a porcentagem do volume total ocupado pelo O_2, admitindo que ele se comporta como um gás ideal nas condições dadas (considere que existe 0,1 mol de ar nos pulmões).

17. Um bloco de granito (densidade ρ) está suspenso na água (densidade ρ_0) por meio de um barbante amarrado a um

dinamômetro. Demonstre que a leitura (denominada *peso efetivo*) no dinamômetro será: $W' = W\left(1 - \dfrac{\rho_0}{\rho}\right)$, sendo W o peso do bloco no ar.

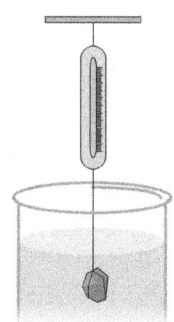

18. Um corpo suspenso por um dinamômetro no ar pesa 300 N. O mesmo corpo pesa 250 N quando é introduzido na água. Determine a densidade e o volume do corpo.

19. Um corpo metálico tem forma cilíndrica, com 10 cm de comprimento por 4 cm de diâmetro; determine:
    a) a massa do cilindro se ele for de alumínio;
    b) a densidade do tungstênio, se a massa do cilindro de tungstênio for 1.758 g.

20. Uma esfera de Cu ($\rho = 8,9$ g/cm^3) pesa 8,6 N. Mergulhada na água, seu peso efetivo é de 7,1 N. Sendo assim:
    a) Demonstre que a esfera é oca.
    b) Calcule seu volume.

21. Uma balança de dois pratos contém um pedaço de cobre em cada prato. Mergulhando um prato em água e o outro em álcool ($\rho = 0,82$ g/cm^3), a balança estará em equilíbrio. A partir dessas informações, compare a massa dos dois pedaços de cobre.

22. O recipiente cilíndrico de vidro da figura a seguir contém uma pedra e flutua em um líquido de densidade desconhecida. Posto a flutuar em água, a altura imersa aumentou de x. Retira-se a pedra e o recipiente sobe de y (a partir de sua última flutuação). A seguir, põe-se o recipiente (vazio) para flutuar no primeiro líquido, e ele sobe à altura suplementar z (em relação à sua última flutuação na água). Sendo assim, determine a densidade (relativa) do líquido.

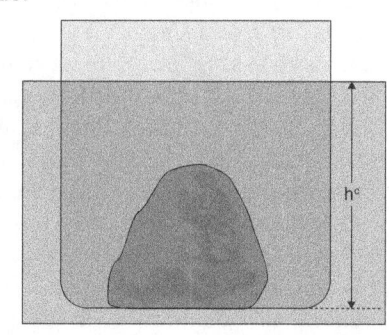

23. Um bloco de madeira é mantido submerso na água de um recipiente por meio de um fio, como mostra a figura a seguir. Quando o recipiente está em repouso, a tensão do fio é T. Qual o valor da tensão, se o recipiente tem aceleração vertical dirigida para cima?

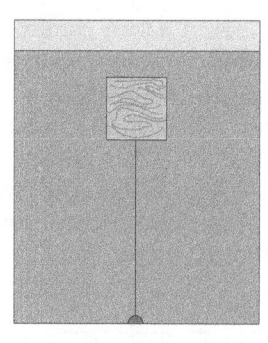

24. Um pedaço de madeira ($\rho = 0,8$ g/cm^3) flutua em um líquido ($\rho = 1,2$ g/cm^3). O volume total da madeira é 36 cm^3, calcule:
    a) A massa da madeira;
    b) A massa do líquido deslocado;
    c) O volume de madeira que aparece acima da superfície do líquido.

25. A densidade do gelo é de 0,9 g/cm^3. Um cubo de gelo é colocado sobre a água. Que fração do volume do gelo estará acima do nível da água?

26. Um corpo, ao ser pesado sob a água, pesa 200 N. Seu peso normal é 300 N. Determine a densidade e o volume do corpo.

27. Um tubo cilíndrico de vidro ($\rho = 2,5$ g/cm^3) de 1 m de comprimento possui uma seção externa de 2 cm^2, uma seção interna de 1 cm^2 e está fechado em uma extremidade por um disco de massa desprezível. Enche-se o tubo de Hg ($\rho = 13,6$ g/cm^3) e inverte-se sobre uma cuba profunda contendo também Hg. Depois de introduzir 10 cm^3 de ar medido na pressão atmosférica na câmara barométrica, abandona-se o tubo na posição vertical e ele flutua livremente. Qual a diferença de altura entre os níveis de Hg na cuba e no tubo?

28. Um volume V de ar medido à pressão atmosférica P_0 é introduzido na câmara de um barômetro. O nível de Hg ($\rho = 13,6$ g/cm^3) baixa uma altura h. Introduzindo-se um volume suplementar V' de ar (sempre medido à pressão atmosférica) o nível baixa de uma altura suplementar h'. Qual é a área da seção interna do tubo?

29. Admitindo que o fenômeno de tensão superficial seja o único mecanismo responsável pelo transporte de seiva até o topo das árvores, calcule o diâmetro dos condutores da seiva em uma árvore de 100 m de altura. Que conclusão é possível tirar desse resultado?

30. Admita que os tubos capilares de uma árvore são cilindros uniformes de $1,5 \times 10^{-4}$ mm de raio. A seiva deve ser conduzida até uma altura máxima de 50 m. Se o ângulo de contato for 45° e a tensão superficial da seiva, 0,05 N/m, qual a pressão mínima que deve existir nas raízes para que a seiva chegue até a altura máxima da árvore?

31. Uma aranha com 2 g de massa está em pé sobre uma superfície de água. Se cada pata suporta 1/8 de sua massa total, qual será o raio da depressão feita por cada pata? Considere 45° como o ângulo de depressão.

32. Considere duas placas de vidro quadradas, de 15 cm de lado, separadas por uma distância d. As placas estão

molhadas e mergulhadas (a parte imersa das placas corresponde a 5 cm) perpendicularmente à base de uma cuba contendo água. Qual deverá ser a distância d para que todo o espaço entre elas seja preenchido com água por ação capilar? Admita que o ângulo α formado pela direção da força $\vec{T}_\gamma$, por causa da tensão superficial e à direção vertical, seja quase nulo. O coeficiente de viscosidade da água durante a experiência é de $7,2 \times 10^{-4}$ Pa·s.

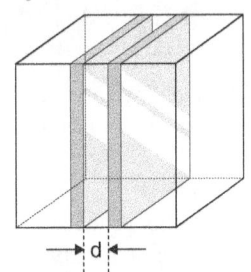

33. a) Estime a força de tensão superficial que será exercida sobre seus pés, para que possa ficar em pé sobre a água ($\gamma = 0,0728$ N/m a 20°C).
    b) Qual deveria ser o peso máximo de um corpo para que pudesse ser sustentado pela água dessa maneira?

34. Foi verificado experimentalmente que a pressão negativa que acontece nos tubos capilares de uma árvore pode chegar a até –20 atm. Esses tubos estão abertos no topo em contato com o ar, e a água pode evaporar das folhas. Se as pressões são negativas, explique por que o ar não é sugado para as folhas. Considere para a seiva $\gamma \cong 0,0728$ N/m.

35. Os peixes podem se manter a determinada profundidade dentro da água sem necessidade de gastar energia extra. Para isso, ajustam o conteúdo de ar de seus ossos pneumáticos ou da bexiga natatória, fazendo com que a sua densidade seja igual à da água ($\rho = 1,028$ g/cm^3). Certo peixe tem uma densidade de 1,09 g/cm^3 quando sua bexiga natatória está vazia. De que fração do volume corporal a bexiga natatória precisa se encher para reduzir sua densidade até o valor da densidade da água?

36. Uma bolha com ar quente (30°C) forma-se no chão, em um ambiente a 10°C, e sobe para uma camada de ar mais alta. Dados: $\rho_{ar}(10°C) = 1,25$ kg/m^3 e $\rho_{ar}(30°C) = 1,16$ kg/m^3, determine:
    a) a força total que age sobre ela, se o volume da bolha for 8 m^3;
    b) a aceleração inicial da bolha, considerando a resistência do ar desprezível;
    c) o novo volume da bolha quando ela atingir equilíbrio térmico com o meio.

37. Uma bolha de ar triplica o seu volume quando sobe do fundo de um lago até a superfície. Qual é a profundidade do lago?

38. No fundo de um lago, a temperatura é de 7°C e a pressão é de 2,8 atm. Uma bolha de ar com 4 cm de diâmetro sobe para a superfície, onde a temperatura é de 27°C. Qual será o diâmetro da bolha na superfície?

39. Com um intenso esforço de inspiração, a pressão manométrica nos pulmões pode ser reduzida a –80 torr. Qual a altura máxima atingida por um líquido ao ser absorvido por um canudo se ele for:
    a) água?
    b) álcool de densidade 920 kg/m^3?

40. Considere um tubo capilar de 1 mm de raio, contendo líquido em seu interior (densidade $1,5 \times 10^3$ kg/m^3; tensão superficial 0,27 N/m), em cuja extremidade se forma uma gota de raio R. Quando a gota se destacar, qual será o seu raio?

41. Determine a resistência total do sistema circulatório sistêmico, sendo a vazão média para um adulto $0,83 \times 10^{-4}$ m^3/s e a queda de pressão entre a aorta e os capilares 90 mm de Hg.

42. Um líquido não viscoso de densidade igual a 950 kg/m^3 flui por um tubo com 4,5 cm de raio. Em uma região constrita do tubo de raio igual a 3,2 cm, a pressão é $1,5 \times 10^3$ Pa, menor do que na tubulação principal. Determine:
    a) a velocidade do líquido no tubo;
    b) a vazão desse líquido.

43. A velocidade v_m do sangue através do centro de um capilar é de 0,66 mm/s. O comprimento L do capilar é 1 mm e seu raio, $r = 2 \times 10^{-4}$ cm.
    a) Qual o fluxo de fluido através do capilar?
    b) Estime o número total de capilares no corpo sabendo que a vazão de sangue através da aorta é de 83 cm^3/s.

44. A 20°C água está fluindo através de um cano de 1 cm de raio. A velocidade de escoamento no centro do cano é de 10 cm/s. Determine a queda de pressão por causa da viscosidade do líquido em um trajeto de 2 m ao longo do cano.

45. Durante a micção, a urina ($\eta = 6,9 \times 10^{-4}$ Pa·s) é expelida da bexiga para o exterior através da uretra com uma vazão de 28 cm^3/s. Determine a secção da uretra, sendo a pressão manométrica da bexiga 45 mm Hg e o comprimento da uretra feminina, 4 cm.

46. Que diferença de pressão é necessária para se enviar sangue ($\eta = 4 \times 10^{-3}$ Pa·s, a 37°C) com vazão de 1 cm^3/s através de uma agulha hipodérmica com 2,0 cm de comprimento e 0,2 mm de diâmetro?

47. Em uma transfusão sanguínea, a bolsa com sangue ($\rho = 1,05 \times 10^3$ kg/m^3) está 1,5 m acima da agulha ligada à veia (pressão na veia igual à atmosférica). Admita que o diâmetro interno da agulha seja 0,4 mm, seu comprimento, 3,14 cm, e que passa pela agulha 4,5 cm^3 de sangue por minuto. Determine a viscosidade do sangue.

48. A vazão do sangue bombeado pelo coração é da ordem de 5 litros/min.
    a) Com que velocidade média o sangue passa por uma aorta cuja seção transversal é 4,5 cm^2?
    b) Ao chegar aos capilares com diâmetro médio igual a 8 μm, a vazão do sangue continua sendo aproximadamente igual a 5 litros/min. Determine a velocidade média do

sangue ao passar por um capilar, admitindo que há cerca de 5×10^9 deles na rede capilar.

49. Flui água ($\eta \cong 10^{-3}$ Pa·s a 20°C) através de um capilar de vidro com 0,06 cm de raio e 20 cm de comprimento. Determine:
a) a resistência hidráulica para esse fluido;
b) o escoamento através do capilar quando a diferença de pressão for 15 cm de água;
c) a diferença de pressão para uma vazão de 0,5 cm³/s.

50. A razão máxima da vazão sanguínea ao sair do coração é ≈ 500 ml/s. Se a artéria aorta tem um diâmetro de $\approx 2,5$ cm, qual será:
a) a velocidade do sangue ($\eta = 4 \times 10^{-3}$ Pa·s) no centro da aorta?
b) o gradiente de pressão ao longo da aorta?
c) a variação da velocidade do sangue em função de sua distância radial desde o centro da aorta?

51. Calcule a resistência hidráulica para o sangue ($\eta = 4 \times 10^{-3}$ Pa·s):
a) dos capilares descritos no problema 43;
b) quando o raio do capilar se dilata para $2,5 \times 10^{-4}$ cm.

52. Se L é um fator de escala entre mamíferos de formas semelhantes, mas de tamanhos diferentes, qual será o fator de escala ao comparar-se entre esses mamíferos:
a) seu fluxo sanguíneo?
b) a resistência total desse fluxo?
c) sua pressão sanguínea?

53. As linhas de corrente de ar ($\rho = 1,20$ kg/m³) horizontais em torno das asas de um avião agem de forma que a velocidade sobre a superfície superior seja de 70 m/s e sobre a superfície inferior, 60 m/s. A massa do avião é 1.340 kg e a área da asa, 16,2 m². Determine a força vertical resultante sobre o avião.

54. O ferrão de determinado inseto é semelhante a uma agulha hipodérmica muito fina. A parte mais estreita da agulha tem um diâmetro de 10 μm e 0,2 mm de comprimento:
a) Qual deve ser a pressão manométrica na cavidade da boca do inseto se ele sugar 0,25 cm³ de sangue ($\eta = 1,0$ cp) em 15 minutos?
b) Por que não é uma boa aproximação desprezar as dimensões das outras partes do inseto?

55. Uma esfera de alumínio de 2,0 mm de raio está se deslocando em óleo de rícino a 20°C ($\eta = 9,68$ poise). Qual deverá ser sua velocidade para que a força de arraste por causa da viscosidade seja igual a um quarto do peso da esfera?

56. Uma bola de basquete de 0,6 kg e 12,4 cm de raio sofre um *arremesso normal* com velocidade de 5,0 m/s no ar ($\rho = 1,2$ kg/m³). Demonstre que a resistência do ar é desprezível.

57. Calcule o número de Reynolds e diga o tipo de fluxo que ocorre no caso de:
a) uma bola de futebol ser lançada pelo goleiro com v = 30 m/s e d = 9 cm;
b) uma bala ser disparada debaixo da água com v = 6×10^2 m/s e d = 2 cm;
c) uma partícula de poeira pairar em um dia calmo com v = 2×10^{-4} m/s e d = 10^{-3} mm;
d) um dirigível de cruzeiro navegar com v = 10 m/s e d = 50 m. (Considere os seguintes dados: $\rho_{ar} = 1,2$ kg/m³; $\eta_{ar} = 1,8 \times 10^{-5}$ Pa·s; $\rho_{água} = 10^3$ kg/m³; $\eta_{água} = 10^{-3}$ Pa·s).

58. Para cada um dos seguintes movimentos são dados uma velocidade característica v e um comprimento característico d. Calcule o número de Reynolds em cada caso e diga o tipo de fluxo em torno do corpo de:
a) um falcão peregrino mergulhando para atingir a presa com v = 70 m/s e d = 0,15 m;
b) uma carpa nadando em um riacho calmo com v = 1 m/s e d = 0,03 m;
c) um paramécio nadando em um lago com v = 10^{-3} m/s e d = 2×10^{-4} m. (Considere os seguintes dados: $\rho_{ar} = 1,2$ kg/m³; $\eta_{ar} = 1,8 \times 10^{-5}$ Pa·s; $\rho_{água} = 10^3$ kg/m³; $\eta_{água} = 10^{-3}$ Pa·s.)

59. Um submarino possui 100 m de comprimento. Seu casco tem uma forma cilíndrica com 15 m de diâmetro. Quando submerso, ele desenvolve uma velocidade de 30 m/s. O escoamento em torno do casco é lamelar ou turbulento? (Considere a densidade e a viscosidade da água salgada aproximadamente iguais às da água doce.)

60. Faça um gráfico, em um papel com escalas logarítmicas, da velocidade característica de um corpo em função dos respectivos números de Reynolds, variando os valores de $\Re$ desde 10^{-5} até 10^{10}. Coloque, nesse gráfico, todos os movimentos citados nos problemas 57 e 58, usando ainda os seguintes valores para os *números críticos* de Reynolds:

$\Re$ (aproximado)	Situação física
10	Limite superior para a validez da lei de Stokes
1.200	Início do escoamento turbulento em tubo cilíndrico com entrada irregular
3.000	Início do escoamento turbulento em tubo cilíndrico longo
20.000	Início do escoamento turbulento em tubo com entrada otimizada
3×10^5	Limite superior para a lei de v^2

Destaque os movimentos que:
a) devem envolver escoamento lamelar;
b) devem envolver escoamento turbulento, descrito pela lei quadrática de arrastamento;
c) provavelmente são muito rápidos para obedecer às leis quadráticas de arrastamento.

61. Uma bolha de ar ($\rho = 1,2$ kg/m³) tem diâmetro constante de 2,0 mm. Com que velocidade terminal ela sobe:
a) em um líquido com $\eta = 1,5$ poise e $\rho = 900$ kg/m³?
b) na água a 20°C com $\eta = 1,005$ cp?

62. Uma gaivota de 25 cm de comprimento está voando em um meio com $\Re \approx 80.000$, em CNPT, $\rho_{ar} \cong 1,293$ kg/m³ e $\eta_{ar} \cong 1,83 \times 10^{-5}$ Pa·s. Determine a força de:

a) sustentação da gaivota se $C_L \cong 0,98$;
b) arraste sobre a gaivota se $C_D \cong 0,128$.

63. Considere que o fluxo de ar ($\rho = 1,2$ kg/m^3) sobre as asas de um avião forme linhas de corrente de escoamento. Se a velocidade de escoamento sobre a superfície inferior de uma asa é 120 m/s, qual é a velocidade necessária sobre a superfície superior para que a sustentação oriunda do ar seja aproximadamente 2.000 N/m^2?

Referências bibliográficas

1. JONES, J. H.; EFFMANN, E. L.; SCHMIDT-NIELSEN, K. Control of airflow in bird lungs: radiographic studies. *Respiration Physiology*, v. 45, n. 2, 1981, p. 121-131.
2. GLASHEEN, J. W.; MCMAHON, T. A. Running on water. *Scientific American*, v. 277, n. 3, set. 1997, p. 68-69.
3. MERCHANT, G. J.; KELLER, J. B. Contact angles. *Phys. Fluids A — fluid*, v. 4, n. 3, mar. 1992, p. 477-485.
4. LIGHTHILL, J. Physiological fluid dynamics — Survey. *J. Fluid. Mech.*, v. 52, abr. 1972, p. 475.
5. NACHTIGALL, W. Some aspects of Reynolds number effects in animals. *Math. Method Appl. Sci.*, v. 24, n. 17-18, nov.-dez. 2001, p. 1.401-1.408.
6. LIGHTHILL, J. Hydromechanics of aquatic animal propulsion. *Ann. Rev. Fluid. Mech.*, v. 1, 1969, p. 413-445.
7. GLASHEEN, J. W.; MCMAHON, T. A. Vertical water entry of disks at low Froude numbers. *Phys. Fluids*, v. 8, n. 8, ago. 1996, p. 2.078-2.083.
8. GLASHEEN, J. W.; MCMAHON, T. A. A hydrodynamic model of locomotion in the basilisk lizard. *Nature*, v. 380, n. 6.572, mar. 1996, p. 340-342.
9. LIGHTHILL, J. Large-amplitude elongated-body theory of fish locomotion. *Proc. Roy. Soc.*, v. B179, n. 1.055, 1971, p. 125-138.
10. TAYLOR, G. J. Analysis of the swimming of long and narrow animals. *Proc. R. Soc.*, London, Ser. A 214, 1952, p. 158-183.
11. NACHTIGALL, W.; BILO, D. Flow adaptation of the penguin during swimming under water. *J. Comp. Physiol.*, v. 137, n. 1, 1980, p. 17-26.
12. NACHTIGALL, W. Funktionelle Morphologie — Kinematik und Hydromechanik des Ruderapparates von Gyrinus. *Z. Vergl. Physiol.*, v. 45, n. 2, 1961, p. 193-226.
13. Idem, ibidem.

CAPÍTULO 7

Transporte iônico

OBJETIVOS DE APRENDIZAGEM

Depois de ler este capítulo, você será capaz de:
- Entender o significado físico da lei de continuidade, suas aplicações a sistemas biológicos e sua relação com o conceito de fluxo de partículas
- Conseguir quantificar a difusão de partículas utilizando as leis de Fick, de ampla aplicação na fisiologia
- Explicar o fenômeno de osmose e o transporte de partículas através de membranas seletivas
- Quantificar o fluxo de soluções iônicas ou não iônicas através de uma membrana seletiva e a condição de equilíbrio de Nernst entre soluções separadas por uma membrana

7.1 Introdução

O estudo do transporte de partículas em fluidos infinitos teve início em 1827 quando o botânico britânico Robert Brown, usando um microscópio, observou que uma suspensão de partículas de pólen em uma solução aquosa tinha um movimento caótico e incessante, como se estivessem sendo constantemente empurradas. Inicialmente, acreditou-se que o movimento seria por causa do pólen vivo, porém observou-se, também, que graus de pólen que haviam sido conservados por muito tempo apresentavam comportamento semelhante ao serem colocados no mesmo tipo de solução. Brown também observou que outras partículas orgânicas ou inorgânicas mostravam o mesmo comportamento e, assim, chegou à seguinte conclusão: *o movimento dessas partículas devia-se a algo relacionado com a solução aquosa*. Mesmo que Brown nunca tenha dado uma explicação do fenômeno observado, este recebeu o nome de *movimento browniano*, em homenagem a seu descobridor.

Alguns cientistas sugeriram que o movimento aleatório observado por Brown seria em virtude das colisões entre as moléculas da solução e as partículas de pólen. Na verdade, o movimento dessas partículas é devido ao fato de que sua superfície sofre colisões constantes com as moléculas do fluido (solução) submetidas a uma agitação térmica. Essas colisões de acordo com a escala atômica não são uniformes e experimentam variações estatísticas importantes. Tanto a *difusão* de partículas como o fenômeno de *osmose* são fundamentados no movimento browniano.

Em 1905, Albert Einstein publicou a descrição matemática desse fenômeno em seu trabalho sobre o movimento de partículas pequenas, suspensas em um líquido estacionário. A teoria de Einstein, para explicar o movimento

Robert Brown (1773-1858), botânico escocês. Descobriu o movimento molecular permanente, e sua explicação forneceu à teoria atômica um de seus fundamentos.

Albert Einstein (1879-1955), físico alemão naturalizado norte-americano. Tornou-se o cientista do século, à semelhança de Newton, outro 'mau' aluno por excelência. Expôs uma das importantes descobertas da física do início do século: a teoria especial da relatividade ou da relatividade restrita. Em 1921, recebeu o Prêmio Nobel de física por sua contribuição ao estudo do efeito fotoelétrico.

browniano, tinha seu fundamento matemático no modelo estatístico que ele havia desenvolvido para analisar o movimento de moléculas suspensas em um líquido.

O movimento browniano deve-se à excitação térmica das moléculas de água. O movimento provocado nos graus de pólen não se deve à colisão entre uma molécula de água e o pólen, porque isso exigiria que as moléculas de água fossem muito grandes. Cada pequeno deslocamento de um grau de pólen ocorre porque muitas moléculas colidem com ele. Em algum tempo, o efeito acumulado dessas colisões se desequilibrará em uma direção, empurrando o grau nessa direção. Em outro instante, as colisões se desequilibrarão em outra direção aleatória, e assim por diante, como está esquematizado na Figura 7.1.

O maior avanço científico com o resultado matemático apresentado por Einstein foi o de que, na equação que explicava o movimento browniano, figurava o *tamanho da molécula de água*, já que os cientistas daquela época não acreditavam totalmente na existência real de átomos e moléculas, somente os consideravam suposições teóricas necessárias para entender as reações químicas.

Se o fluido no qual estão as partículas macroscópicas está a uma temperatura absoluta T, a análise de sua interação com o reservatório calorífico (o fluido), em virtude dos choques aleatórios com as moléculas no reservatório, permitirá avaliar a energia das partículas em função da temperatura do fluido. O valor médio da energia da partícula de massa m correspondente a seu movimento na direção x (por exemplo) será dado por:

$$\frac{1}{2}m\langle v_x^2 \rangle = \frac{1}{2m}\langle p_x^2 \rangle = \frac{1}{2}kT \tag{7.1}$$

Na Equação (7.1), $k = 1{,}38 \times 10^{-23}$ J/K é a constante de Boltzmann e T, a temperatura absoluta do reservatório térmico (no caso, o fluido).

Exemplo: Determine a velocidade quadrática média das moléculas de oxigênio e nitrogênio na atmosfera a 27°C.

Resolução: nesse caso, o reservatório térmico é a atmosfera que está à temperatura de 300 K. Cada molécula tem um *movimento browniano* nas três direções x, y e z. O movimento em cada direção satisfaz a Equação (7.1), logo, $\frac{1}{2}m\langle v^2\rangle = \frac{3}{2}kT = 6{,}21 \times 10^{-21}$ J. Portanto, para a molécula de O_2:
$m_O = \frac{32 \times 10^{-3}}{6{,}02 \times 10^{23}} \cong 5{,}31 \times 10^{-26}$ kg $\Rightarrow \langle v \rangle_O = \sqrt{\langle v^2 \rangle} \cong 4{,}8 \times 10^2$ m/s.
Para a molécula de N_2: $m_N = \frac{28 \times 10^{-3}}{6{,}02 \times 10^{23}} \cong 4{,}65 \times 10^{-26}$ kg $\Rightarrow \langle v \rangle_N = \sqrt{\langle v^2 \rangle} \cong 5{,}2 \times 10^2$ m/s.

7.2 Potencial químico

Consideremos um reservatório térmico como um *sistema termodinâmico* (st) à temperatura absoluta T. Esse sistema contém n diferentes tipos de partículas, tem um volume V e uma energia interna U. O número de partículas do tipo i será denominado N_i.

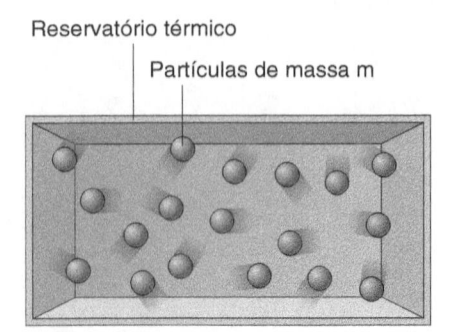

FIGURA 7.1

Partículas com movimento browniano em um reservatório térmico.

Agora, vamos supor que temos dois sistemas termodinâmicos: st(1) e st(2), que podem interagir, inclusive deixando passar partículas de um sistema ao outro, como mostra a Figura 7.2. Quando o st(1) possui muito mais graus de liberdade que o st(2), significa que st(1) ≫ st(2). Essa será a situação física que consideraremos a seguir.

Se o st(1) recebe do st(2) uma quantidade de calor, δQ, muito menor que a energia interna média do st(2), ou seja, $\delta Q \ll \overline{U}(2)$, então a temperatura T do st(1) praticamente não será alterada por essa interação, o que implica que a energia interna do st(1) tampouco se alterará: $\delta Q \ll U(1)$. Portanto, a entropia do st(1) terá uma variação: $dS = \dfrac{\delta Q}{T}$.

Como a entropia de um sistema termodinâmico é dependente de sua energia interna, do volume e do número de partículas de cada tipo, então $S = S(U, V, N_1, N_2,...N_n)$. Para um processo infinitesimal quase estático, a variação da entropia é dada por:

$$dS = \left(\frac{\partial S}{\partial U}\right)_{V,N} dU + \left(\frac{\partial S}{\partial V}\right)_{U,N} dV + \sum_{i=1}^{i=n} \left(\frac{\partial S}{\partial N_i}\right)_{U,V,N'} dN_i \qquad (7.2)$$

Na Equação (7.2), o termo N' desconsidera o número de partículas N_i. Definimos o *potencial químico por molécula* da espécie química i como:

$$\mu_i \equiv -T\left(\frac{\partial S}{\partial N_i}\right)_{U,V,N'} \qquad (7.3)$$

Quando o número de cada tipo de partículas do sistema termodinâmico é mantido constante, então $ds = \dfrac{\delta Q}{T} = \dfrac{dU + PdV}{T} = \left(\dfrac{1}{T}\right)dU + \left(\dfrac{P}{T}\right)dv$.

Logo, comparando com a Equação (7.2), concluímos que: $\left(\dfrac{\partial S}{\partial U}\right)_{V,N} = \dfrac{1}{T}$ e $\left(\dfrac{\partial S}{\partial V}\right)_{U,N} = \dfrac{P}{T}$; portanto, utilizando esses resultados e a Equação (7.3), o primeiro princípio da termodinâmica, ou *princípio de conservação da energia*, será:

$$dU = TdS - PdV + \sum_{i=1}^{i=n} \mu_i dN_i \qquad (7.4)$$

Como o número de partículas em um fluido pode ser transformado em certo número de mols, pela Equação (7.4) o potencial químico será medido em unidades de energia/mol.

FIGURA 7.2

Interação de dois sistemas termodinâmicos ST(1) e ST(2), sendo ST(1) ≫ ST(2). Os diferentes tipos de partículas em ambos os sistemas podem passar pela membrana que separa os sistemas termodinâmicos.

7.3 Continuidade e fluxo de partículas

O sangue é um fluido que está em constante movimento; seu interior contém uma variedade de partículas (células, íons etc.) de tamanhos diversos, que também estão em movimento relativo ao fluido. Os fluidos intracelulares e extracelulares contendo diversidade de íons e moléculas também estão permanentemente transportando essas partículas entre ambos os fluidos. Essas são duas situações físicas diferentes, em que se tem transporte de partículas em um fluido ou reservatório termodinâmico.

Para quantificar o transporte de partículas que denominaremos *solutos*, em um fluido que será denominado *solução*, primeiro é necessário especificar se o fluido está em repouso ou em movimento. Consideraremos que os *solu-*

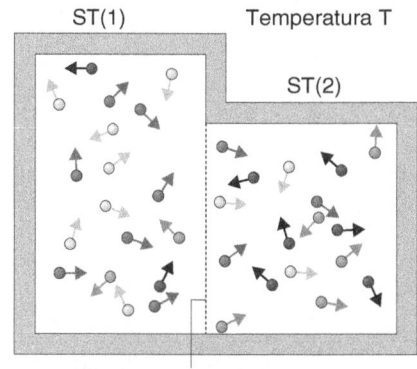

tos, ao serem colocados no *solvente*, produzem uma *solução* que não envolve nenhum tipo de reação química. Ou seja, as partículas que constituem o *soluto* não serão transformadas em outros tipos de partículas.

Logo, permanecerão constantes:

- o número de partículas e sua massa total e
- o volume das partículas no caso de o fluido ser incompreensível (ρ = constante).

A conservação do número de partículas ou da massa total nos levará a uma relação denominada *equação de continuidade*.

A Figura 7.3a mostra um tubo cilíndrico de seção transversal constante A, pelo qual está escoando um líquido incompreensível (ρ = constante). Entendemos como *fluxo volumétrico do fluido* o volume de fluido transportado por unidade de área e tempo. Ou seja, fluxo volumétrico = $\vec{j}_v$ = $\frac{\text{volume de fluido}}{\text{área} \times \text{tempo}} \hat{e}$. Se no tempo Δt o volume de fluido que atravessa a seção na posição $x + \Delta x$ é o volume entre os planos x e $x + \Delta x$, então o fluxo volumétrico é

$$jv = |\vec{j}_v| = \frac{A \cdot \Delta x}{A \cdot \Delta t} = \frac{\Delta x}{\Delta t} = v. \tag{7.5}$$

A Equação (7.5) diz que o fluxo volumétrico do fluido é a velocidade do fluido no cilindro de comprimento infinitesimal Δx.

Quando o fluido em movimento contém partículas, estas se moverão no mesmo sentido do movimento fluido. Esse movimento pode ser interpretado como um *fluxo de partículas* em uma *solução*, ou seja, certo número (ou massa m) dessas partículas é transportado ao longo do tubo por unidade

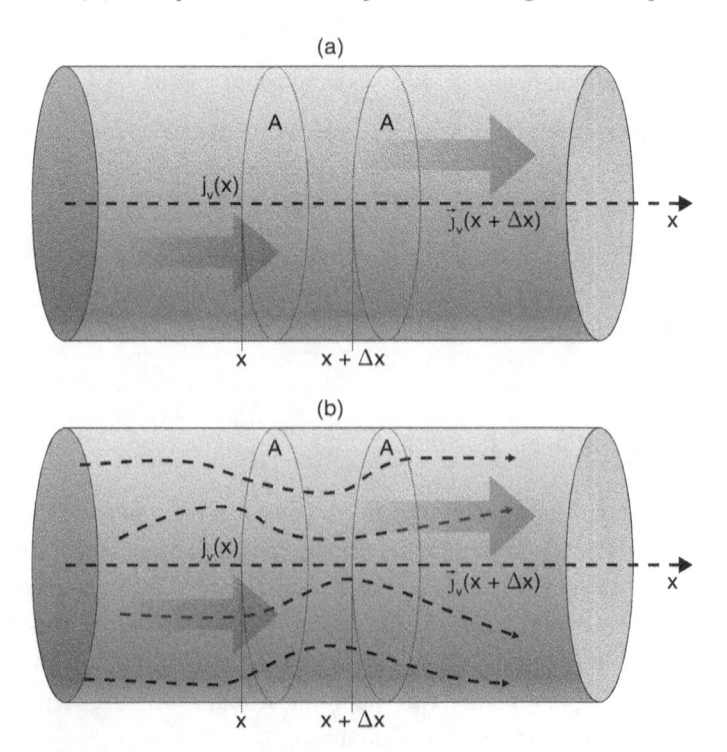

FIGURA 7.3

a) Fluxo volumétrico $\vec{j}_v$ de um fluido em um tubo cilíndrico com seção transversal A;
b) fluxo de partículas contido no fluido no mesmo tubo seção transversal A.

de tempo e de área. O valor desse fluxo pode mudar com a posição da seção transversal ao longo do tubo e com o tempo, como é mostrado na Figura 7.3b. Para esse movimento unidimensional na direção x, $\vec{j} = j(x, t)\hat{i}$.

Seja N(x, t) o número de partículas contidas no instante t no volume cilíndrico de comprimento Δx. A concentração dessas partículas (número de partículas por unidade de volume) nesse instante será: $C(x,t) = \dfrac{N(x,t)}{A \cdot \Delta x}$. No instante $t + \Delta t$, o número líquido de partículas que atravessam na direção +x a seção transversal do tubo localizado no plano x_0 é $j(x_0)A\Delta t$ e, no plano $x_0 + \Delta x$ é $j(x_0 + \Delta x)A\Delta t$; logo, a variação do número de partículas no volume $A \cdot \Delta x$ do tubo cilíndrico será $\Delta N = [j(x) - j(x + \Delta x)]A \cdot \Delta t$. Portanto, a concentração de partículas ficou alterada em: $\Delta C = \dfrac{\Delta N}{A \cdot \Delta x} = -\left[\dfrac{j(x + \Delta x) - j(x)}{\Delta x}\right]\Delta t$. No limite, $\Delta x \to 0$ e $\Delta t \to 0$ teremos a *equação de continuidade para o movimento unidimensional de partículas em um fluido*:

$$\frac{\partial C(x,t)}{\partial t} = -\frac{\partial j(x,t)}{\partial x} \qquad (7.6)$$

Para generalizar a Equação (7.6), deve-se levar em conta que a variação do fluxo de partículas pode não ser a mesma em direções diferentes. Para encontrar essa equação, no caso de um *fluido incompreensível*, vamos considerar o volume fechado V mostrado na Figura 7.4. Se a concentração de partículas no instante t é C(x, y, z, t), o volume V contém um número de partículas dado por $N_v = \int_v C(x, y, z, t)dv$.

No tempo Δt o número de partículas transportadas através da superfície S que contornam o volume V é: $(\int_s \vec{j} \cdot d\vec{a})\Delta t$. Logo, o número de partículas transportadas através de S por unidade de tempo será $N_t = \int_s \vec{j} \cdot d\vec{a}$. Se N_v for *invariante* dentro de V, N_t deverá ser igual à razão de decrescimento de N_v, ou seja, $N_t = -\dfrac{\partial N_v}{\partial t}$, portanto,

$$\int_s \vec{j} \cdot d\vec{a} = -\frac{\partial}{\partial t}\int_v C(x, y, z, t)dv. \qquad (7.7)$$

Como a superfície S é fixa, foi considerado $\dfrac{dN_v}{dt} = \dfrac{\partial N_v}{\partial t}$. Tendo em conta que o volume V escolhido foi arbitrário, pelo *teorema da divergência* $\int_s \vec{j} \cdot d\vec{a} = \int_v \text{div}\,\vec{j}\,dv$, portanto, a Equação (7.7) toma a forma

$$\int_v \left(\text{div}\,\vec{j} + \frac{\partial C}{\partial t}\right) dv = 0. \qquad (7.8)$$

Como o volume V é arbitrário, o integrando da Equação (7.8) deverá ser nulo; logo,

$$\text{div}\,\vec{j} + \frac{\partial C}{\partial t} = 0 \qquad (7.9)$$

A Equação (7.9) é a expressão mais geral da *equação de continuidade*.

Quando o movimento das partículas é unidimensional, como no caso mostrado na Figura 7.3b, a Equação (7.9) é reduzida à forma da Equação (7.6). Quando a concentração de partículas no fluido não se altera com o tempo, então div $\vec{j}$ = 0 em qualquer ponto do espaço. Se o fluxo de partículas $\vec{j}$ for constante no tempo, teremos um sistema estável de partículas.

Observe que a *equação de continuidade* (7.9) expressa matematicamente a *conservação* de alguma quantidade física. Para entender melhor essa

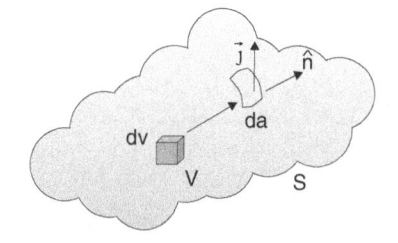

FIGURA 7.4

Transporte de partículas contidas em um fluido incompreensível, através de um volume definido V, e o fluxo $\vec{j}$ associado.

O **teorema da divergência** estabelece, para um campo vetorial, $\vec{D}$: $\int_v \text{div}\vec{D}dv = \int_s \vec{D} \cdot \hat{n}da$, onde V é um volume contornado pela superfície S. Este teorema é usual na determinação da relação diferencial entre o fluxo de um campo vetorial e as fontes destes fluxos.

afirmação, observa-se que a Equação (7.9) pode ter a seguinte interpretação: *a taxa com que partículas abandonam certa região é igual a seu fluxo através da superfície em torno dessa região.*

A aplicação da Equação (7.9) não está restrita a um *fluxo de partículas*, como moléculas, cargas elétricas etc. Essa equação também se aplica aos fluxos de energia e de fluidos.

Por exemplo, se o fluxo é de um líquido de densidade ρ, então, se o líquido for *incompreensível*, certa massa do líquido ocupará sempre o mesmo volume, portanto sua densidade ρ não mudará. Logo, $\frac{\partial \rho}{\partial t} = 0$, e, pela equação de continuidade, teremos div $\vec{j}_{liq} = 0$, sendo $\vec{j}_{liq}$ o fluxo do líquido ou taxa de escoamento.

Exemplo: Um tubo cilíndrico com seção transversal $A = 1$ cm^2 e 1 mm de comprimento tem: $j(x=0) \cdot A = 200$ s^{-1} e $j(x=1\text{ mm}) \cdot A = 150$ s^{-1}; responda:
a) Qual é a razão total de passagem das partículas pela seção do tubo?
b) Qual é a razão média da mudança de concentração na seção do tubo?

Resolução:
a) A razão de fluxo das partículas é $(200 - 150)$ partículas/s = 50 partículas/s.
b) Da equação de continuidade, temos que a razão média com que se altera a concentração das partículas será
$$\frac{\Delta C}{\Delta t} = \frac{50 \text{ partículas/s}}{\text{volume}} = \frac{50}{0,1 \times 1} \frac{\text{partículas}}{\text{cm}^3 \cdot \text{s}} = 500 \frac{\text{partículas}}{\text{cm}^3 \cdot \text{s}}.$$

7.4 Difusão de partículas: leis de Fick

A *difusão* de partículas é o movimento aleatório resultante do deslocamento das partículas de uma região com alta concentração ($C_>$) para outra de concentração menor ($C_<$). A *difusão molecular* é um caso típico de transporte de matéria, em que os solutos são transportados em virtude do movimento das moléculas de um fluido.

A Figura 7.5 mostra um tubo cilíndrico de seção transversal A e comprimento Δx, o qual contém partículas distribuídas aleatoriamente em todo o volume. A concentração de partículas na camada infinitesimal no extremo esquerdo do tubo é C_1 e, no extremo direito, C_2, sendo $C_1 > C_2$. A *difusão* das partículas no tubo será uma resposta à existência do *gradiente de concentração* $\left(\frac{C_1 - C_2}{\Delta x}\right)$. O movimento das partículas que se difundem é aleatório e independente. Se as partículas estão em um fluido, podem colidir frequentemente com as moléculas deste, porém é raro as próprias partículas colidirem entre si.

Agora, consideremos uma *solução* em que o *solvente* é um líquido e o *soluto* são partículas que não reagem quimicamente com as moléculas do solvente. Essa solução está se deslocando por um tubo cilíndrico na direção x, como mostra a Figura 7.6. Seja $C(x)$ a concentração do *soluto*, sendo seu valor variável ao longo do tubo; se a diferença das concentrações $C(x)$ e $C(x + \Delta x)$ no intervalo x até $x + \Delta x$ do tubo for pequena, o fluxo do soluto $\vec{j}(x, t)$ será proporcional a $\left[\frac{C(x + \Delta x) - C(x)}{\Delta x}\right]$, o gradiente da concentração.

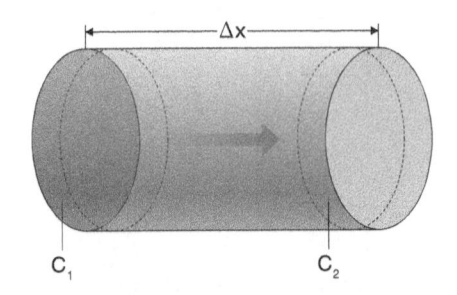

FIGURA 7.5

Partículas propagando-se em um tubo cilíndrico de comprimento Δx. Como a concentração $C_1 > C_2$ haverá uma difusão das partículas da esquerda para a direita no interior do tubo.

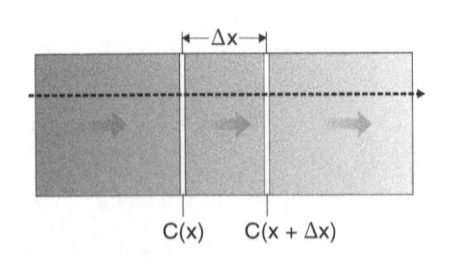

FIGURA 7.6

Partículas (soluto) em um fluido líquido (solvente) se difundem no sentido de maior para menor concentração das partículas.

Essa relação, verificada em diversos experimentos de fisiologia realizados por Fick, é denominada *primeira lei de Fick*,

$$j(x,t) = -D\frac{\partial C(x,t)}{\partial x}. \qquad (7.10)$$

Na Equação (7.10), D é o *coeficiente de difusão* do soluto. No SIU, é medido em m^2/s. O sinal negativo na Equação (7.10) significa que o fluxo do *soluto* ocorre no sentido de alta para baixa concentração. Quando se conhece o número de mols do soluto por unidade de volume, utiliza-se a *concentração molar* $C_M(x)$ ou, como veremos mais adiante, dependendo da natureza do soluto, muitas vezes é utilizada a *concentração molecular* do soluto.

Uma expressão mais geral, que leve em conta um movimento tridimensional do soluto, seria dada pela equação

$$\vec{j}(x, y, z, t) + D\,\text{grad}\,C(x, y, z, t) = 0. \qquad (7.11)$$

A Figura 7.7a mostra um recipiente dividido por uma placa impermeável. Em um dos lados, temos uma solução de água (solvente) + açúcar (soluto) e, no outro, água pura; a seguir, tornamos a placa porosa (Figura 7.7b) e iniciamos a difusão do soluto e das moléculas do solvente de um compartimento a outro, até chegar a uma situação de equilíbrio (Figura 7.7c), quando a concentração do soluto nos dois compartimentos será a mesma.[1,2]

Adolf E. Fick (1829-1901), médico alemão a quem é atribuida a invenção das lentes de contato. Em 1855, derivou as leis da difusão, que são muito aplicadas na física e na fisiologia médica; também descobriu uma técnica para medir o volume de sangue bombeado pelo coração.

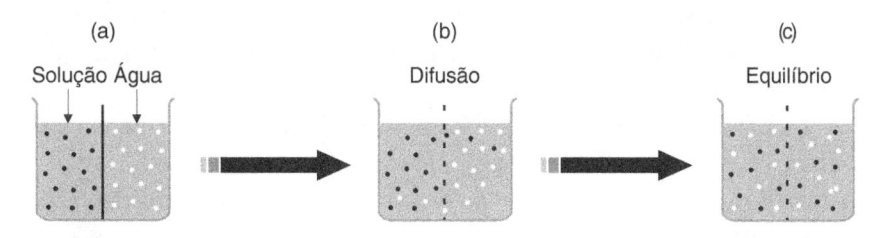

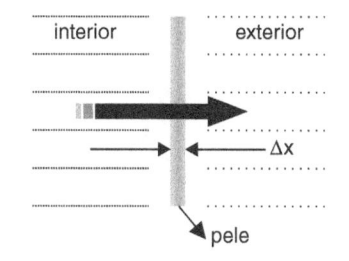

FIGURA 7.7

a) A solução de açúcar separada da água por uma placa impermeável; b) trocando-se por uma placa porosa, inicia-se a *difusão* do soluto e das moléculas de água; c) situação de equilíbrio.

Exemplo: A difusão da água através da pele acontece com uma taxa média de 350 ml/dia. Considere um adulto cujo corpo tem uma área de 1,75 m^2. Se a espessura da pele é aproximadamente 20 μm, calcule a constante de difusão da água.

Resolução: seja n o número de moléculas de água por m^3 que atravessa a pele no sentido de dentro para fora do corpo. A taxa média de difusão de moléculas de água através da pele será: $\frac{\Delta n}{\Delta t} = \frac{3,5 \times 10^{-4} \cdot n}{8,64 \times 10^4}\frac{\text{moléculas}}{s} = 4,1 \times 10^{-9} \cdot n$ moléculas/s.

O fluxo de moléculas através da pele é: $j = \frac{4,1 \times 10^{-9} \cdot n}{1,75}\frac{\text{moléculas}}{m^2 \cdot s} = 2,3 \cdot n \times 10^{-9} \cdot$ moléculas/$m^2 \cdot s$. Portanto, o gradiente de concentração da água é: $\frac{\Delta C}{\Delta x} = \frac{n - 0}{2 \times 10^{-5}}\frac{\text{moléculas}}{m^4} = 5n \times 10^4 \frac{\text{moléculas}}{m^4}$. Pela primeira lei de Fick, encontramos o coeficiente de difusão da água: $D = \frac{j}{(\Delta C/\Delta x)} \cong 4,6 \times 10^{-14}$ m^2/s.

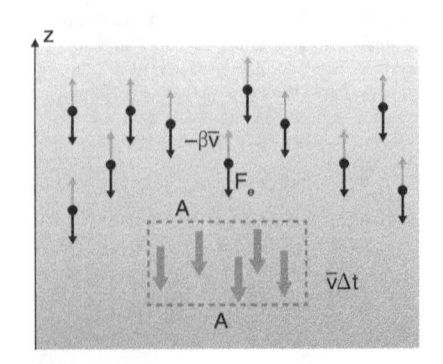

FIGURA 7.8

Fluido contendo partículas de massa m deslocando-se com velocidade terminal $\bar{v}$. A força externa sobre a partícula é equilibrada pela força viscosa exercida pelo fluido sobre m.

Ludwig Boltzmann (1844-1906), físico austríaco, autor de trabalhos sobre a teoria cinética dos gases. A distribuição de Boltzmann significa que a concentração de partículas varia exponencialmente, sendo dependente da temperatura absoluta T do fluido.

Difusão de partículas e viscosidade do fluido

Einstein afirma que *os coeficientes de difusão de partículas em um fluido e de viscosidade do fluido estão fortemente relacionados*. Isso se deve ao fato de que tanto a difusão como a viscosidade fisicamente são o resultado do movimento aleatório das partículas porque estão em colisão permanente com moléculas e/ou átomos vizinhos. Em certas situações físicas pode-se encontrar uma relação simples entre os coeficientes D e η. Por exemplo, a Figura 7.8 mostra partículas de massa m, que se movem com velocidade terminal $\bar{v}$ *bastante pequena* em um fluido de coeficiente de viscosidade η. Cada partícula experimenta uma força externa $\vec{F}_e = -F\hat{k}$ (por exemplo, uma força gravitacional). A *força viscosa* exercida pelo fluido sobre as partículas em movimento pode ser considerada uma força retardadora ou de arraste.[3]

Empregando os mesmos argumentos da Seção 3.2, *Dinâmica do movimento aéreo de animais*, pode-se considerar que a força viscosa $\vec{F}_v = -\beta(-\bar{v}\hat{k}) = \beta\bar{v}\hat{k}$ equilibra a força externa. O parâmetro β dependerá de η, ou seja, $\beta = \beta(\eta)$. Como a magnitude da velocidade terminal $\bar{v}$ é suficientemente pequena, podem-se aplicar aproximações lineares à Equação (7.11) da difusão e à Equação (6.9) da força viscosa. Fisicamente, o fato de considerar pequena a velocidade média das partículas que estão se difundindo equivale a considerar que as partículas estão aproximadamente em equilíbrio. Ou seja, a concentração C(z) das partículas segue a lei de distribuição de Boltzmann, $C(z) = C(0)e^{-Fz/kT}$, onde T é a temperatura absoluta do fluido e Fz, o trabalho devido à força externa de intensidade F.

Considerando as consequências de a velocidade terminal das partículas ser bastante pequena, o fluxo de partículas (descendentes) no tempo Δt através da face de área A de um volume do fluido na forma de um paralelepípedo retangular será:

$$\vec{j} = \frac{\text{número de partículas}}{\text{área} \times \text{tempo}} = \frac{-(A\bar{v}\Delta t \hat{k})C(z)}{A.\Delta t} = -\bar{v}C(z)\hat{k} \qquad (7.12)$$

Aplicando a primeira lei de Fick — Equação (7.10) — ao fluxo de partículas em virtude do gradiente de concentração, teremos

$$\vec{j}' = -D\frac{\partial C(z)}{\partial z}\hat{k}. \qquad (7.13)$$

No equilíbrio $\vec{j} + \vec{j}' = 0 \Rightarrow \bar{v}C(z) + D\frac{\partial C(z)}{\partial z} = 0$, como $\frac{\partial C(z)}{\partial z} = -\frac{F}{kT}C(z)$, obtemos $\bar{v} = \frac{D \cdot F}{kT}$, ou $D = \frac{kT}{F}\bar{v}$. Porém, $F = |\vec{F}_v| = \beta\bar{v}$; logo,

$$D = \frac{kT}{\beta} \qquad (7.14)$$

A Equação (7.14) implica que, na aproximação linear, o movimento das partículas é independente de seu tamanho ou de sua natureza.

Quando as *partículas em difusão* em um fluido líquido são suficientemente grandes e aproximadamente esféricas (raio $\cong a$) e satisfazem à lei de Stokes, então $\beta \cong 6\pi \cdot \eta \cdot a$; logo,

$$D \cong \frac{kT}{6\pi a \eta}. \qquad (7.15)$$

Pela Equação (7.15), D é inversamente proporcional ao coeficiente de viscosidade do fluido e ao raio das partículas. Valores de D de algumas moléculas em água foram calculados utilizando-se a Equação (7.15). Os resultados são mostrados na Tabela 7.1.

TABELA 7.1

Valores de D para algumas moléculas na *água* a 20°C

Molécula	m (g/mol)	a × 10^{-10} m	D × 10^{-10} (m^2/s)
Hemoglobina	68.000	≈ 31,0	0,69
Glicose ($C_6H_{12}O_6$)	180	≈ 3,8	5,5
Oxigênio (O_2)	32	≈ 2,0	10,0
Ureia [$CO(NH_2)_2$]	60	≈ 4,0	11,0
Água (H_2O)	18	≈ 1,5	20,0

Se estivéssemos considerando a *autodifusão de moléculas* de massa m em um fluido gasoso como um problema de *caminho aleatório*, sendo λ o *livre percurso médio* ou distância média entre duas colisões sucessivas da molécula e $\bar{v}$ a *velocidade molecular média*, então poderíamos mostrar que $D \propto \bar{v}\lambda$. Como $\lambda \propto T/\bar{p}$ ($\bar{p}$ é a pressão média do gás e T, sua temperatura) e $\bar{v} \propto \sqrt{T/m}$, então a temperatura fixa é $D \propto 1/\bar{p}$ e a pressão fixa, $D \propto T^{3/2}$.

Aplicando o princípio do *caminho aleatório* ao movimento das moléculas do fluido gasoso que originam a força viscosa, seria possível mostrar que o *coeficiente de viscosidade* é $\eta \propto m\bar{v}\lambda$. Se a densidade do fluido gasoso é ρ e sua temperatura, T, então o coeficiente de difusão de uma partícula de massa molecular m satisfaz $D \propto \sqrt{T/m}$. Outra relação aproximada entre o coeficiente de difusão dessa partícula e o coeficiente de viscosidade do fluido gasoso é

$$\frac{D}{\eta} = \frac{1}{\rho}. \qquad (7.16)$$

A Tabela 7.2 mostra o coeficiente de difusão de algumas moléculas no ar ($\rho \cong 1,3$ kg/m^3 e $\eta \cong 1,86 \times 10^{-5}$ Pa·s) à pressão atmosférica. Acrescentamos uma coluna com valores de $D\sqrt{m/T}$ no SIU e de $D\rho/\eta$. Experimentalmente, foi encontrado que os valores de $D\rho/\eta$ para essas moléculas estão no intervalo de 1,3 a 1,5 em lugar de ser a unidade.

> No **caminho aleatório**, a probabilidade w por unidade de tempo de que uma partícula sofra uma colisão com outra é a velocidade de colisão v. Ainda que w = w(v), essa probabilidade pode ser normalmente considerada uma constante independente do tempo.

TABELA 7.2

Valores de D para algumas pequenas moléculas no *ar* à pressão atmosférica

Partículas	T (K)	D × 10^{-5} m^2/s	$D\sqrt{m/T}$ × 10^{-19}	$D\rho/\eta$
Vapor de álcool (CH_2OH)	313	1,37	1,76	0,96
Hidrogênio (H_2)	273	6,34	2,21	4,43
Dióxido de Carbono (CO_2)	273	1,39	2,27	0,97
Nitrogênio (N_2)	273	1,95	2,54	1,36
Oxigênio (O_2)	273	1,78	2,48	1,24

Exemplo: Moléculas de sacarose (massa molar = 360 g) dissolvidas na água a 20°C têm um coeficiente de difusão de $5{,}2 \times 10^{-10}$ m²/s. Quanta sacarose se difundirá em 20 s, através de um tubo horizontal de 1,5 cm de raio, se o gradiente de concentração for 0,25 kg/cm³ em cada metro do tubo?

Resolução: se a direção do movimento das moléculas de sacarose for x, o fluxo dessas moléculas será $j(x) = \dfrac{\Delta m}{A \Delta t}$. Para $\Delta t = 20$ s, teremos uma quantidade Δm de sacarose que se difunde através do tubo com área transversal $A = \pi r^2 = \pi (1{,}5 \times 10^{-2})^2$ m² $= 7{,}07 \times 10^{-4}$ m².

Pela Equação (7.10): $j = \dfrac{D \cdot \Delta C}{\Delta x} = \dfrac{5{,}2 \times 10^{-10} \times 0{,}25 \times 10^6}{1} \dfrac{kg}{m^2 \cdot s} \cong 1{,}3 \times 10^{-4}$ kg/m²·s. Logo, $\Delta m = (7{,}07 \times 10^{-4}\ m^2) \times (20s) \times (1{,}3 \times 10^{-4}\ kg/m^2s) \cong 1{,}84 \times 10^{-6}$ kg $= 1{,}84$ mg.

Segunda lei de Fick

Esta lei relaciona a *variação temporal* da concentração de partículas em um fluido com a *variação espacial* do gradiente de concentração. Para se chegar a essa equação fazemos uma combinação da primeira lei de Fick — Equação (7.11) — com a Equação (7.9) da continuidade. Calculando a divergência do fluxo de partículas, teremos, pela primeira lei de Fick: $\text{div}\,\vec{j} = -D\,\text{div}\,\text{grad}\,C = -D\nabla^2 C$ (no sistema de coordenadas retangulares), portanto,

$$\frac{\partial C}{\partial t} = D\nabla^2 C. \tag{7.17}$$

A Equação (7.17) é a forma matemática da segunda lei de Fick. Sua solução exige que se conheça $C(x, y, z, 0) = C_0$, a concentração do soluto no instante inicial. É bastante razoável supor que a função $C(x, y, z, t)$ é uma função de distribuição gaussiana que se expande de forma definida no tempo.

7.5 Transporte de partículas através de uma membrana

Fisicamente é correto considerar que o *fluxo real* de partículas em um líquido seja a resultante da diferença entre *dois fluxos de difusão* de sentidos opostos. As partículas no líquido têm deslocamentos sucessivos aleatórios, cuja intensidade dependerá principalmente da temperatura e da pressão do fluido. Essa intensidade será limitada pelas forças de atrito que exercem sobre as partículas as moléculas do fluido em que se está movendo. A agitação resultante pode ser a origem de um deslocamento das partículas em uma direção determinada.

Considere duas soluções com concentrações diferentes postas em contato, como é mostrado na Figura 7.9. Em um instante determinado, certa *fração* de partículas da solução à esquerda sofreu um deslocamento propício para atravessar o plano M. Nesse mesmo instante, uma *fração igual* de partículas na solução à direita sofre um deslocamento em direção a M. Porém, o *número total* de partículas que atravessam M em cada sentido será diferente e dependerá da concentração inicial do soluto nas soluções de cada lado de M.

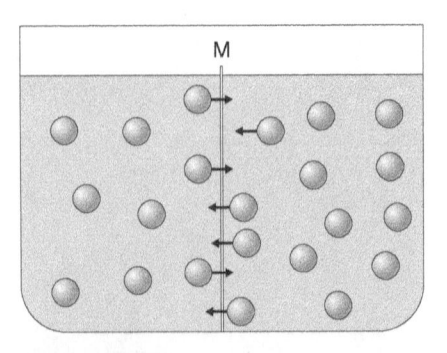

FIGURA 7.9

Fluxo real quando duas soluções com concentrações diferentes são postas em contato.

Assim, toda diferença de concentração entre duas soluções postas em contato conduzirá a um fluxo real de partículas. Pode-se entender que o fluxo das partículas deve-se ao fato de que os valores iniciais do potencial químico de cada solução são diferentes.

Em particular, quando duas soluções estão separadas por uma membrana M, as partículas em cada solução criarão um gradiente de concentração pelo fato de a membrana ter uma *permeabilidade*, que controla a passagem das partículas em ambos os sentidos de M.

Osmose

Quando duas soluções com contrações diferentes, porém com o *mesmo solvente*, estão em contato, a difusão molecular do *solvente* ocorre no sentido da solução menos concentrada para a mais concentrada. Quando a *difusão do solvente* acontece através de uma membrana, é denominada *osmose*. A solução menos concentrada é denominada *hipotônica* e a mais concentrada, *hipertônica;* a difusão acontece até as soluções ficarem *isotônicas*.[4,5]

O processo de difusão do soluto e/ou do solvente é um mecanismo importante para a absorção de nutrientes pelas células, através de sua *membrana de permeabilidade seletiva*, ou seja, a membrana pode ser permeável, pouco permeável ou impermeável a algumas partículas. Um exemplo de *osmose* é apresentado na Figura 7.10, na qual duas soluções — uma de água com açúcar e outra de água pura — estão separadas por uma *membrana semipermeável* que não deixa passar as moléculas de açúcar através dela. No entanto, a membrana permite a passagem das moléculas de água; logo, haverá maior difusão de moléculas de água ao compartimento da solução, alterando-se o nível da superfície livre da solução. Dizemos então que está ocorrendo *osmose*.

Fisicamente, isso se deve ao fato de que a pressão exercida na membrana pelas moléculas de água do compartimento à direita é maior que a exercida pelas moléculas de água do compartimento à esquerda. Para se conseguir algum equilíbrio, deve-se ter inicialmente certa concentração de moléculas de açúcar no compartimento à direita da membrana.

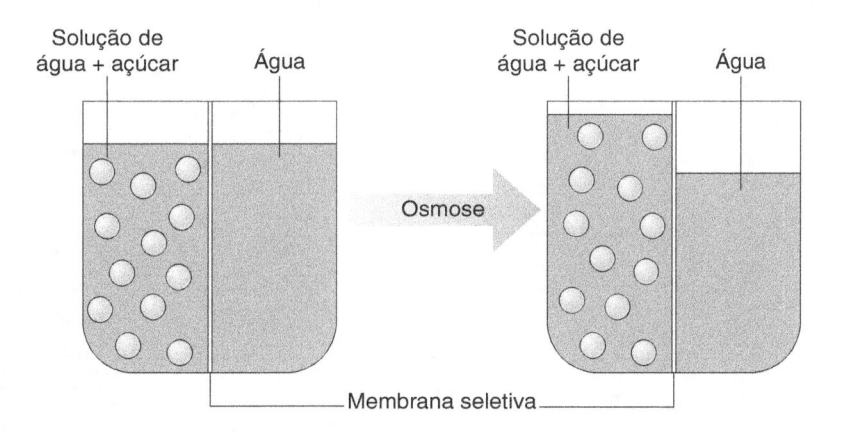

FIGURA 7.10

Recipiente contendo duas soluções — uma de água com açúcar e outra de água pura — separadas por uma membrana. Pelo fato de a membrana ser permeável às moléculas de água, aparecerá uma diferença entre os níveis livres em ambos os compartimentos. Diz-se que aconteceu uma osmose.

Pressão osmótica

A Figura 7.11a mostra dois compartimentos contendo o mesmo solvente (água), separados por uma *membrana seletiva* que deixa passar as moléculas de água. Como o *potencial químico* do solvente em ambos os compartimentos é o mesmo, a pressão exercida sob ambas as superfícies da membrana será a mesma; logo, o nível livre do solvente não se alterará. A seguir, como mostra a Figura 7.11b, colocamos um *soluto* (por exemplo, açúcar) no compartimento à esquerda. O potencial químico da *solução* nesse compartimento será menor que o potencial químico do *solvente* no compartimento à direita; logo, a pressão — por causa do *solvente* (água) — será maior na superfície direita da membrana. O solvente terá um fluxo resultante no sentido da direita para a esquerda, diminuindo assim a concentração da solução.

Para que a osmose não aconteça é necessário equilibrar as pressões na membrana, ou seja, $p_d^s = p_e^s + \pi$; essa pressão π, acrescida da pressão exercida pelo solvente na face esquerda da membrana, é denominada *pressão osmótica*. Note que essa pressão pode ser equilibrada pela pressão exercida por uma força externa de intensidade F sobre a superfície livre do compartimento que contém a solução.

Em *soluções ideais* (quando componentes separados são misturados, mas não há mudança no volume total nem na energia calorífica) ou em soluções *bastante diluídas* (quando a concentração de soluto é baixa), a pressão osmótica π é dada pela equação de J. H. van't Hoff,

$$\pi = C_M RT = c_m kT, \qquad (7.18)$$

onde $C_M = n/V$ é a concentração molar e $c_m = N/V$, a concentração molecular dos *solutos*; como consequência, n é o número de mols dos solutos impermeantes presentes na solução, T, a temperatura da solução e R = 0,0827 atm-litro/mol-K. Como π depende da concentração dos solutos (partículas) impermeantes, concentrações iguais de solutos ionizáveis exercem maior pressão osmótica do que aquelas de solutos não ionizáveis.

Jacobus Henricus van't Hoff (1852-1911), químico holandês, criador, juntamente com La Bel, da estereoquímica. Estabeleceu os fundamentos da cinética química. Observando as analogias entre os gases e as soluções, estabeleceu uma teoria da pressão osmótica. Foi Prêmio Nobel de Química em 1901.

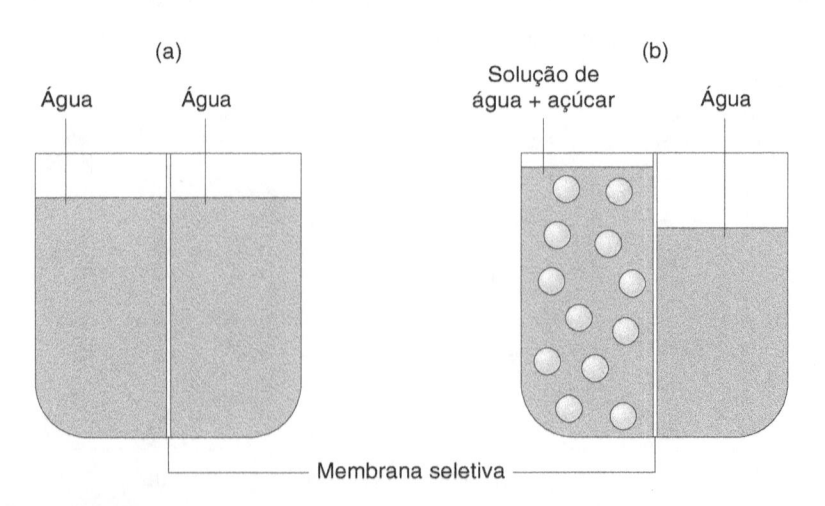

FIGURA 7.11

a) Recipiente contendo o mesmo solvente (água) separado por uma membrana; b) a membrana é permeável às moléculas de água. O soluto adicionado ao compartimento à esquerda alterará a pressão da água na membrana. A diferença de pressão na membrana é denominada pressão osmótica.

Definimos um *osmol* de um soluto não dissociável igual a 1 mol desse soluto; porém, 1 mol de um soluto dissociável (por exemplo, NaCl) será equivalente a 2 osmoles, porque cada molécula de NaCl produz duas partículas, uma de Na^+ e outra de Cl^-. Em uma *solução* pode-se medir a concentração das partículas impermeantes em termos de:

- *Osmolalidade*, que mede o número de osmol por kg de solvente (geralmente água).
- *Osmolaridade*, que mede o número de osmol por litro de solução.

Por exemplo, a glicose ($C_6H_{12}O_6$) possui massa molecular de 180 u.m.a; portanto, 18 g de glicose dissolvidos em um litro (= 1 kg) de água terão uma osmolalidade $\frac{18 \text{ g/l}}{180 \text{ g/mol}} = 0,1$ osmol/litro. Se a osmolalidade de um fluido celular for 0,3 osmol/litro, a pressão osmótica na temperatura do corpo ($\approx 37°C$) será $\pi = C_M RT = 0,3 \frac{\text{osmol}}{1} \times 0,0827 \frac{\text{atm} - 1}{\text{mol} - K} \times 310 \text{ K} = 7,7 \text{ atm}$. Esse valor de π é alto porque considera-se que o fluido extracelular é água pura. Na realidade, a pressão osmótica sobre a membrana depende da rigidez da membrana e da diferença entre as concentrações dos solutos impermeantes em ambas as faces da membrana: $\Delta\pi = \Delta C_M RT$, onde $\Delta\pi = \pi_{ext} - \pi_{int}$ e $\Delta C_M = C_{ext} - C_{int}$.

Se a concentração molar da hemoglobina dentro da hemácia for 10 milimol/litro (10 mM/l) e considerando que não há outros solutos impermeantes no fluido intracelular, a pressão osmótica da hemoglobina quando a hemácia for imersa em água destilada a 27°C será

$$\pi = C_M RT = 10 \times 10^{-3} \frac{\text{mol}}{1} \times 0,0827 \frac{\text{atm} - 1}{\text{mol} - K} \times 300 \text{ K} \cong 0,25 \text{ atm}.$$

Para uma árvore de 30 m de altura, estando a seiva a 20°C, a concentração molar dos solutos na seiva ($\rho_{seiva} \cong 1 \text{ g/cm}^3$), para elevá-la até seu topo, será $C_M = \pi/RT$, como

$$\pi = \rho_{seiva} gh \cong 1.000 \frac{\text{kg}}{\text{m}^3} \times 9,8 \frac{\text{m}}{\text{s}^2} \times 30 \text{ m} \cong 2,94 \times 10^5 \text{Pa} \cong 2,9 \text{ atm}.$$

A concentração molar mínima dos solutos na seiva deverá ser $C_M = \pi/RT \cong 0,12$ osmol/l.

Se admitirmos que a seiva suba até uma altura h pela *ação capilar*, então, com $\gamma_{seiva} = 0,073$ N/m e 0,02 mm o diâmetro do xilema, teremos:

$$h = \frac{2\gamma}{\rho g a} = \frac{2 \times 0,073 \text{ N/m}}{(10^3 \text{kg/m}^3)(9,8 \text{ m/s}^2)(10^{-5} \text{m})} \cong 1,5 \text{ m}.$$

Assim, a ação capilar justificaria a subida da seiva em árvores com alturas menores do que 1,5 m. A explicação mais aceita para o movimento ascendente da seiva é que ele é resultante da ação das forças em consequência da tensão superficial e da coesão entre suas moléculas.

Exemplo: Tendo-se 10 g de sacarose (massa molar = 360 g) e 5 g de glicose (massa molar = 180 g) dissolvidas em 1 litro de água a 87°C, qual será a pressão osmótica da solução se esta for separada da água por uma membrana impermeável a esses solutos?

Resolução: a solução contém $n_{sac} = \frac{10}{360} = \frac{1}{36}$ mols de sacarose e $n_{gli} = \frac{5}{180} = \frac{1}{36}$ mols de glicose. O total de mols na solução é 1/18; logo, a pressão osmótica da solução é

$$\pi_{sol} = (1/8) \times 0{,}0827 \times (87 + 273) \text{ atm} \cong 1{,}64 \text{ atm.}$$

Comentário: convém lembrar que *osmolalidade* tem significado de concentração e que *tonicidade* tem significado de pressão. Então, a solução anterior, colocada em um frasco na prateleira, não desenvolve nenhum tipo de pressão osmótica. Entretanto, se for colocada em contato com a face de uma membrana semipermeável, tendo água na outra face, pode-se observar o fenômeno da osmose.

7.6 Fluxo de um solvente através de uma membrana seletiva

Vamos analisar as situações físicas em que o *fluxo resultante* de um solvente (nesse caso, água) através de uma membrana seletiva é nulo ou não nulo.

1. Caso em que o *fluxo* através da membrana é *nulo*: a Figura 7.12a mostra dois compartimentos contendo água pura, separados por uma membrana M permeável somente às moléculas de água. O fluido exerce uma pressão resultante p'_a na face direita de M e p_a na face esquerda. Pelo fato de o potencial químico ser o mesmo em ambos os compartimentos, então $p_a = p'_a$ $\Rightarrow \Delta p = p_a - p'_a = 0$; portanto o fluxo da água através de uma área efetiva A da membrana será $J_V = \frac{Q}{A} = 0$, sendo Q a vazão de água resultante através da membrana M.

Na Figura 7.12b, o compartimento à direita continua tendo água pura, ao passo que, no compartimento à esquerda, há uma *solução* em que o solvente é água e o soluto possui uma concentração molar C_M. A pressão resultante na face direita de M continua sendo p'_a e, na face esquerda, será $p_{água} + \pi = p_a + \pi$, sendo π a pressão por causa do soluto. Logo, $\Delta p = p'_a - (p_a + \pi) = (p'_a - p_a) - \pi$. Para não se ter fluxo resultante através de M, ou seja, $J_v = 0$, deve-se satisfazer a seguinte relação: $\pi = C_M RT = (p'_a - p_a)$.

A Figura 7.12c é semelhante à Figura 7.12b, com a diferença de que o compartimento à direita de M contém uma solução de água com um soluto

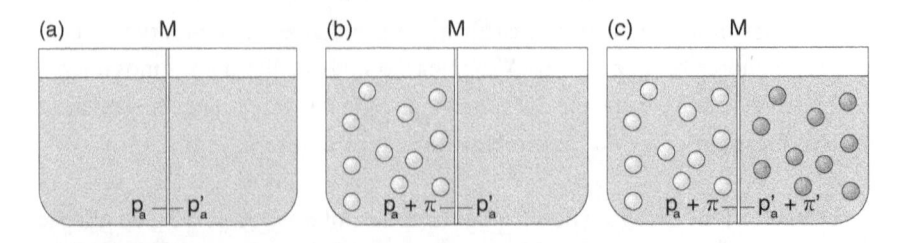

FIGURA 7.12

Fluxo nulo através de uma membrana: a) ambos os compartimentos contêm água; b) o compartimento à esquerda é uma solução com água como solvente; c) os solutos em cada compartimento são diferentes, e o solvente em ambos é água.

de concentração C'_M. A pressão resultante na face direita da membrana será $p'_{água} + \pi' = p'_a + \pi'$, sendo π' a pressão devido ao soluto. Logo, $\Delta p = (p'_a + \pi') - (p_a + \pi) = (p'_a - p_a) - (\pi - \pi')$. Para não se ter fluxo resultante através de M, ou seja, $J_v = 0$, deve-se satisfazer: $(\pi - \pi') = (C_M - C'_M) RT = (p'_a - p_a)$. Em particular, se $C_M = C'_M$, a condição $p'_a = p_a$ implicaria $J_v = 0$.

2. Caso em que o fluxo através da membrana *não é nulo*: a Figura 7.13a mostra dois compartimentos com água pura separados por uma membrana M permeável às moléculas de água. Se o potencial químico da água em cada compartimento tem valores diferentes, então $\Delta p = p_a - p'_a \neq 0$, gerando-se um fluxo resultante de água através de M: $J_v = P_h \Delta p$, sendo P_h a *permeabilidade hidráulica* da membrana. (No SIU, P_h é medida em m/Pa·s.) A água fluirá através da membrana no sentido da região com potencial químico maior à de potencial químico menor.

Na Figura 7.13b, ambos os compartimentos contêm soluções de água com solutos cujas concentrações molares são C_M e C'_M, respectivamente. Agora, a membrana é *parcialmente permeável* aos solutos. Se $p_a > p'_a$, haverá um fluxo de água resultante no sentido de p_a a p'_a. A partir da figura, observamos que $\Delta p = p - p' = (p_a + \pi) - (p'_a + \pi') = (p_a - p'_a) + (\pi - \pi') = p_a - p'_a + \Delta \pi$; portanto, $(p_a - p'_a) = (\Delta p - \Delta \pi)$. Para que J_v não seja nulo, deve-se satisfazer $\Delta p > \Delta \pi$.

Nessa situação, teremos $J_v = P_h (\Delta p - \Delta \pi) = P_h (\Delta p - RT \Delta C_M)$, sendo $\Delta C_M = C_M - C'_M$.

Concluímos que a água fluirá no sentido do compartimento esquerdo para o da direita, se $\Delta p > \Delta \pi$, ou em sentido contrário (Figura 7.13c), quando $\Delta p < \Delta \pi$.

Consideremos a possibilidade de que uma fração de *solutos* possa experimentar reflexão nas faces da membrana; o fluxo resultante nesse caso seria

$$J_v = P_h (\Delta p - \sigma \Delta \pi) = p_h (\Delta p - \sigma RT \Delta C_M) \qquad (7.19)$$

Na Equação (7.19), σ é o *coeficiente de reflexão*; seu valor dependerá do tipo de soluto e das características da membrana. $\sigma = 0$ significa que não há reflexão de solutos, ou seja, eles atravessam a membrana de maneira idêntica às moléculas de água; já $\sigma = 1$ significa que os solutos da solução são totalmente refletidos pela membrana.

Se uma fração dos solutos move-se livremente na água e outra fração é refletida na membrana, o fluxo nessa nova situação física seria

$$J_v = P_h [\Delta p - (1 - \sigma)\Delta \pi] = P_h [\Delta p - (1 - \sigma) RT \Delta C_M]. \qquad (7.20)$$

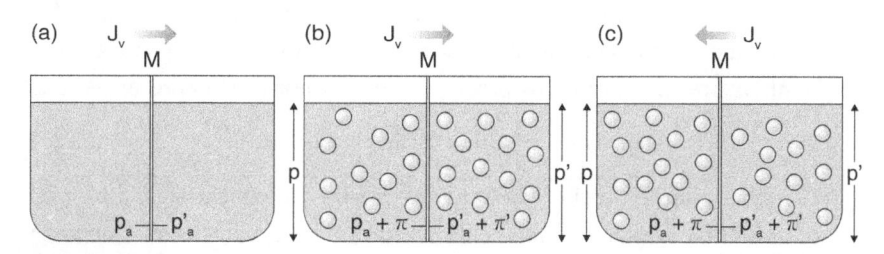

FIGURA 7.13

Fluxo não nulo através de uma membrana: a) ambos os compartimentos contêm água e seus potenciais químicos são diferentes; em (b) e (c), ambos os compartimentos têm soluções de água com solutos diferentes em cada um.

Exemplo: Uma membrana de espessura Δx é atravessada por n canais por unidade de área. Considere os canais como cilindros de raio r e eletricamente neutros. Não há variação temporal do fluxo ou da concentração das partículas eletricamente neutras do fluido. A solução em ambos os lados de um canal apresenta solutos totalmente misturados com o solvente. Determine a permeabilidade hidráulica da membrana porosa.

Resolução: quando um canal está cheio de água pura ou de água e solutos, sendo $\sigma = 0$, a vazão através de um único canal de forma cilíndrica e raio r será dada pela Equação (6.12): $Q = \dfrac{\pi}{8\eta} r^4 \dfrac{\Delta p}{\Delta x}$. O fluxo total através da membrana será $Q \dfrac{nA}{A}$, onde nA é o número de canais na área A. Portanto, da Equação (7.19),

$$J_v = \dfrac{n\pi}{8\eta} r^4 \dfrac{\Delta p}{\Delta x} \Rightarrow P_h = \dfrac{n\pi}{8\eta \Delta x} r^4.$$

Se o solvente que está fluindo através do canal é água a 25°C, então $\eta \approx 0{,}9 \times 10^{-3}$ Pa·s; considerando $r \approx 2{,}5$ nm, $\Delta x \approx 10$ μm e $n \approx 7{,}45 \times 10^{15}$ m^{-2}, teremos $P_h \cong 1{,}27 \times 10^{-10}$ m/Pa·s.

Como a área da seção transversal de um canal é $\pi r^2 \cong 1{,}96 \times 10^{-17}$ m², a área total dos canais em 1 m² será $7{,}45 \times 10^{15} \times 1{,}96 \times 10^{-17} \cong 0{,}15$ m².

Fluxo de uma solução através de uma membrana[6]

Consideremos uma solução que tem água como solvente cujos solutos são transportados através de uma membrana juntamente com o fluxo do solvente ou por simples difusão. No caso de a concentração C_s do soluto ser a mesma em ambos os lados da membrana (ou seja, não se tem difusão do soluto) e se $\sigma = 0$ (não há reflexão dos solutos), então o fluxo do soluto através da membrana será $j_s = C_s J_v$.

Quando se tem *reflexão parcial* de solutos, o fluxo do soluto será $j_s = (1 - \sigma) C_s J_v$, sendo $(1 - \sigma)$ a fração de solutos que entram na membrana, de modo que $(1 - \sigma) C_s$ será a concentração do soluto no interior da membrana.

Se considerarmos que o fluxo de água através da membrana é nulo ($J_v = 0$), teremos somente *difusão do soluto*. Portanto, pela lei de Fick — Equação (7.10) —, o fluxo de solutos seria $j_s = P_m \Delta C_s$, onde P_m é o *coeficiente de permeabilidade da membrana*, que no SIU é medido em m/s. Seu valor depende da espessura da membrana e do coeficiente de difusão D_m do soluto na membrana, que é muito menor que seu coeficiente de difusão na água.[7]

Sendo válida a aproximação linear, o *fluxo resultante de solutos* através da membrana quando ambos os processos de transporte estão presentes será

$$j_s = (1 - \sigma) \overline{C}_s J_v + P_m \Delta C_s. \qquad (7.21)$$

Na Equação (7.21), $\overline{C}_s$ é um valor médio da concentração do *soluto arrastado* através da membrana pelo solvente. Essa equação será entendida melhor quando a utilizarmos no próximo capítulo, ao estudar o transporte de solutos ionizados através de uma membrana[8].

7.7 Transportes de solutos iônicos através de uma membrana

Os íons são partículas com carga elétrica não nula que podem estar presentes de maneira natural em uma solução ou criar-se no momento em que o soluto se mistura com o solvente. Em ambos os casos dizemos que se tem uma *solução iônica*. Se duas soluções iônicas estão separadas por uma membrana seletiva, o deslocamento dos íons criará gradientes de concentração e de carga elétrica. Esses gradientes *eletroquímicos* serão a fonte de uma energia potencial elétrica na solução. Quando a membrana é *permeável* a alguns desses íons, o transporte destes através da membrana poderá ser realizado por *difusão* (será quantificada pela lei de Fick) e/ou por deslocamento, em virtude da ação de uma *força elétrica* (quantificada pela equação de Nernst). O transporte destas partículas ionizadas através de uma membrana exigirá definir uma nova situação de equilíbrio.

Walther Nernst (1864-1941), físico e químico alemão. Inventou uma lâmpada elétrica de incandescência e desenvolveu, a partir de seus trabalhos sobre as soluções eletrolíticas, uma teoria da força eletromotriz das pilhas. Foi Prêmio Nobel de Química em 1920.

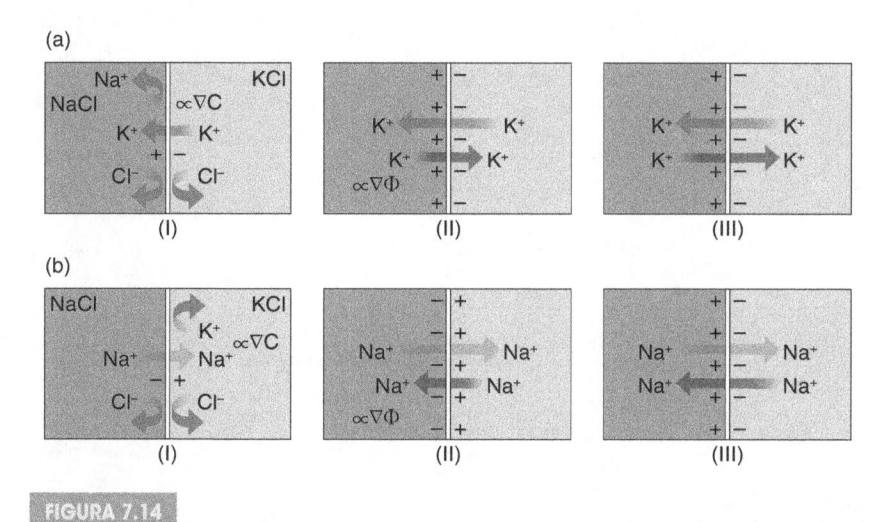

Vamos entender *qualitativamente* o significado dessa nova situação de equilíbrio, a partir da situação hipotética mostrada nas figuras 7.14a e 7.14b. Inicialmente, temos uma membrana seletiva separando duas soluções iônicas cujos solventes são água; a solução no lado esquerdo da membrana é de NaCl com concentração 0,15 mol/l e, no lado direito, é de KCl com concentração de 0,15 mol/l.

A seguir, consideramos que a membrana é *permeável unicamente* ao íon K^+. Na Figura 7.14a: (i) no instante inicial, pelo efeito químico de *difusão*, os íons K^+ atravessam a membrana no sentido da direita para a esquerda, iniciando, assim, sua polarização, ao passo que os íons Na^+ e Cl^- são refletidos pela membrana; (ii) a força sobre os íons K^+ em função do gradiente de concentração aumenta, assim como a polarização da membrana. A força sobre os íons K^+ por causa do gradiente de potencial elétrico age mais intensamente, alterando a polarização da membrana; e (iii) o equilíbrio do transporte dos íons K^+ através da membrana será alcançado quando essas forças se equilibram. Em

FIGURA 7.14

a) variação físico-química das soluções em ambos os lados da membrana, até se alcançar a situação de equilíbrio, quando a membrana é permeável somente aos íons K^+;
b) variação no caso de a membrana ser permeável somente aos íons Na^+. Nesse caso, a polarização da membrana é de sinal oposto ao caso em (a).

tal situação física, o valor do potencial da membrana é denominado *potencial de equilíbrio* para o transporte dos íons K$^+$.

Na Figura 7.14b está esquematizado o transporte através da membrana, quando esta é permeável somente aos íons Na$^+$, o mecanismo seguido é semelhante ao transporte dos íons K$^+$. A polarização da membrana é de sinais opostos ao caso da Figura 7.14a; o *potencial de equilíbrio* para o transporte dos íons Na$^+$ será de sinal contrário ao dos íons K$^+$.

A Figura 7.15 é um esquema que mostra duas soluções iônicas separadas por uma membrana de espessura uniforme, que é permeável somente ao espécime X^{z+}, presente em ambas as soluções. A concentração desse íon é C(2) e C(1) nas soluções à direita e à esquerda da membrana, respectivamente, sendo C(2) > C(1). Os íons X^{z+} (z, valência do íon) são transportados pela *força química* no sentido de (2) → (1) e pela *força elétrica* no sentido de (1) → (2).

Durante o transporte dos íons X^{z+} através da membrana, a diferença de potencial $\Delta\Phi$ entre as faces da membrana mudará. A *energia total* desses íons em cada lado da membrana será: E(2) = K(2) + U(2) = K(2) + zeΦ(2) e E(1) = K(1) + zeΦ(1), sendo Φ(2) e Φ(1) os potenciais da membrana nas faces direita e esquerda, respectivamente. Se a concentração desses íons segue a distribuição de Boltzmann (C = C$_0$e$^{-E/kT}$), sendo T a temperatura da solução, então $\dfrac{C(2)}{C(1)} = \dfrac{C_0(2)}{C_0(1)} e^{-[E(2)-E(1)]/kT}$. Porém, pela teoria cinética das moléculas, se as soluções em ambos os lados da membrana têm a mesma temperatura, os valores médios da energia cinética serão aproximadamente os mesmos, <K(2)> $\cong$ <K(1)>. Portanto, E(2) – E(1) $\cong$ ze[Φ(2) – Φ(1)] = ze$\Delta\Phi$.

A relação inicial das concentrações em ambos os lados da membrana será aproximadamente 1, porque o número de microestados disponíveis para os íons não muda em nenhum dos lados da membrana. *No equilíbrio*, quando as intensidades da força química e elétrica resultante se igualam, sendo Φ(2) e Φ(1) os potenciais das faces direita e esquerda da membrana, respectivamente, teremos a seguinte condição entre as concentrações:

$$C(2) = C(1) \cdot e^{-ze[\Phi(2) - \Phi(1)]/kT}. \quad (7.22)$$

Essa equação é conhecida como a *condição de equilíbrio de Nernst*.

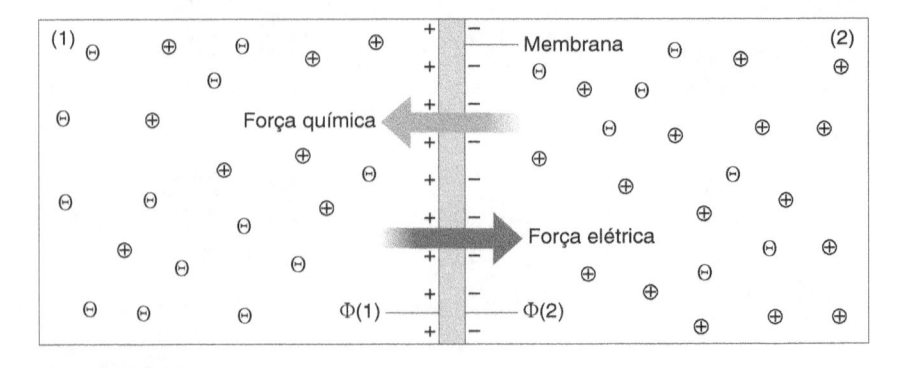

FIGURA 7.15

Transporte do espécime iônico X^{z+} através da membrana M. A concentração desses íons em cada lado da membrana é diferente. Quando a intensidade, a força química e a força elétrica se igualam, teremos uma condição de equilíbrio. Φ(1) e Φ(2) são os potenciais em cada face da membrana.

Problemas

1. Partículas de raio 4×10^{-4} mm estão submersas em uma solução de água-glicerina com $\eta = 2,78 \times 10^{-3}$ N·s/m² à temperatura de 18,8°C. Experimentalmente, observa-se que $\langle x^2 \rangle = 3,3 \times 10^{-8}$ cm² em um intervalo de 10 s. Com esses dados e o valor da constante dos gases, determine o número de Avogadro.

2. Se a energia livre de Helmholtz é uma função definida como $F = U - TS$, e se a energia livre de Gibbs é uma função definida como $G = U - TS + pV$, demonstre:
   a) que o potencial químico por molécula da espécie química i é calculado por: $\mu_i = \left(\dfrac{\partial F}{\partial N_i}\right)_{T, V, N'}$ ou por $\mu_i = \left(\dfrac{\partial G}{\partial N_i}\right)_{T, p, N'}$.
   b) a relação Gibbs-Duhem: $SdT - Vdp + \sum_i N_i d\mu_i = 0$.

3. Demonstre que $\Delta\mu = \mu_2 - \mu_1 = kT\ln(C_2/C_1) + (U_2 - U_1)$ (energia potencial por partícula) é a variação do potencial químico do soluto em uma solução ideal, sendo C a concentração do soluto na solução ideal.

4. Duas membranas planas estão em contato, como mostra a figura a seguir, com constantes de difusão D_1 e D_2, respectivamente. Considere uma difusão de partículas através das duas membranas de espessura Δx_1 e Δx_2 e demonstre que a difusão é a mesma que ocorre através de uma única membrana de espessura $\Delta x_1 + \Delta x_2$ e constante de difusão D dada por:

$$\frac{1}{D} = \left(\frac{\Delta x_1}{\Delta x_1 + \Delta x_2}\right)\frac{1}{D_1} + \left(\frac{\Delta x_2}{\Delta x_1 + \Delta x_2}\right)\frac{1}{D_2}.$$

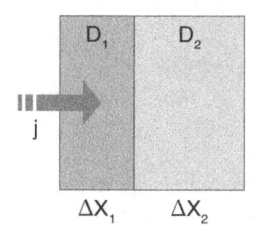

5. Uma dose D de certa droga é aplicada fazendo com que a concentração de plasma vá de 0 até um valor C_0. A concentração então a impede de cair de forma exponencial.
   a) Após um tempo T, que dose deverá ser aplicada para levar a concentração de plasma ao valor C_0?
   b) O que aconteceria se a dose original fosse administrada outra e outra vez em intervalos T?

6. Qual deve ser a velocidade de uma esfera de alumínio de 2 mm de raio deslocando-se em óleo de rícino a 20°C ($\eta = 9,86$ poise) para que a força de arraste por causa da viscosidade seja igual a um quarto do peso da esfera?

7. Se partículas de um vírus de $1,7 \times 10^{-14}$ g estão em equilíbrio térmico na atmosfera e sua concentração varia com a altura, como: $C(z) = C_0 \exp(-z/\lambda)$.
   a) Avalie o valor de λ.
   b) Sua resposta é razoável?

8. Uma esfera de latão de 0,35 g cai com velocidade terminal de 5,0 cm/s em um líquido desconhecido ($\rho = 2.900$ kg/m³). A partir dessas informações, calcule o coeficiente de viscosidade do líquido.

9. O coeficiente de difusão da água é 2×10^{-5} cm²/s. Quanto tempo levará um terço da população de moléculas de água a difundir pelo menos 1 mm desde sua posição inicial?

10. Uma bola de basquete de 0,6 kg tem 0,124 m de raio e, em um arremesso normal, move-se com velocidade de 5,0 m/s no ar ($\rho = 1,2$ kg/m³). Com base nessas informações, demonstre que a força de resistência do ar é desprezível.

11. Uma molécula esférica tem coeficiente de difusão de 5×10^{-5} cm²/s na água. Sendo assim, calcule quanto tempo demoraria um terço das moléculas para difundir-se a uma distância de 1 mícron no seio da bactéria E. Coli, em que a viscosidade é cinco vezes a da água.

12. Um peixe absorve ar e toma um formato esférico de 10 cm de raio. A densidade média do peixe é 1,02 g/cm³, ele segue uma trajetória vertical em direção ao fundo do oceano. Calcule sua velocidade terminal.

13. Uma célula esférica tem raio R, sua membrana tem espessura $\Delta r \ll R$. O fluxo total de partículas através de sua superfície é dado por $\vec{j}_s = -D\,\text{grad}\,C$. Considere que as partículas em questão têm concentração C(t) no interior da célula e zero fora da célula (as partículas no exterior da célula são retiradas rapidamente para manter a concentração sempre nula). Determine a razão com que varia C(t) no interior da célula.

14. Se todas as macromoléculas em um fluido tiverem a mesma densidade ρ, demonstre que o coeficiente de difusão dessas moléculas no fluido tem uma dependência $M^{-1/3}$, sendo M sua massa molecular.

15. A concentração e a massa molecular média das três principais proteínas dissolvidas no plasma sanguíneo são: albumina, 45 g/l e 75.000 u.m.a.; globulina, 20 g/l e 170.000 u.m.a.; e fibrinogênio, 3 g/l e 400.000 u.m.a. Supondo que as paredes dos capilares fossem impermeáveis a essas proteínas, calcule:
    a) a osmolalidade total do plasma;
    b) a pressão osmótica do plasma causada pelas proteínas dissolvidas nele.

16. Os rins retiram aproximadamente 180 litros de fluido por dia do sangue (99% desse fluido retorna ao sangue e 1% é expulso como urina). Esse processo é uma *osmose inversa*, porque o plasma tem uma pressão osmótica de 28 mm Hg. Quanto trabalho realizam por dia os rins no processo de filtrar fluido do sangue?

17. Considerando que a massa molecular do açúcar (sacarose) é 342,3 u.m.a.:
    a) Qual a osmolalidade de uma solução com 1% de açúcar (1 g de açúcar dissolvido em 100 g de água)?
    b) Se cada molécula de NaCl dissocia-se em uma solução em íons de Na^+ e Cl^-, qual a osmolalidade de uma solução com 15 g de sal?

18. Tendo em vista que a massa molecular da ureia é 60 u.m.a, qual a sua concentração em uma solução de ureia em água de 0,2 osmol/l?
19. Se o coeficiente de difusão da sacarose em água é 4×10^{-6} cm^2/s, calcule:
    a) a distância média que se moverá uma típica molécula de sacarose depois de uma hora;
    b) o tempo que levará uma molécula de sacarose para difundir-se do centro ao extremo exterior de um capilar de 8×10^{-6} m de diâmetro. Comente seu resultado.
20. Mostre que, na temperatura do corpo humano, a pressão osmótica (em mm Hg) de uma solução está relacionada à osmolalidade da solução (em miliosmol/l) por: $\pi = 19{,}3\, C$.
21. Os alvéolos pulmonares são pequenos sacos de ar de 100 μm de raio. A membrana dos alvéolos tem 25 μm de espessura e separa o espaço ocupado pelo ar dos capilares sanguíneos, que têm espessura da ordem de 5 μm. A partir dessas informações, responda:
    a) Que tempo médio é necessário para que o O_2 se difunda do centro de um alvéolo até o centro do capilar? Considere que o O_2 se difunde através da membrana e do sangue com o mesmo coeficiente de difusão 1×10^{-9} m^2/s e no ar com $1{,}8 \times 10^{-5}$ m^2/s.
    b) Compare-o com o tempo que o sangue percorre o alvéolo.
22. Moléculas de sacarose (massa molar = 360 g) são colocadas em água a 20°C. Se 10 g de sacarose fossem dissolvidos em 1 litro de água, qual será a pressão osmótica da solução?
23. A concentração de proteína no soro deve-se principalmente aos dois componentes fundamentais: albumina (peso molecular = 75.000), com 4,5 g/100 ml, e globulina (peso molecular = 170.000), com 2,0 g/100 ml. Calcule a pressão osmótica de cada constituinte.
24. Qual a concentração de:
    a) açúcar na seiva a 20°C para alcançar a parte mais alta de uma árvore de 30 m de altura?
    b) uma solução de 2 g de $C_{12}H_{22}O_{11}$, dissolvido em 100 cm^3 de água?
25. Qual será a diferença de pressão osmótica desenvolvida nas faces de uma membrana semipermeável se, em um dos lados, 10 g de sacarose (massa molar = 360 g) forem dissolvidos em 1 litro de água a 87°C? Admita que, na outra face, haja apenas água à mesma temperatura.
26. Se 5 g de glicose (massa molar = 180 g) e 10 g de sacarose (massa molar = 360 g) são dissolvidos em 1 litro de água a 87°C, qual será a pressão osmótica da solução?
27. Duas membranas têm coeficientes de permeabilidade P_1 e P_2. Determine qual seria a permeabilidade de uma membrana constituída pelas duas membranas superpostas.
28. Considere uma difusão pura ($J_v = 0$) do Cl através de uma membrana de 500 nm de espessura. Se o coeficiente de difusão do Cl é 10^{-9} m^{2}s^{-1} e a concentração de Cl nos lados esquerdo e direito da membrana são, respectivamente, 100 mM/l e 10 mM/l, calcule o fluxo dessa molécula.
29. A figura a seguir mostra um recipiente cilíndrico contendo água salgada e uma membrana semipermeável de 8 mm de raio em sua base inferior. O conteúdo inicial de água no cilindro é d = 9 cm e sobre o pistão se aplica uma força $\vec{F}$. Se a osmolalidade da água do mar é 1,08 osmol/litro, qual será o trabalho realizado por $\vec{F}$ para se obter água doce?

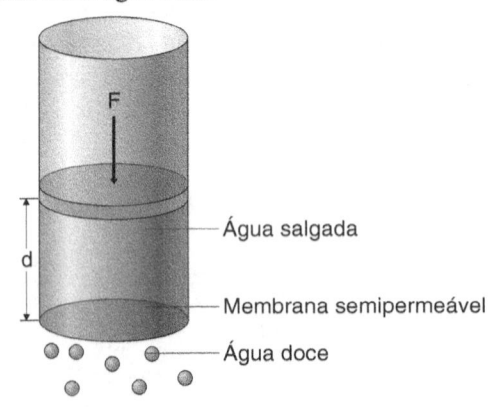

30. As moléculas podem atravessar uma célula em muito pequenas frações de segundo. Se a largura de uma célula crescesse dez vezes, em quanto aumentaria o tempo necessário para se difundir na célula?

Referências bibliográficas

1. BECK, R. E.; SCHULTZ, J. S. Hindered diffusion in microporous membranes with known pore geometry. *Science*, v. 170, n. 1.002-1.005, 1970.
2. ANDREWS, F. C. Colligative properties of simple solution. *Science*, v. 194, 1976, p. 567-571.
3. ROSEN, M. W.; CORNFORD, N. E. Fluid friction of fish slimes. *Nature*, v. 234, n. 5.323, 1971, p. 49-51.
4. DURBIN, R. P. Osmotic flow of water across permeable cellulose membranes. *Journal of General Physiology*, v. 44, 1960, p. 315-326.
5. HAMMEL, H. T. Colligative properties of a solution. *Science*, v. 192, 1976, p. 748-756.
6. LEVITT, D. G. A new theory of transport for cell membrane pores. I. General Theory and application to red cell. *Biochim. Biophys. Acta*, v. 373, 1974, p. 115-131.
7. VERNIORY, A.; DUBOIS, R.; DECOODT, P.; GASSEE, J. P.; LAMBERT, P. P. Measurement of the permeability of biological membranes. Application to the glomerular wall. *Journal of General Physiology*, v. 62, 1973, p. 489-507.
8. VILLARS, F. M. H.; BENEDEK, G. B. *Physics with illustrative examples from medicine and biology*. v. 2. Reading, Mass.: Addison Wesley, 1974.

CAPÍTULO 8

Biomembranas

OBJETIVOS DE APRENDIZAGEM

Depois de ler este capítulo, você será capaz de:
- Entender e quantificar os transportes passivo e ativo de íons através de uma biomembrana
- Quantificar as condições de equilíbrio de Nernst e de Donnan no transporte de íons através de biomembranas
- Entender a importância dos íons denominados pesados (moléculas de proteínas) para se chegar a um valor do potencial elétrico da biomembrana
- Quantificar o movimento dos íons em uma solução eletrolítica utilizando a equação de Nernst-Planck e sua aplicação aos fluidos celulares no transporte iônico através da membrana da célula
- Calcular o potencial de uma biomembrana conhecendo a composição iônica dos fluidos celulares e o efeito das bombas iônicas nesse valor do potencial

8.1 Introdução

Seres humanos e algumas classes de animais utilizam aproximadamente *20% de sua taxa metabólica basal* para manter o funcionamento *bioelétrico* das células em seu organismo. Esses 20% são utilizados para controlar o fluxo de íons que estão em grande quantidade, nos lados externo (extracelular) e interno (intracelular) da membrana celular, e os efeitos bioelétricos por causa da presença de íons e moléculas ionizadas em concentrações diferentes, nos fluidos intra e extracelular.

Entre os fluidos intra e extracelular cria-se uma diferença de potencial elétrica, denominada *potencial de membrana*, cujo valor é fundamental para entender o comportamento bioelétrico das células. Para entendermos os diversos efeitos bioelétricos de uma célula em atividade, introduziremos alguns conceitos básicos da teoria da eletricidade.

As seguintes *partículas* estão sempre presentes em qualquer *átomo*:
- Elétron, com massa $m_e \cong 9,11 \times 10^{-31}$ kg e carga elétrica $e \cong -1,602 \times 10^{-19}$ C.
- Próton, com massa $m_p \cong 1,675 \times 10^{-27}$ kg e carga elétrica $p \cong +1,602 \times 10^{-19}$ C.
- Nêutron, com massa $m_n \cong 1,673 \times 10^{-27}$ kg e carga elétrica nula.

Logo, $m_n \cong m_p \gg m_e$ e $p = -e$.

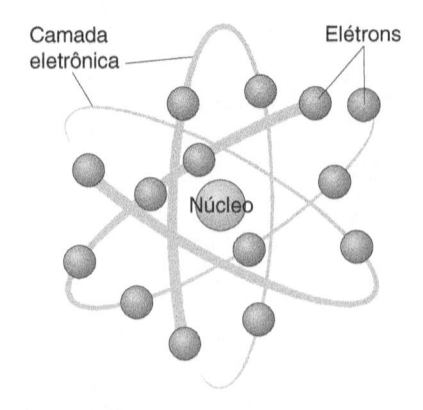

FIGURA 8.1

Esquema de um átomo eletricamente neutro.

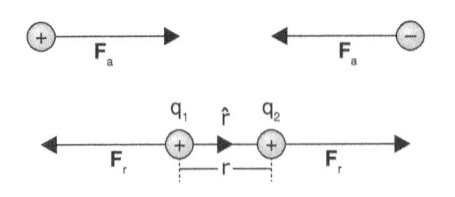

FIGURA 8.2

As forças elétricas podem ser atrativas ($\vec{F}_a$) ou repulsivas ($\vec{F}_r$).

Charles de Coulomb (1736-1806), físico francês. Estudou o atrito e inventou uma balança de torção, cuja precisão foi decisiva para o êxito de seus experimentos em eletricidade e magnetismo. Enunciou a lei que leva seu nome, explicou a noção de momento magnético.

O valor da carga elétrica do elétron é denominado *carga elétrica fundamental*. No SIU, a carga elétrica é medida em Coulomb (C). Na Figura 8.1 está esquematizado um átomo eletricamente neutro, ou seja, com o mesmo número de prótons e elétrons.

Na parte central, denominada núcleo do átomo, encontramos prótons e nêutrons; os elétrons estão distribuídos no volume externo do núcleo. Dizemos que um corpo está carregado negativa ou positivamente se ele possui, respectivamente, excesso ou déficit de carga negativa com relação à carga positiva. Consequentemente, se um conjunto de partículas carregadas estiver interagindo, as forças elétricas que surgem entre essas partículas poderão ser:

- *atrativas*, quando as partículas têm cargas elétricas com sinais opostos, ou
- *repulsivas*, quando as partículas têm cargas elétricas com o mesmo sinal.

Como se pode ver na Figura 8.2, a *direção* da força elétrica entre duas partículas carregadas é a linha que une os centros das partículas. O *sentido* dessas forças depende do sinal da carga de cada uma delas, e sua *intensidade* é dada pela lei de Coulomb. Quando uma partícula carregada interage simultaneamente com outras partículas carregadas, a força elétrica resultante sobre ela será a soma das forças em virtude de cada uma das partículas.

Aplicando a lei de Coulomb na Figura 8.2 ao caso de duas cargas q_1 e q_2 com o mesmo sinal e separadas por uma distância r, a *força de repulsão* entre elas será

$$\vec{F}_r = k \frac{q_1 q_2}{r^2} \hat{r}. \tag{8.1}$$

Na Equação (8.1), $\hat{r}$ é um *vetor unitário* que define a direção de r; $k = \frac{1}{4\pi\varepsilon_0} = 9 \times 10^9$ N·m²/C² é uma constante cujo valor depende das unidades escolhidas e $\varepsilon_0 = 8{,}842 \times 10^{-12}$ C²/N·m², a permissividade elétrica do ar.

Exemplo: No átomo de hidrogênio em seu *estado fundamental* pode-se considerar que o elétron está girando em torno do núcleo (próton) seguindo uma trajetória circular de raio $r_0 \cong 5{,}29 \times 10^{-11}$ m. Determine:

a) a intensidade da força elétrica entre o elétron e o núcleo;
b) a velocidade com que o elétron está se movendo.

Resolução:

a) Pela Equação (8.1), a intensidade da força de atração entre essas duas partículas atômicas é

$$F_{ep} = k\frac{(e)\times(p)}{r^2} = -9\times 10^9 \frac{(1{,}6\times 10^{19})^2}{(5{,}29\times 10^{-11})^2} \cong -8{,}23\times 10^{-8} \text{N}.$$

b) A aceleração centrípeta do elétron será $a = \frac{F_{ep}}{m_e} = 9{,}03 \times 10^{22}$ m/s²; logo, o elétron terá uma velocidade tangencial $v = \sqrt{a \cdot r_0} = 2{,}19 \times 10^6$ m/s.

Campo elétrico

O *campo elétrico* $\vec{E}$ caracteriza a capacidade que uma *carga elétrica*, ou carga fonte, tem para influenciar o espaço em torno dele. O campo elétrico é uma *grandeza vetorial*, e sua *intensidade diminui* com a distância de afastamento da carga, sendo mais intensa quando está próxima a ela. Sua *direção é radial*, ou seja, em determinado ponto, o campo tem a direção da reta que une esse ponto com a carga fonte. O *sentido* do campo depende do sinal da carga elétrica que a origina. Como mostra a Figura 8.3, para uma *carga fonte positiva*, as linhas do campo elétrico *divergem* da carga e, para uma *carga negativa*, as linhas *convergem* para ela.

Na Figura 8.4, uma carga +q é colocada a uma distância r de uma carga fonte +Q. Essa carga experimentará uma força elétrica repulsiva $\vec{F}$, cuja intensidade é

$$F = k\frac{q \cdot Q}{r^2} = q \cdot E. \quad (8.2)$$

A partir da Equação (8.2), podemos concluir que a força elétrica $\vec{F}$ sobre uma carga de prova q, colocada em um campo elétrico $\vec{E}$, será dada por $\vec{F} = q\vec{E}$.

Como mostra a Figura 8.5, o *sentido relativo* desses vetores dependerá do sinal das cargas elétricas que estiverem interagindo.

A intensidade do campo elétrico em um ponto localizado a uma distância r da carga fonte Q é calculada a partir das equações (8.1) e (8.2); portanto,

$$E = k\frac{Q}{r^2} \quad (8.3)$$

Pela Equação (8.2), no SIU, o campo elétrico é medido em N/C. Quando se quer calcular o campo elétrico $\vec{E}$ em um ponto em torno de n fontes de campo, calculamos os valores do campo elétrico de cada fonte ($\vec{E}_1, \vec{E}_2, ..., \vec{E}_n$) nesse ponto e aplicamos o *princípio da superposição* de vetores. Teremos, então, $\vec{E} = \vec{E}_1 + \vec{E}_2 + ... + \vec{E}_n$.

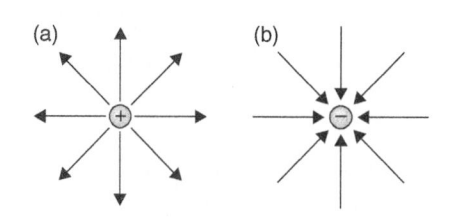

FIGURA 8.3

Linhas do campo elétrico $\vec{E}$ formado por causa de uma carga positiva (a) e de uma carga negativa (b).

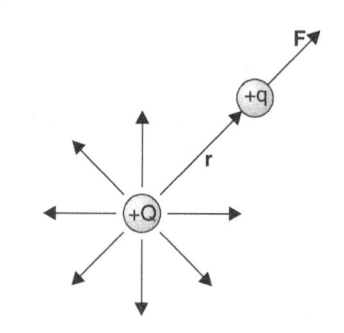

FIGURA 8.4

Força elétrica $\vec{F}$ sobre a carga +q formada por causa da carga +Q.

FIGURA 8.5

Sentidos relativos para quatro situações possíveis entre os vetores $\vec{E}$ e $\vec{F}$.

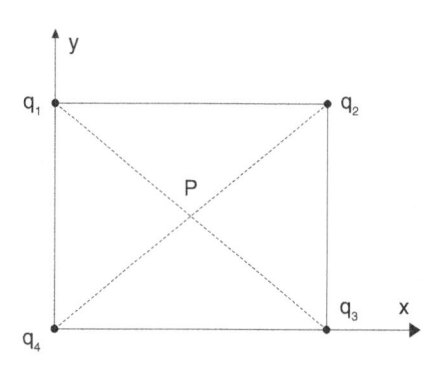

Exemplo: Quatro cargas, q_1, q_2, q_3 e q_4, estão localizadas, respectivamente, nos vértices de um quadrado de 10 cm de lado. Considerando que o módulo de cada carga é 0,01 μC, calcule a intensidade e a direção do campo elétrico resultante no centro do quadrado, se os sinais de q_1, q_2, q_3 e q_4 forem:
a) +, +, +, +;
b) +, −, +, −;
c) +, +, −, −.

Resolução: chamemos $\vec{E}_1$, $\vec{E}_2$, $\vec{E}_3$ e $\vec{E}_4$ os campos elétricos ocasionados no centro do quadrado pelas cargas q_1, q_2, q_3 e q_4, respectivamente. A distância de cada uma dessas cargas ao ponto P é $0,1\sqrt{2}$ m, portanto
a) $\vec{E}_P = \vec{E}_1 + \vec{E}_2 + \vec{E}_3 + \vec{E}_4 = \vec{E}_1 + \vec{E}_2 + (-\vec{E}_1) + (-\vec{E}_2) = 0$
b) $\vec{E}_P = \vec{E}_1 + \vec{E}_2 + \vec{E}_3 + \vec{E}_4 = \vec{E}_1 + \vec{E}_2 + (-\vec{E}_1) + (-\vec{E}_2) = 0$
c) $\vec{E}_P = \vec{E}_1 + \vec{E}_2 + \vec{E}_3 + \vec{E}_4 = 2\vec{E}_1 + 2\vec{E}_2 = -2\vec{E}_1 + 2\vec{E}_2 = -2E_1\cos45°\hat{j} = \frac{9 \times 10^9 \times 10^{-8}}{(0,1\sqrt{2})^2}(-\sqrt{2}\hat{j}) = -6.360\hat{j}$ N/C.

FIGURA 8.6

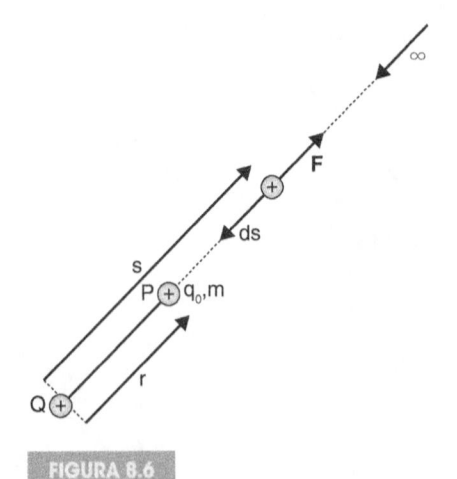

Uma carga elétrica unitária q_0 trazida desde o ∞ até o ponto P experimenta um campo elétrico E.

Potencial elétrico e energia potencial

O potencial elétrico Φ é definido a partir do trabalho necessário para movimentar uma *carga unitária positiva ($q_0 = +1$)* desde o infinito até o ponto em que medimos o potencial. Esse ponto denominado P na Figura 8.6 está a uma distância r da carga fonte Q.

Pela lei de Coulomb, a intensidade da força elétrica experimentada pela *carga unitária q_0* quando está a uma distância s de Q será $F = k\dfrac{q_0 Q}{s^2} = k\dfrac{Q}{s^2}$.

Como a força entre q_0 e Q é *repulsiva* e o deslocamento da carga unitária q_0 ocorre no sentido à carga Q, então o trabalho realizado pela força elétrica, quando a carga unitária q_0 se desloca $d\vec{s}$, será $dW = \vec{F}\cdot d\vec{s} = -Fds$ ($\vec{F}$ e $d\vec{s}$ antiparalelos). Portanto, o *potencial elétrico* ocasionado por esse deslocamento $d\vec{s}$ será dado por: $\Phi = \int dW = \int \vec{F}\cdot d\vec{r} = -kQ\int \dfrac{ds}{s^2}$.

Como a carga unitária q_0 movimentou-se desde o ∞ até uma distância r da carga fonte Q, o potencial elétrico a uma distância r da carga fonte será

$$\Phi(r) = -kQ\cdot \int_{\infty}^{r} \dfrac{ds}{s^2} = k\dfrac{Q}{r}. \qquad (8.4)$$

A Equação (8.4) diz que, a distâncias muito grandes, ($r \to \infty$) da fonte, o potencial $\Phi(r) \to 0$. No SIU, o potencial elétrico é medido em volts (V), sendo $1V = 1J/1C$.

Comparando-se as expressões que se desenvolvem por causa de uma carga fonte Q do campo elétrico — Equação (8.3) — e do potencial elétrico — Equação (8.4) — no ponto P, pode-se concluir que $E = -d\Phi/dr$, ou, de maneira mais geral,

$$\vec{E} = -\,\text{grad}\,\Phi. \qquad (8.5)$$

Pelo teorema trabalho-energia, o trabalho W realizado pela força elétrica $\vec{F}$ ao trazer a carga unitária q_0 desde o infinito até a posição P será igual à *variação da energia cinética* da carga ou $W = \Delta K = K_P - K_\infty$. Se expressamos W em função da *variação de energia potencial* da carga unitária, teremos $W = -\Delta U = U_\infty - U_P$; portanto, $K_P + U_P = K_\infty + U_\infty$. A soma das energias cinética e potencial da carga pontual q_0 é a mesma em qualquer ponto de sua trajetória; logo, a *energia total da carga q_0 é constante*.

A partir do cálculo do trabalho feito pela força elétrica, para colocar duas cargas pontuais q e Q em determinada posição, pode-se calcular uma expressão para a *energia potencial elétrica* quando se tem duas cargas. Se por um instante consideramos a carga Q como uma carga fonte, o potencial elétrico $\Phi(r)$ a uma distância r de Q estará dado pela Equação (8.4). Se colocarmos a carga q à distância r de Q, a *energia potencial elétrica* dessa configuração de duas cargas será: $U(r) = q\Phi(r)$; portanto,

$$U(r) = k\dfrac{q\cdot Q}{r}. \qquad (8.6)$$

A Equação (8.6) aplica-se no cálculo da energia potencial para uma configuração de duas cargas elétricas. Note que $U \to 0$ quando a separação entre as cargas $r \to \infty$.

Exemplo: Duas cargas elétricas de 5 µC cada estão separadas a 1 m. Determine:
a) a força elétrica entre as cargas;
b) o campo elétrico no ponto médio entre as cargas;
c) o potencial elétrico nesse mesmo ponto.

Resolução:
a) Pela lei de Coulomb, a intensidade da força elétrica entre as cargas é
$$F = k\frac{q^2}{r^2} = \frac{9 \times 10^9 N \cdot m^2 \cdot C^{-2} \times (5 \times 10^{-6} C)^2}{(1\,m)^2} = 0,225\,N.$$
A direção de F é a mesma direção que une as duas cargas, sendo a força de natureza repulsiva.

b) A intensidade do campo elétrico formado em virtude de cada carga no ponto médio entre essas cargas é a mesma, porém com sentidos opostos. Logo, o campo resultante é: $\vec{E} = \vec{E}_1 + \vec{E}_2 = \vec{E}_1 + (-\vec{E}_1) = 0$.

c) O potencial elétrico resultante no ponto médio entre as cargas será:
$$\Phi = \frac{2k \cdot q}{r} + \frac{2k \cdot q}{r} = \frac{4 \times 9 \times 10^9 N \cdot m^2 \cdot C^{-1} \times 5 \times 10^{-6} C}{1\,m} = 1,8 \times 10^5 V.$$

Exemplo: Duas cargas elétricas de $+6 \times 10^{-4}$ C e $-1,2 \times 10^{-3}$ C estão separadas por 30 cm. Se esta separação for alterada para 80 cm, determine:
a) a variação da energia potencial elétrica;
b) a intensidade e direção do campo elétrico resultante no ponto localizado 50 cm acima do ponto médio da separação.

Resolução: na figura ao lado está representada a posição final das cargas elétricas e o ponto P, onde calcularemos o campo elétrico que se forma em virtude das cargas $q_1 = 6 \times 10^{-4}$ C e $q_2 = -1,2 \times 10^{-3}$ C.

a) Quando a separação das cargas muda de $r_0 = 0,3$ m para $r = 0,8$ m, a variação ΔU da energia potencial elétrica será:
$$\Delta U = kq_1 q_2 \left(\frac{1}{r} - \frac{1}{r_0}\right)$$
$$= -9 \times 10^9 \times 6 \times 10^{-4} \times 1,2 \times 10^{-3} \left(\frac{1}{0,8} - \frac{1}{0,3}\right) = 1,35 \times 10^4 J.$$

b) Por geometria elementar, encontramos: $r_1 = r_2 = 0,64$ m; logo, a *intensidade* do campo elétrico em P que se forma por causa de q_1 será
$$E_1 = k\frac{q_1}{r_1^2} = \frac{9 \times 10^9 \times 6 \times 10^{-3}}{(0,64)^2}\,\frac{V}{m} = 1,32 \times 10^7\,\frac{V}{m}$$ e por causa de q_2 será
$$E_2 = k\frac{q_2}{r_2^2} = \frac{9 \times 10^9 \times 1,2 \times 10^{-3}}{(0,64)^2}\,\frac{V}{m} = 2,64 \times 10^7\,\frac{V}{m}.$$
Sendo $\varphi = tg^{-1}\left(\frac{0,5}{0,4}\right) \cong 51,34°$, a intensidade do campo elétrico resultante no ponto P será
$$E = \sqrt{E_1^2 + E_2^2 + 2E_1 E_2 \cos 2\varphi}$$
$$= \sqrt{1,32^2 + 2,64^2 - 1,53} \times 10^7\,V/m = 2,68 \times 10^7\,V/m.$$

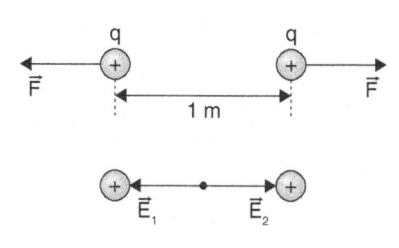

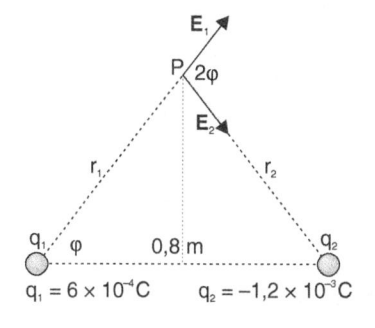

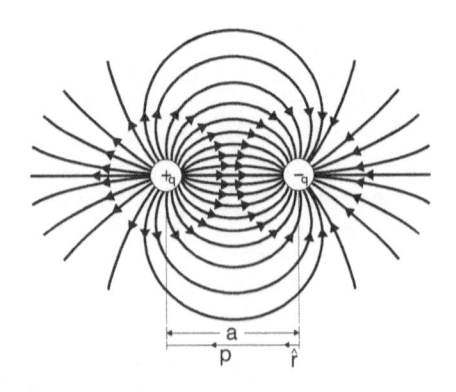

FIGURA 8.7

Linhas do campo elétrico de um dipolo elétrico de momento $\vec{p} = qa\hat{r}$.

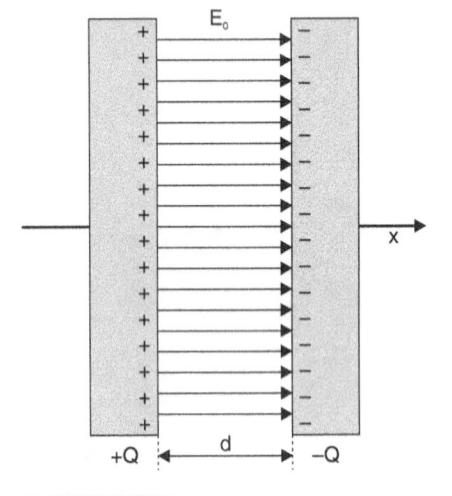

FIGURA 8.8

Condensador com superfícies condutoras planas e paralelas, separadas por uma distância d.

Dipolo elétrico

Uma distribuição de cargas, constituída por *duas cargas elétricas* da mesma magnitude, porém de sinais contrários, é denominada *dipolo elétrico*. Se q é a intensidade de cada carga de um dipolo e elas estão separadas por uma distância a, define-se o momento dipolo dessa distribuição como: $\vec{p} = qa\hat{r}$, sendo $\hat{r}$ um vetor unitário no sentido da carga negativa à carga positiva, como é mostrado na Figura 8.7. As linhas do campo elétrico formado em virtude dessa configuração de cargas elétricas também são mostradas na mesma figura.

Capacitância

A capacitância é um conceito relacionado aos *capacitores*. Um modelo típico de *capacitor elétrico* é o constituído por duas superfícies carregadas muito próximas. A carga de cada superfície tem a mesma magnitude, porém de sinal contrário. No espaço entre as superfícies existe ar ou algum material que é denominado *dielétrico*. As superfícies interagem eletrostaticamente, e o capacitor armazena cargas elétricas e energia elétrica. Em particular, o cálculo da capacitância de um capacitor cujas superfícies condutoras são *placas paralelas* é bastante simples. Como mostra a Figura 8.8, +Q e –Q são, respectivamente, a carga de cada superfície de área A, e d é a distância que separa ambas as superfícies.

Se Φ_0 é o potencial elétrico ou diferença de potencial entre as superfícies condutoras, o campo elétrico $\vec{E}_0$ entre as superfícies deve satisfazer a Equação (8.5); portanto,

$$E_0 = -\frac{d\Phi}{dx} \Rightarrow \int_{\Phi_+}^{\Phi_-} d\Phi = -E_0 \int_0^d dx = -E_0 d = \Phi_- - \Phi_+ \Rightarrow \Phi_0 = E_0 d$$

Também: $E_0 = \frac{\sigma}{\varepsilon} = \frac{Q}{A\varepsilon}$, onde σ é densidade de carga superficial e ε, a permissividade elétrica do material entre as superfícies carregadas. Para o ar, $\varepsilon = \varepsilon_0 = 8{,}85 \times 10^{-12}$ C²/N·m².

Para um capacitor cujas superfícies são paralelas $\frac{\Phi_0}{d} = \frac{Q}{A\varepsilon}$ ou $\frac{Q}{\Phi_0} = \frac{A\varepsilon}{d}$. Definindo-se a *capacitância* de um capacitor como $C = \frac{Q}{\Phi_0}$, para o capacitor de placas paralelas, teremos:

$$C = \varepsilon \frac{A}{d}. \tag{8.7}$$

Normalmente, a *capacitância* depende da forma geométrica das placas e do isolante utilizado. No SIU, a capacitância é medida em faraday (F), sendo $1F = \frac{1C}{1V}$. Como essa unidade é bastante grande, para fins práticos usamos submúltiplos do faraday, como o picofaraday (1 pF = 10^{-12} F) e o microfaraday (1 μF = 10^{-6} F).

Exemplo: Um capacitor com 150 pF é constituído por duas placas paralelas de 7 cm² cada. As placas estão separadas por uma lâmina plástica de espessura igual a 0,2 mm. Determine a permissividade elétrica do plástico.

Resolução: a Equação (8.7) é suficiente para o cálculo da permissividade elétrica de qualquer capacitor de placas paralelas,

$$\varepsilon = \frac{Cd}{A} = \frac{150 \times 10^{-12} F \times 2 \times 10^{-4} m}{7 \times 10^{-4} m^2} \cong 4,3 \times 10^{-11} F/m = 4,8\varepsilon_0.$$

A permissividade elétrica desse plástico é maior que a permissividade do ar.

Exemplo: A capacitância por unidade de área de muitas membranas biológicas é da ordem de 1 µF/cm². A membrana é essencialmente um lipídio de permissividade relativa 3. Com base nessas informações, determine a espessura efetiva da membrana.

Resolução: considerando a membrana biológica como um capacitor de placas paralelas (esta aproximação é válida para um comprimento diferencial de membrana), teremos:

$$d = \varepsilon \frac{A}{C} = 3 \times 8,85 \times 10^{-12} \frac{C^2}{N \cdot m^2} \times 10^2 \frac{m^2}{F} = 26,5 \times 10^{-10} m = 26,5 \text{Å}.$$

(1Å = 10^{-10} m = 10^{-1} nm).

8.2 Biomembranas[1,2]

A membrana celular ou *biomembrana*, como mostra o esquema da célula na Figura 8.9, é um sistema aberto que permite o intercâmbio permanente de moléculas complexas e de espécimes iônicos entre o interior e o exterior da célula. Sua espessura é da ordem de 7 a 10 nm. A passagem de partículas através da biomembrana é caracterizada por sua *permeabilidade* a elas. A *permeabilidade celular* é resultado da atividade fisiológica da célula acompanhada de fenômenos elétricos na membrana.

A biomembrana permite a separação de espécimes carregados gerando gradientes de concentração iônica e de carga elétrica. Esses *gradientes eletroquímicos* são fontes de energia potencial para dirigir processos celulares. Em geral, as biomembranas são *impermeáveis* aos íons orgânicos complexos e *semipermeáveis* a alguns tipos de espécimes iônicos.

A biomembrana é uma *estrutura complexa*, que consiste em duas camadas de *moléculas de proteínas* separadas por uma camada de *moléculas de fosfolipídios*. Os *poros* nas camadas de proteínas permitem a *difusão* de pequenos íons através da biomembrana. Como mostra a Figura 8.10, os *fosfolipídios* geralmente ocupam 70% do volume (e mais de 90% da superfície) da biomembrana. O empacotamento dessas moléculas impede a passagem de íons e da água através da membrana; porém, como há *proteínas transmembranais* que formam *canais* através da bicamada, é possível o transporte de íons do meio interno para o externo da célula e vice-versa. Será considerado como espessura da membrana o somatório das camadas mostrado na Figura 8.10.

A biomembrana separa dois meios denominados intracelular e extracelular. Esses meios são líquidos em forma de solução com características *salinas*. Moléculas suspensas nesses líquidos encontram-se ionizadas, movendo-se livremente; mesmo assim, os líquidos são quase eletricamente neutros, ou seja, *a concentração de ânions é muito próxima à concentração de cátions*. As biomembranas apresentam permissividade elétrica ε maior que

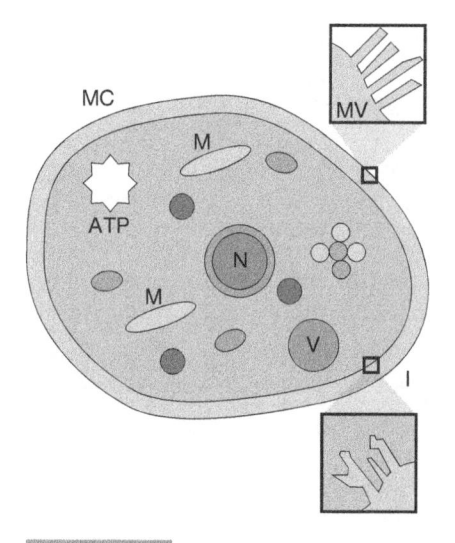

FIGURA 8.9

A membrana celular (MC) de uma célula pode apresentar microvilosidades (MV) e invaginações (I). No interior da célula encontramos: mitocôndrias (M), vacúolo (V), moléculas de ATP, íons, núcleo (N) etc.

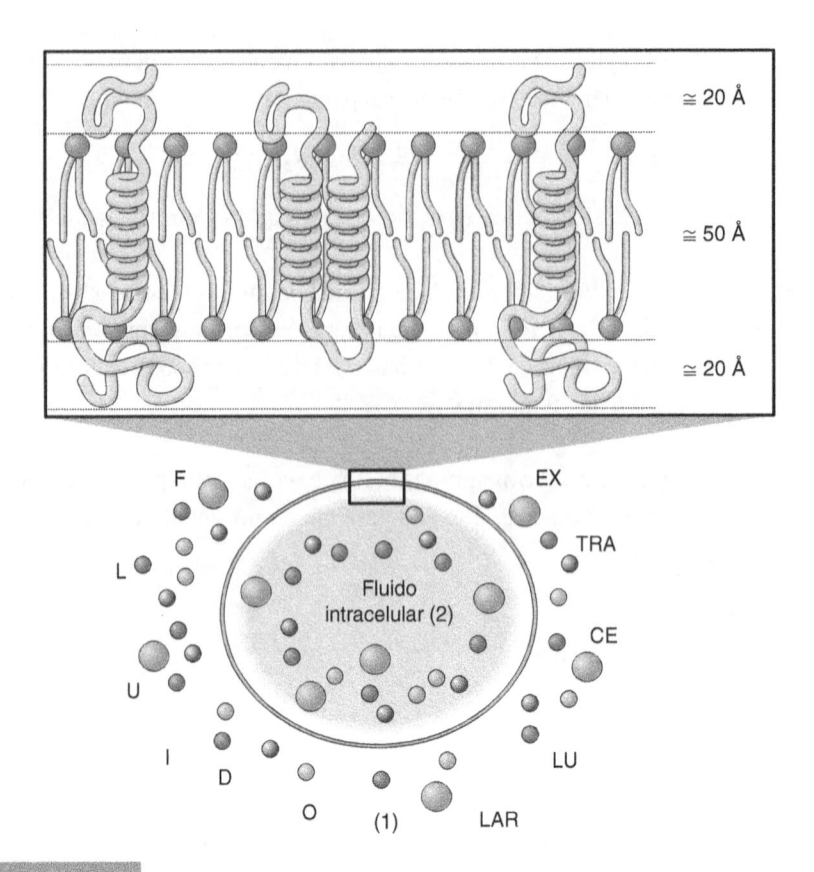

FIGURA 8.10

Pequeno comprimento de uma biomembrana (espessura de 75 A a 100 A). As proteínas transmembranais dispostas através da bicamada lipídica permitem a difusão de pequenos íons através da membrana.

a do ar (ε_0) e *alta resistência elétrica* decorrente da extensa superfície líquida, o que implica uma *diferença de potencial elétrico relativamente elevada* (da ordem de ±100 mV) entre o interior e o exterior da célula.

A diferença de concentração de um mesmo espécime iônico em ambos os lados de uma biomembrana pode resultar tanto da impermeabilidade da membrana quanto do fato de esse espécime ser ativamente transportado ou, ainda, ser sintetizado ou metabolizado pela célula. O transporte dos íons através da membrana pode resultar de:

- um fluxo iônico em virtude da influência de uma diferença de pressão;
- uma difusão iônica em decorrência de uma diferença de potencial químico;
- uma migração em um campo elétrico;
- um transporte ativo, ou seja, que ocorre em virtude de uma intervenção direta da membrana.

Nos meios intracelular e extracelular encontramos, respectivamente, alta concentração de cátions K^+ e Na^+; grandes ânions ou proteínas carregadas de pH fisiológicos resultam em um acúmulo de cargas negativas no meio em que estão. As biomembranas são permeáveis aos íons K^+, o que origina a definição de um *potencial basal* da biomembrana que acionará muitos processos celulares.

As propriedades elétricas de uma biomembrana são derivadas da ionização de suas superfícies interna e externa, principalmente da capacidade de deixar passar seletivamente apenas alguns tipos de íons. Quando as superfícies da biomembrana estão ionizadas, cria-se uma diferença de potencial entre elas, denominada *potencial de membrana*. O esquema na Figura 8.11 mostra os recursos básicos necessários para fazermos medidas do potencial de uma biomembrana.

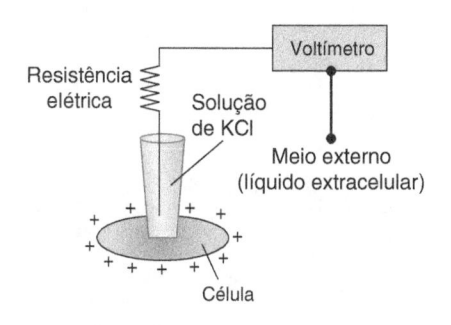

FIGURA 8.11

Montagem simples para se medir o potencial de uma membrana.

Exemplo: Uma biomembrana tem uma permissividade elétrica $\varepsilon = 10\varepsilon_0$ e espessura de 80 Å. Em sua superfície, encontramos uma carga elétrica fundamental em cada quadrado com 250 Å de lado. Determine:
a) a diferença de potencial da biomembrana;
b) o campo elétrico no interior da biomembrana;
c) a força elétrica que experimentará um íon de Ca^{++}, que está no interior da biomembrana.

Resolução: a carga elétrica fundamental de $1,6 \times 10^{-19}$ C ocupa na membrana uma área de $(2,5 \times 10^{-8}$ m$)^2 = 6,25 \times 10^{-16}$ m^2. A densidade de carga superficial será: $\sigma = \dfrac{1,6 \times 10^{-19} \text{C}}{6,25 \times 10^{-16} \text{m}^2} = 2,56 \times 10^{-4}$ C/m^2.

a) Diferença de potencial da biomembrana:

$$\Phi_0 = \frac{\sigma d}{\varepsilon} = \frac{2,56 \times 10^{-4} \times 8 \times 10^{-9}}{8,85 \times 10^{-11}} \text{V} = 23,14 \text{ mV}.$$

b) Intensidade do campo elétrico no interior da membrana: $E_0 = \dfrac{\sigma}{\varepsilon} = 2,89 \times 10^6$ V/m.

c) A carga elétrica do íon Ca^{++} é duas vezes a de uma carga fundamental; portanto, a intensidade da força elétrica sobre esse íon será $F = 2 \times 1,6 \times 10^{-19} \times 2,89 \times 10^6$ N $= 9,26 \times 10^{-13}$ N.

Potencial de repouso de uma célula

A Figura 8.12 mostra o modelo elétrico de uma biomembrana de espessura d. A superfície externa da biomembrana e o exterior da célula têm um potencial elétrico constante $\Phi_e = \Phi(1)$. A superfície interna da biomembrana e o interior da célula também têm potencial constante $\Phi_i = \Phi(2)$; a diferença de potencial $\Phi_i - \Phi_e$ será o *potencial da biomembrana*. Quando não há influências externas sobre a célula, o potencial da biomembrana é denominado *potencial de repouso* (Φ_0).

Se o excesso de *ânions* na superfície interna de uma biomembrana é $-Q$, e o excesso de *cátions* na superfície externa é $+Q$, então um arranjo conveniente desse excesso de íons na biomembrana constitui a fonte do *potencial de repouso* da célula. No caso das *fibras nervosas e musculares estriadas*, o potencial de repouso tem valores típicos entre -100 mV $< \Phi_0 < -55$ mV. No caso das *fibras dos músculos lisos*, o potencial de repouso tem valores típicos entre -55 mV $< \Phi_0 < -30$ mV.

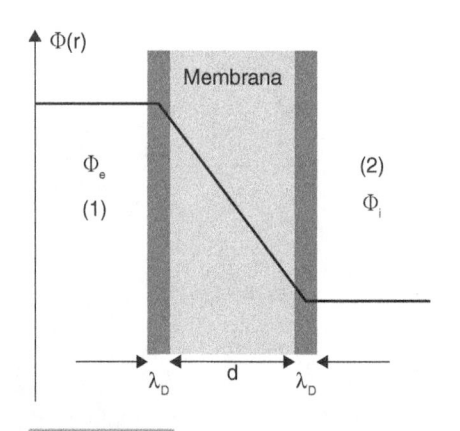

No *modelo elétrico* de uma biomembrana mostrada na Figura 8.13, as superfícies externa e interna têm cargas $+Q$ e $-Q$, respectivamente, e uma espessura média d = 70 Å = 7×10^{-9} m. Se o potencial de repouso da biomembrana for $\Phi_0 = -70$ mV, a intensidade do campo elétrico no interior

FIGURA 8.12

Potencial das soluções iônicas e das faces de uma biomembrana. λ_D é a espessura de Debye, uma camada fina onde se acumula o excesso de cargas positivas e negativas.

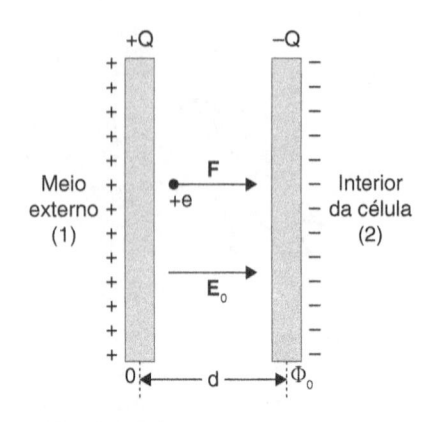

FIGURA 8.13

O comportamento elétrico de uma biomembrana é semelhante ao de um capacitor de placas paralelas. Todo íon, ao atravessar a biomembrana, experimentará uma força elétrica $\vec{F}$.

da membrana será $E_0 = -\dfrac{\Phi_0}{d} = 10^7$ V/m. Portanto, um *íon monovalente* no interior da membrana experimentará uma força elétrica de intensidade $F = eE_0 = 1,6 \times 10^{-19}$ C $\times 10^7$ V/m $= 1,6 \times 10^{-12}$ N, que é muito maior que o peso do próprio íon.

Sendo L o *comprimento característico* de uma célula, a espessura da biomembrana será d ≪ L; por outro lado, a permissividade elétrica da biomembrana será $\varepsilon > \varepsilon_0$ (permissividade do ar); normalmente, ε é da ordem de $10\varepsilon_0 = 8,85 \times 10^{-11}$ C^2/N·m^2. Sendo d ≅ 70 Å, a capacitância por unidade de área da biomembrana seria $\dfrac{C}{A} = \dfrac{\varepsilon}{d} \cong 1,26 \times 10^{-2}$ F/m^2. Porém, para um capacitor de placas paralelas, a densidade de carga superficial é $\sigma = \dfrac{C}{A}\Phi_0$; logo, uma biomembrana com potencial de repouso $\Phi_0 \cong -70$ mV terá uma densidade de carga superficial $\sigma \cong 8,85 \times 10^{-4}$ C/m^2. Na Figura 8.14, estão esquematizados o potencial elétrico e a densidade de carga superficial das superfícies interna e externa da biomembrana analisada.

Potencial de Nernst

O trabalho de Nernst relaciona a concentração de espécimes iônicos idênticos em ambos os lados de uma membrana com parâmetros resultantes das características elétricas do espécime e da energia dos fluidos celulares. A *equação de Nernst* (será demonstrada na Seção 8.3) aplicada a uma solução, à temperatura T, com os solutos iônicos deslocando-se na direção x, tem a seguinte forma: $\dfrac{\partial \Phi}{\partial x} = -\dfrac{kT}{ze}\dfrac{1}{C}\dfrac{\partial C}{\partial x}$, onde C(x) é a concentração do soluto; $\Phi(x)$, o potencial elétrico na solução; ze, o grau de ionização do soluto; e k, a constante de Boltzmann.

O *potencial de Nernst* é o potencial de uma biomembrana, quando se chega a uma *situação de equilíbrio* no transporte de um determinado espécime iônico através da biomembrana. Esse valor é associado ao espécime que está atravessando a biomembrana. O potencial de Nernst é atingido quando a força química e elétrica sobre o espécime equilibra-se, ou seja, não há mais fluxo neto do espécime através da biomembrana.

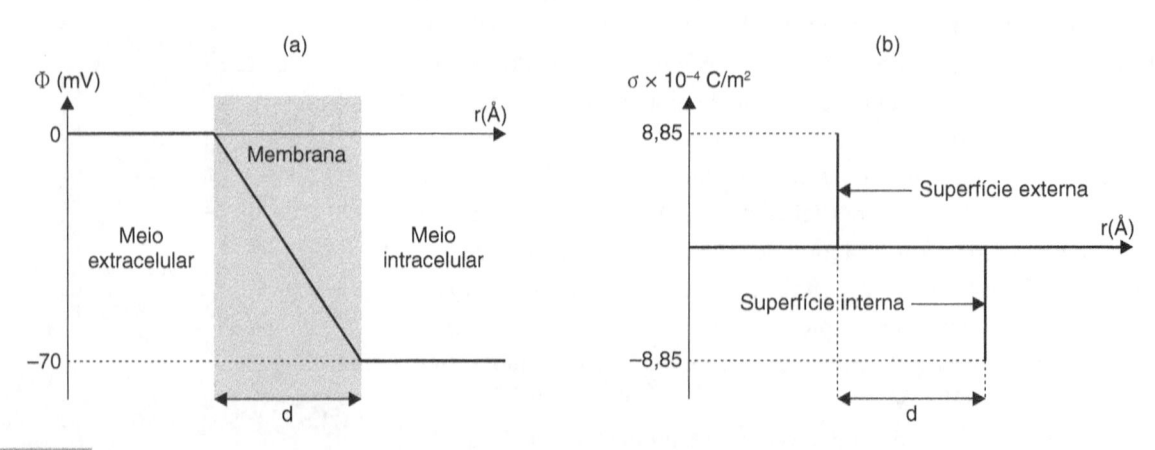

FIGURA 8.14

a) Membrana com espessura d, com potencial 0 e −70 mV nas superfícies externa e interna, respectivamente. b) A superfície externa da membrana tem densidade de carga positiva e a interna, negativa.

Se na *condição de equilíbrio* da biomembrana no transporte de um espécime iônico, o potencial na superfície externa da biomembrana e na solução extracelular é $\Phi(1)$ e, na superfície interna e na solução intracelular, é $\Phi(2)$, então, a diferença de potencial $[\Phi(2) - \Phi(1)]$ será o *potencial de Nernst* desse espécime. Portanto, à semelhança da Equação (7.21), teremos

$$\Phi_{ion}^N = \Phi(2) - \Phi(1) = \frac{kT}{ze} Ln\left[\frac{C(1)}{C(2)}\right] = \frac{RT}{zF}\left[\frac{C(1)}{C(2)}\right]. \qquad (8.8)$$

Na Equação (8.8), $R = N_0 k = 8,31451$ J/mol.K (N_0, número de Avogadro) e $F = N_0 e = 9,6485 \times 10^4$ C/mol é a constante de Faraday.

Íon	C(2)	C(1)
K$^+$	124,0	2,25
Na$^+$	10,4	109,00
Cl$^-$	1,5	77,50
A^{z-}	≈74,0	≈13,00

Exemplo: Duas soluções iônicas separadas por uma membrana contêm os íons mostrados na tabela ao lado, com suas respectivas concentrações em mM/l. Nessa tabela, A^{z-} é um ânion inorgânico de valência z, que não pode atravessar a membrana. A temperatura das soluções é 37°C.
a) Determine o potencial de Nernst para cada tipo de íon.
b) Discuta a influência dos ânions inorgânicos no transporte dos íons através da membrana.

Resolução:
a) Utilizamos a Equação (8.8) para calcular o potencial de Nernst de cada tipo de íon. Para o potássio (z = +1), $\Phi_K^N = \frac{8,31451 \times 310}{96485} Ln\left(\frac{2,25}{124,0}\right) V = 26,714 \times (-4,0094)$ mV $= -107,1$ mV. Por cálculos semelhantes encontramos: $\Phi_{Na}^N = 62,8$ mV e $\Phi_{Cl}^N = -105,38$ mV.
b) Conclui-se que não existe um valor único de diferença de potencial entre as faces da membrana que permita encontrar todos os íons simultaneamente em equilíbrio. Os íons de sódio, para alcançar o equilíbrio, exigem que a membrana esteja polarizada de forma diferente da polarização quando os íons de potássio e cloro estão em equilíbrio. Os ânions inorgânicos originam uma pressão osmótica que influencia o fluxo da água através da membrana.

As concentrações dos íons presentes no fluido intracelular (2) e extracelular (1) de uma célula são diferentes. Por exemplo, em *uma célula muscular de rã* a 310 K, as concentrações dos principais íons em mM/litro são:

Íons	Concentração intracelular C(2)	Concentração extracelular (1)	Razão C(2)/C(1)	Potencial de Nernst (mV)
K$^+$	124,0	2,25	55,1	−107,1
Na$^+$	10,4	109,0	0,095	62,8
Ca^{++}	4,9	2,1	2,3	−11,3
Mg^{++}	14,0	1,25	11,2	−32,3
Cl$^-$	1,5	77,5	0,019	−105,4
HCO$_3^-$	12,4	26,6	0,47	−20,4
Íons orgânicos	≈74,0	≈13,0		

A tabela mostra que $C_K(2) \gg C_K(1)$, $C_{Na}(1) \gg C_{Na}(2)$ e $C_{Cl}(1) \gg C_{Cl}(2)$. Essa distribuição assimétrica entre as concentrações dos íons K^+, Na^+ e Cl^- é observada nas células musculares e nervosas, como veremos ao estudar as *células excitáveis*.

A carga elétrica acumulada na superfície externa de uma biomembrana é uma fração muito pequena da carga elétrica total (do mesmo sinal que os da superfície externa da biomembrana) no meio extracelular. Resultado semelhante será encontrado ao comparar a carga acumulada na superfície interna da biomembrana e a carga total (do mesmo sinal) no meio intracelular. Por exemplo, consideremos que a *célula muscular de rã* tenha forma *esférica* (essa forma não é a real), com volume 10^{-15} m³ (esse valor não é longe do real). Com os dados da tabela anterior, pode-se *estimar* (por causa da forma assumida para a célula) o percentual dos ânions intracelulares com relação ao total de ânions nesse meio e dos cátions extracelulares com relação ao total de cátions nesse meio.

Cada célula de volume 10^{-15} m³ terá aproximadamente um raio $r = \left(\frac{3 \times 10^{-15}}{4\pi}\right)^{1/3} \cong 0{,}62 \times 10^{-5}$ m $\therefore$ sua superfície interna terá área de $4\pi(0{,}62 \times 10^{-5})^2 = 5 \times 10^{-10}$ m². Se assumimos que a densidade de carga superficial é $\sigma \cong -8{,}85 \times 10^{-4}$ C/m², a carga total na superfície interna da biomembrana será $Q \cong (-8{,}85 \times 10^{-4}$ C/m²$) \times (5 \times 10^{-10}$ m²$) \cong 4{,}4 \times 10^{-13}$ C.

Se essa carga fosse *somente* por causa dos íons negativos monovalentes presentes no meio intracelular, o número desses íons na face interna da biomembrana seria: $N_{(-)} = -\frac{Q}{e} \cong 2{,}75 \times 10^6$ íons. O número total de *ânions* monovalentes no meio intracelular será a soma dos íons Cl^- e $HCO_3^- = 10^{-15}$ m³ $\times 10^3 \frac{1}{m^3} \times 6{,}02 \times 10^{23} \frac{\text{íon}}{\text{mol}}\left(1{,}5 \times 10^{-3} \frac{\text{mol}}{l} + 12{,}4 \times 10^{-3} \frac{\text{mol}}{l}\right) \cong 83{,}69 \times 10^8$ íons. Como na aproximação que estamos utilizando foi desconsiderada a possibilidade de os ânions orgânicos estarem na superfície interna da biomembrana, então teremos nessa superfície somente $\frac{2{,}75 \times 10^6 \text{ íons}}{83{,}69 \times 10^8 \text{ íons}} \times 100\% \cong 0{,}033\%$ do total de ânions monovalentes.

No meio extracelular, seguindo o mesmo raciocínio anterior, calculamos inicialmente que o total de *cátions* monovalentes é 10^{-15} m³ $\times 10^3 \frac{1}{m^3} \times 6{,}02 \times 10^{23} \frac{\text{íon}}{\text{mol}}\left(2{,}25 \times 10^{-3} \frac{\text{mol}}{l} + 109{,}0 \times 10^{-3} \frac{\text{mol}}{l}\right) \cong 6{,}7 \times 10^{10}$ íons — pode-se verificar que o resultado final do total de cátions será pouco diferente se consideramos também os cátions bivalentes.

De acordo com o modelo elétrico utilizado para a biomembrana, o número total de *cátions* monovalentes na superfície dela deverá ser de aproximadamente $2{,}75 \times 10^6$ íons; portanto, nessa superfície, teremos $(2{,}75 \times 10^6 / 6{,}7 \times 10^{10}) \times 100\% \cong 0{,}004\%$ do total de cátions monovalentes.

Concluímos, pelo resultado final obtido, mesmo para a forma assumida para a célula, que o número de íons que polarizam as superfícies da biomembrana é muito reduzido se comparado com o número total de íons do mesmo sinal presentes em ambos os meios celulares.

Exemplo: Consideremos uma célula com forma aproximadamente esférica, de volume 10^{-15} m³ e potencial de repouso de -10 mV; sua membrana tem

90 Å de espessura, permissividade elétrica, $\varepsilon = 10\varepsilon_0$, e sua capacitância por unidade de área é de aproximadamente 10^{-2} F/m². Determine:

a) a intensidade do campo elétrico no interior da biomembrana;

b) a carga elétrica total em suas superfícies;

c) o número de íons monovalentes em cada superfície;

d) a força elétrica experimentada por um íon bivalente ao atravessar a biomembrana.

Resolução: se r é o raio da célula, então, do valor de seu volume, encontramos $r = 0{,}62 \times 10^{-5}$ m.

A área das superfícies da biomembrana será: $A = 4\pi r^2 = 4{,}836 \times 10^{-10}$ m². Portanto, a capacitância da biomembrana é $C = (10^{-2}$ F/m²$)(4{,}836 \times 10^{-10}$ m²$) \cong 4{,}836 \times 10^{-12}$ F.

a) Intensidade do campo elétrico no interior da biomembrana: $E = |\Phi_0/d| = (10^{-2}$ V$)/(9 \times 10^{-9}$ m$) = 1{,}1 \times 10^6$ V/m.

b) Carga elétrica total na superfície da biomembrana: $Q = C \cdot \Phi_0 \cong 4{,}84 \times 10^{-14}$ C.

c) Número de íons monovalentes em cada superfície da biomembrana: $N = Q/e \cong 3{,}02 \times 10^5$.

d) Intensidade da força elétrica sobre um íon bivalente, ao atravessar a biomembrana: $F = 2eE \cong 0{,}35 \times 10^{-12}$ N.

Equilíbrio Donnan

Em geral, as biomembranas são *permeáveis* aos pequenos íons inorgânicos presentes nos fluidos celulares; por causa da grande mobilidade desses íons, os fluidos extra e intracelular são, aproximadamente, *eletricamente neutros*. Essa *eletroneutralidade* vai implicar que se deverá ter um maior número de íons positivos no meio intracelular (2) do que no meio extracelular (1). Excetuando-se *na espessura de Debye (*veja a Figura 8.12), por ser ela relativamente pequena; assim, o transporte de íons através da biomembrana quase não afetará a eletroneutralidade desses meios.

Consideremos o caso hipotético da célula mostrada na Figura 8.15, na qual a razão das concentrações dos íons que a biomembrana deixa passar de um lado para outro segue o fator de Boltzmann — potencial de Nernst, Equação (8.8). A biomembrana é *permeável* aos íons Cl⁻ e K⁺ e *impermeável* aos íons X⁺ e aos ânions proteicos A^{z−}. Se as concentrações dos íons Cl⁻ e K⁺ em ambos os meios são $C_{Cl}(1) \neq C_{Cl}(2)$ e $C_K(1) \neq C_K(2)$, haverá uma difusão natural desses íons através da biomembrana, o que alterará suas distribuições e concentrações nos fluidos celulares. Simultaneamente, o campo elétrico existente na biomembrana fará com que os íons Cl⁻ atravessem a biomembrana para fora da célula (efluxo de Cl⁻) e os íons K⁺, rumo ao interior da célula (influxo de K⁺).

O movimento desses íons cessará quando o sistema alcançar um *equilíbrio estático*, ou seja, quando, sobre os íons em movimento através da biomembrana, as forças sobre eles decorrentes da difusão e do campo elétrico se equilibrarem. A eletroneutralidade dos fluidos dentro e fora da célula implicará que:

Petrus Josephus Wilhelmus Debye
(1884-1966), físico norte-americano de origem holandesa. Prêmio Nobel de Química em 1936.

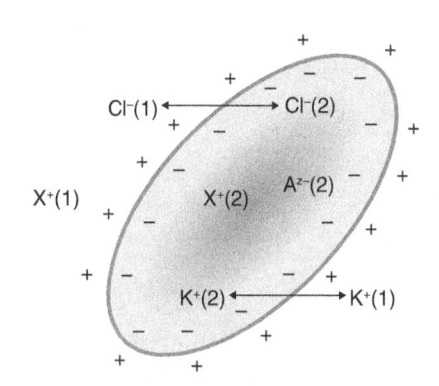

FIGURA 8.15

A biomembrana é permeável aos íons K⁺ e Cl⁻ e impermeável aos íons X⁺ e aos ânions proteicos A^{z−} presentes no meio intracelular.

$$C_K(1) + C_X(1) = C_{Cl}(1) \tag{1}$$
$$C_K(2) + C_X(2) = C_{Cl}(2) + C_A(2) \tag{2}$$

Como o potencial da biomembrana $\Phi(2) - \Phi(1)$ é o mesmo para os íons K^+ e Cl^-, as concentrações desses íons estarão relacionadas pela expressão de Nernst — Equação (8.8):

$$\frac{C_K(2)}{C_K(1)} = e^{-e[\Phi(2)-\Phi(1)]/kT} = \frac{C_{Cl}(1)}{C_{Cl}(2)} \tag{3}$$

A relação (3) do *equilíbrio entre as concentrações* dos íons que podem atravessar a biomembrana é conhecida como *equilíbrio Donnan*.

Se a biomembrana fosse permeável a mais de duas espécies iônicas, o *equilíbrio Donnan* exigiria que a razão das concentrações desses íons seguisse o fator de Boltzmann.

Os íons se redistribuíram nos fluidos da célula até alcançar essa situação de equilíbrio. Em geral, se os meios interno e externo de uma célula contêm íons monovalentes como, por exemplo, P^+, Q^+ e R^-, e se a biomembrana é permeável somente a esses íons, então, quando o potencial de Nernst é aproximadamente o mesmo para esses íons, ou seja,

$$\frac{C_P(2)}{C_P(1)} = \frac{C_Q(2)}{C_Q(1)} = \frac{C_R(1)}{C_R(2)} = k, \tag{8.9}$$

estaremos em uma situação de *equilíbrio Donnan*. O potencial da biomembrana será então: $\Phi_D = -\frac{kT}{ze} \operatorname{Ln} k$.

No *equilíbrio Donnan*, a razão das concentrações dos íons que atravessam a biomembrana, $\frac{C(2)}{C(1)}$ para os *cátions* e $\frac{C(1)}{C(2)}$ para os *ânions*, deverá ser a mesma. Esse valor deverá ser proporcional ao potencial de Donnan Φ_D da biomembrana.

Como conclusão, no *equilíbrio Donnan*, sempre que uma biomembrana deixa passar de um meio para outro:

- cátions, o potencial de Nernst Φ_n^N para cada espécie iônica n será negativo;
- ânions, o potencial de Nernst Φ_n^N para cada espécie iônica n será positivo.

Para se chegar a essa conclusão, implicitamente estamos admitindo que a biomembrana *não permita a passagem da água* através dela. Ou seja, uma análise mais rigorosa da passagem de íons através da biomembrana deve considerar o *equilíbrio osmótico* entre os dois meios celulares, além da possibilidade de o fluxo da água influir na concentração dos íons nos meios celulares.

O valor de potencial da biomembrana obtido no *equilíbrio Donnan* é chamado *potencial de Donnan*, que pode também ser explicitado em função da concentração dos íons que não conseguem atravessar a biomembrana. Se dos íons que podem atravessar a biomembrana somente conhecemos $C_K(1)$, além dos dados $C_X(1) = a$, $C_X(2) = b$ e $C_A(2) = c$, então, para determinar $C_{Cl}(1)$, $C_K(2)$ e $C_{Cl}(2)$, combinamos as relações (1), (2) e (3) anteriores:

De (1): $C_{Cl}(1) = C_K(1) + a$.

De (2) e (3): $2C_K(2) = c - b + \sqrt{(b-c)^2 + 4C_K(1)[C_K(1)+a]}$

De (3): $C_{Cl}(2) = \dfrac{2C_K(1)[C_K(1)+a]}{c-b+\sqrt{(b-c)^2+4C_K(1)[C_K(1)+a]}}$.

De (3), encontramos:

$$\Phi_D = -\frac{kT}{e}\text{Ln}\left(\frac{C_K(2)}{C_K(1)}\right) = -\frac{kT}{e}\text{Ln}\left[\frac{c-b}{2C_K(1)} + \frac{1}{2}\sqrt{\frac{(b-c)^2}{C_K^2(1)} + \frac{4a}{C_K(1)} + 4}\right]$$

Para esse caso *hipotético*, concluímos que, no *equilíbrio Donnan*, deve-se satisfazer $\Phi_D = \Phi_K^N = -\Phi_{Cl}^N$. Se, por exemplo, acrescentamos no fluido extracelular uma grande quantidade de KCl, $C_K(1) \to \infty$ e $C_{Cl}(1) \to \infty$, então, no fluido intracelular, teremos: $C_K(2) \to C_K(1)$ e $C_{Cl}(2) \to C_{Cl}(1)$. Nessa situação, o potencial da biomembrana $\Phi_M \to 0$. Portanto, os íons $X^+(1)$ e $X^+(2)$ e os ânions proteicos $A^{Z-}(2)$ teriam pouquíssima influência no valor de Φ_M.

Exemplo: A razão das concentrações do íon Cl^- no plasma e no fluido intersticial a 310 K é de 0,95. A concentração dos íons Na^+ e Cl^- no fluido intersticial é $C_{Na}(1) = C_{Cl}(1) = 155$ mM/l. No plasma, além dos íons Na^+, há proteínas de valência -18. Supondo que o capilar está em equilíbrio Donnan, determine:

a) a concentração dos íons Na^+ e Cl^- no plasma;
b) a diferença de potencial através do capilar;
c) a concentração de proteínas no plasma.

Resolução:

a) Os íons Na^+ e Cl^- podem passar através da parede do capilar, por estarem em equilíbrio Donnan. Pela Equação (8.9), temos: $C_{Cl}(2) = 0,95 \times 155$ mM/l $\cong 147$ mM/l. Utilizando a mesma equação, encontramos $C_{Na}(2) = (155$ mM/l$)/0,95 \cong 163$ mM/l.

b) Como os íons que podem atravessar a parede do capilar são monovalentes ($z = \pm 1$), então a 310 K: $\dfrac{kT}{e} = \dfrac{(1,38 \times 10^{-23} \text{ J/K}) \times 310 \text{ K}}{1,6 \times 10^{-19} \text{ C}} \cong 267139 \times 10^{-4}$ V $\cong 267,139$ mV. Portanto, a diferença de potencial entre as faces do capilar será: $\Phi_D \cong 267,139 \times \text{Ln}(0,95) = -1,37$ mV.

c) A condição de eletroneutralidade no plasma $\Rightarrow C_{Cl}(2) + C_A(2) = C_{Na}(2)$; portanto, $C_A(2) = 163$ mM/l $- 147$ mM/l $\cong 16$ mM/l será a concentração de proteínas no plasma.

Exemplo: A membrana do axônio de lula a 310 K tem um potencial de repouso da ordem de -74 mV. Os diversos íons presentes no fluido extracelular (1) e intracelular (2) têm as concentrações (mM/l) apresentadas na tabela a seguir:

ÍON	C(1)	C(2)	C(2)/C(1)	Φ^N (mV)
K^+	20	400	20	-80
Na^+	440	50	0,113	58,1
Ca^{++}	10	0,4	0,04	43
Mg^{++}	54	10	0,185	22,5
Cl^-	500	40 a 150	0,08 a 0,3	$-67,5$ a $-32,2$
A^-	—	360	—	—

O que se pode concluir a partir do valor do potencial de Nernst de cada tipo de íon?

Resolução: a tabela mostra que se pode considerar que o valor Φ_K^N é próximo ao valor mínimo de Φ_{Cl}^N; portanto, $\Phi_K^N \approx \Phi_{Cl}^N$. Em primeira aproximação, podemos fazer a seguinte interpretação: os íons K^+ e Cl^- são as únicas espécies iônicas que podem passar pela biomembrana, e os outros íons presentes não podem passar por ela. Portanto, o equilíbrio Donnan será atingido se o potencial da membrana for $\Phi_D \approx \Phi_K^N \approx \Phi_{Cl}^N$.

A membrana será *impermeável* a íons de sódio, íons orgânicos, íons polivalentes e aos grandes ânions presentes no meio intracelular. Porém, como a biomembrana é *permeável* aos íons de sódio, o equilíbrio de Donnan não é suficiente para explicar a baixa concentração desse íon no interior da célula.

Exemplo: No meio extracelular dos vertebrados, as concentrações típicas em mM/l dos íons que passam através de uma biomembrana são: $C_{Na}(1) = 140$; $C_K(1) = 10$; $C_{Cl}(1) = 150$, a 310 K. Se a concentração no meio intracelular dos íons que não podem passar pela biomembrana é 125 mM/l, determine a concentração no meio intracelular dos íons que passam através da biomembrana.

Resolução: nesse caso, é preciso avaliar concentrações iônicas no fluido intracelular sem especificar que tipo de célula está sendo analisado. Resultados e conclusões que serão obtidos serviram somente como um guia do que se pode esperar em situações semelhantes.

No equilíbrio de Donnan — Equação (8.9) —, deve-se satisfazer:

$\dfrac{C_K(1)}{C_K(2)} = \dfrac{C_{Na}(1)}{C_{Na}(2)} = \dfrac{C_{Cl}(2)}{C_{Cl}(1)}$. Dessas duas equações, encontramos:

$C_{Na}(2) = \dfrac{C_{Na}(1)}{C_K(1)} C_K(2) = 14 C_K(2)$ e $C_{Cl}(2) = \dfrac{C_{Cl}(1)}{C_K(2)} C_K(1) = \dfrac{1.500}{C_K(2)}$.

Pela eletroneutralidade do fluido intracelular: $C_K(2) + C_{Na}(2) = C_{Cl}(2) = C_A(2) \Rightarrow C_K(2) = 14\,C_K(2) = [1500/C_K(2)] + 125$. Ou seja, $C_K^2(2) - 8{,}3\,C_K(2) - 100 = 0$.

Resolvendo essa equação de 2º grau, encontramos: $C_K(2) = 15$ mM/l.

Logo: $C_{Na}(2) = 14 \times 15$ mM/l = 210 mM/l e $C_{Cl}(2) = (1.500/150)$ mM/l = 100 mM/l.

Na Figura 8.16, estão representados os valores das concentrações dos íons Na^+, K^+ e Cl^- nos meios extracelular e intracelular do último exemplo discutido. O acúmulo de cargas elétricas positivas e negativas localizadas em uma camada denominada *comprimento de Debye* tem uma espessura λ_D da ordem de 7,5Å.

As concentrações iônicas do exemplo anterior satisfazem:

$\dfrac{C_K(2)}{C_K(1)} = \dfrac{C_{Na}(2)}{C_{Na}(1)} = \dfrac{C_{Cl}(1)}{C_{Cl}(2)} = \dfrac{3}{2}$.

Logo, o respectivo potencial Donnan será $\Phi_D = \Phi_{Na}^N = \Phi_K^N = \Phi_{Cl}^N = -\dfrac{kT}{e}\mathrm{Ln}\left(\dfrac{3}{2}\right) \cong -10{,}8$ mV.

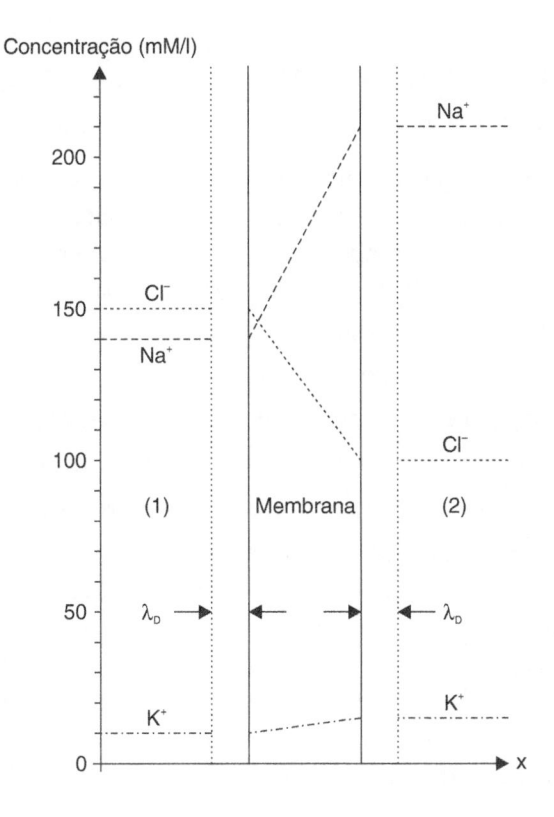

FIGURA 8.16

Variação das principais concentrações iônicas nos fluidos celulares de um vertebrado a qual ocorre por causa da exclusiva influência dos ânions proteicos. O comprimento de Debye é uma camada muito fina de cargas elétricas.

Como $C_A(2) \neq 0$, as concentrações iônicas no fluido intracelular e extracelular satisfazem: $C_K(2) > C_K(1)$ e $C_{Na}(2) > C_{Na}(1)$; ou seja, $C_K(2) + C_{Na}(2) > C_K(1) + C_{Na}(1)$. *A concentração total de íons positivos no fluido intracelular é maior do que no fluido extracelular*. Por ser $C_K(2) + C_{Na}(2) = C_{Cl}(2) + C_A(2)$ e $C_K(1) + C_{Na}(1) = C_{Cl}(1)$, pode-se concluir que:

$$C_K(2) + C_{Na}(2) + C_{Cl}(2) + C_A(2) > C_K(1) + C_{Na}(1) + C_{Cl}(1)$$

A *concentração osmótica* que ocorre em virtude dos íons no meio intracelular (2) excede aquela do meio extracelular (1). Se nesses meios a água se move livremente, haverá um fluxo desses íons no sentido do meio extracelular (1) para o meio intracelular (2), alterando as concentrações dos íons até que o equilíbrio Donnan seja atingido. *Essa difusão das moléculas de água tende a diluir a concentração dos ânions proteicos presentes no meio intracelular*.

Na eventualidade de *não se ter ânions proteicos* no fluido intracelular, a equação de 2º grau resultante seria: $C_K^2(2) - 100 = 0$, portanto $C_K(2) = 10$ mM/l.

Logo, $C_{Na}(2) = 140$ mM/l e $C_{Cl}(2) = 150$ mM/l. Esses novos valores das concentrações iônicas implicaram $\Phi_D = 0$. Portanto, a presença dos ânions proteicos A^{Z-} no fluido intracelular tem um papel importante no valor final do potencial de uma biomembrana.

8.3 Movimento de íons em uma solução eletrolítica

Todo movimento de partículas carregadas ou portadoras de carga elétrica constitui uma *corrente elétrica*. Essa corrente é importante na propagação de *potenciais elétricos* ao longo de *fibras nervosas*. A corrente elétrica é uma quantidade escalar que se manifesta de diversas maneiras, como:

- calor, no caso dos aquecedores;
- luz + calor, no caso das lâmpadas;
- energia mecânica, no caso dos motores elétricos;
- elemento de defesa, no caso dos peixes elétricos;
- elemento de navegação, no caso de alguns animais aquáticos etc.

Definimos a corrente elétrica I através da seção transversal, com área A, de um meio condutor, como a taxa do *fluxo de carga elétrica* através dessa área. Se n é o número de portadores por unidade de volume, q é a carga elétrica de cada portador e v_d é a velocidade média de deslocamento ou velocidade de migração de cada portador, então, no intervalo de tempo Δt, toda a carga ΔQ contida no elemento de volume $Av_d\Delta t$ entre as posições x_1 e x_2 do condutor foi a que atravessou A em x_1, como mostra a Figura 8.17; assim,

$$I = \frac{\Delta Q}{\Delta t} = n \cdot q \cdot A \cdot v_d \cdot \frac{\Delta t}{\Delta t} = n \cdot q \cdot A \cdot v_d \quad (8.10)$$

No SIU, a corrente elétrica é medida em Ampère (A), sendo 1 A = 1 C/1 s. São muito utilizados os submúltiplos miliampère (1 mA = 10^{-3} A) e microampère (1 μA = 10^{-6} A).

Quando o meio condutor é uma *solução eletrolítica, a corrente elétrica é originada pelo deslocamento dos íons presentes na solução*.

Outra quantidade física utilizada para descrever os efeitos suscitados por causa do movimento de portadores de carga elétrica é a quantidade vetorial *densidade de corrente* elétrica $\vec{J}$. Sua *magnitude* é a corrente por unidade de área (A/m² no SIU), a *direção e o sentido* são os mesmos que os do campo elétrico que age sobre os portadores. Logo, da Equação (8.10), teremos

$$\vec{J} = nq\vec{v}_d. \quad (8.11)$$

Se ρ é a densidade volumétrica dos portadores de carga elétrica, a densidade de corrente elétrica $\vec{J}$ satisfaz a *equação de continuidade* — Equação (7.9):

$$\text{div}\,\vec{J} + \frac{\partial \rho}{\partial t} = 0 \quad (8.12)$$

Em muitos meios condutores, $\vec{J}$ é proporcional ao campo elétrico $\vec{E}$ no *meio*. Nesses meios, a relação $\vec{J} = \sigma\vec{E} = \vec{E}/\rho$, denominada *lei de Ohm*, é satisfeita, sendo σ a *condutividade elétrica* do meio (não confundir com densidade de carga superficial) e ρ = 1/σ, a *resistividade elétrica* do meio (não confundir com densidade de carga volumétrica). Quando o valor de σ não depende da magnitude de $\vec{E}$, dizemos que o *meio é linear*.

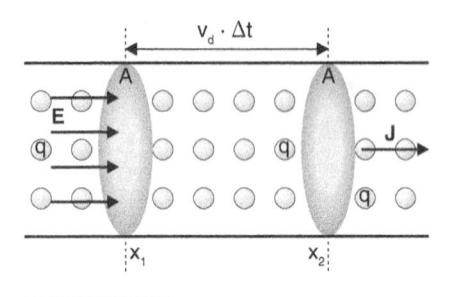

FIGURA 8.17

Corrente elétrica I resultante do movimento dos portadores com carga elétrica q. A é a área da seção transversal do meio condutor.

Georg Simon Ohm (1789-1854), físico alemão. Elaborou a lei fundamental das correntes elétricas.

Exemplo: Em determinado instante, o potencial elétrico ao longo de um axônio varia de acordo com o gráfico ao lado. O raio do axônio é 10^{-5} m, a resistividade do axoplasma (fluido intracelular) é 0,5 V·m/A. Como varia a corrente elétrica ao longo do axônio em função de sua posição?

Resolução: a intensidade de campo elétrico ao longo do axônio entre as posições 0 a 1 mm é $E_1 = -\left[\dfrac{20 \times 10^{-3} - (-90 \times 10^{-3})}{10^{-3}}\right]$ V/m = -110 V/m.
Se o meio é linear, a densidade de corrente será: $J_1 = E_1/\rho = -220$ A/m².
Portanto, a intensidade da corrente é: $I_1 = J_1 A = -6,9 \times 10^{-8}$ A.
Intensidade do campo elétrico ao longo do axônio entre as posições 1 mm a 1,5 mm é $E_2 = -\left[\dfrac{-90 \times 10^{-3} - 20 \times 10^{-3}}{0,5 \times 10^{-3}}\right]$ V/m = 220 V/m; a respectiva densidade de corrente será $J_2 = E_2/\rho = 440$ A/m². Portanto, a intensidade da corrente ao longo do axônio neste intervalo é de $I_2 = J_2 A \cong 13,8 \times 10^{-8}$ A.
O gráfico ao lado mostra esta variação.

Quando se analisa o movimento de *solutos ionizados em soluções eletrolíticas*, costuma-se utilizar a constante denominada *mobilidade do íon*. Para uma espécie iônica, essa constante é dada pela relação Nernst-Einstein — veja a Equação (7.14):

$$\mu_i = \frac{D_i}{kT}. \tag{8.13}$$

Em (8.13), D_i é o coeficiente de difusão da espécie iônica e T, a temperatura da solução eletrolítica. A mobilidade quantifica a velocidade relativa da espécie iônica por unidade de força experimentada na solução e depende da viscosidade do solvente, da temperatura da solução, do tamanho do íon que se movimenta e de sua carga elétrica. No SIU, μ é medido em m²/s·J. A *condutividade elétrica* da solução eletrolítica com esta espécie iônica é

$$\sigma_i = \mu_i q_i^2 C_i. \tag{8.14}$$

Em (8.14), q_i e C_i são, respectivamente, a carga elétrica e a concentração da espécie iônica na solução eletrolítica. Se a solução eletrolítica contém n tipos de íons e existe um campo elétrico $\vec{E}$ nela, a densidade de corrente elétrica na solução, resultante do movimento desses íons, será

$$\vec{J} = \sigma \vec{E} = \left(\sum_i \sigma_i\right)\vec{E} = \left(\sum_i \mu_i q_i^2 C_i\right)\vec{E}. \tag{8.15}$$

No meio condutor linear, sua *resistência elétrica* R é proporcional à resistividade elétrica. A Figura 8.18 mostra um meio que conduz uma corrente I se o meio é linear, homogêneo e isotrópico, σ não depende do campo elétrico $\vec{E}$ e o movimento dos portadores pode ocorrer em uma mesma direção. Como nos planos y_1 e y_2, os potenciais elétricos são Φ_1 e Φ_2, respectivamente, então:

- $\Phi = \Phi_2 - \Phi_1 = E \cdot l$ é a diferença de potencial entre os planos y_2 e y_1 do meio.
- $I = J \cdot A = \sigma \cdot E \cdot A$ será a corrente elétrica no meio.

Portanto, a *resistência elétrica* do meio por definição é $R = \dfrac{\Phi}{I} = \dfrac{E \cdot l}{\sigma E \cdot A} = \dfrac{1}{A}\rho$. No SIU, a resistência elétrica é medida em ohm (Ω). Logo, 1 Ω = 1 V/1 A; a resistividade elétrica ρ tem como unidade de medida $\Omega \cdot$m, e a condutividade elétrica, 1/$\Omega \cdot$m.

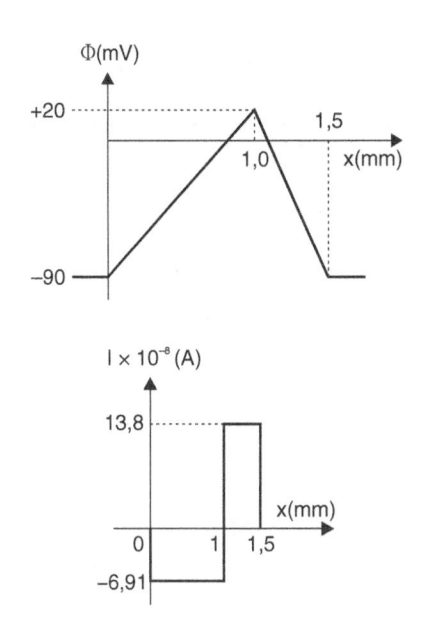

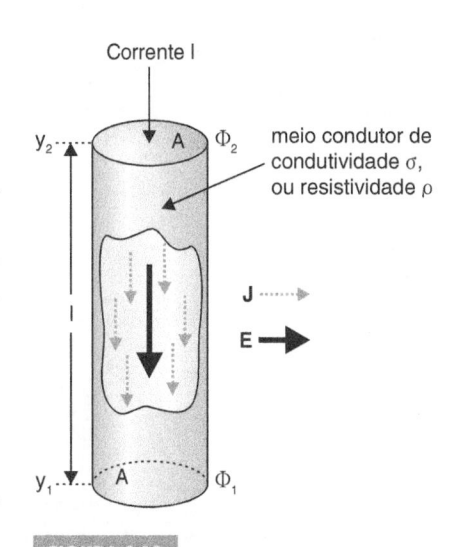

FIGURA 8.18

O meio de condutividade $\sigma = 1/\rho$ tem uma resistência elétrica R = $\rho l/A$.

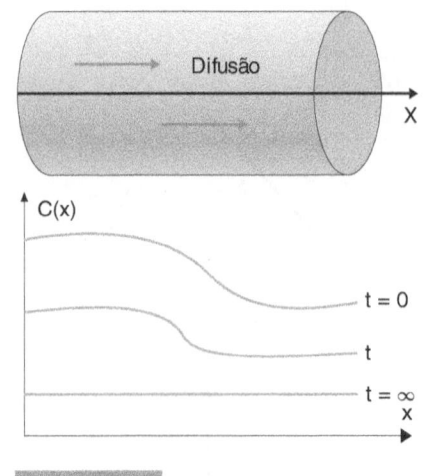

FIGURA 8.19

Difusão unidirecional de solutos (íons) em uma solução eletrolítica.

Max Planck (1858-1947), físico alemão. Estudou a radiação do corpo negro e formulou, em 1900, uma equação simples que descrevia com precisão a distribuição da energia irradiada em função da frequência; assim, fundou a teoria quântica. Foi Prêmio Nobel de Física em 1918.

Equação de Nernst-Planck

Consideremos uma *solução eletrolítica* (por exemplo, sal dissolvido em água), na qual os solutos são íons, com carga elétrica ±ze. Os íons podem mover-se na *solução*:

- Por *difusão*, em virtude do gradiente de concentração no volume da solução. Como mostra a Figura 8.19, no instante t = 0, existe uma pronunciada diferença de concentração do soluto ao longo da direção x. Conforme o tempo avança, essa diferença vai decrescendo, até que, no tempo t = ∞, a concentração dos solutos é uniforme em todo o volume da solução. O fluxo dos íons na solução será dado pela lei de Fick:

$$j_{sd} = -D\frac{\partial C(x)}{\partial x}. \qquad (8.16)$$

Com uma velocidade $\vec{v}_1 = v_{soluto}\hat{i}$, pode acontecer que $\vec{v}_1$ seja simplesmente a velocidade resultante do arraste experimentado pelo movimento do solvente, ou o resultado da ação de alguma força externa atuando sobre o íon. Pelo fato de os solutos serem íons, eles interagem com qualquer campo elétrico $\vec{E} = E\hat{i}$ na solução, resultando, assim, em um movimento do íon na direção da força experimentada $\vec{F} = \pm zeE\hat{i}$. Inicialmente, o movimento do íon será acelerado, até que a força viscosa exercida pelo solvente equilibre a ação da força externa $\vec{F}$ sobre o íon, ou seja, $\beta(v_{soluto} - v_{solvente}) = zeE$. Utilizando a relação Nernst-Einstein — Equação (7.14) —, encontra-se $v_{soluto} = v_{solvente} + \frac{ze}{kT} DE$.

O fluxo resultante do movimento com velocidade uniforme dos solutos será $j_{sm} = C(x)v_{soluto}$; portanto,

$$j_{sm} = C(x)v_{solvente} + \frac{ze}{kT} DEC(x) = C(x)J_v + \frac{ze}{kT} DEC(x). \qquad (8.17)$$

Na Equação (8.17), J_V é o *fluxo volumétrico do solvente*; o termo $C(x)j_v$ é o *fluxo dos solutos* em decorrência do arraste exercido pelo solvente, e $\frac{ze}{kT} DEC(x)$ é o fluxo de íons em virtude da ação da força externa. Considerando $J_V = 0$, o fluxo dos íons por causa da difusão e da ação da força externa será a soma de (8.16) e (8.17). Dessa forma, chegamos à *equação de Nernst-Planck*

$$j_s = j_{sd} + j_{sm} = -D\frac{\partial C}{\partial x} - \frac{ze}{kT} DC\frac{\partial \Phi}{\partial x}. \qquad (8.18)$$

A Equação (8.18) mostra que, na situação em que não se tem fluxo de solutos ($j_s = 0$), a *equação de Nernst* é satisfeita:

$$\frac{\partial \Phi}{\partial x} = -\frac{kT}{ze}\frac{1}{C}\frac{\partial C}{\partial x}. \qquad (8.19)$$

Vamos utilizar a equação de Nernst-Planck para analisar duas situações físicas muito simples quando a solução iônica contém somente íons monovalentes ($z = \pm 1$). Nessa análise, assumiremos que o fluxo de íons, o campo elétrico e os gradientes de concentração estão na mesma direção (por exemplo, x). Os cátions ($z = 1$) da solução com concentração $C_+(x)$ e mobilidade μ_+ e os ânions ($z = -1$) com concentração $C_-(x)$ e mobilidade μ_- satisfazem a seguinte equação

$$j_\pm(x) = -\mu_\pm\left(kT\frac{dC_\pm}{dx} \pm eC_\pm\frac{d\Phi}{dx}\right). \qquad (8.20)$$

Caso 1: A concentração dos íons é *uniforme* na solução eletrolítica. Denominando $C = C_+ = C_-$, então $j_+(x) - j_-(x) = -e(\mu_+ + \mu_-) C \frac{d\Phi}{dx}$; portanto, a densidade de corrente resultante é

$$J_x = e[j_+(x) - j_-(x)] = -e^2(\mu_+ + \mu_-) C \frac{d\Phi}{dx} = -\sigma \frac{d\Phi}{dx} = \sigma E_x. \quad (8.21)$$

Caso 2: A concentração dos íons *não é uniforme* na solução eletrolítica. Consideremos que, na solução, existem dois tipos de íons com mobilidade μ_+ e μ_-, respectivamente; de acordo com a Figura 8.20, a concentração $C(x)$ dos cátions e ânions na região próxima ao plano $x = 0$ é $C_1 = C_+(x) = C_-(x)$ e, na região próxima ao plano $x = L$, é $C_2 = C_+(x) = C_-(x)$. Na região intermediária a esses dois planos, as concentrações $C_+(x)$ e $C_-(x)$ tendem a se nivelar com razões diferentes. Aparecerá, assim, na região de transição da concentração C_1 para C_2, uma pequena diferença $[C_+(x) - C_-(x)]$, dando como resultado uma densidade volumétrica de carga elétrica, $\rho_e(x) = e(C_+ - C_-)$. Essa densidade de carga será a fonte de um campo elétrico $\vec{E} = E\hat{i}$; por causa da ação do campo, a componente elétrica do fluxo $j_{e+}(x)$ *dos cátions aumentará* e, do fluxo $j_{e-}(x)$ *dos ânions, diminuirá*. Simultaneamente, em decorrência da *difusão*, o fluxo $j_{d+}(x)$ dos cátions será um pouco menor e o fluxo $j_{d-}(x)$ dos ânions, um pouco maior.

Uma situação de *estado estacionário* surgiria se $j_+(x) = j_-(x)$, o que implica que a carga elétrica nela transportada é nula, ou seja, a densidade de corrente elétrica $J_e = e(j_+ - j_-)$ é nula. A equação Nernst-Planck $\Rightarrow$ $\frac{kT}{e}\left(\mu_- \frac{dC_-}{dx} - \mu_+ \frac{dC_+}{dx}\right) = \frac{d\Phi}{dx}(\mu_- C_- + \mu_+ C_+)$. No *estado estacionário*, pode-se considerar $C_+(x) \cong C_-(x) = C(x)$. Dessa forma, o gradiente de potencial necessário para gerar um estado estacionário satisfaz

$$\frac{d\Phi}{dx} = -\frac{kT}{e}\left(\frac{\mu_+ - \mu_-}{\mu_+ + \mu_-}\right)\frac{dLnC}{dx}. \quad (8.22)$$

Se as concentrações iônicas C_1 e C_2 antes e depois da região de transição são valores conhecidos, então, escolhendo arbitrariamente os planos x_1 e x_2 no espaço em que as concentrações são, respectivamente, C_1 e C_2, teremos a seguinte diferença de potencial:

$$\begin{aligned}\Phi(x_2) - \Phi(x_1) &= \int_{x_1}^{x_2} \frac{d\Phi}{dx} dx \\ &= -\frac{kT}{e}\left(\frac{\mu_+ - \mu_-}{\mu_+ + \mu_-}\right)\int_{x_1}^{x_2} dLnC(x) \\ &= -\frac{kT}{e}\left(\frac{\mu_+ - \mu_-}{\mu_+ + \mu_-}\right)Ln\left[\frac{C_2}{C_1}\right]. \quad (8.23)\end{aligned}$$

A diferença de potencial expressa na Equação (8.23) é denominada *potencial de difusão*. No caso de $C_1 > C_2$, o potencial de difusão será *positivo* se $\mu_+ > \mu_-$ e *negativo* se $\mu_+ < \mu_-$. Se, por exemplo, os íons fossem Na$^+$ e Cl$^-$, como $\mu_{Na} < \mu_{Cl}$, o potencial de difusão será negativo se $C_1 > C_2$.

Exemplo: Uma solução eletrolítica tem íons de Na$^+$ e Cl$^-$; a difusão dos íons na solução ocorre no sentido da concentração uniforme C_1 à concentração uniforme C_2. Em certa região da solução de espessura δ, a concentração de NaCl muda de C_1 para $C_2 = 0,1\ C_1$. Considerando que a razão das mobilidades desses íons é $(\mu_{Na}/\mu_{Cl}) = 0,66$ e a temperatura da solução, 300 K:

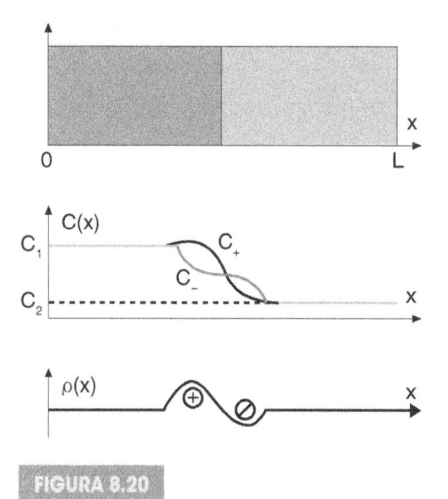

FIGURA 8.20

Solução eletrolítica contendo dois tipos de íons; a concentração dos íons é uniforme nas proximidades do início e do fim do volume considerado. Na região intermediária aparecerá uma fonte de campo elétrico.

a) calcule o potencial de difusão nessa região de espessura δ;
b) explique o significado do sinal desse potencial.

Resolução:
a) Utilizando a Equação (8.23) com $\mu_+ = \mu_{Na}$ e $\mu_- = \mu_{Cl}$, o potencial de difusão será: $\Phi_{dif} = -\dfrac{kT}{e}\left(\dfrac{0,86-1}{0,86+1}\right) Ln(0,1) = (-25,85) \times (-0,2061)(-2,3) \cong -12,27$ mV.

b) A difusão acontece no sentido de $C_1 \rightarrow C_2$, então o sinal negativo do potencial de difusão se deve ao fato de que a mobilidade do Cl^- é maior que a mobilidade do Na^+.

Equação de Goldman-Hodgkin-Katz

Voltando ao estudo do transporte de íons através de uma biomembrana, inicialmente identificaremos a densidade de corrente associada a cada espécie iônica. Nos fluidos celulares, a *concentração* de cada espécie iônica é diferente, o que origina a *difusão iônica*, que tende a uniformizar a concentração de cada espécie. Enquanto as concentrações iônicas são diferentes, a *agitação térmica* dos íons também contribuirá para a tendência uniformizadora. O fluxo formado por causa da *difusão iônica* — Equação (8.16) — implicará o aparecimento da correspondente densidade de corrente

$$\vec{J}^D = \sum_i \vec{J}_i^D = -\sum_i q_i D_i \text{grad} C_i = -\sum_i q_i \mu_i kT \text{grad} C_i. \quad (8.24)$$

Na Equação (8.24), T é a temperatura dos fluidos celulares; C_i, μ_i e q_i são, respectivamente, a concentração, a mobilidade e a carga elétrica de cada espécie iônica. Como a concentração de cada espécie iônica *não é uniforme* e por causa da diferença de permeabilidade seletiva da biomembrana para cada espécie iônica, gera-se um campo elétrico $\vec{E}$ em seu interior. A *densidade de corrente total* através da biomembrana por causa do *fluxo eletrodifusivo passivo* das diversas espécies iônicas será

$$\vec{J}^D = \sum_i \vec{J}_i^p = \sum_i (\vec{J}_i^D + \vec{J}_i^E). \quad (8.25)$$

Para explicitar a Equação (8.25), utilizamos a Equação (8.18) de Nernst-Planck para o *fluxo eletrodifusivo passivo* de cada espécie iônica, além da relação Nernst-Einstein — Equação (8.13). Logo,

$$\vec{J}^p = \sum_i \vec{J}_i^p = -\sum_i q_i \mu_i (kT \text{grad} C_i + q_i C_i \text{grad} \Phi). \quad (8.26)$$

Se as quantidades $\vec{J}_i^p$, $\vec{E}$ e C_i dependessem somente da variável x, a expressão da densidade de corrente que ocorre em virtude do fluxo eletrodifusivo passivo da espécie iônica i será

$$J_i^p = -q_i \mu_i \left(kT \frac{dC_i}{dx} + q_i C_i \frac{d\Phi}{dx}\right). \quad (8.27)$$

Exemplo: Nos dois meios celulares encontramos íons X^+ e Y^- com concentrações: $C_X(1)$ e $C_Y(1)$, no meio extracelular, e $C_X(2)$ e $C_Y(2)$, no meio intracelular. Analise o transporte iônico suscitado por causa da *difusão* através da biomembrana, lembrando que o transporte de solutos iônicos que ocorre em virtude da difusão satisfaz a Equação (7.9).

Resolução: se a difusão dos espécimes iônicos acontece ao longo da direção x, aplicando-se a Equação (8.24) ao transporte dos íons monovalentes X^+ e Y^-, temos:

$J_X dx = -\mu_X \cdot kT \frac{\partial C_X}{\partial x} d_x = -\mu_X kT(dC_X) \Rightarrow \int J_X dx = -\mu_X kT \int_i^f dC_X = -\mu_X kT[C_X(f) - C_X(i)]$.

$J_Y dx = -\mu_Y \cdot kT \frac{\partial C_Y}{\partial x} d_x = \mu_Y kT(dC_Y) \Rightarrow \int J_Y dx = \mu_Y kT \int_i^f dC_Y = \mu_Y kT[C_Y(f) - C_Y(i)]$.

Pela condição de eletroneutralidade dos meios: $C_X(1) = C_Y(1)$ e $C_X(2) = C_Y(2)$, ou seja, $C_X(2) - C_X(1) = C_Y(2) - C_Y(1)$. Portanto, $\frac{1}{\mu_X} \int_i^f J_X dx$ e $\frac{1}{\mu_Y} \int_i^f J_Y dx$ serão de sentidos opostos. A figura ao lado representa a situação física em que a posição f é em (2) e a posição i é em (1), sendo $C_X(1) > C_X(2)$. Note que a análise da tendência difusional desses íons não considerou os efeitos do potencial da biomembrana e dos potenciais eletroquímicos gerados pelos íons X^+ e Y^-.

A resolução deste exemplo exige um *esclarecimento sobre a aplicação da equação de Nernst-Planck* — Equação (8.27), na qual a concentração de uma espécie iônica $C_i(x)$ ocorre no interior da biomembrana, ao passo que a concentração $C_i(x)$ na expressão do potencial de biomembrana refere-se ao valor da concentração nos fluidos extra e intracelular. Essa aparente incoerência tem a seguinte explicação: nas superfícies da biomembrana em contato com os meios (1) e (2), teremos, respectivamente, $C_i(1)]_{membrana} = \Omega_i C_i(1)]_{fluidoextracelular}$ e $C_i(2)]_{membrana} = \Omega_i C_i(2)]_{fluidointracelular}$, sendo $\Omega_i \ll 1$ um fator constante denominado *coeficiente de partição*. Dessa forma, no cálculo do potencial da biomembrana, ao se realizar a integração de um elemento diferencial de concentração, desde um ponto qualquer no meio extracelular (1) a outro ponto qualquer no meio intracelular (2), a diferença das concentrações de determinada espécie iônica nas faces da biomembrana é aproximadamente igual à diferença entre as concentrações no meio externo $C_i(1)$ e interno $C_i(2)$ de uma célula.

Uma análise mais precisa do transporte de íons através de uma biomembrana deve levar em conta que a biomembrana apresenta diferentes tipos de *canais iônicos*, fazendo com que haja uma permeabilidade diferente para cada espécie iônica presente nos fluidos celulares. Dizemos então que a biomembrana tem *permeabilidade seletiva*; normalmente, é *permeável* a pequenos íons inorgânicos e íons monovalentes, *pouco permeável* a íons multivalentes e *impermeável* a íons orgânicos complexos (fosfatos orgânicos) e a proteínas.

Goldman, em 1943, e Hodgkin e Katz, em 1949, utilizaram o fato experimental de que em uma *situação de estado estacionário*, a permeabilidade da biomembrana aos íons Na^+, K^+ e Cl^- tem valores muito maiores que para os outros tipos de íons presentes no fluido celular.

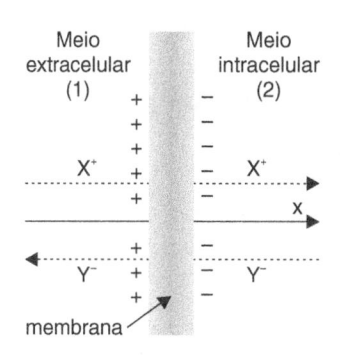

Quando estudamos o *fluxo de solutos* (não ionizados) através de uma membrana com coeficiente de reflexão σ, coeficiente de permeabilidade P_S e sendo j_V o fluxo volumétrico da solução, encontramos — Equação (7.20): $j_S = (1 - \sigma) j_V \overline{C}_S + P_S \Delta C_S$, onde $\Delta C_S = C_S - C'_S$ é a diferença de concentração do soluto em ambas as faces da membrana. O valor médio da concentração do soluto é $\overline{C}_S = (1/2)(C_S + C'_S) + G(x) \Delta C_S$. O fator de correção $G(x)$ é dado por: $G(x) = \dfrac{1}{2}\left(\dfrac{e^x + 1}{e^x - 1}\right) - \dfrac{1}{x}$, sendo $x = \delta/\lambda$, δ, espessura da membrana e $\lambda = \delta P_S/(1 - \sigma) j_V$. Logo, o fluxo do soluto através da membrana será:

$$j_s = xP_s\overline{C}_s + P_s(C_s - C'_s) = \dfrac{P_s x}{e^x - 1}(e^x C_s - C'_s) \quad (8.28)$$

Se o soluto transportado através da membrana fosse um íon de carga ze, então, para uma *situação de equilíbrio,* $j_s = 0 \Rightarrow C'_s = e^x C_s$. Porém, essa condição de equilíbrio aplicada ao transporte de solutos ionizados através de uma membrana celular de espessura δ nos levou ao potencial de Nernst — Equação (8.8) —, $C(2) = C(1) e^{-ze[\Phi(2) - \Phi(1)]/kT} = C(1) e^{-ze\Delta\Phi/kT}$. Portanto, essa situação de equilíbrio acontece quando $x = \dfrac{\delta}{\lambda} = -\dfrac{ze}{kT}\Delta\Phi$. Logo, a *densidade de corrente* através da membrana que ocorre por causa do transporte desse íon é dada por

$$J_{es} = zej_s = \dfrac{z^2 e^2}{kT}\Delta\Phi P_s\left[\dfrac{C_s(1)e^{-ze\Delta\Phi/kT} - C_s(2)}{1 - e^{-ze\Delta\Phi/kT}}\right]. \quad (8.29)$$

Utilizando a Equação (8.29) e denominando $\alpha = \dfrac{e\Delta\Phi}{kT}$, encontramos que as densidades de corrente através de uma biomembrana por causa do transporte dos íons Na^+, K^+ e Cl^- serão, respectivamente:

$$J_{Na} = e\alpha P_{Na}\left[\dfrac{C_{Na}(1)e^{-\alpha} - C_{Na}(2)}{1 - e^{-\alpha}}\right]; \quad J_K = e\alpha P_K\left[\dfrac{C_K(1)e^{-\alpha} - C_K(2)}{1 - e^{-\alpha}}\right]$$

e $J_{Cl} = e\alpha P_{Cl}\left[\dfrac{C_{Cl}(1)e^{\alpha} - C_{Cl}(2)}{1 - e^{\alpha}}\right]$.

Analisemos a consequência físico-biológica de a densidade de corrente resultante de $J_{Na} + J_K + J_{Cl}$ *ser nula*, ou seja, a quantidade de carga elétrica no interior da biomembrana não muda com o tempo, o que implica:

$$[P_{Na}C_{Na}(1) + P_K C_K(1) + P_{Cl}C_{Cl}(2)]e^{-e\Delta\Phi/kT} = P_{Na}C_{Na}(2) + P_K C_K(2) + P_{Cl}C_{Cl}(1).$$

Assim, a diferença de potencial da biomembrana, ou simplesmente o *potencial da membrana,* será dada por:

$$\Delta\Phi = \Phi(2) - \Phi(1) = \dfrac{kT}{e}\mathrm{Ln}\left[\dfrac{P_{Na}C_{Na}(1) + P_K C_K(1) + P_{Cl}C_{Cl}(2)}{P_{Na}C_{Na}(2) + P_K C_K(2) + P_{Cl}C_{Cl}(1)}\right]. \quad (8.30)$$

A Equação (8.30) é denominada *equação de Goldman-Hodgkin-Katz (GHK).* Vamos aplicá-la para determinar o potencial da membrana das células do músculo cardíaco, cuja composição iônica (em mM/litro) dos fluidos celulares a 300 K e os potenciais de Nernst de cada tipo de íon são apresentados na tabela a seguir, que também mostra os valores dos coeficientes de permeabilidade da biomembrana para cada tipo de íon.

Íon	C(2)	C(1)	C(1)/C(2)	Φ^N(mV)	P × 10^{-9} cm/s	PC(1) × 10^{-5} mM/m^2·s	PC(2) × 10^{-5} mM/m^2·s
Na^+	15	145	9,667	58,90	5	0,725	0,075
K^+	150	4	0,027	−94,09	500	2,0	75
Cl^-	5	120	24,000	−82,51	10	1,2	0,050
Ca^{++}	10^{-4}	2	20.000	128,56	***	****	****

Discutiremos o valor calculado para o potencial da biomembrana com relação a seu valor experimental e com os valores dos potenciais de Nernst de cada espécie iônica:

- Na condição de equilíbrio, o valor determinado experimentalmente para o potencial da biomembrana está no intervalo $-95\text{mV} \leq \Phi_M \leq -85\text{mV}$.
- Aplicando os dados da tabela na equação GHK (considerando somente o transporte dos íons Na^+, K^+ e Cl^-, devido ao fato de que o coeficiente de permeabilidade para os outros íons presentes no fluido celular origina fluxos desprezíveis se comparados com os desses íons), chega-se ao valor: $\Phi_M \cong -86,03$ mV. Ou seja, a carga elétrica da biomembrana é positiva em sua face externa e negativa na face interna.
- A conclusão evidente nesse caso é que todas as considerações assumidas para se chegar à equação GHK foram bastante plausíveis.
- Da comparação entre os potenciais de Nernst dos íons presentes no fluido celular e o valor estimado do potencial da biomembrana, a impressão inicial seria a de que ela somente é permeável aos íons K^+ e Cl^-, contrariando o que acontece na verdade. Para explicar o transporte dos íons Na^+, teríamos de admitir que a permeabilidade aos íons possa mudar e, consequentemente, o valor de Φ_M (seria o caso das células excitáveis) ou que exista outro mecanismo celular para o transporte desses íons (por exemplo, o transporte por meio das bombas iônicas). Mais à frente encontraremos a resposta a este transporte.
- Se o transporte dos íons Ca^{++} acontece, então seu alto valor do respectivo potencial de Nernst exigiria a existência de outra forma de transporte iônico através da membrana.

8.4 Fluxo iônico através da biomembrana e as bombas iônicas

Para se chegar à definição do *potencial de uma biomembrana*, começou-se analisando as consequências das concentrações das diversas espécies iônicas nos fluidos da célula, ou seja, o fluxo por simples difusão — Equação (8.16) — através da biomembrana. Enquanto se chegava ao equilíbrio de concentrações, um dos meios recebia um excesso de ânions ou de cátions, enquanto o outro meio teria um déficit. Essa migração iônica criou um campo elétrico na biomembrana. A densidade de corrente elétrica que ocorre pela difusão das espécies iônicas ($J_{ed} = \sum_i z_i e j_{di}$) e o efeito do campo elétrico no movimento desses íons nos levaram a um *regime estacionário* que acontece quando a densidade de corrente total através da biomembrana é nula. Quando o fluxo iônico através da biomembrana se deve a um único tipo de íon, no regime estacionário, seu potencial será dado pela expressão de Nernst — Equação (8.8).

Para se chegar à relação de Nernst, *implicitamente* foi assumido que a biomembrana é *permeável* às diferentes espécies iônicas presentes nos fluidos da célula. A seguir, consideramos que uma biomembrana de fato não é permeável a todas as espécies iônicas. Nessa situação, um novo *regime estacionário,* denominado *equilíbrio Donnan*, foi definido. O potencial da biomembrana, denominado *potencial Donnan* Φ_D, foi explicitado em função da concentração de qualquer uma das espécies iônicas que podem atravessar a biomembrana (íons permeantes):

$$\Phi_D = \Phi(2) - \Phi(1) = \frac{kT}{z_i e} \operatorname{Ln}\left[\frac{C_i(1)}{C_i(2)}\right] = \Phi_i^N. \qquad (8.31)$$

Se os íons não permeantes no meio intracelular têm concentração $C_A(2)$ e os permeantes são monovalentes ($z = \pm 1$), então, denominando $C_+(2)$ e $C_-(2)$, respectivamente, a concentração no meio intracelular de cada tipo de íon positivo e negativo, pode-se escrever a Equação (8.31) na seguinte forma

$$\Phi_D = \Phi(2) - \Phi(1) = \frac{kT}{2e}\operatorname{Ln}\left[1 - \frac{C_A(2)}{\sum C_+(2)}\right] = \frac{kT}{2e}\operatorname{Ln}\left[\frac{\sum C_-(2)}{\sum C_+(2)}\right]. \qquad (8.32)$$

Como $\sum C_-(2) < \sum C_+(2)$, o potencial Φ_D será negativo, isto é, *o interior da célula é negativo em relação a seu exterior*. A Equação (8.31) também pode ser escrita como:

$$\Phi_D = \frac{kT}{2e}\operatorname{Ln}\left[\sqrt{4 + \frac{C_A^2(2)}{C^2(1)}} - \frac{C_A(2)}{C(1)}\right]. \qquad (8.33)$$

Na Equação (8.33), $C(1) = \sum C_+(1) = \sum C_-(1)$ é a concentração iônica total dos espécimes positivos ou negativos no fluido extracelular. Em geral, a concentração dos íons permeantes no interior da biomembrana é muito pequena (se comparada com as respectivas concentrações iônicas nos fluidos celulares) por causa do conteúdo de água na biomembrana. Se comparado com o conteúdo no interior da célula, é uma fração volumétrica da ordem de 10^{-2} a 10^{-3}.

Ao utilizar a Equação (8.31) para calcular o potencial da biomembrana de uma grande variedade de células, os resultados obtidos, comparados com os valores experimentais, são bastante diferentes mesmo dentro da margem de erro da medida experimental. Em muitos casos, o valor experimental do potencial da biomembrana é próximo ao valor do potencial de Nernst do K^+ e/ou Cl^- (dizemos que há um equilíbrio *Donnan* com esses íons) e muito diferente do valor do potencial de Nernst do íon Na^+. Poderíamos afirmar, sem muita convicção, que o coeficiente de permeabilidade da biomembrana é zero ou relativamente pequeno para os íons Na^+, o que entraria em contradição com a evidência experimental.

Se calcularmos o valor do potencial da biomembrana com a fórmula de Goldman-Hodgkin-Katz e compararmos o valor obtido com o experimental, a discrepância entre esses valores, dependendo da célula, será reduzida.

Ao deduzir-se a equação GHK, não foi necessário utilizar explicitamente a equação de Nernst-Planck, enquanto na dedução do potencial *Donnan* o foi. Isso é um indício de que *deve existir algum outro mecanismo para a passagem dos íons através da membrana* que não foi considerado na dedução da equação de Nernst-Planck. Evidências experimentais indicam que a energia metabólica da célula (através das moléculas ATP) é a fonte de energia necessária para que um *mecanismo denominado bomba iônica* transporte íons para dentro e/ou fora da célula (*transporte ativo*). Modificaremos a equação de Nernst-Planck adicionando ao termo eletrodifusivo (responsável pelo *transporte passivo*) um termo j^a que quantifique o transporte ativo dos íons por meio de uma bomba iônica.

Desta forma, o fluxo de íons através da biomembrana para determinada espécie iônica que se move na direção x seria:

$$j_i = j_i^a - D_i\left(\frac{\partial C_i}{\partial x} + \frac{z_i e}{kT} C_i \frac{\partial \Phi}{\partial x}\right). \tag{8.34}$$

A Equação (8.34) dará um efeito físico para o fluxo iônico no *regime estacionário* que não será exclusivamente um equilíbrio eletrodifusivo suscitado em decorrência das diversas espécies iônicas que atravessam a biomembrana.

Analisemos, a título de exemplo, uma situação em que a célula disponha somente de *bombas iônicas de sódio*. Essa bomba iônica transporta íons Na$^+$ no sentido do interior (2) para o exterior (1) da célula, o que será convencionado como um *fluxo negativo*, ou seja, $-j_{Na}^a$.

No *regime estacionário*, quando $j_{Na} = 0$:

$$j_{Na}^a = D_{Na} e^{-e\Phi(x)/kT} \frac{\partial}{\partial x}[C_{Na}(x) e^{e\Phi(x)/kT}] \text{ ou } \frac{\partial}{\partial x}[C_{Na}(x) e^{e\Phi(x)/kT}] = \frac{j_{Na}^a}{D_{Na}} e^{e\Phi(x)/kT}. \tag{8.35}$$

Integrando a Equação (8.35) desde a posição x_1 no meio (1) até x_2 no meio (2), teremos: $\overline{C}_{Na}(2)e^{e\Phi(2)/kT} - \overline{C}_{Na}(1)e^{e\Phi(1)/kT} = \frac{j_{Na}^a}{D_{Na}}\int_{x_1}^{x_2} e^{e\Phi(x)/kT}dx$, onde $\overline{C}_{Na}(2) = \Omega_{Na}C_{Na}(2)$ e $\overline{C}_{Na}(1) = \Omega_{Na}C_{Na}(1)$ são as concentrações do Na$^+$ nas faces da biomembrana em contato com os meios (2) e (1), respectivamente, e Ω_{Na} é o coeficiente de partição para o sódio. Se o potencial da membrana for $\Phi_M = \Phi(2) - \Phi(1)$,

$$C_{Na}(2) = C_{Na}(1)e^{-e\Phi_M/kT} + \frac{j_{Na}^a}{\Omega_{Na}D_{Na}}\int_{x_1}^{x_2} e^{[\Phi(x)-\Phi(2)]/kT}dx. \tag{8.36}$$

O primeiro termo à direita da igualdade (8.36) representa a concentração dos íons de sódio $C_{Na}(2)$ no meio intracelular na condição de equilíbrio Donnan; o segundo termo representa a diminuição dessa concentração em virtude da ação da bomba iônica de sódio.

No exemplo discutido para o cálculo do potencial de *Donnan*, conhecendo as concentrações típicas (em mM/l) dos íons Na$^+$, Cl$^-$ e K$^+$ no meio extracelular dos vertebrados: $C_{Na}(1) = 140$; $C_{Cl}(1) = 150$ e $C_K(1) = 10$, e, no meio intracelular, $C_A(2) = 125$, foi calculado que, na situação *equilíbrio de Donnan*: $C_{Na}(2) = 210$; $C_K(2) = 15$; $C_{Cl}(2) = 100$ em mM/l e $\Phi_D = -10{,}5$ mV.

Se hipoteticamente a célula tiver bombas iônicas de sódio, com intensidade suficiente para que a concentração dos íons de sódio no meio intracelular seja reduzida em $\approx 94\%$, ou seja, $C_{Na}(2) = 12$ mM/l, as relações: $\frac{C_K(2)}{C_K(1)} = \frac{C_{Cl}(1)}{C_{Cl}(2)}$ e $C_K(2) + C_{Na}(2) = C_{Cl}(2) + C_A(2) \Rightarrow C_K(2) = 125$ e $C_{Cl}(2) = 12$. Essa alteração das concentrações implica um potencial de membrana: $\Phi_M = -\frac{kT}{e}\text{Ln}\left[\frac{C_K(2)}{C_K(1)}\right] = -\frac{kT}{e}\text{Ln}\left[\frac{C_{Cl}(1)}{C_{Cl}(2)}\right] = -65{,}3$ mV e o potencial de Nernst do sódio: $\Phi_{Na}^N = -\frac{kT}{e}\text{Ln}\left[\frac{C_{Na}(2)}{C_{Na}(1)}\right] = -\frac{kT}{e}\text{Ln}\left[\frac{12}{140}\right] = 63{,}6$ mV.

Portanto, a ação da bomba iônica de sódio manifestou-se: (a) produzindo um potencial de membrana (–65,3 mV) muito diferente do potencial Donnan (–10,5 mV); (b) alterando o potencial de Nernst do sódio de –10,5 mV para +63,6 mV — valores bastante condizentes com os resultados experimentais.

8.5 Transporte ativo de íons

O transporte de solutos (íons) através de uma biomembrana contra seu gradiente eletroquímico é denominado *transporte ativo de íons*. Esse mecanismo é realizado por *proteínas transmembranais* especializadas no transporte de uma espécie iônica, moléculas ou grupos de íons ou moléculas análogas. Quando a bicamada lipídica está *isenta de proteínas*, a biomembrana é altamente impermeável a íons, não importando o quão pequenos eles sejam.

O transporte ativo de íons através de uma biomembrana é sempre mediado por *proteínas transportadoras (carregadoras)*. As proteínas se ligam à espécie iônica a ser transportada apresentando mudanças conformacionais durante esse transporte. Tal ação requer que a proteína esteja acoplada a uma fonte de *energia metabólica*, que pode ser ATP ou um gradiente transmembranar de um segundo soluto. O transporte ativo pode acontecer também através de *canais*, que não precisam se ligar ao íon a ser transportado, porque este se difundirá através dos *poros hidrofílicos* formados por essas proteínas na bicamada lipídica.

O transporte ativo primário é feito por uma ATPase que catalisa o ATP e se autofosforila; isso altera a afinidade do local de ligação para o soluto e a razão de alteração conformacional, originando uma assimetria na distribuição do soluto transportado.

O transporte ativo pode ser de íons monovalentes, como Na^+, K^+, H^+; íons bivalentes, como Ca^{++}; nutrientes orgânicos, como os aminoácidos e a glicose, para o interior da célula. No quadro a seguir, mostramos os tipos de ATPase transportadores de íons. Os de tipo P e V são consumidores de ATP e o do tipo F, a principal fonte de ATP.

	Exemplo	Localização	Função
ATPase tipo P	ATPase Na^+ / K^+	Nas membranas celulares	Transporta 3 íons de Na^+ para o exterior e 2 íons de K^+ para o interior
	ATPase Ca^{++}	Membrana plasmática	Bombeia cálcio para o fluido extracelular
		Retículo sarcoplasmático e endoplasmático	Bombeia cálcio para seu interior
	ATPase H^+ / K^+	Membrana celular das células parietais gástricas	Secreção gástrica no estômago. Não é electrogênica
ATPase tipo V	ATPase H^+	Lisossomas, endossomas, vesículas de secreção e grânulos de armazenamento.	Acidificação das organelas em que estão presentes
ATPase tipo F	ATPase H^+	Membrana mitocôndria interna	Usa energia do gradiente dos íons H^+ para a síntese de ATP

Bomba de sódio-potássio

Tipicamente, em uma célula, $C_K(2) > C_K(1)$ e $C_{Na}(2) < C_{Na}(1)$. Essa diferença nas concentrações é responsável pelos respectivos *gradientes eletroquímicos de K e de Na*. Se a célula está em equilíbrio pelo *transporte passivo* de íons, o deslocamento dos Na^+ através da biomembrana será do meio extracelular para o intracelular ($\Phi_{Na}^N \neq \Phi_0$) e o dos K^+, no sentido contrário ($\Phi_K^N \neq \Phi_0$). Portanto, as respectivas concentrações iônicas no meio intracelular e extracelular tenderiam a ser alteradas. Entretanto, a diferença entre as concentrações iniciais é mantida por uma bomba de $Na^+ - K^+$, que é encontrada na membrana celular. Essa bomba iônica é um exemplo que ilustra o transporte ativo primário.

Como está esquematizado na Figura 8.21, a bomba opera *transportando ativamente* 3 íons Na^+ para o meio externo da célula e 2 íons K^+ para o meio interno da célula. Em (1), 3 íons Na^+ ligam-se à proteína (A) no lado citoplasmático; em (2), os íons Na^+ são transportados através da biomembrana; em (3), a proteína (A) é fosforilada pelo ATP, o que causa uma alteração conformacional da proteína (B), diminuindo a afinidade pelo Na^+ e aumentando para o K^+. Os K^+ ligam-se no lado exterior da proteína (B). Em (4), os íons Na^+ são liberados para o exterior da célula; em (5) os K^+ são transportados através da membrana; em (6), a proteína (B) volta à conformação inicial (A) e libera os íons K^+ no citoplasma.

Em geral, as células podem investir até $\cong 70\%$ de sua energia metabólica para sustentar o funcionamento das bombas sódio-potássio. A razão ou estequiometria entre o número de íons transportados $\left(\dfrac{N_{Na}}{N_K}\right)$ variará de uma bomba para outra. Nesse caso a razão é 3:2.

Sem o transporte ativo de íons através da membrana, a concentração do K^+ no meio intracelular $C_K(2)$ *diminuirá* constantemente, aumentando Φ_0 e, consequentemente, a concentração $C_{Cl}(2)$ no meio intracelular. As concentrações $C_{Na}(2)$, $C_K(2)$ e $C_{Cl}(2)$ se aproximarão respectivamente das concentrações $C_{Na}(1)$, $C_K(1)$ e $C_{Cl}(1)$, levando a $\Phi_0 \to 0$. *Isso se manifestaria como*

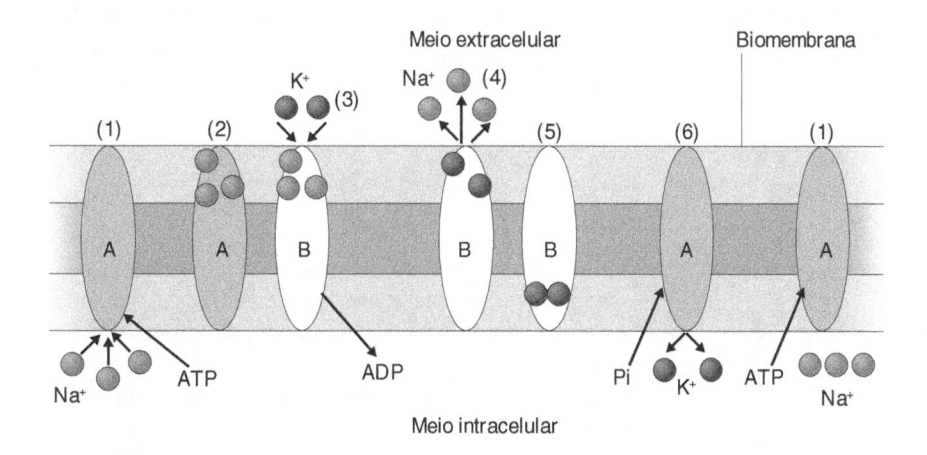

FIGURA 8.21

Esquema simplificado de funcionamento de uma bomba de Na^+-K^+. A proteína inicia o transporte dos íons Na^+ e K^+ através da membrana a partir da hidrólise da ATP. Neste processo, a proteína sofre uma modificação conformacional.

um desaparecimento da capacidade funcional das células, o que provocaria lesões irreversíveis a elas.

A seguir, esquematizaremos os *transportes ativos e passivos* através da biomembrana dos íons encontrados com mais abundância nos meios extra e intracelular a 310 K. O potencial da membrana será o potencial GHK, necessário para manter os gradientes de concentração dos diversos íons. Veja a seguir as concentrações em mM/l desses íons e a permeabilidade da biomembrana para cada um dos íons:

ÍON	C(1)	C(2)	P × 10^{-9} cm/s	Φ^N (mV)
K^+	5	150	500	−90,9
Na^+	145	15	5	60,6
Cl^-	125	9	10	−70,3

Pela Equação (8.30), calculamos o potencial da biomembrana; portanto, $\Phi_M^0 = -83,8$ mV. Os potenciais de Nernst de cada espécie iônica são mostrados na tabela anterior. Os valores Φ_K^N e Φ_{Cl}^N são próximos a Φ_M^0, então os íons K^+ e Cl^- estão praticamente em *equilíbrio Donnan*. Os íons K^+ e Cl^- se *difundem* de modo majoritário, respectivamente, para o exterior e interior da célula em resposta à diferença de concentração. O campo elétrico no interior da biomembrana tem sentido ao interior da célula; logo, os íons de K^+ e Cl^-, por causa da ação do campo elétrico, deslocaram-se, respectivamente, para o interior e exterior da célula. Para ambos os íons, a razão da concentração é mantida pelo potencial da biomembrana Φ_M^0. Embora a biomembrana seja *permeável* a esses íons, o fluxo resultante *passivo* de cada íon será aproximadamente nulo, mesmo com as concentrações extra e intracelulares diferentes.

Como $\Phi_{Na}^N \gg \Phi_M^0$, apesar da baixa permeabilidade da biomembrana para os íons Na^+, eles tendem a se *difundir* do exterior para o interior da célula. O efeito do campo elétrico na biomembrana agiria no mesmo sentido. Logo, $\vec{J}_{Na}^p$ terá o sentido do exterior ao interior da célula. Simultaneamente ao transporte *passivo*, ocorre o transporte *ativo* dos íons Na^+ e K^+ em decorrência da ação da bomba sódio-potássio, dando origem a uma corrente ativa. Na Figura 8.22, mostramos esquematicamente esses transportes iônicos através da biomembrana.

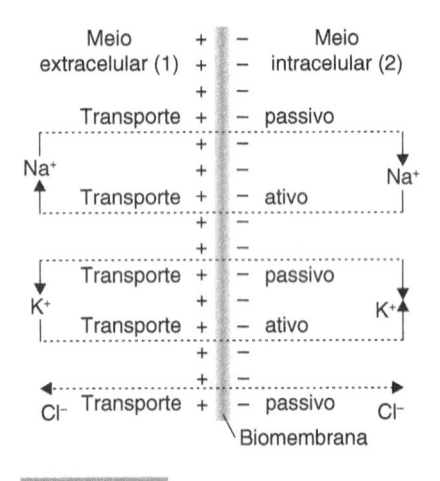

FIGURA 8.22

Participação dos íons permeantes no transporte passivo e ativo através da biomembrana.

Problemas

Valores de constantes que serão utilizados em alguns problemas:

constante gravitacional = $6,67259 \times 10^{-11}$ N·m²/kg²;
$k = 9 \times 10^9$ N·m²/C²;
$m_e = 9,109389 \times 10^{-31}$ kg;
$m_p = 1,672623 \times 10^{-27}$ kg;
$m_n = 1,674928 \times 10^{-27}$ kg;
$e = 1,602177 \times 10^{-19}$ C.

1. Duas esferas de carbono possuem ambas um pequeno excesso de elétrons. Qual deve ser a razão relativa ao número de prótons entre o número de elétrons a mais e o número de prótons de uma esfera, de modo que a força elétrica entre as esferas cancele a força gravitacional?

2. Determine:
   a) a massa de um grupo de prótons com uma carga total de 1 C;
   b) a carga total de 1 kg de prótons.

3. Qual é a razão entre as forças elétrica e gravitacional para dois:
   a) elétrons?
   b) prótons?

4. Suponha que o elétron de átomo de hidrogênio está em uma órbita circular em torno de um próton. O raio da órbita é $0,53 \times 10^{-10}$ m.
   a) Qual é a razão entre a velocidade da luz e a velocidade do elétron?
   b) Quantas revoluções por segundo realiza o elétron?

5. A figura a seguir mostra três cargas positivas $q_1 = 20$ C, $q_2 = 10$ C e $q_3 = 5$ C. Determine:
   a) a intensidade e direção da força total exercida pelas cargas q_1 e q_2 sobre a carga q_3;
   b) a intensidade do campo elétrico no ponto P em decorrência de q_1 e q_2.

6. Qual a intensidade, direção e sentido de campo elétrico no centro do quadrado da figura a seguir. Considere $q = 1 \times 10^{-8}$ C e $a = 5,0$ cm.

7. Na figura a seguir, qual a intensidade e direção:
   a) da força elétrica resultante exercida pelas cargas $q_1 = 5$ C em B e $q_2 = -8$ C em C, sobre a carga $q_3 = 3$ C em A?
   b) do campo elétrico no ponto P em virtude das cargas q_1 e q_2?

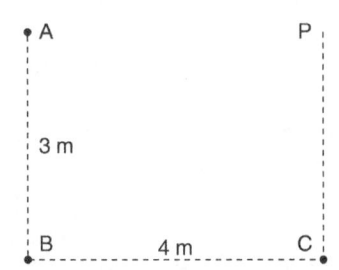

8. A partir das informações apresentadas na figura a seguir, calcule a intensidade e direção do campo elétrico resultante no ponto P.

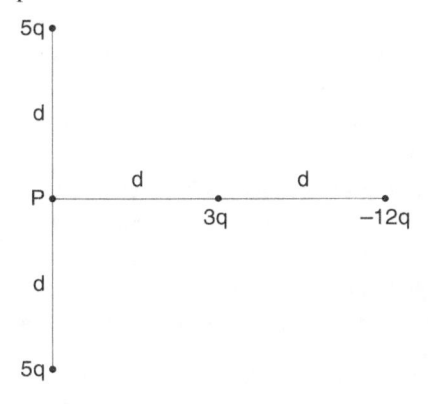

9. Tipicamente, a Terra tem um pequeno campo elétrico que, ao ser medido logo acima de sua superfície, é ≈ 100 N/C. Calcule:
   a) a intensidade do campo elétrico logo abaixo de sua superfície;
   b) a densidade de carga superficial que causa um campo dessa intensidade;
   c) quantos elétrons excedentes por cm^2 seriam necessários.

10. Suponha que a Terra tivesse um excesso de carga superficial correspondente a um elétron por cm^2. Qual seria a intensidade do campo elétrico:
    a) logo abaixo de sua superfície?
    b) acima de sua superfície?

11. Uma carga q_1 exerce uma força de 100 N sobre uma carga-teste $q_2 = 2 \times 10^{-5}$ C localizada a 0,2 m de q_1. Determine:
    a) a intensidade do campo elétrico em virtude de q_1 no ponto em que está q_2;
    b) o valor da carga q_1.

12. Determine a intensidade do campo elétrico a 0,2 m, 0,5 m e 0,8 m de uma carga com 2×10^{-10} C e faça um desenho em escala para os vetores campo elétrico nesses pontos.

13. Tem-se duas cargas $q_1 = 15 \times 10^{-6}$ C e $q_0 = 3$ C, separadas 3 m. Calcule:
    a) o potencial elétrico a uma distância de 3 m da carga q_1;
    b) o trabalho realizado sobre q_0 pelo campo elétrico quando q_0 é deslocado para um ponto a 5 m de q_1.

14. a) Qual a energia potencial de um elétron que está a 20 cm de uma carga com 6×10^{-8} C?
    b) Quanto trabalho é necessário para se levar o elétron para bem longe da carga?

15. Quais são os máximos valores da carga e voltagem que uma esfera com 30 cm de diâmetro pode manter no ar? Desenhe as linhas do campo elétrico gerado por uma esfera carregada uniformemente.

16. O potencial de uma nuvem é da ordem de 4×10^7 V. Calcule a energia potencial que cada partícula eletrizada apresenta.

17. No modelo de Bohr para o átomo de hidrogênio, o elétron está em órbita circular com $0,53 \times 10^{-10}$ m de raio, estando o próton no centro da órbita. Determine:
    a) a velocidade do elétron;
    b) sua energia potencial elétrica;
    c) sua energia mecânica total.

18. Considere o caso de dois planos paralelos infinitos, separados por 8 cm. Ambos têm 1×10^{-6} C de carga positiva por m^2. Qual é a intensidade de campo elétrico entre os planos?

19. A partir dos dados apresentados na figura do Problema 5, calcule:
    a) a energia potencial da carga q_3;
    b) o potencial no ponto P suscitado em decorrência de q_1 e q_2.

20. Um elétron está a $5,3 \times 10^{-11}$ m de um próton. Qual é a velocidade mínima que ele deve ter para escapar para o infinito?

21. Suponha que a Terra tivesse um excesso de carga superficial de 1 elétron/cm². Qual seria o potencial elétrico gerado pela Terra?

22. Um pequeno comprimento de uma membrana celular pode ser descrito aproximadamente como duas placas paralelas e infinitas, carregadas com cargas elétricas de sinais contrários e separadas por uma camada isolante de espessura d. Nessa aproximação, o campo elétrico E no interior da membrana é uniforme. Usando $W = e \cdot E \cdot x$, $\Delta U = U(x) - U(0) = -e \cdot E \cdot x$, calcule:

    a) em função de E e d, o trabalho realizado pela força elétrica sobre um íon Cl⁻ quando atravessa a membrana rumo ao interior da célula;

    b) em função de E e d, o trabalho realizado pela força elétrica sobre um íon Cl⁻ quando o íon sai da célula atravessando a membrana;

    c) a energia potencial do íon nas superfícies interna e externa da membrana. Especifique a referência escolhida para a energia potencial.

23. Duas placas paralelas estão separadas 2 cm. A intensidade do campo elétrico entre as placas é de 20.000 N/C. Qual é a diferença de potencial existente entre as placas?

24. A intensidade do campo elétrico em uma membrana celular de espessura 80Å é $7,5 \times 10^6$ N/C, e o sentido de $\vec{E}$ é ao interior da célula. Calcule:

    a) o potencial de repouso da célula;

    b) as variações da energia potencial (em eV) do íon K⁺, quando entra na célula e quando sai dela;

    c) as mesmas variações para um íon Cl⁻;

    d) os sentidos das forças elétricas sobre os íons;

    e) a ordem de grandeza da relação entre a força elétrica sobre um íon K⁺ no interior da membrana e o peso desse íon.

25. Duas placas metálicas com 100 cm² de área estão separadas 2 cm. A carga na placa esquerda é -2×10^{-9} C e, na placa direita, -4×10^{-9} C. Determine a intensidade do campo elétrico:

    a) próximo à esquerda da placa esquerda;

    b) entre as placas;

    c) próximo à direita da placa direita.

    Calcule a diferença de potencial entre as placas.

26. Qual é a magnitude da máxima carga elétrica na placa de um capacitor com 0,25 μF que está ligado a uma bateria com 3 V?

27. Um capacitor com placas paralelas tem uma separação de 0,1 mm entre as placas. Qual deve ser a área das placas para que alcance uma capacitância de 1 F?

28. Um capacitor com 150 pF consiste em placas de 7 cm² de área c/u, separadas por uma lâmina plástica de 0,2 mm de espessura. Qual é a permissividade elétrica do plástico?

29. Quanta energia é armazenada em um capacitor de 10 μF ao ser carregado com uma bateria de 12 V?

30. O intervalo de 1 mm existente entre as placas paralelas de um capacitor é preenchido com polietileno ($\varepsilon = 2,3\ \varepsilon_0$). Se a voltagem do capacitor for 1.000 V, qual será a carga induzida por m² na superfície do polietileno?

31. A biomembrana é essencialmente um lipídio de permissividade relativa 3,0; sua capacitância por unidade de área é da ordem de 1 μF/cm². Qual será sua espessura efetiva?

32. Justifique suas respostas, se cada um dos itens a seguir é condutor ou isolante:

    a) a biomembrana?

    b) o fluido celular?

33. O potencial de repouso da membrana de um axônio é -80 mV. Sua capacitância por unidade de área é 2×10^{-2} F/m².

    a) Calcule a densidade de carga superficial sobre a membrana desse axônio.

    b) Explique como, a partir dos valores citados no enunciado, podemos concluir que a densidade de cargas na superfície interna dessa membrana é negativa.

34. A intensidade do campo elétrico de uma biomembrana de 80 Å de espessura é $7,5 \times 10^6$ N/C. O sentido do campo é para o interior da célula. Calcule:

    a) seu potencial de repouso;

    b) a variação da energia potencial (em eV) do íon de Na⁺ quando entra no interior da célula e quando sai da célula.

    c) Repita o item (b) para o íon HCO₃⁻.

35. Medidas realizadas em um axônio detectaram um potencial de repouso de -70 mV. A espessura da biomembrana é de 6×10^{-9} m e sua permissividade elétrica, $\varepsilon = 7\varepsilon_0$.

    a) Calcule a intensidade do campo elétrico na biomembrana.

    b) Determine a densidade de carga superficial nas superfícies da biomembrana.

    c) Considere um eixo x na direção perpendicular à biomembrana e faça os gráficos da intensidade do campo elétrico, da densidade de carga e do potencial elétrico em função de x, mostrando como essas grandezas variam no interior da biomembrana, dentro e fora do axônio.

36. Admita que uma biomembrana é permeável somente aos íons K⁺.

    a) Derive a expressão do potencial de equilíbrio eletroquímico do K⁺.

    b) Para cada variável ou constante utilizada, dê as unidades correspondentes.

    c) Demonstre que as unidades estão balanceadas na expressão para o equilíbrio eletroquímico do K⁺.

37. A concentração intracelular do Cl⁻ em uma célula do corpo humano a 310 K é 4,3 mM/l. Qual deve ser a concentração extracelular deste íon se o potencial de Nernst do Cl⁻ for -85 mV?

38. As concentrações (em mM/l) dos íons K^+, Na^+ e Cl^+ nos meios externo e interno da célula nervosa da lula gigante a 310 K são $C_{Na}(1) = 485$; $C_K(1) = 10$; $C_{Cl}(1) = 485$; $C_{Na}(2) = 61$; $C_K(2) = 280$ e $C_{Cl}(2) = 51$.
a) Determine o potencial de Nernst dos íons K^+, Na^+ e Cl^-.
b) Existe algum valor do potencial de membrana para o qual todos os íons estejam em equilíbrio eletroquímico?
c) O potencial de repouso da célula é –49 mV. Quais íons estão em equilíbrio eletroquímico e quais não? Nesse último caso, em que sentido os íons se deslocam espontaneamente?

39. O potencial de repouso de uma célula é Φ_0.
a) Demonstre que, para os íons K^+ e Cl^-, a razão entre suas concentrações nos meios celulares é $[C(1)/C(2)] = \exp(ze\Phi_0/kT)$.
b) Por que essa razão não é verificada exatamente?

40. Medidas realizadas com um axônio mantido em um líquido a 17°C deram um potencial de repouso de –75 mV. A capacitância por unidade de área da membrana do axônio é 2×10^{-2} F/m².
a) Calcule $C_K(2)/C_K(1)$. Esse resultado é exato? Justifique.
b) É possível obter, com os dados do enunciado, a razão $C_{Na}(2)/C_{Na}(1)$? Justifique.
c) Calcule a densidade superficial de carga na biomembrana.

41. Um axônio em repouso apresenta $C_K(1) = 0$ e um potencial de membrana –156 mV. As concentrações em mM/l dos espécimes iônicos presentes são: $C_K(2) = 400$, $C_{Na}(1) = 100$ e $C_{Na}(2) = 4$. Utilizando aproximações razoáveis, determine a razão P_{Na}/P_K.

42. Uma célula esférica está em um meio uniforme. Os meios celulares contêm KCl, NaCl e, possivelmente, NaX e KX. A biomembrana é permeável aos íons Na^+, K^+, Cl^-, porém não é permeável aos íons X^-. A célula encontra-se em equilíbrio Donnan.
a) O que representa o íon X^- e por que razão não pode passar através da membrana?
b) Qual é a relação satisfeita pelas concentrações iônicas que surgem no equilíbrio Donnan?
c) Conhecidas as concentrações iônicas em mM/l: $C_K(1) = 50$, $C_{Na}(1) = 35$; $C_{Cl}(1) = 0{,}85$; $C_K(2) = 5$, determine as concentrações iônicas restantes.
d) Determine o potencial da membrana.

43. A célula dos glóbulos vermelhos é somente permeável aos ânions. Os maiores ânions são Cl^- e HCO_3^- e estes alcançam o equilíbrio Donnan. Se C_{Cl}(célula)/C_{Cl}(plasma) = 0,63, qual é:
a) a razão da distribuição dos íons bicarbonato?
b) o potencial da membrana?

44. A tabela a seguir mostra as concentrações iônicas (mM/l) nos fluidos celulares de uma célula do músculo esquelético da rã a 310 K. O potencial da membrana determinado experimentalmente é da ordem de –70 mV. Determine o potencial de Nernst de cada íon e, com a equação GHK, o potencial da membrana. Discuta os resultados e tire conclusões.

Íon	C(2)	C(1)	P × 10⁻⁹ cm/s
Na^+	10,4	109	5
K^+	124	2,25	500
Cl^-	1,5	77,5	10
Ca^{++}	4,9	2,1	****

45. A tabela a seguir mostra as concentrações iônicas (mM/l) nos fluidos celulares das células do axônio de Sépia a 310 K. O potencial da membrana determinado experimentalmente é da ordem de –70 mV. Determine o potencial de Nernst de cada íon e, com a equação GHK, o potencial da biomembrana. Discuta os resultados e tire conclusões.

Íon	C(2)	C(1)	P × 10⁻⁹ cm/s
Na^+	50	440	5
K^+	400	20	500
Cl^-	40	560	10
Ca^{++}	0,4	10	****

46. Dois compartimentos (1) e (2) estão separados por uma membrana. Cada compartimento contém NaCl, KCl e KX. A membrana é permeável a Na^+, K^+, Cl^-, porém não é permeável ao íon X^-. As seguintes concentrações em mM/l são dadas: $C_K(1) = 10$; $C_{Na}(1) = 4{,}5$; $C_{Cl}(2) = 2{,}9$; $C_K(2) = 50$. Determine a concentração dos constituintes restantes se nenhum fluxo iônico atravessa a membrana.

47. As concentrações iônicas em mM/l nos fluidos celulares de uma célula a 37°C são: $C_K(1) = 5$; $C_{Na}(1) = 145$; $C_A(1) = 30$; $C_{Na}(2) = 15$; $C_A(2) = 156$. Considerando a biomembrana impermeável aos íons Na^+ e aos ânions A^- e que a célula está em um equilíbrio Donnan, determine:
a) as concentrações $C_K(2)$; $C_{Cl}(1)$ e $C_{Cl}(2)$;
b) o potencial de Donnan.

48. Para determinada célula temos $C_{Cl}(1)/C_{Cl}(2) = 0{,}95$ e as concentrações iônicas em mM/l: $C_A(1) = 1$; $C_{Na}(2) = C_{Cl}(2) = 155$. Se as moléculas de proteínas no fluido extracelular têm valência –18 e assumindo o equilíbrio Donnan, determine:
a) $C_{Na}(1)$ e $C_{Cl}(1)$;
b) o potencial da membrana.

49. As concentrações iônicas conhecidas (em mM/l) nos fluidos celulares de uma célula a 37°C são: $C_{Na}(1) = 145$, $C_K(1) = 5$, $C_A(1) = 30$, $C_{Na}(2) = 15$ e $C_A(2) = 156$, onde C_A é a concentração dos ânions proteicos impermeantes. Se a biomembrana é impermeável aos íons Na^+ e a célula estiver no equilíbrio de Donnan, determine:
a) $C_{Cl}(1)$, $C_K(2)$ e $C_{Cl}(2)$;
b) o potencial de Donnan para a biomembrana.

50. Os fluidos celulares de uma célula contêm íons cujas concentrações em mM/l são mostradas na tabela a seguir. São dadas também as permeabilidades da biomembrana a esses íons. Se a temperatura dos fluidos é 310 K:

a) determine o potencial da biomembrana;
b) faça um esquema dos fluxos de cada um dos íons através da biomembrana em virtude da difusão e da força externa e dê uma explicação físico-biológica do significado deste esquema.

Íon	C(2)	C(1)	P × 10^{-9} cm/s
Na^+	15	145	5
K^+	150	5	500
Cl^-	9	125	10

51. Uma solução eletrolítica a 300 K contém NaCl com concentração uniforme C = 485 mM/l. Os íons Na^+ e Cl^- satisfazem $(e\mu)_{Na} = 5,2 \times 10^{-8}$ m2/V·s e $(e\mu)_{Cl} = 7,9 \times 10^{-8}$ m²/V·s.
a) Se em 1 cm da solução temos uma diferença de potencial de –0,51 mV, calcule a densidade de corrente elétrica resultante do movimento dos íons.
b) Após determinado tempo, observa-se que, na solução, ao atravessar uma região de algumas dezenas de Å, a concentração do NaCl se reduz em 83%. Qual deverá ser o valor da diferença de potencial nessa região para se ter um regime estacionário nela?
c) Explique e justifique que efeito físico aconteceu nessa segunda situação.

52. Considere um recipiente dividido em duas partes por uma membrana seletiva. À esquerda da membrana, temos uma solução eletrolítica contendo 0,15 Mol/l de NaCl e, no lado direito, uma solução contendo 0,15 Mol/l de KCl. Se a membrana fosse permeável somente aos íons:
a) Na^+, faça um esquema mostrando a polarização da membrana com o tempo enquanto acontece o fluxo desses íons através da membrana. Qual será a situação da membrana quando o fluxo através dela for nulo?
b) K^+, responda ao item (a);
c) Cl^-, responda ao item (a).

53. Considere um recipiente dividido em duas partes por uma barreira porosa de espessura δ. À esquerda da barreira temos uma solução eletrolítica contendo NaCl com concentração uniforme C e, no lado direito da barreira, uma solução contendo KCl com concentração uniforme C' > C.

a) Os íons Cl^- podem atravessar a barreira, os íons de Na^+ somente chegam até a face direita da barreira e os íons K^+ chegam até a face esquerda da barreira. Qual será a variação funcional da concentração desses íons no interior da barreira porosa?
b) Qual será a diferença de potencial entre as faces da barreira?
c) Se a temperatura das soluções é 300 K e $\mu_K : \mu_{Na} : \mu_{Cl}$ = 7,6 : 5,2 : 7,9; $C_{KCl} = 10\, C_{NaCl}$, calcule a diferença de potencial entre as faces da barreira porosa.

54. Considere uma célula típica dos vertebrados na qual as concentrações iônicas em mM/l são: $C_K(1) = 5$; $C_{Na}(1) = 140$; $C_{Cl}(1) = 105$; $C_K(2) = 150$; $C_{Na}(2) = 15$; $C_{Cl}(2) = 10$; $C_A(2) = 65$. A^{z-} são ânions orgânicos presentes no interior da célula. Os fluidos celulares estão a 310 K:
a) Se a biomembrana fosse permeável somente aos íons K^+, esquematize como seriam os fluxos por causa da difusão e ao campo elétrico através da biomembrana e como seria a polarização desta. Os outros íons, que efeito teriam na célula?
b) Se a biomembrana fosse permeável somente aos íons Na^+, responda às questões do item (a).
c) Se a biomembrana fosse permeável somente aos íons Cl^-, responda às questões do item (a).
d) Utilizando os coeficientes de permeabilidade para os íons Na^+, K^+ e Cl^-, determine o potencial da membrana. O que seria necessário acontecer nos fluidos celulares para que este potencial da membrana fosse mantido?
e) Faça um esquema mostrando como é o fluxo iônico parcial e total no interior da biomembrana.
f) Faça um esquema mostrando o que aconteceria na biomembrana se os coeficientes de permeabilidade pudessem mudar com o tempo.

55. Um neurônio do cérebro humano contém aproximadamente um milhão de bombas de Na/K. A energia metabólica da célula utilizada no funcionamento da bomba retira da célula 4 íons de Na^+ e leva para seu interior 2 íons de K^+. A corrente ativa resultante do funcionamento da bomba iônica é de $1,6 \times 10^{-11}$ A. Quantos íons de Na^+ e K^+ são transportados por segundo através da biomembrana?

Referências bibliográficas

1. HOPPE, W.; LOHMANN, W.; MARKL, H.; ZIEGLER, H. (eds.) Chapter 12, *Biophysics*. Berlin Heidelbeerg, Nova York, Tokyo: Springer-Verlag, 1983.

2. PLONSEY, R.; BARR, R. C. *Bioelectricity. A quantitative approach*. Nova York e Londres: Plenum Press, 1990.

CAPÍTULO 9
Eletricidade nos neurônios

OBJETIVOS DE APRENDIZAGEM

Depois de ler este capítulo, você será capaz de:
- Entender o significado da bioeletricidade de células com membranas excitáveis, utilizando-se uma série de modelos com circuitos elétricos
- Quantificar a contribuição elétrica das diversas bombas iônicas que estão nas células excitáveis
- Calcular a intensidade da corrente e o potencial transmembranar associado ao transporte iônico resultante dessas bombas
- Explicar a geração de um potencial de ação e sua propagação ao longo de uma biomembrana
- Quantificar as diversas correntes celulares resultantes dessa propagação
- Entender e quantificar o comportamento da corrente transmembranar em uma célula excitável a partir da variação com a posição e o tempo do potencial transmembranar

9.1 Introdução

Uma propriedade típica de toda biomembrana é que, ao deixar passar espécimes ionizados através dela, induz-se uma polarização nesta, originando um *potencial elétrico na biomembrana*. Uma célula que experimenta uma *excitação* de origem externa a ela poderia ficar indiferente ou *alterar o fluxo de espécimes iônicos* através de sua membrana; ou seja, sua polarização seria modificada. Nesta última situação, diz-se que a *célula é excitável*; um bom exemplo de célula excitável é uma *célula nervosa*.

Uma *célula nervosa* ou simplesmente *neurônio* é especializada em receber impulsos elétricos do próprio organismo ou do ambiente externo. Ela integra as informações contidas no impulso elétrico e as retransmite para outros neurônios. Entre o interior e o exterior do neurônio existe uma diferença de potencial Φ_M, denominada *potencial de membrana*.

Para o neurônio desempenhar suas funções, seu corpo celular, o axônio, os dendritos (mostrados na Figura 9.1) e as sinapses devem possuir determinadas características quanto ao modo de gerar, conservar e transmitir impulsos elétricos, também conhecidos como *potencial de ação*. Os dendritos têm como função receber impulsos nervosos de outros neurônios e conduzi-los ao corpo celular, onde são gerados novos impulsos, que o axônio repassa a outro neurônio com o qual mantém contato por meio de um de seus dendritos. O ponto de contato entre a terminação axonal de um neurônio e o dendrito de outro é chamado *sinapse*.

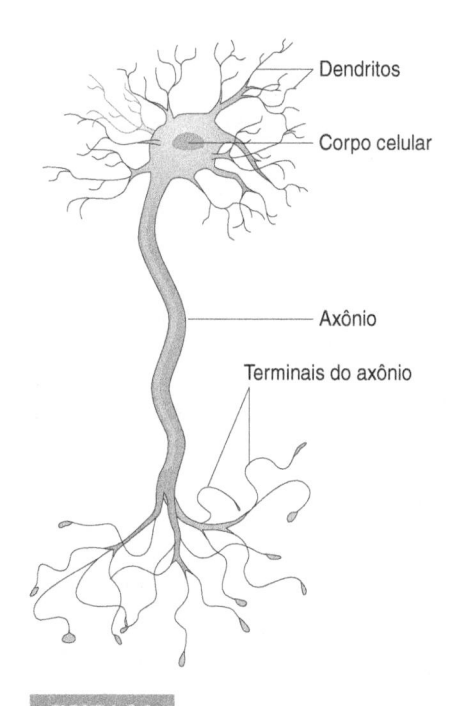

FIGURA 9.1

Estrutura básica de um neurônio ou célula nervosa.

9.2 Relação corrente-voltagem para uma biomembrana

No *estado estacionário* (regime independente do tempo), a relação entre a densidade de corrente elétrica J_M através de uma biomembrana (que convencionaremos chamar de *positiva quando seu sentido é do interior para fora da célula*) e o potencial transmembranar $\Phi_M = \Phi(2) - \Phi(1)$ segue aproximadamente a dependência mostrada na Figura 9.2. Quando o fluxo neto de corrente elétrica através da biomembrana é nulo, teremos $\Phi_M = \Phi_M^0 = $ *potencial de repouso* da biomembrana. Para $\Phi_M > \Phi_M^0$, teremos uma densidade de corrente positiva no sentido (2) → (1); quando $\Phi_M = 0$, $J_M = J_{CC}$, é a densidade de corrente de curto-circuito.

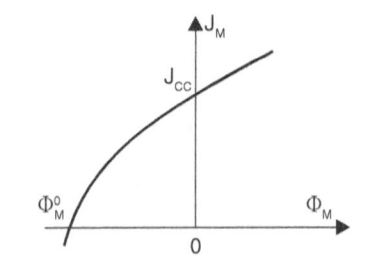

FIGURA 9.2

Relação entre a densidade de corrente e potencial através de uma membrana no estado estacionário.

Se a corrente elétrica neta através da biomembrana não é nula (situação comum na membrana das células nervosas e/ou musculares), a relação entre J_M e Φ_M dependerá da biomembrana considerada e da composição iônica dos fluidos em ambos os lados.

O *fluxo total* do espécime iônico n através da biomembrana é dado pela equação de Nernst-Planck modificada — Equação (8.34). O fluxo em um deslocamento dx no interior da biomembrana será:
$(j_n - j_n^a)\dfrac{dx}{D_n C_n} = -\dfrac{z_n e}{kT}\dfrac{\partial}{\partial x}\left\{\Phi(x) + \dfrac{kT}{z_n e}Ln C_n(x)\right\}dx$. Integrando desde o ponto (1) no meio extracelular até o ponto (2) no meio intracelular, passando através da biomembrana, teremos:

$$(j_n - j_n^a)\int_1^2 \dfrac{dx}{D_n C_n(x)} = -\dfrac{z_n e}{kT}\left\{\Phi(2) - \Phi(1) + \dfrac{kT}{Z_n e}Ln\left[\dfrac{C_n(2)}{C_n(1)}\right]\right\} = -\dfrac{z_n e}{kT}(\Phi_M - \Phi_n^N)$$
(9.1)

Se $\chi_n = \int_1^2 \dfrac{dx}{D_n C_n(x)}$ é uma constante (positiva), a densidade de corrente elétrica total através da biomembrana $J_M = -\sum_n z_n e j_n$ (o sinal negativo se deve à convenção do sinal assumido para a densidade de corrente) terá a seguinte expressão

$$J_M = -\sum_n z_n e\left[j_n^a - \dfrac{z_n e}{kT\chi_n}(\Phi_M - \Phi_n^N)\right] = -\sum_n z_n e j_n^a + \sum_n \dfrac{z_n^2 e^2}{kT\chi_n}(\Phi_M - \Phi_n^N) \quad (9.2)$$

Na Equação (9.2), o termo $J_M^a = -\sum_n z_n e j_n^a$ é a densidade de corrente elétrica ativa total. Se a densidade de corrente ativa deve-se às *bombas iônicas de Na/K*, o fluxo iônico resultante j_n^a será negativo e, portanto, $J_M^a > 0$. Essas bombas são denominadas *eletrogênicas*. Quando $J_M^a = 0$, as bombas são denominadas *não eletrogênicas*. Mesmo nessa última situação, o valor do potencial Φ_M é afetado, obtendo-se um valor diferente do correspondente de um puro equilíbrio de Donnan.

Condutância elétrica

A *condutância elétrica* é um parâmetro que caracteriza a passagem de uma corrente elétrica através da biomembrana. As propriedades elétricas das biomembranas podem ser alteradas por meios químicos ou elétricos; algumas delas têm uma propriedade denominada *excitabilidade*, que consiste em apresentar transitoriamente uma variação do valor de sua *condutância elétrica* quando a biomembrana é *despolarizada*. É o caso das células nervosas e suas extensões e das células musculares. Essas células estão envolvidas por uma membrana, cuja função principal é controlar a passagem de substâncias para dentro e para fora da célula. Utilizaremos a Equação (9.2) para definir a *condutância elétrica* como:

$$g_n = \frac{z_n^2 e^2}{kT\chi_n} \tag{9.3}$$

O valor de g_n dependerá, em certo grau, de Φ_M e das concentrações iônicas nos fluidos em ambos os lados da membrana, já que χ_n depende da variável concentração iônica $C_n(x)$. Os valores de g_n (incluindo sua dependência com Φ_M) são determinados experimentalmente. Para uma espécie iônica n, g_n é igual à condutividade iônica por unidade de comprimento, logo, no SIU, será medido em $\Omega^{-1} \cdot m^{-2}$.

Substituindo a Equação (9.3) na Equação (9.2), encontramos:

$$J_M = J_M^a + \sum_n g_n (\Phi_M - \Phi_n^M) \tag{9.4}$$

Quando as bombas iônicas de uma célula são *não eletrogênicas*, $J_M^a = 0$. Nessa situação, se a densidade de corrente através da biomembrana é nula ($J_M = 0$), o potencial da biomembrana Φ_M será seu potencial de repouso Φ_M^0; portanto, $\sum_n g_n (\Phi_M^0 - \Phi_n^N) = 0$ implicará esta situação particular:

$$\Phi_M^0 = \sum_n \left[\frac{g_n}{g}\right] \Phi_n^N. \tag{9.5}$$

Na Equação (9.5), $g = \Sigma g_n$; dessa forma, *o potencial de repouso Φ_M^0 será uma composição dos diversos potenciais de Nernst*. Como exemplo, analisaremos o transporte passivo e ativo de algumas espécies iônicas para uma célula do músculo cardíaco.

A tabela a seguir mostra as concentrações iônicas em mM/l e os correspondentes potenciais de Nernst de cada espécime iônico. A célula está a 310 K, sua membrana possui bombas iônicas de Na/K. Ao calcular o potencial da biomembrana pela equação GHK, teremos: $\Phi_M = -88,5$ mV; esse valor é o necessário para a manutenção dos gradientes de concentração dos diversos espécimes iônicos.

Íon	C(2)	C(1)	Φ^N(mV)	P × 10^{-9} cm/s
Na$^+$	15	145	58,90	5
K$^+$	150	5	−94,09	500
Cl$^-$	9	125	−82,51	10

O fluxo resultante através da biomembrana dos íons Na$^+$ e K$^+$ será, respectivamente:

$j_{Na}^a + j_{Na}^p = j_{Na}^a + j_{Na}^d + j_{Na}^e = (2) \vec{\rightarrow} (1) + (2) \overset{+}{\leftarrow} (1) + (2) \overset{+}{\leftarrow} (1)$

$j_K^a + j_K^p = j_K^a + j_K^d + j_K^e = (2) \overset{+}{\leftarrow} (1) + (2) \vec{\rightarrow} (1) + (2) \overset{+}{\leftarrow} (1)$

Como $\Phi_M - \Phi_{Na}^N \cong -149,1$ mV e $\Phi_M - \Phi_K^N \cong +8,3$ mV, os sentidos das densidades de corrente desses dois espécimes Na$^+$ e K$^+$ devem satisfazer, respectivamente:

J_{Na}^p negativo: (2) $\overset{-}{\leftarrow}$ (1) e J_{Na}^a positivo: (2) $\overset{+}{\rightarrow}$ (1).

J_K^p positivo: (2) $\overset{+}{\rightarrow}$ (1) e J_K^a negativo: (2) $\leftarrow$ (1).

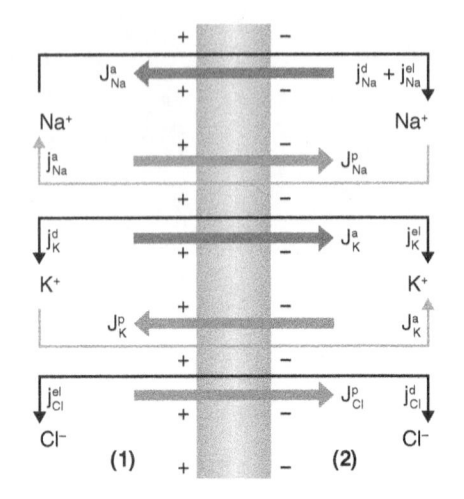

Com relação ao íon Cl⁻: $j_{Cl}^a + j_{Cl}^p = 0 + j_{Cl}^d + j_{Cl}^e = (2) \leftarrow (1) + (2) \rightarrow (1)$. Como $\Phi_M - \Phi_{Cl}^N \cong -3,6$ mV, então J_{Cl}^p será negativo: $(2) \leftarrow (1)$. As direções das densidades de corrente associadas a cada espécime iônico são mostradas no esquema ao lado.

Pode-se chegar a esse resultado diretamente pela Equação (9.4). Como $C_{Na}(2) < C_{Na}(1)$, o potencial de Nernst do sódio será positivo e o termo, $g_n (\Phi_M - \Phi_{Na}^N)$, negativo. Para compensar essa densidade de corrente negativa, devemos ter $J_{Na}^a > 0$.

No caso dos íons potássio $C_K(2) > C_K(1)$, o termo $g_n (\Phi_M - \Phi_K^N)$ será positivo. Para compensar essa densidade de corrente positiva, devemos ter $J_K^a < 0$.

> **Exemplo:** O potencial de repouso de uma determinada célula é –80 mV. Os potenciais de Nernst dos íons Cl⁻, Na⁺ e K⁺ são, respectivamente, –79 mV, +65 mV e –90 mV. No instante t_0, a razão entre as condutâncias da biomembrana para os íons K⁺ e Na⁺ é 17,5. Qual será, nesse instante, a razão entre as condutâncias para os íons:
> a) Cl⁻ e Na⁺?
> b) Cl⁻ e K⁺?
>
> **Resolução:** considerando que no instante t_0 a célula está em estado de *regime constante*: $J_K + J_{Cl} + J_{Na} \cong 0$. Como não há fluxo ativo de íons na célula, então, pela Equação (9.4), $g_K (\Phi_M^0 - \Phi_K^N) + g_{Cl} (\Phi_M^0 - \Phi_{Cl}^N) + g_{Na} (\Phi_M^0 - \Phi_{Na}^N) \cong 0$. Substituindo os valores dos diversos potenciais, teremos $g_{Cl} + 145\, g_{Na} - 10\, g_K \cong 0$ ou $\frac{g_K}{g_{Na}} = 14,5 + 0,1 \frac{g_{Cl}}{g_{Na}}$. Logo, a razão será:
> a) $\frac{g_{Cl}}{g_{Na}} = \frac{17,5 - 14,5}{0,1} = 30$;
> b) $\frac{g_{Cl}}{g_K} = \frac{g_{Cl}}{g_{Na}} \cdot \frac{g_{Na}}{g_K} = \frac{30}{17,5} = 1,7$.

Se admitirmos que a membrana *obedece* à lei de Ohm, podemos fixar determinado valor à condutância da membrana $g_M^0 = \sum g_n$. A utilização desse valor somente será possível quando o potencial da membrana Φ_M se altera muito pouco, de forma que a condutância para cada espécime iônico praticamente não muda. No *regime constante ou estado estacionário* da célula, o potencial da membrana será praticamente igual ao potencial de repouso Φ_M^0.

Quando o potencial da membrana sofre uma pequena mudança, tal que $(\Phi_M - \Phi_M^0) \ll 1$, pode-se admitir, aproximadamente, que g_M^0 seja independente de Φ_M e da história anterior da membrana; logo, a corrente através da membrana seria $J_M \cong g_M^0 (\Phi_M - \Phi_M^0)$.

Esta situação bastante particular expressa pela Equação (9.4) prediz que J_M será positivo, quando $\Phi_M > \Phi_M^0$, e negativo quando $\Phi_M < \Phi_M^0$; porém, não explica a propagação de impulsos nervosos ao longo da membrana.

9.3 Membranas excitáveis[1]

A *excitabilidade celular* é a propriedade que as células têm de *reagir* a determinados estímulos de origem externa a elas. Essa reação pode ser muito variada, mais ou menos rápida, podendo ser a rapidez função da velocidade de evolução do estímulo externo que determinou a reação. No mundo animal, os *órgãos dos sentidos* são estruturas com células especiais que asseguram uma transmissão rápida das sensações detectadas. A transmissão dessas mensagens é assegurada pelo *sistema nervoso*, que se comporta como uma rede de comunicações, cujos elementos condutores justapostos são os *neurônios* (Figura 9.1).

Um neurônio é especializado em receber informações, integrar essas informações e retransmiti-las a outros neurônios. Seu *corpo celular* geralmente está agrupado em um núcleo (substância cinzenta dos centros nervosos superiores) e apresenta ramificações denominadas *dendritos*, ao passo que as fibras nervosas ou *axônios* (prolongamento em forma de cabo elétrico de comprimento variado) são agrupados em feixes característicos (substância branca, feixes da medula espinhal e nervos propriamente ditos). Um axônio pode chegar até a 1 m de comprimento, e seu diâmetro é da ordem de 0,1 μm até 20 μm. Excepcionalmente, alguns axônios podem ter diâmetros muitos maiores (caso do axônio da lula gigante).

A fibra nervosa é a parte do neurônio encarregada da transmissão de informações, por causa da sua propriedade de ser excitável à semelhança da fibra muscular. Essa excitabilidade se manifesta mostrando uma variação transitória da condutância elétrica do axônio quando sua membrana altera a polarização inicial em virtude do estímulo externo.

O estímulo que se propagará pelo neurônio normalmente é iniciado no ponto de contato dos dendritos do corpo celular com os terminais de outros axônios. A unidade estrutural e funcional formada por essa junção é denominada *sinapse*. A Figura 9.3 mostra como é o funcionamento elétrico de um neurônio.

As sinapses funcionam como válvulas, sendo capazes de controlar o fluxo de sinais entre os neurônios. Essa capacidade de regulação é denominada *eficiência sináptica*. As sinapses podem ser elétricas (pouco frequentes) ou químicas. Nas primeiras, as células pré-sinápticas e as pós-sinápticas estão fisicamente ligadas; os citoplasmas dessas células estão em contato através de canais de pequena resistência. Na sinapse química, como mostra a Figura

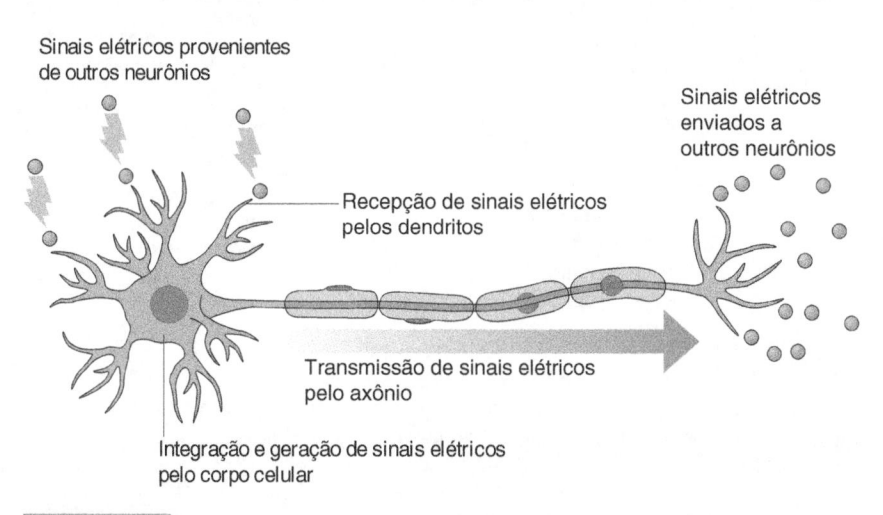

FIGURA 9.3

Esquema representativo do funcionamento elétrico de um neurônio.

9.4, os sinais, ao atingir o terminal do axônio, abrem *canais de cálcio*, o que desencadeia a liberação de neurotransmissores para a *fenda sináptica*. Na célula pós-sináptica, os receptores, ao detectar a chegada dos neurotransmissores, induzem fluxos iônicos que alteram a polarização da membrana.

O sistema nervoso é constituído por neurônios interligados entre si. Seu funcionamento correto é importante para a coordenação das diversas atividades de um corpo, garantindo que todas as suas partes trabalhem simultaneamente de forma eficiente. Na Figura 9.5, mostramos uma situação particular de como funciona o sistema nervoso. Esse sistema controla constantemente qualquer alteração que possa acontecer no interior ou exterior do corpo. A informação associada à alteração é transportada pela célula nervosa, denominada *neurônio sensor*, ao sistema nervoso central (interneurônios). Aqui, a informação é processada e, em seguida, transportada pela célula nervosa denominada *neurônio motor*.

O *neurônio sensor* (Figura 9.6) conduz os impulsos nervosos — colhidos pelos receptores sensoriais — ao sistema nervoso central no cérebro e na medula espinhal. O *neurônio motor* (Figura 9.7) conduz impulsos nervosos a partir do sistema nervoso central aos diversos órgãos do corpo, que respondem com algum tipo de ação.

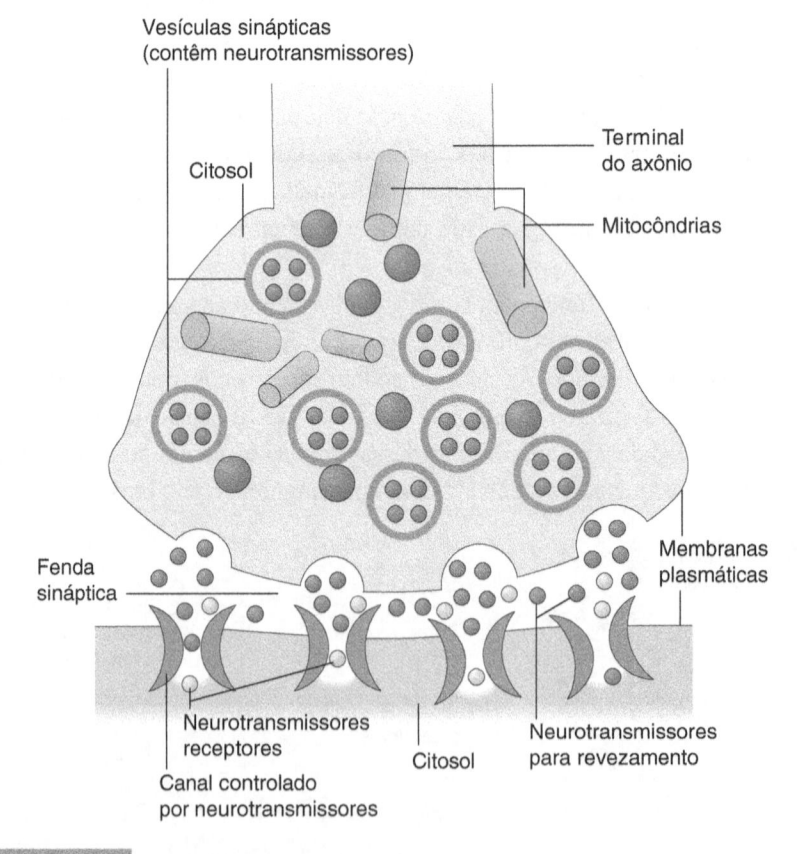

FIGURA 9.4

A sinapse química, na fenda sináptica, produz um fluxo de neurotransmissores. A passagem a uma das células acontece através de canais controlados pelos neurotransmissores.

FIGURA 9.5

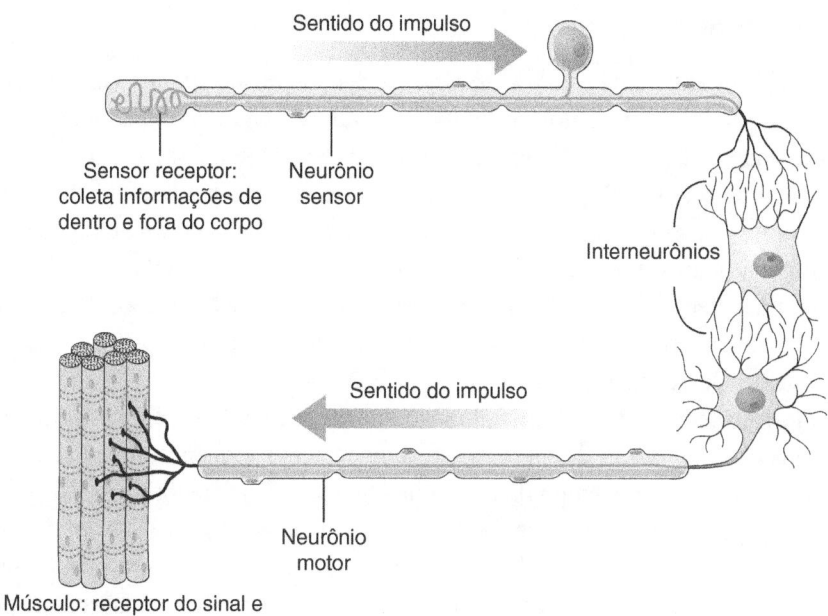

Representação do funcionamento do sistema nervoso. Destacam-se os neurônios sensor e motor.

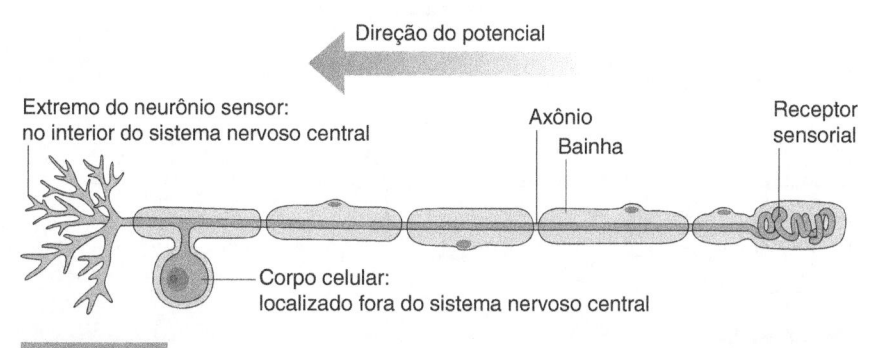

FIGURA 9.6

Representação esquemática de um neurônio sensor. O corpo celular está localizado fora do sistema nervoso central.

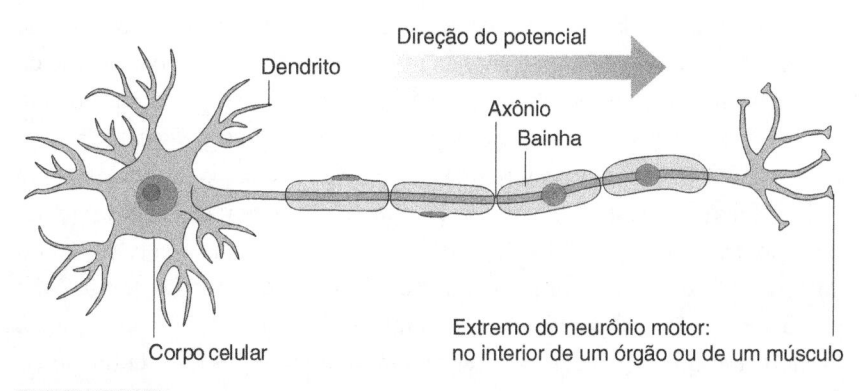

FIGURA 9.7

Representação esquemática de um neurônio motor. O corpo celular está localizado no interior do sistema nervoso central.

Potencial de ação

Quando uma *célula é excitável*, a condutância elétrica da membrana muda seu valor enquanto o estímulo externo está agindo. Isto se manifesta alterando-se a polarização da membrana, ou seja, alterando-se o valor do potencial de repouso Φ_M^0. Se ϕ é a variável que mede o grau de alteração do valor de Φ_M^0, então $\Phi_M = \Phi_M^0 + \phi$ será o *potencial da membrana* quando sua polarização está alterada com relação ao de repouso. Para que o *potencial de ação* aconteça em uma célula excitável, a despolarização inicial ϕ deve ter um valor acima de certo valor mínimo ϕ_L, denominado *potencial limiar*. Então, pode-se dizer que *o potencial de ação é um evento "tudo ou nada" e autorregenerante*. Na Figura 9.8 mostramos o que acontece com a biomembrana quando: a) $\phi < \phi_L$, nesse caso, acontece uma pequena variação de Φ_M^0 em um intervalo de tempo da ordem de alguns milissegundos (ms), fazendo com que a membrana retorne à sua polarização inicial Φ_M^0, *não se criando um potencial de ação*; b) $\phi < \phi_L$, em um intervalo de alguns ms, a membrana altera bruscamente sua polarização e, consequentemente, o potencial da membrana, por causa da *criação de um potencial de ação*.

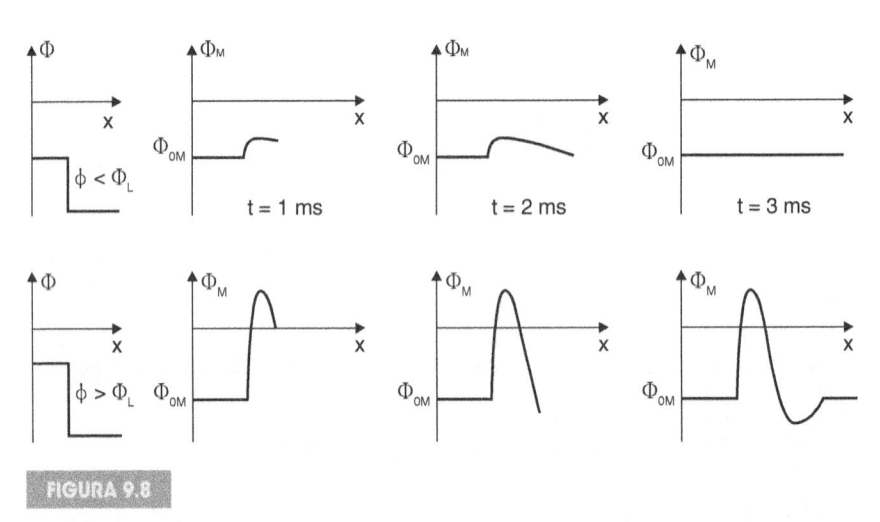

FIGURA 9.8

Efeito de uma despolarização Φ sobre uma biomembrana com potencial limiar ϕ_L, quando se tem $\phi < \phi_L$ ou $\phi > \phi_L$. Nesse segundo caso cria-se um potencial de ação.

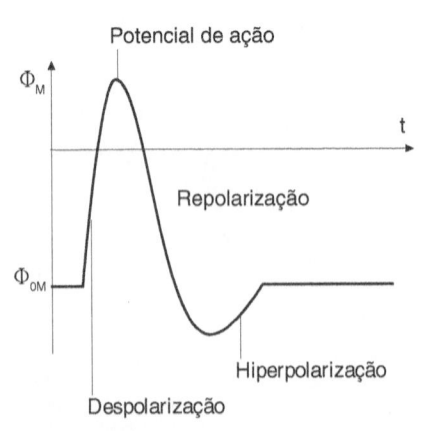

FIGURA 9.9

Forma típica do potencial da membrana de uma célula nervosa quando se origina um potencial de ação. A membrana se despolariza e hiperpolariza em intervalos de tempo muito curtos.

Quando se *origina* um potencial de ação com a forma mostrada na Figura 9.9, inicialmente o potencial da membrana Φ_M toma valores acima de Φ_M^0. Nesse instante, abrem-se *canais de sódio* na biomembrana, originando um fluxo de íons Na$^+$, que será o efeito responsável pela sua *despolarização*. Após alguma fração de ms, abrem-se *canais de potássio* e se fecham os de sódio, originando-se um fluxo de íons K$^+$ através da membrana, o que originará sua *repolarização*. Os canais de potássio fecham-se tardiamente, causando um período final de *hiperpolarização*. No intervalo de tempo (alguns ms) em que se alterou Φ_M, originou-se na membrana um desequilíbrio muito grande, fazendo com que Φ_M chegasse a ser temporariamente positivo. O funcionamento dos canais explica a necessidade de se ter $\phi > \phi_L$, para o aparecimento do potencial de ação, e da existência de um *período refratário*, durante o qual não é possível o surgimento de outro potencial de ação na mesma porção da membrana.

A indução de um *potencial de ação* no corpo celular de um neurônio equivale a disparar um transiente que se propagará com muita rapidez, como um pulso que não altera sua forma ao longo da fibra nervosa, até chegar ao terminal do axônio. Esse terminal axônico está na região onde acontecem as *junções entre neurônios*. Na sinapse, origina-se a liberação de neurotransmissores, que se difundem através da *fenda sináptica* (da ordem de 200 Å) para dentro da membrana de outro axônio. Na Figura 9.10, mostramos um caso de *ação de reflexo*; a informação de dor na pele de um dedo é processada pelo corpo celular de um neurônio sensor, originando um potencial de ação que se propagará até a medula espinhal. Um novo potencial de ação inicia sua propagação através dos neurônios motores, até chegar à parte do corpo (um músculo na figura) que será estimulada.

Os neurônios, quando excitados, *transmitem potenciais de ação em um só sentido*. Na membrana do neurônio, há diversos tipos de canais. Sendo cada um seletivo para determinado espécime iônico, essa *seletividade não é perfeita*. Por exemplo, com canais de K^+, por cada 20 íons de K^+ que fluem pelo canal, um íon Na^+ pode passar por ele.

Durante a propagação do potencial de ação acontece, em certa região da fibra nervosa, uma variação do potencial Φ_M com o tempo, em virtude da alteração da densidade superficial de carga elétrica $\sigma_M = \dfrac{C}{A}\Phi_M = C_M \Phi_M$, sendo C_M a capacitância da membrana por unidade de área, de modo que, nessa região da fibra nervosa, σ_M será:

- (+) em sua superfície externa e (−) em sua superfície interna se $\Phi_M < 0$;
- (−) em sua superfície externa e (+) em sua superfície interna se $\Phi_M > 0$;
- 0 em ambas as superfícies se $\Phi_M = 0$.

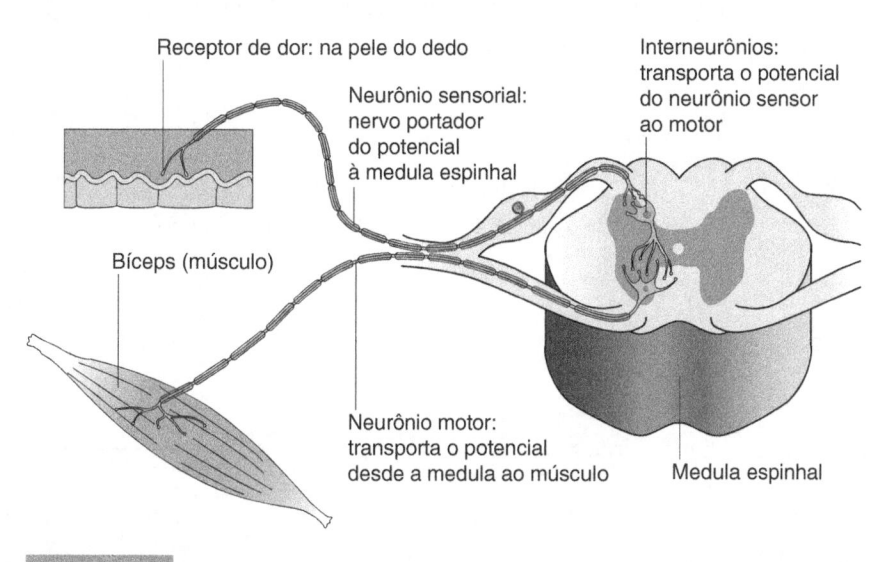

FIGURA 9.10

Transmissão do potencial de ação através de neurônios sensoriais e motores até uma junção neuromuscular.

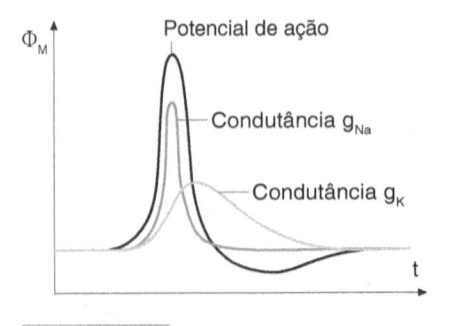

FIGURA 9.11

Comportamento das condutâncias g_{Na} e g_K com o tempo quando aplicamos um potencial de ação durante alguns milissegundos.

Condutância de uma biomembrana durante o potencial de ação

A abertura e fechamento de canais na membrana da fibra nervosa alteraram drasticamente os valores das condutâncias iônicas enquanto o potencial de ação age. A Figura 9.11 mostra a variação típica da condutância do sódio g_{Na} e do potássio g_K, quando um potencial de ação na célula nervosa é gerado. Trabalhos experimentais com axônios de lulas mostraram que os valores das condutâncias g_{Na} e g_K são dependentes de Φ_M e do tempo. O valor da condutância g_{Na} sobe abruptamente (até $\cong$ 600 vezes) e logo volta a seu valor de repouso em aproximadamente 1 ms; o valor da condutância g_K também sobe consideravelmente, mas sua razão de decréscimo é muito mais lenta, seu valor pico é alcançado após alguns ms. Diferentemente do comportamento dos valores de g_{Na}, os valores de g_K permanecem altos, ao passo que Φ_M é mantido com um valor conveniente e volta a seu valor normal em alguns ms, quando Φ_M retorna a seu valor de repouso. Por outro lado, os valores da condutância g_{Cl} não mudam apreciavelmente quando Φ_M é modificado de maneira semelhante aos casos em que se observavam g_{Na} e g_K.

9.4 Propagação do potencial de ação

A *detecção de um potencial de ação*, quando se está propagando em uma biomembrana, requer eletrodos de estimulação, microeletrodos e um registrador. Algum outro acessório pode ser necessário, dependendo da célula excitável. Por exemplo, a Figura 9.12 mostra a montagem utilizada quando estimulamos um axônio de lula. A membrana é estimulada em duas posições: um microeletrodo é introduzido no meio intracelular e o registrador detecta os potenciais de ação gerados. A propagação do potencial de ação ao longo de um *axônio sem mielina (axônio amielínico)*:

- efetua-se sem modificação da forma e da amplitude do sinal (veja a Figura 9.13), independentemente do local da membrana em que é aplicado o estímulo externo;

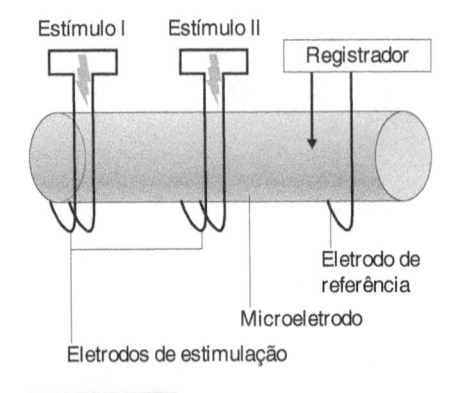

FIGURA 9.12

Montagem para a aplicação de estímulos em locais diferentes de um axônio sem mielina e sua observação através de um registrador em outro local do axônio.

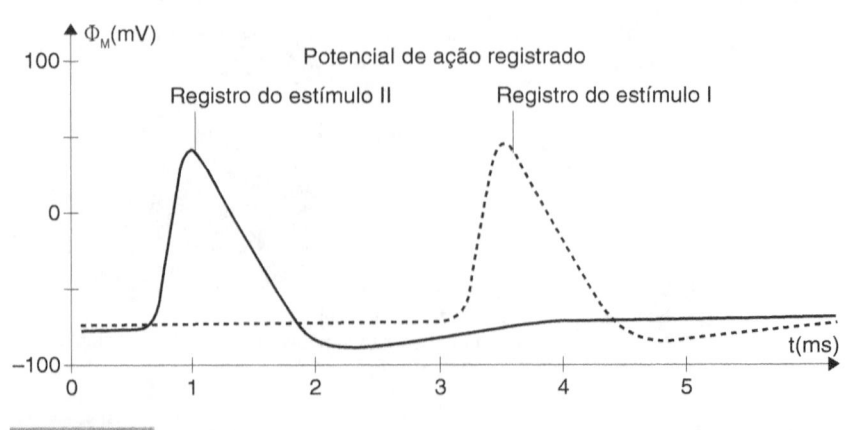

FIGURA 9.13

Registro em um local do axônio de dois estímulos em função do tempo, quando eles são gerados em locais diferentes.

FIGURA 9.14

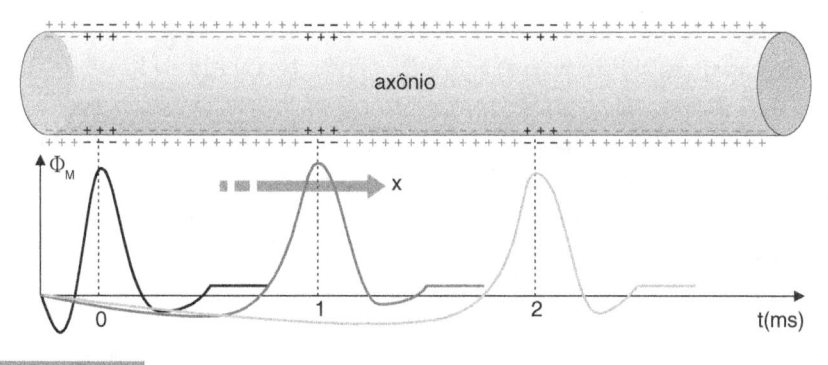

A propagação de um potencial de ação acontece para a frente do local de despolarização inicial, devido ao fato de que a inativação dos canais de sódio o impede de propagar-se para trás.

- é a velocidade constante, sua magnitude é de alguns m/s a centenas de m/s, sendo que nas fibras maiores essa velocidade é maior;
- é dependente da distância entre o ponto de aplicação do estímulo e o ponto de registro do sinal.

Em células excitáveis, uma despolarização local produz um *curto-circuito transitório* da biomembrana, que se propagará por toda ela como um pulso de despolarização, como é mostrado na Figura 9.14. A despolarização de uma seção da biomembrana eletricamente excitada originará mudanças nos canais de sódio. O afluxo de Na^+ origina a despolarização de seções adjacentes da membrana, o que induz à abertura de outros canais de sódio.

As novas polarizações criarão, pelos *meios condutores* em torno da membrana, *correntes elétricas locais*. Entre o local x_0 da membrana *despolarizada* no instante t_0 por causa da evolução de um potencial de ação e os locais x_{+1} e x_{-1}, vizinhos imediatos de x_0, estabeleceram-se correntes elétricas locais, representadas por setas na Figura 9.15. Sob o efeito dessas correntes, o potencial da membrana no local x_{+1} tende a se alterar até um *valor limiar*, provocando o início de um novo potencial de ação. Por outro lado, no local x_{-1}, a despolarização análoga à do local x_{+1} não provoca a iniciação de um potencial de ação, isso por causa da existência do *período refratário*. O potencial de ação se propagará de x_0 para x_{+1} sem interrupção motivada pela ação dessas correntes de curto-circuito locais. A volta rápida de Φ_M a seu valor inicial em x_0 provoca a interrupção das correntes locais, assegurando uma nova propagação.

Nos mamíferos, a maioria dos axônios do sistema nervoso central está isolada do meio extracelular por uma camada de *mielina*, que as envolve formando um invólucro contínuo. Nesse invólucro, são encontrados os *estrangulamentos de Ranvier*, separados aproximadamente um milímetro entre si ao longo do axônio. Nesse estrangulamento, estabelece-se um contato entre a membrana axoplasmática e o meio extracelular, como mostra a Figura 9.16. A camada de mielina faz um *isolamento elétrico* do axônio. Isso tem como consequência uma condução bem mais rápida do potencial de ação, porque os únicos locais onde se podem estabelecer as correntes de curto-circuito são os estrangulamentos de Ranvier. A propagação do potencial de ação acontecerá *aos saltos*, ou seja, de um estrangulamento de Ranvier a outro.

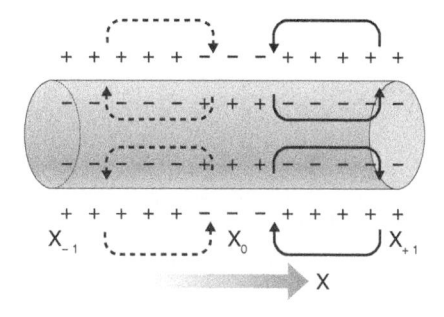

FIGURA 9.15

A despolarização no local X_0 de um axônio estabelece correntes elétricas conduzidas através dos fluidos celulares aos locais X_{+1} e X_{-1} do axônio. A despolarização propaga-se em um mesmo sentido.

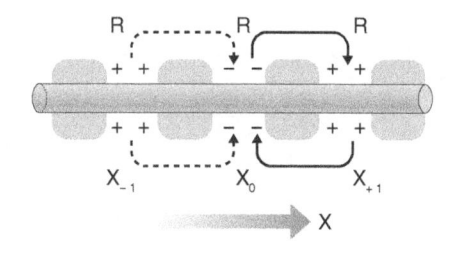

FIGURA 9.16

Um axônio com mielina apresenta estrangulamentos de Ranvier, fazendo com que o potencial de ação se propague aos saltos.

Exemplo: Uma célula nervosa a 310 K tem as seguintes concentrações iônicas em mM/litro: $C_K(1) = 2,5$; $C_{Cl}(1) = 134$; $C_K(2) = 140$ e $C_{Cl}(2) = 2,4$. O potencial de repouso da membrana é $\Phi_M^0 = -105$ mV. A concentração extracelular do íon cloro é instantaneamente mudada para $C_{Cl}(1) = 35$ em virtude da aplicação de um estímulo externo $\phi = +25$ mV.

a) Determine a razão entre as condutâncias de K e Cl no estado de regime constante.

b) Faça um gráfico do potencial da membrana em função do tempo.

Resolução:

a) Potencial de Nernst inicial dos íons K^+ e Cl^-: $\Phi_K^N = -26,7139 \, \text{Ln}(140/2,5) \cong -107,5$ mV; $\Phi_{Cl}^N = -26,7139 \, \text{Ln}(2,4/134) \cong -107,5$ mV.

Ao aplicar o estímulo externo ϕ, o potencial de Nernst do Cl^- muda para $\Phi_{Cl}^N = -26,7139 \, \text{Ln}(2,4/35) \cong -71,6$ mV.

Sendo $\Phi_M = -105$ mV $+ 25$ mV $= -80,0$ mV, teremos:

$\Delta\Phi_K = \Phi_M - \Phi_K^N = -80,0$ mV $+ 107,5$ mV $= 27,5$ mV.

$\Delta\Phi_{Cl} = \Phi_M - \Phi_{Cl}^N = -80,0$ mV $+ 71,6$ mV $= -8,4$ mV.

Da condição $g_K \Delta\Phi_K + g_{Cl} \Delta\Phi_{Cl} = 0$ encontramos a seguinte razão:

$$\frac{g_K}{g_{Cl}} = -\frac{\Delta\Phi_{Cl}}{\Delta\Phi_K} \cong 0,3.$$

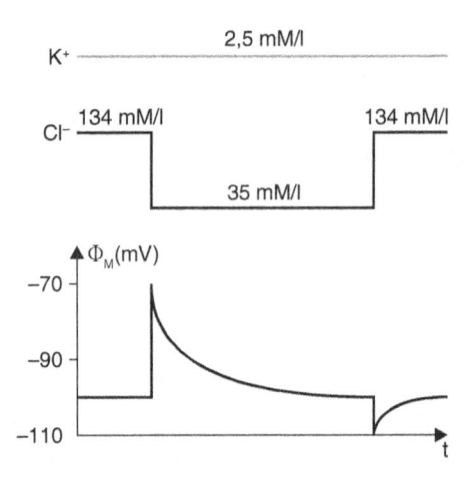

b) A variação temporal do potencial da membrana é mostrada no gráfico anterior.

Representação elétrica de uma membrana excitável

Um modelo adequado para representar as *características elétricas* de uma membrana em repouso ou durante sua excitação é mostrado na Figura 9.17. Essa representação é conhecida como modelo da *condutância paralela ou do módulo elétrico da membrana*. Cada espécime iônico permeante à membrana comporta-se como uma fonte de fem de tensão Φ_n^N. A fonte correspondente a cada espécime está respectivamente ligada em série a uma *resistência elétrica variável* $R_n = \frac{1}{g_n}$ por espécime. Essa resistência é medida em $\Omega \cdot m^2$, tal que: $J_n R_n = (\Phi_M - \Phi_n^N)$ ou $J_n = g_n(\Phi_M - \Phi_n^N)$. Sendo Φ_M o potencial da membrana, o movimento da espécie iônica n ocorrerá por causa de uma força cuja origem

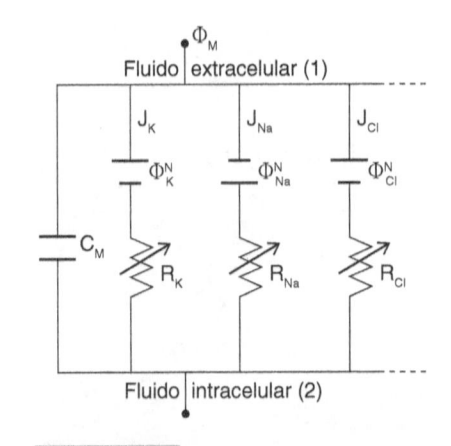

FIGURA 9.17

Modelo elétrico para a membrana de uma célula nervosa.

é $(\Phi_M - \Phi_n^N)$, que é o desvio da *condição de equilíbrio*. Se x indica um local específico sobre a membrana, então $\Phi_M = \Phi_M(x,t)$.

Na Figura 9.17, o capacitor de placas paralelas representa as superfícies interna e externa da membrana. A capacitância por unidade de área da membrana dará origem a uma *densidade de corrente capacitiva* (ou de deslocamento):

$$J_C = C_M \frac{\partial \Phi_M}{\partial t} \qquad (9.6)$$

Na situação de *estado estacionário* (equilíbrio dinâmico independente do tempo), teremos $J_C = 0$. Note que a membrana polarizada age como um capacitor de escoamento, devido ao fato de que a membrana possui condutância finita.

Em particular, sempre que temos $\Phi_M > \Phi_n^N$, a densidade de corrente iônica:

- $J_K = g_K (\Phi_M - \Phi_K^N)$ *será positiva*; isto é, a força sobre os íons K^+ em função da difusão no sentido (2) → (1) não será equilibrada pela força por causa do campo elétrico. Haverá um fluxo resultante de íons K^+ associado a essa densidade de corrente positiva [(2) → (1)].
- $J_{Cl} = g_{Cl} (\Phi_M - \Phi_{Cl}^N)$ *será positiva*; isto é, a força sobre os íons Cl^- em função da difusão no sentido (1) → (2) não será equilibrada pela força por causa do campo elétrico. Haverá um fluxo resultante de íons Cl^- associado a esta densidade de corrente positiva [(2) → (1)].
- $J_{Na} = g_{Na} (\Phi_M - \Phi_{Na}^N)$ *será positiva*, isto é, a força sobre os íons Na^+ em função da difusão no sentido (1) → (2) não será equilibrada pela força por causa do campo elétrico. Sendo Φ_{Na}^N positivo, o fluxo resultante de íons Na^+ associado a essa densidade de corrente positiva será no sentido (2) → (1).

Quando uma célula é excitada, em geral não é possível designar um valor único a g_M; porém, se $\Phi_M \cong \Phi_M^0$ (o que significa um desvio pequeno entre esses valores comparado a kT/e), pode-se estimar um valor para g_M. De fato, quando $\Phi_M = \Phi_M^0$, temos $J_M = 0$. Logo, da Equação (9.4), encontramos: $J_M^A = -\Sigma g_n (\Phi_M^0 - \Phi_n^N)$. Portanto, para $\Phi_M \cong \Phi_M^0$, pela Equação (9.4): $J_M = \Sigma g_n (\Phi_M - \Phi_M^0) = (\Phi_M - \Phi_M^0)(\Sigma g_n)$.

Considerando $g = \Sigma g_n$ e por ser $\Phi_M \cong \Phi_M^0$, denominaremos $g \cong g_M^0 = \Sigma g_{0n}$. Então,

$$g_M^0 = \frac{1}{r_{0M}} = \frac{J_M}{\Phi_M - \Phi_M^0} \qquad (9.7)$$

Quando se tem bombas iônicas não eletrogênicas, e na condição de *regime constante*, o potencial de repouso da membrana será dado pela Equação (9.5). Se os íons principais que atravessam a membrana são Na^+, K^+ e Cl^-, então:

$$\Phi_M^0 = \frac{g_K \Phi_K^N + g_{Cl} \Phi_{Cl}^N + g_{Na} \Phi_{Na}^N}{g_K + g_{Cl} + g_{Na}} \qquad (9.8)$$

A Equação (9.8) é conhecida como *equação da condutância-paralela*. A partir dessa equação, encontramos:

$$g_K (\Phi_M^0 - \Phi_K^N) + g_{Cl} (\Phi_M^0 - \Phi_{Cl}^N) + g_{Na} (\Phi_M^0 - \Phi_{Na}^N) = 0 \qquad (9.9)$$

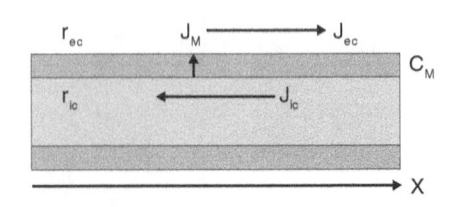

FIGURA 9.18

Axônio amielínico mostrando as densidades de corrente longitudinal e a densidade de corrente através da biomembrana.

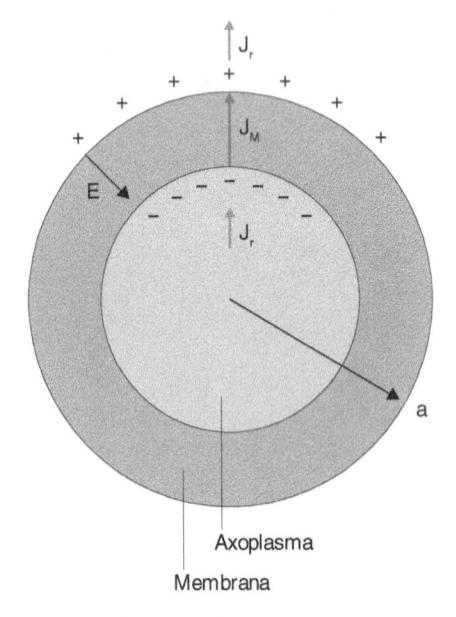

FIGURA 9.19

Densidade de corrente na direção radial de um axônio amielínico e o campo elétrico no interior da membrana em virtude de sua polarização.

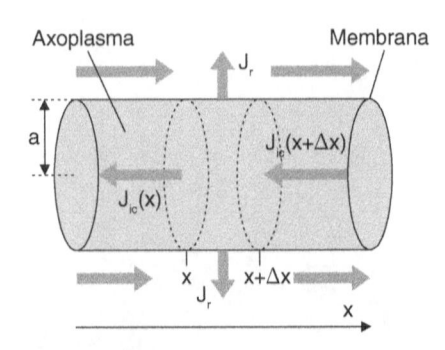

FIGURA 9.20

Densidades de corrente longitudinais e transversais em um segmento do axônio.

Para valores típicos do potencial de repouso das células nervosas, o segundo termo da Equação (9.9) geralmente é muito menor do que o primeiro e o terceiro termos; logo,

$$g_K(\Phi_M^0 - \Phi_K^N) + g_{Na}(\Phi_M^0 - \Phi_{Na}^N) \cong 0 \Rightarrow \frac{g_K}{g_{Na}} = -\frac{\Phi_M^0 - \Phi_{Na}^N}{\Phi_M^0 - \Phi_K^N}.$$

Para valores típicos de Φ_K^N e Φ_{Na}^N, $(\Phi_M^0 - \Phi_K^N) \ll -(\Phi_M^0 - \Phi_{Na}^N)$. Portanto, para as células nervosas, teremos aproximadamente $g_K \gg g_{Na}$. Pode-se concluir que *o equilíbrio existente entre o interior e seu meio externo é dinâmico*.

O axônio amielínico como um cabo elétrico

Os axônios têm formato cilíndrico e suas paredes constituem a biomembrana com capacitância por unidade de área, da ordem de $10^{-2}\,F/m^2$. Seu axoplasma tem uma resistividade elétrica da ordem de $0,6\,\Omega\cdot m$. Esses valores são típicos de um *axônio amielínico*. A Figura 9.18 representa um axônio amielínico. r_{ec} e r_{ic} são, respectivamente, a resistência por unidade de comprimento (Ω/m) do fluido extracelular e intracelular. J_{ec} e J_{ic} são a densidade de *corrente axial (ou longitudinal)* no fluido extracelular e intracelular, respectivamente, e J_M é a densidade de corrente através da membrana. A membrana tem resistência R_M (em $\Omega\cdot m^2$) ou condutância g_M (em $\Omega^{-1}\cdot m^{-2}$), cujos valores são dependentes de Φ_M.

Analisemos agora uma seção transversal do axônio de raio a, como mostra a Figura 9.19, onde J_r é a densidade de corrente na direção radial do cilindro e J_M, a densidade de corrente através da membrana. A polarização da membrana implica uma densidade de carga superficial $\sigma = -C_M\Phi_M$, sendo $\sigma = \sigma(t)$. Na *superfície externa da membrana*, a quantidade de carga por unidade de área e por unidade de tempo que se afasta da superfície satisfaz a seguinte equação:

$$J_r - J_M = -\frac{d\sigma}{dt} = C_M \frac{\partial \Phi_M}{\partial t} \qquad (9.10)$$

Observando o axônio em sua *direção longitudinal*, temos as densidades de corrente J_{ic} no axoplasma e J_{ec} no meio extracelular. Essas correntes, juntamente com J_r, estão interligadas pela conservação da carga elétrica. A Figura 9.20 destaca um segmento cilíndrico do axoplasma com raio a e espessura Δx e mostra as densidades de correntes radial e longitudinal através das superfícies do segmento. A conservação da carga elétrica no volume do segmento cilíndrico escolhido implica: $\frac{dq(x+\Delta x)}{dt} = \frac{dq(x)}{dt} + \frac{dq(a)}{dt}$ ou $I_{ic}(x+\Delta x) = I_{ic}(x) + 2\pi a \Delta x J_r(x)$. No limite, quando $\Delta x \to 0$, teremos $2\pi a J_r(x) = \frac{\partial I_{ic}}{\partial x}$. A corrente longitudinal extracelular satisfaz uma relação semelhante, $2\pi a J_r(x) = -\frac{\partial I_{ec}}{\partial x}$. Como $I_{ci} \cong -I_{ec} \equiv I$, pela lei de Ohm, temos: $I_{ic} = \frac{1}{r_{ic}}\frac{\partial \Phi_{ic}}{\partial x}$ e $I_{ec} = \frac{1}{r_{ec}}\frac{\partial \Phi_{ec}}{\partial x}$; então $(r_{ci} + r_{ce})I(x) = \frac{\partial \Phi_{ic}}{\partial x} - \frac{\partial \Phi_{ec}}{\partial x} = \frac{\partial \Phi_M}{\partial x} \Rightarrow$ $I(x) = \frac{1}{(r_{ic}+r_{ec})}\frac{\partial \Phi_M}{\partial x}$ (esta relação diz que *o potencial da membrana deve variar ao longo do axônio para termos uma corrente fluindo no axoplasma*). Obviamente, quando Φ_M é constante, não haverá correntes longitudinais e, quando Φ_M é uma função linear de x, as correntes longitudinais serão constantes e $J_r = 0$. Como $2\pi a J_r(x) = \dfrac{\partial I}{\partial x} = \left[\dfrac{1}{r_{ic} + r_{ec}}\right]\dfrac{\partial^2 \Phi_M}{\partial x^2}$, a partir da Equação (9.10), encontramos que a densidade de corrente através da membrana tem a seguinte expressão:

$$J_M = \dfrac{1}{2\pi a(r_{ic} + r_{ec})}\dfrac{\partial^2 \Phi_M}{\partial x^2} - C_M \dfrac{\partial \Phi_M}{\partial t} \qquad (9.11)$$

Na Equação (9.11), J_M mostra o sentido em que descarrega o capacitor; o primeiro termo à direita da igualdade representa o efeito do acúmulo de cargas na membrana decorrente da diferença entre as correntes longitudinais; o segundo termo à direita da igualdade representa a razão com que a membrana ganha carga elétrica por unidade de área. Quando $\Phi_M(x)$ é uma função linear de x, não se produzirá acúmulo de cargas sobre a membrana; quando é uma função não linear de x, a densidade de corrente J_M é diferente em dois pontos do axônio, e carga elétrica pode ser acumulada na membrana.

Quando Φ_M é alterado abruptamente do valor Φ_M^0 a um valor $\Phi_M > \Phi_M^0$ e mantido assim, a corrente resultante possui três componentes:

- a que muda a densidade de carga superficial σ_M sobre a membrana, sua duração é de alguns microssegundos — veja o termo $C_M \partial \Phi_M / \partial t$ da Equação (9.11);
- a que flui para o interior da membrana (por causa do fluxo dos íons Na^+ nesse mesmo sentido) com duração de 1 ms a 2 ms;
- a que flui para fora da membrana (por causa do fluxo dos íons K^+) e cujo valor cresce em 4 ms, podendo ficar estacionário por um tempo longo, dependendo de Φ_M.

As duas últimas componentes constituem o termo J_M da Equação (9.11).

Quando $\Phi_M \cong \Phi_M^0$, a densidade de corrente através da membrana — Equação (9.7) — será: $J_M = g_M^0 (\Phi_M - \Phi_M^0)$; portanto, nessa situação particular, para Φ_M, teremos:

$$g_M^0 (\Phi_M - \Phi_M^0) = \dfrac{1}{2\pi a(r_{ic} + r_{ec})}\dfrac{\partial^2 \Phi_M}{\partial x^2} - C_M \dfrac{\partial \Phi_M}{\partial t} \qquad (9.12)$$

A Equação (9.12) é conhecida como a *equação do cabo elétrico*. Com ela, podem-se descrever propriedades elétricas do axônio; também podemos determinar a evolução no espaço e no tempo de qualquer procedimento que leve a induzir desvios locais do valor do potencial da membrana com relação a seu valor no repouso.

O termo de despolarização é $\phi = \Phi_M - \Phi_M^0 \Rightarrow \dfrac{\partial \Phi_M}{\partial t} = \dfrac{\partial \phi}{\partial t}$ e $\dfrac{\partial \Phi_M}{\partial x} = \dfrac{\partial \phi}{\partial x}$; logo, a Equação (9.12), em função do termo de despolarização, assume a seguinte forma: $\phi = \dfrac{r_{0M}}{2\pi a(r_{ic} + r_{ec})}\dfrac{\partial^2 \phi}{\partial x^2} - r_{0M} C_M \dfrac{\partial \phi}{\partial t}$. Introduzindo a constante espacial δ, definida como $\delta^2 = \dfrac{r_{0M}}{2\pi a(r_{ic} + r_{ec})}$, e a constante de tempo $\tau = r_{0M} C_M$, a Equação (9.12) assume a seguinte forma:

$$\phi = \delta^2 \dfrac{\partial^2 \phi}{\partial x^2} - \tau \dfrac{\partial \phi}{\partial t} \qquad (9.13)$$

Não se esqueça de que a validez da Equação (9.13) está restrita aos casos de pequenos valores de ϕ, porque, apenas nessa situação, $r_{0M} \cong$ constante e, portanto, δ será constante.

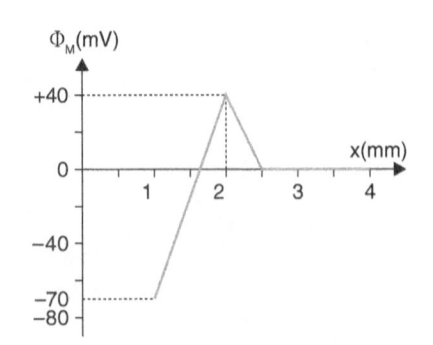

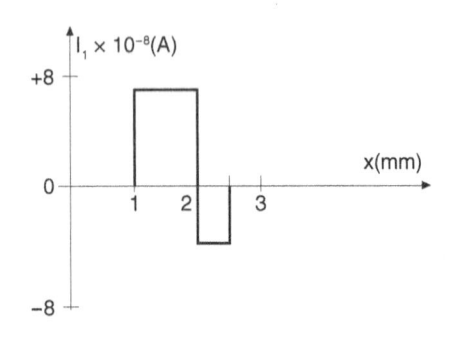

Exemplo: O potencial de membrana ao longo de um segmento de axônio no instante $t = t_0$ tem a forma mostrada na figura ao lado. O axônio tem um raio de 10^{-5} m, e seu axoplasma tem uma resistividade de 0,5 Ω·m. Faça o correspondente gráfico da corrente longitudinal em função da posição ao longo do axônio.

Resolução: a resistência por unidade de comprimento do axoplasma será $r_{ic} = \dfrac{\rho}{\pi a^2} = \dfrac{0,5}{\pi(10^{-5})^2} \cong 1,6 \times 10^9 \dfrac{\Omega}{m}$. A intensidade da corrente elétrica longitudinal é dada por $\dfrac{1}{r_{ic}}\dfrac{\partial \Phi_{ic}}{\partial x} = \dfrac{1}{r_{ic}}\left[\dfrac{\Phi_f - \Phi_i}{x_f - x_i}\right]$.

a) Quando $\Phi_f - \Phi_i = 40 \times 10^{-3}$ V $- (70 \times 10^{-3}$ V$) = 0,11$ V e $x_f - x_i = 10^{-3}$ m, a corrente longitudinal é: $\dfrac{0,11}{1,6 \times 10^9 \times 10^{-3}}$ A $\cong 6,87 \times 10^{-8}$ A.

b) Quando $\Phi_f - \Phi_i = 0$ V $- (40 \times 10^{-3}$ V$) = -0,04$ V e $x_f - x_i = 0,5 \times 10^{-3}$ m, a corrente longitudinal é: $\dfrac{-0,04}{1,6 \times 10^9 \times 0,5 \times 10^{-3}}$ A $\cong -5 \times 10^{-8}$ A.

O gráfico da corrente longitudinal ao longo da parte externa e interior do axônio terá a forma mostrada ao lado.

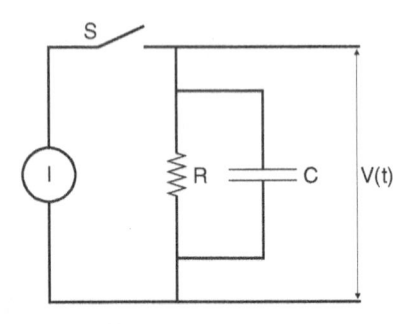

9.5 Comportamento aproximado de J_M em função de Φ_M (x,t)

Observemos o circuito mostrado na Figura 9.21. Nele, temos um capacitor de capacitância C, um resistor R em paralelo, uma fonte de corrente (I) e uma chave interruptora (S). O capacitor está inicialmente descarregado. Quando a chave S é fechada, uma intensidade de corrente I(t) circula pelo circuito. Nesse *circuito RC*, no instante t, após fechar a chave, a diferença de potencial no capacitor será: $V(t) = V_0(1 - e^{-t/RC})$, sendo V_0 a diferença de potencial quando $t = \infty$. O produto RC é denominado *constante de tempo do circuito RC*. Quando a passagem da corrente no circuito é interrompida (ou seja, quando a chave S é aberta), a diferença de potencial terá um decaimento da forma $V(t) = V_0 e^{-t/RC}$.

A partir da Figura 9.21, tentaremos obter o significado físico-biológico das constantes τ e δ da Equação (9.13). O capacitor (C) representará a capacitância por unidade de área C_M em um local da biomembrana, e a resistência (R), a resistência elétrica r_{0M} (em Ω·m²) da biomembrana nesse local. A diferença de potencial V no capacitor será o potencial de membrana Φ_M, que não é muito diferente de Φ_M^0, o potencial de repouso. Logo, o produto $r_{0M}C_{0M}$ será uma *constante de tempo* que denominaremos τ.

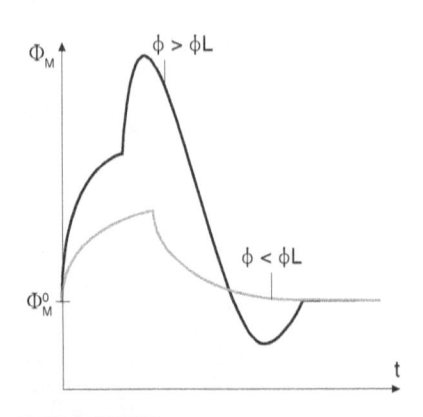

Observando o gráfico da Figura 9.22, quando o valor da corrente em virtude do estímulo externo $\Rightarrow \phi < \phi_L$, inicia-se uma despolarização da membrana, e quase instantaneamente, teremos um decaimento exponencial da

FIGURA 9.21
Circuito com um capacitor e resistor ligados em paralelo, e uma fonte de corrente I.

FIGURA 9.22
Geração de um potencial de ação em um determinado local da membrana.

despolarização. Se o valor da corrente ⇒ ϕ > ϕ_L iniciasse uma despolarização da membrana, seria gerado um potencial de ação.

A despolarização que acontece em um local da biomembrana por causa da aplicação do estímulo externo não fica restrita a esse local, pois seu efeito se espalha ao longo da fibra nervosa. Para entender melhor o espalhamento do efeito do estímulo aplicado, observemos o circuito da Figura 9.23, no qual está representado um modelo mais realístico do cabo elétrico, pelo fato de que participam no circuito RC as resistências elétricas r_{ec} e r_{ic} dos meios extracelular e intracelular, respectivamente. A corrente constante I que se deve ao *estímulo externo* age no local x_0 da biomembrana. Uma vez que Φ_{00} é o valor máximo do potencial neste local, o valor do *potencial induzido* ao longo da fibra seguirá a expressão $\Phi_M(x) = \Phi_{00} e^{-(x-x_0)/\delta}$, sendo δ *uma constante espacial*. No local $x_1 = x_0 + \delta$, o valor do potencial será $\Phi_{01} = \Phi_M(x_1) = \Phi_{00} e^{-(x_1-x_0)/\delta} \cong 0{,}37\ \Phi_{00}$; no local $x_2 = x_1 + \delta$, o valor do potencial será $\Phi_{02} = \Phi_{01} e^{-(x_2-x_1)/\delta} \cong 0{,}37\ \Phi_{01}$, e assim por diante. Logo, δ é a separação entre dois locais da biomembrana, onde o valor máximo do potencial em um local é ≅ 37% do valor máximo no outro local. Esses valores máximos nos locais x_0, x_1,... da biomembrana vão decrescendo exponencialmente com a distância ao longo dela, enquanto o *tempo de crescimento* dos potenciais em cada local é maior à medida que o afastamento de local x_0 aumenta. Essa característica do potencial induzido é denominada *potencial degrau*, e sua propagação ao longo da fibra nervosa é denominada *propagação eletrotônica*.

A seguir, vamos relacionar *qualitativamente* a densidade de corrente J_M através da membrana com o potencial Φ_M desta, para o caso em que $\Phi_M = \Phi_M(x,t)$, sendo x a posição ao longo da direção longitudinal do axônio e t, o tempo.

Quando o estímulo externo aplicado no local x_0 da fibra nervosa gera um potencial ϕ > ϕ_L, dispara-se um potencial de ação que se propagará na

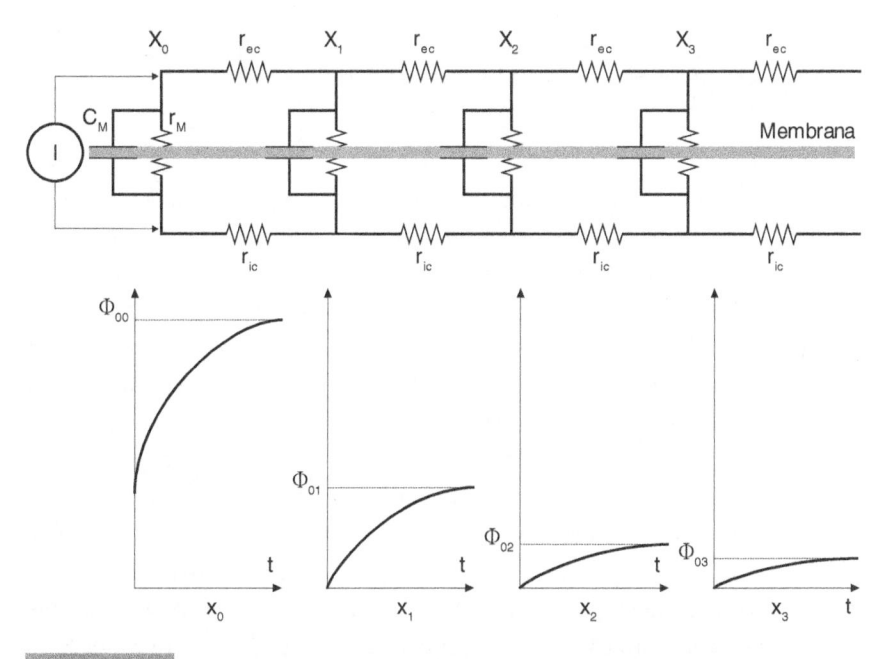

FIGURA 9.23

Circuito RC com três resistores, um capacitor e uma fonte de corrente I. O potencial ao longo da biomembrana é um potencial degrau com propagação eletrotônica.

direção longitudinal do axônio. O potencial da membrana no local x_0 será uma função do tempo $F(t)|_{x=x_0}$, cuja forma é mostrada na Figura 9.24a. Considerando que $F(t)$ se propaga no sentido $+x$ com *velocidade constante v*, então $\Phi_M(x_0 - vt) = F(t)|_{x=x_0}$.

Em um instante $t = t_0$, o potencial da membrana será uma função da posição $G(x)|_{t=t_0}$ e possui a forma mostrada na Figura 9.24b, tal que $\Phi_M(x - vt_0) = G(x)|_{t=t_0}$. Enquanto a função $G(x)$ está se propagando no sentido $+x$, na *fase I*, o valor de $G(x)$ está em *fase de ascensão* e, na *fase II*, o valor de $G(x)$ está em *fase de queda*; finalmente, $G(x)$ tem um *pequeno aumento* de seu valor.

A função propagação $\Phi_M(x - vt) \Rightarrow \frac{\partial \Phi_M}{\partial t} = -v \frac{\partial \Phi_M}{\partial x}$; logo, a densidade de corrente através da membrana — Equação (9.11) — deve satisfazer:

$$r_{OM} J_M(x) = v\tau \frac{\partial \Phi_M}{\partial x} + \delta^2 \frac{\partial^2 \Phi_M}{\partial x^2} \qquad (9.14)$$

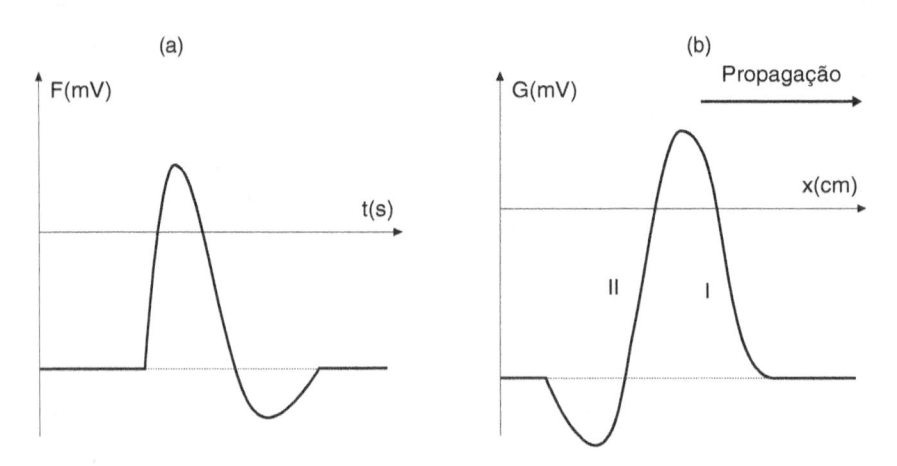

FIGURA 9.24

a) Modelo temporal de $\Phi_M(x - vt)$ em $x = x_0$; b) modelo espacial de $\Phi_M(x - vt)$ quando $t = t_0$.

Pela Equação (9.14), conhecendo-se o contorno da função $\Phi_M(x) = G(x)$, podemos esboçar o contorno da função $J_M(x)$ (para as concentrações iônicas típicas do axônio gigante da lula $v\tau \cong 4\delta$). Observando a Figura 9.24b, podemos concluir que, durante a fase I e uma pequena parte da fase II, (quando $\Phi_M > 0$), temos uma *corrente negativa* muito intensa entrando no axoplasma e, durante o restante da fase II, uma *corrente positiva* saindo para a região extracelular. Isso significa que, em um local da membrana em $x = x_0$, há inicialmente um fluxo grande de íons Na^+, ou seja, uma corrente negativa no sentido do axoplasma. Em seguida, temos um fluxo de íons K^+, ou seja, uma corrente positiva no sentido ao fluido extracelular. Os valores extremos de Φ_M, muito próximos ao valor Φ_M^0, originam correntes positivas e negativas de pequena intensidade, como mostra a Figura 9.25. Pode-se dizer que deve ser grande a concentração: a) extracelular dos íons Na^+, para a *propagação do potencial de ação*; b) intracelular dos íons K^+, para a *manutenção do potencial de repouso*.

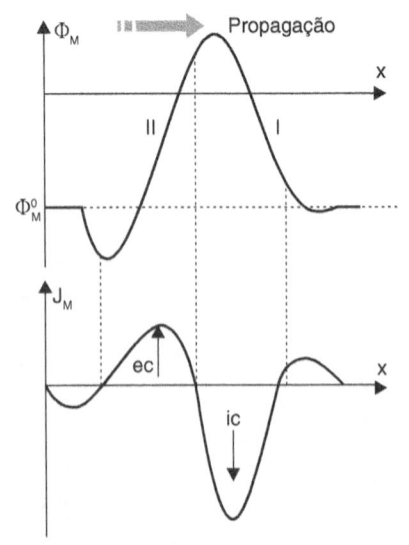

FIGURA 9.25

Durante a fase de ascensão (I) do potencial de ação no instante $t = t_0$ e parte da fase de queda (II), a densidade de corrente através da membrana é no sentido ao axoplasma e, durante o restante da fase de queda (II), a densidade de corrente através da membrana é em sentido contrário.

Os *principais íons* que atravessam a biomembrana são N_a^+, K^+ e Cl^-, além, evidentemente, de outros íons. O transporte desses íons gera a corrente passiva através da biomembrana, ou seja, $J_M = J_{Na} + J_K + J_{Cl} + J_O$, onde J_O é a densidade de corrente originada pelo transporte dos outros íons. Durante o impulso nervoso, o número de íons que passam através da biomembrana é *relativamente pequeno*; assim, pode-se considerar que as concentrações iniciais $C(2)$ e $C(1)$ de cada espécie iônica se alteraram muito pouco, ou seja, elas permaneceram aproximadamente fixas. De acordo com a relação de Nernst — Equação (8.8) —, para cada espécie iônica, teremos $\frac{C_n(2)}{C_n(1)} = \exp\left(-\frac{ze\Phi_n^N}{kT}\right)$. Quando Φ_M é o potencial de membrana instantâneo, a *densidade de corrente passiva total* (desconsiderando a contribuição da componente J_O) seria aproximadamente

$$J_M = \Sigma g_n (\Phi_M - \Phi_n^N) = g_K (\Phi_M - \Phi_K^N) + g_{Na} (\Phi_M - \Phi_{Na}^N) + g_{Cl} (\Phi_M - \Phi_{Cl}^N) \quad (9.15)$$

Denominando $(\Phi_M^0 - \Phi_{Na}^N) = \alpha$, $(\Phi_M^0 - \Phi_K^N) = \beta$ e $(\Phi_M^0 - \Phi_{Cl}^N) = \gamma$, a Equação (9.15) se reduz a

$$J_M \cong g_{Na} (\phi + \alpha) + g_K (\phi + \beta) + g_{Cl} (\phi + \gamma), \quad (9.16)$$

sendo ϕ o potencial gerado pela despolarização da biomembrana. Para as concentrações iônicas típicas do axônio gigante da lula, $\alpha \cong -135$ mV, $\beta \cong 5$ mV e $\gamma \cong 0$. Enquanto J_M muda durante a passagem do potencial de ação, os valores da *condutância dos diferentes íons também mudarão* porque dependem de Φ_M e da história passada da biomembrana.

Como o valor do potencial de ação está entre 10 mV $\leq \phi \leq 70$ mV, $(\phi + \alpha) < 0$ e $(\phi + \beta) > 0$; logo, para que $J_M < 0$, espera-se que $g_{Na}(\Phi_M)$ *incremente* muito seu valor com relação a g_{Na}^0, o valor quando $\Phi_M = \Phi_M^0$. Para que $J_M > 0$, espera-se que $g_K(\Phi_M)$ *incremente* seu valor com relação ao valor g_K^0, quando $\Phi_M = \Phi_M^0$; quase instantaneamente, os valores $g_{Na}(\Phi_M)$ *decaem* ao valor g_{Na}^0. A contribuição de $g_{Cl}(\Phi_M)$ é importante quando $J_M > 0$.

Em experimentos com axônios gigantes da lula, observa-se que, ao agir na membrana um estímulo ϕ, com a passagem do tempo, os valores de g_{Na} e g_K dependem do valor instantâneo de Φ_M e o valor de g_K *incrementa drasticamente*. Em situações normais e na ausência de um potencial de ação, $g_K^0 \cong 100\ g_{Na}^0$. Quando age na membrana durante alguns milissegundos o estímulo ϕ constante, como mostra a Figura 9.26, os valores g_{Na} e g_K tendem, respectivamente, aos valores estacionários g_{Na}^∞ e g_K^∞. Se ϕ não for constante, os valores de g_{Na} e g_K terão um *efeito transitório* até alcançar os valores estáveis $g_{Na}^\infty(\Phi_M)$ e $g_K^\infty(\Phi_M)$.

Se, ao aplicar um estímulo no local x_0 do axônio, o potencial da membrana age como um *pulso elétrico* da forma $\Phi(t) = \Phi_M(x_0 - vt)$, então $\frac{\partial \Phi_M}{\partial x} = 0$. Da Equação (9.11), encontramos que a densidade de corrente através da membrana será aproximadamente — desconsiderando a componente J_{Cl} pela justificativa dada ao discutir-se a Equação (9.8):

$$J_M = g_{Na}(\Phi - \Phi_{Na}^N) + g_K(\Phi - \Phi_K^N) = -C_M \frac{\partial \Phi}{\partial t} \quad (9.17)$$

Quando $\Phi = \Phi_M^0$, temos $J_M = 0$; logo, o pulso não mudará. Se o pulso $\Phi(t)$ tivesse a forma mostrada na Figura 9.27a e estivesse agindo no local x_0

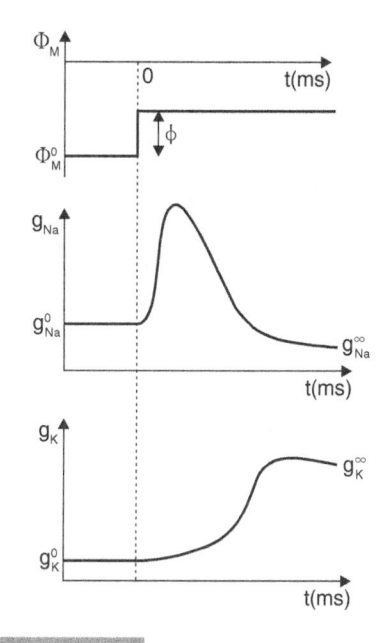

FIGURA 9.26

Comportamento de g_K e g_{Na} com o tempo, quando aplicamos um estímulo ϕ durante alguns milissegundos.

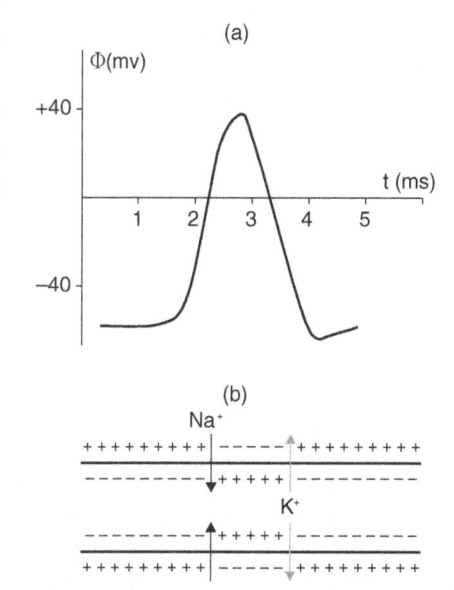

FIGURA 9.27

a) Pulso elétrico que estimula o axônio durante aproximadamente 2 ms;
b) Variação da polarização da membrana no local sobre o axônio em que está agindo o pulso.

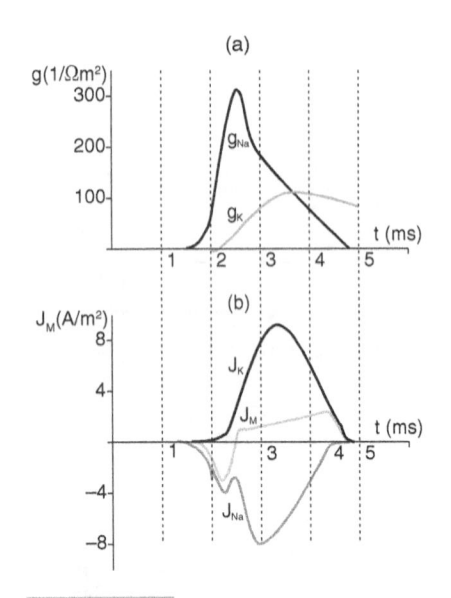

FIGURA 9.28

a) Variação das condutâncias do Na e K por causa do pulso aplicado em um local do axônio; b) densidade da corrente que se deve aos íons Na⁺ e K⁺ e densidade de corrente total através da membrana.

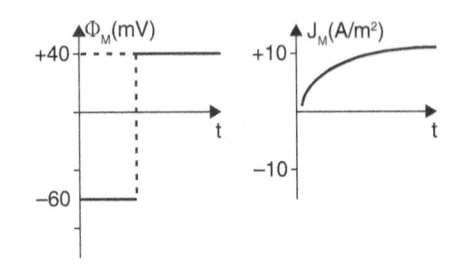

do axônio, a densidade superficial de carga na membrana mudaria conforme é mostrado na Figura 9.27b; logo, as condutâncias g_{Na} e g_K terão variações transitórias da forma mostrada na Figura 9.28a.

A densidade de corrente através da membrana é $\propto \frac{\partial \Phi}{\partial t}$, e sua forma aproximada é mostrada na Figura 9.28b. Enquanto dura o pulso, a variação da condutância g_{Na} é uma *curva suave* com valor máximo da ordem de $10^3 \, g_{Na}^0$ a $10^4 \, g_{Na}^0$; a componente $J_{Na} = g_{Na} (\Phi - \Phi_{Na}^N)$ terá uma *variação ondulatória* no instante em que o pulso passa por seu valor máximo. Isso se deve à rápida mudança do potencial Φ_M. Já a variação da condutância g_K é relativamente *mais lenta* que g_{Na}, com valor máximo da ordem de $20 \, g_K^0$ a $40 \, g_K^0$; a componente $J_K = g_K (\Phi - \Phi_K^N)$ aparece um pouco mais tarde que J_{Na} devido ao fato de o potencial não ser constante. As densidades de correntes J_{Na} e J_K são, aproximadamente, muito balanceadas enquanto dura o pulso.

Se elevarmos a temperatura da célula, o pulso terá uma duração mais curta; porém, a variação de g_K e g_{Na} seguirá a forma mostrada na Figura 9.28a, e as densidades de corrente J_K e J_{Na}, a forma da Figura 9.28b. A densidade de corrente total $J_M = J_{Na} + J_K$ terá seus valores positivos maiores com relação às de temperatura mais baixa, e seu máximo valor negativo será menor que o correspondente a uma temperatura mais baixa.

Exemplo: O potencial de uma biomembrana é alterado do valor inicial $\Phi_M^0 = -60$ mV para $\Phi_M = 40$ mV, como mostra a figura ao lado. Também podemos ver a variação da densidade de corrente J_M através da biomembrana. O potencial de Nernst para o sódio é +40 mV. O que se pode concluir sobre o transporte de íons através da biomembrana?

Resolução: a densidade de corrente através da biomembrana se deve ao *fluxo passivo* dos íons de Na⁺, K⁺ e Cl⁻. Então, pela Equação (9.15), $J_M = g_{Na} (\Phi_M - \Phi_{Na}^N) + g_{Cl} (\Phi_M - \Phi_{Cl}^N) + g_K (\Phi_M - \Phi_K^N)$. Aplicando as informações do gráfico ao lado, teremos $J_M = g_K (\Phi_M - \Phi_K^N) + g_{Cl} (\Phi_M - \Phi_{Cl}^N)$, por ser $(\Phi_M - \Phi_{Na}^N) = 0$. Normalmente, Φ_K^N e Φ_{Cl}^N serão negativos; logo, as diferenças de potencial $(\Phi_M - \Phi_K^N)$ e $(\Phi_M - \Phi_{Cl}^N)$ serão positivas. Como J_M é positivo, o fluxo neto dos íons K⁺ e Cl⁻ será no sentido do exterior para o interior da célula.

Problemas

1. a) O potencial de ação de uma célula nervosa é provocado pela movimentação passiva ou ativa de íons?
b) Quais são os principais íons que participam desse fenômeno?

2. Indique, segundo a convenção adotada no texto, os sinais das densidades de corrente elétrica J_M correspondentes a:
a) cátions saindo da célula;
b) cátions entrando na célula;
c) ânions saindo da célula;
d) ânions entrando na célula.

3. Em uma célula são conhecidos os potenciais de Nernst: $\Phi_{Na}^0 = +65$ mV e $\Phi_K^N = -90$ mV. A biomembrana satisfaz $g_K / g_{Na} = 20$.
a) Considerando desprezível a densidade de corrente relativa aos íons Cl⁻, calcule o potencial de repouso da célula.
b) Faça um esquema que mostre o sentido da densidade das correntes associadas ao fluxo através da membrana dos íons Na⁺ e K⁺.
c) No caso de se ter bombas de Na/K, mostre que tipos de densidades de correntes serão positivos e quais negativos.

4. Qual é o valor máximo que o potencial de uma membrana pode atingir durante o potencial de ação? E o valor mínimo?

5. Os potenciais de Nernst de uma célula para os íons Na$^+$ e K$^+$ são, respectivamente, +65 mV e –90 mV. O potencial de repouso dessa célula é –80 mV. Considerando desprezível a densidade de corrente elétrica relativa aos íons Cl$^-$, calcule a razão entre as condutâncias para os íons K$^+$ e Na$^+$.

6. Uma célula esférica está em um meio extracelular uniforme e muito grande. Os meios intracelular e extracelular contêm moléculas de KCl, NaCl e, possivelmente, moléculas NaX e KX. A biomembrana é permeável aos íons Na$^+$, K$^+$ e Cl$^-$, porém não ao íon X$^-$. O sistema está em um equilíbrio Donnan.
a) O que representa X$^-$ e qual é a razão de não poder atravessar a biomembrana?
b) Quais são a condição básica e a relação satisfeita pelas concentrações iônicas que surgem no equilíbrio de Donnan?
c) Dadas as concentrações iônicas em mM/litro: $C_K(1) = 50$, $C_{Cl}(1) = 0{,}85$, $C_K(2) = 5$ e $C_{Na}(1) = 35$, determine as concentrações dos constituintes iônicos remanescentes.
d) Determine o potencial da biomembrana.

7. Um axônio gigante de lula em repouso tem as seguintes concentrações iônicas (mM/litro): $C_K(1) = 0$, $C_K(2) = 400$, $C_{Na}(1) = 100$, $C_{Na}(2) = 4$ e um potencial de membrana $\Phi_M = -156$ mV. Utilizando aproximações plausíveis, se necessário, determine a razão g_{Na}/g_K.

8. Em um sistema de dois compartimentos, o compartimento 1 está separado do compartimento 2 por uma membrana. Cada um deles contém NaCl, KCl e KX. A membrana é permeável a íons Na$^+$, K$^+$ e Cl$^+$, mas não aos íons X$^-$. Não se observa nenhum fluxo de íons atravessando a membrana. Queremos determinar as concentrações dos constituintes remanescentes, se as seguintes concentrações iônicas (mM/litro) são dadas: $C_K(1) = 10$, $C_{Na}(1) = 4{,}5$, $C_K(2) = 50$ e $C_{Cl}(2) = 2{,}9$. Qual é a relação básica existente entre os componentes iônicos?

9. Os glóbulos vermelhos são somente permeáveis a ânions, desde que o fluxo passivo de cátions seja balançado pelo transporte ativo. Os maiores ânions são Cl$^-$ e HCO$_3^-$, e estes alcançam o equilíbrio Donnan. Assumindo que
$$\frac{C_{Cl}(\text{célula})}{C_{Cl}(\text{plasma})} = 0{,}63,$$
a) qual a distribuição dos íons de bicarbonato?
b) qual é o potencial da membrana? Descreva sua polaridade.

10. A velocidade de propagação de um potencial de ação ao longo de um axônio é 20 m/s. Durante a passagem no local, x = 0, ao medirmos o potencial de membrana $\Phi_M(t)$, observamos que, durante o primeiro ms, Φ_M tinha um valor constante de –60 mV; no segundo ms, Φ_M alcançou o valor máximo de +30 mV; no terceiro ms, Φ_M alcançou o valor mínimo de –70 mV e, do quarto ms ao quinto ms, Φ_M voltou a seu valor constante –60 mV. Considerando 0,02 F/m^2 a capacidade elétrica por unidade de área da biomembrana, faça os gráficos:
a) do potencial da biomembrana $\Phi_M(x)$ nos instantes t = 0 e t = 1 ms, considerando que o potencial de ação se propaga no sentido +x;
b) da densidade superficial de carga $\sigma_M(t)$ na superfície interna e externa da biomembrana do axônio.

11. Durante a propagação do potencial de ação ao longo de uma fibra nervosa, o potencial da biomembrana varia com o tempo e a posição ao longo da fibra. Pode-se escrever esta dependência como $\Phi_M = \Phi_M(x - vt)$, sendo v constante. Explique o significado dessa equação.

12. O potencial de repouso de uma biomembrana excitável depende de dois fatores, um relacionado com a propriedade da biomembrana e outro, com a propriedade do meio. Descreva brevemente esses dois fatores.

13. O axoplasma de um axônio de 5 mm de comprimento tem uma resistividade de 5 $\Omega \cdot$m. Calcule a resistência elétrica do axônio se seu raio é:
a) 5×10^{-6} m;
b) 5×10^{-4} m.

14. É colocada certa quantidade do radioisótopo ^{24}Na$^+$ na solução em que se encontra imerso o axônio de um neurônio. A concentração do radioisótopo $C_{Na}(2)$ varia com o tempo na forma mostrada na figura a seguir. Durante as medidas experimentais foi adicionado o veneno dimitrofenol no meio externo e foi detectada a passagem de três potenciais de ação. Identifique em cada uma das fases assinaladas no gráfico o efeito biológico responsável pela variação ou não da concentração $C_{Na}(2)$.

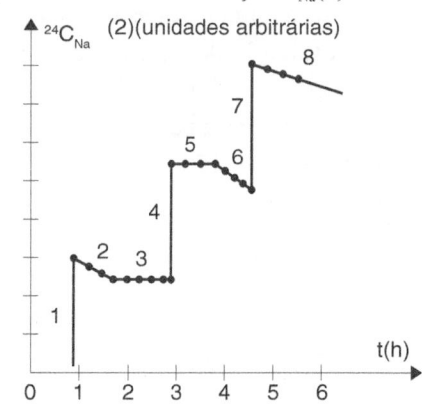

15. Quais das seguintes grandezas permanecem constantes e quais variam durante o potencial de ação: C_M; r_M; g_{Na}; g_K; g_{Cl}? Justifique sua resposta.

16. Um axônio é colocado em um recipiente com água salgada. Inicialmente, o potencial de membrana Φ_M do axônio é –50 mV; após 2 ms, ele é alterado para o valor fixo +20 mV. A variação com o tempo da densidade de corrente J_M através da biomembrana é mostrada a seguir. Explique a influência da água salgada como fluido extracelular dessa célula nervosa.

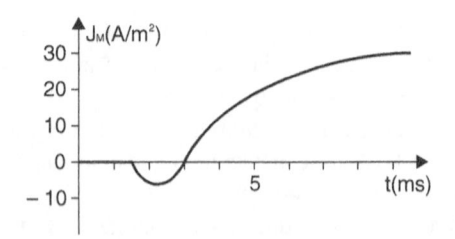

17. Utilizando os valores típicos das concentrações dos íons Na^+, K^+ e Cl^+ no meio extracelular e intracelular de um axônio sem mielina, calcule quantos íons de Na^+, K^+ e Cl^+ e quantas moléculas de água se tem em um segmento do axônio de 1 mm de comprimento.

18. A forma instantânea do potencial de biomembrana $\Phi_M(x,t)$, ao se propagar no sentido +x, é mostrada na Figura 9.24b. Explique como podem ser associadas ao fluxo dos íons K^+ e Na^+ as fases da densidade de corrente através da biomembrana ↑ e ↓ do gráfico a seguir.

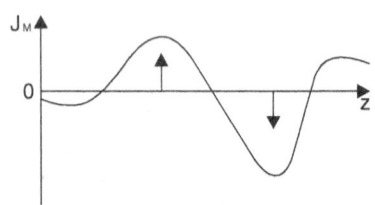

19. O axoplasma de um axônio é substituído por uma substância α. Em seguida, o axônio é colocado em um recipiente que contém água de mar. Repete-se a experiência duas vezes, substituindo-se o axoplasma pelas substâncias β e γ, respectivamente. Se $C_{Na}^{\alpha} < C_{Na}^{\beta} < C_{Na}^{\gamma}$, a variação de Φ_M em um local do axônio durante a passagem do potencial de ação para três experiências é mostrada na figura a seguir. Explique a diferença entre os valores máximos de Φ_M nos três resultados encontrados.

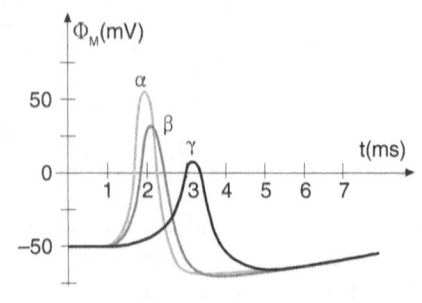

20. O potencial da membrana de um axônio é alterado do valor inicial $\Phi_M^0 = -60$ mV para $\Phi_M = +60$ mV, como mostra o gráfico a seguir. Também é mostrada a variação da densidade de corrente através da membrana. O potencial de Nernst para o Na^+ é +40 mV. O que se pode concluir sobre o transporte de íons através da membrana?

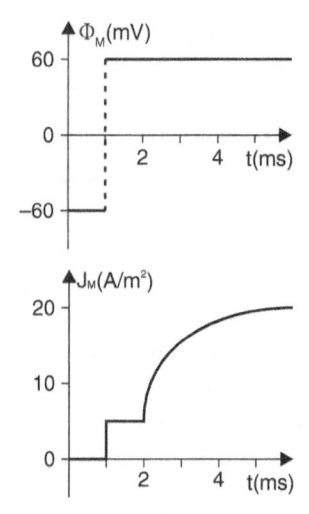

21. a) Na malha elétrica mostrada a seguir, calcule a resistência equivalente entre os pontos A e G.
b) Em seguida, adicionamos um número infinito de elementos de graus à esquerda de AG. Qual será então a resistência equivalente?
c) Se $V_{CG} = 6$ V, calcule V_{BG} e V_{AG}. O que se pode concluir?

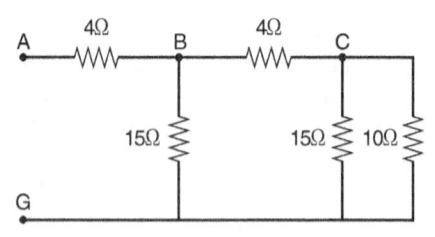

22. De acordo com a equação das condutâncias paralelas, no pico do potencial de ação, quais são as expressões para I_{Na}, I_K, I_{Cl}? Que considerações devem ser levadas em conta?

23. O circuito a seguir é conveniente para se obter uma propagação eletrotônica. Podemos considerar o axônio dividido em pequenas fatias uniformes. R_{ic} é a resistência no axoplasma em uma fatia e R_M, a resistência através da membrana na fatia. R_0 é a resistência das fatias restantes à direita de AB. Calcule:
a) o valor de R_0;
b) a razão da voltagem através de um degrau com a voltagem através do degrau imediatamente precedente;
c) novamente o item (b), quando a espessura (dx) da fatia tende a zero. Considere $R_{ic} = r_{ic}dx$ e $R_M = 1/2\pi a g_M dx$.

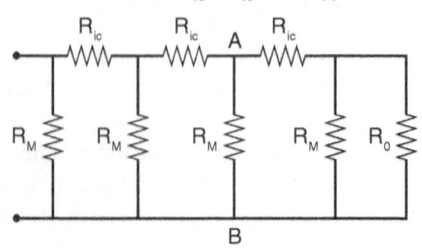

24. A voltagem ao longo de um axônio em um instante t tem o comportamento mostrado na figura a seguir. O raio do axônio é 10^{-5} m e a resistividade do axoplasma, 0,5 Ω·m. Como varia a corrente longitudinal no axônio nesse instante?

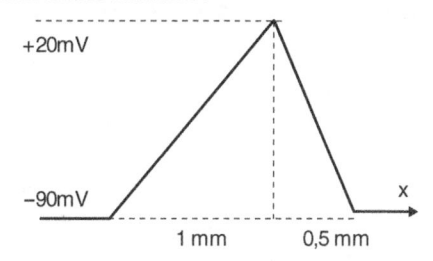

25. No axônio sem mielina de 5×10^{-6} m de raio do Problema 17, acrescenta-se a seu potencial $\Phi_M^0 = -70$ mV uma despolarização de $\phi = +26$ mV; nestas condições, temos $g_K^\infty = 60$ $\Omega^{-1} \cdot m^{-2}$. Calcule o tempo necessário para que todos os íons K^+ abandonem o axoplasma ao se deslocar a uma razão constante.

26. O fluido extracelular de um axônio de lula não contém íons de K^+. As concentrações em mM/l dos outros íons são: $C_{Na}(1) = 100$; $C_{Na}(2) = 4$ e $C_K(2) = 400$. Se $\Phi_M^0 = -156$ mV, utilizando aproximações plausíveis se necessário, determine a razão g_K / g_{Na}.

27. Calcule a distância de decaimento δ da propagação eletrotônica em um axônio com 5×10^{-6} m de raio e $g_M \cong 10$ $\Omega^{-1} \cdot m^{-2}$.

28. O circuito a seguir mostra como o capacitor (uma biomembrana) se carrega e descarrega. Inicialmente, a chave S está na posição B, assegurando que o capacitor está descarregado; em $t = 0$ a chave S é colocada na posição A. Após 20 s, colocamos a chave na posição B.
a) Determine a função $V(t)$ através do capacitor quando a chave está na posição A.
b) Repita os cálculos de (a) quando a chave está na posição B.
c) Faça um gráfico de seus resultados.

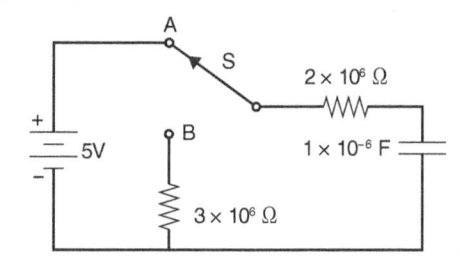

29. Calcule a expressão $\Phi_M(x)$ ao longo de uma fibra nervosa em um instante determinado. Qual será a expressão da distância de decaimento δ?

30. Explique como as fases I e II assinaladas no gráfico a seguir podem ser associadas ao fluxo dos íons K^+ e Na^+. Quais são as bases experimentais para sua resposta?

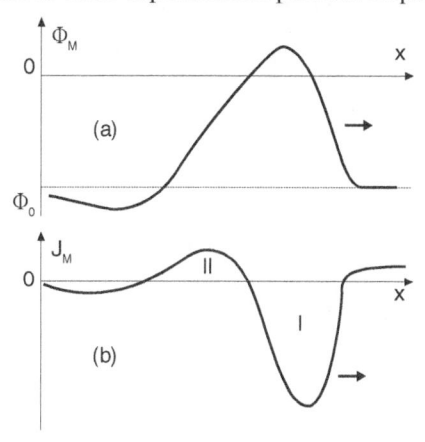

31. Para determinada célula: $\Phi_M^0 = -80$ mV, $\Phi_{Cl}^N = -79$ mV, $\Phi_{Na}^N = +65$ mV e $\Phi_K^N = -90$ mV. No instante t_0, a razão entre as condutâncias da biomembrana para os íons K^+ e Na^+ é 17,5. Qual será, nesse instante, a razão entre as condutâncias da biomembrana para os íons:
a) Cl^- e Na^+?
b) Cl^- e K^+?

32. Considere um axônio de raio a em que as condutâncias $g_n = g_{0n}$ = constantes para todo n e $r_{ic} \gg r_{ec}$. Demonstre que a velocidade de propagação do potencial de ação $v \propto \sqrt{a}$.

33. Para um cálculo simplificado de J_M em um axônio, consideremos que as condutâncias $g_n = g_{0n}$ = constantes para todo $n \neq Na$ e $g_{Na} = g_{Na}^0 + k\phi^2$, sendo k = constante. Lembrando que $\phi = \Phi_M - \Phi_M^0$, determine a expressão da densidade de corrente através da membrana.

34. Em uma célula, temos íons K^+ e Na^+ com concentrações (em mM/litro): $C_K(1) = 10$, $C_{Na}(1) = 500$, $C_K(2) = 300$ e $C_{Na}(2) = 50$.
a) Escreva a equação de Nernst para esta célula.
b) Qual seria o potencial da membrana no equilíbrio, se a biomembrana fosse somente permeável aos íons: (i) K^+; (ii) Na^+?
c) Se a biomembrana é permeável aos íons K^+ e Na^+, que informação proporciona a equação de Nernst acerca do fluxo de corrente no meio extracelular e intracelular?

Referências bibliográficas

1. HOPPE, W.; LOHMANN, W.; MARKL, H.; ZIEGLER, H. (Eds.) *Biophysics*, New York, Tokyo, Berlin Heidelbeerg: Springer-Verlag, 1983.

2. PLONSEY, R.; BARR, R. C. *Bioelectricity. A quantitative approach*. Nova York, Londres: Plenum Press, 1990.

3. HOBBIE, R. K. *Intermediate physics for medicine and biology*. [s.l.]. John Wiley & Sons, 1997.

CAPÍTULO 10

Neurobiofísica

OBJETIVOS DE APRENDIZAGEM

Depois de ler este capítulo, você será capaz de:
- Entender a bioeletricidade dos variados tipos de células musculares e das células especializadas associadas a diversas modalidades sensoriais
- Explicar e quantificar o funcionamento elétrico das células do coração humano
- Entender o funcionamento e as principais diferenças entre as células quimiorreceptoras, mecanorreceptoras e fotorreceptoras
- Compreender detalhadamente a bioeletricidade das células dos sistemas auditivos e da visão
- Entender o funcionamento das células eletrorreceptoras e sua importância na vida de uma série de peixes denominados elétricos

10.1 Introdução

Em princípio, podemos dizer que toda célula é excitável, ou seja, de uma maneira ou outra reage a qualquer estímulo externo. Nosso interesse está focado nas células excitáveis que, ao reagir a um estímulo, geram uma corrente elétrica. No capítulo anterior, analisamos detalhadamente como a *célula nervosa* (célula excitável) se comporta ao receber um estímulo externo.

Toda *atividade muscular* é fortemente dependente das propriedades elétricas das células constituintes dos músculos esqueléticos, lisos e cardíacos (suas estruturas são mostradas na Figura 10.1). Os *músculos lisos* envolvem órgãos ou estruturas como o estômago, o intestino ou os vasos sanguíneos, e suas contrações involuntárias são coordenadas pelo sistema nervoso autônomo. Os *músculos cardíacos* apresentam características dos músculos esqueléticos e lisos e têm a particularidade de contrair-se espontaneamente.

As *fibras musculares do coração* e as fibras musculares estriadas, com seus sistemas tubulares longitudinais e transversais, ao serem excitadas, também geram correntes elétricas que se propagam de uma célula para a vizinha, e assim por diante.

Nos músculos cardíacos e nos lisos, as células estão em contato fechado, e existem *ligações por fendas* em pontos específicos, nos quais as membranas de células adjacentes se fundem. É por esses locais que ocorre o transporte de íons que, por sua vez, desencadeia a propagação da excitação elétrica de uma célula a outra vizinha.

Existem *células especializadas* que geram corrente elétrica quando reagem a um estímulo externo recebido pelos sentidos (visão, olfato etc).

TIPOS DE MÚSCULOS

Esquelético | Liso | Cardíaco

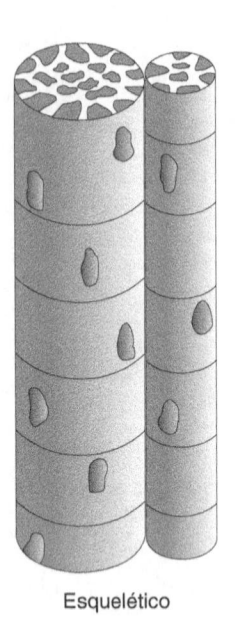

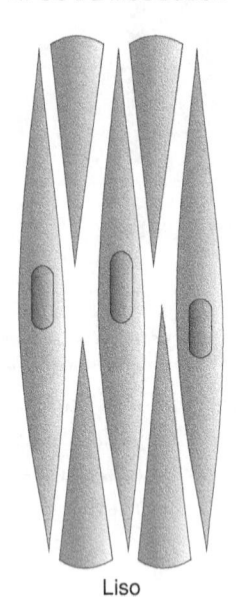

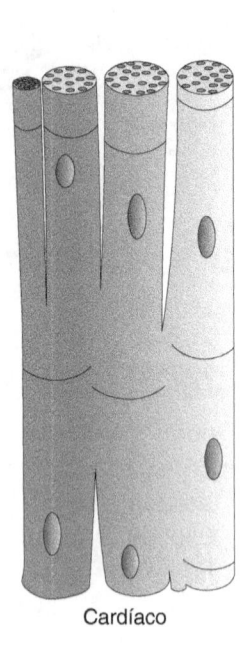

FIGURA 10.1

Tipos de músculos: esquelético, liso e cardíaco.

Essa corrente elétrica é transportada a locais específicos, onde é feita sua interpretação.

Em toda célula excitável, a excitação acontece quando a intensidade do estímulo aplicado está acima de certo nível (potencial limiar). Quando existem *ligações* entre as membranas de células adjacentes, a excitação pode passar por estes locais. Isso é o que acontece nos músculos do coração, músculos lisos, vasos sanguíneos etc. Toda vez que uma célula responde a um estímulo, imediatamente fica *inexcitável* por um período de tempo muito curto. Nesse período, nenhum outro estímulo, por mais intenso que seja, origina uma reação.

10.2 Bioeletricidade dos músculos[1,2]

Como foi dito na introdução, os músculos estão divididos em três categorias: esqueléticos, lisos e cardíacos. Os *músculos esqueléticos* estão ligados aos ossos, ao passo que os *músculos lisos* envolvem diversos órgãos e estruturas. Os *músculos cardíacos* serão analisados de maneira razoavelmente detalhada na seção seguinte.

Os *músculos esqueléticos* são constituídos por células denominadas *fibras musculares*, que possuem diâmetro entre 10 a 100 μm e comprimentos de até 20 cm, aproximadamente, e seus extremos estão ligados a tendões. A Figura 10.2 mostra os músculos bíceps e tríceps e os tendões que ligam os músculos à estrutura óssea.

Como mostra a Figura 10.3: (a) as fibras musculares são compridas e com muitos núcleos; (b) cada célula contém muitas *miofibrilas*, ou conjunto paralelo de fibras contráteis; (c) as miofibrilas estão divididas pelas *linhas Z* em *sarcômeros* (unidade contrátil do músculo). Entre as linhas Z, quando o músculo está *relaxado*, temos *filamentos grossos e finos* regularmente espa-

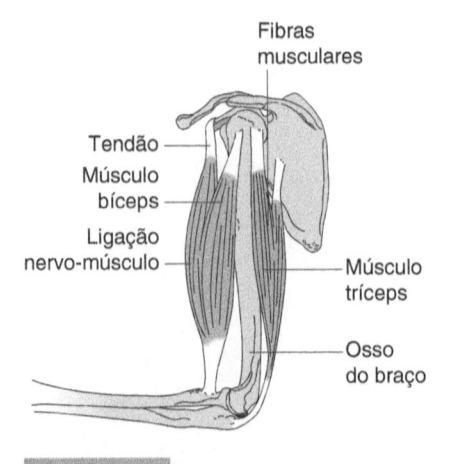

FIGURA 10.2

Músculos bíceps e tríceps ligados à respectiva estrutura óssea.

çados; (d) durante a *contração* do músculo, os filamentos grossos deslizam entre os finos, encurtando o sarcômero. Esse *padrão de estrias* das fibras musculares é comum ao músculo cardíaco, razão pela qual este músculo também é denominado *estriado*.

O *filamento grosso* contém majoritariamente a proteína *miosina*, cuja estrutura apresenta pequenas cabeças móveis que têm afinidade com a proteína *actina*, que é o principal constituinte dos *filamentos finos* — esse mecanismo está representado esquematicamente na Figura 10.4. Durante a contração muscular, ocorre um mecanismo de *ligações cruzadas* entre essas proteínas.

Os locais da actina que se ligam às cabeças da miosina estão em *repouso e são inacessíveis*; quando íons Ca^{++} chegam a esses locais, tornam-se *acessíveis* e permitem a ligação com a miosina. Essa liberação de íons Ca^{++} é consequência do aparecimento de um *potencial de ação*, na membrana (excitada eletricamente), em torno da fibra muscular. Normalmente, um potencial de ação de 1 a 2 ms gera uma contração muscular que pode durar até 100 ms, pois a liberação de íons Ca^{++} é muito rápida, ao passo que sua remoção é um processo lento; assim, demora-se mais para alcançar o repouso após a contração.

Junções neuromusculares

A origem dos potenciais de ação nos músculos esqueléticos é sua ligação com os terminais nervosos de neurônios motores (veja a Figura 9.5). Veja a Figura 10.5, que ilustra o momento em que um terminal do axônio de um *neurônio motor* que conduz um sinal elétrico se liga à membrana de uma *fibra muscular*, provocando uma despolarização do terminal do axônio, de intensidade suficiente para originar a abertura de canais de cálcio, permitindo a passagem de íons Ca^{++} ao interior do terminal axônico. Isso estimula a fusão das vesículas sinápticas com a membrana da fibra muscular e sua consequente liberação na fenda sináptica.

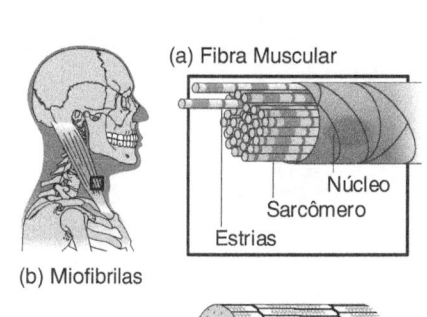

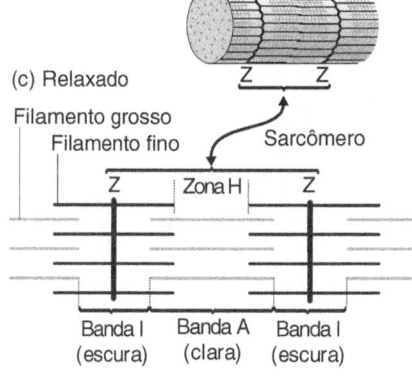

FIGURA 10.3

Tecido muscular: a) Fibras musculares. b) Miofibrilas ou fibras contráteis; a região da miofibrila entre duas linhas Z é um sarcômero. c) O sarcômero consiste em filamentos grossos e finos; são mostradas as bandas A e I e a zona H. d) Durante a contração do músculo, o sarcômero é encurtado.

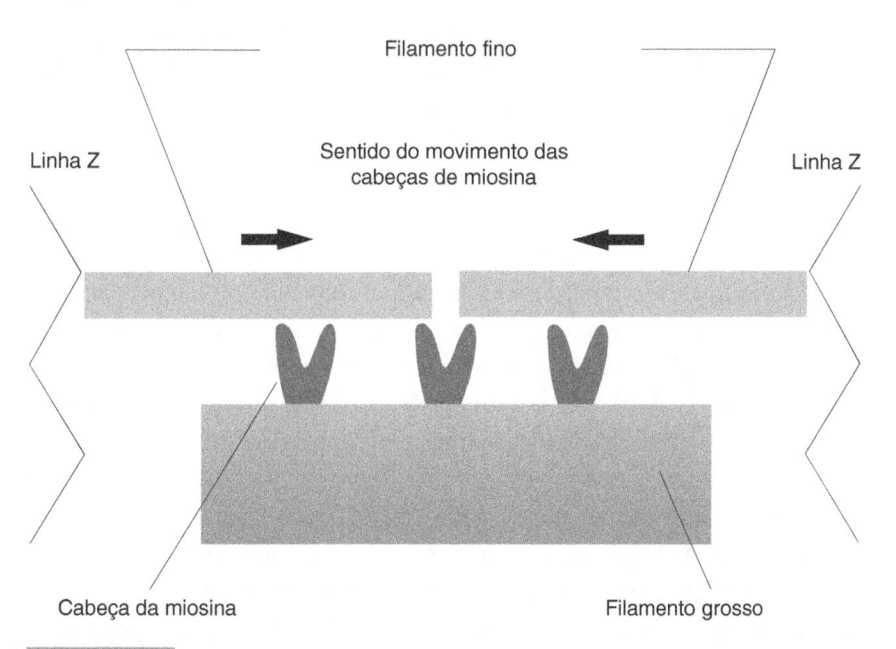

FIGURA 10.4

O movimento das cabeças da miosina é responsável pela contração ou distensão dos músculos esqueléticos.

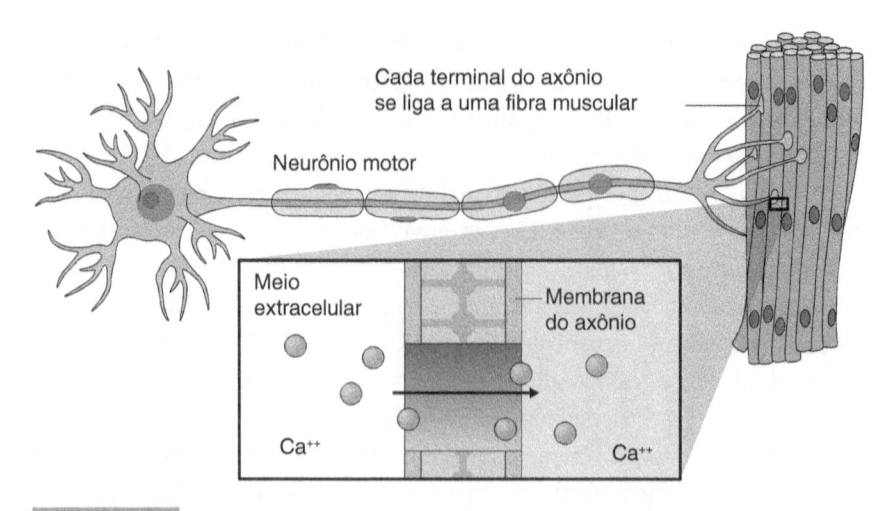

FIGURA 10.5

A despolarização da membrana do terminal do axônio tem intensidade suficiente para originar a abertura de canais de cálcio, tendo como consequência o transporte de vesículas sinápticas do terminal axônico à fenda sináptica.

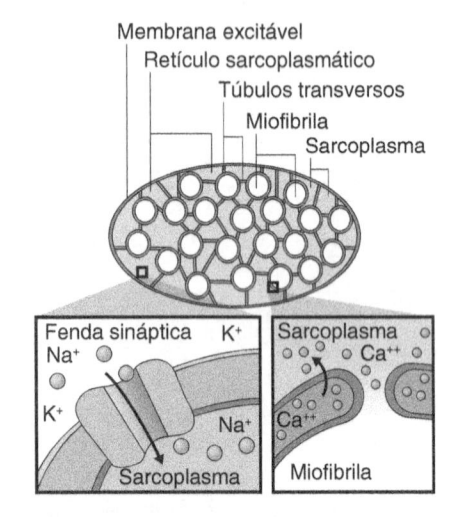

FIGURA 10.6

Vista transversal de uma fibra muscular. As miofibrilas são envolvidas por túbulos transversos e o sarcoplasma fica distribuído em retículos. Sarcoplasma e túbulos transversos estão em contato com a membrana excitável da fibra muscular.

A ligação das vesículas sinápticas na membrana pós-sináptica tem como consequência a *abertura de canais* para a passagem de cátions, originando primariamente um influxo de íons Na^+ que resultará na *despolarização* da membrana da fibra muscular, como está esquematizado na Figura 10.6. Essa despolarização é transmitida através de *condutores transversos* ao retículo sarcoplasmático que envolve cada *miofibrila*. A despolarização tem intensidade suficiente para abertura de canais de cálcio no retículo sarcoplasmático, permitindo o fluxo de íons Ca^{++} desde o lúmen do retículo ao sarcoplasma (ou citoplasma) da fibra muscular.

Em resumo, a troca de informação nas junções neuromusculares é semelhante ao que acontece nas sinapses químicas, ou seja, o potencial de ação, ao chegar ao terminal do axônio, libera neurotransmissores que são reconhecidos pela membrana da fibra muscular, que, ao serem detectados, desencadeiam a abertura de canais de cálcio, iniciando-se a contração.

Os músculos lisos

Os *músculos lisos* recobrem a maior parte dos órgãos (sistema digestivo, bexiga, passagens respiratórias etc.) e uma parte dos vasos sanguíneos. Esses músculos têm a capacidade de se *esticar* e manter a tensão por períodos longos e se *contraem* involuntariamente, já que o sistema nervoso faz isso de maneira automática. Por exemplo, o estômago e os intestinos fazem seu trabalho muscular o dia todo e, na maior parte do tempo, não se percebe o que se passa por lá. Os músculos lisos podem ser de *uma só unidade* ou *multiunitários*.

O músculo liso de uma só unidade é encontrado na parede da maioria das vísceras, vias biliares, ureteres, útero e muitos vasos sanguíneos. Distingue-se dos músculos esqueléticos porque não apresenta uma estrutura estriada. As fibras constituintes do tecido do músculo liso são células em *forma de carretel*, com apenas um núcleo; têm aproximadamente 50 a 200 mícron de comprimento e de 2 a 10 mícron de diâmetro. Não possuem estrias ou sarcômeros e, em geral, apresentam-se em feixes ou camadas; as membranas das células são aderentes entre si e, em diversos pontos, essas junções são abertas, o que permite o fluxo de íons de uma célula a outra, de modo que o *potencial de ação* se propaga de uma fibra para a seguinte, fazendo com que todas as fibras musculares se contraiam ao mesmo tempo.

Diferentemente das células de músculos esqueléticos, as células de músculos lisos não possuem retículos sarcoplasmáticos organizados. Como mostra a Figura 10.7, no interior dessas células, existem filamentos de actina (filamentos finos) e miosina (filamentos grossos). Esses filamentos estão igualmente sobrepostos, sendo seu mecanismo de contração semelhante ao dos músculos esqueléticos, com a diferença de que os filamentos estão ancorados na membrana da célula e em certos pontos do citoplasma denominados *corpos densos*.

As *fibras nervosas autonômicas*, que atingem o músculo liso, em geral ramificam-se sobre uma camada de fibras musculares. Quando existem muitas camadas de fibras musculares, na maioria das vezes as fibras nervosas somente inervam a camada mais externa e, pela *propagação do potencial de ação* através da massa muscular (ou por difusão da substância transmissora), atingem as camadas mais internas. Geralmente, as *fibras nervosas* não fazem contato direto com as fibras musculares, mas formam junções difusas que secretam os transmissores no fluido intersticial a uma distância muito pequena das fibras musculares.

A *contração regulada por miosina* dos músculos lisos é dependente da quantidade de íons de cálcio libertada, visto que um potencial de ação induz contração somente em uma porção das fibras musculares (no músculo esquelético, um potencial de ação é capaz de induzir contração em todo o músculo). A Figura 10.8 mostra um esquema simplificado do acoplamento excitação-contração do músculo liso. Note que os íons Ca^{++} se originam fora da célula e ligam-se à proteína *calmodulina* no músculo liso. Após a ligação ao Ca^{++}, a calmodulina associa-se com outras proteínas, como *enzimas*, levando ao aumento de sua atividade. O complexo de enzimas quebra o *ATP* em *ADP* e transfere o *Pi* diretamente para a miosina (fosforilação), ativando-o para formar pontes cruzadas com a actina. Quando o cálcio é bombeado para

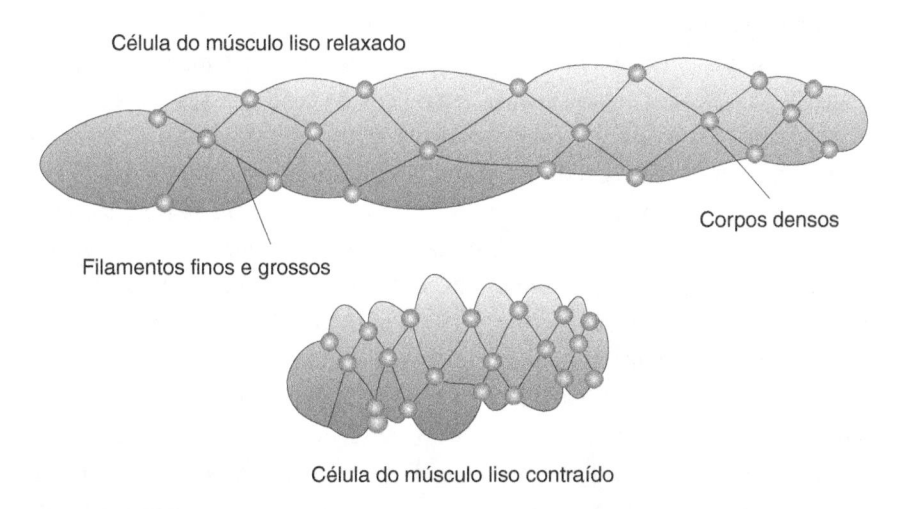

FIGURA 10.7

Célula de um músculo liso; os filamentos finos e grossos estão ancorados à membrana da célula e em pontos denominados corpos densos.

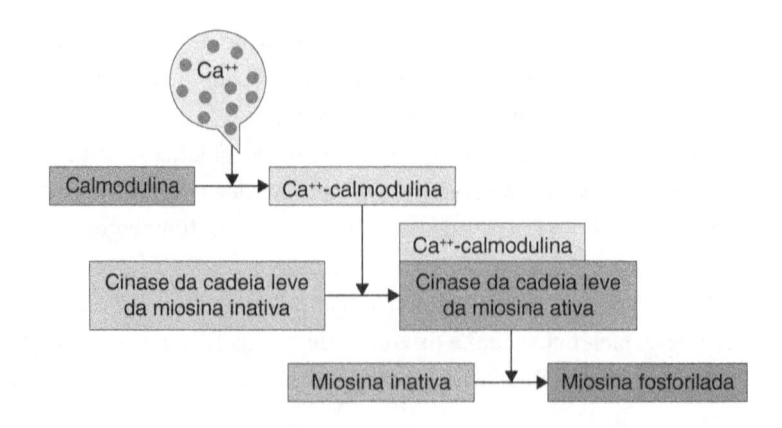

FIGURA 10.8

Esquema que mostra como a contração de um músculo plano é regulada pela fosforilação da cadeia leve de miosina.

fora da célula, o *Pi* é removido da miosina (desfosforilada) por outra enzima, deixando-a inativa e fazendo com que o músculo relaxe.

Normalmente, o *potencial de repouso* das fibras musculares é de –50 mV a –60 mV. No músculo liso de uma só unidade (ou visceral), o *potencial de ação* é o mesmo do músculo esquelético e pode ocorrer como *potencial em ponta* ou *potencial com platôs*. No músculo liso multiunitário, normalmente *não ocorrem* potenciais de ação.

O *potencial de ação de ponta* pode ser induzido por estímulos elétricos ou por hormônios e é semelhante ao dos músculos esqueléticos, com duração em torno de 10 ms a 50 ms. O *potencial de ação com platô* tem início de maneira semelhante ao de ponta, mas a fase de repolarização é lenta, criando-se um platô. Assim, as *contrações podem ser retardadas* por períodos prolongados, como no caso das fibras do músculo cardíaco (veja a Figura 10.11).

O fluxo de íons Ca^{++} para o interior da fibra muscular é o principal responsável pelo potencial de ação. Como os *canais de cálcio* se abrem mais lentamente do que os *canais de sódio*, isso explicaria em grande parte por que os potenciais de ação das *fibras musculares lisas* são mais lentos que os *dos neurônios* e *das fibras musculares esqueléticas*.

Alguns músculos lisos, como os do coração, apresentam a possibilidade de gerarem, espontaneamente, potenciais de ação. Nesses músculos, o potencial da membrana, em vez de se manter constante, vai continuamente se despolarizando. Assim, em determinado instante, atinge o valor do *potencial limiar*, gerando um potencial de ação cuja forma é mostrada na Figura 10.9.

Para acontecer o relaxamento dos elementos contráteis do músculo liso, é necessário que sejam removidos os íons Ca^{++}, o que é realizado por *bombas de cálcio* que transportam os íons para fora da fibra muscular lisa, lançando-os novamente no líquido extracelular ou transportando-os para o interior do retículo sarcoplasmático. O funcionamento dessas bombas é *muito lento* se comparado com a bomba de ação rápida do retículo sarcoplasmático do músculo esquelético. Por essa razão, a contração do músculo liso é mais rápida do que os músculos esqueléticos.

FIGURA 10.9

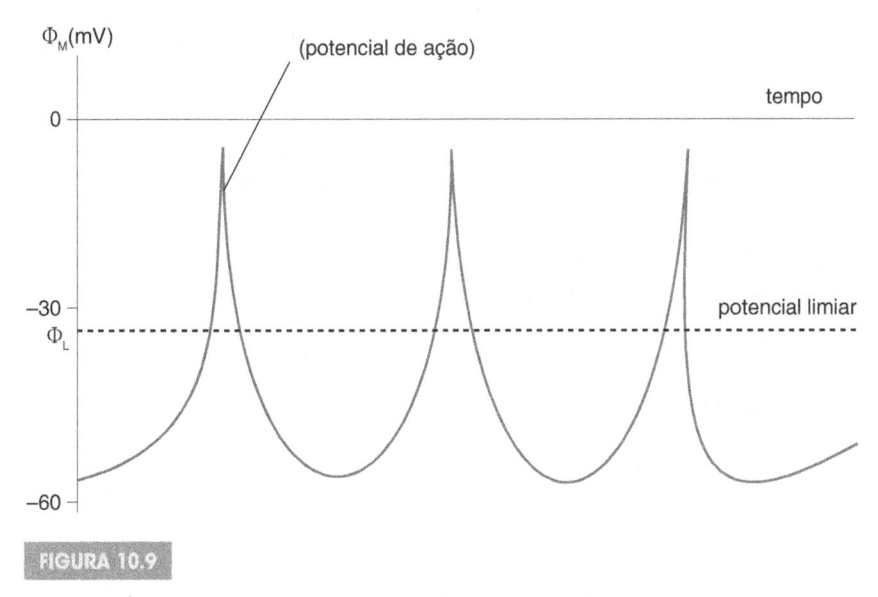

Forma dos potenciais de ação gerados por células autoexcitáveis.

10.3 Bioeletricidade do coração[3,4]

Na estrutura do coração, encontramos três tipos principais de músculos cardíacos: (1) atrial; (2) ventricular — ambos os músculos se contraem de maneira semelhante aos *músculos estriados*, mas a duração de contração é maior – e (3) *fibras musculares excitatórias e condutoras*, que se contraem de modo mais fraco, apresentam ritmo e velocidade de condução variáveis. A Figura 10.10 destaca os diversos caminhos seguidos por um estímulo elétrico no interior do coração.

Sempre que uma *célula muscular se contrai*, um pulso de despolarização elétrica move-se ao longo da célula, o que produz uma diferença de potencial na célula — o *miocárdio* (músculo do coração) possui essa característica. Para entendê-la, descreveremos algumas propriedades elétricas das

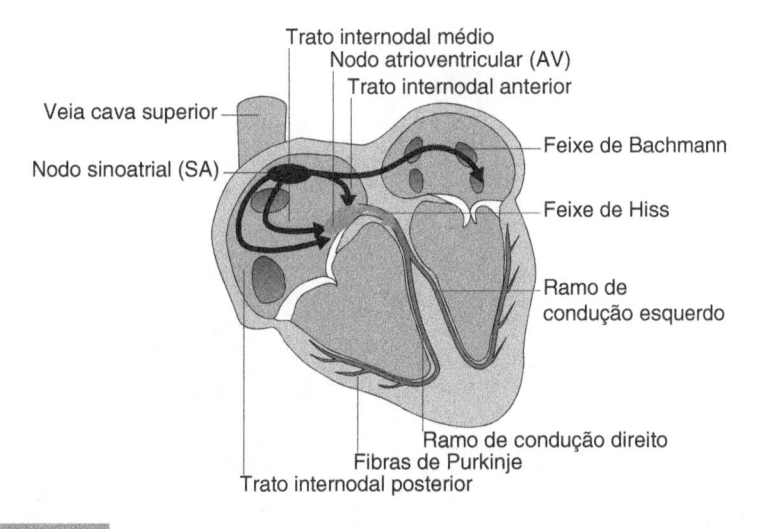

FIGURA 10.10

Na estrutura do coração, destacam-se o transporte elétrico, o nodo sinoatrial (SA) e o atrioventricular (AV), os feixes de Bachmann e Hiss e as fibras de Purkinje.

células miocardiais e da forma como o coração é despolarizado durante um ciclo cardíaco.

As células miocardiais e as nervosas são bastante *similares* com relação ao modo como as fontes (íons) dão origem à polarização de suas membranas. Uma diferença importante entre elas é que, entre as células miocardiais, há regiões de contato, através das quais os sinais elétricos podem ser transmitidos de uma célula a outra. No estado de repouso, o potencial do citoplasma das *células auriculares* é aproximadamente –70 mV e das *células ventriculares*, em torno de –90 mV.

O músculo cardíaco não é estimulado diretamente pelo sistema nervoso; existe um número pequeno de células cardíacas, que estão destacadas na Figura 10.11, com capacidade de gerar seu próprio *potencial de ação*. Essas células são autorrítmicas e estão em nodos, feixes e fibras localizados em zonas bem definidas do coração. O potencial de ação é transmitido por essas células, em cadeia, por todo o coração, fazendo com que o tecido muscular cardíaco se contraia. Em cada uma dessas zonas, a frequência com que se gera o potencial de ação é diferente, como é mostrado na Figura 10.11.

Ao originar um batimento cardíaco, *a excitação é iniciada no nodo SA* localizado na aurícula direita. Os potenciais de ação são gerados a uma frequência de *1,17 a 1,33 Hz* e se propagam pelas fibras que compõem o *sincício atrial* com velocidade variando entre *0,2 a 1 m/s*. Em aproximadamente 80 a 100 ms, a excitação atrial é completada. Os músculos da aurícula estão separados do ventrículo por fibras de tecidos conectivos que não transmitem o impulso. A única conexão entre a aurícula e o ventrículo é o tecido nervoso denominado *nodo AV*. Aqui, a velocidade de condução é baixa, da ordem de *0,05 m/s*, e a excitação do nodo AV dura aproximadamente 40 ms. Durante os 40 ms subsequentes, a excitação se propaga rapidamente através do feixe de Hiss, dos ramos de condução e das fibras de Purkinje, que constituem o *sincício ventricular*.

Ao analisar o potencial de ação que se propaga nas células cardíacas que não apresentam autoexcitabilidade, encontramos duas diferenças impor-

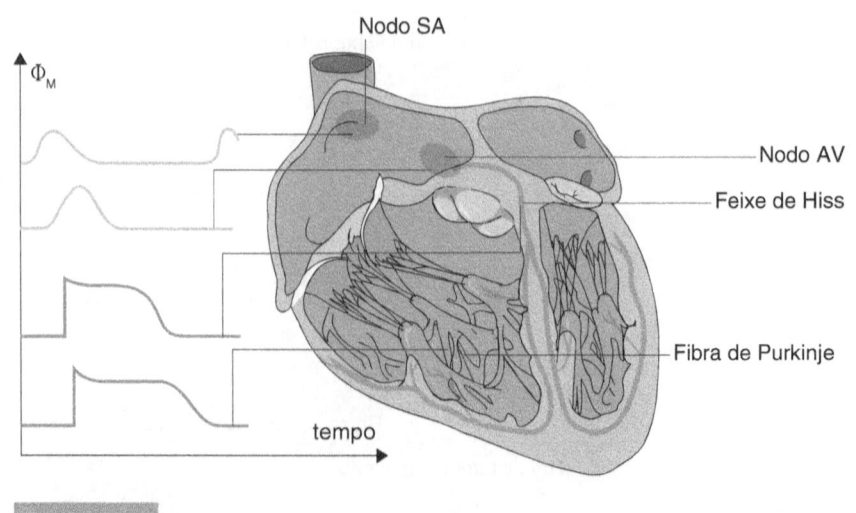

FIGURA 10.11

O potencial de ação inicia sua propagação a outras partes do coração no nodo sinoatrial (SA) e vai tomando formas de duração diferentes enquanto está se propagando.

tantes com relação ao potencial de ação nas células neuronais: (a) o *tempo de duração* do potencial de ação (veja a Figura 10.12); (b) os canais participantes na *despolarização e repolarização* da membrana cardíaca são canais de Na, K e Ca. Por outro lado, a origem do *potencial de repouso* nas células cardíacas e neuronais é a mesma, ou seja, as membranas apresentam diferentes condutâncias para os íons Na^+ e K^+.

Nas células cardíacas que não apresentam autoexcitação, o *potencial de repouso* toma valores entre –90 a –60 mV. Nessas condições, os canais retificadores tardios de K (Ik1) estão majoritariamente abertos. Por essa razão, o valor Φ_M^0 é predominantemente determinado pelo potencial eletroquímico do potássio. A capacidade de as células musculares cardíacas conduzirem um potencial de ação é fortemente dependente do valor Φ_M^0. Na Figura 10.11, é possível perceber que, a partir de Φ_M^0 (*fase 4*) e em resposta a um estímulo, ocorre em aproximadamente 1 ms uma rápida *despolarização* da membrana (*fase 0*) até um valor pico da ordem de +20 mV. Existem evidências de que a condução dos íons Na^+ é a mais envolvida para que Φ_M alcance valores positivos. A continuação segue uma curta, mas rápida, repolarização (*fase 1*); logo, temos um período relativamente longo, no qual a polarização sofre muito pouca alteração (*fase 2*). Esse platô é finalizado por uma rápida repolarização (*fase 3*) até se chegar ao nível de polarização da fase inicial (*fase 4*). Como consequência da *despolarização* da célula, o potencial de ação gerado tem uma duração de 200 ms a 300 ms.

Esse comportamento do potencial da membrana deve-se à variação da permeabilidade da membrana para o transporte dos diversos íons presentes nos fluidos da célula. A Figura 10.13 mostra a variação da condutância da membrana para os íons Ca^{++}, Na^+ e K^+ durante o tempo em que age o potencial de ação. Como foi mencionado, na fase 0, os *canais de sódio* são ativados, produzindo uma rapidíssima e curta (de 1 a 2 ms) corrente de influxo de íons Na^+. Na fase 1, *canais específicos (Ito) de potássio* são ativados pela despolarização na fase 0, permitindo um efluxo de íons K^+ por um tempo muito curto. Na fase 2, por efeito da despolarização, os *canais Ik1 de potássio* se fecham, afetando a repolarização da membrana. Outro efeito da despolarização na fase 2 é a ativação de canais de cálcio, ocorrendo um influxo de íons Ca^{++}, que promove e mantém o potencial despolarizador, além de sinalizar para a liberação de Ca^{++} dos estoques intracelulares. *Uma proteína* presente na membrana também utilizará o gradiente por causa dos íons de Na^+ para transportar de forma acoplada íons de Ca^{++} para fora da célula. Na fase 3, a despolarização ativa os *canais Ik de potássio*, contribuindo para a manutenção do platô e para seu término um tempo depois de ativado. Simultaneamente, canais de sódio e cálcio responsáveis pela despolarização vão sendo inativados, fazendo com que o potencial da membrana volte a seu nível de repouso por conta do predomínio da repolarização.

Nas *células autoexcitáveis* (células marca-passo), o potencial de ação é dividido em três fases, como mostra a Figura 10.14. A *fase I* é caracterizada por uma rápida despolarização; a *fase II* apresenta uma repolarização; e a *fase III* é um período de repouso quase inexistente, com despolarização lenta até o limiar de excitação (aproximadamente –40 mV). Se o limiar de excitação da célula autoexcitável fosse, por exemplo, –40 mV, antes de Φ_M alcançar esse valor se abriria parte dos *canais (de curta duração) de cálcio*, tornando o inte-

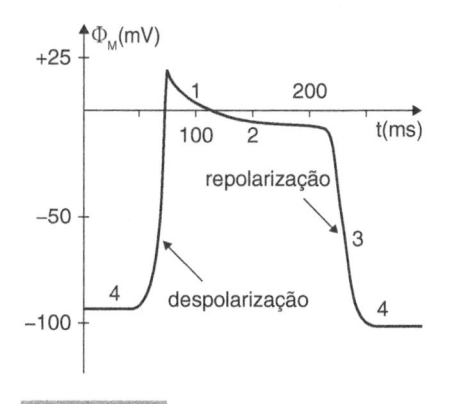

FIGURA 10.12

Potencial de membrana de uma célula miocardial. As fases de despolarização e repolarização também são mostradas.

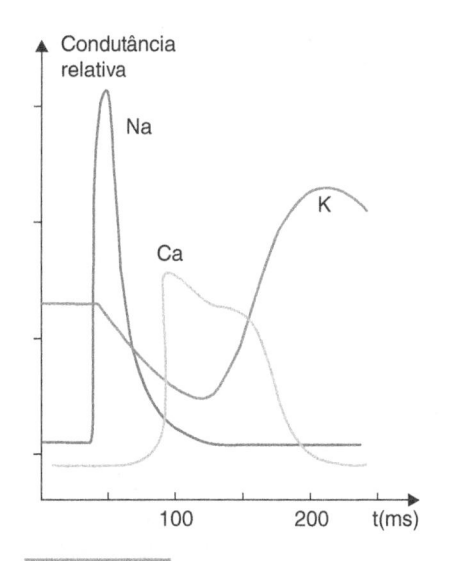

FIGURA 10.13

Variação temporal da condutância da membrana para o transporte de íons Ca^{++}, Na^+ e K^+ durante o tempo que age o potencial de ação em um local da membrana.

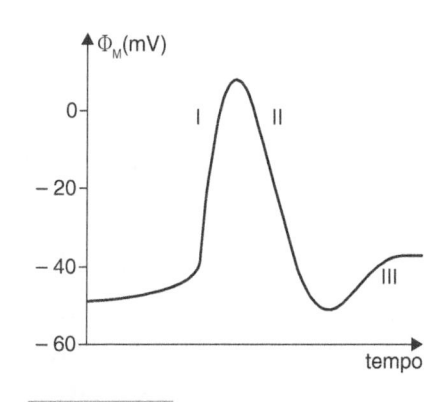

FIGURA 10.14

Forma típica do potencial de ação em uma célula autoexcitável.

rior da célula ainda menos negativo. Quando Φ_M atinge o limiar de excitação, abrem-se os *canais (de longa duração) de cálcio* restantes, despolarizando completamente a membrana. No pico de Φ_M, a permeabilidade ao K^+ é máxima, levando à repolarização da membrana. O período de repouso da membrana é substituído por um período de despolarização lenta em decorrência do influxo permanente e constante dos Na^+ e da redução da permeabilidade da membrana ao K^+. O resultado é que o interior da célula fica cada vez menos negativo com uma despolarização lenta até que Φ_M alcança o limiar de excitação.

As células do nodo SA são o principal centro de estímulos cardíacos, por gerar potenciais de ação a uma frequência superior à dos gerados no nodo AV, nos feixes de Hiss e nas fibras de Purkinje. Dessa forma, toma o controle do ritmo cardíaco global, o que também é denominado *marca-passo cardíaco*.

Transmissão do impulso cardíaco através do coração

A contração rítmica dos músculos das paredes do coração deve-se à *propagação de potenciais de ação através das fibras cardíacas*. Como foi explicado, muitas dessas fibras têm uma capacidade de autoexcitação, resultando, assim, em uma ação automática do coração. Há muitas evidências de que os espaços intracelulares cardíacos estão eletricamente interligados. Assim, após termos uma excitação em um ponto do tecido, ela continuará ao longo de todos os tecidos vizinhos. Por essa razão e também por se tratar de um meio condutor de resistência variável, *o cálculo do potencial em um ponto externo* a esse conjunto de células é bastante trabalhoso.

O potencial de ação que se propaga no coração pode ser de ação rápida ou lenta. O de *ação rápida* conduz o impulso com velocidade rápida e se inicia com grande velocidade de ascensão ($\cong 150$ mV/s) a partir do potencial de repouso da célula (entre -80 a -90 mV) e apresenta-se nas células musculares atriais e ventriculares normais e nas fibras de Purkinje. O de *ação lenta* conduz o impulso com velocidade muito baixa e se inicia com velocidade de ascensão de no máximo 10 mV/s, a partir do potencial de repouso da célula (entre -40 a -70 mV) e apresenta-se nas células dos nodos sinoatrial (SA) e atrioventricular (AV) normais. A Figura 10.15 mostra a propagação do impulso cardíaco através do coração. Destacamos os tempos empregados pelo impulso cardíaco a partir do nodo SA, para aparecer em diferentes partes do coração. Observe que o impulso experimenta um retardo ao passar do átrio para o ventrículo.

Qualitativamente, o impulso cardíaco pode ser considerado uma *excitação* que se origina no nodo SA, e tal excitação pode ser representada como uma *frente de onda* que inicia sua propagação pela região auricular do coração com velocidade variando entre 0,2 a 1 m/s. Em aproximadamente 0,08 a 0,10 s, a excitação das aurículas é completada. A conexão entre a musculatura auricular e o nodo AV faz com que a excitação entre em AV. No nodo, a velocidade de propagação é da ordem de 0,05 m/s, requerendo um tempo da ordem de 0,04 s para completar a excitação do nodo. Aproximadamente em 0,04 s a partir do nodo AV, a excitação se propaga pela região ventricular.

Pelo *modelo tradicional*, as frentes de onda que representam a propagação da excitação apresentam-se como porções de circunferências. A Figura 10.16 mostra a forma das frentes de onda quando a excitação está se propagando (tridimensionalmente) através do septo e das paredes ventriculares. As linhas

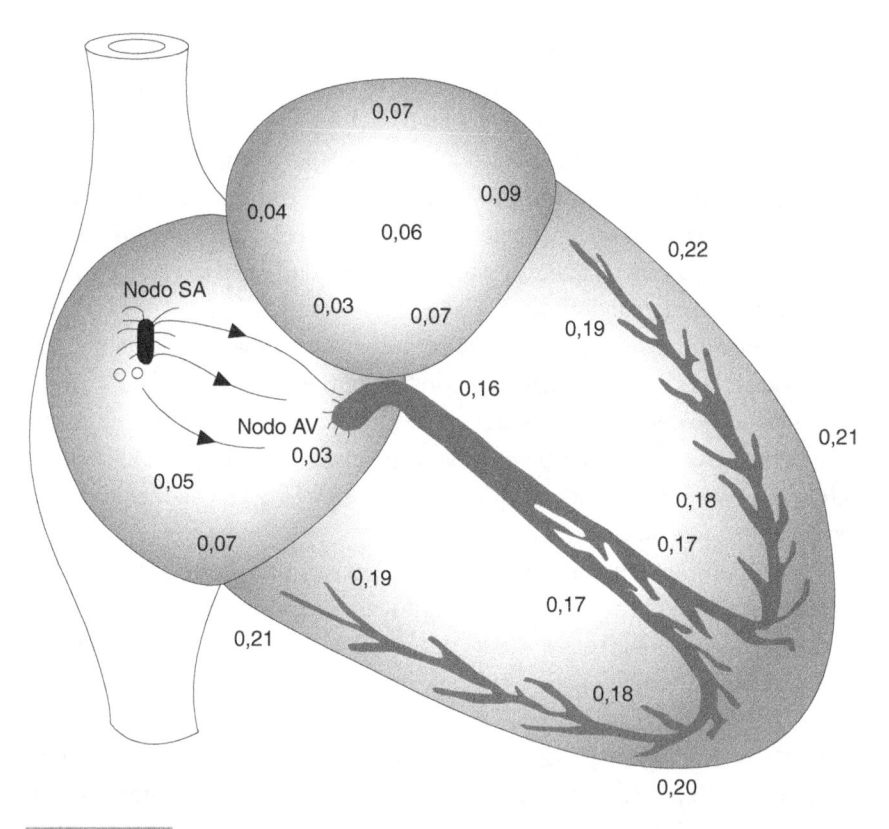

FIGURA 10.15

Propagação de um impulso cardíaco no coração a partir do nodo SA. O tempo empregado pelo impulso ao passar por alguns locais do coração está marcado.

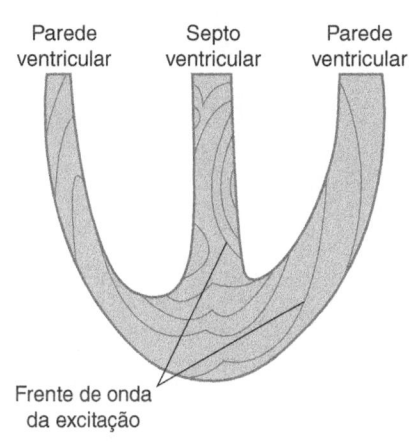

FIGURA 10.16

Forma das frentes de onda que representam o impulso cardíaco no septo e nas paredes ventriculares.

curvas indicam a posição das frentes de onda da excitação cardíaca em uma série de instantes de tempo durante a excitação ventricular. O *campo elétrico* que se deve a essa frente de onda é semelhante ao campo gerado por uma camada uniforme de *dipolos elétricos* com a mesma geometria da frente de onda.

O cálculo do potencial elétrico pode ser feito considerando-se a biomembrana como duas pequenas folhas separadas por uma distância δ, formando uma superfície fechada que coincide com a forma de uma frente de onda, uniformemente carregada com densidade superficial de carga $\pm \sigma$. Considerando que o meio onde se propaga a frente de onda é infinito, condutor e homogêneo, o potencial elétrico $\Phi(\vec{r})$ no ponto $P(\vec{r})$ desse meio, em virtude da fonte dipolar elétrica $\vec{p}(\vec{r}')dS'$, pode ser feito a partir do esquema mostrado na Figura 10.17:

$$\Phi(r) \propto \int_{S'} \frac{\vec{p}(\vec{r}') \cdot (\vec{r} - \vec{r}')dS'}{|\vec{r} - \vec{r}'|^3}. \qquad (10.1)$$

Na Equação (10.1), $\vec{p}(\vec{r}')$ é a densidade de dipolos elétricos por unidade de área e dS' é um elemento de área sobre a superfície S' da frente de onda considerada. O campo elétrico em $P(\vec{r})$ será, então, $\vec{E}(\vec{r}) = -\text{grad}\Phi(r)$. Utilizando a expressão do ângulo sólido $d\Omega'$ subtendido em P pelo elemento de área $d\vec{S}'$ sobre a frente de onda, teremos:

$$\Phi(r) \propto \int_{\Omega'} \vec{p}(r') \cdot \hat{e}_R \, d\Omega'. \qquad (10.2)$$

Na Equação (10.2), $\hat{e}_R$ é um vetor unitário na direção $(\vec{r} - \vec{r}')$. No estado imóvel, *o potencial exterior à célula é aproximadamente nulo*, ao passo

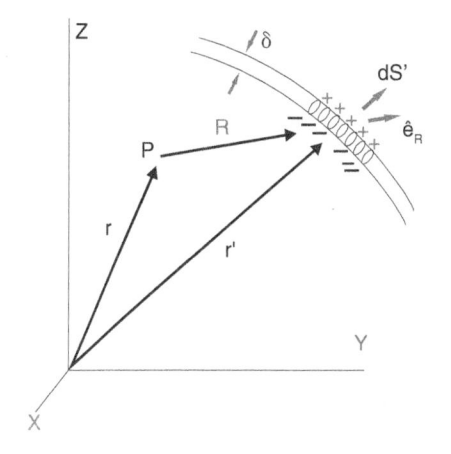

FIGURA 10.17

A forma geométrica da frente de onda coincide com a de uma biomembrana. Um elemento infinitesimal de superfície na biomembrana tem momento dipolo $\vec{p}(\vec{r}')dS'$ que gera um potencial.

que *o potencial em seu interior é* $\sigma\delta/\varepsilon_0$. Nessa situação, pode-se considerar a célula muscular como um cilindro comprido de dupla capa de cargas com densidade superficial de carga $|\sigma|$ em ambas as superfícies.

Como o *meio real* em que a frente de onda se propaga é um *volume condutor limitado e não homogêneo,* o potencial em qualquer lugar desse meio seria o resultado do potencial por causa das fontes de momentos dipolos $\vec{p}(\vec{r}')dS'$ mais o potencial que se deve à densidade de carga nas superfícies que separam regiões de condutividade diferentes.

Quando uma *despolarização* se propaga ao longo da biomembrana, cargas positivas se movimentam para o interior da célula, que cancela as cargas negativas sobre o interior da biomembrana. Dessa forma, quando a biomembrana está parcialmente despolarizada, o potencial em um ponto exterior à célula é o *potencial que se deve aos dipolos elétricos* que se movimentam junto com a onda de despolarização.

A partir do momento em que se conhece como o campo elétrico $\vec{E}(\vec{r})$ se comporta no meio real, pode-se determinar o campo magnético em virtude das correntes associadas a $\vec{E}(\vec{r})$ e, dessa maneira, ter um mapeamento das características eletromagnéticas do coração humano.

Exemplo: Na Figura 10.12 do texto, é mostrada a forma do potencial de ação das células cardíacas contrácteis. Ela está dividida em cinco fases. A partir dessas informações, explique e demonstre de maneira ilustrativa o funcionamento dos canais de Na, K e Ca em cada uma dessas fases.

Resolução: uma vez alcançado o potencial limiar, na fase 0 abrem-se canais de Na^+, provocando uma rápida despolarização da membrana até se chegar ao pico do potencial. Na fase 1, os canais de Na^+ fecham-se e se inicia uma saída brusca, porém temporária, de K^+. Isso se manifesta como uma pequena, mas rápida, despolarização da membrana. Na fase 2, fecham-se alguns canais de K^+ e se mantêm abertos alguns canais de inativação lenta de Ca^{++} e Na^+, o que garante uma lenta repolarização da membrana (platô). Na fase 3, os canais de inativação lenta de Ca^{++} e Na^+ são fechados e se abrem outros canais de K^+, disparando-se uma brusca e completa repolarização, até o potencial de repouso (fase 4).

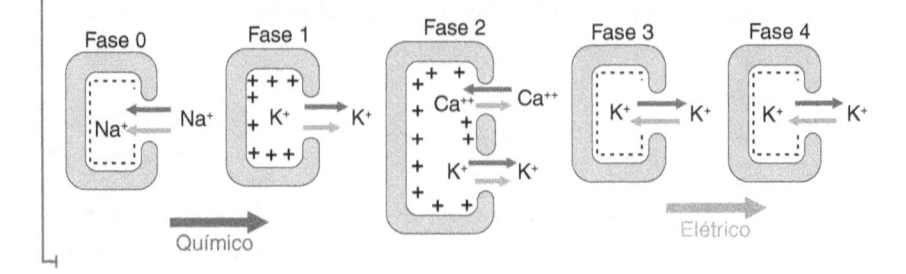

10.4 Algumas modalidades sensoriais

Na Seção 9.3, ao explicar o que se entende por *excitabilidade celular*, foi dito que o *estímulo externo* que age sobre a célula pode ser fraco e rápido ou forte e duradouro, originando em ambos os casos uma despolarização da biomembrana da célula receptora ou *potencial receptor* de amplitude graduável. Essa resposta é proporcional à intensidade do estímulo. As fibras condutoras da célula excitável decodificam a intensidade do potencial receptor em função da frequência dos *potenciais de ação* resultantes. Finalmente, a quantidade de *neurotransmissores* liberados pela célula na fenda sináptica será proporcional à frequência e duração do potencial de ação. A Figura 10.18 apresenta três esquemas representativos do efeito de um estímulo sobre uma célula excitável quando são aplicados estímulos fracos e rápidos e um estímulo forte e duradouro.

Os *estímulos sensoriais* têm natureza física e/ou química; a transformação desses estímulos em potencial elétrico pelos receptores sensoriais é denominada transdução sensorial. Tanto os neurônios como as células sensoriais secundárias são altamente específicos. A resposta elétrica decorrente da despolarização induzida na membrana celular é denominada *potencial receptor* e é proporcional à intensidade do estímulo. A Figura 10.19 mostra esquematicamente como o estímulo sensorial, ao incidir no receptor sensorial, gera um potencial receptor, que gerará a propagação de um *potencial de ação* ao longo do axônio de um neurônio sensor localizado no sistema nervoso periférico. A sinapse nervosa no sistema nervoso central gera a propagação de um potencial de ação através dos neurônios motores.

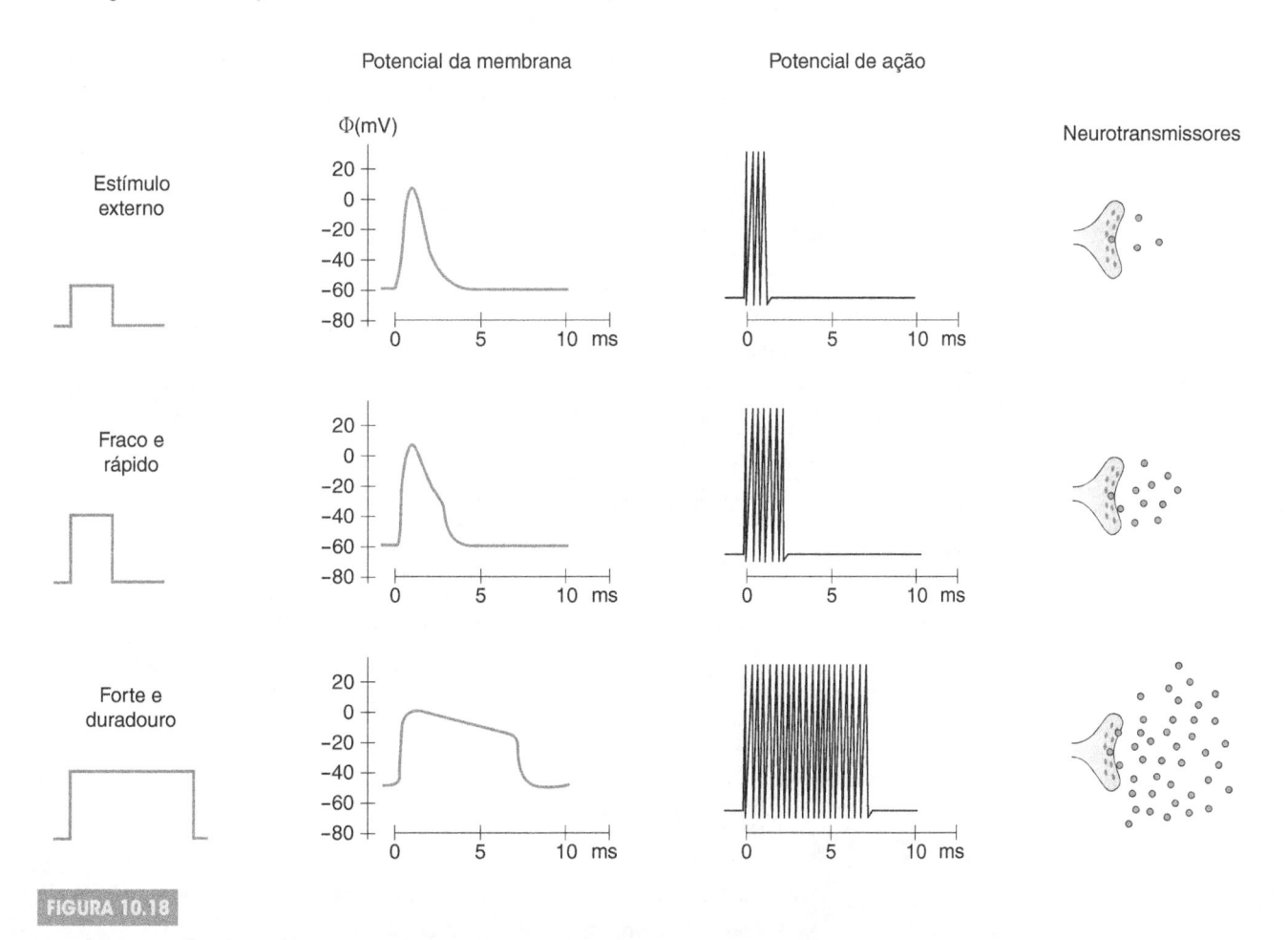

FIGURA 10.18

A amplitude do potencial receptor é proporcional à intensidade do estímulo. Os potenciais de ação resultantes têm frequência e duração variáveis, influenciando na quantidade de neurotransmissores liberados na fenda sináptica.

FIGURA 10.19

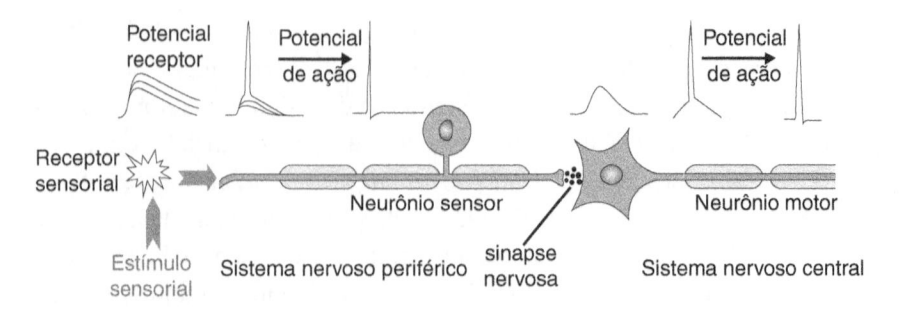

O potencial receptor gera um potencial de ação que se propaga ao longo do axônio do neurônio sensor. No sistema nervoso central se gera um potencial de ação que se propaga através de um neurônio motor.

Propriedades e tipos de receptores sensoriais

No reino animal, os *órgãos sensoriais* são estruturas com células especiais que asseguram uma transmissão rápida das sensações detectadas; eles funcionam como *filtros* específicos para as diferentes formas de energia do meio ambiente.

As características físico-biológicas de algumas *modalidades sensórias* ou sensações experimentadas por um mesmo órgão sensorial são apresentadas na Tabela 10.1.

Os *receptores sensoriais* podem ser terminações nervosas ou células sensoriais secundárias e estão localizados em *posições estratégicas* do corpo humano, para captar melhor os estímulos sensoriais. Eles apresentam especificidades de resposta aos estímulos naturais. Por exemplo, possuem um potencial limiar (ϕ_L) muito baixo, de modo que sua sensibilidade é máxima para o estímulo natural.

TABELA 10.1

Célula receptora e tipo de receptor para um mesmo órgão sensorial

Órgão sensorial	Estímulo externo	Tipo de receptor	Célula receptora	Localização
Olfato	Substância química	Quimiorreceptor	Epitélio-olfativo	Nariz
Paladar	Substância química	Quimiorreceptor	Botões gustativos	Cavidade oral
Tato	Ondas de pressão ou de vibração	Mecanorreceptor	Corpúsculos de Pacini, Merkel etc.	Pele
Audição	Ondas sonoras	Mecanorreceptor	Células ciliadas da cóclea	Ouvido interno
Visão	Fótons luminosos	Fotorreceptor	Cones e bastonetes	Retina

Exemplo: Faça uma classificação funcional do sistema nervoso sensorial (SNS) do humano.

Resolução: são duas categorias: (1) somática e (2) visceral. A origem da visceral são os órgãos viscerais (interoceptivo).

A origem da somática pode ser: no próprio corpo (proprioceptiva) através dos músculos, tendões ou das articulações; ou fora do corpo (exteroceptiva) através dos sentidos especiais (audição, equilíbrio, gustação, olfação e visão), localizados na cabeça, ou de detectores como pele, músculo etc., localizados no corpo todo.

Exemplo: Explicite os órgãos sensoriais localizados na cabeça e destaque as fontes excitadoras de cada um desses órgãos.

Resolução: a figura a seguir mostra os sentidos especiais localizados na cabeça.

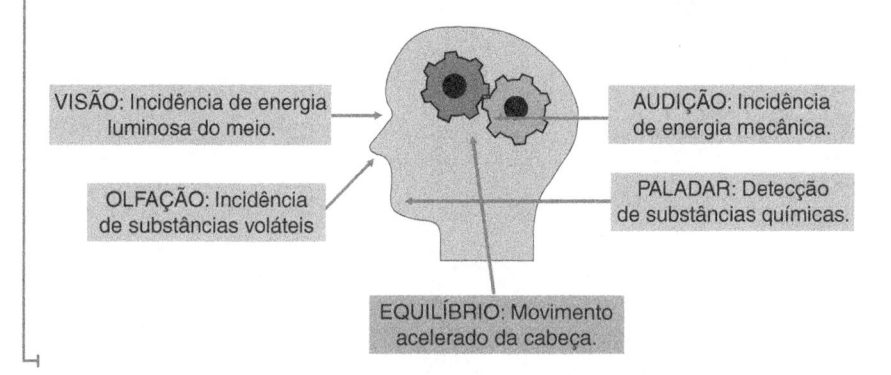

- VISÃO: Incidência de energia luminosa do meio.
- AUDIÇÃO: Incidência de energia mecânica.
- OLFAÇÃO: Incidência de substâncias voláteis.
- PALADAR: Detecção de substâncias químicas.
- EQUILÍBRIO: Movimento acelerado da cabeça.

Exemplo: Explicite a que tipo de estímulo externo são sensíveis as partes externas do corpo humano.

Resolução: são os sentidos somestésicos localizados na parte externa do corpo humano:
a) A energia térmica de corpos em contato com a pele é detectada pelos termorreceptores nas terminações livres dos neurônios aferentes, os que quantificam a energia térmica.
b) Os estímulos externos lesivos e lesões teciduais são detectados pelos nociceptores nas terminações dos neurônios aferentes, os que quantificam a dor.
c) A energia mecânica em forma de pressão ou de vibração ativa o sentido do tato.
d) A posição e o movimento do corpo e dos membros são detectados pelos órgãos tendinosos de Golgi; fusos musculares; receptores articulares etc.

Quimiorreceptores

Os quimiorreceptores são receptores sensíveis às substâncias voláteis dispersas no ambiente (caso do olfato) ou às substâncias químicas que se solubilizam na saliva (caso do paladar). O *sistema olfativo* de um humano possui em torno de 300 receptores para detectar até 10.000 odores diferentes. Como mostra a Figura 10.20, as partículas de odores presentes no ambiente entram pelo nariz e são captadas por *cílios de neurônios* presentes na mucosa nasal. Na membrana de uma célula sensorial olfatória, os estímulos químicos denominados *odorantes* geram um *potencial receptor*; os potenciais são conduzidos pelas fibras nervosas dos neurônios sensoriais do bulbo olfativo até

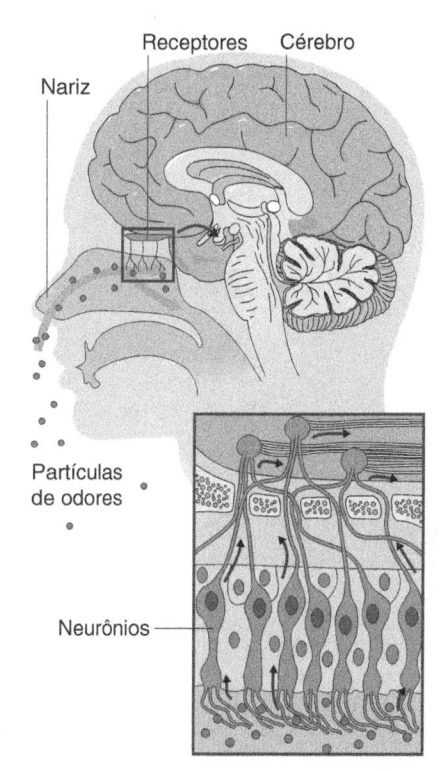

FIGURA 10.20

Cílios de neurônios sensoriais são estimulados; o potencial resultante do estímulo é conduzido até o cérebro, onde os sinais são interpretados.

o cérebro. No cérebro, os sinais são interpretados e associados a um objeto ou substância específica (percepção).

No humano, as *células gustativas* das papilas do paladar não são neurônios, elas são células epiteliais (epitélios sensoriais) modificadas — também denominadas células sensoriais secundárias —, com capacidade de realizar a transdução sensorial. O esquema da Figura 10.21 mostra o potencial receptor gerado na célula sensorial secundária e a respectiva propagação do potencial de ação através do neurônio sensor.

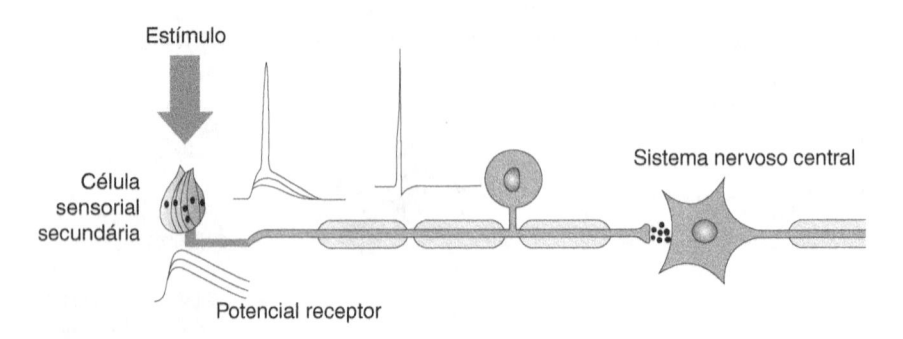

FIGURA 10.21

O receptor gustativo gera um potencial receptor quando a língua recebe um estímulo químico; os nervos captam o sinal e mandam a informação ao cérebro para perceber o sabor, e o estômago se prepara para a absorção.

Exemplo: Demonstre o processo de criação do potencial receptor na membrana de uma célula sensorial olfatória.

Resolução: a célula sensorial olfatória é uma célula secundária; o estímulo químico denominado odorante é recebido pelo receptor localizado na membrana da célula. É acionada a proteína G; por um processo de reação química que envolve transferência de energia, cria-se a molécula cAMP. A abertura de canal cAMP origina o disparo de um potencial receptor.

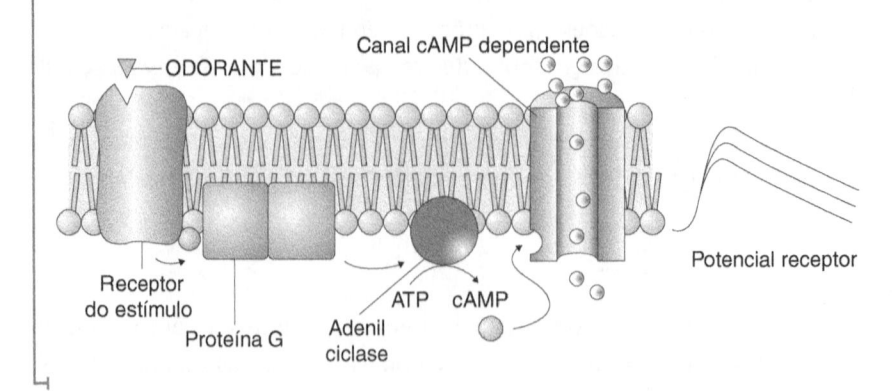

Mecanorreceptores

São receptores sensíveis à energia transmitida pelas ondas mecânicas de pressão ou de vibração (caso do tato) ou pelas ondas mecânicas sonoras (caso da audição). Quando a *pele* experimenta uma *pressão mecânica*, o estímulo de origem mecânica age sobre receptores cutâneos, que são neurônios sensoriais que se apresentam em duas formas. Em uma, a célula tem uma terminação livre (Merkel) e, em outra, a terminação é encapsulada (corpúsculos de Pacini, de Ruffini, de Meissner, de Krause), tal como mostra a Figura 10.22.

Alguns dos tipos de receptores cutâneos adaptam-se facilmente à presença de estímulos inofensivos, como a roupa que cobre a pele. Quando o estímulo externo é uma *onda mecânica sonora*, os receptores são *células sensoriais ciliadas* (células sensoriais secundárias), localizadas no ouvido interno (o mecanismo da audição pelos humanos será estudado com mais detalhes na próxima seção).

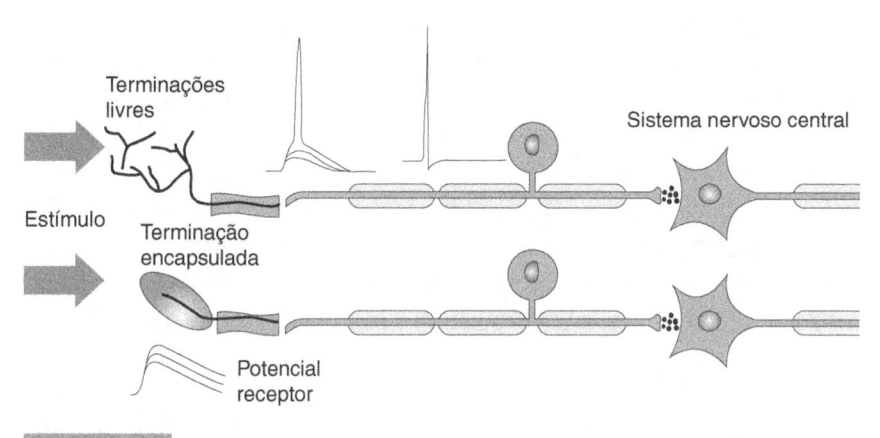

FIGURA 10.22

Receptores cutâneos com terminações livres e encapsuladas (corpúsculos de Pacini).

Exemplo: Explique o efeito de exercer uma pressão mecânica sobre a pele do corpo humano.

Resolução: os receptores cutâneos são neurônios sensoriais cuja terminação pode ser livre ou encapsulada. A figura a seguir mostra ambos os tipos. Esses receptores são denominados mecanorreceptores. A ação da pressão (ou de uma força) mecânica origina a abertura de canais iônicos, iniciando, assim, uma despolarização da membrana celular, o que vai dar origem a um potencial receptor.

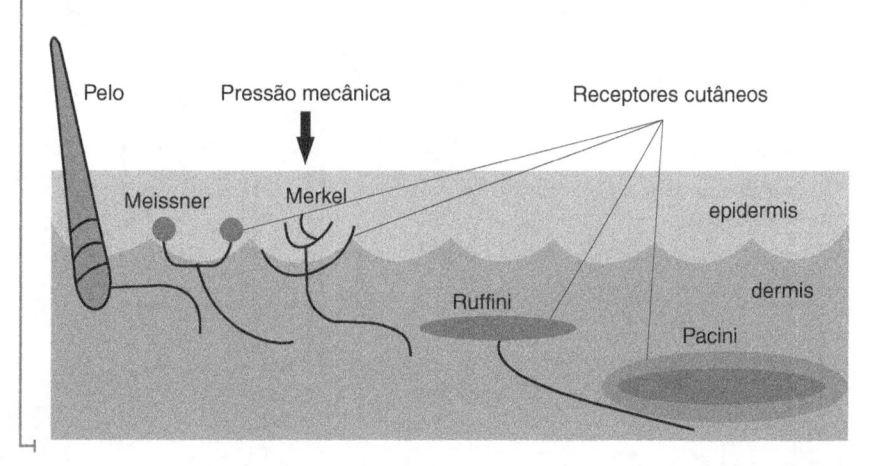

Fotorreceptores

São receptores sensíveis aos fótons transmitidos pelas ondas luminosas. A *luz* origina indiretamente a abertura de canais iônicos, dando origem a um potencial receptor. Um estudo mais profundo das células fotorreceptoras será apresentado mais adiante, neste capítulo.

10.5 Bioacústica

A bioacústica estuda a modalidade sensorial da *audição* dos humanos e mamíferos em geral, ou seja, é a *análise e percepção de sensações auditivas* cuja origem são os estímulos sonoros. Esses estímulos são ondas mecânicas que, ao chegarem ao sistema auditivo, terminam agindo sobre *células ciliadas* (células sensoriais secundárias) e seus nervos terminais, que codificarão o estímulo mecânico em potenciais de ação. De acordo com os estudos publicados até o presente, a ação de ouvir dos mamíferos é bastante similar à dos humanos. Logo, é comum comparar, discutir e estender os resultados de experiências acústicas com mamíferos aos humanos e a outras espécies animais.[5,6,7,8]

O ouvido humano

O ouvido humano é um órgão extremamente sensível, que converte um fraco estímulo mecânico, produzido em um meio externo, em *estímulos nervosos*. Na região de sua máxima sensibilidade, a pressão acústica que ele pode perceber é de um milibar, o que equivale a uma amplitude de deslocamento molecular da ordem de 10^{-9} cm ou 0,1 A. Como mostra a Figura 10.23, o ouvido está constituído por três partes: ouvido externo, médio e interno. A Figura 10.24 apresenta um modelo físico do ouvido bastante simplificado.

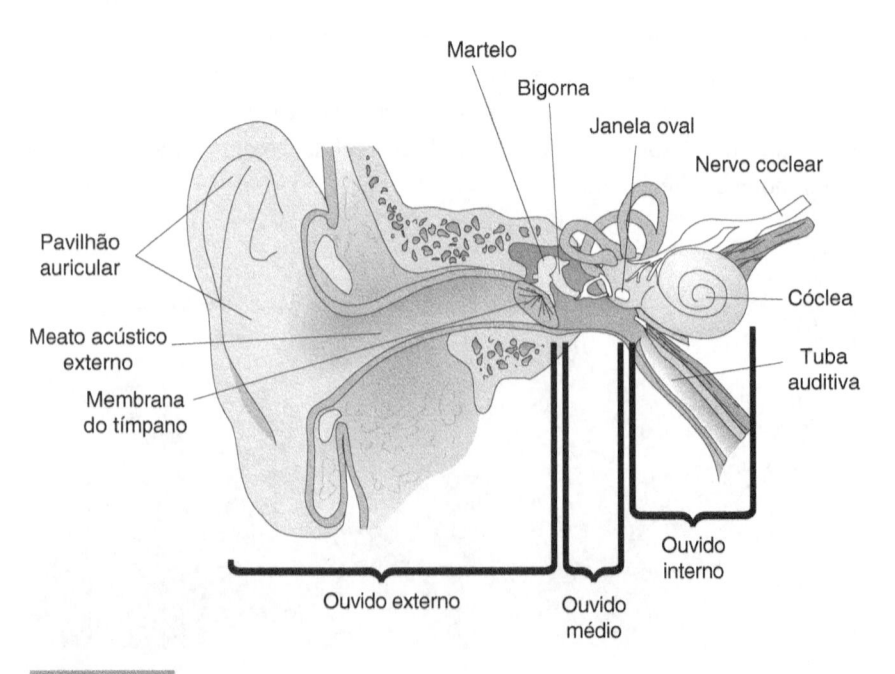

FIGURA 10.23

O ouvido humano e suas partes: externo, médio e interno.

FIGURA 10.24

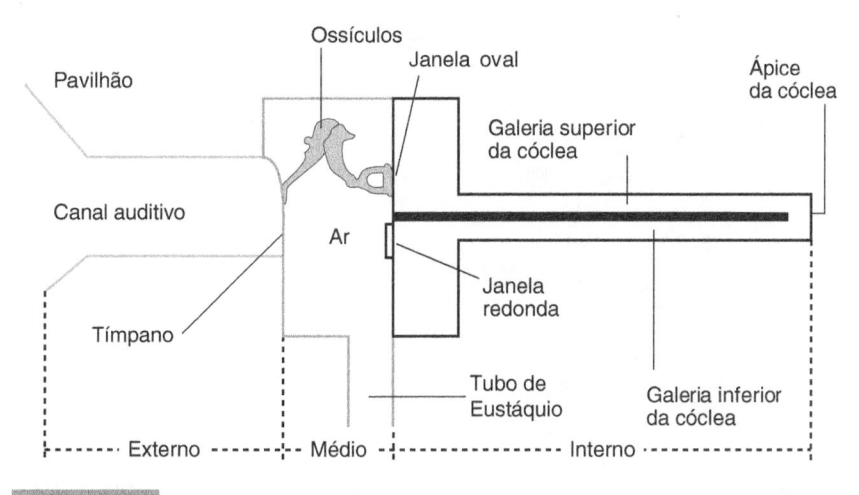

Modelo físico simplificado do ouvido humano.

O ouvido externo é a parte do ouvido que está em contato com o meio externo, e é nessa parte que *incide* o estímulo produzido por uma fonte sonora. Consiste em um canal auditivo e em um pavilhão auricular. O canal tem aproximadamente 0,7 cm de diâmetro e 2,5 cm de comprimento e termina *na membrana timpânica.*

No humano, o pavilhão é pouco efetivo quando comparado ao de alguns animais, nos quais essa parte produz um ganho apreciável para certos intervalos de frequência do som detectado.[9,10] Ondas sonoras de frequência entre 2 kHz a 6 kHz, após atravessar o canal auditivo, chegam ao tímpano com um ganho apreciável.

O ouvido médio inicia-se na membrana timpânica; é uma cavidade cheia de ar de aproximadamente 2 cm^3 de volume e contém três pequenos ossos: *martelo, bigorna* e *estribo*. Essa cavidade é limitada internamente pelo promontório, no qual estão as janelas oval e redonda. Em sua parte inferior está a abertura da trompa de Eustáquio. Nos adultos, em média, as áreas do tímpano e da janela oval são $A_t \cong 0,55$ cm^2 e $A_{jo} \cong 0,032$ cm^2, respectivamente. Se o estímulo sonoro exerce sobre o tímpano uma força de intensidade F_t, o sistema de ossículos dá um ganho a essa força, de modo que a intensidade da força na janela oval será $F_{jo} \cong 1,3F_t$. Logo, as pressões experimentadas pela janela oval (P_{jo}) e pelo tímpano (P_t) satisfazem a relação: $P_{jo} \cong 22P_t$.

O ouvido interno contém, em sua estrutura, a *cóclea*, cujas paredes limitam três tubos enrolados em espiral, como mostra a Figura 10.25. Nessa parte do ouvido, a energia transportada pelo estímulo sonoro será transformada em *potenciais de ação*, que serão levados ao córtex auditivo.

A cóclea constitui o labirinto anterior dessa parte do ouvido. Se a imaginamos desenrolada, os três tubos cocleares têm disposição paralela. Como mostra a Figura 10.26, a galeria superior da cóclea ou *rampa vestibular* comunica-se com o ouvido médio pela janela oval, e a galeria inferior da cóclea ou *rampa timpânica* se comunica com o ouvido médio através da janela redonda. Essas duas rampas se comunicam pelo helicotrema localizado no ápice da cóclea. As rampas contêm *perilinfa* que, de forma semelhante ao líquido extracelular, tem alta concentração de íons Na^+.

FIGURA 10.25

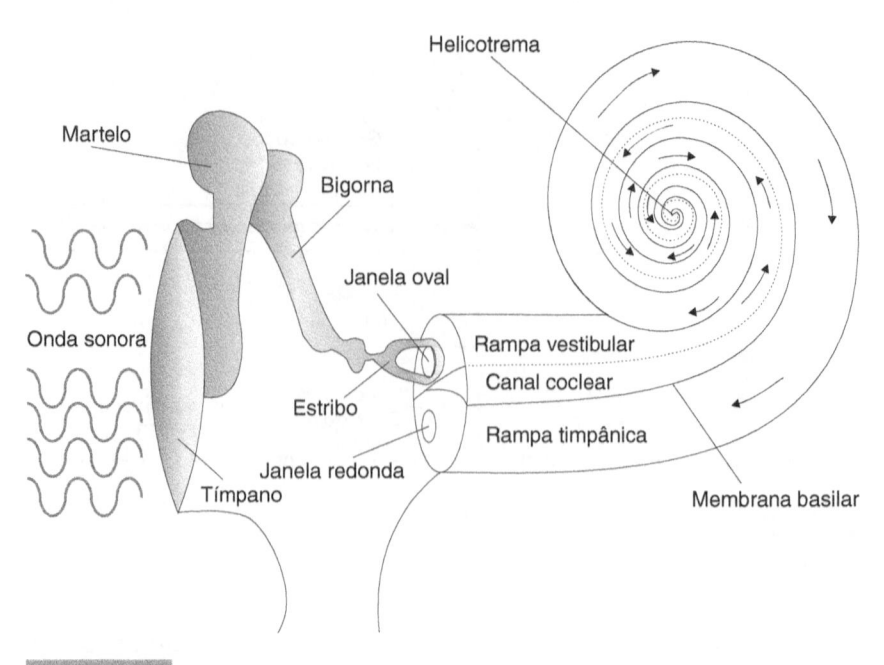

A cóclea está dividida em rampas vestibular e timpânica e em um canal coclear.

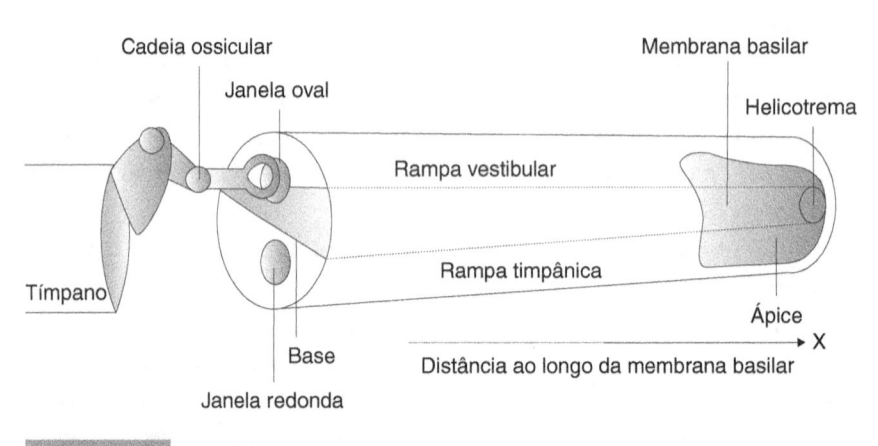

FIGURA 10.26

As rampas vestibular e timpânica se comunicam no ápice da cóclea.

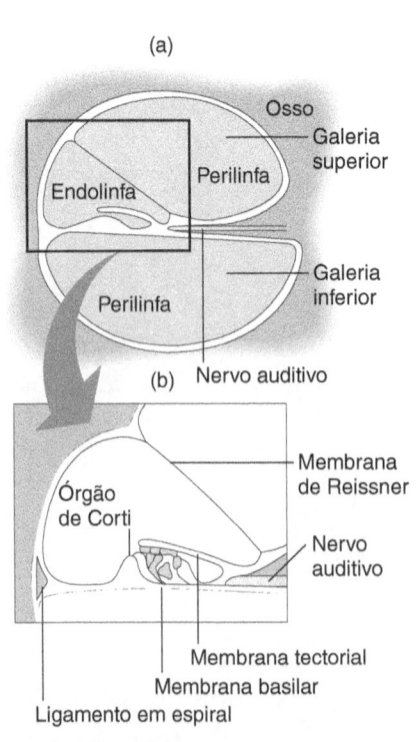

FIGURA 10.27

a) Seção transversal do canal coclear e sua parte óssea. b) Principais membranas do ouvido interno.

O canal coclear contém *endolinfa*, que, de maneira semelhante ao líquido intracelular, tem alta concentração de íons K^+ (Figura 10.27a). A especificidade deste líquido é a de estar polarizado com um *potencial elétrico positivo*, que tem como função auxiliar na formação dos potenciais de ação das células sensitivas. O diâmetro desse canal é maior em seu início do que em seu final. No canal coclear, está o *órgão de Corti* e sobre ele está a *membrana tectorial*.

Este canal está separado da rampa vestibular pela *membrana de Reissner* e da rampa timpânica pela *membrana basilar*, como mostra a Figura 10.27b. A seção transversal da membrana basilar é curta ($\cong 0,04$ mm) e rígida perto da janela oval e nas proximidades do helicotrema é 12 vezes mais longa ($\cong 0,5$ mm) e muito mais fina, de modo a ser aproximadamente 100 vezes menos rígida. Isso faz com que a membrana tenha frequências de ressonância altas no início e baixas no final. Essa membrana tem a forma de uma lâmina gelatinosa.

O *órgão de Corti* transforma uma oscilação mecânica no ouvido interno em um sinal que pode ser transmitido pelos nervos e processado pelo sistema nervoso central. Essa função está estritamente relacionada com a sua anatomia. Como mostra a Figura 10.28, nesse órgão existe a *membrana tectorial*, que cobre os cílios das *células ciliadas externas*. Nos extremos inferiores dessas células encontram-se sinapses com neurônios que apresentam seus corpos celulares nos gânglios espirais de Corti, localizados na cóclea. Os axônios desses neurônios constituem o nervo coclear.

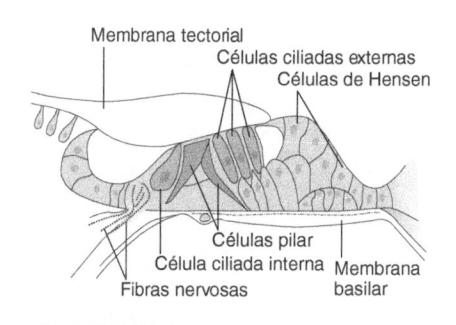

FIGURA 10.28

Esquema do órgão de Corti mostrando seu conteúdo de células diversas.

Transmissão e recepção das ondas sonoras

Os ouvidos externo e médio converteram as vibrações sonoras de baixa pressão localizadas na vizinhança do ouvido externo em padrões de baixa amplitude e alta pressão, convenientes para serem transmitidos pelo *fluido líquido* contido no ouvido interno. Além disso, permitem uma compressão dinâmica das ondas acústicas em baixas frequências, com a finalidade de proteger as células sensitivas do ouvido. Essa vibração sonora modificada é transmitida ao ouvido interno através da janela oval, penetrando na perilinfa da rampa vestibular, como mostra a Figura 10.29. Como consequência, nessa região do ouvido interno, será produzido um deslocamento simultâneo das membranas de Reissner e basilar e do canal coclear.

A *membrana basilar* constitui a estrutura receptora auditiva por causa das células de sustentação e das células receptoras secundárias ciliadas contidas em toda sua extensão. Dessa forma, inicia-se uma oscilação na base da membrana basilar, que se propagará na direção do helicotrema. Essa oscilação é uma *onda viajante* (não é onda estacionária) que chega até certa posição da membrana. Essa posição é dependente da frequência da onda sonora. A *onda viajante* tem *amplitudes variáveis*, sendo uma delas o máximo. A membrana basilar oscilará com a amplitude da onda viajante, e, na posição do máximo da amplitude, a membrana experimentará uma *ressonância*. De-

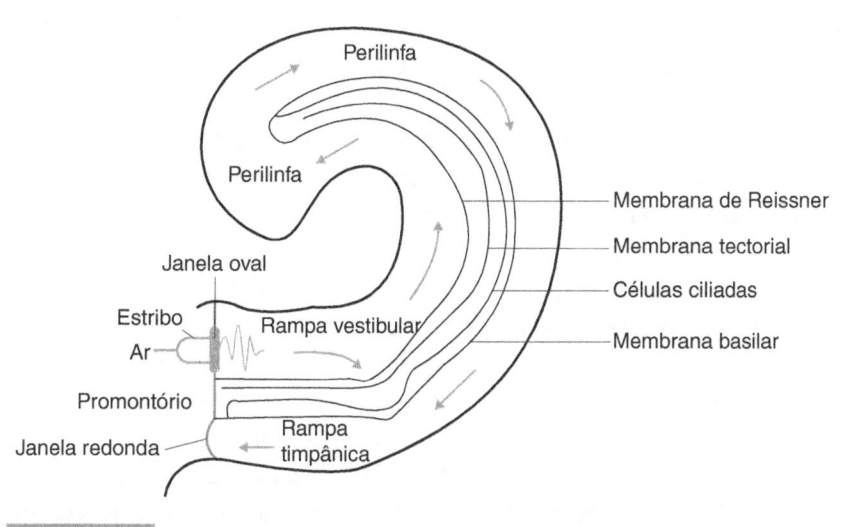

FIGURA 10.29

O estribo faz vibrar a janela oval produzindo uma onda viajante que, ao propagar-se pela perilinfa, produz a oscilação da membrana basilar.

pendendo da frequência da onda sonora, a máxima deflexão da membrana basilar acontecerá em regiões diferentes da membrana. Esse máximo é perto da *janela oval* para frequências altas e perto do *helicotrema* para frequências baixas, como está simulado na Figura 10.30. Ondas de pressão na janela oval com amplitudes de alguns centésimos de N/m^2 produzem deflexões da membrana basilar da ordem de Å.

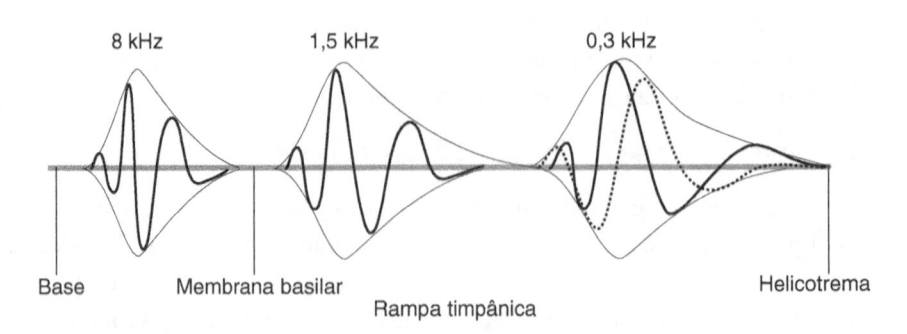

FIGURA 10.30

Oscilações de frequências altas excitam a membrana basilar perto de sua base, enquanto oscilações de frequência baixa a excitam perto de seu ápice.

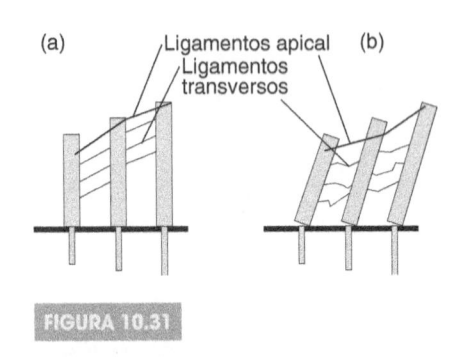

FIGURA 10.31

Esterocílios em estado de repouso (a) e de excitação (b).

Os cílios das *células ciliadas externas* estão em contato direto com a membrana tectorial; a sensibilidade desses cílios é suficiente para que sejam deflagrados por movimentos brownianos da perilinfa, quando isolados. Os cílios estão unidos por pontes filamentosas de modo que são impedidos de se movimentar isoladamente. Nas regiões de *máxima deflexão*, as células sensoriais são mais excitadas, ou seja, a inclinação que experimentarão os cílios das células ciliadas externas, por causa da força exercida pela membrana tectorial, será máxima, como mostra a Figura 10.31. Dessa maneira, se exerce um efeito *despolarizante* nas células ciliadas. O efeito será *hiperpolarizante* quando os cílios são deslocados em sentido oposto.

O efeito despolarizante poderá levar à geração de *potenciais de ação*.[11] As células ciliadas externas têm um citoplasma com 45 mV a 50 mV mais negativo com relação à perilinfa, e –125 mV com relação à endolinfa, que, por sua vez, está 80 mV acima da perilinfa. Este potencial endolinfático se deve ao excesso de íons K^+, já que a inclinação dos cílios induziu à abertura de *canais de cálcio*, e estes potencializam a abertura dos *canais de potássio*, permitindo a entrada de íons K^+ na célula.

Exemplo: Explique como uma onda sonora mecânica, ao estimular uma célula auditiva, cria um potencial receptor.

Resolução: as células auditivas são células epiteliais modificadas, de modo que são capazes de realizar a transdução sensorial. O efeito do estímulo externo (onda sonora), ao chegar às células ciliadas, cria uma modificação geométrica dos ligamentos dessas células, originando um potencial receptor que excitará os terminais das fibras nervosas, criando-se um potencial de ação.

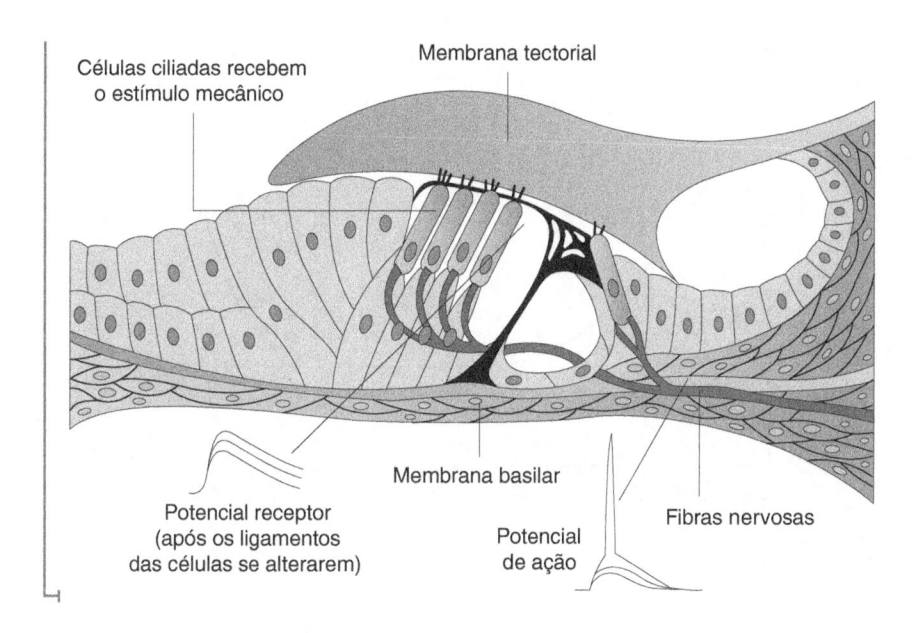

Características da percepção auditiva

É de nosso conhecimento que ondas sonoras *audíveis pelos humanos* estão no intervalo de frequência de 20 Hz a 20 kHz aproximadamente. A sensibilidade do ouvido varia muito com a frequência da onda. Dessa forma, tem-se um *campo de audibilidade*. No caso de um humano adulto, a forma do campo foi mostrada na Figura 4.16. Notamos que a sensibilidade cresce com a frequência, exceto para os valores correspondentes ao *limiar de audibilidade*. Se, sobre um valor de frequência audível, fazemos crescer a intensidade física de um som, vamos constatar que:

- A partir de certo valor da pressão acústica, denominada *limiar de sensibilidade*, se começa a perceber som.
- Além de um valor muito superior da pressão acústica, denominada *limiar doloroso*, o som provoca uma sensação penosa e mesmo insuportável.

Analisando o gráfico do campo de audibilidade, pode-se concluir que o ouvido:

- *Não percebe* com a mesma intensidade sons de frequências diferentes.
- Tem a *capacidade* de perceber vibrações que apresentam pequenas diferenças de frequências. Isso acontece no denominado *limiar diferencial*.
- *É sensível*, sobretudo para frequências médias (500 Hz a 5 kHz), visto que, para igual intensidade física, a intensidade fisiológica é a maior neste intervalo (veja a Figura 10.32).
- Apresenta para as frequências médias limites bastante consideráveis entre as relações de pressões acústicas.
- É pouco sensível a sons com frequências que se situam nos extremos do campo de audibilidade.

As ondas acústicas podem produzir diversos efeitos no organismo de um humano[12]. Isso se deve ao fato de que as minúsculas células capilares

FIGURA 10.32

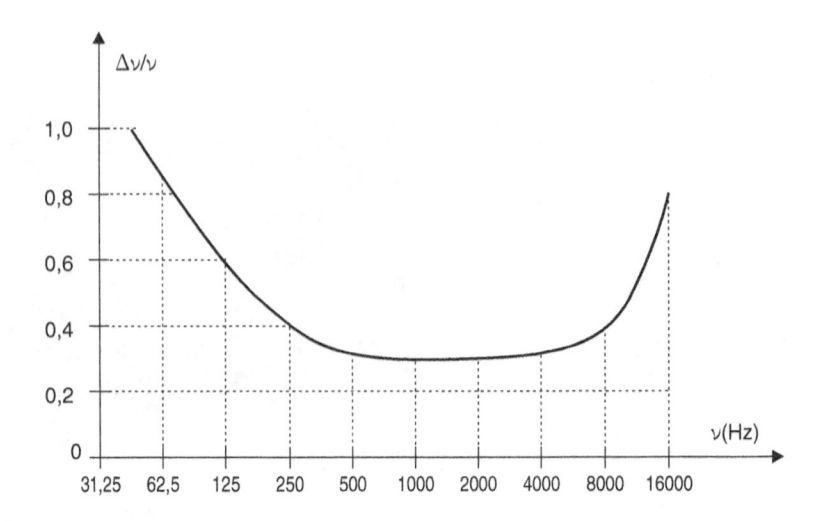

Gráfico da variação da percepção do campo de audibilidade.

do ouvido interno vibram. Essas ondas também podem fazer vibrar diversos órgãos internos do ouvido, cujos efeitos são dores, espasmos ou até morte. Segundo a *Organização Mundial da Saúde*, os principais efeitos de ruídos com intensidades de até:

a) 110 dB são causar dano permanente à audição.

b) 90 dB são danos ao sistema auditivo.

c) 80 dB são aumentar os batimentos cardíacos, além de provocar descarga de adrenalina no organismo e causar hipertensão.

d) 75 dB são causar irritação e desconforto.

O limite considerado seguro corresponde a uma intensidade de 70 dB. Intensidade de 55 dB causa distúrbios do sono, e intensidades de 35 dB em ambientes fechados interferem nas conversações. Além da surdez, o excesso de barulho pode deixar sequelas, como o zumbido, que é uma das piores doenças auditivas, visto que pode afetar psicologicamente o doente.

Exemplo: A impedância acústica do ouvido médio é $4,5 \times 10^2$ kg/s·m² e do ouvido interno, 5×10^5 kg/s·m². Uma perturbação sonora de 20 dB de nível de intensidade é produzida pelo estribo sobre a janela oval de 3 mm² de área. Se a janela oval produz oscilações de 300 Hz junto com seu quinto e vigésimo quinto harmônicos:

a) Que força exerce o estribo sobre a janela oval?

b) Quais serão as amplitudes máximas da membrana basilar em virtude dessas oscilações?

c) Faça um diagrama da forma aproximada da membrana basilar quando em oscilação.

Resolução: utilizando a Equação (4.26), temos que a intensidade I desta perturbação satisfaz a relação: $\log I + \log 10^{12} = 2$; logo, $I = 10^{-10}$ W/m². A Equação (4.25) fornece a expressão da amplitude da onda de variação de pressão $\Psi_p = \sqrt{2IZ}$; dessa forma, sobre a janela oval, teremos uma variação de pressão $\Psi_p = \sqrt{2 \times 10^{-10} \times 4,5 \times 10^2}$ Pa $= 3 \times 10^{-4}$ Pa.

a) Essa variação de pressão exerce sobre a janela oval uma força de intensidade

$$f_{jo} = \Psi_p A = 3 \times 10^{-4} \times 3 \times 10^{-6} \text{ N} = 9 \times 10^{-10} \text{ N}$$

b) Esta perturbação produz no ouvido interno uma oscilação cuja amplitude Ψ_0 é dada pela Equação (4.25),

$$\Psi_0 = \frac{1}{\pi \nu} \sqrt{\frac{I}{2Z}} = \sqrt{\frac{10^{-10}}{2 \times 5 \times 10^5}} = \frac{10^{-8}}{\pi \cdot \nu(\text{Hz})} \cdot \text{m}.$$

Para: $\nu = 300$ Hz, temos $\Psi_1 = 0{,}11$ A.

$\nu = 1.500$ Hz, temos $\Psi_2 = 0{,}021$ A.

$\nu = 7.500$ Hz, temos $\Psi_3 = 0{,}0042$ A.

c) Diagrama aproximado da membrana basilar:

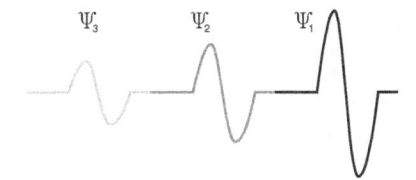

10.6 As células fotorreceptoras

O mecanismo da visão acontece através dos olhos; a *incidência de luz visível nos olhos* é o agente que fornece a energia necessária para que células especializadas localizadas em seu interior sejam excitadas. O *potencial de ação* por causa dessa excitação é conduzido ao cérebro, onde é interpretada a perturbação gerada nas células do interior do olho. Essa interpretação físico-biológica do efeito da excitação decorrente dessa *radiação eletromagnética* depende da estrutura do receptor de luz ou olho.

Os *estímulos* recebidos através do *sentido da visão* são detectados por células fotossensórias. Essas células, além de ter como função interpretar os estímulos na linguagem do sistema nervoso, podem ser consideradas *amplificadores biológicos*, isto é, a energia liberada após sua excitação é proporcionada pelo próprio metabolismo da célula, e não pelo estímulo externo. Em geral, um único fóton pode ser suficiente para excitar uma célula. Quando a luz que incide no olho é muito intensa, a sensibilidade e, portanto, a amplificação da energia pelas células fotossensórias são baixas.

As células visuais dos *vertebrados* são de dois tipos, *bastonetes ou cones*, e são encontradas na *retina* do olho, como mostra a Figura 10.33. No *olho humano*, as células *receptoras das cores* são denominadas *cones* e as células sensíveis a baixos níveis de intensidade luminosa e não sensíveis a cor são denominadas *bastonetes*. A retina contém aproximadamente uma quantidade da ordem de 10^9 bastonetes e 10^6 cones, e os terminais dessas células estão ligados às fibras nervosas.

Pigmentos visuais ou proteínas sensíveis à luz são encontrados nos cones e bastonetes; a sensibilidade dessas células à luz é devida a um pigmento denominado *rodopsina*. Nos cones, há tipos diferentes de rodopsina, o que possibilita a visão colorida. Existem três tipos de células cones: *cone S*, que contém o pigmento β (azul); *cone M*, que contém o pigmento γ (azul esver-

FIGURA 10.33

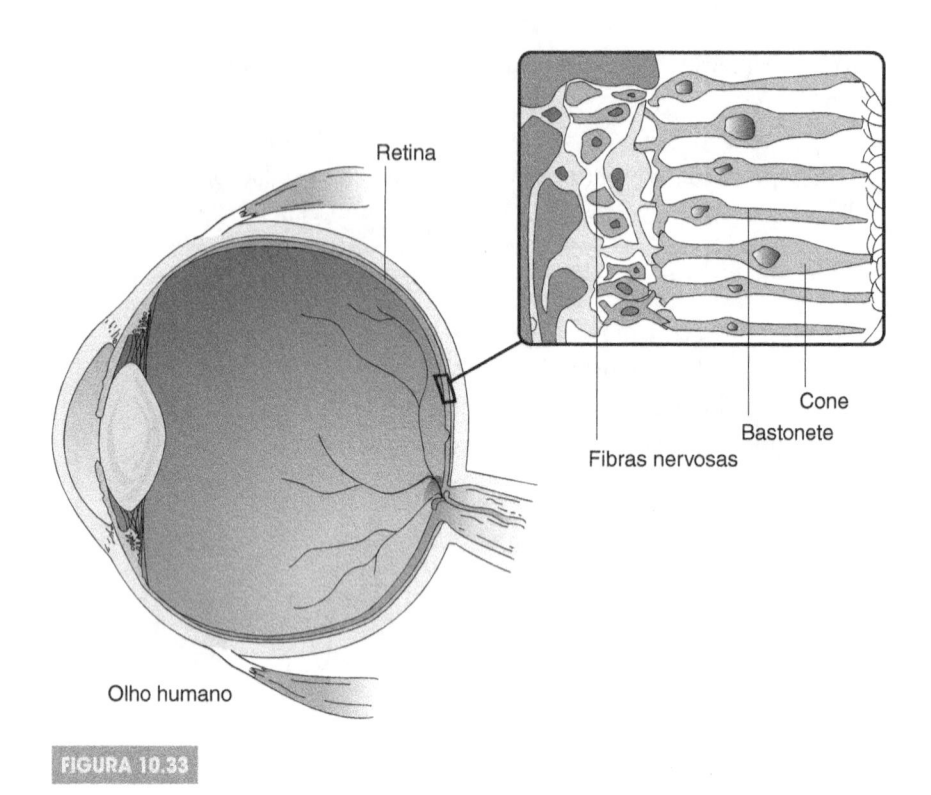

Na retina do olho humano estão as células denominadas cones e bastonetes.

deado), e *cone L*, que contém o pigmento ρ (verde amarelado). O pigmento β é sensível a ondas luminosas de comprimento de onda entre 400 a 500 nm; o pigmento γ é sensível a ondas de comprimento entre 450 a 630 nm e o pigmento ρ é sensível a ondas de comprimento entre 500 a 700 nm. Quando um pigmento absorve *fótons de luz*, a energia absorvida origina uma mudança de conformação, o que desencadeia eventos moleculares que levam à *excitação da célula*. A célula, uma vez excitada, ativa *neurônios na retina*, transmitindo as informações recebidas através do *nervo óptico* até o cérebro.

Percurso do sinal luminoso e da informação visual

Como mostra a Figura 10.34, quando a luz entra no interior do olho, ao chegar à *retina*, inicialmente ela atravessa a camada de *neurônios ganglionares*, cujos axônios constituem o nervo óptico. Continua através das células *amácrinas, bipolares e horizontais*. Como as camadas de células nervosas são transparentes, a luz passa por elas com distorção mínima. Finalmente, a luz chega aos *cones e bastonetes*, que são células receptoras; essas células contêm *fotorreceptores*, cuja excitação criará um *potencial receptor*. Note que a camada de fotorreceptores está voltada contra a direção de chegada da luz. Essa disposição evita reflexões luminosas que se devem à camada pigmentar que absorve totalmente a luz.

O fluxo da *informação visual* acontece em sentido oposto: células fotorreceptoras → células bipolares → células ganglionares. Os *neurônios ganglionares* conduzem para o cérebro (na região denominada *córtex visual*) na forma de um *potencial de ação* o resultado final do processamento visual. Nesse trajeto, as *células horizontais* também recebem informações dos fotorre-

Fibras do nervo óptico
Células ganglionares
Célula amácrina
Célula bipolares
Célula horizontal
Segmento interno e corpos das células receptoras
Segmento externo das células
Epitélio pigmentar

Raios de luz

Luz
Retina
Nervo óptico

FIGURA 10.34

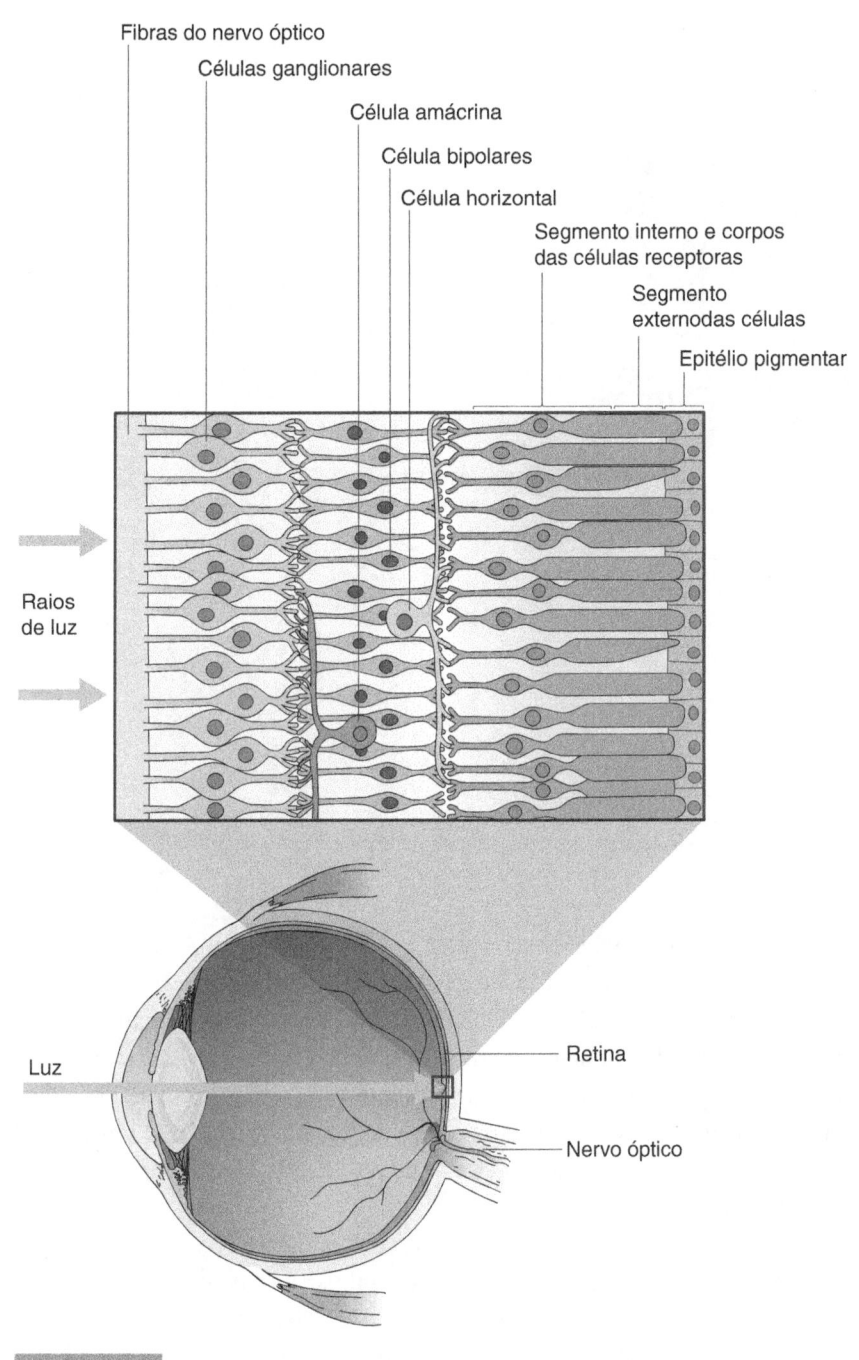

Trajetória seguida pela luz para chegar às células receptoras do olho humano.

ceptores e influenciam as *células bipolares,* ao passo que as *células amácrinas* influenciam a excitabilidade das *ganglionares*.

Função e formas das células da visão dos vertebrados

A Figura 10.35 mostra a estrutura de uma *célula bastonete*. A célula apresenta segmentos externo e interno. O segmento externo do bastonete (assim como do cone) abrange um compartimento com a superfície de sua membrana bastante aumentada. É nessa região que encontramos a molécula *rodopsina* ou *pigmento visual*. Esse compartimento funciona como uma antena que recebe fótons. Nos bastonetes, o compartimento contém milhares de *discos*, sendo

FIGURA 10.35

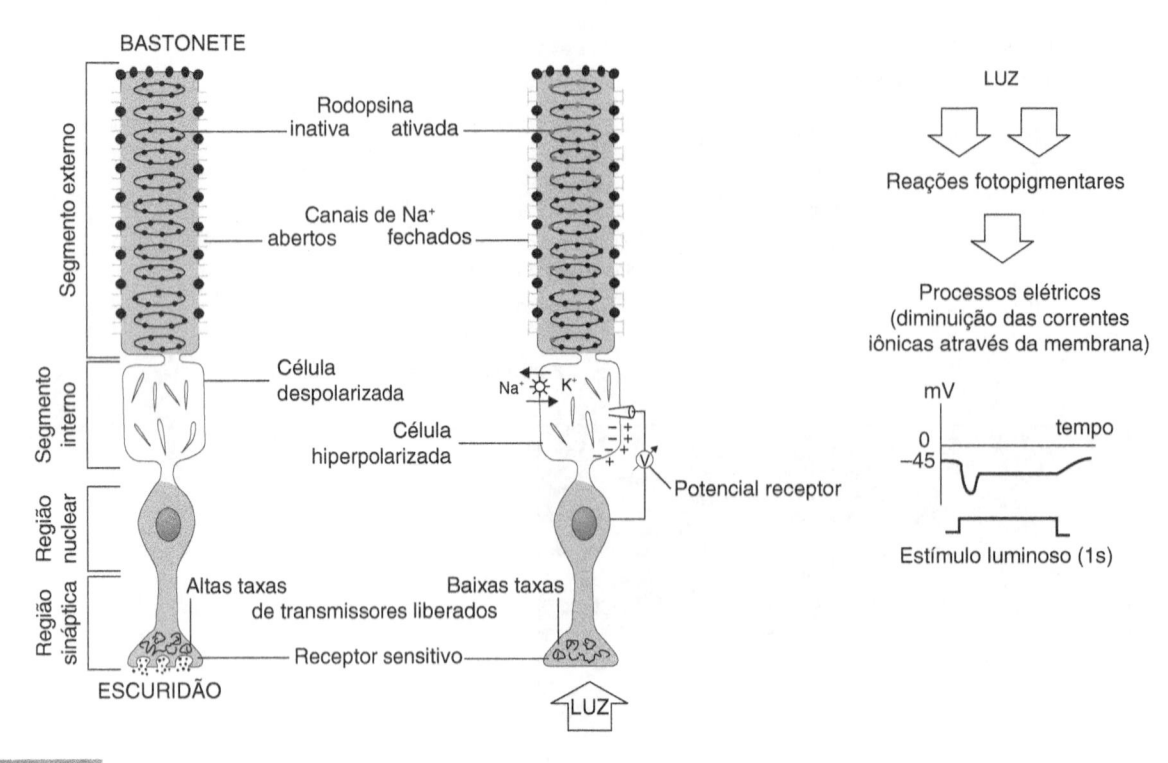

Segmentos externo e interno de célula bastonete de vertebrados. Os segmentos estão conectados por um gargalo estreito onde encontramos uma estrutura de cílios. Quando chega luz a essa célula, sua membrana é hiperpolarizada, dando origem a um potencial receptor.

que moléculas de rodopsina estão contidas em cada disco. A distância entre os centros de dois discos adjacentes é da ordem dos 30 nm.

Observamos na Figura 10.35 que a membrana citoplasmática tem os *canais de Na+* originalmente *abertos*. Nessa situação, o *potencial de repouso da membrana* é da ordem de –45 mV, como mostra a Figura 10.36. Por causa da incidência dos fótons de luz, os canais de Na^+ são *fechados*, e o *potencial da membrana* é alterado para um valor da ordem de –75 mV, como mostra a Figura 10.37.

Já o *segmento externo de um cone*, como mostra a Figura 10.38, contém algumas centenas ou, algumas vezes, até um milhar, de envoltórios chatos, cujo interior se comunica com o espaço extracelular. No caso da rã, os bastonetes têm diâmetros da ordem de 7 μm a 8 μm e comprimento aproximado de 80 μm, sendo que 30 μm a 40 μm correspondem ao segmento externo.

Em virtude do empacotamento compacto dos discos, essas estruturas fotorreceptoras apresentam um índice de refração maior do que o de sua vizinhança. Assim, elas agem como verdadeiros guias de ondas luminosas.

Fotorreceptor óptico

Fotorreceptor óptico são células sensórias *sensíveis à luz*; são encontradas no sistema de visão dos espécimes. Os organismos que possuem olhos contêm, em sua estrutura interna, o *pigmento absorvedor de luz 11-cis--retinal*. Essa molécula, ou pigmento visual, por si mesma, *absorve muito pouca* energia da luz visível. Normalmente, a molécula *11-cis-retinal* tem uma ligação covalente com a *opsina*; uma apoproteína transmembranar que

Capítulo 10 Neurobiofísica **329**

FIGURA 10.36

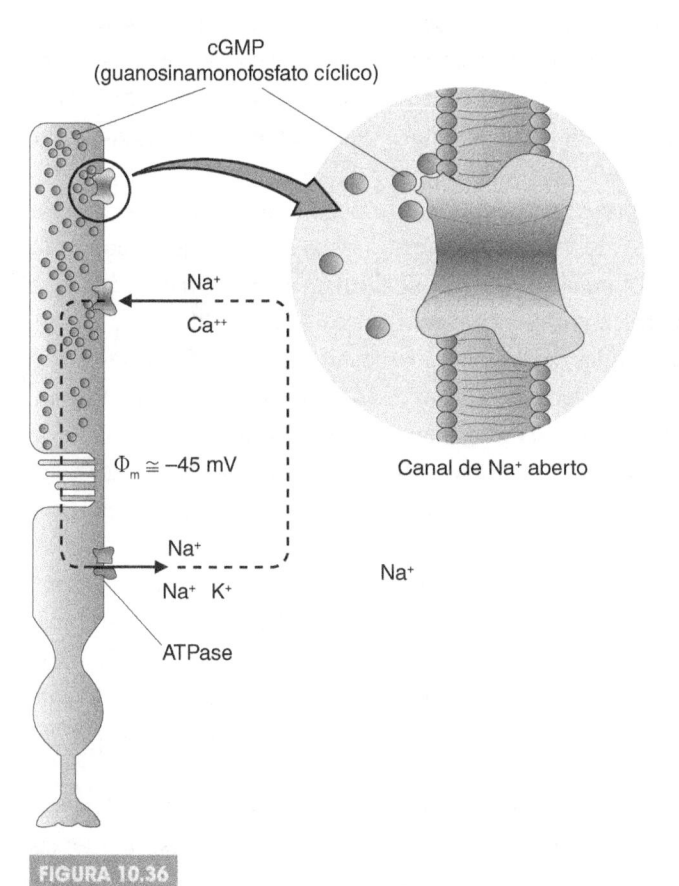

Membrana de um bastonete com os canais de Na^+ abertos. O potencial da membrana é –45 mV.

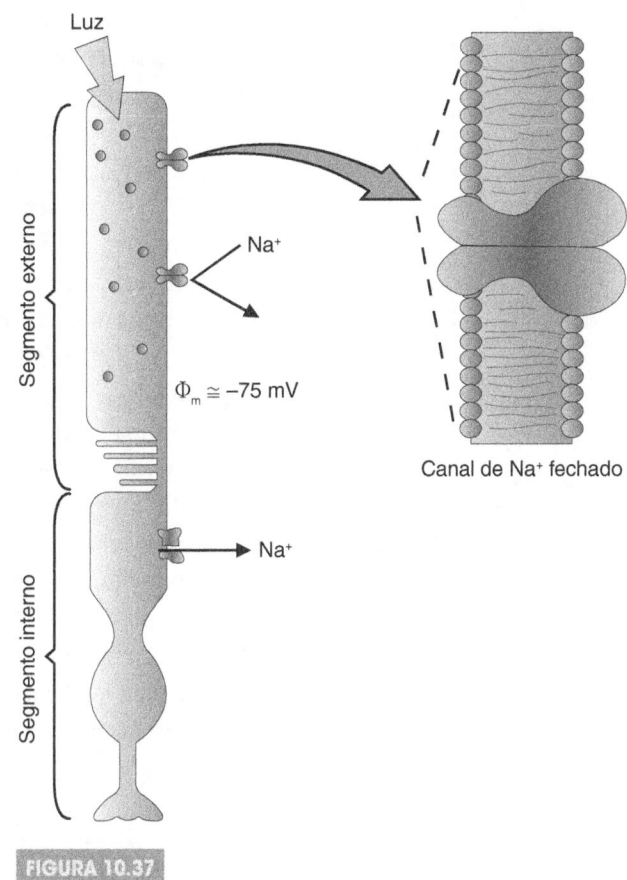

FIGURA 10.37

Membrana de um bastonete com os canais de Na^+ fechados. O potencial da membrana é –75 mV.

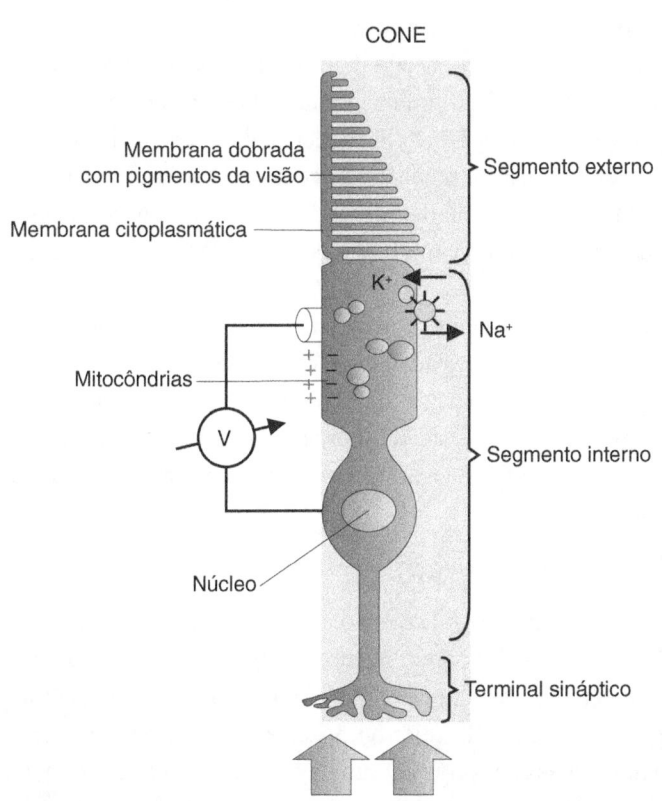

FIGURA 10.38

Segmentos externo e interno de célula cone de vertebrados. Os segmentos estão conectados por um gargalo estreito onde encontramos uma estrutura de cílios. Quando chega luz a esta célula, sua membrana se hiperpolariza, dando origem a um potencial receptor.

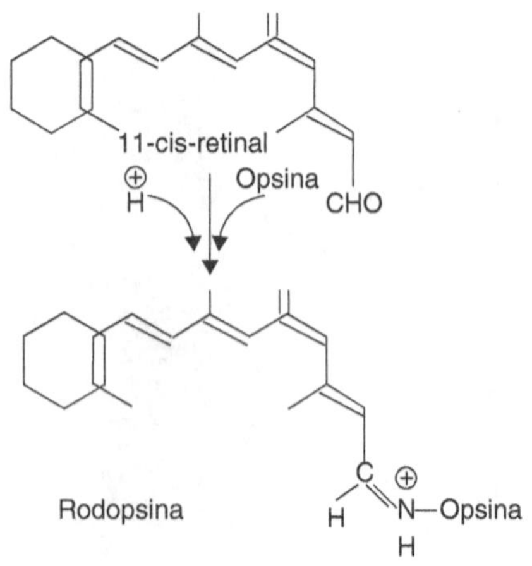

Figura 10.39

Formação da rodopsina a partir da ligação covalente do 11-cis-retinal e da opsina.

não tem capacidade de absorver energia da luz. Essa ligação, mostrada na Figura 10.39, forma a molécula *rodopsina*, que tem a capacidade de absorver energia eletromagnética de radiações com comprimento de onda λ entre 300 nm a 650 nm. Essa faixa de valores de λ inclui a região da luz visível e uma parte da região de luz ultravioleta.

Os fotorreceptores da lula, dos artrópodes[13] (crustáceos, aranhas e insetos) e dos vertebrados[14,15] são *células alongadas* encontradas na *retina* em forma de pacotes compactos (microvilosidades). O número de fótons que alcançam cada fotorreceptor *decresce* com a densidade do pacote.

Quando as células sensoriais são excitadas por um *fóton luminoso*, inicia-se um processo molecular de conversão do cis-retinal em todo trans--retinal. Como consequência, a rodopsina torna-se ativada. A concentração de cGMP decresce, os canais de Na^+ são fechados e o bastonete é *hiperpolarizado*, diminuindo as correntes iônicas através da membrana, desencadeando um processo elétrico. Em seguida, o *potencial de ação* despolariza a célula adjacente. Isso despolariza o neurônio ganglionar associado, que envia o sinal ao córtex no cérebro.[16,17] No *escuro*, o todo *trans*-retinal é convertido em 11-*cis*-retinal.

Observando as figuras 10.35 e 10.38, e sendo hν a energia do fóton de luz incidente, teríamos: hν + *moléculas rodopsina* ⇒ *reações nas células visuais* ⇒ *câmbios transientes do potencial elétrico através da membrana celular*.

A *corrente induzida* pela luz na membrana fotossensorial dos *invertebrados* seria explicada considerando-se que a *membrana citoplasmática* dessas células tem permeabilidade definida e que sua dependência com a intensidade da luz deve-se à existência de *vários tipos* de canais iônicos. Bastonetes e cones têm um *potencial de membrana* produzido pelo bombeamento de Na^+, K^+ ATPase (no segmento interno) e um canal iônico permite a passagem de Na^+ ou Ca^{++}, controlada por cGMP. Quando a concentração de cGMP no segmento externo decresce, o canal iônico controlado pelo cGMP se fecha, bloqueando a entrada de Na^+ e Ca^{++}, hiperpolarizando a membrana do bastonete ou cone.

A intensidade do *potencial receptor* depende da intensidade do estímulo luminoso de energia hν. Esse potencial é processado no *receptor sensitivo* e é traduzido em uma sequência de impulsos de uma fibra nervosa. Um esquema da geração do potencial receptor de uma célula da visão é mostrado na Figura 10.40.

Podemos considerar uma célula fotorreceptora como um contador de fótons de alta sensibilidade. O *intervalo dinâmico*, ou de intensidade, dessa célula pode abranger até cinco ordens de magnitude. Conhecemos como *processo de adaptação* das células o ajuste do intervalo dinâmico dessas células, de tal modo que tenham sensibilidade suficiente até para detectar a absorção de fótons muito energéticos.

Princípios físicos da fotorreceptividade

As moléculas que absorvem luz estão empacotadas em formatos cilíndricos muito finos e compridos com diâmetros próximos ao comprimento de onda da luz incidente. No caso do camarão de água doce, em cada célula visual, temos aproximadamente 10^5 microvilosidades. Elas criam, na membrana que contém moléculas de rodopsina, saliências em forma de dedos com aproximadamente 5 μm de comprimento.

FIGURA 10.40

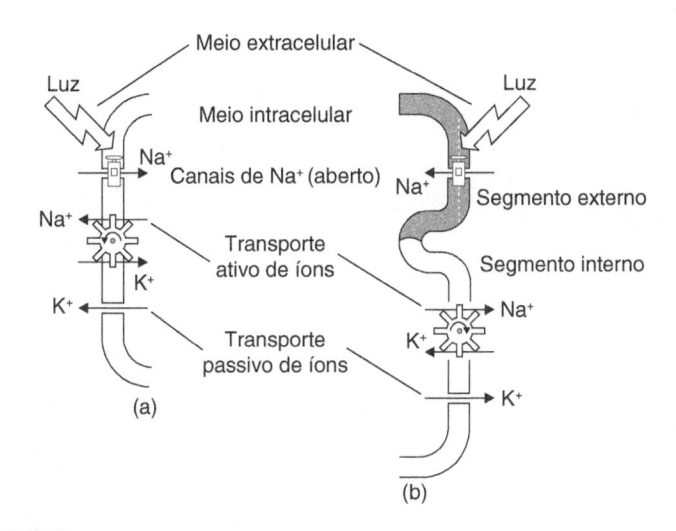

Diagrama simplificado do mecanismo iônico de geração do potencial receptor em uma célula da visão de um invertebrado (a) ou vertebrado (b). (Adaptado de Stieve[18]). Também é representada uma bomba iônica Na–K.

Vejamos o que acontece quando um feixe paralelo de luz monocromática incide com ângulo ϕ sobre a lente de um olho. Se n_0 é o índice de refração no meio entre a lente e seu plano focal PF, a imagem se forma em um ponto P sobre esse plano, tal como é mostrado na Figura 10.41. Assumindo que o fotorreceptor tem formato cilíndrico, com diâmetro comparável ao comprimento de onda da luz incidente, e que a superfície de entrada da luz está no PF, a posição de P no PF dependerá do valor de ϕ; ela poderá cair dentro da abertura do fotorreceptor ou fora dele, como mostra a Figura 10.42. Como o índice de refração n_1 do fotorreceptor é *maior* do que o índice de refração n_2 do meio em volta dele, poderá acontecer *reflexão interna total* da luz que chega ao fotorreceptor. Logo, a *transmissão da luz através do fotorreceptor* dependerá da posição de P.

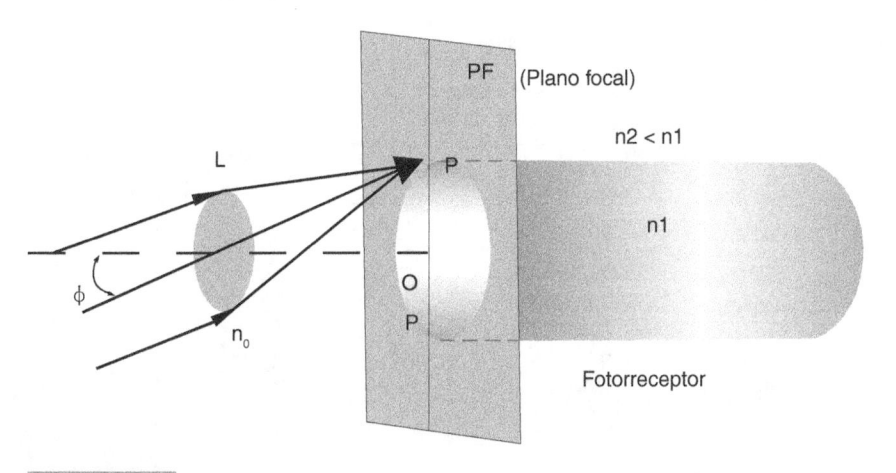

FIGURA 10.41

Esquema representativo do sistema lente-fotorreceptor. P é o ponto em que se forma a imagem; n_0, n_1 e n_2, índices de refração do meio na frente do plano focal, do fotorreceptor e do meio em torno do fotorreceptor, respectivamente. ϕ, ângulo de incidência do feixe de luz.

FIGURA 10.42

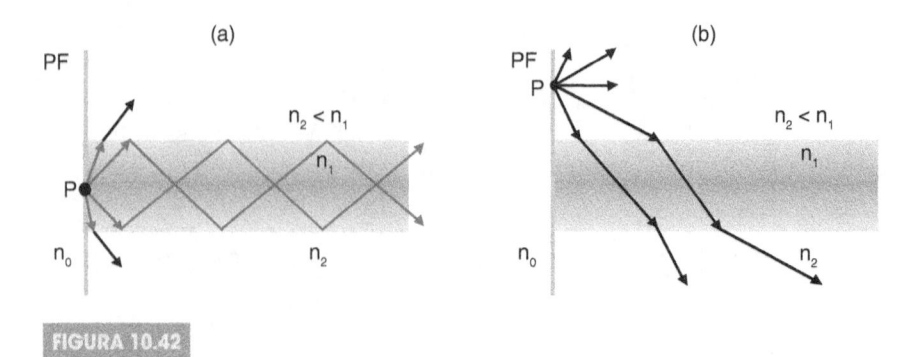

Imagem (a) dentro da abertura do fotorreceptor e (b) fora da abertura do fotorreceptor. Os índices de refração têm a mesma interpretação da Figura 10.41.

10.7 Células eletrorreceptoras: peixes-elétricos

Nos peixes-elétricos, os *órgãos elétricos* são derivados de tecidos musculares especializados em produzir *descargas elétricas* de diversas maneiras. Nos peixes com grande eletricidade, essa adaptação serve para deter predadores e paralisar presas. Correntes elétricas são geradas por órgãos que têm estrutura similar aos tecidos muscular ou nervoso.[19] Os órgãos elétricos mais comuns são derivados de tecidos musculares. As *células musculares* multinucleares que carecem de elemento contrátil, utilizadas para produzir um potencial de ação, são placas curtas e lisas denominadas *eletroplacas*.[20]

Essas placas são numerosas (centenas ou milhares) e estão arranjadas de maneira compacta em colunas, como mostra a Figura 10.43. Os *potenciais* são gerados de acordo com o mesmo princípio dos gerados nas células nervosas. Um estímulo nervoso origina em uma célula um potencial de ação da ordem de algumas dezenas de milivolts, que se propagará através do bloco de

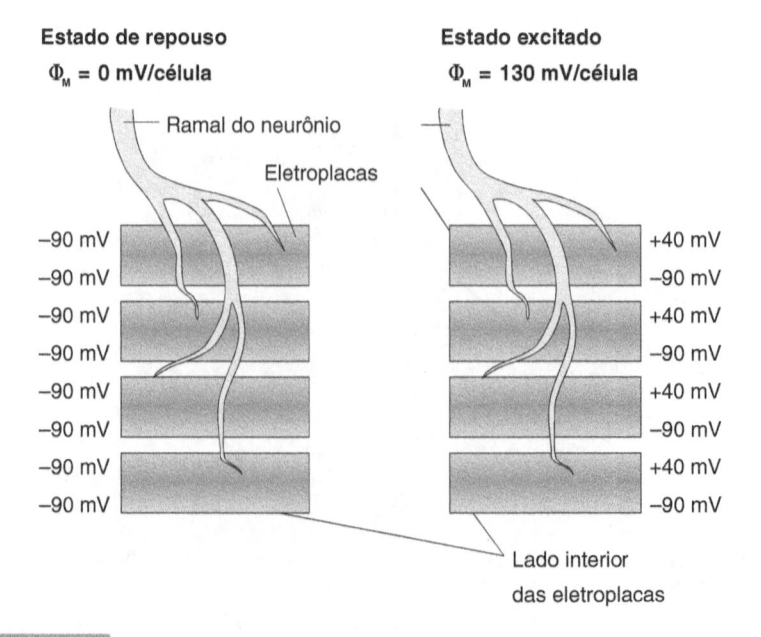

FIGURA 10.43

Células eletroplacas em seus estados de repouso e excitado.

células, o que produzirá pulsos de *potências transitórios* de alguns ou muitos volts.

Os órgãos elétricos dos peixes estão localizados em regiões diferentes de seu corpo,[21] e os sinais elétricos produzidos são utilizados de acordo com sua intensidade. Se esses sinais elétricos forem *fracos,* serão utilizados para identificação, orientação, comunicação, dispersão etc. e, se forem *fortes,* serão utilizados para captura de presas, intimidação de inimigos e comunicação.

Dois grupos de espécies de peixes têm desenvolvido sistema de comunicação usando sinais elétricos: os peixes *gymnotid* da América do Sul[22] e os *mormyriform* da África[23]. Outros peixes, como a arraia (*torpedinidae*)[24], o peixe-gato (*malaptururidae*) etc., também podem utilizar estímulos elétricos para comunicação. A enguia elétrica possui dois órgãos fortes e um fraco; esses peixes produzem potenciais instantâneos da ordem de 300 volts.

A configuração exata das *linhas do campo elétrico* produzido por um peixe-elétrico depende da localização de seus órgãos elétricos, da condutividade da água e das distorções introduzidas no campo por objetos com condutividade elétrica diferente à da água. Em *primeira aproximação*, pode-se supor que as linhas do campo elétrico em torno de um peixe são muito semelhantes às linhas do campo elétrico correspondente a um *dipolo elétrico*, como mostra a Figura 10.44a.

Muitos peixes produzem potenciais elétricos fracos (ordem dos milivolts) pelo fato de a diferença de potencial entre sua cabeça e o rabo ser muito pequena. *Essa diferença de potencial é gerada em forma de pulsos*.

Quando objetos estão presentes na região do campo elétrico, as *linhas de corrente convergem* sobre os corpos condutores quando sua resistência elétrica é maior do que a da água (água salgada tem uma resistividade da ordem de 10^2 Ω·m a 10^3 Ω·m) e *divergem* dos corpos dielétricos. Essas situações estão simuladas na Figura 10.44b. As correntes elétricas nesses pontos serão, respectivamente, maiores ou menores do que o normal.

As linhas equipotenciais e as de corrente, em decorrência do campo elétrico gerado pelo peixe *eigenmannia viresceus*,[25] são mostradas na Figura 10.45. Note que as linhas do campo elétrico em torno do extremo posterior do peixe e nas proximidades da pele estão muito *distorcidas*. Essa distorção deve-se à posição dos órgãos elétricos no pequeno volume do rabo; os órgãos

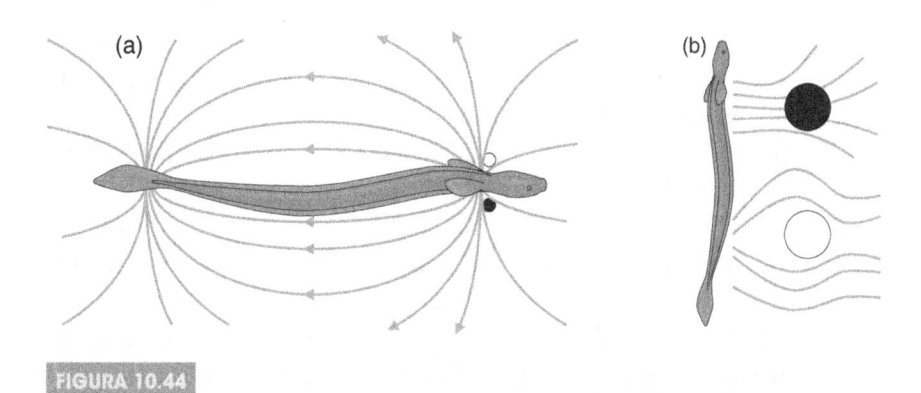

FIGURA 10.44

a) Forma aproximada das linhas de campo elétrico de um peixe-elétrico (espécie *gymnarchus*). b) Distorção das linhas de corrente por causa de um objeto bom condutor (•) e de um pobre condutor (○).

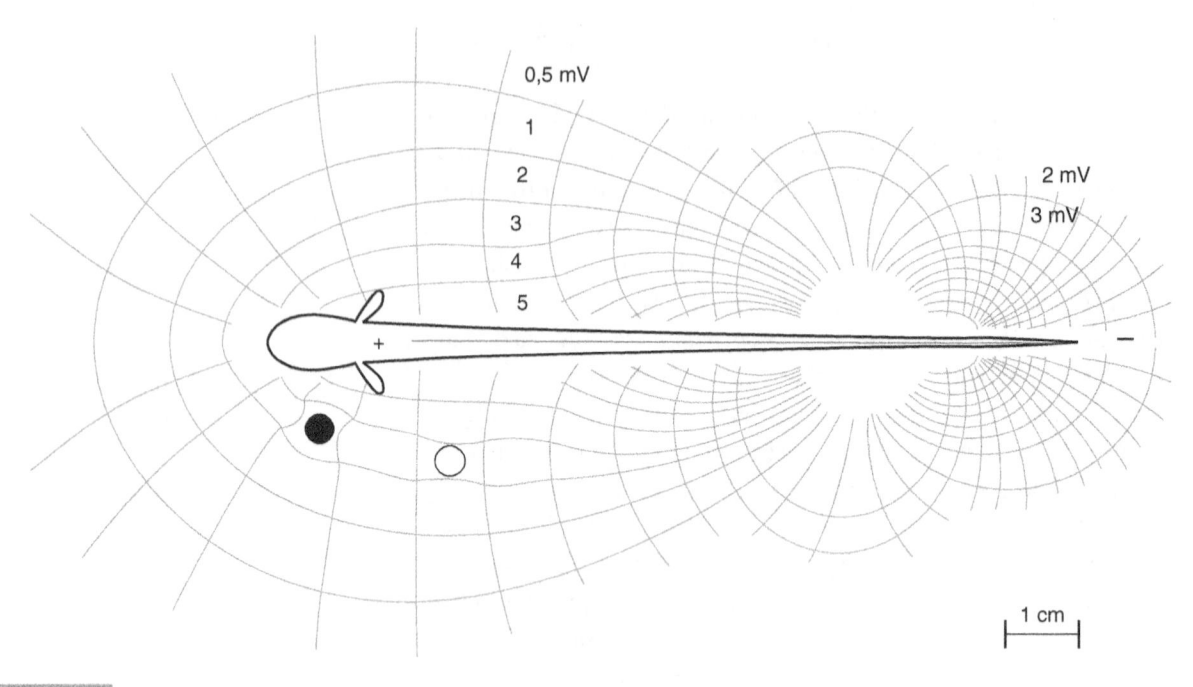

FIGURA 10.45

Linhas equipotenciais e linhas de corrente do peixe-elétrico *Eigenmannia virescens*.[26] Também é mostrado o órgão de descarga elétrica do peixe. Corpos condutores (•) e dielétricos (○) distorcem as linhas.

estão ligados em série com o interior do peixe. Esse volume interior é grande e tem *baixa resistividade*, da ordem de 0,5 Ω·m a 2,0 Ω·m.

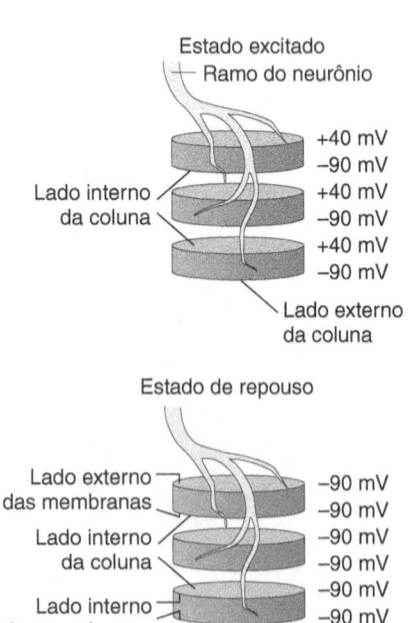

Exemplo: A figura ao lado mostra as eletroplacas de um peixe-elétrico quando se encontra em um *estado excitado*. A diferença de potencial nas eletroplacas, ao propagar-se um potencial de ação, é de 130 mV. Determine a diferença de potencial quando as células estão em estado de repouso. Justifique sua resposta e faça um esquema das eletroplacas nesse novo estado das células.

Resolução: no *estado excitado*, o *lado interno* da membrana da eletroplaca tem um potencial de +40 mV, ao passo que o potencial do *lado externo* é de –90 mV, de modo que a diferença de potencial da membrana da eletroplaca é +130 mV. No *estado de repouso*, o lado interno da membrana da eletroplaca terá um potencial de –90 mV. Esse potencial será o mesmo que o do lado externo da membrana da eletroplaca. Logo, as eletroplacas no estado de repouso terão os potenciais mostrados na figura, de maneira que a diferença de potencial entre os lados interno e externo da eletroplaca é de –90 mV – (–90 mV) = 0 mV.

Os sinais elétricos gerados por um peixe são *conduzidos rapidamente* pela água. A rapidez da condução dependerá da condutividade elétrica do meio e da frequência do sinal. Os sinais são diversos e podem ser classificados de acordo com vários parâmetros. O parâmetro mais importante é a *forma do campo elétrico*. Outros são: a forma de onda da descarga elétrica, a frequência de descarga, o tempo entre os sinais remetente e recebido, a frequência de modulação e a interrupção da descarga.

A *característica temporal* da descarga elétrica entre espécies de peixes-elétricos é bastante diversa.[27,28] Em geral, na *descarga em forma de onda*, cada impulso tem uma *longa duração* comparada ao intervalo entre impulsos. Na *descarga em forma de pulso*, o impulso é *breve* comparado ao intervalo entre impulsos. Na Figura 10.46, mostramos a descarga elétrica em forma de onda ou de pulso de algumas espécies de peixes-elétricos. A Figura 10.47 apresenta algumas espécies de peixes-elétricos e suas respectivas ondas ou pulsos de descarga elétrica.[29]

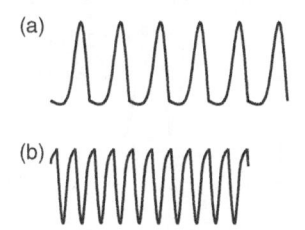

Todas as espécies conhecidas de peixes elétricos são *capazes de modular* a frequência de sua descarga elétrica. Essa modulação é resultado da *despolarização* das células eletricamente acopladas no núcleo criador moderador da medula do peixe.[30]

Os *sinais elétricos detectados* pelos peixes-elétricos são percorridos como fluxo de corrente através de células especializadas denominadas *eletrorreceptoras*. Essas *células sensoriais* estão encaixadas na pele do peixe (a pele é um isolante com impedância de 0,1 $\Omega.m^2$ a 0,4 $\Omega.m^2$). A Figura 10.48 mostra a medida dos perfis espaciais da resposta dos eletrorreceptores do peixe *eigenmannia viresceus* a objetos em movimento.[31] Os eletrorreceptores servem para detectar correntes elétricas. São encontrados em espécies com

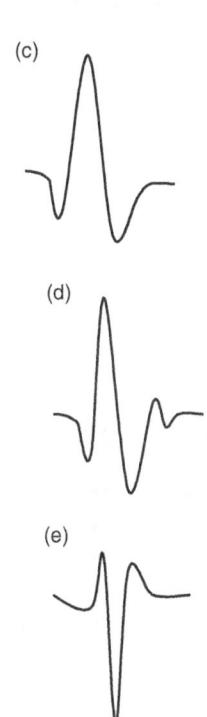

FIGURA 10.46

As formas das descargas elétricas são diversas e de durações diferentes.[32] A descarga elétrica em forma de onda das espécies a) *eigenmannia virescens* e b) *sternarchorhamphus macrostomus* tem duração aproximada de 22 ms e 17 ms, respectivamente. A descarga elétrica em forma de pulso das espécies c) *rhamphichthys rostratus*, d) *hypopygus lepturus* e e) *hypopomus brevirostris* é da ordem de 1,5 ms, 1,2 ms e 1,0 ms, respectivamente.

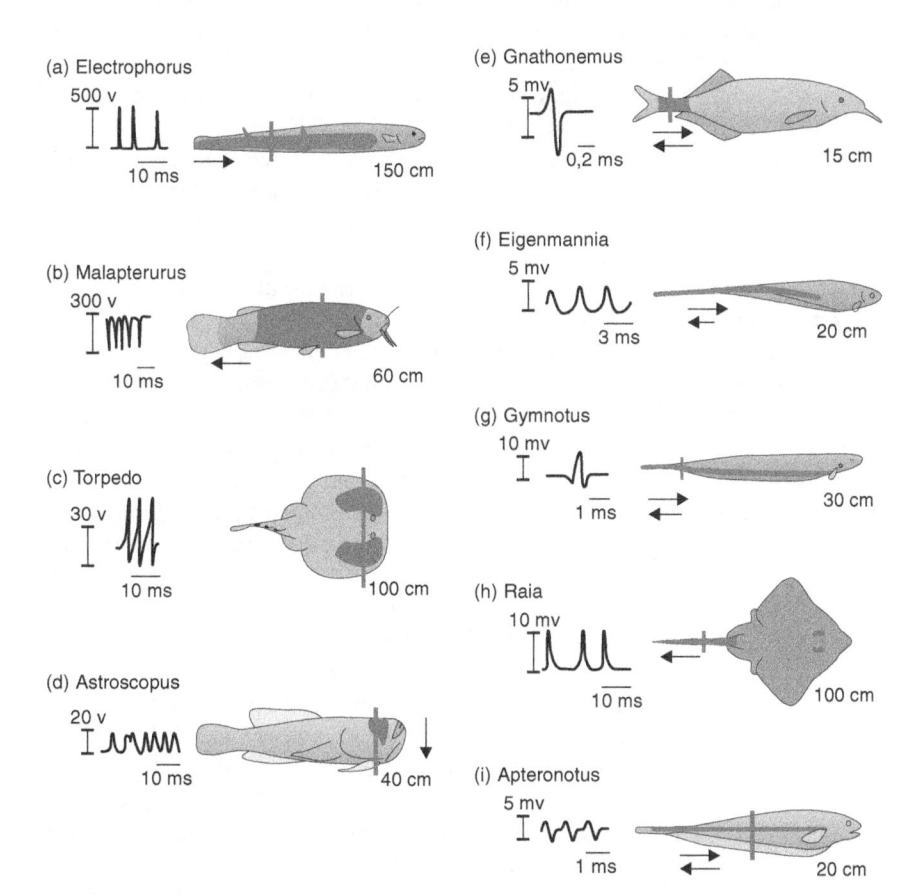

FIGURA 10.47

Os peixes-elétricos (a), (b), (c) e (d) geram potenciais elétricos fortes. Os peixes-elétricos (e), (f), (g), (h) e (i) geram potenciais elétricos fracos. As partes escuras são os órgãos elétricos, e as setas indicam as direções do fluxo de corrente através dos órgãos. Mais de uma seta significa mudanças de polaridade. A forma da descarga elétrica do órgão respectivo de cada um dos peixes também é mostrada.

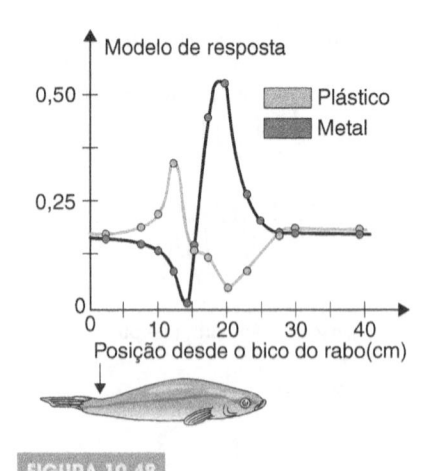

FIGURA 10.48

Réplica do perfil da resposta dos eletrorreceptores a objetos em movimento.

órgãos elétricos[33] em peixes não elétricos, mas muito velhos, como tubarão, raia, esturjão, lampreia etc. e também em alguns anfíbios aquáticos.

As células eletrorreceptoras medem gradientes de potencial que, através da impedância de suas membranas, levam a uma mudança gradativa de sua polarização. Esses órgãos receptores na pele do peixe podem apresentar-se como protuberâncias em forma de verrugas ou como uma dilatação de certos ductos ou canais. O primeiro responde melhor a estímulos de alta frequência (>> 50 Hz) e se adaptam rapidamente a correntes elétricas mantidas através do receptor. O segundo responde a estímulos elétricos de baixa frequência (< 50 Hz), com modulações na frequência de descarga.

Problemas

1. Que tipos de bandas são encontrados na miofibrila e qual é a principal característica física de cada uma dessas bandas?
2. Explique o comportamento das proteínas miosina e actina na presença e na ausência de ATP. Em ambos os casos, quais são as consequências nas fibras musculares?
3. Um bíceps relaxado exige uma força de 25 N para aumentar 0,05 m seu comprimento. Quando o músculo está com tensão máxima são necessários 500 N para se ter a mesma elongação. Considere o músculo como um cilindro sólido de 0,2 m de altura e 0,04 m de raio e determine o módulo de Young nas duas situações.
4. Uma pessoa com 70 kg tem presa ao pulso uma mola cujo extremo está a 0,3 m do cotovelo, como mostra a figura a seguir. A pessoa exerce uma força de 374 N para equilibrar a força elástica produzida pela mola. Se o tendão do bíceps está a 0,05 m do cotovelo, quais serão as intensidades das forças exercidas pelo:
   a) músculo bíceps?
   b) úmero? 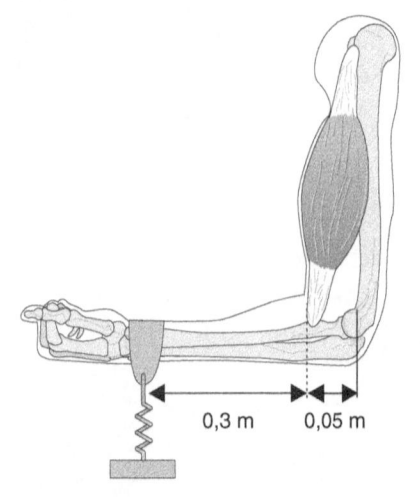
5. A contração de um músculo liso é fortemente dependente de que espécime iônico? Por quê? E qual é o tempo de duração desta contração?
6. Como são controlados os movimentos de contração e distensão dos músculos lisos?
7. A partir dos valores médios dos potenciais de repouso das células do nodo SA e de uma fibra muscular ventricular, explique a razão de esses valores serem muito diferentes.
8. Explique:
   a) a propagação pela parede muscular atrial do potencial de ação gerado no nodo SA;
   b) o que se entende como células autoexcitáveis;
   c) o que é o marca-passo do coração.
9. Que tipos de canais iônicos têm papel importante nas variações do potencial de ação do músculo cardíaco? Que funções exerce cada um desses canais?
10. Qual é a razão para que o impulso cardíaco iniciado no nodo SA experimente um retardo aproximado de 0,16 s ao passar pelo nodo AV?
11. O que provoca uma transmissão rápida dos potenciais de ação pelas fibras de Purkinje?
12. Uma vez que o impulso cardíaco atinge as extremidades das fibras de Purkinje, como ele é transmitido à massa muscular ventricular? Com que velocidade? Explique como é a propagação do impulso cardíaco desde a superfície endocárdica para a epicárdica do ventrículo.
13. Como é que o nodo SA controla a frequência cardíaca e não o nodo AV ou as fibras de Purkinje?
14. Explique por que a geração de uma frente de onda despolarização/repouso dá como resultado um dipolo elétrico equivalente.
15. Como se apresentam os receptores sensoriais e que funções realizam?
16. Indique os vários tipos de receptores cutâneos e como acontece a geração dos potenciais de ação neles.

17. A cavidade que constitui o ouvido médio é cheia de ar; a membrana timpânica em um lado dessa cavidade tem área de $\cong 0{,}55$ cm^2, enquanto a janela oval em outro lado da cavidade tem área de $\cong 0{,}032$ cm^2. Qual será a relação entre a pressão mecânica exercida por uma onda acústica na janela oval e na membrana timpânica?

18. Faça um circuito elétrico que represente de forma bastante aproximada a membrana basilar como uma linha de transmissão.

19. Uma onda sonora viajante que se propaga ao longo da membrana basilar vai diminuindo progressivamente sua velocidade à medida que o afastamento da base aumenta. Qual é o efeito desse comportamento?

20. Explique como agem as células sensitivas do canal coclear para gerar potenciais de ação.

21. Quando uma onda de pressão presente na rampa vestibular age sobre a membrana basilar, o movimento dessa membrana será diferente do da membrana tectorial. Quais são as consequências físico-biológicas desta diferença de movimentos?

22. Explique a formação do potencial receptor nas células da visão dos humanos quando o olho recebe um estímulo luminoso.

23. Qual é o efeito biológico do número de fótons luminosos que incidem nas células fotorreceptoras?

24. A distância entre os centros dos faróis dianteiros de um carro é 1,3 m; a resolução da imagem dos faróis na retina do olho (n $\cong$ 1,336) é determinada pela difração da luz ao passar pela pupila do olho (r = 2,5 mm). Calcule a distância entre o carro e a pessoa para se ter o poder de resolução máximo, se λ = 550 nm.

25. Quais são a razão e a consequência do fato de o índice de refração das células fotorreceptoras ter um índice de refração maior do que o de sua vizinhança?

26. Suponha que o olho esteja cheio de uma substância homogênea com n = 1,336.
    a) Qual será o raio de curvatura da córnea, se o foco da lente encontra-se na retina a 25 mm do vértice da córnea?
    b) Qual será o tamanho da imagem de um objeto de 10 cm de altura, situado a 2 m do olho?

27. A distância entre os centros dos faróis dianteiros de um carro é de 1,5 m; o carro está a 6 km de um observador. Considerando o raio da pupila como 1 mm, λ = 550 nm, n $\cong$ 1,336 para o olho e 2,5 cm o diâmetro do olho, qual será:
    a) a distância entre os centros das imagens formadas na retina?
    b) o raio do disco central de difração de cada imagem?
    c) a máxima distância que pode separar os faróis?

28. Um peixe-elétrico produz uma linha de corrente de 6 mA. Outros dois peixes com resistividade elétrica ρ_1 = 500 Ω.m e ρ_2 = 50 Ω.m estão ao longo dessa linha de corrente, como mostra a figura a seguir. Se a resistividade elétrica da água é ρ_0 = 100 Ω.m,
    a) calcule e explique, com um desenho, a corrente experimentada pelos peixes.
    b) como serão as linhas de corrente do peixe-elétrico em torno de cada um desses peixes?

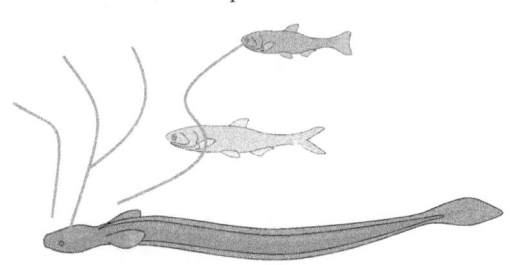

29. As linhas equipotenciais do peixe *eigenmannia virescens* estão mostradas na figura a seguir. A resistividade elétrica da água do mar é de 1.000 Ω.m. Se um corpo de carga elétrica 7 × 10^{-6} C desloca-se de A $\longrightarrow$ B e AB = 3 cm, determine:
    a) a energia potencial que se deve a esse deslocamento;
    b) a intensidade do campo elétrico entre A e B;
    c) a força experimentada pelo corpo;
    d) a densidade de corrente elétrica entre os pontos A e B.

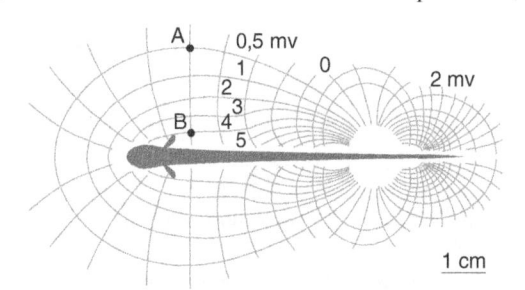

30. Na experiência de caracterização elétrica do peixe *gymnotus carapó* feito por Baffa[34] foram medidas a corrente e a diferença de potencial mudando-se a resistência elétrica da água. A figura a seguir: (a) mostra a montagem experimental utilizada e (b) apresenta o gráfico da corrente em função da diferença de potencial. Com esses dados:
    a) faça o circuito equivalente dessa experiência;
    b) calcule a resistência interna do peixe.

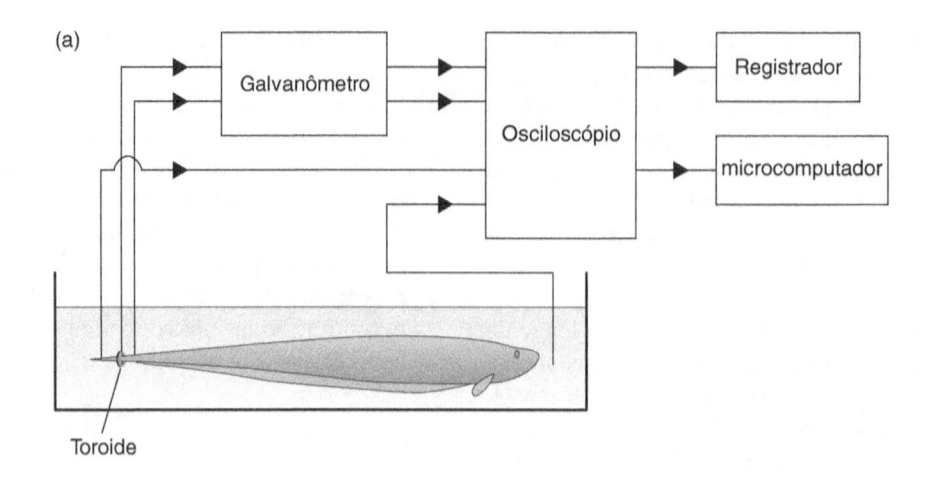

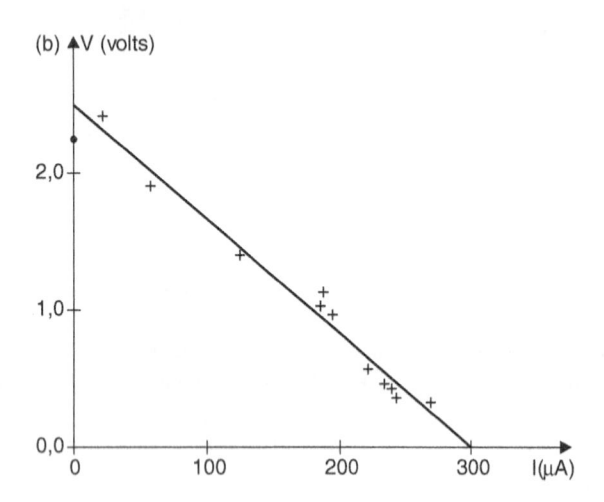

(a) [Diagram: Galvanômetro → Osciloscópio → Registrador / microcomputador; fish in tank with Toroide]

(b) Graph: ΔV (volts) vs $I(\mu A)$, linear decreasing from ~2.5 V at 0 to 0 at ~300 μA.

Referências bibliográficas

1. DE ROBERTIS, E. *Biología celular y molecular*. El Ateneo, 2005.
2. FUCKS, F.; SMITH, S. H. Calcium, cross-bridges, and the starling relationship. *New in Physiological,* v. 16, n. 1, 2001, p. 5-10.
3. HOPPE, W.; LOHMANN, W.; MARKL, H.; ZIEGLER, H. (eds.) *Biophysics*. Nova York, Tóquio, Berlin Heidelbeerg: Springer-Verlag, 1983.
4. PLONSEY, R.; BARR, R. C. *Bioelectricity. A quantitative approach*. Nova York, Londres: Plenum Press, 1990.
5. GRINNELL, A. D.; SCHNITZLER, H. U. Directional sensitivity of echolocation in horseshoe bat, *Rhinolophus-ferrumequinum*. 2. Behavioral directionality of hearing. *Journal of Comparative Physiology*, v. 116, n. 1, 1977, p. 63-76.
6. SIMMONS, J. A.; SAILLANT, P. A.; DEAR, S. P. Through a bats ear. *IEEE Spectrum*, v. 29, n. 3, mar. 1992, p. 46-48.
7. GROTHE, B.; NEUWEILER, G. The function of the medial superior olive in small mammals: temporal receptive fields in auditory analysis. *Journal of Comparative Physiology*, v. A186, n. 5, maio 2000, p. 413-423.
8. MULLER, M.; WESS, F. P.; BRUNS, V. Cochlear place-frequency map in the marsupial *Monodelphis-domestica*. *Hearing Res*, v. 67, n. 1-2, maio 1993, p. 198-202.
9. GLASER, W. Hypothesis of optimum detection in bats echolocation. *Journal of Comparative Physiology*, v. 94, n. 3, 1974, p. 227-248.
10. KALKO, E. K. V. et al. Echolocation and foraging behavior of the lesser bulldog bat. *Noctilio albiventris*: preadaptations for piscivory? *Behavioral Ecology Sociobiology,* v. 42, n. 5, maio 1998, p. 305-319.
11. KIAMG, N. Y. S.; MAXON, E. C. Tails of tuning curves of auditory-nerve fibers. *Journal of the Acoustical Society of America*. v. 55, n. 3, 1974, p. 620-630.
12. RAVICZ, M. E.; MELCHER, J. R.; KIANG, N. Y. S. Acoustic noise during functional magnetic resonance imaging. *Journal of the Acoustical Society of America*. v. 108, n. 4, out. 2000, p. 1.683-1.696.
13. STIEVE, H. Transduction of light energy to electrical signal in photoreceptor cells. *Proceedings of Symposium: The Biology of Photoreceptors*. Cambridge University Press, set. 1981.

14. RITZ, T.; DOMMER, D. H.; PHILLIPS, J. B. Shedding light on vertebrate magnetoreception. *Neuron*, v. 34, n. 4, maio 2002, p. 503-506.

15. PHILLIPS, J. B.; DEUTSCHLANDER, M. E.; FREAKE, M. J. et al. The role of extraocular photoreceptors in newt magnetic compass orientation: parallels between light-dependent magnetoreception and polarized light detection in vertebrates. *Journal of Experimental Biology*, v. 204, n. 14, jul. 2001, p. 2.543-2.552.

16. PHILLIPS, J. B.; BORLAND, S. C. Behavioral evidence for the use of a light-dependent magnetoreception mechanism by a vertebrate. *Nature*, v. 359, n. 6.391, set. 1992, p. 142-144.

17. BRENNER, D.; WILLIAMSON, S. J.; KAUFMAN, L. Visually evoked magnetic fields of human brain. *Science*, v. 190, n. 4.213, 1975, p. 480-482.

18. STIEVE, H. Transduction of light energy to electrical signal in photoreceptor cells. *Proceedings of Symposium: The Biology of Photoreceptors*. Cambridge University Press, set. 1981.

19. LISSMANN, H. W. Electric location by fishes. *Scientific American*, v. 208, n. 3, 1963, p. 50-59.

20. MATSUBARA, J. A. Neural correlates of a non-jammable electro location system. *Science*, v. 211, n. 4.483, 1981, p. 722-725.

21. KALMIJN, A. J. Electric sense of sharks and rays. *Journal of Experimental Biology*, v. 55, n. 2, 1971, p. 371-374.

22. LISSMANN, H. W.; MULLINGE, A. M. Organization of ampullary electric receptors in *gymnotidae* (pisces). *Proceedings of the Royal Society of London Biology*, v. 169, n. 1.017, 1968, p. 345.

23. SULLIVAN, J. P.; LAVOUE, S.; HOPKINS, C. D. Molecular systematic of the African electric fishes (*Mormyroidea:* *Teleostei*) and a model for the evolution of their electric organs. *Journal of Experimental Biology*, v. 203, n. 4, fev. 2000, p. 665-683.

24. KALMIJN, A. J. Electro-perception in sharks and rays. *Nature*, v. 212, n. 5.067, 1966, p. 1.232.

25. SCHEICH, H.; BULLOCK, T. H.; FESSARD, A. (eds.). The detection of electric fields from electric organs. *Handbook of sensory physiology*. Berlin, Heidelberg, Nova York: Springer Verlag, v.III/3, 1974, p. 13-58.

26. Idem, ibidem.

27. HOPKINS, C. D. Electric communication in fish. *American Scientist*, v. 62, n. 4, 1974, p. 426-437.

28. KALMIJN, A. I. Electric and magnetic field detection in elasmobranches fishes. *Science*, v. 218, n. 4.575, 1982, p. 916-918.

29. BENNETT, M. V. L; HOAR, W. S. (ed.); RANDALL, D. J. (ed.) *Electric organs*. In: *Fish physiology*, Londres, Nova York: Academic Press, v. V, 1971, p. 347-491.

30. KALMIJN, A. J. Detection and processing of electromagnetic and near-field acoustic signals in elasmobranches fishes. *Philosophical Transactions of the Royal Society*, v. B355, n. 1.401, set. 2000, p. 1.135-1.141.

31. SCHEICH, H. Op. cit.

32. HOPKINS, C. D. Op. cit.

33. LOSSIER, B. J.; MATSUBARA, J. A. Light and electron-microscopic studies on the spherical neurons in the electro sensory lateral line lobe of the *gymnotiform* fish, *sternopygus*. *Journal of Comparative Neurology*, v. 298, n. 2, ago. 1990, p. 237-249.

34. BAFFA, O.; CÔRREA, S. L. Magnetic and electric characteristics of the electric fish *Gymnotus carapo*. *Biophysical Journal*, v. 63, ago. 1992, p. 591-593.

CAPÍTULO 11

Biomagnetismo

OBJETIVOS DE APRENDIZAGEM

Depois de ler este capítulo, você será capaz de:
- Compreender a grande importância dos efeitos magnéticos (campos e forças) na vida e no comportamento de uma grande variedade de espécimes do reino animal
- Entender como o campo magnético da Terra rege e influencia o comportamento de um grande número de espécimes
- Explicar o funcionamento de sistemas magnetossensoriais a partir das observações experimentais no comportamento de diversos espécimes do reino animal
- Compreender a origem do magnetotactismo observado em espécimes que possuem sensores ou materiais magnéticos especializados
- Entender o que se denomina biomagnetismo a partir do cálculo dos campos magnéticos cuja origem são as correntes associadas a diversos tipos de células
- Quantificar a energia associada às ondas eletromagnéticas e entender a importância na biofísica das denominadas radiações eletromagnéticas ionizantes e não ionizantes

11.1 Introdução

Muitos dos *efeitos físico-biológicos* em organismos vivos que experimentam a ação de *diversas forças* têm sua origem nas características físicas naturais de nosso planeta. Esses efeitos, também conhecidos como *forças geofísicas*, têm como *fontes* principais:

- A radiação eletromagnética natural, cuja principal fonte é o Sol.
- O campo magnético da Terra.
- Os campos elétricos na atmosfera.
- A pressão exercida pelo ar e/ou água de nosso planeta.
- O campo gravitacional da Terra, combinado com os campos gravitacionais do Sol e da Lua.

As principais questões que surgem imediatamente são: quais são os *efeitos* dessas forças geofísicas *sobre os organismos vivos*? Como um organismo se adapta à ação dessas forças? Quais dessas forças podem ser detectadas pelo sistema nervoso central do organismo?

Poderíamos adiantar algumas respostas fundamentadas em situações experimentadas por nós mesmos. No entanto, faltam provas científicas concretas para explicar muitos efeitos dessas forças geofísicas.

Por exemplo, *temos evidências* de que a orientação durante o voo migratório de certas aves é influenciada pelos campos eletromagnéticos alternados, fracos ou de baixa frequência; também *existem evidências* de que os campos elétricos da atmosfera (intensidade da ordem dos 100 V/m nas proximidades da superfície da Terra) podem influenciar o comportamento dos animais. Poderíamos dar outros exemplos e concluir, então, que o estudo dos *efeitos das forças geofísicas* sobre espécimes vivos é uma área que oferece uma série de questões que estão à espera de uma análise científica mais sistemática.

A *força magnética* decorrente da radiação eletromagnética ou de um *campo magnético* é uma manifestação das forças elétricas quando as cargas elétricas têm um movimento relativo. Assim, os efeitos elétricos e magnéticos estão intimamente relacionados; portanto, deve-se utilizar o termo eletromagnético para descrever um efeito decorrente dessas forças.

Alguns espécimes vivos na natureza têm um *magnetismo permanente*, que não pode ser retirado da mesma maneira que retiramos cargas elétricas de objetos. Esses espécimes, quando estão suspensos no ar ou flutuando na água, têm uma direção definida com relação à Terra, denotando a existência de *polos magnéticos* em suas estruturas.

Os trabalhos de pesquisa feitos com espécimes vivos para explicar suas capacidades de detecção de campos magnéticos levaram a três modelos fundamentados: (a) na indução eletromagnética, ou seja, o campo magnético do ambiente gera no organismo de um espécime uma corrente elétrica de pequena intensidade, como no caso de alguns peixes-elétricos; (b) na presença de partículas magnéticas no organismo do espécime, como no caso das bactérias que mudam de orientação na presença de campos magnéticos, gerando impulsos nos neurônios presentes na região próxima às partículas; (c) em reações químicas moduladas por campos magnéticos e que envolvem componentes de células fotorreceptoras.

11.2 Campo magnético e força magnética

É possível detectar nos corpos magnéticos — que denominaremos *magnetos* — a presença de *polos magnéticos* norte (N) e sul (S), localizados em extremos opostos do magneto, como mostra a Figura 11.1a. Quando ocorre a aproximação de dois magnetos, duas reações podem ser percebidas: se *polos iguais* estão frente a frente (N-N ou S-S), os magnetos se *repelem* (figuras 11.1b e 11.1c); se polos diferentes (N-S) estão frente a frente, os magnetos se *atraem* (Figura 11.1d).

Os polos N e S de um magneto não são independentes um do outro. Os efeitos de repulsão ou atração entre magnetos podem ser descritos associando-se uma *carga magnética* (*fictícia*) de intensidade q* a um dos extremos e –q* ao outro extremo. Apesar de não existir uma carga magnética, é comum utilizar esse conceito, pois permite descrever os magnetos de uma forma matemática conveniente. Existe uma concordância para explicar as propriedades físicas de um magneto, que é por meio das denominadas *correntes de Ampère*.

O *campo magnético* $\vec{B}$ caracteriza o espaço em torno de um magneto permanente, ou de um corpo magnetizado ou, ainda, de um elemento que conduz uma corrente elétrica. Ocasionalmente, a grandeza $\vec{B}$ é denominada

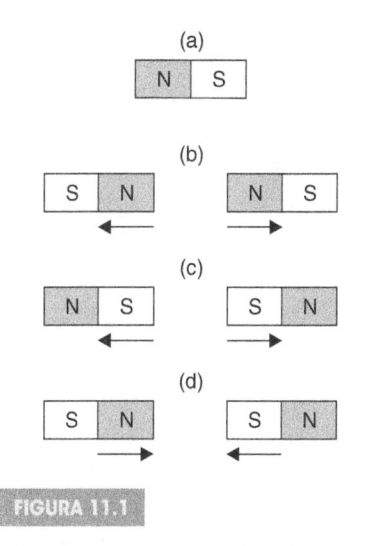

FIGURA 11.1

a) Polos de um magneto; b) e c) magnetos se repelem; d) magnetos se atraem.

André Marie Ampère (1775-1836), matemático e físico francês. Mostrou que a inclinação de uma agulha magnética devido à passagem de uma corrente obedece a uma regra que foi denominada a "regra da mão direita". Também demonstrou que o fenômeno de atração e repulsão não está associado só a ímãs, mas também à corrente elétrica em fios condutores. Deu início à teoria eletrodinâmica.

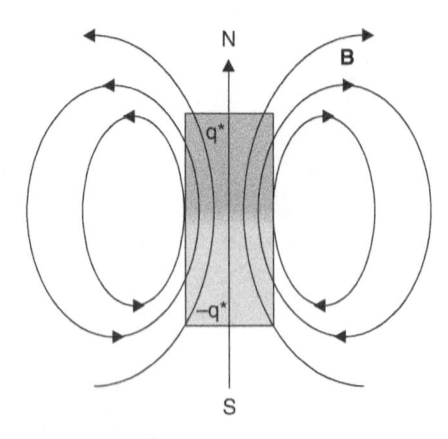

FIGURA 11.2

Linhas de campo magnético de uma barra magnetizada. Essas linhas são fechadas.

De Hans Christian Oersted (1777-1851), físico dinamarquês. Descobriu o campo magnético criado pelas correntes elétricas.

intensidade de campo magnético ou — como em muitos textos — *indução magnética*. A existência de $\vec{B}$ se manifesta como a ação de uma *força* sobre corpos colocados no espaço ocupado pelo campo. Ao denominar o campo magnético como $\vec{B}$, o campo magnético no interior dos materiais magnéticos será denominado $\vec{H}$, sendo $\vec{H} = \vec{B} + \mu_0 \vec{M}$. A quantidade $\vec{M}$ é a *magnetização* do material e $\mu_0 = 4\pi \times 10^{-7}$ N·s²·C⁻², a permeabilidade magnética do ar.

$\vec{B}$ é uma *quantidade vetorial*. Normalmente, sua direção é determinada com compassos magnéticos. A Figura 11.2 mostra as linhas de campo magnético de uma barra magnetizada. Observamos que, para este corpo, a distribuição das linhas do campo magnético é semelhante às linhas do campo elétrico de um dipolo elétrico. Essas linhas se *dirigem* do polo norte ao polo sul da barra; são mais densas perto do corpo magnético e mais dispersas conforme nos afastamos dele.

No SIU, mede-se o campo magnético em *Tesla* (T): $1\,T = 1\,N \cdot A^{-1} \cdot m^{-1}$. Outra unidade do campo magnético que ainda é muito utilizada é o gauss (G), e a equivalência entre essas unidades é $1\,T = 10^4\,G$.

As observações experimentais feitas por *Oersted* levaram a outro tipo de fonte geradora de campos magnéticos quando se tem uma corrente elétrica ao longo de um fio condutor. O efeito observado sobre uma agulha imantada é a ação de uma *força* sobre a agulha, resultante de sua interação com o campo magnético gerado pela corrente elétrica. Medidas com compasso magnético mostraram que as linhas do campo magnético nas vizinhanças do fio condutor de corrente são circunferências concêntricas localizadas em planos perpendiculares ao fio, como mostra a Figura 11.3a.

A Figura 11.3b mostra as linhas do campo magnético gerado por uma corrente elétrica que flui por uma *espira metálica*. As linhas do campo magnético têm uma distribuição espacial semelhante às linhas de campo elétrico de um dipolo elétrico; logo, podem se associar um polo N e um polo S a essa espira. Por essa semelhança entre as linhas de campo, a espira de corrente também é denominada *dipolo magnético*.

Em *nível atômico*, para determinarmos as linhas do campo magnético, utilizaremos o modelo simplificado da estrutura de um átomo; isto é, consideramos que os elétrons se movem em órbitas definidas ao redor do núcleo atômico (com carga elétrica positiva). Dessa forma, um elétron, ao deslocar-se

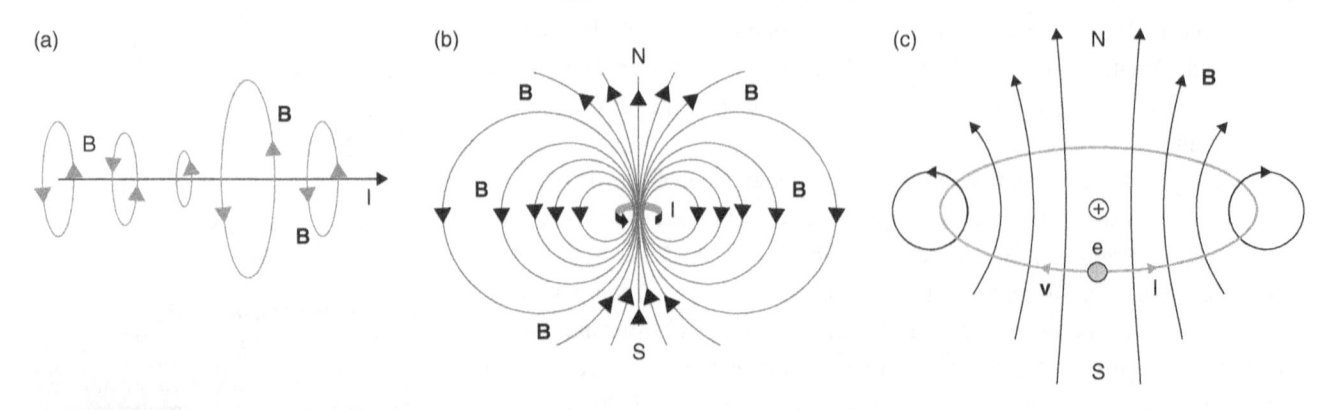

FIGURA 11.3

Linhas de campo magnético por causa de: a) uma corrente fluindo por um fio retilíneo; b) uma corrente fluindo por um arame circular; c) um elétron em movimento em torno de um núcleo atômico estacionário.

em uma órbita fechada ao redor do núcleo atômico, gera um efeito semelhante ao de uma espira de corrente. Assim, a configuração das linhas do campo será semelhante à configuração das linhas de um dipolo magnético (Figura 11.3c).

Lei de Ampère

A lei de Ampère permite determinar o campo magnético $\vec{B}$ quando se conhecem o sentido e a intensidade da corrente I que passa por um fio condutor. Se escolhermos uma trajetória fechada C, e o fio que conduz a corrente I atravessa a área contornada por C, então o campo magnético $\vec{B}(r)$ em um ponto sobre C, que está a uma distância r do fio, deve satisfazer a *lei de Ampère*:

$$\oint_C \vec{B}(r) \cdot d\vec{s} = \mu_0 I. \qquad (11.1)$$

Na Equação (11.1), $d\vec{s}$ é um elemento da trajetória C que está à distância r do fio que conduz a corrente I. Vamos utilizar a lei de Ampère para determinar a intensidade, a direção e o sentido do campo magnético observado na experiência de Oersted.

Experimentalmente, observa-se que a intensidade de $\vec{B}$ a uma distância r do fio é a mesma ao longo da circunferência C de raio r. Na figura ao lado, $d\vec{s} = rd\theta \hat{i}_\theta$, sendo $\hat{i}_\theta$ um vetor unitário tangente a C. Portanto, $\vec{B}(r) \cdot d\vec{s} = [B(r)\hat{i}_\theta] \cdot (rd\theta\,\hat{i}_\theta) = rB(r)d\theta \Rightarrow \oint_C \vec{B}(r) \cdot d\vec{s} = rB(r)\oint_C d\theta = 2\pi rB(r)$. Pela lei de Ampère, $B(r) = \dfrac{\mu_0}{4\pi}\dfrac{2I}{r}$.

A direção de $\vec{B}$ é $\hat{i}_\theta$, e o sentido é dado pela regra da mão direita, na qual o polegar da mão direita está apontando o sentido da corrente ao longo do fio.

As linhas de todo campo magnético são *fechadas*. Portanto, não há um início ou um fim. Fisicamente, isso significa que polos magnéticos isolados ou *monopolos não existem* matematicamente. Essa característica das linhas significa que div$\vec{B} = 0$.

Para o cálculo do campo magnético, gerado por correntes elétricas que circulam por condutores de forma geométrica mais complexa que um fio, utiliza-se a *lei de Biot-Savart*. No caso de um *dipolo magnético* de raio a (Figura 11.3b), pelo qual passa uma corrente elétrica de intensidade I, o cálculo do campo magnético em um ponto sobre o eixo axial do dipolo e a uma distância z do centro do dipolo se faz utilizando a lei de Biot-Savart. Logo,

$$\vec{B}(z) = \dfrac{\mu_0 a^2 I}{2(a^2+z^2)^{3/2}}\hat{k} = \dfrac{\mu_0}{2\pi}\dfrac{AI}{(a^2+z^2)^{3/2}}\hat{k}. \qquad (11.2)$$

Na Equação (11.2), A é área do dipolo e $\hat{k}$, um vetor unitário na direção do eixo axial.

Exemplo: Considere a Terra como um grande magneto.
a) Esquematize as linhas do campo magnético da Terra fora de sua superfície.
b) Explique como se determinariam as direções dessas linhas na superfície da Terra.

Resolução:
a) Consideremos que o magneto que está no interior da Terra tem seu eixo de simetria ao longo de um eixo diametral do planeta e que a direção desse eixo não coincide com a do eixo geográfico da Terra. As formas da linha em um plano que contém o eixo de rotação do planeta estão esquematiza-

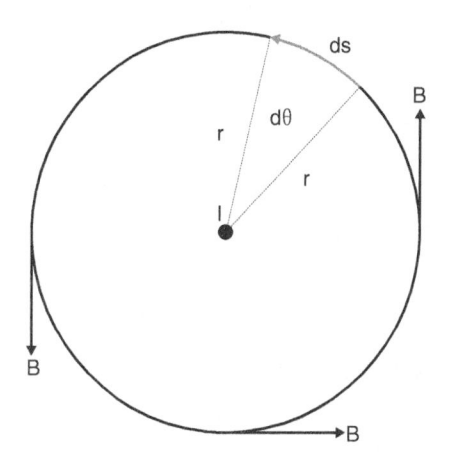

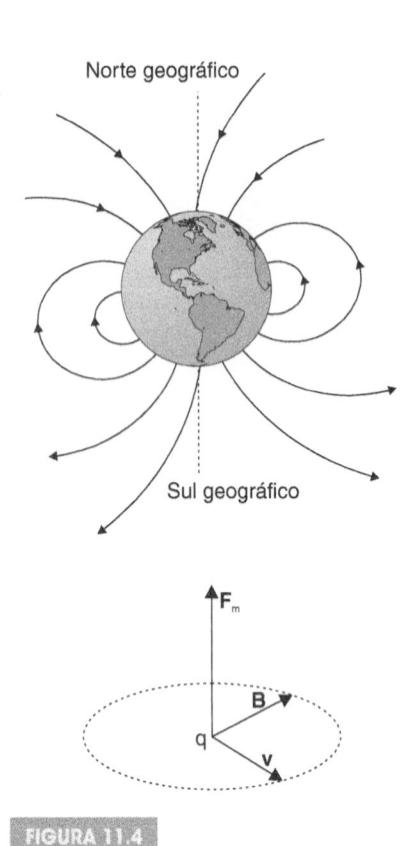

das na figura ao lado. Embora algumas linhas estejam cortadas, cada linha partindo das vizinhanças do polo sul do magneto se encurva para interceptar a superfície próxima ao polo norte do magneto.

b) Na figura ao lado, nos pontos sobre a superfície da Terra, o vetor campo magnético tem uma componente perpendicular à superfície nesse ponto. Utilizando-se uma bússola cujo plano esteja na horizontal, a direção da agulha corresponderá à componente horizontal do vetor campo magnético. Fazendo-se girar o plano da bússola em torno dessa direção até que o plano fique vertical, a agulha dará a direção de $\vec{B}$ naquele ponto.

Força magnética

De forma semelhante ao caso do campo elétrico, pode-se definir o campo magnético $\vec{B}$ a partir da força exercida por $\vec{B}$ sobre uma carga teste q. Se q estiver em *repouso*, observaremos que não experimenta *nenhuma* força magnética $\vec{F}_m$. A força somente se manifesta quando q está em *movimento*. Experimentalmente, observa-se que o efeito de um campo magnético $\vec{B} = B\hat{j}$ sobre a carga q quando está se movendo com velocidade $\vec{v}$ é uma força magnética $\vec{F}_m$, cuja intensidade é proporcional ao valor da carga ($F_m \propto q$) e proporcional à sua velocidade ($F_m \propto v$). Isso prova que:

$$\vec{F}_m = q \cdot \vec{v} \times \vec{B} \qquad (11.3)$$

Como mostra a Figura 11.4, a direção de $\vec{F}_m$ é *perpendicular* ao plano definido por $\vec{B}$ e $\vec{v}$. A intensidade de $\vec{F}_m$ dependerá do seno do ângulo entre os vetores $\vec{B}$ e $\vec{v}$.

Se um campo elétrico e um campo magnético estiverem agindo simultaneamente sobre um portador de carga q em movimento, este experimentará uma força $\vec{F}_{em} = \vec{F}_e + \vec{F}_m = q(\vec{E} + \vec{v} \times \vec{B})$. Esta força é denominada *força de Lorentz*.

FIGURA 11.4

A força $\vec{F}_m$ é perpendicular ao plano definido pelos vetores $\vec{v}$ e $\vec{B}$.

Hendrick Antoon Lorentz (1853-1928), físico neerlandês. Foi o principal criador da teoria eletrônica da matéria. Seus trabalhos provavelmente abriram caminho para a teoria da relatividade restrita. Prêmio Nobel de Física, juntamente com Zeeman, em 1902.

Exemplo: O plasma sanguíneo é um típico fluido extracelular que contém os íons Na$^+$ e Cl$^-$ nas concentrações $C_{Na}(1) = 145$ mM/l e $C_{Cl}(1) = 125$ mM/l. Outros íons também estão presentes, porém em concentrações desprezíveis. Considere que uma artéria de diâmetro d experimenta um campo magnético $\vec{B}$ gerado por um eletroímã, como mostra a figura ao lado. Qual será a velocidade média desses íons?

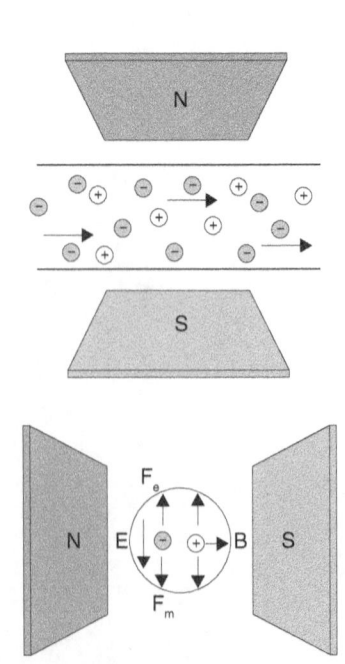

Resolução: como os íons do plasma estão se movimentando no interior da artéria com velocidade $\vec{v}$, eles experimentarão uma força magnética $\vec{F}_m = q \cdot \vec{v} \times \vec{B}$. O efeito dessa força polariza os íons, ou seja, dependendo de seu sinal, os íons se arranjarão em lados opostos na superfície interna da artéria. Essa polarização originará um campo elétrico $\vec{E}$, tal que a diferença de potencial através da artéria será $V = Ed$. O campo elétrico produzirá uma força elétrica $\vec{F}_e$ sobre os íons. No equilíbrio $\vec{F}_m + \vec{F}_e = 0$, ou seja, $e \cdot E = e \cdot v \cdot B = e \cdot V/d$; esta expressão permitirá calcular a velocidade v dos íons no fluido sanguíneo — evidentemente, este valor será uma velocidade média dos íons na artéria.

11.3 Geomagnetismo

O geomagnetismo estuda a ação da *força geofísica cuja origem é o campo magnético da Terra*, que origina uma diversidade de efeitos em espécimes vivos. Por isso, é importante conhecer as origens e características desse campo. Algumas propriedades físicas do *campo geomagnético* podem ser determinadas a partir de sua semelhança com as linhas do campo magnético geradas por um *dipolo magnético* ou de uma *barra magnética*.

A distribuição espacial das linhas do campo geomagnético são mostradas na Figura 11.5, que é bastante semelhante à da Figura 11.3b correspondente a um dipolo magnético. Para que o campo magnético esteja totalmente especificado, é necessário que se conheçam, além de sua intensidade, sua direção e sentidos em qualquer ponto fora da Terra.

A posição na Terra dos polos norte e sul do campo geomagnético é *oposta* à dos polos norte e sul geográficos. Na realidade, o magnetismo terrestre não é estático, pois muda muito lentamente com o tempo. Análises de amostras datadas arqueologicamente levaram a concluir que a intensidade do campo geomagnético oscila entre valores máximos e mínimos em um intervalo de tempo de 5 mil anos. Conclui-se, também, que a *polaridade do campo mudou* nos últimos 10 a 20 milhões de anos, sendo que essa inversão acontece a cada 300 mil anos, aproximadamente.

Como mostra a Figura 11.6, a atual direção do eixo do magneto não coincide com a direção do eixo de rotação da Terra. Esses eixos formam um ângulo de *11,4°*; portanto, o componente horizontal do campo geomagnético de algum ponto local sobre a superfície da Terra terá uma declividade (ϕ) com relação à direção do norte-sul geográfico (NG-SG).

Sobre a superfície da Terra, denomina-se *meridiano* toda linha que une o NG com o SG. Definindo-se um *meridiano inicial*, podemos determinar a posição de outro, dando o *ângulo diedro* (*longitude*) formado pelo plano do meridional buscado e o plano denominado inicial.

A *latitude* é utilizada para distinguir pontos diferentes sobre um mesmo meridiano e é definida como o ângulo formado pela linha de um prumo traçado desde o ponto dado sobre a superfície terrestre em relação ao plano do equador. Tanto a determinação da *latitude* quanto o estabelecimento da *direção do meridiano* estão intimamente vinculados ao movimento das estrelas.

Na Figura 11.6, para uma pessoa que está no polo norte (NG), a direção do prumo coincide com o eixo de rotação da Terra. A latitude do eixo da Terra será 90°. Outra pessoa, em outro ponto do mesmo meridiano, observará a mesma direção do eixo da Terra, mas a direção de um prumo mudará; portanto, a direção do eixo da Terra sobre o horizonte muda para um valor menor do que 90°. Pode-se observar que a direção do eixo da Terra sobre o horizonte (H) é igual à latitude (φ). Denominamos *paralelo* a linha que une os pontos com igual latitude. Assim, meridianos e paralelos definem o sistema de *coordenadas geográficas*, e cada ponto sobre a superfície terrestre possui uma longitude e uma latitude bem determinadas.

A Figura 11.7 mostra a direção do campo geomagnético $\vec{B}_T$ em um ponto P sobre a superfície da Terra. O ângulo θ entre a direção do vetor $\vec{B}_T$ e a horizontal (h) denomina-se *inclinação*; o ângulo ϕ entre a componente

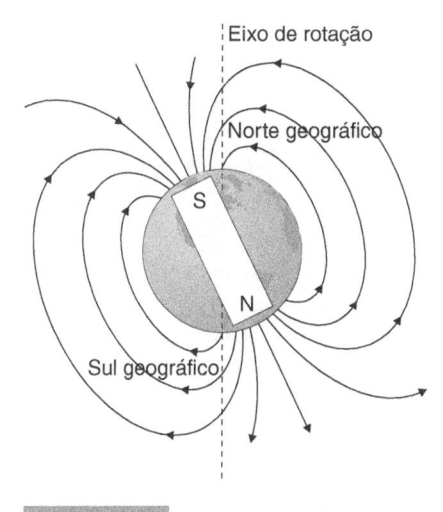

FIGURA 11.5

O campo magnético da Terra é semelhante ao de uma barra magnética com o polo S perto do polo norte geográfico.

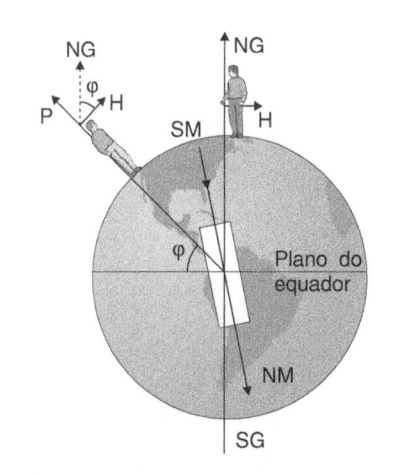

FIGURA 11.6

A direção do vetor NG sobre o horizonte (H) é igual à latitude (φ) do lugar de observação. P: direção de prumo; NM: norte magnético; SM: sul magnético; e SG: sul geográfico.

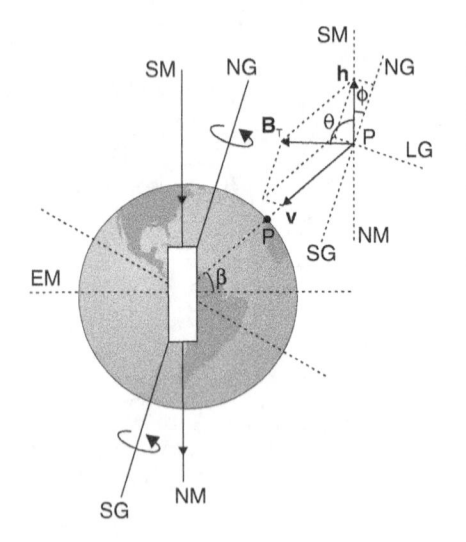

FIGURA 11.7

Componentes horizontal (h) e vertical (v) do campo geomagnético B_T em um ponto P sobre a superfície terrestre. No canto superior direito, estão definidos as inclinações θ do campo e o seu *declive* φ; β é a direção de um prumo em P com o equador magnético (EM).

horizontal (h) do vetor $\vec{B}_T$ e a direção NG-SG é denominado *declive*. Por exemplo, na cidade de Cambridge, nos Estados Unidos, a magnitude de $\vec{B}_T$ é aproximadamente 0,58 G, θ ≅ 73° e φ ≅ 15°; logo, as componentes horizontal e vertical de $\vec{B}_T$ serão, respectivamente, h = 0,58 cos73° = 0,17 G e v = 0,58 sen73° = 0,55 G.

Exemplo: A magnitude do campo geomagnético no equador magnético é 0,3 G = 3 × 10^{-5} T e, no polo magnético, 0,7 G = 7 × 10^{-5} T. Determine as componentes horizontal e vertical desse campo:
a) no equador magnético;
b) no polo magnético.

Resolução:
a) No equador magnético, θ = 0° ou 180°; logo, h = B_T cosθ = 0,3 cos0° = 0,3 G e v = B_T senθ = 0 G.
b) No polo magnético, θ = 90°; logo, h = B_T cosθ = 0 e v = B_T senθ = 0,7 sen90° = 0,7 G.

Na Europa Central, a magnitude do campo $\vec{B}_T$ fica em torno de 0,52 G. Se β = 50° e θ = 67°, as componentes horizontal e vertical do campo geomagnético são h = 0,52 cos67° = 0,2 G e v = 0,52 sen67° = 0,48 G. Devemos destacar que diversos fatores ambientais em determinada latitude produziram ocasionalmente variações bastante pequenas dos valores do campo geomagnético.

Efeitos do campo geomagnético sobre espécimes vivos têm sido anunciados com muita frequência, tanto em espécimes simples como em complexos[1,2,3,4]: bactérias, algas unicelulares e multicelulares, protozoários, vermes, insetos, moluscos e vertebrados. No entanto, os *diversos trabalhos publicados, em muitos casos, não têm chegado a resultados conclusivos*.

O campo geomagnético tem grande influência sobre a orientação dos peixes em movimento. Como mostra a Figura 11.8, esse campo *induz* um gradiente de potencial elétrico que pode constituir a base física de uma bússola orientadora de seu movimento.

Os tubarões têm a capacidade de detectar a presença de pequenos peixes a distâncias de 5 cm a 10 cm pela recepção do potencial de ação dos músculos respiratórios desses peixes. Outros peixes podem detectar a presença de outros animais em águas escuras e profundas.[5]

Nos últimos 50 anos, muito foi revelado sobre a sensibilidade de espécimes vivos a campos magnéticos, sendo fornecidas *respostas cada vez mais elaboradas*. O caso clássico é o dos pombos-correio, que, orientados pelo campo geomagnético, podem voltar muito tempo depois ao lugar de onde saíram. As abelhas e várias outras espécies animais apresentam uma sensibilidade muito grande à alteração da intensidade do campo magnético, sendo afetadas por alterações locais ou por tempestades magnéticas solares que produzem variações de alguns centésimos no valor do campo geomagnético.[6,7] Um estudo mais recente com moscas das frutas[8] mostrou que a existência de uma proteína sensível a certas frequências da luz tem papel fundamental na sensibilidade desse inseto ao campo magnético.

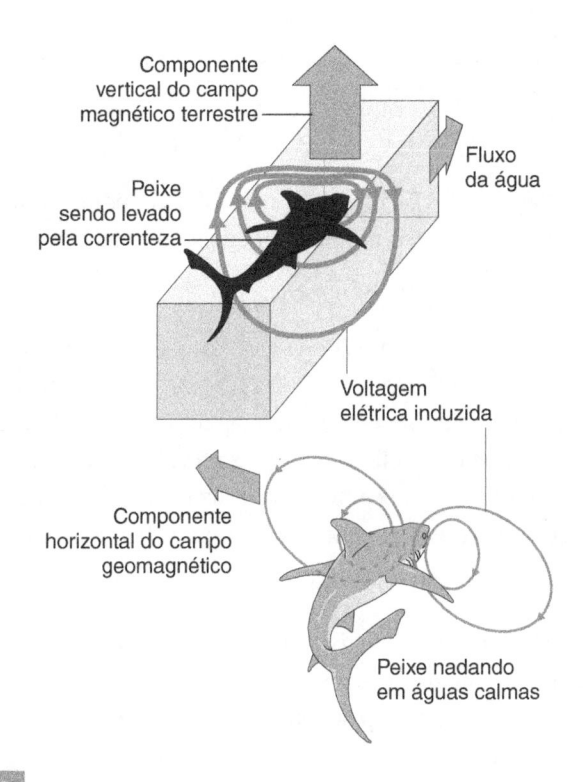

FIGURA 11.8

Efeito do campo geomagnético na orientação de um peixe (maiores detalhes na referência bibliográfica número 25 do Capítulo 10).

A grande questão a se responder é: Qual é o mecanismo que um espécime aciona para sentir um campo magnético? Haveria, além da recepção do campo magnético, um sistema de tradução dessa informação para o sistema nervoso? Muitos animais possuem cristais de ferro — já descobertos em bicos de pássaros — que mudam de orientação dependendo de como eles se orientam em relação ao norte magnético. Outros animais possuem células que contêm em seu interior moléculas com pares de radicais que detectam a orientação de campos magnéticos. Experimentos recentes com baratas[9] mostraram que elas sentem o campo magnético e, quando foram submetidas a ondas de rádio de frequência 1,2 kHz, o órgão que detecta o campo magnético foi bloqueado, concluindo-se, assim, que este órgão utiliza pares de radicais e não cristais de ferro.

Torque devido a um campo magnético

Quando colocamos uma *barra magnetizada* em um campo magnético uniforme, ela tende a se alinhar na direção do campo, como mostra a Figura 11.9. Esse efeito acontece também com limalhas de ferro não magnetizadas, pois os fragmentos de ferro se magnetizam na presença do campo. Uma bússola, por exemplo, é uma pequena barra magnética que se alinha na direção do campo geomagnético. Esse efeito pode ser descrito associando-se um *polo magnético ou uma carga magnética* de intensidade q* a uma das extremidades e –q* a outra. A grandeza do polo q*, se existir, é definida como a razão entre a força $\vec{F}$ atuante sobre ela e o campo magnético: $\vec{F} = q^* \vec{B}$.

Apesar de na realidade *não existir* uma carga magnética, essa ficção é bastante utilizada no tratamento teórico das propriedades físicas dos ímãs.

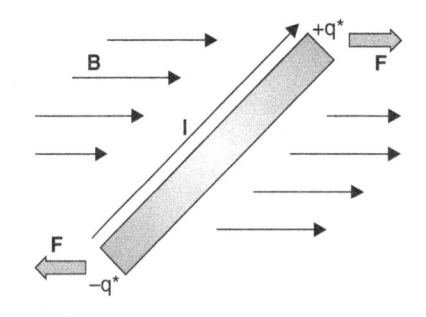

FIGURA 11.9

Torque sobre uma barra magnetizada em um campo magnético $\vec{B}$.

Quando colocamos uma barra magnetizada em um campo magnético $\vec{B}$, este experimentará um torque $\vec{\tau}$ dado por

$$\vec{\tau} = \vec{l} \times \vec{F} = \vec{l} \times q * \vec{B} = q * \vec{l} \times \vec{B}. \quad (11.4)$$

Na Equação (11.4), $\vec{l}$ é um vetor na direção polo sul–polo norte. O termo $q * \vec{l}$ é definido como o momento magnético $\vec{m}$ da barra; logo,

$$\vec{\tau} = \vec{m} \times \vec{B}. \quad (11.5)$$

Essa Equação (11.5) é análoga à do torque sobre um dipolo elétrico $\vec{p}$ em um campo elétrico $\vec{E}$. Uma *espira de corrente* (veja a Figura 11.3b) tem uma resposta semelhante à de uma barra magnetizada quando ela é colocada em um campo magnético. Pode-se demonstrar (veja o exemplo a seguir) que o torque experimentado pela espira que conduz uma corrente I é: $\vec{\tau} = I\vec{A} \times \vec{B}$, onde A é área da espira. Logo, para o caso de uma espira de corrente:

$$\vec{m} = I\vec{A} \quad (11.6)$$

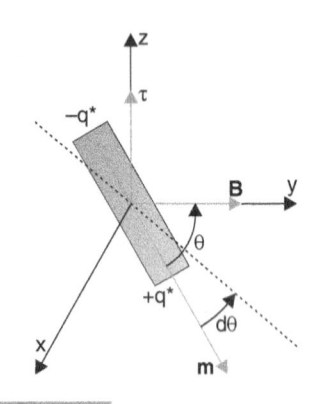

Se, por causa da ação do torque $\vec{\tau}$ sobre uma barra de momento magnético $\vec{m}$, ela gira um ângulo $d\theta$, como mostra a Figura 11.10, será feito um *trabalho* $dW = \vec{\tau} \cdot d\hat{\theta} = \vec{m} \times \vec{B} \cdot d\hat{\theta} = [(m \cdot \text{sen}\theta \hat{i} + m \cdot \cos\theta \hat{j}) \times B\hat{j}] \cdot d\hat{\theta} = m \cdot B \cdot \text{sen}\theta d\theta$.

Assim, o trabalho total decorrente de $\vec{\tau}$ quando a barra gira da posição θ_0 a θ será: $W = \int dW = -mB(\cos\theta - \cos\theta_0)$. Esse trabalho será igual à variação da energia potencial U_m da barra, ou seja, $W = -\Delta U_m$. Dessa forma, pode-se definir a energia potencial de uma barra magnética de momento magnético $\vec{m}$ como:

$$U_m = \vec{m} \cdot \vec{B}. \quad (11.7)$$

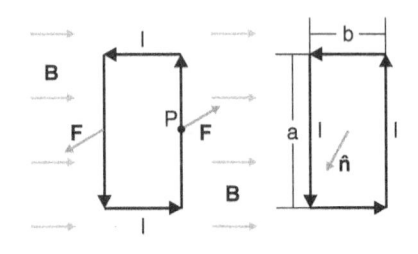

FIGURA 11.10

O trabalho quando a barra magnetizada gira um ângulo $d\theta$ será $m \cdot B \cdot \text{sen}\theta \cdot d\theta$. A energia potencial da barra será $U_m = -\vec{m} \cdot \vec{B}$.

Exemplo: Uma espira retangular de lados a e b conduz uma corrente I. A espira está em um campo magnético uniforme $\vec{B}$, como mostra a figura ao lado. Determine o torque experimentado pela espira.

Resolução: a força normal à espira $\hat{n}$ faz um ângulo de 90° com a direção do vetor $\vec{B}$. As forças em cada segmento da espira se reduzem às duas mostradas na figura, por serem nulas as forças no segmento superior e inferior, pois nesses segmentos o sentido da corrente é antiparalelo e paralelo a $\vec{B}$, respectivamente. Para determinar a força nos outros dois segmentos, utilizaremos a expressão $d\vec{F} = Id\vec{l} \times \vec{B}$ — forma equivalente da Equação (11.4). Como $d\vec{l}$ é perpendicular a $\vec{B}$, então $F = \int dF = I \cdot B \int dl = I \cdot a \cdot B$. Assim, a intensidade da força em cada um desses segmentos é a mesma, possuem a mesma direção, porém são de sentidos opostos; portanto, a força resultante sobre a espira é nula.

O torque resultante em relação a qualquer ponto é independente da localização deste. Com relação ao ponto P mostrado na figura anterior, a intensidade desse torque será: $\tau = F \cdot b = I \cdot a \cdot b \cdot B = I \cdot A \cdot B$, onde A é a área da espira. Podemos escrever o torque resultante na forma: $\vec{\tau} = I \cdot A\hat{n} \times \vec{B} = \vec{m} \times \vec{B}$, em que $\vec{m} = I\vec{A}$ é o momento magnético da espira de área A.

Orientação magnética

No reino animal, a maioria dos espécimes utiliza *sentidos* semelhantes aos dos humanos para detectar luz, som, cheiro etc. É difícil imaginar como alguns espécimes *sentem* sinais originados no meio ambiente que são inacessíveis aos nossos sentidos. Dessa maneira, eles utilizam informações às quais não temos acesso, como é o caso dos que têm a capacidade de *sentir* a orientação dos campos magnéticos que os circundam.

Muitos animais, quando estão em *movimento*, têm sua *orientação* de alguma maneira afetada pelo campo geomagnético. Na maioria dos casos, o mecanismo utilizado para detectar esse campo não é totalmente conhecido[10,11,12]. A procura de um sistema *magnetorreceptor* continua em aberto, assim como a de um sistema *magnetotransdutor*, capaz de interpretar a informação contida no campo e transformá-la em um sinal que possa ser entendido pelo sistema nervoso do animal, gerando no organismo dele uma ação correlacionada a alguma característica do campo. As observações experimentais da influência do campo geomagnético na orientação dos espécimes sensíveis a esses campos sugerem pelo menos *três modelos* para explicar a detecção de um campo magnético. Eles são fundamentados:

- Em *reações químicas* que são moduladas por campos magnéticos e envolvem receptores de luz (fotorreceptores). Os espécimes devem possuir moléculas com pares de radicais no interior das células, também chamadas *moléculas paramagnéticas*, que são capazes de detectar a orientação de campos magnéticos[13,14]. Um modelo químico sensível à ação de um campo magnético sugere que a informação magnética é transmitida ao sistema nervoso por meio de elementos resultantes de reações químicas induzidas por campos magnéticos no interior de células fotorreceptoras especializadas. Um desses fotorreceptores seria a proteína *crytochrome* (Cry), já que ela tem sido apontada como capaz de gerar pares de moléculas paramagnéticas em reações químicas induzidas pela luz,[15] o que possibilitaria ao espécime detectar os campos.

- No fenômeno de *indução eletromagnética*; os *espécimes* devem ter a capacidade de medir a corrente elétrica induzida quando se movimentam pelo campo magnético[16]. É o caso do *peixe elasmobrânquio*, para o qual, em sua volta, a água salgada proporciona uma provável trajetória de retorno para o fluxo de corrente induzida.

- Na presença de partículas magnéticas (*magnetos permanentes de magnetita*), que, à semelhança de um compasso magnético, produz um torque ao tentar o alinhamento do magneto com um campo magnético externo, gerando impulsos nas células nervosas presentes na região próxima às partículas. Este princípio é o utilizado pelas bactérias magnetotáticas. A Figura 11.11 mostra uma espécie dessa bactéria.

Os magnetos permanentes presentes em uma variedade de espécimes originam um comportamento magnético denominado *ferrimagnetismo*. Essa característica é derivada de um tipo de composto de vários óxidos metálicos e do íon férrico (Fe_2O_3), e esses compostos apresentam algumas propriedades macroscópicas similares aos materiais *ferromagnéticos*, tal como o alinhamento

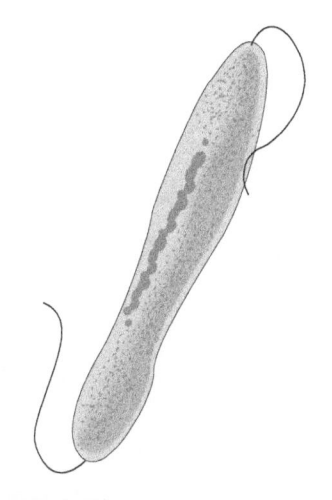

FIGURA 11.11

Bactéria magnetotática: uma cadeia de partículas magnéticas alinha-se quase paralelamente ao eixo da bactéria. A espécie aqui mostrada tem um flagelo em cada extremo.

espontâneo dos momentos magnéticos e uma alta permeabilidade magnética[17]. No ferrimagnetismo, alguns momentos magnéticos atômicos se orientam em sentido oposto aos outros, resultando, assim, em um domínio de intensidade menor do que se todos os momentos estivessem polarizados em uma direção comum, como acontece no ferromagnetismo.

Caso das abelhas e dos pássaros

Como consequência do estudo do comportamento de diversos espécimes, ao *sentir* a presença de campos magnéticos, observou-se, por exemplo, que certos *pássaros* podem se orientar pela ação do campo geomagnético por possuírem cristais de ferro que mudam sua orientação dependendo de como eles se orientam em relação ao norte magnético. Estruturas desse tipo foram observadas nos bicos dos pássaros, conforme dito anteriormente. Outro exemplo a ser observado é o das *trutas*, que têm seus deslocamentos influenciados pelo campo geomagnético, muito provavelmente em virtude da presença de partículas do mineral magnético magnetita na região próxima ao bulbo olfativo.

A influência do campo geomagnético no *comportamento* das abelhas[18] e dos pombos[19,20] também foi muito pesquisada. Ambos os espécimes utilizam o campo magnético como elemento de orientação de voo. No caso das abelhas, o campo também influencia a dança que realizam quando estão à procura do néctar. As observações das abelhas durante suas saídas à procura de alimento mostraram que as posições relativas entre a *fonte de alimentação, o favo e o sol* (veja a Figura 11.12) são os elementos utilizados para elas se orientarem em suas sequenciais entradas e saídas do favo. Essas posições relativas mudam durante o dia (veja a Figura 11.13), ao passo que o campo geomagnético é o mesmo na posição de favo. Outras experiências mostraram que o uso de campos magnéticos externos para anular o efeito do campo geomagnético influencia a orientação das abelhas[21]. Essas observações deram indícios muito fortes de que as abelhas sentem a influência de um campo magnético, mas *não oferecem resposta* sobre o mecanismo utilizado para isso.

Observações feitas por radar mostraram que pássaros em *voos migratórios* durante a noite e com o céu totalmente nublado podem viajar grandes distâncias em uma direção definida e sem *nenhum auxílio visual*[22]. Também foi observado que, se o céu não estiver nublado, eles podem voar durante a

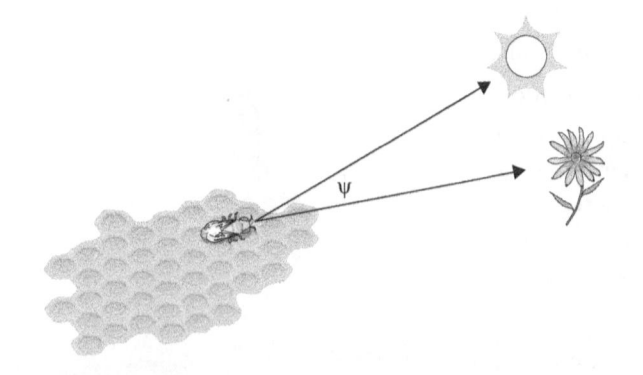

FIGURA 11.12

Abelha sobre um favo horizontal. O ângulo ψ é definido pela direção da fonte de alimento com a direção da posição azimutal do sol.

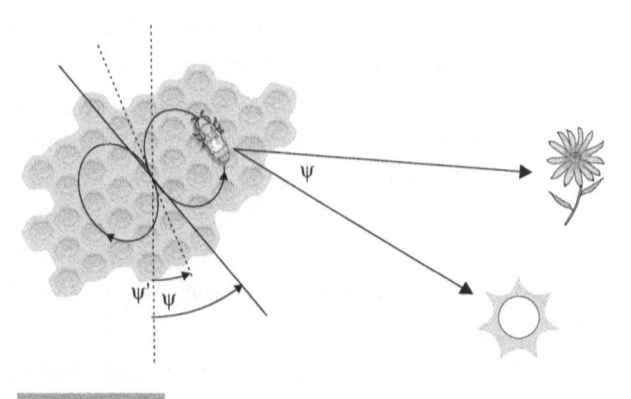

FIGURA 11.13

Afastamento sistemático entre o ângulo ψ' definido pela direção da dança de uma abelha em relação à direção vertical e ao ângulo ψ.

noite utilizando as estrelas como guia[23,24]. Os casos do pombo-correio e das trutas também se enquadram no estudo da migração em grandes distâncias ou da volta ao ambiente de onde o espécime partiu, mesmo após um longo tempo. A *orientação passiva* a um campo magnético aplicado não seria possível para espécimes com porte maior que o das bactérias, pois a inércia do organismo impediria essa orientação.

Nos experimentos de laboratório com pássaros que estavam prontos para iniciar seu voo migratório, foram utilizados campos com *intensidade de 0,46 G*, ou seja, da ordem da intensidade do campo geomagnético[25]. Durante os vários dias de observação, a intensidade do campo foi alterada para valores entre 0,14 G até 0,81 G. As observações mostraram que:

- Em um espaço fechado, os pássaros se orientam ao longo da direção apropriada para o início (queda ou salto para o sul ou norte) do voo migratório em determinada estação, contanto que o campo magnético no recinto fechado corresponda ao campo geomagnético sem perturbação.

- Se o campo geomagnético for substituído por um *campo magnético externo* de intensidade similar, porém com sua orientação mudada em 90°, os pássaros se orientarão por si próprios em relação a essa nova direção e sempre de acordo com a estação.

- Os pássaros somente se orientam por si próprios em campos com intensidade total entre 0,3 G a 0,7 G.

Outros experimentos com pássaros em campos magnéticos externos, cuja polaridade de cada componente do campo foi medida, e também em um campo horizontal com θ = 0° (componente vertical = 0) mostraram que os voos desses animais são influenciados pelo campo geomagnético. A Figura 11.14 mostra os resultados das observações dos efeitos de um campo geo-

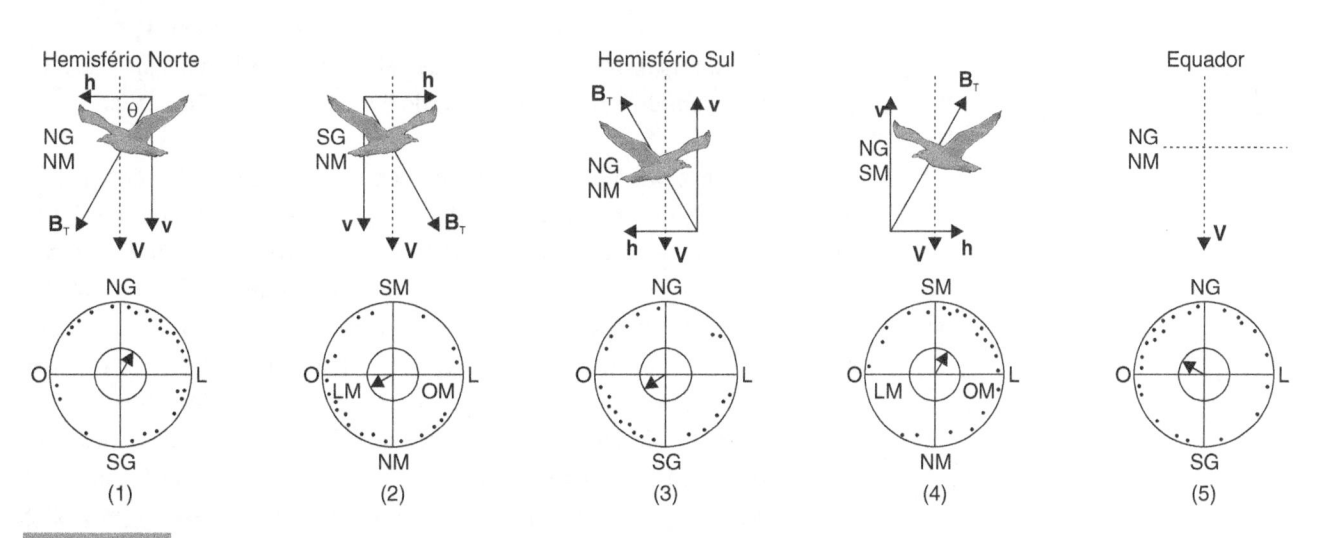

FIGURA 11.14

Observações em laboratório da orientação migratória do tordo norte-americano na primavera para determinadas orientações das componentes horizontal (h) e vertical (v) do campo geomagnético $\vec{B}_T$, com relação à direção $\vec{V}$ do campo gravitacional. NG-SG e NM-SM representam os polos norte e sul geográficos e magnéticos, respectivamente, e estão indicando as direções no lado esquerdo da parte superior de cada figura. As condições naturais estão representadas em (1) para o hemisfério norte; (3) para o hemisfério sul e (5) no equador. As condições nos hemisférios norte e sul, quando o sentido da componente horizontal (h) é invertido, são mostradas em (2) e (4), respectivamente. Os diagramas de distribuição circular mostram as medidas das orientações médias dos pássaros em uma noite. A soma de todas essas orientações é mostrada por um vetor resultante colocado no interior dos círculos.

magnético na orientação magnética dos tordos norte-americanos (*turdus migratoriu*)[26].

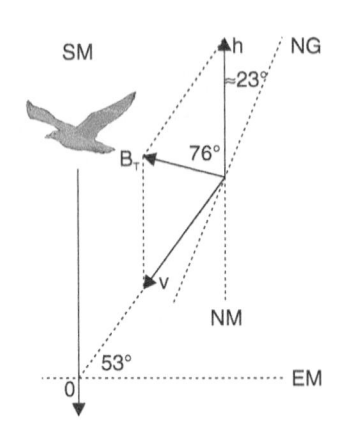

Exemplo: O *tordo norte-americano* é uma espécie que utiliza a orientação do campo geomagnético como guia em sua viagem migratória. Considere que o tordo tem uma pequena bobina alimentada por uma bateria solar presa ao seu pescoço e que ele inicia sua viagem migratória desde um local no hemisfério norte da Terra de latitude 70° ou β = 53°, além de o campo geomagnético ter uma magnitude de 0,7 G e inclinação de 76°, aproximadamente.
a) Determine os valores das componentes horizontal e vertical do campo.
b) Mostre graficamente a direção e o sentido em que o tordo está viajando com relação à direção NG-SG.
c) Quais devem ser a magnitude e direção do campo magnético produzidas pela pequena bobina, para que o tordo viaje em sentido contrário ao encontrado na resposta do item (b)?
d) Faça um gráfico que mostre a direção e sentido da viagem migratória correspondente à sua resposta em (c).

Resolução:
a) No hemisfério norte, as linhas do campo geomagnético (veja a Figura 11.5) têm sua componente vertical no sentido para o interior da Terra. No local que o tordo inicia sua viagem, o campo geomagnético terá os componentes v = B.sen 76° = 0,68 G e h = B.cos 76° = 0,17 G.
b) NG é o norte geográfico; φ, a latitude do local onde o tordo inicia sua viagem migratória. $\vec{h}$ é a direção da componente horizontal do campo geomagnético $\vec{B}$, e o ponto O é o centro da Terra. Assim, o tordo viaja no sentido mostrado na figura com relação ao NG.
c) A bobina deverá produzir um campo magnético $\vec{B}_B$, cuja magnitude deve ser o dobro da do campo $\vec{B}$ com sentido oposto a $\vec{B}$, ou B_B = 1,40 G. A direção de $\vec{B}_B$ formará um ângulo de 180° − 99° = 81° com a direção NG.
d) O novo sentido em que viaja o tordo é mostrado na figura ao lado.

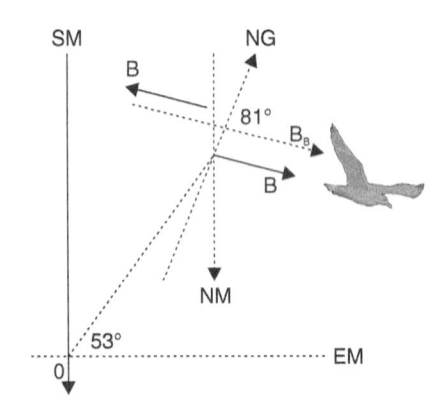

Foi observado que o compasso magnético do *European Robins* não usa a polaridade do campo geomagnético para detectar a direção norte[27]. Esses pássaros derivam pela direção norte interpretando a inclinação da direção axial das linhas do campo geomagnético no espaço. Também foi observado e demonstrado que, de fato, os *pombos-correio* possuem o senso do compasso magnético[28,29] e que, quando treinados, são normalmente capazes de orientar rapidamente a si mesmos e voar em direção à casa quando são soltos em *dia claro* a partir de um local desconhecido. No entanto, pode-se observar uma desorientação em sua posição de partida em *dias nublados*, quando a polaridade do campo magnético aplicado é alterada, fixando-se magnetos no dorso ou pares de bobinas na cabeça do pássaro. Esses dados implicam que o compasso magnético é somente utilizado quando o compasso solar primário não está disponível. Essas observações nos induzem a pensar que a orientação magnética desses animais é feita somente em termos da direção das linhas do campo magnético e não em termos de sua polaridade.

As investigações da capacidade de navegação dos pássaros mostraram que, além de sua forte sensibilidade ao campo magnético, eles também apresentam, em pequeno número, outras habilidades sensoriais.

Nos últimos anos, evidências experimentais têm mostrado que não só as abelhas, os pássaros e outros espécimes possuem receptores magnéticos, pois eles também têm sido encontrados em humanos[30].

11.4 Magnetobiologia

A magnetobiologia tenta explicar a origem físico-biológica dos efeitos dos campos magnéticos sobre organismos vivos, observando como o comportamento dos animais é influenciado pelos campos magnéticos. As evidências experimentais sugerem que esses animais apresentam dois tipos básicos de sistema *magnetossensorial*, sendo um deles utilizado para orientações por compassos magnéticos e outro, para derivar informação temporal ou de posição do campo geomagnético. Nosso interesse maior neste momento é saber que elemento ou elementos de um espécime vivo estão envolvidos na *capacidade sensorial* não detectada nos seres humanos.

Biomineralização

O processo geral da formação de *minerais* em organismos vivos pode ser em virtude de um alto nível de controle bioquímico pelo organismo ou por um processo biologicamente induzido[31]. Minerais biologicamente induzidos geralmente apresentam estruturas cristalográficas muito semelhantes à sua contrapartida inorgânica. Tipicamente, o tamanho e as orientações dos cristalitos variam de grão a grão. Ainda que o organismo vivo seja o fornecedor dos componentes químicos para a *biomineralização*, eles exercem pouco controle sobre o processo de cristalização em si.

Os minerais formados por controle bioquímico normalmente crescem em uma *matriz orgânica* pré-formada, que pode exercer controle sobre a forma, o tamanho e também sobre a orientação cristalográfica do mineral precipitado. A formação da *magnetita* em organismos vivos é o exemplo mais claro da formação de minerais com controle bioquímico em uma matriz orgânica e tem sido muito estudada nos moluscos marinhos da classe *polyplacophor*[32,33] e nas bactérias magnetotácticas[34].

A magnetita presente nas abelhas e nas borboletas é de origem biogênica, porque é formada a partir de compostos estáveis que se desenvolvem durante a metamorfose. A magnetita é também encontrada em uma variedade de peixes oceânicos e tartarugas marinhas, porém os processos de biomineralização nesses organismos grandes são pouco conhecidos.

Magnetita biogênica

Muitos organismos vivos são conhecidos pela sua capacidade de precipitar bioquimicamente em seu interior algumas dezenas de *minerais diferentes*. Existe pelo menos uma dezena de *compostos de ferro* já identificados. Entre eles, é possível encontrar a *magnetita Fe_3O_4* ou óxido magnético de ferro, que é um ferrite cuja fórmula pode ser escrita como $(FeO)(Fe_2O_3)$ e é o único mineral dentro do organismo que apresenta características *ferrimagnéticas*.

A magnetita, que é extremamente densa e possui *magnetização permanente*, já foi encontrada em tartarugas, pombos, morcegos, atuns, abelhas, bactérias, algas[35,36,37] etc.

Pode-se afirmar que a magnetita é um composto mineral que se forma sob um estrito controle bioquímico. Sua propriedade ferrimagnética é a principal característica que fornece informações de interesse no biomagnetismo.

A função da magnetita biogênica está compreendida em uma classe de moluscos que fortalecem a maior parte lateral de seus dentes com esse mineral. Graças aos torques magnéticos, o efeito orientador da interação da magnetita com o campo geomagnético tem sido observado em bactérias e algas magnetotácticas.[38]

Em outros organismos vivos, provavelmente o uso da magnetita biogênica serve para magnetorrecepção, tanto como compassos magnéticos, como auxílio em navegação ou como receptor de tempo ou informador de localização[39].

Bactérias magnetotácticas

As bactérias denominadas *bactérias magnetotácticas*[40] apresentam um tipo de *tactismo* denominado *magnetotaxia ou magnetotactismo*. A magnetotaxia é um mecanismo de resposta de alguns espécimes ao campo geomagnético associada à existência de *sensores ou materiais magnéticos* nesses espécimes; esses sensores interagem com campos magnéticos de intensidade variável. Nas bactérias magnetotácticas, a formação da *magnetita* acontece por meio do controle de uma matriz sobre o processo de biomineralização. Os cristais são formados dentro de uma organela intracelular (*magnetossomos*), que os mantém juntos formando uma cadeia linear[41]. Os cristais produzidos por tensão são extremamente uniformes em forma e tamanho e as formas cristalográficas mais comumente observadas são paralelepípedos hexagonais com extremos planos[42].

Os cristais dentro dos magnetossomos são de *domínio único* e estão alinhados em uma direção comum, que é a direção conveniente para a magnetização resultante, ou seja, energeticamente, será a direção preferida para o alinhamento dos momentos magnéticos.

As bactérias e as algas magnetotácticas apresentam resposta passiva a um campo magnético e não dependem de nenhuma função vital de seu organismo para isso. Pode-se dizer que a descoberta do magnetotactismo em bactérias foi um importante avanço no *biomagnetismo*. As bactérias magnetotácticas apresentam cadeias de 10 a 20 *cubos de magnetita pura*, cujas dimensões estão entre 400 Å a 1.000 Å. Essa cadeia, localizada no interior da bactéria (veja a Figura 11.11), funciona como uma microscópica agulha magnetizada, e cada um desses cubos é um *domínio único ferrimagnético ou monodomínio magnético* com momento dipolo m = $1,3 \times 10^{-15}$ A·m². A Figura 11.15 mostra o efeito de um campo externo $\vec{B}$ sobre um monodomínio magnético.

Nos organismos com sensores magnéticos, encontramos esses domínios em forma de multidomínios magnéticos. A Figura 11.16 mostra o efeito de um campo magnético $\vec{B}$ sobre esses multidomínios. Como o organismo está em suspensão na água, a cadeia funciona como se fosse uma bússola. *Tudo indica que a cadeia cristalina é paralela à direção do movimento dessas bactérias.*

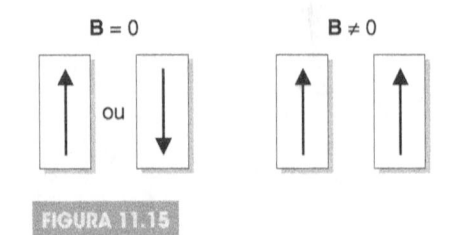

FIGURA 11.15

Monodomínio magnético: está sempre magnetizado.

B = 0   **B ≠ 0**

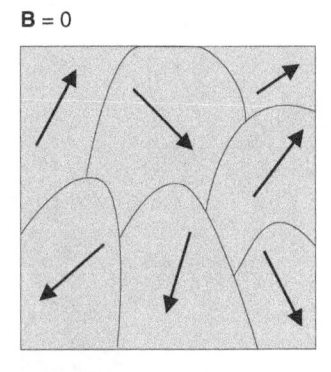

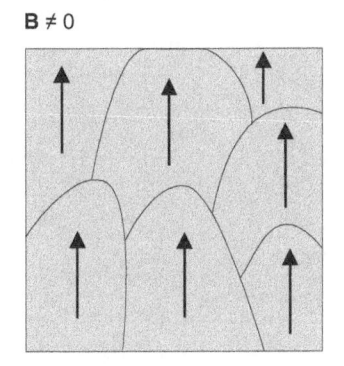

FIGURA 11.16

Multidomínios magnéticos: a estrutura cristalina é constituída por várias regiões denominadas domínios magnéticos.

Uma medida da *estabilidade magnética* de uma partícula ferromagnética ou ferrimagnética está relacionada ao seu campo coercitivo que é a intensidade do campo no qual o sentido do momento magnético é bruscamente alterado de uma orientação estável a outra. Em partículas de domínio único, sua forma anisotrópica faz com que seu momento magnético se alinhe em direção paralela ou antiparalela ao comprimento da partícula, a não ser que seja forçado a mudar de direção por um intenso campo magnético externo.

As bactérias magnetotácticas apresentam uma característica fisiológica ao se alinhar com a direção do campo geomagnético e nadar em uma direção particular, em vez de se deslocarem aleatoriamente. A orientação dessas bactérias na água à temperatura ambiente é determinada pela *competição* entre o torque exercido pelo campo geomagnético sobre o momento dipolo da bactéria e as forças aleatórias resultantes do movimento térmico das moléculas da água.

Bactérias colecionadas de sedimentos no *hemisfério norte* nadam na direção norte (NG). Atribuímos isso ao momento dipolo da bactéria que está orientado para a frente do NG. Se o momento dipolo é invertido, ou seja, se o polo sul do momento é orientado para a frente, a bactéria nada na direção oposta. Assim, embora a cadeia cristalina alinhe-se com o campo magnético, seus flagelos (elementos relacionados com o movimento da bactéria) estão localizados em extremidades diferentes nos dois tipos de organismos. A Figura 11.17 mostra esse efeito para bactérias que rumam para o norte (BRN) e para as que rumam para o sul (BRS).

Por causa da inclinação das linhas do campo geomagnético, as BRN no *hemisfério norte* migram para baixo e as BRS, para cima. No *hemisfério sul*, as BRS nadam para o fundo das águas e as BRN dirigem-se para cima. No *equador magnético*, onde o componente vertical do campo geomagnético é zero e as linhas do campo são horizontais, todas as bactérias magnetotácticas têm um movimento na direção horizontal, sendo que as BRN e BRS seguem sentidos opostos.

As águas do *hemisfério norte* apresentam um maior número de BRN. Esses micro-organismos são até 50 mil vezes maiores do que uma molécula de água; logo, eles serão muito sensíveis a qualquer variação do meio em que se encontram. *Efeitos da temperatura* passam a ser importantes, pois são responsáveis pelo movimento desordenado, ou movimento browniano, das partículas

(a) BRN, BRS, $\vec{B}_T$

(b) BRN, BRS, $\vec{B}_T$

FIGURA 11.17

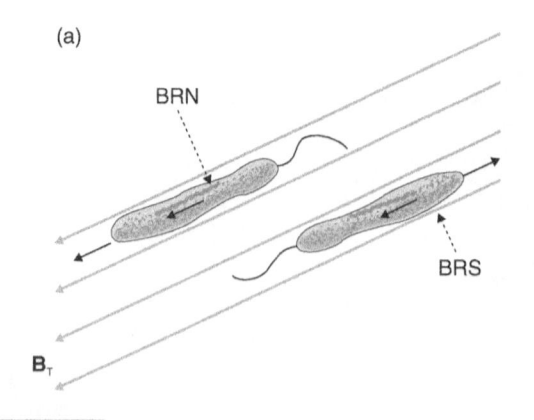

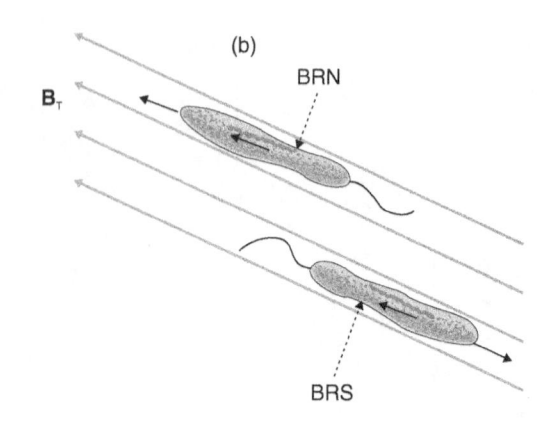

Bactérias magnetotácticas: sua magnetização é paralela ao campo geomagnético $\vec{B}_T$. a) No hemisfério norte, as BRN dirigem-se para baixo, rumo ao sedimento do oceano, ao passo que as BRS dirigem-se para cima, rumo à parte do oceano com mais oxigênio. b) No hemisfério sul, as BRS dirigem-se para baixo e as BRN, para cima.

do meio. No caso de *organismos magnetotácticos*, sua energia decorrente da interação magnética $U_m = \vec{m}\cdot\vec{B}$ deverá ser maior do que a energia térmica $E_T = kT/2$ (k, constante de Boltzmann) para que haja uma orientação efetiva.

Podemos concluir dizendo que apenas em alguns tipos de *algas verdes e bactérias* é que o mecanismo de atuação do campo geomagnético está estabelecido.

Exemplo: O momento magnético de uma bactéria magnetotáctica é $1{,}3 \times 10^{-15}$ A·m² e aponta para o norte em um local onde o campo geomagnético também aponta para o norte, com magnitude 5×10^{-5} T.

a) Quanto trabalho deve ser realizado para mudar a orientação da bactéria do norte para o leste nesse campo?

b) Qual é a intensidade do torque magnético sobre a bactéria quando ela aponta para o leste?

c) Quais serão os valores do torque e da energia quando a bactéria aponta para o sul?

Resolução:

a) O trabalho para mudar a orientação da bactéria é igual à variação de sua energia potencial ou $W = -\Delta U = m\cdot B\cdot\cos 0° - m\cdot B\cdot\cos 90° = -1{,}3 \times 10^{-15} \times 5 \times 10^{-5}$ J $= 6{,}5 \times 10^{-20}$ J.

b) O torque exercido pelo campo geomagnético sobre a bactéria, ao estar orientada para o leste, é: $\vec{\tau} = \vec{m} \times \vec{B} = m\cdot B\cdot\text{sen}90°\,\hat{k} = 6{,}5 \times 10^{-20}$ N·m·$\hat{k}$ ($\hat{k}$ vetor unitário perpendicular ao plano formado por $\vec{m}$ e $\vec{B}$).

c) Quando a bactéria está orientada para o sul, o torque é nulo. A energia potencial nessa orientação é: $U_m = \vec{m}\cdot\vec{B} = m\cdot B\cdot\cos 180° = -6{,}5 \times 10^{-20}$ J.

11.5 Biomagnetismo[43]

Geralmente, entende-se biomagnetismo como o estudo das origens e dos efeitos biológicos dos campos magnéticos nos sistemas vivos. Lida com os campos magnéticos gerados tanto pelas correntes iônicas que fluem dentro de um organismo, ou os induzidos pelo paramagnetismo ou diamagnetismo resultante da aplicação de um campo magnético externo, ou os produzidos pelo transiente resultante do alinhamento dos momentos magnéticos de contaminantes magnéticos. Ao ser estudado o comportamento elétrico das células nervosas e cardíacas nos capítulos 9 e 10, chegou-se até uma descrição analítica bastante detalhada. Como consequência, a partir desses resultados, estamos aptos a fazer uma previsão do comportamento dos *campos magnéticos* associados a essas fontes elétricas. Mesmo assim, a análise dos campos magnéticos em nível celular exige novos modelos matemáticos e nova instrumentação para sua detecção.

Campos magnéticos celulares

A determinação do campo magnético associado às correntes celulares é feita a partir da relação conhecida (Equação 9.11) entre o potencial transmembranar e o fluxo de corrente na biomembrana e nos fluidos celulares. O campo magnético gerado por cada uma dessas correntes é calculado utilizando-se o modelo:

- Resultante da aplicação das leis de Ampère ou de Biot-Savart.
- Analítico de um volume condutor.

A *lei de Biot-Savart* fornece a expressão diferencial do campo magnético $d\vec{B}$ em um ponto em virtude de um pequeno elemento $d\vec{s}$, como mostra a Figura 11.18. Se o condutor transporta uma corrente I, o campo $d\vec{B}$ no ponto P(r) associado ao elemento $d\vec{s}$ tem as seguintes propriedades: a) $d\vec{B} \perp d\vec{s}$ e $d\vec{B} \perp \hat{r}$, sendo que a corrente I tem o sentido de $d\vec{s}$, e $\hat{r}$ é um vetor unitário dirigido do elemento de corrente ao ponto P; b) $|d\vec{B}| \propto r^{-2}$ (r, distância do elemento $d\vec{s}$ a P); c) $|d\vec{B}| \propto I$ e $|d\vec{B}| \propto |d\vec{s}|$; d) $|d\vec{B}| \propto \text{sen}\theta$ (θ, ângulo entre $\hat{r}$ e $d\vec{s}$) ∴.

$$d\vec{B} = \frac{\mu_0}{4\pi} I \frac{d\vec{s} \times \hat{r}}{r^3}. \quad (11.8)$$

A *lei de Biot-Savart* (Equação 11.8) também pode ser expressa em função da densidade de corrente $\vec{J}$, tendo em conta que o elemento de corrente $I d\vec{s}$ é equivalente a $\vec{J} dv$, sendo o elemento de volume $dv = |d\vec{s}| \times$ área da seção transversal do condutor.

As medidas do campo magnético resultante nos fluidos celulares podem ser utilizadas para se obter o potencial transmembranar. Se, simultaneamente, são utilizadas medidas elétricas e magnéticas, é possível determinar independentemente a distribuição do potencial elétrico e das correntes dentro e fora da célula nervosa.

A discussão apresentada na Seção 9.5 (após a Equação 9.14) explicou a origem e o significado: a) da densidade de corrente negativa e positiva através da biomembrana do neurônio e b) das correntes nos fluidos celulares quando um potencial de ação se propaga ao longo da célula nervosa. Dessa maneira, pode-se ter um modelo de linhas de corrente no fluido extracelular e das linhas de *campo magnético* ou *campo biomagnético* em torno da célula nervosa, como é mostrado na Figura 11.19.

Na Figura 11.19, o laço de linhas mais à direita da propagação representa as linhas de *corrente de despolarização* no fluido extracelular, quando o axônio experimenta uma despolarização no local da beira principal do laço. O excesso de cargas positivas na região intracelular desse local do axônio se

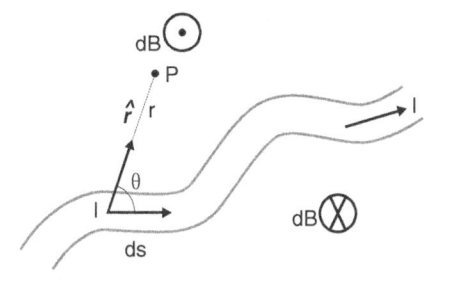

FIGURA 11.18

Valor diferencial do campo magnético a uma distância r de um elemento condutor que conduz uma corrente I. ⊗ e ⊙, sentidos do campo entrando e saindo da folha, respectivamente.

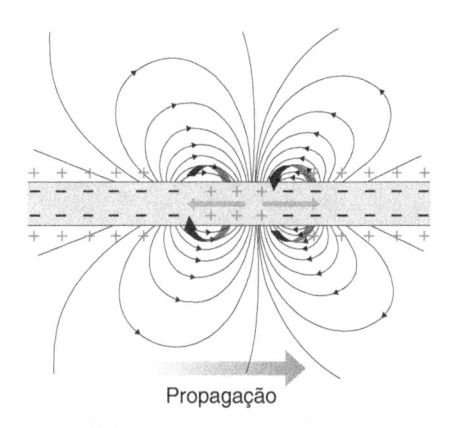

FIGURA 11.19

Linhas de corrente nos fluidos celulares e do campo magnético em torno da célula nervosa quando um potencial de ação se propaga ao longo da célula em uma solução salina. A faixa circular representa o campo magnético em torno do neurônio.

deve à alteração de sua condutância, originando um influxo de cargas positivas (íons Na$^+$) a partir da região extracelular. O outro laço de linhas corresponde à *corrente de repolarização*, cujo sentido é para a frente, próximo ao local do axônio, onde a carga em sua superfície externa é negativa. No extremo oposto deste laço de linhas, o sentido da corrente atravessa a membrana de dentro para fora, por causa do lento incremento da condutância da membrana para a passagem dos íons K$^+$.

As setas no interior do axônio descrevem os sentidos da *corrente axial* resultante da propagação do potencial de ação. Como as linhas de corrente de despolarização e repolarização são axialmente simétricas, as *linhas de campo magnético* envolveram o axônio em forma de círculos.

Intensidade de um campo biomagnético

A *intensidade* de um campo biomagnético é extremamente pequena se comparada com a do campo geomagnético, que é da ordem de 5×10^{-5} T, ou com a decorrente das perturbações originadas do ruído urbano ($\approx 10^{-6}$ T a 10^{-8} T). As intensidades desses campos são da ordem de picotesla (1 pT = 10^{-12} T) a fentotesla (1 fT = 10^{-15} T) para frequências de fração de hertz até quilohertz. Vejamos o caso de um neurônio em um meio condutor[44]. Na primeira aproximação, a intensidade do campo biomagnético pode ser calculada utilizando-se a lei de Ampère — Equação (11.1). Se a trajetória de integração é uma circunferência de raio r, coaxial ao axônio, temos que a intensidade do campo na distância r do eixo do neurônio será

$$B(r) = \frac{\mu_0}{4\pi} \cdot \frac{2I}{r} \qquad (11.9)$$

onde μ_0 é a permeabilidade magnética do ar e I, a corrente total através do círculo de raio r. Quando a distância r é muito próxima à superfície externa do axônio, I será a *corrente axial no fluido intracelular*. Se r incrementa muito pouco, a corrente total através do círculo de raio r decrescerá graças ao fluxo de corrente extracelular, então B(r) terá um decaimento aproximado, como r^{-2}. Assim, nessa distância, pode-se interpretar que a intensidade do campo terá uma contribuição de segunda ordem por causa da *corrente de dipolos elétricos* (tomar momento na expressão do campo magnético dado pela Equação 11.2).

Por raciocínio semelhante, pode-se chegar à conclusão de que a intensidade do campo a distâncias r de alguns milímetros decai, aproximadamente, como r^{-3}, ou seja, a fonte desse campo estaria na natureza *quadrupolar da corrente intracelular*.

Considerando que as correntes axiais em células nervosas são da ordem de 1 µA, pela Equação (11.9), encontramos que a intensidade do campo biomagnético na superfície externa do axônio é da ordem de 400 pT. A uma distância r $\cong$ 1 mm, o campo terá uma intensidade da ordem de 200 pT. A uma distância r $\cong$ 10 mm, as correntes de despolarização e repolarização podem ser consideradas correntes axiais que atravessam o círculo amperiano de raio r, cuja origem são dipolos elétricos de sentidos opostos; logo, a intensidade do campo será da ordem de alguns picoteslas.

No conteúdo apresentado na Seção 9.5 deste livro, foi mostrado que, no caso de um axônio isolado em um meio condutor, é possível se obter uma *descrição numérica bastante exata* das correntes nos meios celulares e através da biomembrana quando um potencial de ação se propaga ao longo do axônio; essas correntes podem ser utilizadas na lei de Biot-Savart, para se obter um mapeamento do campo biomagnético na célula nervosa.

Um caso prático de cálculo do campo biomagnético é o do *axônio lateral da lagosta*[45]. O método utilizado consistia em calcular separadamente a corrente resultante nos meios celulares e na própria biomembrana, como está esquematizado na Figura 11.20. A seguir, por métodos analíticos, calcula-se o campo biomagnético. A figura não representa o fato de que a amplitude entre o valor máximo e mínimo de $J_{ic}(x)$ é aproximadamente 30 vezes maior que o de $J_M(x)$ e 125 vezes maior que o de $J_{ec}(x)$.

Na discussão desenvolvida no Capítulo 9 para se chegar da Equação (9.10) à Equação (9.11) foram explicitadas, em função do potencial da membrana $\Phi(x,t)$, as expressões das correntes nos meios celulares, e na Equação (9.14) foi apresentada a expressão analítica da densidade de corrente $J_M(x)$ através da biomembrana em determinado instante. A solução analítica da Equação (9.14) exige que se conheçam as condições de contorno para a solução do laplaciano de $\Phi(x,t)$ e do gradiente de $\Phi(x,t)$.

Os dados experimentais obtidos para o axônio lateral da lagosta[46] foram utilizados para determinar numericamente as densidades de correntes nos fluidos celulares e na biomembrana do neurônio com axônio de $\cong 120\ \mu m$ de raio[47]. O *campo biomagnético* que se deve a cada uma dessas correntes foi calculado a partir da lei de Biot-Savart. A Figura 11.21 mostra a forma do campo biomagnético resultante do somatório dos três campos.

Em virtude de a espessura da biomembrana ser da ordem de 20 nm, a densidade de corrente $J_M(x)$ tem intensidade com ordem de grandeza muito menor que $J_{ic}(x)$. Por outro lado, pelo fato de que o efeito de $J_{ec}(x)$ limita-se a uma distância muito pequena da superfície externa da biomembrana, sua

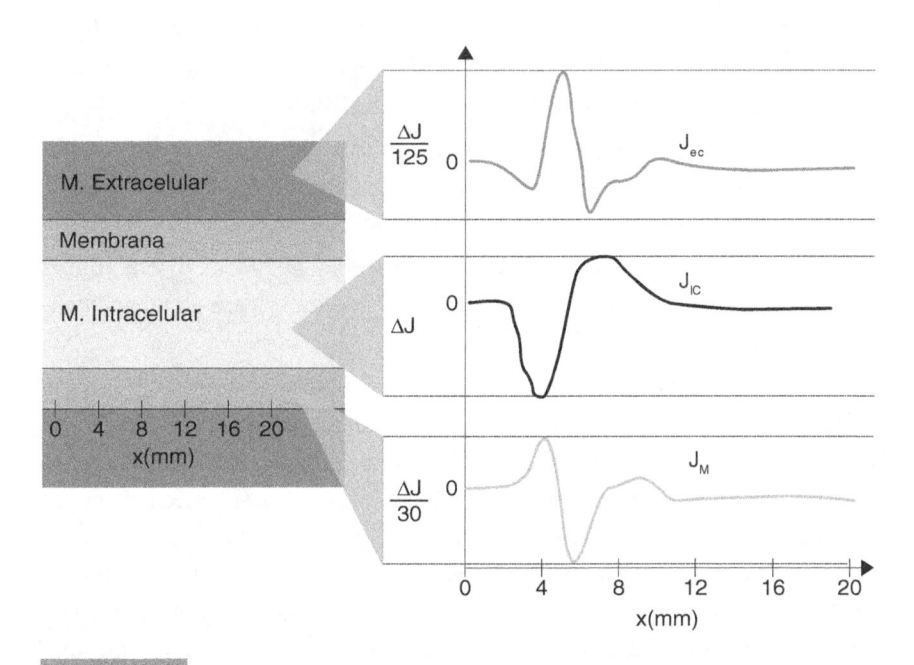

FIGURA 11.20

Seção longitudinal de um axônio cilíndrico destacando seu interior, exterior e a própria biomembrana. A forma das funções densidade de corrente em cada região também está esquematizada e elas estão representadas em escalas diferentes.

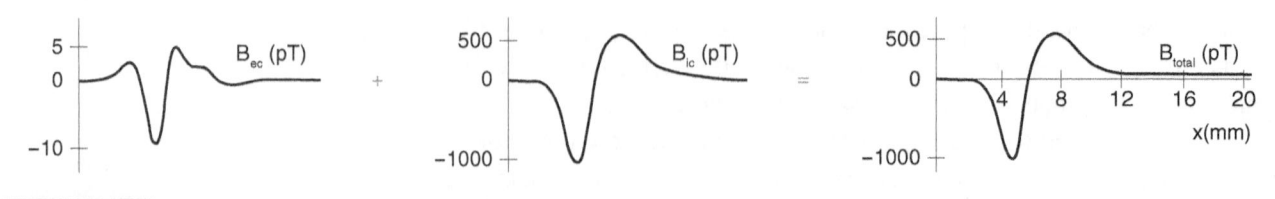

FIGURA 11.21

Campo biomagnético a uma distância de 120 μm da superfície externa da biomembrana do axônio lateral de uma lagosta[48]. Esse campo é praticamente o decorrente da corrente resultante intracelular.

contribuição à densidade de corrente total é bastante pequena se comparada com $J_{ic}(x)$. Dessa forma, o *campo biomagnético resultante* é praticamente a expressão do efeito dominante de $J_{ic}(x)$. Pode-se concluir que medidas experimentais do campo biomagnético podem ser utilizadas para se determinar a corrente elétrica no meio intracelular.

Campos biomagnéticos no corpo humano

Os campos biomagnéticos gerados pelas correntes iônicas em diferentes partes do *corpo humano* têm intensidades bastante diferentes entre si. Em ordem *decrescente de intensidade*, podemos mencionar:

- O campo resultante da atividade do miocárdio no coração tem intensidade um pouco maior que 10^{-10} T e dá origem ao magnetocardiograma (MCG).
- O campo resultante da atividade dos músculos do esqueleto tem intensidade um pouco menor que 10^{-10} T e dá origem ao magnetomiograma (MMG).
- O campo gerado pelo coração fetal tem intensidade um pouco maior que 10^{-11} T e dá origem à magnetocardiografia fetal (FMCG).
- O campo resultante do estímulo externo de um olho tem intensidade um pouco menor que 10^{-11} T e dá origem ao magneto-oculograma (MOG) e ao magnetorretinograma (MRG).
- O campo decorrente da atividade espontânea do cérebro de um humano acordado é denominado ritmo-alfa e se manifesta na parte posterior da cabeça; sua intensidade é da ordem de 10^{-12} T.
- O campo que se deve aos sinais neuromagnéticos do cérebro tem intensidades entre 10^{-12} T até 10^{-13} T e dá origem ao magnetoencefalograma (MEG).

A Figura 11.22 mostra: a) em uma escala de intensidade de campo magnético, os correspondentes a alguns valores de campos biomagnéticos, e b) o local de origem desses campos no corpo humano. Não devemos nos esquecer de que a diferença de potencial elétrico sobre a superfície do corpo tem sua origem nas correntes responsáveis pelos campos biomagnéticos.

As *medidas dos campos biomagnéticos* utilizam técnicas completamente não invasivas e sem contato com o organismo que origina o campo, não tendo qualquer influência sobre a pessoa. Por essas técnicas, obtemos informações sobre a distribuição espacial e variação temporal do campo biomagnético e, como todos os tecidos do corpo humano são praticamente não magnéticos, as propagações do campo magnético não são perturbadas pelo tecido humano.

(a) CAMPOS BIOMAGNÉTICOS (TESLA)

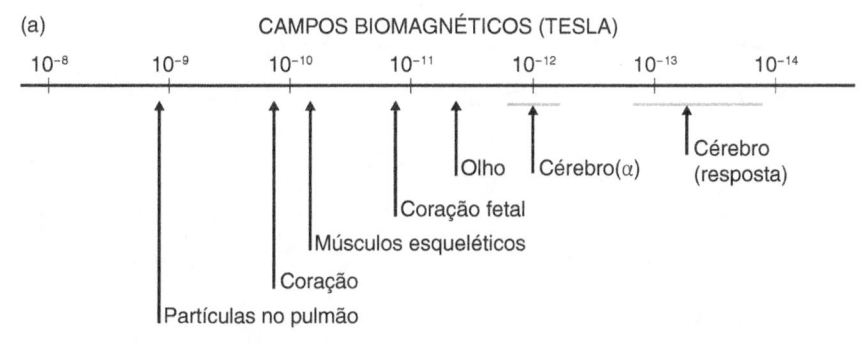

Escala: 10^{-8}, 10^{-9}, 10^{-10}, 10^{-11}, 10^{-12}, 10^{-13}, 10^{-14}

- Partículas no pulmão
- Coração
- Músculos esqueléticos
- Coração fetal
- Olho
- Cérebro(α)
- Cérebro (resposta)

$1\mu T = 10^{-6}$ T; $1fT = 10^{-15}$ T; Campo geomagnético = 5×10^{-15} T = 0,5G

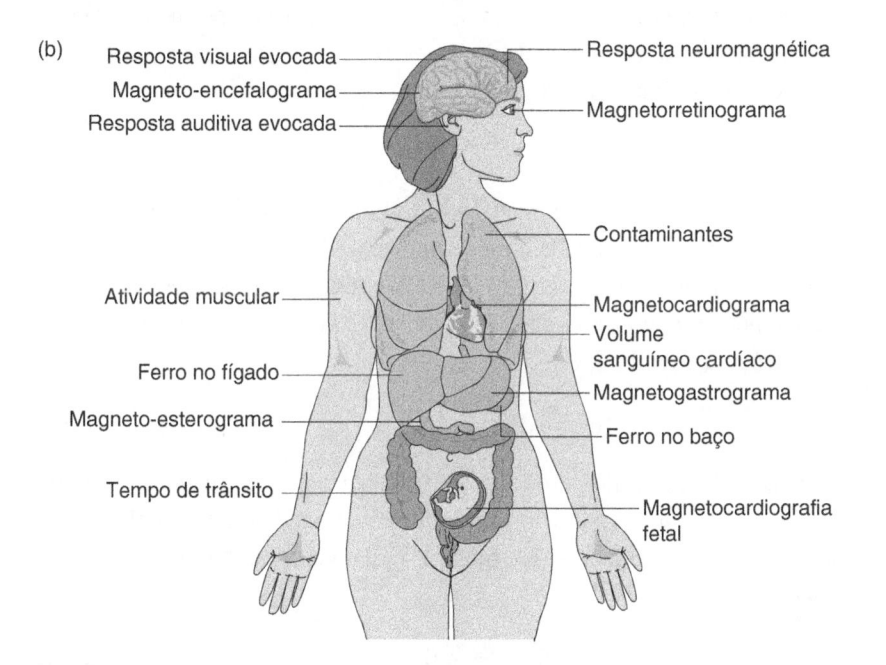

(b)
- Resposta visual evocada
- Magneto-encefalograma
- Resposta auditiva evocada
- Resposta neuromagnética
- Magnetorretinograma
- Contaminantes
- Atividade muscular
- Magnetocardiograma
- Volume sanguíneo cardíaco
- Ferro no fígado
- Magnetogastrograma
- Magneto-esterograma
- Ferro no baço
- Tempo de trânsito
- Magnetocardiografia fetal

FIGURA 11.22

a) Escala dos campos biomagnéticos destacando-se alguns desses campos;
b) localização no corpo humano da origem de alguns campos biomagnéticos.

Para *localizar a fonte de um campo biomagnético*, normalmente são feitas algumas considerações em torno da estrutura dessa fonte. A mais simples e comum é considerá-la a fonte de uma *corrente dipolar*; a corrente dipolo, por sua vez, representa a corrente intracelular (corrente primária), ao passo que as correntes extracelulares (correntes secundárias ou volumétricas) são originadas pelos efeitos da condução volumétrica nos tecidos em torno do dipolo.

11.6 Energia e ondas eletromagnéticas

Normalmente, o campo elétrico ($\vec{E}$) e o magnético ($\vec{B}$) manifestam-se em conjunto, mesmo quando a *fonte desses campos está desligada*. Se a fonte que os gera é *estacionária*, então os campos também serão estacionários; isto é, *não dependerão do tempo*. Entretanto, se a fonte estiver variando com o tempo, os campos gerados também serão variáveis; ou seja, além de variar com a posição no meio, também variam com o tempo. Pela lei de *Indução*

> **Michael Faraday** (1791-1867), físico inglês. Apresentou o princípio do motor elétrico, descobriu a indução eletromagnética e, em 1833, estabeleceu a teoria da eletrólise. Em 1843, constatou a conservação da eletricidade e mostrou que um condutor oco cria uma blindagem para as ações elétricas.

de Faraday, toda vez que $\frac{\partial \vec{B}}{\partial t} \neq 0$, um campo elétrico será induzido mesmo sem existir carga elétrica no espaço. O campo induzido satisfaz a equação

$$\oint_C \vec{E} \cdot d\vec{s} = -\int_S \frac{\partial \vec{B}}{\partial t} \cdot d\vec{a} \tag{11.10}$$

em que S é uma superfície cujo contorno é C. O campo elétrico na Equação (11.10) também é variável com o tempo, ou seja, $\frac{\partial \vec{E}}{\partial t} \neq 0$; assim, produzirá uma contribuição para o campo $\vec{B}$, mesmo após a fonte que gera o campo ter sido desligada. Esse novo valor do campo magnético mantém $\frac{\partial \vec{B}}{\partial t} \neq 0$ e se produzirá uma nova contribuição para o campo $\vec{E}$, e assim por diante. Dessa maneira, teremos no meio ocupado por esses campos um *fluxo eletromagnético*, que se determina a partir do *vetor Poynting*, definido como:

$$\vec{S} = \frac{1}{\mu} \vec{E} \times \vec{B} \tag{11.11}$$

em que μ é a permeabilidade magnética do meio ocupado pelos campos e $\vec{S}$ tem unidades de W/m² no SIU e mede um fluxo de *energia eletromagnética* por unidade de tempo e de área. O vetor Poynting e a densidade de energia eletromagnética total ϵ (energia por unidade de volume) satisfazem a lei da conservação da energia,

$$\text{div}\vec{S} + \frac{\partial \epsilon}{\partial t} = -\vec{J} \cdot \vec{E} \tag{11.12}$$

O termo à direita da igualdade na Equação (11.12) será nulo, quando o *trabalho total* feito pelos campos sobre as fontes dentro de um volume for nulo. Nessa situação física, a densidade de energia total ϵ e o vetor Poynting **S** satisfazem a equação:

$$\text{div}\vec{S} + \frac{\partial \epsilon}{\partial t} = 0. \tag{11.13}$$

Esta equação, à semelhança das equações (7.9) e (8.12), é uma *equação de continuidade*.

Uma vez gerada a energia eletromagnética, a menos que esta se dissipe, a indução de um campo $\vec{E}$ decorrente da variação temporal de $\vec{B}$ continuará indefinidamente, apesar de a energia se propagar com uma velocidade determinada.

Estas variações simultâneas dos campos $\vec{E}$ e $\vec{B}$, ou *oscilações* do campo eletromagnético, dão origem às *ondas eletromagnéticas* (OEM), que se propagam pela matéria ou no espaço vazio.

A Figura 11.23 mostra a forma típica de uma OEM quando se está *longe da fonte* que a gerou. Aqui, os campos $\vec{E}$ e $\vec{B}$ *estão em fase*. São exemplos dessas ondas: luz visível, raios x, radiação calorífica, ondas de rádio e TV, micro-ondas etc.

Sempre que estamos longe da fonte geradora dos campos, no meio de propagação $\vec{E}$ e $\vec{B}$ são perpendiculares entre si, a direção de propagação da OEM é a mesma que a do vetor $\vec{E} \times \vec{B}$, tal como mostra a Figura 11.24. Essa direção é determinada pela regra da mão direita para o produto de dois vetores. Nessa situação física (longe da fonte), as OEMs são ondas transversais e uniformes e, por essa razão, são denominadas ondas planas.

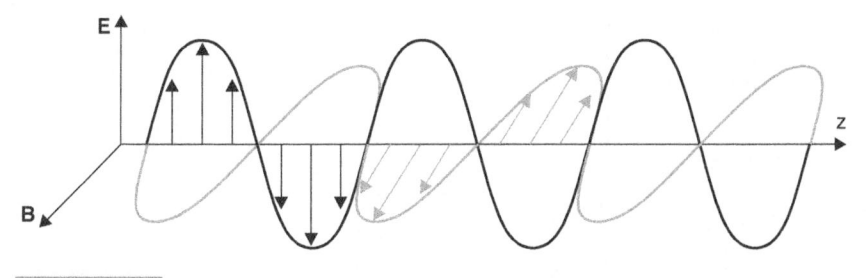

FIGURA 11.23

OEM longe da fonte propagando-se na direção +z. Os vetores campo elétrico (**E**) e campo magnético (**B**) são mutuamente perpendiculares.

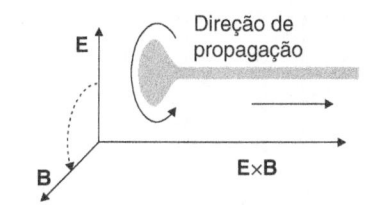

FIGURA 11.24

A direção de propagação de uma OEM longe da fonte é a direção em que avança um parafuso, caso ele seja apertado no sentido de E a B.

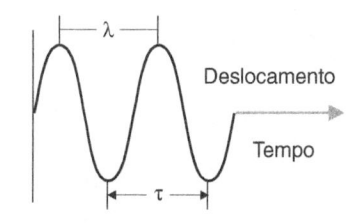

FIGURA 11.25

Interpretação do período τ e do comprimento de onda λ de uma onda plana de frequência ν.

Se λ é o comprimento de onda de uma OEM e ν sua frequência, a velocidade de propagação da OEM será $v = \lambda \cdot \nu$. A Figura 11.25 mostra λ e o período $\tau = 1/\nu$ para uma OEM longe da fonte. No SIU, a frequência é medida em Hertz (Hz), sendo 1 Hz = 1/s. A velocidade das OEMs no vácuo ou no ar tem o valor constante $c = 3 \times 10^8$ m/s.

As magnitudes dos vetores $\vec{E}$ e $\vec{B}$ são proporcionais entre si; como a intensidade I da OEM é proporcional à magnitude do vetor $\vec{E} \times \vec{B}$, então, $I \propto E^2$ ou $I \propto B^2$.

Toda OEM também pode ser caracterizada por sua frequência angular, $\omega = 2\mu\nu$, e por seu *vetor de onda* $\vec{k}$, de magnitude $2\pi/\lambda$ e direção igual à direção de propagação da onda. Em geral, os vetores $\vec{E}$ e $\vec{B}$ em um ponto do meio de propagação podem estar *fora de fase*.

Espectro eletromagnético

Maxwell, em 1862, fez uma previsão teórica da existência das OEMs. Seus cálculos mostraram que a velocidade dessas ondas seria a mesma que a medida para a propagação da luz no ar. Excluindo a luz, as primeiras OEMs com comprimento de onda entre 10 m até 100 m foram produzidas por Hertz em 1887. Atualmente, são utilizados diversos métodos eletrônicos para gerar OEMs de frequências até 10^{12} Hz ($\lambda = 0,3$ mm). Para gerar OEMs de frequência acima desse valor, utilizam-se *fontes de radiação atômica*, sendo o limite próximo a 10^{20} Hz. Para frequências ainda maiores, as fontes geradoras podem ser o interior de um *núcleo atômico* ou a interação entre *partículas de alta velocidade*, ou seja, de alta energia.

A Figura 11.26 mostra o *espectro eletromagnético*, que está constituído por duas partes principais; uma envolve as radiações eletromagnéticas não ionizantes e outra, as ionizantes. A interação das OEMs com a matéria é dependente da frequência da onda; por exemplo, o olho é sensível à luz visível, ao passo que a pele é sensível à radiação de calor. Ondas de rádio não conseguem atravessar superfícies metálicas; já os raios X e gama conseguem isso com facilidade. A grande variedade de interação das OEMs com a matéria faz com que essas radiações tenham um uso extraordinário.

James Clerk Maxwell (1831-1879), físico escocês. Criou o conceito de corrente de deslocamento. Em 1873, elaborou as equações gerais do campo eletromagnético e desenvolveu a teoria eletromagnética da luz.

Heinrich Hertz (1857-1894), físico alemão. Em 1887, descobriu as ondas eletromagnéticas e demonstrou que têm todas as propriedades da luz. No mesmo ano, revelou o efeito fotoelétrico.

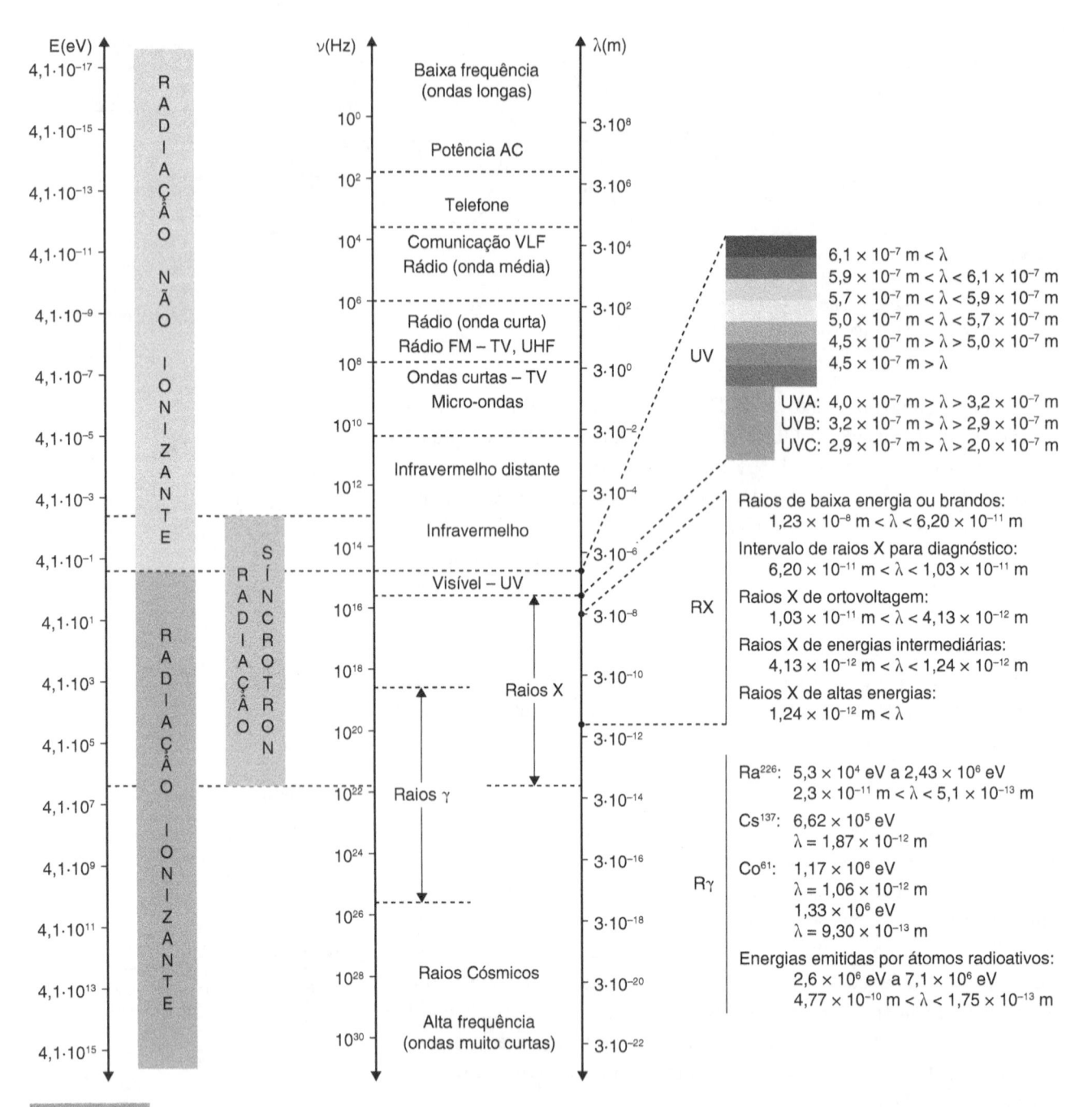

FIGURA 11.26

O espectro eletromagnético apresenta uma divisão importante na região correspondente ao limite da luz visível e da ultravioleta. Da luz visível para cima, temos as radiações eletromagnéticas não ionizantes e, do ultravioleta para baixo, as radiações ionizantes. As relações entre a energia (eV), frequência (Hz) e comprimento de onda (m) utilizadas foram: $E(eV) \cong 4{,}14 \times 10^{-15}\, \nu(Hz) \cong 12{,}41 \times 10^{-7}\, \lambda(m)$. É destacado o intervalo de espectro conhecido como radiação síncrotron.

Exemplo: Calcule o comprimento de onda e a magnitude do vetor de onda das ondas de rádio emitidas por uma:
a) emissora de FM que opera a 100 MHz;
b) estação de AM que opera a 100 KHz.

Resolução: as ondas de rádio são OEMs; logo, sua velocidade no ar será $c = 3 \times 10^8$ m/s; como $\lambda \cdot \nu = c$, teremos os seguintes comprimentos de onda:

a) $\lambda_{FM} = c/\nu = (3 \times 10^8/100 \times 10^6)$ m = 3 m; $k_{FM} = 2\pi/\lambda = 2{,}09$ m^{-1}.
b) $\lambda_{AM} = c/\nu = (3 \times 10^8/100 \times 10^3)$ m = 3000 m = 3 km; $k_{AM} = 2\pi/\lambda = 2{,}09 \times 10^{-3}$ m^{-1}.

Exemplo: Qual é a frequência de uma OEM que tem o mesmo comprimento de onda de uma onda ultrassônica de frequência 10^5 Hz?

Resolução: a velocidade da onda ultrassônica no ar é 340 m/s; se sua frequência é 10^5 Hz, o comprimento da onda será: $\lambda_{us} = (340/10^5)$ m = $3{,}4 \times 10^{-3}$ m = 3,4 mm. Uma OEM no ar, com $\lambda = 3{,}4 \times 10^{-3}$ m, terá frequência $\nu = (3 \times 10^8/3{,}4 \times 10^{-3}) = 0{,}88 \times 10^{11}$ Hz = 88,2 GHz.

Alguns efeitos biológicos das radiações eletromagnéticas não ionizantes

Apesar do grande número de estudos realizados nas últimas décadas, muitos dos *efeitos biológicos da radiação eletromagnética não ionizante* (REM-NI) permanecem ainda com um alto grau de incerteza. Muitos resultados sobre *bioefeitos* em amostras biológicas ou em espécimes vivos levam à conclusão de que eles são fortemente dependentes da frequência da radiação e/ou da intensidade instantânea do campo elétrico ou magnético a que são induzidos, além, é claro, das condições do sistema biológico[49,50,51,52].

Estudos dos bioefeitos das REM-NI em espécimes vivos mostraram que essas radiações têm diversas influências, como:

- *Cardiovasculares*: produzindo alteração do ritmo cardíaco.
- *Endocrínicos*: produzindo mudanças histológicas na glândula tireoide.
- *Imunológicos*: produzindo mudanças transientes e inconsistentes na integridade funcional do sistema de defesa imunológico.
- *Teratogênicos*: quando são aplicados campos intensos, estes estão associados, com certo grau de confiança, à indução de teratogêneses.
- *Neurológicos*: por causa da ação das correntes contínuas (DC) fraca no crescimento de neurônios.
- *Comportamentais*: quando a exposição prolongada a certos campos eletromagnéticos pode incrementar a incidência da depressão.
- *Nas células*: produzindo alterações na permeabilidade dos elementos eletropositivos plasmáticos; diminuição dos eritrócitos; alteração do metabolismo energético; alteração na razão de crescimento dos micro-organismos; liberação de íons Ca^{++} de células *in vitro*; orientação de neurites; incremento da reprodução; alteração da permeabilidade da biomembrana; fusão celular; diminuição celular etc.

Efeitos biológicos das radiações eletromagnéticas ionizantes

Os efeitos biológicos da radiação ionizante em amostras biológicas ou em espécimes vivos podem ser divididos em diretos ou indiretos:

- Efeitos biológicos *diretos* são as mudanças que aparecem como resultado da absorção da energia irradiada pelas moléculas que estão sendo estudadas (alvos)[53,54].
- Efeitos *indiretos* são as mudanças das moléculas em uma solução, em virtude dos produtos da radiólise da água ou outra solução, e não pela absorção de energia pelas moléculas em estudo.

Muitos efeitos têm sido observados e estudados, por causa da ação da radiação ionizante em embriões e fetos humanos[55]. É necessário destacar que, nas crianças que conseguem sobreviver aos efeitos danificadores da radiação, os danos se manifestam na forma de várias malformações, retardando o desenvolvimento físico e mental. As malformações mais frequentes são: microcefalia, hidrocefalia e anomalias no desenvolvimento cardíaco.

Os dados atualmente disponíveis são insuficientes, em muitos casos, para estabelecer a dose máxima de radiação tolerada por um feto. Isso se deve ao fato de que os efeitos biológicos observados em experiências com animais são muitas vezes extrapolados aos humanos. Mesmo assim, dispomos de um número grande de dados obtidos da observação do *efeito da radiação ionizante* em humanos que experimentaram acidentes involuntários ao manusear essas fontes de radiação ou foram expostos a essas radiações.

Problemas

1. Esquematize as linhas do campo magnético para as duas situações mostradas na figura a seguir.

   a) | S N | | N S |
   b) | S N | | S N |

2. Um elétron cuja velocidade tem componentes $v_x = 4,4 \times 10^6$ m/s, $v_y = -3,2 \times 10^6$ m/s e $v_z = 0$ passa por um ponto em que o campo magnético tem componentes $B_x = 0$, $B_y = -12$ mT e $B_z = 12$ mT.
   a) Determine a intensidade da força magnética sobre o elétron nesse ponto.
   b) Mostre em um diagrama a direção desses vetores.

3. Um próton de 1 MeV de energia move-se perpendicularmente a um campo magnético de 2.000 G. Qual será a intensidade da força sobre o próton?

4. Um próton de 10 MeV está se movendo horizontalmente na direção leste, próximo ao equador geográfico, onde o campo geomagnético é de 0,3 G. Após o próton viajar 10 m, determine:
   a) de quanto será sua deflexão da direção original;
   b) em que direção será a deflexão.

5. Qual é o raio da órbita de um próton de energia 1 MeV em um campo de 10^4 G?

6. Um elétron move-se a uma velocidade $v = 2,5 \times 10^7$ m/s em um campo magnético de 50 G. O vetor $\vec{v}$ faz um ângulo de 45° com relação a $\vec{B}$. Quais serão a intensidade e a direção da força magnética sobre o elétron?

7. Nas proximidades do equador geográfico, o campo geomagnético é horizontal e tem magnitude aproximada de 0,25 G. Um arame que conduz uma corrente de 12 A e de 1 km de comprimento está orientado na direção leste-oeste. Qual será a intensidade da força exercida pelo campo geomagnético sobre o arame?

8. Tem sido proposto que a origem do campo geomagnético é um anel de corrente de elétrons que fluem no interior metálico da Terra. Qual será a direção do fluxo de elétrons para dar a polaridade correta do campo geomagnético?

9. Um elétron de 10 keV move-se em um campo magnético de 1 T. Quais serão as intensidades da força máxima e mínima sobre o elétron e as condições pelas quais elas são obtidas?

10. Um potencial de 250 µV é medido através de uma artéria de 1,2 cm de diâmetro, quando utilizamos um magneto de 800 G como medidor de fluxo. Qual será a razão do fluxo volumétrico Q na artéria?

11. Para as condições do Problema 10, qual será a intensidade do campo elétrico através da artéria por causa dos íons Na^+?

12. Uma massa de 1 g está se movendo com velocidade $v = 0,1$ c na direção leste no equador geográfico, onde B = 0,3 G. Que quantidade de carga elétrica deverá ter essa massa para que a força magnética (para cima) cancele a força gravitacional (para baixo)?

13. Um elétron move-se na direção leste, próximo ao equador geográfico. Qual será a direção da força geomagnética sobre o elétron?

14. O recipiente metálico mostrado a seguir tem em seu centro uma haste metálica isolada no fundo. Ele contém água salgada, na qual os portadores de corrente são os

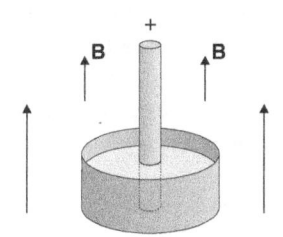

íons Na$^+$ e Cl$^-$. O recipiente está situado em um campo magnético dirigido para cima. Descreva o movimento de cada espécie de íon visto por um observador situado na parte de cima.

15. Um elétron livre em um metal está orientado de modo que seu momento magnético de intensidade $9,27 \times 10^{-24}$ A·m^2 é antiparalelo a um campo magnético aplicado de 35 T. Se a orientação do momento magnético varia 180°, determine a variação ΔU da energia potencial do momento magnético.

16. Uma linha de corrente conduz uma corrente de 500 A no sentido norte. Quais são o módulo e sentido da força por unidade de comprimento exercido pelo campo geomagnético na linha de corrente:
    a) se, no Brasil, tiver componente vertical de 2×10^{-5} T para baixo e horizontal de 1×10^{-5} T para o norte?
    b) se, nos Estados Unidos, tiver componente vertical de 5×10^{-5} T para baixo e horizontal de 2×10^{-5} T para o norte?

17. Suponha que o metal do Problema 15 esteja à temperatura ambiente (300 K). É provável que os momentos magnéticos dos vários elétrons livres se alinhem, todos eles praticamente, paralelamente ao campo externo? E se o metal estivesse a 0,1 K?

18. Os elétrons de um tubo de imagem de televisão têm energia de 12 keV. O tubo está orientado de maneira que os elétrons se movam horizontalmente do sul para o norte. A componente vertical do campo geomagnético aponta para baixo e vale $5,5 \times 10^{-5}$ T.
    a) Em que direção será desviado o feixe?
    b) Quanto vale a aceleração adquirida por um elétron?
    c) Qual será o desvio sofrido pelo feixe após percorrer 20 cm dentro do tubo de imagem?

19. No Brasil, a magnitude do campo geomagnético é de 0,6 G e sua direção é para o norte e para cima, com um ângulo da ordem de 15° com a horizontal. Um próton move-se horizontalmente na direção norte, com velocidade de 10^7 m/s. Calcule a força sobre o próton.

20. Quais são os modelos mais utilizados para explicar a detecção de um campo magnético por espécimes sensíveis a esse campo? Explique o fundamento físico-biológico de cada modelo e mencione pelo menos um espécime para cada um deles.

21. Uma pedra de granizo de 2 g, com carga elétrica de -7×10^{-12} C, cai verticalmente com velocidade de 80 m/s. Na região, há campos gravitacional, elétrico e magnético de módulos g = 9,8 m/s^2, E = 120 N/C e B = 40 μT, respectivamente. Os campos $\vec{g}$ e $\vec{E}$ são dirigidos verticalmente para baixo, ao passo que a direção de $\vec{B}$ é horizontal e o sentido é para o norte.
    a) Determine o módulo e direção da força exercida por cada um desses campos sobre a pedra de granizo.
    b) Alguma dessas forças é desprezível?
    c) Indique quaisquer outras forças significativas que atuem sobre a pedra de granizo.

22. Um pequeno ímã está em um campo magnético de 0,1 T. O torque máximo sobre ele é 0,2 N·m.
    a) Qual será a intensidade do momento magnético do ímã?
    b) Sendo o comprimento do ímã 4 cm, qual é o valor de seu polo magnético q*?

23. Que característica física deve ter uma molécula paramagnética?

24. Um campo magnético uniforme de 1,5 T está dirigido no sentido z positivo. Calcule a força sobre um próton quando sua velocidade é:
    a) $3 \times 10^6 \hat{i}$ m/s;
    b) $2 \times 10^6 \hat{j}$ m/s;
    c) $8 \times 10^6 \hat{k}$ m/s;
    d) $(3 \times 10^6 \hat{i} + 4 \times 10^6 \hat{j})$ m/s.

25. Que tipo de partícula magnética é a magnetita e como se apresenta sua estrutura cristalográfica? Mencione três espécimes nos quais está comprovada a presença dessa partícula.

26. Um feixe de prótons, com velocidade v = 0,1 c, move-se através de uma região de campos elétrico e magnético. Os prótons estão se movendo no sentido perpendicular para dentro da página, sendo a força eletrostática sobre eles igual a 3×10^{-13} N.
    a) Qual deve ser a razão E/B, de modo que a força resultante sobre os prótons seja zero?
    b) Qual será o módulo de $\vec{B}$?
    c) Suponha que E/B possua o valor anterior. Quais serão o sentido e o módulo da força resultante sobre uma partícula de carga +e e velocidade v = 0,2 c?

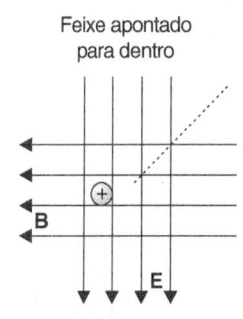

27. Mencione pelo menos três minerais precipitados bioquimicamente em organismos vivos.

28. Um pequeno ímã de 5 cm de comprimento faz um ângulo de 45° com um campo magnético uniforme de 0,04 T. O torque sobre ele tem o valor 0,1 N·m. Calcule:
    a) a intensidade do momento magnético do ímã;
    b) o valor do polo magnético q*.

29. Como funciona a orientação magnética dos pombos-correio?

30. Um avião a jato está voando diretamente para o norte, a uma latitude em que a componente vertical do campo magnético da Terra é de 0,6 G, apontando para baixo. Sua velocidade é de 278 m/s.
a) Qual é o campo elétrico externo medido pelo piloto?
b) Estarão as asas eletricamente carregadas?

31. Explique a biomineralização da magnetita em organismos vivos.

32. Compare os módulos, na proximidade da superfície da Terra, do peso de um elétron e de uma força magnética típica exercida pelo campo magnético do planeta (B = 10^{-5} T) sobre um elétron com velocidade de 10^6 m/s.

33. Indique a localização dos flagelos em uma bactéria magnética quando se movimentam para o norte ou para o sul nos hemisférios norte ou sul.

34. O campo geomagnético é essencialmente o campo de um dipolo magnético. Suponha que esse campo seja produzido por uma corrente circulando embaixo do equador a uma distância média de 5.000 km do centro da Terra. Qual seria o valor dessa corrente, se o campo geomagnético, em ambos os polos magnéticos, fosse de aproximadamente 1 G?

35. Suponha que a corrente do Problema 34 esteja fluindo através de uma área igual a um quarto da área da seção transversal da Terra.
a) Quanto vale a densidade de corrente $\vec{J}$?
b) Qual será a intensidade da corrente I por cm^2 da área da seção transversal?
c) Se a corrente for devida aos elétrons em movimento que têm velocidade de deslocamento de 10^{-4} m/s, quantos elétrons por cm^3 haverá em movimento?

36. Se o raio médio do axônio da lula gigante é da ordem de 0,5 mm e a intensidade das correntes axiais é da ordem de 1 µA, calcule a intensidade do campo magnético:
a) sobre a superfície do axônio;
b) a 1 mm do eixo axial;
c) a 1 cm do eixo axial.

37. Um fio retilíneo horizontal transporta uma corrente de 16 A do oeste para leste e experimenta o campo geomagnético de 0,04 mT, em um local onde $\vec{B}_T$ é paralelo à superfície e aponta para o norte.
a) Determine a intensidade da força magnética sobre 1 m de fio.
b) Se a massa do fio é 50 g, que corrente permitirá que o fio seja magneticamente sustentado (isto é, que a força magnética equilibre o peso)?

38. Explique por que a intensidade do campo biomagnético resultante em uma célula nervosa, a uma distância próxima ao diâmetro do axônio, é fortemente dependente da corrente no meio intracelular da célula nervosa. Que consequência tem isso?

39. Uma agulha de bússola tem momento de dipolo magnético 0,1 A.m^2 e aponta para o norte em um lugar em que o campo magnético da Terra também aponta para o norte, com módulo 5×10^{-5} T. Determine:
a) quanto trabalho deve ser realizado para mudar a orientação da agulha de norte para leste nesse campo;
b) a intensidade do torque magnético sobre a agulha quando ela aponta para leste;
c) o torque e a energia se a agulha aponta para o sul.

40. a) Explique como se originam as OEMs.
b) Mencione pelo menos cinco propriedades físicas das OEMs.
c) Mencione três tipos de radiação não ionizante e três de radiação ionizante.
d) Como podem ser os efeitos biológicos das radiações ionizantes?

41. Uma OEM no ar de 50 MHz de frequência tem seu componente elétrico e magnético em fase (veja a Figura 11.23). Se a amplitude máxima E_0 do campo elétrico é 120 N/C, determine a amplitude máxima B_0 do campo magnético além de ω, τ, k e λ.

42. A partir do espectro eletromagnético (veja a Figura 11.26), que tipo de onda tem comprimento de onda aproximadamente igual:
a) ao comprimento de um campo de futebol?
b) ao comprimento de um dedo?
c) à espessura de um fio de cabelo?
d) à dimensão de um átomo?
e) à dimensão de um núcleo atômico?

43. Em uma comparação entre luz infravermelha e ultravioleta, determine qual delas tem maior:
a) comprimento de onda;
b) frequência;
c) energia.

44. A frequência angular de uma OEM no vácuo é de $8,2 \times 10^{12}$ rad/s.
a) Determine k, λ, ν e τ.
b) Se a OEM estivesse no ar, alguma de suas respostas seria diferente?

45. A amplitude máxima da componente magnética de uma OEM no vácuo é de 510 nT.
a) Qual é a amplitude máxima da componente elétrica dessa OEM?
b) No caso de a OEM estar no ar, sua resposta seria diferente?

46. Suponha que o componente elétrico de uma OEM no vácuo seja $\vec{E}(x,t) = (31$ N/C$) \cos[(1,8$ rad/m$)x + (5,4 \times 10^8$ rad/s$)t]\hat{i}$. Calcule:
a) sua direção de propagação;
b) seu comprimento de onda;
c) sua frequência;
d) a amplitude máxima do componente magnético;
e) a expressão para a parte do campo magnética da onda.

Referências bibliográficas

1. BLAKEMORE, P.; FRANKEL, R. B. Magnetic navigation in bacteria. *Scientific American*, v. 245, n. 6, 1981, p. 42-49.
2. ACOSTA-AVALOS, D. A. et al. Insetos sociais: um exemplo de magnetismo animal. *Revista Brasileira de Ensino de Física*, v. 22, 2000, p. 1-5.
3. ESQUIVEL, D. M. S.; ACOSTA-AVALOS, D. A.; EL-JAICK, L. J.; CUNHA, A. D. M.; MALHEIROS, M. G.; WAJNBERG, E.; LINHARES, M. P. Evidence for magnetic material in the fire ant *Solenopsis* sp. By Electron Paramagnetic Resonance Measurements. *Naturwissenschaften*, v. 86, n. 1, jan. 1999, p. 30-32.
4. LOHMANN, K. J. Magnetic orientation by hatchling loggerhead sea turtles (*caretta careetta*). *Journal of Experimental Biology*, v. 155, jan. 1991, p. 37-49.
5. LOHMANN, K. J. Magnetic orientation and navigation in marine animals. *Am. Zool.*, v. 41, n. 6, dec. 2001, p. 1.509-1.519.
6. GOULD, J. L. The case for magnetic sensitivity in birds and bees (such as it is). *American Scientist*, v. 68, n. 3, 1980, p. 256-267.
7. WAJNBERG, E.; ACOSTA-AVALOS, D. A.; EL-JAICK, L. J.; ABRACADO, L.; COELHO, J. L. A.; BAKUZIS, A.; MORAIS, P. C.; ESQUIVEL, D. M. S. Electron paramagnetic resonance study of the migratory ant *Pachycondyla Marginata* abdomens. *Biophysical Journal*, v. 78, n. 2, feb. 2000, p. 1.018-1.023.
8. ROUYER, F. Physiology: Mutant flies lack magnetic sense, *Nature*, n. 454. Aug. 2008, p. 949-951.
9. VACHÁ, M.; PUZOVÁ, T.; KVICALOVÁ, M. Radio frequency magnetic fields disrupt magneto reception in American cockroach. *Journal of Experimental Biology*, v. 212, n. 21, 2009, p. 3.473-3.477.
10. ABLE, K. P. The concepts and terminology of bird navigation. *Journal of Avian Biology*, v. 32, n. 2, Jun. 2001, p. 174-183.
11. WILTSCHKO, W.; WILTSCHKO, R. Magnetic orientation and celestial cues in migratory orientation. *Experientia*, v. 46, n. 4, apr. 1990, p. 342-352.
12. GOULD, J. L.; KIRSCHVINK, J. L.; DEFFEYES, K. S.; BRINES, M. L. Orientation of demagnetized bees. *Journal of Experimental Biology*, v. 86, jun. 1980, p. 1-8.
13. LEASK, M. J. M. A physicochemical mechanism for magnetic field detection by migratory birds and homing pigeons. *Nature*, v. 267, n. 5.607, 1977, p. 144-145.
14. ACOSTA-AVALOS, D. A.; WAJNBERG, E.; OLIVEIRA, P. S.; LEAL, I.; FARINA, M.; ESQUIVEL, D. M. S. Isolation of magnetic nanoparticles from *Pachycondyla Marginata* ants. *Journal of Experimental Biology*, v. 202, n. 19, out. 1999, p. 2.687-2.692.
15. NATURE, on-line, 20 jul. 2008.
16. LOHMANN, K. J.; SWARTZ, A. W.; LOHMANN, C. M. F. Perception of ocean wave direction by sea turtles. *Journal of Experimental Biology*, v. 198, n. 5, may 1995, p. 1.079-1.085.
17. WILLIAMSON, S. J.; ROMANI, G. L.; KAUFMAN, L.; MODENA, I. (eds.) *Biomagnetism*, Chap. 14. Nova York, Londres: Plenum Press, 1983.
18. KIRSCHVINK, J. L. et al. Discrimination of low-frequency magnetic field by honeybees: biophysics and experimental test. *Society of General Physiologists Series*, v. 47, 1992, p. 225-240.
19. LEASK, M. J. M. Physicochemical mechanism for magnetic field detection by migratory birds and homing pigeons. *Nature*, v. 267, n. 5.607, 1977, p. 144-145.
20. KEETON, W. T. Mystery of pigeon homing. *Scientific American*, v. 231, n. 6, 1974, p. 96-107.
21. GOULD, J. L.; KIRSCHVINK, J. L.; DEFFEYES, K. S.; BRINES, M. L. Orientation of demagnetized bees. *Journal of Experimental Biology*, v. 86, jun. 1980, p. 1-8.
22. WILTSCHKO, W.; WILTSCHKO, R. Magnetic orientation and celestial cues in migratory orientation. *Experientia*, v. 46, n. 4, apr. 1990, p. 342-352.
23. GOULD, J. L. Magnetic senses — birds lost in the red. *Nature*, v. 364, n. 6.437, aug. 1993, p. 491-492.
24. WILTSCHKO, W.; MUNRO, U.; FORD, H.; WILTSCHKO, R. Red light disrupts magnetic orientation of migratory birds. *Nature*, v. 364, n. 6.437, aug. 1993, p. 525-527.
25. WALCOTT, C.; GREEN, R. P. Orientation of homing pigeons altered by a change in the direction of an applied magnetic field. *Science*, v. 184, n. 4.133, 1974, p. 180-182.
26. SCHMIDT-KOENIG, K.; KEETON, W. T. (eds.). *Animal migration, navigation and homing*. Berlin Heidelberg, Nova York: Springer, 1978.
27. WILTSCHKO, W.; WILTSCHKO, R. Magnetic compass of *European robins*. *Science*, v. 176, n. 4.030, 1972, p. 62-64.
28. KEETON, W. T. Magnets interfere with pigeon homing. *Proceedings of the National Academy of Sciences*, v. 68, 1971, p. 102-106.
29. WALCOTT, C.; GREEN, R. P. Op. cit.
30. KIRSCHVINK, J. L. et al. Magnetite biomineralization in the human brain. *Proceedings of the National Academy of Sciences*, v. 89, n. 7.683-7.687, 1992.
31. LOWENSTAM, H. A.; WIENER, S.; Mineralization by organisms and the evolution of biomineralization. *Proc. 4th Intl. Symposium on Biomineralization*, Ed. by Westbroek P., de Jong E. W. Kreidel Press, 1982.
32. TOWE, K. M.; LOWENSTAM, H. A. Ultrasonic and development of iron mineralization in the radular teeth of *Chryptochiton Stellari* (mollusca). *Journal of Ultrastructure Research*, v. 17, 1967, p. 1-13.
33. BARNES, R. D. *Zoologia de invertebrados*. Filadelfia, PA: Holt-Saunders Internacional, 1982, p. 381-389.
34. TOWE, K. M.; MOENCH, T. T. Electron-optical characterization of bacterial magnetite. *Earth and Planetary Science Letters*, v. 52, 1981, p. 213-220.
35. LOWENSTAM, H. A. Minerals formed by organism. *Science*, v. 211, n. 4.487, 1981, p. 1.126-1.131.

36. WILTSCHKO, W.; WILTSCHKO, R. Magnetic orientation in birds. *J. Exp. Biol.*, v. 199, n. 1, jan. 1996, p. 29-38.
37. WALCOTT, C.; GOULD, J. L.; KIRSCHVINK, J. L. Pigeons have magnets. *Science*, v. 205, n. 4.410, 1979, p. 1.027-1.029.
38. LINS DE BARROS, H. G. P.; ESQUIVEL, J. D.; OLIVEIRA, L. P. H. de. Magnetotactic algae. *CBPF Notas de Física*, v. 48, n. 1, 1981.
39. KIRSCHVINK, J. L. Birds, bees and magnetism: a new look at the old problem of magnetoreception. *Trends in Neurosciences*, v. 5, 1982, p. 160-167.
40. BLAKEMORE, R. P. Op. cit.
41. BALKWILL, D. L.; MARATEA, D.; BLAKMORE, R. P. Ultrastructure of a magnetotactic spirillum. *J. Bacteriology*, v. 141, 1980, p. 1.399-1.408.
42. TOWE, K. M.; MOENCH, T. T. Op. cit.
43. ANDRÄ, W.; NOWAK, H. (eds.) *Magnetism in medicine*, Wiley–VCH, 1988.
44. BARACH, J. P.; FREEMAN, J. A.; WIKSWO, J. P. Jr. Experiments on the magnetic field of nerve action potentials. *Journal of Applied Physics*, v. 51, 1980, p. 4.532-4.538.
45. SWINNEY, K. R.; WIKSWO, J. P. A calculation of the magnetic field of a nerve action potential. *Biophysics Journal*, v. 32, 1980, p. 719-732.
46. WATANABE, A.; GRUNDFEST, H. Impulse propagation at the septral and commissural junction of crayfish lateral axons. *J. Gen. Physiol.* v. 45, 1961, p. 267-308.
47. SWINNEY, K. R.; WILKSWO, J. P. Op. cit.
48. Idem, Idibem.
49. D'AMBROSIO, G.; SCAGLIONE, A.; DIBERARDINO, D.; LIOI, M. B.; IANNUZZI, L.; MOSTACCIUOLO, E.; SCARFI, M. R. Chromosomal aberrations induced by ELF electrical fields. *J. Bioelectricity*, v. 4, n. 1, 1985, p. 279-284.
50. POLLACK, H. Medical aspects of exposure to radio frequency radiation including microwaves. *Southern Medical Journal*, v. 76, n. 6, 1983, p. 759-765.
51. SMIALOWICZ, R. J. Immunologic effects of no ionizing electromagnetic radiation. *IEEE Eng. Med. Biol.*, v. 6, n. 1, mar. 1987, p. 47-51.
52. D'AMBROSIO, G.; MASSA, R.; SCARFI, M. R.; ZENI, O. Cytogenetic damage in human lymphocytes following GMSK phase modulated microwave exposure. *Bioelectromagnetics*, v. 23, n. 1, jan. 2002, p. 7-132.
53. SPELLER, R. D.; HORROCKS, J. A. Photon scattering — a new source of information in medicine and biology? *Physics in Medicine Biology*, v. 36, n. 1, 1991, p. 1-6.
54. EVANS, H. S. et al. Measurement of small-angle photon scattering for some breast tissue and tissues-substitute materials. *Physics in Medicine Biology*, v. 36, 1991, p. 7-18.
55. United Nations Scientific Committee on the effects of atomic radiation Report. On the biological effects of irradiation in uterus. Nova York: United Nations, 1984.

Apêndice A

Unidades derivadas do SIU

Grandeza	Nome da unidade	Símbolo
Calor específico	Energia/massa · grau	$J \cdot kg^{-1} \cdot K^{-1}$
Capacidade térmica	Energia/variação de temperatura	$J \cdot K^{-1}$
Capacitância	Farad	$F = A \cdot s \cdot V^{-1}$
Carga elétrica	Coulomb	$C = A \cdot s$
Coeficiente de difusão	–	m^2/s
Coeficiente de viscosidade	Esforço/gradiente de velocidade	$N \cdot s \cdot m^2$
Condutância elétrica	Condutividade/comprimento	$\Omega^{-1} \cdot m^{-2}$
Condutividade elétrica	Siemens/metro	$\Omega^{-1} \cdot m^{-1}$
Condutividade térmica	Potência/comprimento · grau	$W \cdot m^{-1} \cdot K^{-1}$
Densidade	Quilograma/metro cúbico	$kg \cdot m^{-3}$
Densidade de corrente	Ampère/metro quadrado	$A \cdot m^{-2}$
Dose absorvida	Gray	$Gy = J \cdot kg^{-1}$
Energia	Joule	$J = N \cdot m$
Entropia	Joule/Kelvin	$J \cdot K^{-1}$
Fluxo luminoso	Lúmen	$lm = cd \cdot sr$
Fluxo magnético	Weber	$Wb = V \cdot s$
Frequência	Hertz	$Hz = s^{-1}$
Força	Newton	$N = kg \cdot m \cdot s^{-2}$
Indutância	Henry	$H = V \cdot s \cdot A^{-1}$
Indução magnética	Tesla	$T = Wb \cdot m^{-2}$
Iluminância	Lux	$lx = lm \cdot m^{-2}$
Intensidade magnética	Ampère/metro	$A \cdot m^{-1}$
Intensidade radiante	Watt/esterorradiano	$W \cdot sr^{-1}$
Luminância	Candela/metro quadrado	$cd \cdot m^{-2}$
Mobilidade iônica	Difusão/energia	$m^2 \cdot s^{-1} \cdot J^{-1}$
Módulo de Young	Tensão/deformação	$N \cdot m^{-2}$
Potência	Watt	$W = J \cdot s^{-1}$

Grandeza	Nome da unidade	Símbolo
Potencial elétrico	Volt	$V = W \cdot A^{-1}$
Pressão	Pascal	$Pa = N \cdot m^{-2}$
Razão de desintegração	Becquerel	$Bq = s^{-1}$
Resistência elétrica	Ohm	$\Omega = V \cdot A^{-1}$
Resistividade elétrica	Ohm·metro	$\Omega \cdot m$
Torque	Metro·Newton	$kg \cdot m^2 \cdot s^{-2}$
Velocidade	Metro/segundo	$m \cdot s^{-1}$

Constantes

Grandeza	Símbolo	Valor
Carga do elétron	e	$1{,}602177 \times 10^{-19}$ C
Constante de Boltzmann	k	$1{,}380658 \times 10^{-23}$ J/K
Constante molar dos gases	R	$8{,}314510$ J·mol^{-1}·K^{-1}
Constante de Planck	h	$6{,}626075 \times 10^{-34}$ J/s
Constante Stefan-Boltzmann	σ	$5{,}6699 \times 10^{-8}$ W·m^{-2}·K^{-4}
Massa do elétron	m_e	$9{,}109389 \times 10^{-31}$ kg
Massa do nêutron	m_n	$1{,}674928 \times 10^{-27}$ kg
Massa do próton	m_p	$1{,}672623 \times 10^{-27}$ kg
Permeabilidade magnética do vácuo	μ_0	$4\pi \times 10^{-7}$ H/m
Permissividade elétrica do vácuo	ε_0	$8{,}85418782 \times 10^{-12}$ F/m
Número de Avogadro	N_A	$6{,}022136 \times 10^{23}$ Moléculas/g·mol
Velocidade da luz no vácuo	c	$2{,}99792458 \times 10^8$ m/s

Apêndice B

Fatores de conversão de unidades

Comprimento
1 m = 100 cm = 3,281 pés = 39,37 pol

1 cm = 0,3937 pol

1 pé = 0,3048 m

1 pol = 2,54 cm

1 Å = 10^{-10} m = 10^{-8} cm = 10^{-1} nm

Área
1 m^2 = 10^4 cm^2 = 10,76 $pés^2$

1 $pé^2$ = 144 pol^2 = 0,0929 m^2

Volume
1 litro = 10^3 cm^3 = 10^{-3} m^3 = 0,0351 $pés^3$

1 $pé^3$ = 0,02832 m^3 = 7,477 galões

Energia
1 J = 10^7 ergs = 0,239 cal

1 cal = 4,186 J

1 Btu = 1055 J = 252 cal

1 eV = 1,602 × 10^{-19} J

Potência
1 hp = 746 W = 550 pés·lb·s^{-1}

1 Btu·h^{-1} = 0,293 W

Massa
1 kg = 10^3 g = 0,0685 slug

1 slug = 14,59 kg

1 uma = 1,661 × 10^{-27} kg

Tempo
1 dia = 86,400 s

1 ano = 3,156 × 107 s

Força
1 N = 10^5 din = 0,2247 lb

Pressão
1 Pa = 1 N·m^{-2} = 1,451 × 10^{-4} lb·pol^{-2}

1 atm = 1,013 × 10^5 Pa = 14,7 lb·pol^{-2}

1 lb·$pé^2$ = 47,85 Pa

Tabela de conversão de energia

eV	J	K	Hz
1,0000	$1,6020 \times 10^{-19}$	$1,1605 \times 10^4$	$2,4180 \times 10^{14}$
$6,2422 \times 10^{11}$	1,0000	$7,2446 \times 10^{15}$	$1,5094 \times 10^{26}$
$8,6163 \times 10^{-5}$	$1,3804 \times 10^{-23}$	1,0000	$2,0834 \times 10^{10}$
$4,1357 \times 10^{-15}$	$6,6252 \times 10^{-34}$	$4,7998 \times 10^{-11}$	1,0000

Unidades de radiação

Grandeza	Unidades antigas	Unidades novas
Exposição	Roentgen (R) = $2,58 \times 10^4$ C/kg	C/kg = 1
Dose absorvida	Rad (rad) = 100 erg/g	Gray (Gy) = 1 J/kg = 100 rad
Dose equivalente	Rem (rem) = rad·F·Q	Sievert (Sv) = 1 J/kg = 100 rem
Kerma	Rad (rad) = 0,01 J/kg	Gray (Gy) = 1 J/kg = 100 rad
Atividade	Curie (Ci) = $3,7 \times 10^{10}$ s^{-1}	Becquerel (Bq) = 1 s^{-1}

Equivalências massa-energia

Massa do próton = 938,2111 MeV	Massa do hidrogênio = 1,0081423 uma
Massa do elétron = 0,5109767 MeV	Unidade de massa atômica = 931,1411 MeV
Quilograma = $8,988 \times 10^{16}$ J	Elétron-volt = $1,073 \times 10^{-9}$ uma

Apêndice C

Relações matemáticas úteis

Álgebra

$x^{-n} = 1/x^n$ $\qquad$ $x^{(m+n)} = x^m x^n$ $\qquad$ $x^{(m-n)} = x^m/x^n$

Se: $ax^2 + bx + c = 0$; $\qquad$ $x = [-b \pm \sqrt{b^2 - 4ac}]/2a$

$(x + y)^n = x^n + nx^{n-1}y + \dfrac{n(n-1)}{2!}x^{n-2}y^2 + \dfrac{n(n-1)(n-2)}{3!}x^{n-3}y^3 + \ldots$

Logaritmo

$\log x + \log y = \log(x \cdot y)$ $\qquad$ $\log x - \log y = \log(x/y)$ $\qquad$ $\log(x^n) = n \cdot \log x$

Geometria

Perímetro de círculo de raio r: $C = 2\pi r$

Área do círculo de raio r: $A = \pi r^2$

Superfície de uma esfera de raio r: $S = 4\pi r^2$

Volume de uma esfera de raio r: $V = 4\pi r^3/3$

Trigonometria

$\text{sen}\,\theta = y/r$ $\qquad$ $\cos\theta = x/r$ $\qquad$ $\text{tg}\,\theta = y/x$

$\text{sen}^2\theta + \cos^2\theta = 1$

$\text{sen}\,2\theta = 2\,\text{sen}\,\theta\cos\theta$

$\cos 2\theta = \cos^2\theta - \text{sen}^2\theta = 2\cos^2\theta - 1$

$\text{sen}(\theta \pm \varphi) = \text{sen}\,\theta\cos\varphi \pm \cos\theta\,\text{sen}\,\varphi$

$\cos(\theta \pm \varphi) = \cos\theta\cos\varphi \mp \text{sen}\,\theta\,\text{sen}\,\varphi$

$\text{sen}\,\theta + \text{sen}\,\varphi = 2\,\text{sen}\,\tfrac{1}{2}(\theta + \varphi)\cos\tfrac{1}{2}(\theta - \varphi)$

$\cos\theta + \cos\varphi = 2\cos\tfrac{1}{2}(\theta + \varphi)\cos\tfrac{1}{2}(\theta - \varphi)$

$\text{sen}\,\tfrac{1}{2}(\theta) = [(1 - \cos\theta)/2]^{1/2}$ $\qquad$ $\cos\tfrac{1}{2}(\theta) = [(1 + \cos\theta)/2]^{1/2}$

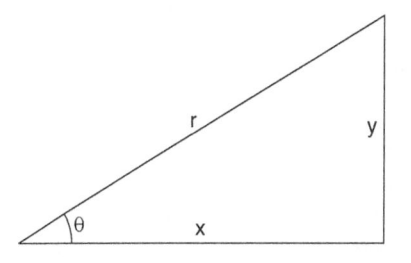

Cálculo diferencial

$\dfrac{d}{dz} z^n = nz^{n-1}$

$\dfrac{d}{dz} \text{sen}(az) = a\cdot\cos(az)$ | $\dfrac{d}{dz} \cos(az) = -a\cdot\text{sen}(az)$

$\dfrac{d}{dz} e^{az} = a\, e^{az}$ | $\dfrac{d}{dz} \text{Ln}(az) = 1/z$

Cálculo integral

$\int z^n\, dz = z^{n+1}/(n+1)$

$\int \text{sen}(az)dz = -(1/a)\cos(az)$ | $\int \cos(az)dz = (1/a)\text{sen}(az)$

$\int e^{az}\, dz = (1/a)e^{az}$ | $\int dz/z = \text{Ln}(z)$

$\int \dfrac{d}{\sqrt{a^2 - z^2}} = \arcsen \dfrac{z}{a}$ | $\int \dfrac{dz}{\sqrt{a^2 + z^2}} = \text{Ln}(z + \sqrt{a^2 + z^2})$

$\int \dfrac{dz}{(a^2 + z^2)^{3/2}} = \dfrac{1}{a^2} \dfrac{z}{\sqrt{a^2 + z^2}}$ | $\int \dfrac{zdz}{(a^2 + z^2)^{3/2}} = -\dfrac{1}{\sqrt{a^2 + z^2}}$

Vetores e operadores vetoriais

Sendo $\vec{F}$, $\vec{G}$ e $\vec{E}$ quantidades vetoriais, φ uma função escalar e $\vec{V}$ uma função vetorial:

Produto escalar dos vetores:	$\vec{F}\cdot\vec{G} = F\cdot G \cos(\theta)$
Produto vetorial dos vetores:	$\vec{F} \times \vec{G} = \vec{E}$, onde $E = F\cdot G\,\text{sen}(\theta)$ θ, ângulo entre os vetores $\vec{F}$ e $\vec{G}$
Gradiente de uma função escalar:	$\text{grad}\,\varphi = \hat{i}_x \dfrac{\partial \varphi}{\partial x} + \hat{i}_y \dfrac{\partial \varphi}{\partial y} + \hat{i}_z \dfrac{\partial \varphi}{\partial z}$
Divergência de uma função vetorial:	$\text{div}\,\vec{V} = \dfrac{\partial V_x}{\partial x} + \dfrac{\partial V_y}{\partial y} + \dfrac{\partial V_z}{\partial z}$
Laplaciano de uma função escalar:	$\nabla^2 \varphi = \dfrac{\partial^2 \varphi}{\partial x^2} + \dfrac{\partial^2 \varphi}{\partial y^2} + \dfrac{\partial^2 \varphi}{\partial z^2}$

Apêndice D

Alguns efeitos biológicos no corpo humano

Efeitos da corrente elétrica

Todas as funções normais do corpo humano envolvem correntes elétricas, que são essenciais para o correto funcionamento do organismo. Já as correntes provenientes de fontes externas, quando fluem através dos diversos órgãos vitais do corpo humano, podem causar danos biológicos irreversíveis ou, ainda, a morte.

Quando uma voltagem externa é aplicada ao corpo, pela lei de Ohm, podemos estimar a intensidade da corrente elétrica através desse corpo. Para isso, é necessário conhecermos sua resistência elétrica, cujo valor depende: (a) de entre que partes do corpo ela é medida e (b) se a pele está seca (alta resistência) ou molhada (baixa resistência). Portanto, a corrente elétrica que flui dentro de um corpo terá uma dependência crítica com a condição da pele nos pontos de contato com a fonte externa.

Se a pele estiver seca, a resistência elétrica entre um dos pés e uma das mãos ou entre as mãos é da ordem de $10^5 \, \Omega$, porém, se a pele estiver úmida (os íons da umidade facilitam a passagem da corrente ao interior do corpo), o valor da resistência pode chegar até a 1% do valor correspondente à pele seca. A resistência total do corpo em situação normal, ou seja, levemente transpirando, é da ordem de $1.500 \, \Omega$. Nessas condições, se as mãos ficarem em contato com uma fonte externa de 120 V AC, a corrente que fluirá pelo interior do corpo será $I_0 = 120 \text{ V}/1.500 \, \Omega = 80 \text{ mA}$. Se a pele estiver totalmente seca, o valor da corrente será: $I_0 = 120 \text{ V}/10^5 \, \Omega = 1,2 \text{ mA}$. Correntes da ordem de 1 mA fluindo pelo interior do corpo não são facilmente percebidas; porém, as de 80 mA usualmente são fatais.

As partes do corpo humano cujo funcionamento é mais sensível às correntes elétricas externas são: o cérebro, os músculos do tórax, os centros nervosos que controlam a respiração e os músculos do coração. Os efeitos biológicos no corpo humano dependem da intensidade da corrente externa I_0 (60 Hz, 1s) aplicada. Para correntes:

- até 0,5 mA: nenhum efeito importante;
- de 0,5 mA a 2 mA: limiar de sensibilidade;
- de 2 mA a 10 mA: dor, contrações musculares;
- de 10 mA a 20 mA: aumento dos efeitos musculares, alguns danos por volta dos 16 mA e, acima desse valor, não podem ser aplicados eletrodos;
- de 20 mA a 100 mA: parada respiratória;
- de 100 mA a 3 A: fibrilação ventricular que pode ser fatal, a menos que a ressuscitação aconteça imediatamente;
- acima de 3 A: parada cardíaca, o coração pode voltar a funcionar se o choque elétrico for muito breve; podem haver queimaduras muito sérias.

Efeitos das ondas sonoras

O sistema auditivo humano pode perceber uma ampla gama de sons cuja intensidade é medida em *decibel* (dB). O humano tem a capacidade de ouvir sons com intensidade entre 0 a 140 decibéis. Cada som é formado por uma série de vibrações, que estimulam as células do sistema auditivo, as quais transformam a *energia mecânica* do som em *impulsos elétricos*, que, por sua vez, serão captados pelas células nervosas da audição. Os impulsos vão ao cérebro, sendo decodificados no córtex.

Além da surdez, o excesso de barulho pode deixar sequelas, como o zumbido no ouvido. Segundo a Organização Mundial da Saúde (OMS), os efeitos biológicos no sistema auditivo dependem da intensidade do som incidente. Sendo 140 dB o limite de audição, sons com intensidade de:

- 110 dB causam danos permanentes à audição;
- 90 dB causam danos ao sistema auditivo;
- 80 dB aumentam os batimentos cardíacos, provocam descarga de adrenalina no organismo e hipertensão;
- 75 dB causam irritação e desconforto;
- 70 dB são um limite do considerado seguro;
- 55 dB causam distúrbios no sono.

Respostas dos exercícios selecionados

Capítulo 1

3. $Kg \cdot m \cdot s^{-2}$;
4. $kg \cdot m^2 \cdot s^{-2}$;
5. $m^3 \cdot kg^{-1} \cdot s^{-2}$;
6. $kg \cdot m^2 \cdot s^{-3}$;
7. $kg \cdot m^{-3}$;
8. $kg \cdot m^{-1} \cdot s^{-1}$;
9. $kg \cdot m^2 \cdot s^{-2} \cdot K^{-1} \cdot mol^{-1}$;
10. $kg \cdot m^{-1} \cdot s^{-2}$;
11. $kg \cdot m^3 \cdot s^{-2} \cdot C^{-2}$;
12. $A \cdot V^{-1} \cdot m^{-1}$;
13. a) 1; b) 3; c) 3; d) 4; e) 4; f) 3; g) 3; h) 2;
14. a) 23,5; b) 57,5; c) 1,4; d) 36,5; e) 2,4; f) 3,1;
15. a) 476,13; b) 96,79; c) 8,78; d) 2,9;
16. a) 3,46 m; b) 45,6 s; c) 5,56 kN; d) 4,52 Mg;
17. a) N; b) MN/m; c) kN/s^2; d) MN/s;
18. a) Gg/m; b) kN/s; c) mm·kg;
19. a) 8,653 s; b) 8,368 kN; c) 893 g;
20. a) 45,3 MN; b) 56,8 km; c) 5,63 µg;
21. 26,9 µm·kg/N;
22. a) 271 N·m; b) 55,0 kN/m^3; c) 0,677 mm/s;
23. a) 98,1 N; b) 4,90 mN; c) 44,1 kN;
24. 584 kg;
25. 2,71 mg/m^3;
26. a) 0,04 MN^2; b) 25 μm^2; c) 0,064 km^3; d) 15,9 mm/s; e) 3,69 Mm·s/kg; f) 1,14 km·kg;
28. $(61,235 \pm 0,005)$ kg;
29. a) $(20,0 \pm 0,2)$ cm; b) $(10,0 \pm 0,2)$ cm; c) (200 ± 6) cm^2; d) $(60,0 \pm 0,8)$ cm;
30. $(-52,6 \pm 0,7)$ cm;
31. $(3,406 \pm 0,005)$ s;
32. $(16,3 \pm 0,5)$ mm;
33. $(5,41 \pm 0,05)$ V;
34. $(0,47 \pm 0,03)$ J;
35. $(3,01 \pm 0,18) \times 10^{-8}$ J;
36. a) $A^{3/2}/6\pi^{1/2}$; b) 1,6A; c) 2,8V;
37. 37%;
38. não; o aumento do trabalho muscular é menor que o aumento necessário para o acréscimo da energia potencial do salto.
39. a) 21%; b) 33,1%; c) 33,1%;
40. $(d/h^{0,69}) = 7,03$; 75 cm;
41. $h_A = 15 \cdot t$; $h_B = 27,5 \cdot t$; $(dh_A/dt) = 15$ cm/sem; $(dh_B/dt) = 27,5$ cm/sem;
42. $P(t) = P_0/(1 + TM \cdot \tau)$;
43. b) $r = 0,5 \times 10^{-10} M^{0,385}$; $6,0 \times 10^{-9}$; $1,9 \times 10^{-10}$; $1,5 \times 10^{-10}$;
44. $T(t) = 4,22 + 38 \exp(-0,6673t)$;
45. a) $C(t)\ 175,8 - 0,46 t$; b) $7,7 \times 10^{-5}$ g/l·s;
46. a) $\cong 268$ g; b) $\cong 124,5$ anos;
47. a) $\cong 155$ m; b) $\cong 183$ min;
49. a) $N(t) = \exp(-0,2567t)$; b) 2,7 dias;
51. $D[1 - \exp(-\beta\tau)]$; após n administrações, a concentração será $C_0 + C_0 \sum_{k=1}^{n} e^{-k\beta\tau}$;
52. após n aplicações, $N_n = N_0(1 - f)^n e^{nrt}$;
53. a) $y^3 \rightarrow Y$; $x^2 \rightarrow X$; b) b: inclinação em m; a: constante em m^3;
54. f = 5 cm;
55. a) $zt = \gamma + \delta t^2$; b) $\gamma = 12$; $\delta = -2$;
57. 1,26; 0,63; 0,5; 1,26;
58. 1,44;
59. 66 kg;
61. L;
62. L;
63. comparando os esforços específicos, não se pode dizer que o gafanhoto é mais forte que o homem;
64. 1/L; 0,83;
65. sendo L = 0,79: 0,3853;
67. $\sqrt{h'/h}$;
68. comparando as resistências específicas em cada caso: não; sim;
69. 6,7 m;
70. $L^{1/2}$.

Capítulo 2

1. $11{,}18\hat{\imath} + 22{,}36\hat{\jmath}$;
2. a) $6\hat{\imath} + 8\hat{\jmath}$; b) $6\hat{\imath} - 8\hat{\jmath}$; c) 0; d) $-48\hat{k}$;
3. $6\hat{e}_\|$;
4. a) $5{,}88\hat{\imath}$; b) $10{,}88\hat{\imath}$; c) $-11{,}75$; d) $-11{,}75$; e) $-7{,}72$;
5. a) 5,38 e 68,2°; b) 12,04 e 48,37°; c) 14,42 e 56,31°;
6. a) $\omega\sqrt{(a^2 - b^2)\mathrm{sen}^2\omega t + b^2}$; ω^2; b) $(x/a)^2 + (y/b)^2 = 1$;
7. a) 0,173 m/s; 0; –0,173 m/s;
8. a) 3 m; b) 5 m/s; c) 0;
9. a 120 m do ponto de partida de A;
10. a) 3,14 m/s; 2 m/s; b) 2 m/s para A e B;
11. a) 80 m/s²; b) 2 m/s; c) 0,2 m;
12. 5,05 m/s;
13. 10,2 m;
14. a) 93,4 m/s; b) 122,5 m;
15. $2\sqrt{H \cdot D} - D$;
17. 1,095;
18. a) 69,6 m/s; b) 50,94 m; d) 6,45 s;
19. a) 20,2 s; b) 2.020 m; c) 221,8 m/s;
20. a) 1,57·h m; b) 4·h m;
21. 17,87 m;
22. 40 min e 30 min;
23. a) 32,5 km/h; b) 24,6° em sentido anti-horário em relação à direção vertical; c) 27,27 km/h;
25. a) 0,102; b) 12,5 m;
29. $1{,}2 \times 10^5$ N/m²; $1{,}2 \times 10^7$ N/m²;
30. Fx = 67,3 N; Fy = –162 N;
31. 2×10^4; 4×10^5;
32. $1{,}28 \times 10^{-2}$ mm;
33. 83,7 N; 14,8 N;
34. a) 251,33 N; b) 597,11 N e 87,04°;
35. a) 490,6 N; 854 N e 25,83°;
37. a) 340,8 N; b) 287,7 N;
39. 13,34 N·m; 15,82 N·m;
41. 0,37 m, 0,94 m;
42. a) 2.244 N; b) 1.870 N;
43. a) 70,66 N; b) 61,3 N; c) –61,3 N;
45. a) 60,6 N; b) 35,0 N;
47. $[Px_1 - m(x_1 - x_0)/2]/M$;
48. a) 1,01 kN; b) 982 N;
49. a) 785 N; b) 4,71 kN; c) 3,92 kN;
50. a) $[L + (n - 1)d]/2$.

Capítulo 3

1. $mg/2\mathrm{sen}\theta$;
3. b) sobre o livro de 13 N: +13 N e –13 N; sobre o livro de 18 N: –13 N e –18 N; sobre o livro de 14 N: +45 N, –31 N e –14 N;
4. a) 686 N; b) 686 N;
5. $m_2 = 4\,m_1$;
7. $(mg/k)^{1/n}$;
9. $4(\kappa_1/\kappa_2)v^{(n_1 - n_2)}$; $n_1 \cong n_2 = n$; $\kappa_1 \cong \kappa_2$;
11. a) 3,1 N; 71,4°; b) 2,5 N; 0°; c) 75 J;
13. a) 2100 HP; b) 69 kN; 2,1 kN;
14. a) força externa exercida pelo cavalo; peso do homem e do trenó = 980 N; força normal entre o trenó e a superfície de gelo = 880 N; trabalho em virtude da força externa = 2.598 J; trabalho decorrente das outras forças = 0;
15. a) 24 kN; b) 24 kN;
17. a) 500 J; b) 6,3 m/s;
19. a) 1,98 m/s; b) 101;
21. a) 2.500 J; b) 2.500 J;
22. 9 mJ; 36 mJ; 27 mJ;
23. a) 11,8 J; b) 11,8 J; c) 236 N;
24. a) 175,6 kcal; b) 702,5 kcal;
27. a) 4,2 mg; b) 901,6 m; c)18,8 W;
29. 164,1 W; 164,5 W;
31. a) não; b) $\cong 5\%$ do oxigênio do quarto será utilizado; a ventilação não é necessária para renovar o oxigênio, c) é necessária para remover o CO_2;
33. 2,45 m/s;
35. 4,86 m/s;
37. a) mgh; b) $\sqrt{v_0^2 + 2gh}$;
38. a) $\dfrac{mg}{2R_T} \times (R_T^2 - r^2)$; b) $-\dfrac{1}{2}mgR_T$;
39. a) 786,5 N; b) 739 N; c) 0,89 N;
41. a) 1,63 m/s²; b) 130,4 N; c) 2,38 km/s;
43. a) $-5{,}34 \times 10^{33}$ J; b) 42 km/s;
44. 2,9 kJ;
45. a) 10,2 m; b) 1,44 s e depende da velocidade inicial da massa;
46. a) -3×10^{-5} J; b) 3×10^{-5} J;
47. 5,34 m/s;
49. $\cong 58\%$;
51. 53,6 kJ;
52. 0,7 m/s;
53. a) 122,5 N/m; b) 2,5 Hz; c) $2{,}45 \times 10^{-2}$ J; d) 0,31 m/s.

Capítulo 4

1. 0,45°C;
3. 126 J/kg·K;
4. 0,18°C;
5. 0,468°C;

Respostas dos exercícios selecionados **381**

6. 484 m/s;
7. 1,29 cm/s;
9. $6,21 \times 10^{-21}$ J; $3,9 \times 10^{-2}$ eV;
11. a) 0 eV e –5 eV; b) 0 eV;
12. a) $> 0,9 \times 10^{-10}$ m; $< 0,9 \times 10^{-10}$ m; b) $\to$ 0;
13. a) $-5,0 \times 10^{-19}$ J e $-1,0 \times 10^{-19}$ J; b) 0 J; c) $2,15 \times 10^{-10}$ m;
14. a) íons em repouso relativo; b) $9,5 \times 10^{-10}$ J; c) $5,7 \times 10^{-10}$ J;
15. a) 7,11 kcal; b) 2,09 g; c) 1,91 g;
17. a) –317 kcal/mol; b) $\cong$ 35,6 moles;
19. a) 5 mols; b) 5 moléculas; c) 9,4%;
20. a) $4,82 \times 10^{24}$ fótons; b) $8,21 \times 10^{6}$ J; c) 35%;
21. $2,08 \times 10^{18}$ kcal;
23. a) 175,6 kcal; b) 702,5 kcal;
25. a) 116 W; b) 13;
26. a) 83,7 W; b) 49,2 W/m^2;
27. 11 horas;
28. 121,1 W;
29. $\cong$ 2.260 kcal;
31. 1,512 kg;
33. 2,42 g;
34. a) 274 W; b) 1,13 kg;
35. 45,65 W/m^2;
36. a) $5,3 \times 10^{4}$ J; b) 1,13 kg;
37. a) 686 kJ; b) 63,52 W; c) 9,3%; d) 6.700 kJ; e) 360 g;
38. A pessoa com menor eficiência mantém seu peso; a outra engorda 97 g/dia;
39. 2.360 N;
40. 53,6 kJ;
41. 1.373 W;
42. a) 20 N; b) 6,67 m/s;
43. $\cong$ 20%;
44. 35,8°C;
45. 138,6 g ou 0,14 l;
47. a) 30 kcal; b) 4,5 kcal;
49. 0,21 K;
50. 16,6 W;
51. a) 2 cm; b) 15 m; c) 25 m/s; d) 1,67 Hz; e) 0,6 s;
53. 12 sen$(0,21x - \omega t)$;
55. 36 Hz; 60 Hz; 72 Hz; 84 Hz;
57. a) 12,6 mJ; b) 7,1 mJ;
59. 4,34 kHz;
61. a) 68,2 Hz; b) 296 Hz;
63. a) $2,86 \times 10^{3}$ N/m^2; b) 0,157 N;
65. a) 107,2 W/m^2; b) 140,3 dB; c) $2,69 \times 10^{4}$ J;
66. a) 4,25 kHz;
67. a) 3°; b) 2.542 Hz;
68. a) 2.327 Hz; b) 11;
69. a) golfinho: 5,92 mm; morcego: 14,8 mm; b) 1,36 mm; 3,41 mm;
70. a) 4 km/h; 6 km/h; b) 2,9;
71. a) 170 dB; b) 600 J; c) 9407 Pa; d) 29,5 W/m^2;
72. som audível: 120 dB e 1 W/m^2; ultrassom: $\beta \geq$ 140 dB; 100 W/m^2;
73. a) 40 kHz; b) 41 kHz;
75. a) 25 kJ/m^2; 0,5 kJ/m^2; b) 2.973 Pa; 940 Pa;
77. 76,3 W/m^2; 34,7 W/m^2: 23,7 W/m^2.

Capítulo 5

1. a) $1,24 \times 10^{8}$ m/s; b) 1,6216;
3. a) 2θ; b) 3,18 rps;
5. pirâmide quadrada com altura 1,34 m a partir do centro da balsa;
7. 18°32', 32°4', 42°55', 48°30';
9. 1,7 m
11. a) 0,23; b) 13,26°;
13. 0,92 I_0;
15. 32,68°;
17. a) 1,41; b) 495 nm;
19. 56,1°;
21. 62,8°;
23. 1 mm;
25. a) 16,6°; b) 30°;
27. a) 3,66λ; b) 12,2λ;
29. 0,26';
30. sim;
31. não;
33. a) $4,7 \times 10^{-4}$ cm; b) $6,3 \times 10^{-4}$ cm; c) 4.482 m;
35. 0,043 mm;
37. $\approx$ 37°;
39. $\approx$ 18%
41. a) 6,28 mm; b) –0,13 mm;
43. r/n;
45. 7,86 cm à direita da lente positiva; real; direita; e 0,57 do tamanho do objeto;
47. a) 90 cm à direita da lente; b) virtual; c) invertida;
49. a) 4 mm à direita do primeiro enfoque; b) 6,63 m;
51. 6; 6;
53. a) 10,42 cm; b) –24; c) 84 cm;
55. a) 17,3 cm; –0,3; 20 cm;
57. a) 0,96 cm; b) 650;
59. a) 1,85 cm frente à ocular; b) 0,305 cm; c) 803;
61. a) 0,5 m; b) 2 m;
63. 0,21 mm;
65. a) lentes bifocais com f = +37,5 cm e f = –250 cm; b) distâncias menores que 25 cm dos olhos;
67. a) 3,75 di; b) –0,25 di; c) 26,6 cm.

Capítulo 6

1. $2,23 \times 10^5$ Pa;
3. $1,46 \times 10^5$ N;
5. ≈ 4 N; (7) $\approx 0,48$ N; 18 mm Hg;
8. a) $tg\theta = tg\alpha - (a/g \cdot \cos\alpha)$;
9. 2,68 m;
11. a) $\approx 0,0125$ atm; b) ≈ 6 N;
12. 8.245 km;
13. 7,7 g/cm^3;
15. 1,36 g/cm^3;
19. a) 3,4 kg; b) $1,4 \times 10^4$ kg/m^3;
20. b) 55 cm^3;
21. 1,02;
22. $y/(y + z - x)$;
23. $T[1 + (a/g)]$;
24. a) 28,8 g; b) 28,8 g; c) 12,0 cm^3;
25. 10%;
26. 3.000 kg/m^3; 10,2 litros;
27. 31,1 cm;
28. $(P_0/\rho gh')[(V + V')/(h + h') - (V/h)]$;
29. $\cong 3 \times 10^{-4}$ mm;
31. $\approx 7,6$ mm;
33. para uma depressão de 15 cm de raio: $\approx 0,067$ N; b) $\approx 0,7$ N;
35. 6% de V;
37. 20,6 m;
39. a) 1,09 m; b) 1,0 m;
41. $1,44 \times 10^8$ N·s/m^5;
43. a) $\cong 4,15 \times 10^{-9}$ cm^3/s; b) $\approx 2 \times 10^{10}$;
45. $\approx 1,8$ mm^2;
47. $\approx 4,12 \times 10^{-3}$ Pa·s;
49. a) $3,93 \times 10^9$ N·s/m^5; b) 0,374 cm^3/s; c) $\cong 20$ cm H$_2$O;
51. a) $0,64 \times 10^{18}$ N·s/m^5; b) $0,26 \times 10^{18}$ N·s/m^5;
53. 500 N $\downarrow$;
55. 5,96 mm/s;
57. a) $\approx 1,8 \times 10^5$, turbulento; b) $\approx 1,2 \times 10^7$, turbulento; c) $\approx 1,3 \times 10^{-5}$, laminar; d) $\approx 3,3 \times 10^7$, turbulento;
59. turbulento;
61. a) 1,3 cm/s; b) 2,16 m/s;
63. 133 m/s.

Capítulo 7

5. a) $C_0(1-f)$; b) $C_0/(1+f)$, onde $f = \exp(-aT)$;
7. a) $2,4 \times 10^{-5}$ m; b) não é razoável, porque significa que todas as partículas de vírus estão dentro de alguns mícron do piso;
9. 80 s;
11. 30 ms;
13. $\dfrac{dC}{dt} = -C\dfrac{3D}{R(\Delta r)}$
15. a) $0,7251 \times 10^{-3}$ osmol/l; b) $\approx 14,1$ mm Hg;
17. a) 0,029 osmol/l; b) 0,34 osmol/l;
19. 0,3 cm; 7 ms;
21. 0,2 s; 0,1 s;
23. a) 11,6 mm Hg; b) 2,27 mm Hg;
25. $\approx 0,83$ atm $\approx 623,9$ mm Hg;
27. $(P_1P_2)/(P_1+P_2)$;
29. 47,63 J.

Capítulo 8

1. $1,8 \times 10^{-18}$;
2. a) $1,04 \times 10^{-8}$ kg; b) $9,6 \times 10^7$ C;
3. a) $-4,17 \times 10^{42}$; b) $-1,24 \times 10^{36}$;
4. a) 0,73%; b) $4,14 \times 10^{16}$ rps;
5. a) $1,06 \times 10^{11}$ N; b) $2,12 \times 10^{10}$ N/C;
6. 5×10^4 N/C; vertical para cima
7. a) $7,5 \times 10^9$ N; 43,8°; $4,33 \times 10^9$ N; 70,56°;
8. 0;
9. a) nenhum campo estacionário poderá existir em seu interior; b) $8,84 \times 10^{-14}$ C/cm^2; c) $5,53 \times 10^5$;
10. a) 0; b) $1,81 \times 10^{-4}$ N/C;
11. a) 5×10^6 N/C; b) $2,2 \times 10^{-5}$ C;
12. 45 N/C; 7,2 N/C; 2,5 N/C;
13. a) $4,5 \times 10^4$ V; b) $5,4 \times 10^4$ J;
14. a) $-4,32 \times 10^{-16}$ J; b) $4,32 \times 10^{-16}$ J;
15. $2,5 \times 10^{-6}$ C; $1,5 \times 10^5$ V;
16. $6,4 \times 10^{-12}$ J;
17. a) $2,18 \times 10^6$ m/s; b) $-27,2$ eV; c) $-13,6$ eV;
19. a) $3,75 \times 10^{11}$ J; b) $7,5 \times 10^{10}$ V;
20. $3,09 \times 10^6$ m/s;
21. $1,15 \times 10^3$ V;
23. 400 V;
24. a) -60 mV; b) $-0,06$ V; c) $+0,06$ V; d) direita sobre K$^+$ e esquerda sobre Cl$^-$; e) $\approx 10^{34}$;
25. a) $2,26 \times 10^4$ V/m; b) $2,26 \times 10^4$ V/m; c) $4,52 \times 10^4$ V/m; d) 452 V;
26. 0,75 µC;
27. $1,13 \times 10^7$ m^2;
28. $4,28 \times 10^{-11}$ C^2/m^2·N;
29. 0,72 mJ;

Respostas dos exercícios selecionados **383**

31. 26,5 Å;
33. a) ± 1,6 × 10⁻³ C/m²; b) $\Phi_i = -80$ mV ⇒ superfície interna da biomembrana carregada negativamente;
34. a) –60 mV; b) –9 × 10⁻²¹ J; +9 × 10⁻²¹ J; c) –9 × 10⁻²¹ J; +9 × 10⁻²¹ J;
35. a) 1,7 × 10⁶ V/m; b) 1,03 × 10⁻⁴ C/m²;
37. 0,18 mM/l
40. a) 20; b) sim; c) 1,5 × 10⁻³ C/m²;
41. 2,24;
43. a) 0,63; b) –12,34 mV;
45. desconsiderando o íon Ca⁺⁺: $\Phi_M \approx -92,4$ mV; considerando o íon Ca⁺⁺: $\Phi_M \approx -49,4$ mV; $\Phi_{GHK} \approx -75,5$ mV;
47. a) 145,1 mM/l; 120 mM/l; 4,1 mM/l; b) –90 mV;
49. a) 120 mM/l; 145,1 mM/l; 4,1 mM/l; b) –90 mV;
51. a) 0,31 mA/m²; b) –0,969 mV;
53. a) se $f(0) = 0$ e $f(\delta) = 1$: $C_{Na}(x) = C[1 - f(x)]$; $C_K(x) = C'f(x)$; $C_{Cl}(x) = C + (C' - C)f(x)$;
b) $\left(-\dfrac{kT}{e}\right)\left[\dfrac{(\mu_K - \mu_{Cl})C(2) - (\mu_{Na} - \mu_{Cl})C(1)}{(\mu_K + \mu_{Cl})C(2) - (\mu_{Na} + \mu_{Cl})C(1)}\right]$ Ln $\left[\dfrac{(\mu_K + \mu_{Cl})C(2)}{(\mu_{Na} + \mu_{Cl})C(1)}\right]$; c) 0,13 mV;
55. 3,2 × 10¹⁷; 1,6 × 10¹⁷.

Capítulo 9

1. a) Passiva; b) Na⁺ e K⁺;
3. a) –82,6 mv; b) J_{Na}^p sentido ao interior da célula; J_K^p sentido saindo da célula; c) J_{Na}^a sentido saindo da célula; J_K^a sentido ao interior da célula;
5. 14,5;
7. 0,65;
9. a) $C(2) = 0,63 C(1)$; b) –12,34 mV;
11. pulso propagando-se no sentido +x com velocidade constante v;
13. a) 3,2 × 10⁷ Ω; b) 3,2 × 10³ Ω;
15. somente fica constante C_M;
17. 7 × 10¹¹; 7 × 10¹²; 4 × 10¹¹; 2,6 × 10¹⁵;
19. quando Φ_M é máximo: $\phi_\alpha > \phi_\beta > \phi_\gamma$, Φ_M^0 é o mesmo nas três experiências; logo, $g_{Na}^\alpha > g_{Na}^\beta > g_{Na}^\gamma$ ⇒ influxo de $Na_\alpha^+ > Na_\beta^+ > Na_\gamma^+$ ∴ o transporte de Na⁺ através da membrana exige: $\nabla C_{Na}^\alpha > \nabla C_{Na}^\beta > \nabla C_{Na}^\gamma$;
21. a) 10 Ω; b) 10 Ω; c) 10 V e 16,67 V;
23. a) $(1/2)(R_{ic} + \sqrt{R_{ic}^2 + 4R_{ic}R_M})$;
b) $R_M R_0 / (R_M R_0 + R_M R_{ic} + R_0 R_{ic})$;
c) $(1 + \sqrt{2\pi a r_{ic} g_M}\, dx)^{-1}$;
25. 16 s;
27. ≅ 1 mm;
29. $\Phi_0 e^{-\delta/x} + \Phi_M^0$; $(2\pi a(r_{ic} + r_{ec})g_{0M})^{-1/2}$;
31. a) 30; b) 1,7;
33. $g_{0M}\phi(\phi-\phi_1)(\phi-\phi_2)/\phi_1\phi_2$, onde ϕ_1 e ϕ_2 são valores do potencial de ação, para os quais $J_M = 0$.

Capítulo 10

1. Banda I (clara): isotrópica: Banda A (escura): birrefringente; anisotrópica; Banda H (coloração clara);
2. ausência de ATP: miosina e actina permanecem ligadas; presença de ATP: movimento da junção actina/miosina;
3. a) 2 × 10⁴ N/m²; b) 4 × 10⁵ N/m²;
5. a) quantidade de cálcio liberada; b) alguns segundos;
7. a membrana das células do nodo SA é vazante para os íons Na⁺;
9. canais rápidos de sódio; canais lentos de cálcio-sódio e canais de potássio;
11. o alto nível de permeabilidade das junções abertas nos discos intercalares entre células cardíacas vizinhas;
13. a frequência de descarga no nodo SA é mais rápida que a descarga excitatória do nodo AV ou das fibras de Purkinje;
15. terminais neuronais ou células secundárias; transdução sensorial;
17. ≅ 22;
19. evitar que ondas de alta frequência se misturem no início da membrana basilar;
21. efeito de cisalhamento nas células apoiadas na membrana basilar; cílios das células ciliadas externa e interna são deformados;
23. maior incidência, menor liberação de neurotransmissores;
25. o empacotamento de seus discos; guias de ondas luminosas;
28. b) 5 ma; 1 ma e 2 mA; 4 mA;
29. a) 2,45 × 10⁻⁸ J; b) 0,12 V/m; c) 0,82 × 10⁻⁶ N; d) 0,12 mA/m².

Capítulo 11

2. a) $-e(3,84\hat{i} + 5,28\hat{j} + 5,28\hat{k}) \times 10^4$ N;
3. a) $4,43 \times 10^{-13}$ N;
5. 0,14 m;
7. 0,3 N;
9. 0; $0,95 \times 10^{-11}$ N; v // B; v $\perp$ B;
10. 29,45 cm^3/s;
11. 0,021 V/m;
13. $\perp$ ao plano equatorial;
15. $6,49 \times 10^{-22}$ J;
17. não; sim;
19. $2,5 \times 10^{-17}$ N;
20. reações químicas; indução eletromagnética; partículas magnéticas;
21. a) $1,96 \times 10^{-2}$ N $\downarrow$; $-8,4 \times 10^{-10}$ N $\uparrow$; $-2,24 \times 10^{-14}$ N $\leftarrow$; b) F_e e F_m em relação a F_g; c) por causa da pressão atmosférica;
22. 2 N·m/T; 50 N/T;
23. moléculas com pares de radicais; sua orientação é influenciada por campos magnéticos externos;
24. a) $-7,21 \times 10^{-13}\hat{j}$ N; b) $4,8 \times 10^{-13}\hat{i}$ N; c) 0; d) $(9,6\hat{i} - 7,21\hat{j}) \times 10^{-13}$ N;
25. um magneto permanente com propriedades ferrimagnéticas; paralelepípedo hexagonal; moluscos marinhos; bactérias magnetotácticas; tartarugas marinhas;
26. a) 0,16; b) 0,062 T; c) $3 \times 10^{-3}\hat{k}$N;
27. ferridrita; goethita; lepidocrocite;
29. Em termos da direção das linhas do campo magnético;
30. a) $1,67 \times 10^{-2}$ V/m; b) sim
31. por controle bioquímico em uma matriz orgânica;
33. no HN; na frente, ao ir ao NG; na parte posterior, ao ir ao SG; no HS, sentidos contrários ao caso do HN;
34. $3,38 \times 10^9$ A;
36. a) 400 pT; b) 200 pT; c) 20 pT;
37. a) $6,4 \times 10^{-4}$ N; b) 12,2 kA;
39. a) 5×10^{-6} J; b) 5×10^{-6} N·m; c) 0; 5×10^{-6} J;
41. 400 nT; $3,14 \times 10^8$ rad/s; 2×10^{-8} s; 6 m; 1,047 rad/m;
43. a) $\lambda_{iv} > \lambda_{uv}$; b) $v_{iv} < v_{uv}$; c) $E_{iv} < E_{uv}$;
45. a) 153 N/C; b) não.

Índice remissivo

A
ação capilar veja capilaridade
aceleração, 33-37, 41, 44-45
   instantânea, 33
aerodinâmica polar, 78
agitação térmica, 101
algarismos significativos, 5
anabolismo, 110
ângulo
   de contato, 201-202
   de planeio, 74
ametropias oculares, 184
ar
   ondas de pressão, 321-322
   peso, 194
   pressão, 201
átomo, 243-244
átomos ligados, 103

B
bactérias magnetotácticas, 354-356
balança de watt, 4
bastonetes, 164
bioacústica, 318-325
Biofísica da visão, 147-187
biomecânica, 31-68, 43, 45
bioenergética, 101-146

C
Cálculos
   diferencial, 2
   integral, 2
   vetorial, 2
campo
   biomagnético, 356-361
   geomagnético, 345-353
   magnético, 341-344, 347-348, 351

capacitores, 248-249
capilaridade, 201-202
carga elétrica, 244, 245, 260
células, 106, 110, 154, 254, 301-302, 322, 325-326, 332, 365
centro de massa, 40, 59-61
comprimento característico, 19, 20, 21
condutância, 278-280, 286, 295
   elétrica, 278-280
   paralela, 288-289
   variação da, 296
condutividade elétrica, 260, 261
constante universal de Boltzmann, 102, 224
capilaridade, 201-202
catabolismo, 111
caule de gramínea, 24
células retinulares, 154
centro de massa, 59-62
ciclo da escala, 12
coeficientes de reflexão e transmissão, 151-152
Comitê Internacional de Pesos e Medidas (CIPM), 4
construção de escalas, 11-14
   escala linear, 11-12
   escala logarítmica, 12-14
contrações experimentadas pelos músculos, 54
   isométrica ou estática, 54
   isotônica ou dinâmica, 54
convergência de duas massas de ar, 79
convergência de uma lente, 178-183
corpo humano
   artéria aorta, 214
   capacidade térmica, 102
   coração, 307-312
   córnea, 163-164
   ouvido, 318-325
   perda de calor, 116-119
   pressão arterial, 197-198

corrente
  capacitiva, 289
  de Ampère, 341
  elétrica, 260
coulomb, Lei de, 244, 246
crescimento de uma célula, 20-21
crescimento exponencial, 15
criação da força, 52
cristais de hydroxiapatita, 48
custo energético da forma bipedal, 37

D

defeitos visuais do olho humano, 183-187
densidade uniforme, 18
densidade, 193
depressão da onda, 120
desvio absoluto, 5, 7
  avaliado absoluto, 8
  médio absoluto, 7
  padrão, 8
  relativo, 7
desvio avaliado absoluto, 8
difosfato de adenosina (ADP), 106
difração
  da onda, 158
  por uma fenda circular, 161
difusão de partículas, 228-231
dinâmica
  de fluidos, 206
  do movimento aéreo de animais, 71-74
  dos movimentos, 69-100
disco de Airy, 161
dispositivo dióptrico do olho, 156
dispositivos ópticos, 174
  lentes, 174-183
divisão binária, 16

E

ecolocalização, 137-140
efeito Doppler, 130-133
Einstein, 230
elasticidade de um corpo, 47, 95
eletroneutralidade, 255
  biológica, 106-107, 110
  cinética, 82, 83, 91, 92
  conservação, 108-109
  conversão, 101, 374
  da superfície, 200
  das ondas harmônicas, 120
  e intensidade das ondas mecânicas, 119-125
  eletromagnética, 362
  e metabolismo, 110-114
  energia, 373
  fontes de, 110
  formas de, 101-105
  interna, 108-109
  mecânica, 89, 91-95
  metabólica, 270
  potencial, 88-89, 91, 105, 246
elástica, 95-96
  gravitacional, 89-95
  molecular, 103-105
  térmica, 101-103
endergônica (com consumo de energia), 110
energia mecânica dos humanos ao fazer um salto, 91-95
  salto de altura, 92
  salto com vara, 93
energias típicas, 112
equação de continuidade, 206, 226, 227
equação dos fabricantes de lentes, 175
erro verdadeiro, 8
erros experimentais, 1
escala, 10, 11, 23, 24, 37
  biológica, 19
  construção de, 11-14
  fator de, 17-19, 21
  linear, 11-12, 13, 15
  logarítmica, 12-14
escoamento, 204-211
  de fluidos, 204-211
  lamelar, 207, 208
  permanente, 206
  turbulento, 217
  variado, 206
evaporação, 109
exergônica (com liberação de energia), 110

F

fator de escala, 17-19, 21
fatores de conversão de unidades, 373
ferramentas matemáticas, 2
fibras ópticas, 152-153
filamentos de miosina, 52
fluidos líquidos, 193
  coeficiente de viscosidade, 230
  desequilíbrio, 205
  equilíbrio, repouso, 204-205
  força de cisalhamento, 205

incompressível, 206
no corpo humano, 210
viscoso, 204, 213-214
flutuação, 198
folha
di-log, 13, 23
mono-log, 15
força
aerodinâmica, 76
conservativa, 88-89
de atração gravitacional, 90-91
de contato, 45-46
de flutuação, 198-199
de sustentação, 76
forças, 373
aplicadas, 32
atrativas, 200, 211, 244
coesivas, 200
compressão, 46
conservativas, 88-91
constante de, 47
contrárias ao vôo, 76
de atrito, 45-46
de atrito estático, 46
de contato, 45
de impulso, 215-216
derivadas, 43-44, 45
dissipativas, 204, 206
elástica, 46-51   de atrito, 45
eletromagnéticas, 103
flexão, 46
fundamentais e derivadas, 43-44
geofísica, 340
magnética, 341, 344
muscular, 51-56
propulsora, 213, 215-216
resistivas em fluidos,
resistivas nos fluidos, 215
tangencial, 205
torção, 46-47
tração, 46
viscosa, 205
formas de olhos, 153-154
fotopigmentos, 154
fotorreceptividade, 166-167
função
biológica, 19
crescimento exponencial, 15, 16

decaimento exponencial, 15, 16
exponencial, 15
potência, 13, 14

G

geomagnetismo, 345-353
glicólise, 112
gradiente de pressão, 201
gradientes térmicos, 79
gráficos, 10-11
grandezas, 2, 4, 5, 11, 13, 15, 22
derivadas, 3
relação funcional, 11, 13, 15
relação linear, 11
tempo, 12
velocidade, 12

H

hipotálamo, 109

I

incidência de luz nos olhos, 153
impulso nervoso, 277, 282
inércia, 45, 69
Instituto Nacional de Metrologia, Normalização e Qualidade Industrial (Inmetro), 4
intensidade de uma onda sonora, 125-133
interferência
construtiva, 158
destrutiva, 158
intervalo dinâmico de audição do ouvido humano, 126
íons (células), 253, 260-267, 280
isotônica ou dinâmica
concêntrica, 54
excêntrica, 54

L

lei de decaimento exponencial, 17
lei de inércia, 45
lei de resfriamento de Newton, 118
Lei de Stokes, 214
leis da mecânica quântica, 103
Leis de Newton, 45
leis de movimento, 45
ligação
covalente, 103
iônica, 103
líquido intersticial, 210

luz, 147-148, 149-151, 152, 153, 156-158, 163, 167
  difração, 158-161
  índice de refração, 148
  infravermelha, 147-148
  interferência da, 158-161
  polarização, 169-172
  princípios físicos da fotorreceptividade, 330-332
  refração, 149-151
  ultravioleta, 147-148

M

manômetros, 206
massa, 69-71
  molecular, 231
matéria, 193
  estado gasoso, 193
  estado líquido, 193
  estado sólido, 193
mecanismo quimiosmótico de Mitchell, 106
membrana
  condutância da, 309
  corrente através da, 278, 280
  excitável, 280-286
  permeabilidade da, 309
  potencial de, 243, 277, 284-285
membranas celulares, 249-259, 330
metabolismo
  basal ou fundamental, 110
  celular, 110
métodos teóricos, 2
miofibrila, 52
módulo de Young, 47, 50
molécula diatômica com ligação iônica, 104
moléculas, 249
  de ácidos graxos, 112
  de ATP, 105-108
  de monofosfato de adenosina, 106
  de mitocôndrias, 112
  mono-log, folha, 15
Moléculas de Trifosfato de adenosina (ATP), 105-109
momento ou torque, 57
monofosfato de adenosina; 106
movimento, 215
  composto, 39-43
  de corpos em fluidos, 211-217
  de paraquedismo, 73-74
  de planeio, 74
  de rotação, 57, 58
  de zigue-zague, 79
  difusional, 150
  em um plano, 32-39
  relativos, 41-43
  unidimensional, 31, 227
movimentos, 31, 41, 43, 206
  relativos, 41-43
movimento uniformemente acelerado (MUA), 34
músculo ciliar, 163
músculo estriado esquelético veja Tecido muscular esquelético

N

natureza corpuscular, 148
natureza ondulatória, 148
nervo óptico, 164
número crítico de Reynolds, 207
número de Avogadro, 5

O

objetos
  escala e tamanho, 17-19
Ohm, lei de, 260
olhos compostos, 154
ondas
  eletromagnéticas, 119, 361-363
  estacionárias, 122-125
  harmônicas/progressivas, 120-122
  infrassônicas, 133-134
  intensidade das, 122, 125-133
  longitudinais, 119, 122, 123
  luminosas, 135
  mecânicas, 119-125
  planas, 363
  sonoras, 125-133, 321-323
  transversais, 119, 123
  ultrassônicas, 133-140
organismo
  forma, 23-26
  massa, 22-23
  tamanho, 23-26
  vivo, 2
órgão óptico, 163
oscilações de pressão, 134
oxigênio
  consumo de, 114, 115

P

Padrão
   de massa, 4
   de tempo, 5
paraquedismo, 71
partículas, 230-231
Pascal, lei de, 196
peixes-elétricos, 332-336
percepção das cores, 153
perda de calor pelo corpo humano, 116-119
planeio, 71
Poiseuille, J. L. M., 214
polarização da luz, 169-172
polarizadores, 169-172
ponto de ruptura, 48
potência
   de contorno, 87
   induzida, 87
   parasita, 87
   total no voo de animais, 87-88
potencial
   da membrana, 250, 277, 292, 295, 330
      celular, 330
   de ação, 183, 277, 284-285, 286-292, 303, 304-305, 306, 325, 326-327, 330
   de ionização, 103
   de repouso, 251-252, 279, 294, 306, 308-309, 328
   Donnan, 255-259
   elétrico, 246-247, 277, 320
   Nernst, 252-255, 268
precisão absoluta, 5
pressão, 194, 373
   absoluta, 196
   arterial, 197
   atmosférica, 194-195, 196
   exercida pelos fluidos, 194
   externa, 203
   gradiente de, 201, 206
   hidrostática, 195-196
   interna, 203
   manométrica, 196
   manométrica, 196
   no corpo humano, 196
   osmótica, 234-236
primeira lei de Fick, 228-229
princípio
   da superposição, 245
   de Arquimedes, 198-199

princípios
   da Física, 2
   da Química, 2
processos de atenuação, 137
propagação
   de desvios, 10
   de erros, 7-8
pulsos ultrassônicos ou estalidos, 138

Q

quantidades vetoriais, 31
quilocaloria, 102

R

radiação
   atômica, 363
   efeitos biológicos, 365-366
   eletromagnética, 117, 365
   influências em seres vivos, 365
   unidades de, 374
razão
   de deslizamento, 74
   de metabolismo basal (RMB), 114
   de planeio, 78
reflexão interna total, 152-153
refração da luz, 149-151
relação
   funcional, 11
   linear, 11
resistência, 57
   ao meio, 72
   ao movimento, 206
   capacidade, 21
   em organismos de tamanhos diferentes, 21-23
   específica, 22
   física, 48
   forças de, 206
resistividade elétrica, 260, 333-334
respiração
   celular, 112
   no corpo humano, 201
Reynolds, número de, 207-210

S

sarcômero, 52
som, 125-133
sinapses, 281-282
sistema

linfático, 211
termodinâmico, 108
sistema Internacional, 2
   metro, 2
   quilograma, 2
   segundo, 2
   unidades básicas no, 2
   unidades derivadas do, 3, 371
Sistema Internacional de Unidades (SIU), 2
sistemas
   biológicos, 69
   isolados, 71
Stokes, lei de, 214-215
substâncias tensoativas ou surfactantes, 200

T

taxa (ou razão) metabólica, 14
taxa de metabolismo basal (TMB), 114, 115
tecido muscular esquelético, 51-56
técnicas experimentais, 2
tempo de meia-vida, 17
tempo de vida média, 17
tensão isométrica, 51
tensão superficial, 200
   coeficiente, 200
teorema
   da divergência, 227
   trabalho-energia, 82-84
teoria de erros, 5-10
trajetória
   ascendente e/ou descendente retilínea, 71
   descendente vertical, 71
   parabólica, 39-40
   retilínea, 32
transferência adiabática de energia, 108
transmissão da luz pelo rabdoma, 156-158

U

unidade natural, 4, 5
Unidades básicas no SIU
   ampère (A), 2
   candela (cd), 2
   de grandeza, 3
   de Pascal, 194
   derivadas, 3
   fundamentais, 2-5
   kelvin (K), 2
   métricas, 2
   metro (m), 2
   mol (mol), 2
   quilograma (kg), 2
   segundo (s), 2

V

valores
   árvores, 24, 25
   gramíneas, 24
   quadrúpedes, 25-26
vantagem mecânica, 57
velocidade
   constante, 59
   instantânea, 32-33
   média, 32
      de animais corredores, 84-87
   uniforme, 39
vertebrados, 53
vetores, 31, 32
   diferença, 32
   produto, 32
   unitários, 31, 32
   velocidade média, 32
visão, 147-151, 163-169
   ametropias, 184-187
   astigmatismo, 186
   biofísica, 153-158
   com pouca luminosidade, 167
   de luz não visível, 167
   hipermetropia, 184-187
   miopia, 184-187
   tetracromática, 167
   tricomática, 167
   vertebrados, 327-328
viscosidade, 204-211, 230-232
   forças viscosas, 212
voo com propulsão, 75-81
voz humana, 128-130

W

Watt (W), 83